U0274424

航天科技图书出版基金资助出版

航天器协同飞行动力学与控制

罗建军　张博　袁建平　曹静　宁昕　著

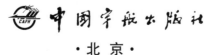

中国宇航出版社

·北京·

图书在版编目(CIP)数据

航天器协同飞行动力学与控制／罗建军等著．－－北京：中国宇航出版社，2016.3

ISBN 978 - 7 - 5159 - 0553 - 2

Ⅰ.①航… Ⅱ.①罗… Ⅲ.①航天器-飞行力学-研究②航天器-飞行控制-研究 Ⅳ.①V412.4②V448

中国版本图书馆 CIP 数据核字(2015)第 247887 号

责任编辑	马　航		
责任校对	祝延萍	**封面设计**	宇星文化

出版发行 中国宇航出版社

社　址 北京市阜成路 8 号　　　　**邮　编** 100830
　　　　(010)68768548

网　址 www.caphbook.com

经　销 新华书店

发行部 (010)60286888　　　　(010)68371900
　　　　(010)60286887　　　　(010)60286804(传真)

零售店 读者服务部
　　　　(010)68371105

承　印 北京画中画印刷有限公司

版　次 2016 年 3 月第 1 版　　　2016 年 3 月第 1 次印刷

规　格 787×1092　　　　　　　**开　本** 1/32

印　张 19.625　　　　　　　　　**字　数** 529 千字

书　号 ISBN 978 - 7 - 5159 - 0553 - 2

定　价 128.00 元

本书如有印装质量问题，可与发行部联系调换

前　言

从 1957 年苏联发射第一颗人造卫星以来，卫星技术与应用取得了飞速发展：航天器的规模和物理尺度向超大型和微型化两极发展，性能和集成度不断提高，设计理念从追求平台性能向具备能力、快速响应和提高系统的不确定性应对能力转变；航天器系统的结构和存在形式从集中式向分散式空间系统体系结构和分布式卫星系统方向发展；航天器轨道从模仿自然天体的开普勒轨道飞行发展到空间机动飞行和协同飞行；航天器飞行操控与运行模式向自主化和智能化方向发展，航天器应用与任务组织模式从单平台发展到多航天器协同飞行的分布式航天器系统和分布式空间任务。本书的撰写是对现代分布式航天器系统及其技术和应用的进一步发展和总结。

分布式航天器系统是小卫星技术发展与应用的主要方向。20 世纪 80 年代，在计算机与微电子技术、微机电系统与技术、轻型材料等高新技术发展与应用的推动下，现代（微）小卫星成为航天器发展的新方向。美国国家航空航天局在 20 世纪 90 年代末期，规划 2010—2025 年期间地球科学和空间探测研究项目时，提出了分布式航天器系统的概念——它是由物理结构上互不相连的、共同实现同一空间任务的多个航天器构成的空间系统，并提出和规划了 TechSat -21、大学纳星工程、类地行星探路者（TPF）、高精度 X 光成像任务等编队飞行计划和分布式空间任务。欧空局也很早就开展了卫星编队技术和分布式航天器系统的研究工作，并提出了多个技术与任务演示验证项目，典型的有重力场测量卫星（GRACE）、地球磁场探测卫星（Cluster Ⅱ）、空间激光测量天线（LISA）、Darwin 计划等。根据协同飞行方式、星间距离、星间通信、测量与飞行控制方式以及任务与应用的不同，可以把分布式航天器系统分为卫星星座、航天器编队、航天器集群（簇）与蜂拥卫星、模块化分离式航天器系统，以及它们的混合编队和航天器传感器网络等。在过去的几十年中，分布式航天器系统的概念在空间应用方面取得了有意义的进展，并带来了许多领域一系列的相关创新研究，例如：动力学、协同控制、电子通信、遥感和体系结构等。2000 年 11 月，美国国家航空航天局发射地球观测 1 号（EO-1）卫星与在轨的地球资源卫星 7 号（LandSat-7）完成了首次在轨编队飞行实验。近年来，一些依赖于两颗卫星协同的任务的成功完成，如 GRACE（重力测量）、PRISMA（新技术验证）以及 Tandem-X（搭载合成孔径雷达干涉仪的地球观测任务），代表了空间系统工程的巨大成就，成为促进未来分布式空间任务的先行者。这些工程实践和相关研究达成的共识是：分布式航天器系统将利用合作构架取代现有的单一庞大的整体式系统并完成其不能完成的任务；分布式系统需要新的方式来进行系统设计、开发和操控，并需要不断探索和深化一些的新概念（如：模块化、自主性、标准化、即插即用部件、无线能量传输等），来获得高效的平台和其中新的关键子系统（如：相对轨迹设计、相对导航和控制、星间通信等），以实现需要的新功能和提升系统的整体性能与效能。

　　多航天器协同作业与协同飞行是分布式航天器系统和分散式空间体系结构的主要特征。20 世纪 90 年代以来，航天器编队飞行、航天器集群和模块化分离航天器系统成为现代分布式航天器系统与技术的重要方向和发展趋势，其主要特征是：任务/功能分解、结构分离、无线连接、协同飞行；通过成员航天器之间星间通信与感知，以及以动力学、信息和控制融合为基础的自主协同飞行和协调控制，实现自主程度较高的智能化系统运行与管理。这类以多航天器自主协同飞行为主要特征的现代分布式航天器系统，能完成传统航天器系统无法完成的大孔径、长基线任务，并具备快速空间响应能力和空间攻防对抗下的空间任务保护和生存能力。2013 年 8 月，美国空军航天司令部发布《抗毁与分散式空间系统体系结构》白皮书，明确提出要构建分散式空间体系，通过将天基任务、功能或传感器分散部署到多个系统或空间设施上，横跨一个或多个轨道、平台、宿主卫星或作战域，使空间系统在面临故障、环境挑战或对手活动时，能够继续提供所需能力，提升空间系统的生存能力和抗毁性。可以预见，分散式航天器体系架构将成为未来空间系统和航天器应用的重要发展方向，越来越多的多航天器协同飞行将取代整体式或集中式航天器系统，实施分布式空间任务。

航天器自主协同飞行是一种综合利用航天器飞行动力学、现代控制、计算与信息技术，以尽可能降低控制消耗为目的的多航天器自主协作运行模式，其学科特征表现为动力学、信息与控制的交叉与融合。本书面向航天器编队、航天器集群、分离模块化航天器，以及它们的综合等现代分布式航天器系统的发展和应用，以近地航天器协同飞行的动力学、制导与控制为主线，融合航天动力学、信息与控制，重点研究和介绍了航天器自主协同飞行控制的理论和方法。主要内容有：航天器相对运动动力学、非线性相对运动方程的求解与周期性条件，相对运动的参数化与航天器协同飞行的制导方法，协同控制理论与方法和航天器协同飞行的分布式控制，航天器协同飞行的自主运行体系和任务分配等。全书共分为 12 章：第 1 章介绍了航天器协同飞行的概念和内涵，以及航天器协同飞行的关键技术及其研究进展；第 2 章给出了航天器相对轨道和相对姿态动力学模型，以及轨道和姿态耦合相对运动模型；第 3 章研究了航天器相对运动非线性模型的周期解及其在编队保持中的应用；第 4 章研究了航天器相对运动的重构和协同制导，首先以解析的思路研究了基于非线性相对运动模型的最优重构问题及其求解，然后分别研究了多航天器编队飞行构型重构的分层优化协同制导和整体优化协同制导；第 5 章研究了基于相对 E/I 矢量的航天器编队飞行和集群飞行的轨道设计与制导；第 6 章研究了航天器协同飞行的一致性控制，建立了基于一致性理论的航天器协同飞行控制框架，提出了基于一致性理论的分布式协同制导和控制的策略和算法；第 7 章研究了基于循环追踪的航天器协同飞行控制，设计了与自然构型匹配的循环追踪协同控制律，实现多航天器编队构型的初始化、保持、整体机动以及交会等协同操作；第 8 章研究了航天器集群飞行的蜂拥控制，建立了航天器集群飞行的蜂拥控制模型，提出了基于周期延识误差同步的航天器协同控制方法；第 9 章研究了基于多 Lagrangian 系统一致性算法的航天器协同飞行 6 自由度控制，设计了航天器协同飞行的 6 自由度控制律；第 10 章研究了基于动力学分解的多航天器协同飞行动力学建模与控制方法，将多航天器协同飞行动力学分解为整体系统动力学和相对运动队形系统动力学，研究了整体系统和队形系统的控制方法和控制律；第 11 章和第 12 章分别研究了多航天器协同飞行的自主运行体系和自主任务分配。

多航天器自主协同飞行是面向未来分布式空间任务与应用的一项高新技术，具有广泛的应用前景，将带来空间科学研究与空间探测、应用卫星与卫星应用、新技术探索与试验、快速响应空间和空间攻防等方面的创新发展，相关理论、方法、技术与应用还处于发展之中，本书是作者及其研究生们对近几年来相关研究的阶段性成果的总结，期望能对研究和应用多航天器协同飞行的科学家和工程技术人员具有参考价值和使用价值，并引发更深层次的创新研究与应用。

本书适合航空航天科学与技术和控制理论与工程领域的科学研究及工程技术人员，以及高等院校相关专业的研究生和高年级本科生阅读、参考。

本书得到"国家自然科学基金（11072194）、（51577121）、（11572248）、（11402200）"的资助。

作　者

2015 年 10 月

目　录

第1章 概　论

1.1　引言

　　分布式航天器系统包括卫星星座、航天器编队和航天器集群等之类[1-6]。分布式航天器系统协同作业的任务组织模式要求多航天器以协同飞行的运动形态满足其应用需求。其中以航天器编队飞行和集群飞行为代表的自主协同飞行的分布式航天器系统，具备在轨自主运行管理与协调能力，对任务和需求变化具有更好的自适应性，能完成传统航天器系统无法完成的大孔径、长基线任务[2]，并具备快速空间响应能力[3]和空间攻防对抗下的任务保护能力[4]。因此，这种新型空间系统改变了传统航天器应用模式、应用领域和飞行控制模式，成为现代航天技术与应用发展的重要方向。

　　自主协同飞行是航天器编队和航天器集群的重要特征，而飞行动力学和控制是多航天器自主协同飞行从概念走向现实的基础和决定性因素。多航天器协同飞行控制系统水平在很大程度上取决于动力学建模和协同控制理论与方法的共同发展。本书面向航天器编队、航天器集群以及它们的综合等自主分布式航天器系统的发展和应用，研究近地航天器协同飞行的动力学、制导与控制。

1.2　分布式航天器系统与航天器协同飞行

1.2.1　分布式航天器系统概念的提出

　　20 世纪 80 年代，在微机电系统、微电子技术和轻型材料等高新技术发展的推动下，现代小卫星（简称小卫星）技术成为航天器发展的新方向。小卫星是以功能密集度（即单位质量所提供的卫星分系统性能以及有效载荷与小卫星的质量比）为评价指标进行再定义的新一代小卫星技术[5-6]，通过集成化和模块化的设计，使卫星体积质量减小、容量性能增加、研发成本降低，最终使卫星获得最大的功能密集度。小卫星具有质量轻、成本低、体积小、性能高、研制周期短等技术特点，这为分布式航天器系统的应用和发展提供了物质基础和必要条件[6]。

分布式航天器系统（或称分布式空间系统，DSS）是小卫星技术发展与应用的主要方向，其最早是美国国家航空航天局在 20 世纪90 年代末期，为地球科学规划 2010—2025 年期间研究项目中所提出的空间飞行概念[7]，主要是指把系统任务或功能分布到不同航天器上的多航天器系统，并将分布式航天器系统定义为：由物理结构上互不相连的、共同实现同一空间任务的多个航天器构成的空间系统[7-8]。如图 1-1 所示，根据协同飞行方式、星间距离、星间通信、测量与飞行控制方式以及任务与应用的不同，分布式航天器系统可分为以下三类。

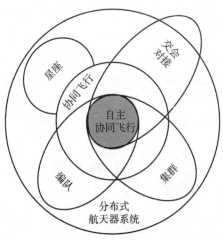

图 1-1　分布式航天器系统的分类

（1）星座

星座是指由若干个同构航天器按任务要求分布在单轨道平面或多轨道平面构成的分布式航天器系统。星座的主要特征是强调航天器对地面和空间的覆盖，而并不强调成员航天器之间通过星间链路形成系统耦合，星间一般也不存在动力学和控制的耦合。其成员航天器一般为同构航天器，采用独立发射部署，共轨或异轨独立飞行，星间距离由成员航天器运行轨道决定，地面独立测控。星座在航天技术和应用领域早已出现，并且已在通信、导航、气象、对地观测等领域得到广泛应用，典型的导航星座如美国的 GPS 星座、我国的"北斗"导航系统以及俄罗斯的 GLONASS 等，通信星座如美国的"全球星"（Globalstar）和"铱星"（Iridium）等。

（2）编队飞行

美国国家航空航天局的 Goddard 航天飞行中心（GSFC）将航天器编队飞行定义为：两个或多个航天器之间保持或跟踪期望的相对距离、方向和方位[9]。航天器编队飞行一般是利用自然轨道特性，以尽可能小的控制消耗，保持协同飞行，并在空间形成一定的构型，共同合作构成一个虚拟航天器完成特定的空间任务[10]。其技术特点为"任务分解、结构分离、无线连接、精确编队飞行"。在任务与应用方面，编队飞行各航天器合作构成一个虚拟的大型空间平台，完成单航天器不能完成的任务，如长基线测量任务；每个航天器由载荷和航天器平台组成，虽是一个独立的航天器，但不能单独完成任务。

（3）航天器集群

航天器集群以集群飞行模式协同运动，以相对运动的有界性取代严格的几何构型，因此其对星间相对距离控制精度的要求不高，星间距离可以从米级变化到几十千米量级。航天器集群具有"功能分解、结构分离、无线连接、宽松编队飞行"的技术特征。美国国防高级研究计划局（DARPA）在 F6 项目中定义的分离模块航天器就是一种典型的航天器集群，它将传统单个航天器分解为可物理分离、自由飞行的有效载荷与基础（公共）功能模块航天器，通过无线自组织网络组合成为集群飞行的分布式航天器系统。各模块不是独立的航天器，一个集群中一般有一个或多个任务或载荷模块，整体形成一个虚拟航天器；一个集群可共用其他集群的基础功能模块，形成多个航天器；多个任务模块或星群，也可组成编队或星簇完成一个大型航天器不能完成的任务，或者由多个集群或星簇组成星座完成多航天器协同作业任务[3-4]。

对于分布式航天器系统而言，其最根本的共同特征是多个航天器为完成同一特定任务而协同飞行。但是航天器编队和航天器集群的协同飞行与星座有着本质不同，主要体现在以下三个方面。

首先，从体系结构与飞行模式方面来说，航天器编队飞行和集群飞行的目的是形成具有"任务/功能分解、结构分离、无线连接、协同飞行"特征的一个或多个虚拟航天器，完成更为复杂的空间任务。而星座协同飞行只是为了增加地面覆盖范围或缩短重访时间。

其次，从动力学与控制角度来说，航天器编队飞行和航天器集群飞行侧重相对运动动力学与协同控制，在几十米到几十千米的空间距离尺度内，定义面向任务要求的几何构型、运动形态、相对运动约束和飞行模式，充分利用轨道力学自然特性和先进控制技术，通过动力学、信息（网络）和控制的有机融合和相互作用，实现多航天器整体运动与相对运动的自主协调控制，并使成员航天器能耗尽量均衡、系统总体能耗最小[11-12]。而卫星星座星间距离较大（与地球半径数量级相当），更侧重绝对运动与独立测控，一般无信息交换与自主协同控制。

最后，从测量与操控角度来说，航天器编队飞行和集群飞行采用星地结合，以星上自主测控为主，通过星间通信、信息耦合进行自主实时的分布式闭环协同控制，在星间形成紧密的动力学、信息与控制耦合，通过任务规划、决策与控制的自主化和智能化灵活高效地完成空间任务[13]。而卫星星座则以保证对地覆盖特性为目标，通过地面测控维持单颗卫星轨道运动，星间一般无动力学与控制的直接联系。

从两者的区别可以看出，编队飞行和航天器集群飞行这类协同飞行的任务模式作为新兴的航天器运行方式，其主要特征是"任务/功能分解、结构分离、无线连接、协同飞行"，通过成员航天器之间星间通信与感知，以及以动力学、信息和控制耦合为基础的自主协同飞行和协调控制，实现自主程度较高的智能化系统运行与管理。因此，航天器编队与航天器集群是一类自主协同飞行的现代分布式航天器系统。

需要说明的两点是：一是从自主协同飞行的角度而言，虽然航天器交会对接过程也符合分布式航天器系统的特征，但交会对接中的协同飞行只是空间任务实施阶段之前的空间机动操作过程，而不是空间任务的组织模式，因此不属于分布式航天器系统，如图 1-1 所示；二是由于编队飞行和航天器集群代表的这种自主协同飞行的分布式航天器系统已经被航天领域普遍接受，并成为现代航天器发展的重要方向和趋势。在这种趋势的影响下，分布式航天器系统概念也被赋予了新的特征、内涵和意义，即：物理上互不相连的多个航天器为完成同一空间任务自主协同飞行、相互协作，实现比单航天器更大的应用价值。新的内涵更强调自主运行、协同运动以及功能的涌现性，这点正契合了编队飞行和航天器集群的本质特征。因此，现代意义上的分布式航天器系统一般是指编队飞行与航天器集群，相应的协同飞行也是指编队飞行与航天器集群的成员航天器间的自主协调相对运动。本书所研究的航天器协同飞行和协同控制是这种现代意义的分布式航天器系统的自主协同飞行和协同控制。

1.2.2 航天器协同飞行的优势与挑战

航天器协同飞行的优势主要由其分布式体系结构和自主协调控制所体现，可概括为以下四个方面。

1) 系统适用性增强。协同飞行的多个航天器分布在较大的空间范围内，可以形成较长基线，实现传统单一卫星难以完成的大孔径、长基线任务；另外，协同飞行的航天器也可调整其相对空间位置和姿态，更换有效载荷，或更新和升级系统，便于适应不同的任务需要。

2）系统可靠性增加。航天器协同飞行的系统资源离散化，能够有效避免因某个航天器故障而导致的整个任务失败，降低了系统故障概率，另外资源冗余也提高了系统的可靠性。即使个别卫星失效导致了系统故障，也可通过发射新的卫星，或利用在轨备份成员实施轨道机动从而替换故障卫星，快速方便地对任务系统进行修复。

3）任务响应速度提高。航天器协同飞行的任务模式中，单个航天器体积小，质量轻，结构和功能简单，因而能够快速研制和发射，使预期任务的响应时间大大缩短；特别是航天器集群，可通过基础功能模块的预先部署，快速响应未来不确定的空间任务。具体而言，一旦任务激活，载荷模块可快速发射入轨，加入航天器集群，航天器集群进入工作状态；任务变化，也可通过加入相应任务载荷模块，使航天器集群响应新的任务[14-15]。

4）任务周期成本降低。与一体化整体结构的传统航天器相比，协同飞行的成员航天器结构和功能相对简单，研发、生产成本降低；因其体积小、质量轻，所以多个航天器可分批（搭载）发射入轨，使其发射成本降低；由于采用分布式模块化设计，因而任务模式灵活，升级、更新、维护方便快捷，这样使其运行成本降低。

以上优势使航天器协同飞行相比传统的单平台整体式航天器更具有灵活性和冗余度，也更能容忍单点故障，降低任务失败风险。更重要的是，相比单平台航天器，航天器协同飞行能为科学实验、新技术试验、对地观测、空间攻防、深空探测与干涉测量等空间应用领域提供前者难以实现的分布式空间平台。

分布式体系结构和自主协调控制在为航天器协同飞行带来上述应用优势和前景的同时，也使其飞行控制面临诸多挑战与难题，主要有：

1）航天器协同飞行组成的虚拟大系统需要在空间长期工作（几个月到几年），若航天器协同飞行过程中维持非自然的相对运动构型，则需要成员航天器消耗大量推进剂进行持续控制，这对其空间任务来说是难以接受的。因此，航天器协同飞行成功的关键在于在满足任务约束的前提下，寻找成员航天器自然周期相对运动轨迹，即设计尽量利用轨道力学特性和自然力就能保持的编队构型。但是空间环境，尤其是近地空间环境各种摄动作用机理非常复杂（主要包括地球非球形摄动、大气阻力和其他天体的摄动等），这些摄动因素都对航天器之间的相对运动关系造成持续的影响，从而给寻找自然周期相对运动轨迹带来难度[16]。

2）对于成员航天器数目较少的小规模协同飞行任务，可以利用全局信息设计控制器。但当协同飞行的成员航天器数目较多时，系统在获得和处理全局信息方面会受到极大挑战，并且面临星间链路复杂和可用带宽受限等诸多问题。为此，航天器协同飞行过程中如何在敏感器有限、星载处理器能力较弱、通信带宽有限等情况下，以最小规模的信息网络拓扑，在成员航天器依靠可获得的局部信息进行局部控制的作用下，实现期望的协同运动，这也是协同飞行控制的又一挑战。

3）多个成员航天器以分布式体系结构在相对较小区域内协同飞行，这种邻近飞行的运动特点，对各成员航天器之间相对位置和姿态精度要求很高，而且星间协同控制还需要实时地进行信息交互，另外还需以最快速度应对突发情况。传统的地面测控方式难以满足这些要求，因此需要自主化程度更高的实时控制和协调控制方法，这对多航天器自主运行管理和航天器飞行控制系统设计提出了更高的要求。

目前，航天器协同飞行逐步从概念设计、方案论证的理论研究阶段，进入到关键技术的攻关、确认和飞行演示验证阶段。根据前文所述，航天器协同飞行从概念发展到应用的关键之一就是协同飞行控制的相关技术。因此，对航天器协同飞行控制相关理论和技术的研究与验证已经成为其关键技术攻关的重要任务。

1.3　航天器协同飞行的典型计划

　　航天器协同飞行响应了大量空间任务的需求，在空间操作、交会对接、地球观测与应用、深空探测和空间科学研究、新技术演示验证和空间攻防等方面都具有无可比拟的应用价值与潜力。因此，航天技术发达国家早在 20 世纪 80 年代就开始对这种新型的空间任务组织和应用模式的关键技术进行深入研究。美国国家航空航天局、欧洲空间局等多个国家的科研机构提出了诸多的航天器编队和航天器协同飞行技术与应用的演示验证计划。典型的航天器协同飞行演示验证计划如表 1-1 所示。

表 1-1　典型的航天器协同飞行演示验证计划

任务名称	轨道	航天器数目	协同飞行方式	任务简要说明
EO-1/LS-7[17]	LEO（近圆）	2	编队飞行	EO-1 与在轨 LS-7 首次实现相距 450 km 的跟飞编队，双星编队飞行控制技术得以验证，具有里程碑意义
Prisma[18]	LEO（近圆）	2	编队飞行	演示验证自主编队飞行，自主交会、近程操作，最终逼近/后退撤离等操控技术、GNC 技术和新型推进技术
CanX-4&5[19]	LEO（近圆）	2	编队飞行	2 个航天器执行跟飞与绕飞、编队，验证自主构型控制算法，精度小于 10 cm 的相对位置测量，亚米级位置控制等技术
GRACE[20]	LEO（近圆）	2	编队飞行	2 个航天器在同一轨道形成串行编队，相距 100~150 km，获得高精度引力模型
TechSat-21[21]	LEO（近圆）	3	编队飞行	3 个航天器以圆构型编队飞行，演示验证编队控制及虚拟合成孔径雷达相关技术

续表

任务名称	轨道	航天器数目	协同飞行方式	任务简要说明
Cluster Ⅱ[22]	LEO（椭圆）	4	集群飞行	4 个航天器间距十到几千千米，每年调整两次，轨道周期保持不变，实现对地球磁层多尺度的多点同步测量
MMS[23]	LEO（椭圆）	4	编队飞行	4 个航天器编队飞行在椭圆轨道远地点附近形成四面体构型，实现对地球磁层结构动力学的观测
LISA[24]	日心轨道	3	编队飞行	3 个航天器构成边长 $5×10^6$ km 的等边三角形编队，构成激光探测的空间长基线，了解黑洞形成，验证广义相对论
TPF[25]	日地 L2	5	编队飞行	5 个航天器组合编队，其中 4 个构成长度 50～1 000 m 的基线，绕基线中心旋转，形成编队飞行干涉仪，寻找类地行星
F6[3][26] & Pleiades[15]	LEO（近圆）	不限	集群飞行	若干个标准化、模块化航天器集群飞行，对分离模块化航天器与集群飞行相关技术进行探索和演示验证
SAMSON[26]	LEO（近圆）	3	集群飞行	3 个航天器在 100 m～250 km 范围内集群飞行，演示验证多星长期集群飞行和电磁辐射目标定位等相关技术

下面重点介绍和分析 TechSat‐21 计划、F6 项目与 Pleiades 计划，以及 SAMSON 计划在协同飞行控制方面所开展的工作。

1.3.1 TechSat‐21 计划

TechSat‐21 计划[21,28]由美国空军研究实验室在 1998 年提出，初期方案设想由 4~8 个航天器以空间圆绕飞构型编队飞行，用以演示验证编队飞行构型保持和绕飞构型建立与重构的自主控制技术；虚拟合成孔径雷达执行多个观测任务以及信号处理的相关技术。在 2001 年，方案修订为以 3 个小卫星进行协同飞行执行 TechSat‐21

的飞行试验计划，如图 1-2 所示。3 个小卫星结构相同，质量为 150 kg（其中有效载荷 65 kg），太阳帆板展开后的卫星大小为 7.8 m×2.3 m×0.8 m，运行在 550 km 高度的近圆轨道上。该计划中 3 个小卫星之间通过拓扑结构构成无向环的通信链路，相互协调，功能互补。任何一颗卫星都能通过星间链路对另外 2 颗卫星实施协同控制与管理，当有一颗星信号减弱时，另一颗卫星便自动接替。

该计划于 2004 年以一箭三星方式发射升空，在轨寿命为 1 年。飞行任务期间，协同飞行的控制过程分为四个阶段。

第一阶段，以非自主方式进行控制，小卫星与火箭分离后，通过地面测控形成串行跟飞构型，前后相隔 5 000 m。在这个阶段，对星上各类设备及星上生成的自主运行指令脚本进行检查和测试。

图 1-2　TechSat-21 计划

第二阶段，星务管理逐步由地面移交到星上，由卫星系统自主运行，编队构型由线形跟飞构型重构为椭圆形绕飞构型，3 个航天器分布在椭圆形构型上，星间距离在 100～500 m 范围内，形成虚拟的合成孔径雷达。

第三阶段，编队构型重构为较大圆形构型，星间距离保持为 5 000 m，之后长期保持该构型飞行。

第四阶段，编队重构为紧凑编队，星间距离在 100 m 范围内。在该阶段，进行风险度较高的近距编队操作和短基线虚拟雷达试验。

整个任务过程的目的是，通过这四个阶段的编队飞行演示，测试 TechSat-21 系统自主编队构型的保持和重构控制，以及虚拟雷达的观测能力。由于在构型控制、协同作业、测量精度以及数据处理等方面面临着一系列的技术挑战，技术难度大于预想，任务计划屡次调整与推迟，但它极大地促进了协同飞行技术水平的进步。

1.3.2　F6 项目与 Pleiades 计划

2007 年 9 月，美国国防高级研究计划局在对分离模块化体系结构进行前期论证的基础上，结合美军"作战响应空间"计划，实施名为"System F6"的验证计划项目（简称"F6 项目"）。作为 F6 项目的主要承包商，轨道科学公司（OSC）在实施该计划第一、二阶段的研究工作中，设计了 Pleiades 验证计划并将其作为 F6 计划的一部分，用来在轨演示和验证分离模块化航天器的相关技术[26]。

1.3.2.1　F6 项目

F6 是 Future（未来），Fast（快速），Flexible（柔性），Fractionated（分离模块化），Free-Flying（自由飞行）的首字母缩写，是一种面向未来的、快速、灵活、模块化、自由飞行的、由信息交互作为纽带的分离模块化先进空间系统[3,26]。F6 项目作为 DARPA "空间项目和空间技术"项目群中的项目之一，主要对分离模块化概念进行技术研发和演示验证研究，其目标是验证和探索"将单个卫星的诸多功能分散于多个更小的卫星平台"所带来的优势。该项目的构想是围绕使命任务，把一个航天器的任务载荷、能源、通信导航、计算处理等功能单元优化分解为多个自由飞行模块，每个分离模块本质上是一个自由飞行的微小卫星，携带与任务相关的不同功能或资源，采用物理分离、集群飞行、无线通信、无线能量传输的方式，实现功能协同和资源共享，构成一个完成特定任务的虚拟大型航天器，甚至发展成为支持多样化空间任务的天基基础保障设施。F6 计划本质上是一种功能异构的航天器集群，配置各异的模块航天器以集群飞行模式协同运动，模块之间为满足无线能量和信息交换的要求，需要在米级至千米级之间的相对距离内自由飞行，无需保持严格的编队构型，如图 1-3 所示。

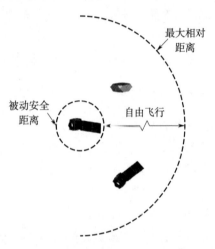

图 1-3　模块航天器集群飞行示意图

　　F6 项目包括自组织网络、无线通信与能量传输、集群飞行导航与控制、分布式计算及分布式有效载荷等关键技术[29]。该项目于 2007 年正式启动，已完成 F6 系统的概念设计、初期系统设计和软硬件原型的开发。研究工作分为三部分：F6 通用软件包（F6DK）、F6 技术包（F6TP）及 F6 在轨演示验证。F6 通用软件包（F6DK）是一系列开放源代码的接口标准、协议、软件和方法。F6 技术包（F6TP）是一个可组装或分离的模块化的硬件组件，是分离模块航天器的硬件载体。F6 在轨演示验证的任务内容包括：分离模块集群及其网络的长期维护、多安全级别下的资源共享、集群级的容错、防御状况下的分散和聚合等。

F6 项目计划的试验任务想定为周期 6 个月的低地球轨道 (LEO) 功能演示，设想的演示计划利用 F6DK 和 F6TP 设计出的相关模块，在轨演示如下功能：一是执行半自主、长时间的集群维护和集群网络维持能力，集群网络具备添加和减少模块的能力；二是通过集群网络实现资源安全共享，并具备实时性保证，在多个安全域用户或负载之间进行共享；三是面对网络功能下降或组件故障时，能自主重新配置群集，确保系统安全和关键任务正常运作的能力；四是能够执行防御性的集群分散和重新聚集机动，迅速躲避空间威胁的能力，提高系统的抗毁性和生存能力。

1.3.2.2 Pleiades 计划

Pleiades（昴宿星）计划是轨道科学公司在 2008 年承接 F6 项目第一阶段研究任务期间，针对其提出的一个特定任务想定，而设计的演示验证计划方案，也是目前唯一公开的分离模块航天器任务。作为 F6 计划项目的一部分，Pleiades 计划的目的就是对模块化航天器相关技术进行探索和演示验证。Pleiades 计划将演示分批次发射模块航天器、在轨集结、构型变换等一系列技术，验证碰撞规避技术、故障恢复后的共享控制技术，以及根据任务需求进行航天器集群快速重构的技术等[15]。

Pleiades 系统包括 5 个 225 kg 级模块航天器（称为 Atlas 级）和 2 个 75 kg 级模块航天器（称为 Pleione 级），如图 1-4 所示。每个模块航天器是一个完整的卫星，包括热控、姿态轨道控制、推进、电源、测控和数据管理等分系统。5 个 Atlas 级模块航天器以昴宿星座中 5 个较亮的星命名，分别为 Alcyone，Electra，Maia，Merope 和 Taygete；2 个 Pleione 级模块航天器以昴宿星座中 2 个较暗的星命名，分别为 Celaeno 和 Asterope。在希腊神话里，Alcyone，Electra，Maia，Merope，Taygete，Celaeno，Asterope 是 Atlas 和 Pleione 的七个女儿。

Pleiades 计划分三次发射部署，因此任务周期按照发射时间节点分为三个阶段，现介绍如下。

图 1-4　Pleiades 系统的两种模块航天器

第一阶段，发射 Atlas 级的 Alcyone 和 Electra 两个模块航天器入轨，构成一个名为 Alpha 的子航天器集群。Alcyone 和 Electra 分离并进入一个大小为 2 000 m×4 000 m 的安全相对停泊轨道（SPO）。此时，两者轨道半长轴相同，升交点赤经、偏心率略有不同，以确保两者有界的相对运动。在星上设备的检查调试完成后，Alcyone 和 Electra 将利用差分 GPS 和通信链路获得的相对状态信息退出 SPO，进入 V - bar 保持 2 000 m 距离。在此阶段演示 F6 项目中的无线能量传输技术，以及后台的自主交会控制、主动与被动自主安全规避控制等技术，如图 1-5 所示。

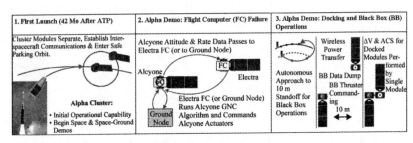

图 1-5　Alpha 子航天器集群演示任务

第二阶段，采用 Minotaur 火箭将 Atlas 级的 Maia 与 Pleione 级的 Celaeno 和 Asterope 共 3 个模块航天器送入 Alpha 子集群附近的轨道。最初，三个模块航天器以与 Alpha 子集群相同的方式形成一个跟飞构型的子集群。采用地面测控方式使该子集群转移到 Alpha 子集群下方 10 km 的漂移轨道。一旦进入 Alpha 子集群附近 10 km，两个集群间就会建立通信链路，而且两者的相对测量传感器也能捕获对方。两个集群执行自主聚集操作形成一个名为 Bravo 的子集群，如图 1-6 所示。在这个阶段，还将验证快速集群变换操作和故障模式下集群的应急安全处置能力。

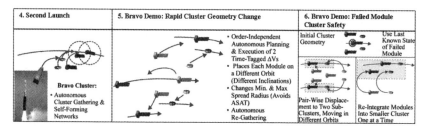

图 1-6 Bravo 子航天器集群演示任务

第三阶段，Atlas 级的 Merope，Taygete 发射入轨，并以相同方式加入 Bravo 子集群后形成一个称为 Charlie 的完整集群，如图 1-7 所示。整个演示验证任务完成后，Pleiades 将为下一步任务提供一个基础的公共模块群集，用以支持未来加入的任务载荷模块。

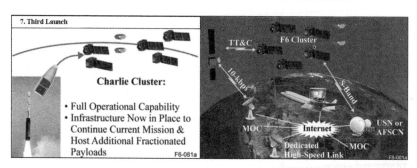

图 1-7 航天器集群 Charlie 演示验证任务

2009 年 7 月，美国国防高级研究计划局宣布将 F6 项目第 2 阶段研制合同授予轨道科学公司。在该项目推动下，Pleiades 计划原定于 2012 年进行首次发射，后来因故推迟到 2013 年。由于美国国防高级研究计划局搁置了 F6 项目的后续研究，2010 年底发射计划又推迟到 2014 年。计划 2014-2015 年完成关键功能的在轨验证，轨道环境为 LEO（低地球轨道），任务持续时间 6 个月，通过在轨验证来决定精确的轨道参数，并希望通过在轨验证的成功实施完成系统级、子系统级和部件级的高级目标。

　　由于 F6 计划在项目管理与系统集成、关键技术攻关与软件开发等方面存在问题，2013 年 5 月，美国国防高级研究计划局对其"空间项目和空间技术"项目群进行了调整，取消了"System F6"分离模块航天器项目。虽然 F6 项目及其在轨演示计划最终被取消，但是F6 项目所提出的分离模块化空间系统在设计理念、体系结构、系统实现、编队飞行软件开发、制造、运行管理、发射模式等方面体现了航天技术与应用的多方面创新，为应对空间系统面临的各种不确定因素提供了实时适应环境变化的灵活性和柔性，对分散式空间体系构建和分布式空间任务实施有里程碑意义。项目所开发和试验过的技术成果，将融入"空间项目和空间技术"项目群中的其他项目中，如验证"卫星部件回收利用"的"凤凰（Phoenix）"项目，验证"服务于太空使能效果"的"看我（SeeMe）"项目。

1.3.3　SAMSON 计划

　　SAMSON（纳星蜂拥和定位）计划[27,30]是由以色列理工学院的分布式空间系统实验室（DSSL）承担，在欧盟资助下开展的航天器集群演示验证计划。集群由 3 颗基于立方星（CubeSat）标准设计的纳星组成，每颗纳星都是一个包括有可展开太阳帆板的电源系统、通信系统、星上数据处理系统、姿控系统以及用于轨道和集群保持控制的冷气推进系统的 6U（100 mm×226 mm×340.5 mm）立方星。该计划的目的是演示验证多航天器长期自主集群飞行，以及地面合作电磁辐射目标定位的相关技术。另外，任务期间还要完成三个新技术试验，一是微脉冲等离子推进器连续运行及推力测定；二是借助阻力差对星间距离进行调整和集群保持控制；三是基于立方星标准协议的指令分解与星上数据处理。

　　该计划在 2012 年立项，已于 2015 年发射入轨，任务周期为 1年，3 个纳星在轨道半长轴及倾角相同的近地圆轨道上飞行，星间相对距离约束为 100 m～250 km。其中 1 个纳星定义为主星，其他 2

个纳星为从星。主星保持在标称轨道上,从星通过修正相对轨道要
素使星间相对距离满足集群约束。

1.4 航天器协同飞行动力学与控制研究综述

航天器协同飞行涉及分布式空间任务规划、航天器相对运动动
力学、分布式导航、制导与控制等多个方面,相关研究成果不胜枚
举[31-32]。下面重点从相对动力学、协同制导和协同控制三个方面的
研究情况进行分析和探讨。

动力学建模、协同制导与协同控制三者的关系如图 1 - 8
所示[32-33]。

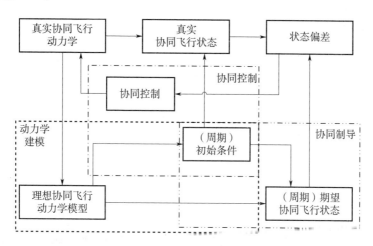

图 1-8 航天器协同飞行控制的结构图

1.4.1 动力学建模

相对运动的动力学模型是航天器协同飞行相对运动轨道设计和
控制的基础。对于编队飞行来说,需要航天器严格地跟踪预先设计、
考虑自然周期运动的轨道特性和满足任务构型要求的轨道(即自然
构型),而精确的相对运动模型是获得自然保持的周期性相对运动轨

道的前提。但是通常情况下，随着相对运动模型精度的提高，其复杂程度也同时增加，而模型的复杂性又为其周期解的求解带来了难度。因此，应该根据具体编队飞行任务特定的约束条件，如任务约束、轨道约束、推力器约束和导航约束等，选择合适的、精度高且形式简单的相对运动模型。

1.4.1.1　建模方法

经典的线性化的相对运动动力学模型——C - W 方程[34]的局限性在于它的三个假设条件：圆参考轨道假设、中心引力场假设以及近距离假设。为了突破这些局限性，诸多学者从这些假设条件入手，采用更多的建模手段和摄动因素，探讨应用范围更广的相对运动模型。如采用拉格朗日建模、哈密尔顿建模、几何法以及单位球法等建模方法，如考虑参考轨道的偏心率、考虑 J_2 项摄动、考虑引力差的二阶项，或者同时考虑上述因素，甚至还考虑大气阻力、光压等建立航天器相对运动模型。下面分别从建模方法和模型分类两个角度进行文献综述[11]。

典型的相对运动建模方法有：牛顿法、拉格朗日法、哈密尔顿法、几何法、单位球法等。

牛顿法是根据相对运动航天器的受力情况，基于牛顿第二定律建立相对运动动力学模型的方法，也是最普遍和最常用的一种相对运动建模方法。拉格朗日法则是从相对运动能量的角度出发，采用拉格朗日动力学建模方法，建立相对运动动力学模型的一种方法。如参考文献 [16，35] 采用这种方法建立了考虑 J_2 项摄动的精确相对运动动力学模型。航天器的在轨运行，除大气这种耗散因素影响外，对应的是一个哈密尔顿力学系统，因此还可以采用哈密尔顿力学中的变换方法来建立相应的相对运动方程。如参考文献 [36，38] 根据哈密尔顿力学推导相对运动模型，这种方法易于考虑摄动因素，其中参考文献 [36] 考虑了地球扁率（包含了所有的带谐项）和大气阻力，参考文献 [37 - 38] 考虑了参考轨道的偏心率、引力场的非线性和地球扁率。

几何法也称为运动学方法，即直接根据卫星之间的几何关系以及坐标变换得到相对运动状态的解析表达式（关于轨道要素或轨道要素差的函数）。这种方法不需要求解微分方程，通过拉格朗日行星方程或者高斯变分方程可方便地研究摄动对相对运动的影响。此外，几何法可以得到比 C - W 方程的解更高阶的非线性解，在与 C - W 方程假设相同的条件下，得到的解和 C - W 方程的解析解一致。如 Alfriend 等人[39-40]采用几何法建立了考虑 J_2 项摄动和参考轨道偏心率的状态转移矩阵。Hamel 等人[41]采用几何法建立了解析形式解的同时考虑参考轨道偏心率和 J_2 项摄动长期项的相对运动模型，且模型形式比参考文献 [39 - 40] 的模型简单。Gurfil[42]采用几何法直接得到了不显含时间的相对运动的解析表达式，并根据开普勒方程的级数展开式，将其表示为显含时间的级数，这种描述适用于参考轨道为圆和椭圆的情况，可以包含任意的高阶项，从而能够更真实地描述相对运动，但是该文献没有考虑摄动力的影响。Mark[43]研究了基于本轮轨道要素（适用于描述圆轨道的一组参数，类似于轨道六要素）的相对运动模型，其本质上还是一种几何法，即不用求解微分方程，直接给出解析形式的相对运动方程。清华大学的李俊峰教授课题组研究了基于相对轨道要素[44-45]和参照轨道要素[46]的相对运动描述方法，其本质上也是一种几何法。

单位球法是将两个航天器的运动投影在一个单位球上来研究相对运动问题。这种投影通过将每个航天器的位置矢量对其地心距进行无量纲化处理得到。这样就可以利用球面几何知识来分析相对运动问题，并可以根据轨道要素差得到相对位置的精确运动学表达。如 Vadali 等人[47]利用单位球方法得到了考虑 J_2 项摄动和小偏心率的相对运动解析表达式。

1.4.1.2 建模考虑的影响因素

为了提高建模的精度和使相对运动模型适用于不同应用情况，众多学者研究了考虑偏心率、考虑引力非线性项和考虑主要摄动的相对运动模型。

考虑偏心率的相对运动模型的典型代表有经典的 Lawden 方程、T－H 方程，以及 Melton[48]的小偏心率相对运动模型。

在考虑 J_2 项摄动的相对运动建模方面，Schweighart[49-50]在考虑 J_2 项摄动的情况下建立了一种新的常系数的、线性化的相对运动微分方程；Vadali[51]将 J_2 项以线性的方式考虑进来，并采用一个修正的参考坐标系，即坐标系的运动中含主星和从星的平均漂移率，其得到的方程是线性的（系数是周期性函数），结果表明，其精度在一天之内可以与相应的非线性方程匹配；Ross[52]和 Roberts[53]考虑 J_2 项摄动，建立了具有时变系数的线性化相对运动方程；Humi 和 Cater[54]以考虑 J_2 项摄动的赤道轨道和极轨道为参考轨道，建立了相对运动方程；Martinuşi 和 Gurfil[55]在赤道平面内考虑高阶带谐项，得到了解析形式的相对运动。

另外，Vaddi 等[56]研究了考虑引力差的非线性项和偏心率的相对运动模型，且将引力差的二阶项视为考虑偏心率的线性化相对运动方程的小扰动。Kechichian[57]基于考虑 J_2 项和大气阻力影响的参考坐标系，给出了考虑 J_2 项和大气阻力的精确非线性相对运动模型，但是形式非常复杂，必须通过数值法求解。

1.4.2　轨迹设计与制导

编队飞行的相对轨道设计与制导包括周期相对运动的初始条件设置、构型和轨迹设计，以及保持和重构指令计算，而集群飞行的制导关注的则是相对运动的有界约束和周期性条件。因为自然周期相对轨道对于编队飞行而言，可以减小构型跟踪控制的控制需求；而对集群飞行而言，则可以减小相对运动状态到达约束边界的机会，从而减少控制系统的启动次数，节省星上宝贵的推进剂。因此，周期相对运动轨道对两者而言都是非常重要的，尤其对于长期在轨运行的任务，自然周期或准周期相对运动轨道具有重要实用价值。

本节着重从编队与集群两个角度，介绍周期相对运动轨道设计与形成条件、集群飞行的边界约束、初始化与重构机动等的相关研究进展。

1.4.2.1　编队飞行周期相对轨道的求解

符合轨道力学特性、能形成周期性相对运动的初始条件约束或周期性条件可以大大抑制相对轨道的漂移和旋转，从而以很小的控制代价就可以长时间地保持相对轨道构形。很多学者致力于周期性相对轨道的相关研究，他们采用的主要方法可以分为解析法、数值法和混合法。

解析法中较传统的一种方法就是根据相对运动模型的解析解，令其中的长期项系数为零，得到相对轨道为周期性的条件，同时也得到了周期性相对轨道的表达式。Sengupta 等人[58]基于 T-H 方程研究了椭圆轨道上相对轨道的几何形状，并给出了相对轨道满足周期性的条件。Vaddi 等人[56]研究了考虑引力非线性项和参考轨道偏心率的相对运动模型，并基于其近似的解析解给出了相对轨道满足周期性的初始化条件。Kasdin 等人[59]通过求解基于本轮轨道要素的 Hamilton-Jacobi 方程，在分别考虑引力差的高阶项和 J_2 项摄动的情况下得到了有界周期轨道。但是这种方法是建立在求得解析解的基础上，对于复杂的模型，这一方法不太适用。解析法中的另一种方法为频率匹配法，这种方法让平面内的频率与平面外的频率相等，从而得到相对轨道满足周期性的初始条件。Vadali 等人[47]采用这种方法，考虑 J_2 项摄动和小偏心率，基于单位球法建立了相对运动模型，得到了相对轨道满足周期性的初始条件。解析法之三就是能量匹配法或半长轴匹配法，这种方法使主星和从星的能量达到一致，得到精确满足周期性约束的非线性条件。Inalhan 等人[60]在考虑参考轨道偏心率的前提下，采用这种方法推导了精确满足周期性约束的非线性条件，且其线性化的结果与基于 Lawden 的解析解得到的结果相同。Gurfil[61]采用能量匹配条件得到了相对轨道有界的条件，避免了修正 C-W 方程初始条件的复杂性，很简捷地得到了椭圆参考轨道上非线性相对运动方程的有界解。此外，还有一些方法是充分利用摄动力的性质，使得相对轨道不发生漂移或同步漂移。

Schaub 等人[62]研究了考虑 J_2 项摄动的最小相对漂移轨道，通过匹配主星和从星的平均轨道要素变化率得到了最小漂移的约束条件，但是只是采用了一阶近似。Gurfil[63]在参考文献［62］的基础上采用非密切轨道要素提出了扩展的 J_2 最小漂移轨道，即去掉了瞬时速度矢量与瞬时开普勒轨道相切的约束，得到了比参考文献［62］更多的 J_2 最小漂移轨道。Lara[64]等利用 J_2 项摄动影响下的近似可积性，分别匹配不同方向的运动周期，从动力学的角度给出了周期性约束条件。除了前述第一种解析法，其他几种方法得到的仅仅是周期性初始条件，如果要将周期解应用于控制，还需通过数值拟合[37]。

在数值法方面，参考文献［65］采用遗传算法与局部优化算法搜索考虑 J_2 项时的周期性相对轨道，结果表明轨道的轨道倾角为49.11 度、63.43 度或其补角时，轨道平面内和轨道平面外的运动共振，从而产生具有小漂移的投影圆相对运动。Damaren[66]采用牛顿迭代打靶法，得到满足周期性或拟周期性的相对轨道。Wiesel[36]根据哈密尔顿力学推导相对运动模型，并采用 Floquet 理论求周期解。参考文献［37-38］借鉴参考文献［36］的建模思路，以 C-W 方程型的周期性约束条件作为初值，采用单变量牛顿法搜索周期或拟周期相对轨道。

综上可以看出，解析法还是局限于单一摄动，至多两种摄动组合，一旦考虑的因素较多，就得借助于数值法。如何在考虑摄动因素较多的情况下，即模型较真实的情况下求解自然周期性相对轨道，是一个有待解决的问题。

1.4.2.2　编队飞行相对轨道的重构

构型重构路径规划实质是寻找使推进剂消耗最小的开环控制输入，重新配置编队中的航天器[67]，以实现任务需要的空间几何构型。此外，编队成员推进剂消耗的均衡性也是一个非常重要且必须考虑的问题，因为它直接影响了编队的有效任务寿命周期。Beard[67]通过对不同编队成员分配不同权值的方法来实现各成员推进剂消耗均衡，但以牺牲编队总体推进剂消耗为代价。Tillerson[68]提出应用线性规划技术优化编队航天器推力脉冲序列，再在顶层集中通过整数 0~1 规划技术进行全局的调度分配实现编队的构型重构；Mueller[69] 在此基础上分别研究圆参考轨道与椭圆参考轨道的构型重构，并且考虑了机动时间的优化；张玉锟[70] 提出编队卫星两脉冲重构策略，顶层采用相同技术进行协调分配。张博[71] 提出了一种编队整体系统建模的构型重构路径优化方法，以编队重构的推进剂消耗总量最小与各星推进剂消耗平衡为目标，通过优化各星推力脉冲序列及初始构型上始发点与期望构型上目标点相位得到最优重构路径。Breger[72-73] 应用线性规划技术，基于高斯摄动方程（GVE）研究了编队的构型重构路径规划；Jeffrey[74] 在此基础上同时考虑了各星的推进剂消耗的均衡性，并实现了重构过程的闭环控制。Takanao[75] 应用最小值原理优化编队卫星构型建立路径并平衡各星的推进剂消耗。

1.4.2.3 集群有界相对轨道的设计与重构

集群飞行的相对轨道设计更强调相对距离的有界性约束和周期性有界相对运动。Morgan[76] 考虑 J_2 项摄动对航天器集群的初始状态进行修正，使航天器集群获得周期有界的相对运动并且碰撞概率减小。Gurfil[77] 基于能量匹配原理设计了连续控制律，使集群航天器利用视线相对测量信息，自主引导形成周期有界的相对运动。Beigelman[78] 基于 GVE 脉冲控制，考虑 J_2 项摄动和大气阻力，以推进剂均衡为优化指标，通过最小二乘法求解最优脉冲，对相对轨道要素差进行修正，从而消除相对运动中的漂移项。Mazal[79] 通过一个时间差 Δt 和升交点赤经差 $\Delta \Omega$ 的初始约束，得到自然有界相对运动初始条件，并给出一个集群飞行的协同保持算法。Wang[80] 基于相对 E/I 矢量，以相对轨道要素描述最优目标函数和约束，采用遗传算法求解，得到推进剂消耗最优的集群轨道。Shahid[81] 考虑 J_2 项摄动，结合退步控制方法和人工势函数设计了航天器集群顶层控制算法，该算法可用于集群保持、初始化或分散/聚集（重构）控制。Morgan 在参考文献［82］中采用贯续凸优化方法，提出串行和并行两种分布式航天器集群最优重构制导方法，该方法适用于规模较大的航天器集群飞行。Dai[83]结合信息网络和相对运动动力学，以链路约束和动力学约束作为优化问题终端约束，得到最优稳定周期轨道和信息拓扑，但是仅适用于 C - W 模型。Mazal[84]提出了一种适用于连续常值小推力的协同制导算法，考虑摄动和大气阻力，以集群推进剂消耗总量和各航天器剩余推进剂的均衡性为指标，实现集群的最优初始化和保持。Colombo[85]通过利用不对称的太阳光压补偿大气阻力与摄动等因素导致的能量损耗，使 SpaceChip 集群获得长期有界运动轨道。参考文献［86 - 87］采用基于行为的方法，研究了集群保持、初始化和重构的制导问题。

1.4.3　分布式协同控制

航天器协同飞行控制（下文简称协同控制）的研究和发展历经了从集中式控制结构到分布式控制结构的演变过程。在集中式控制结构中有一个航天器作为整个系统协同的中心控制器，称为主航天器，收集所有航天器的状态信息，做出控制决策，再将控制指令信息分发给每个成员航天器[88]。这种集中式的控制技术是经典控制技术的延伸，本质上仍然是单结构系统的控制技术。然而，对于实际协同飞行任务，尤其是成员航天器数目较多时，由于链路带宽约束、信号遮蔽、传感器约束、信息拓扑变化和通信中断等不确定原因，主航天器往往可能无法获得所有航天器的状态信息。而且主航天器出现故障将导致整个协同飞行任务失效。因此，多航天器协同飞行应采用分布式控制结构。如图 1 - 9 所示，在分布式控制结构中，每个航天器都拥有独立的局部控制器，其利用自己与邻居的状态信息，产生局部决策[89]。所有航天器在局部控制决策的作用下产生全局期望的协调运动，实施和完成空间任务。分布式协同控制相比于集中式协同控制具有鲁棒性强、通信需求小等特点，吸引了诸多学者的关注，并成为协同控制发展的主要方向和研究重点。

分布式协同控制（或称多自主体协同控制）是在计算机科学、

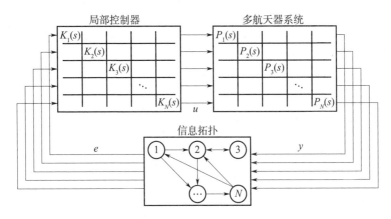

图 1-9　分布式协同飞行控制的结构图

管理科学、生物学、社会学等多学科的交叉与融合中产生的新兴的
研究领域[90]。分布式协同控制方法具有高效率、高容错性和内在的
并行性等优点，这使其在多传感器网络、多机械臂协同装配、机器
人协同运动、无人机编队以及航天器协同飞行等众多领域得到广泛
研究和应用。分布式协同控制理论和方法是航天器协同飞行控制的
重要研究方向，因此，分布式航天器协同飞行控制技术发展水平在
一定程度上也取决于分布式协同控制技术的研究和发展水平。

1.4.3.1　一致性控制

一致性（consensus）问题是分布式协同控制研究的一个基本问
题。Ren 等人[91]对一致性问题进行了较为系统的综述。所谓一致性
是指多自主体的某种状态，通过信息的共享与交互，趋向一致。作
为控制问题，一致性控制的目标是使所有自主体的协同状态趋同。
协同状态在航天器协同飞行控制中即为各成员航天器的位置或者
姿态。

最早在计算机领域，一致性问题被作为分布式计算的基础理论
进行研究[92]。之后，20 世纪 70 年代，从事管理科学和统计学的学
者 DeGroot[93]提出了统计一致性的概念，用以估计一组自主体共有
的包含某些未知变量的概率分布函数。计算机图形领域学者 Reyn-

olds 为了在计算机上模仿自然界鸟群、鱼群等集群系统的群体行为，在 1987 年提出了著名的 Boids 模型[94]。1995 年，Vicsek 等人[95] 又在此基础上，只考虑 Boids 模型的速度匹配规则，提出了一种最近邻规则的模型，称为 Vicsek 模型。该模型是由 N 个自主体组成的离散时间系统，每个自主体在平面内以恒定速率运行，其运动方向角是可感知范围内自主体方向角的平均，另外还受到一个均值为零的噪声影响。仿真结果表明，当自主体密度比较大且噪声比较小时，所有自主体运动方向趋向一致，这种现象称为同步[96]。Vicsek 模型产生这种同步现象引起了数学、控制工程和系统理论等多个领域的极大关注，很多学者均试图对 Vicsek 模型所产生的一致性行为给出一个严格的理论分析。Jadbabaie 等人[97] 通过对最近邻规则中角度的非线性更新用线性模型来近似，从而可将 Vicsek 模型作为一致性问题进行理论分析。因此一致性问题成为研究群体系统行为同步控制的重要理论方法，并再次成为相关领域学者研究的热点。

Olfati - Saber 将早期研究所提出的线性一阶积分器系统（下文简称线性一阶系统）（$\dot{x}_i = u_i$；$i = 1, \cdots, N$）自主体的各种一致性控制律[97-100] 写为统一形式

$$u_i = \sum_{j \in N_i} \left[x_i(t) - x_j(t) \right] \qquad (1-1)$$

其中，$j \in N_i$ 表示第 i 个自主体相邻（即可共享信息）的自主体的集合。一致性控制律式（1 - 1）使各自主体的状态不断趋同于其他相邻自主体的状态。且从式（1 - 1）可知，每个自主体在控制过程中仅用到相邻自主体与自己的状态的偏差，这也体现了 Vicsek 模型中的最近邻规则。参考文献［101］指出，当且仅当编队内信息拓扑图 G 中存在一个最大生成树时，在一致性控制律式（1 - 1）的作用下，所有自主体的协同状态收敛到信息拓扑图 G 的强连通节点的代数平均值上。参考文献［101 - 102］还研究了离散的一阶系统一致性控制律，其收敛性条件相同。

在线性一阶系统一致性控制研究的基础上，Ren[103] 对线性二阶

系统自主体的一致性控制进行了研究，并提出一个类似 PD 控制器的线性二阶一致性控制律，并证明了系统收敛的充要条件是通信拓扑网络中有一个最大生成树，且位置和速度反馈增益满足一定条件。参考文献［104］将线性一阶、二阶系统一致性控制推广到更高阶的情况。参考文献［105］系统地阐述了一致性控制相关研究及其应用前景。

另外，非线性系统的一致性控制也逐渐受到关注。但非线性系统动力学特性相比线性系统要复杂得多，这使其一致性控制的分析和综合也要困难得多。目前，对一般非线性系统的一致性控制研究尚处于起步阶段，对其中一类工程中应用极其广泛的典型非线性系统的一致性控制问题，即多 Lagrangian 系统的一致性控制，近年来成为一个新的研究热点。Chung[106] 基于收缩理论研究，对多 Lagrangian 系统的一致性控制进行研究，在考虑了模型不确定和时不变的通信延迟等情况下，证明系统指数收敛。Ren 在参考文献［107］中研究了无领导者且不依赖模型的多 Lagrangian 系统一致性控制律，在一致性控制律设计中考虑了执行机构饱和以及速度不可测两种情况，并针对闭环系统不自治的情况，采用 Matrosov 稳定性理论分析了系统的稳定性。又在文献［108］中基于无源理论，提出了一种不需要速度测量信息的一致性控制律，该控制律要求信息拓扑无向连通。Mei[109] 针对有时变加速度领导者的多 Lagrangian 系统，设计了非连续控制器，并利用微分包含与非平滑分析证明了系统稳定性。参考文献［110］则将多 Lagrangian 动力学系统转化为自治闭环方程，采用 Lyapunov 稳定性定理，以及 Lasalle 定理或 Barbalate 定理进行分析。参考文献［111］针对模型中存在的参数不确定，基于自适应控制的方法设计多 Lagrangian 系统的一致性控制律。

1.4.3.2 多自主体协同运动控制

多自主体协同运动是分布式协同控制最主要的应用领域，多航天器协同飞行本质上也是一种典型的多自主体协同运动。多自主体协同运动控制的研究主要集中在以下三个领域[90-91]。

（1）交会控制

交会是指多自主体系统所有自主体速度或相对速度逐渐趋零，并在同一位置会合，如航天器交会对接操作。其控制目标可描述为

$$\lim_{t \to \infty} \| x_i(t) - x_j(t) \| = 0$$

$$\lim_{t \to \infty} \| \dot{x}_i(t) - \dot{x}_j(t) \| = 0, i, j = 1, \cdots, N \tag{1-2}$$

其中，N 为系统中自主体数目。Ando[112]最早提出了多自主体交会控制，Lin[113]继而提出了同步和异步两种情况的"走—停"策略。Cortes[114]针对线性系统的交会控制，引入了邻近图的概念，放松了对信息拓扑的需求。Sorensen[115]对自主体可获得信息传递和局部信息两种交会策略的收敛时间和系统性能进行了比较。Hui[116]设计了分布式非平滑静态与动态输出反馈控制器，实现了有限时间内多目标的会合。

（2）集群控制[117]

集群现象几乎存在于自然界中所有尺度上，如鸟群、鱼群、蚁群、蜂群、细菌群落等。集群中自主体间仅需根据其邻居信息调整自己的行为，就可以使集群整体自组织地涌现出松散的蜂拥协调状态[118]。因此，集群控制的特点在于其自主体个体间仅仅通过局部的相互协同，就可使集群整体涌现出全局协调行为。Boids 模型[94]和Vicsek[95]模型都是从集群的现象出发，通过计算机模拟集群的涌现行为。对集群控制的理论研究，最常用的方法是基于个体描述的模型，以常微分方程描述自主体个体运动。早期，参考文献［119－121］对集群控制开展了理论研究。Leonard[122]首次采用人工势场方法对集群涌现进行理论分析，之后该方法成为研究集群控制的重要工具。Olfati－Saber 在参考文献［123］中，根据 Reynolds 的 Boids 控制模型，提出了多自主体系统集群的数学解析方法，为集群问题提供了理论分析框架，其基本思想是：通过建立子系统之间的局部势能函数，使得全局势能函数（所有局部函数相加值）的最小值对应于期望的集群状态。Zohdi[124]系统地综述了相关研究，并在此基础上研究了集群涌现机制的建模和仿真。

（3）编队控制

编队控制是分布式协同控制领域的研究热点，被广泛应用于机器人协同作业、无人机编队、航天器编队、协同运输、移动传感器网络，以及战场侦察等领域[125]。编队控制通常可按是否存在集群参考分为两类：第一类是不存在群体参考的编队控制称为编队形成控制，是指在集群不存在群体参考的情况下，通过控制算法使所有自主体形成期望几何构型。循环控制是这类编队控制问题的典型方法。如式（1-1）所示，一致性控制中每个自主体的控制输入是该自主体与邻居自主体状态差的加权平均。循环控制是在一致性控制基础上，通过加入一个旋转耦合矩阵使每个自主体的控制输入通过旋转角产生偏置[126]。例如对应于式（1-1），循环控制的控制输入为

$$u_i = \sum_{j \in N_i} C\big[x_i(t) - x_j(t)\big] \qquad (1-3)$$

其中，C 是旋转耦合矩阵。参考文献 [126] 针对一阶系统和二阶系统，设计了循环追踪控制律，并通过分析闭环系统状态转移矩阵的特征值来分析系统稳定性，并研究信息拓扑、阻尼增益及耦合矩阵对集群运动的影响。Teran - Romero[127] 考虑了时间延迟、噪声的存在，采用循环追踪方法研究了非线性自驱动自主体的编队控制。Sepulchre[128] 研究了非完整移动机器人的运动，其与参考文献 [126] 的类似之处在于，同样采用了耦合矩阵使控制输入产生偏置。但需要说明的是，参考文献 [128] 中的偏置状态是由其特殊的非线性动力学产生的，而参考文献 [126] 偏置状态则是预先设定的。值得一提的是，集群控制也属于这一类编队控制的范畴。第二类是存在群体参考的编队控制，称为编队跟踪控制。参考文献 [129] 针对集群整体跟踪某个期望状态的队形运动问题，设计了一个类似一阶线性一致性的控制律，用以跟踪群体参考状态。参考文献 [130] 研究了一般线性系统跟踪群体参考的控制问题。Cao[131] 提出一种变结构一致性控制律，能够以较少的信息需求，使编队跟踪群体参考状态。参考文献 [132] 研究了线性系统自主体跟踪群体参考过程中同时保

持构型的一致性控制，而参考文献［133］则对非线性的情况进行了研究。

综合分析，在分布式控制结构中，第 i 个自主体的动力学可写为下式

$$\dot{x}_i = f[x_i, u_i(x_i, x_{\text{neighbor}}, x_{\text{reference}})] \qquad (1-4)$$

其中，x_{neighbor}，$x_{\text{reference}}$ 分别为由信息拓扑确定的第 i 个自主体能够获得其他自主体的信息和群体的参考信息，$u_i(\cdot)$ 为第 i 个自主体的局部控制器。上述一致性控制的研究中大多将自主体的动力学模型 $f(\cdot)$ 简化为一阶或二阶积分器的形式。但是考虑航天器协同飞行的实际控制问题时，必须考虑航天器的动力学特性，结合一致性控制的相关理论方法进行具体而有针对性的设计和分析。

1.4.3.3　航天器分布式协同控制

Scharf[134-135]在参考文献［136］综述的基础上，对航天器编队飞行的制导和控制进行了较为系统的综述分析，将航天器控制方法分为多输入多输出式、主从式、虚拟结构式、循环式以及行为式，并指出编队飞行控制技术研究亟待解决的三个问题：稳定性条件、减小信息需求、增强自主性和鲁棒性。Ren[137]指出以上这些协同控制方法均可采用基于一致性理论的协同控制方法进行统一描述。之后，基于一致性理论的分布式控制方法逐渐成为多航天器协同控制的重要研究方向之一。目前，关于多航天器协同控制的研究可分为相对轨道的协同控制、姿态的协同控制及轨道和姿态一体化六自由度（6 DOF）的协同控制。

相对轨道的协同控制主要是将航天器相对轨道状态与期望状态之差作为协同状态，再基于一致性理论设计协同控制律。Ren[89,137]提出了一种深空卫星编队虚拟结构的分布式协同控制方法，编队各星均具有局部管理层与控制模块，局部管理层在不同任务阶段，向局部控制模块发送特定期望编队模式指令，局部控制模块通过底层控制器执行该指令。Smith[138]针对深空探测任务，研究了切换信息拓扑下的航天器编队最优控制。又在参考文献［139］中提出了一种

基于平行估计器的控制方法,该方法在估计器误差动力学和开环动力学稳定前提下,即使控制过程中通信链路中断,控制器仍能保持协同。Gurfil 等人在参考文献［77］和参考文献［78］中应用图论理论,提出了连续推力与脉冲推力两种卫星编队构型的分布式控制方法,编队中卫星通过星间局部观测与控制实现编队的构型保持,并从轨道动力学角度证明了两种控制方法均能够保证编队的稳定性。张博[140-141] 等人提出了一种基于一致性控制的分布式协同控制方法,该方法中编队卫星基于信息拓扑进行分布式估计与协调控制,实现编队的构型建立、保持与整体机动。Chung[142] 基于一种将空间椭圆运动转化为圆周和正弦叠加运动描述的坐标转换方法,设计了一个用于航天器集群的重构和保持的相位同步控制器,并采用鲁棒收缩理论证明了该方法在存在各种摄动情况下能够指数收敛,且并不要求信息拓扑是平衡图。

多航天器在协同飞行中,由于推进剂消耗和航天器姿态变化等因素影响,成员航天器的质量、质心等参数都将发生变化,使系统动力学模型存在不确定性,因而要求控制器对参数不确定性具有适应能力和鲁棒性。马广富[143] 在无向连通拓扑结构下,按照航天器质量可知和未知两种情况,设计了基于一致性理论的协同控制律,实现了多航天器对期望构型的跟踪协同控制。Ramirez[144] 在三维空间二阶系统自主体循环追踪控制的基础上,提出了一种多航天器循环追踪的控制算法,实现椭圆自然构型。

多航天器姿态的同步和对准控制问题也是航天器协同飞行控制的研究热点。由于姿态运动方程为典型的非线性方程,因此,姿态协同运动控制需要采用非线性控制的相关方法设计非线性一致性控制律。Min[145] 在考虑时延、模型不确定及未知扰动情况下,采用自适应控制的方法,设计了自适应姿态一致性控制律。Ren[146] 基于非线性自主体一致性控制的方法,研究了姿态同步和对准,得到相应的非线性协同控制律。Abdessameud[147] 假设角速度不可测量,设计了航天器姿态同步跟踪和同步一致两种控制律。Meng[148] 研究了角速度不可测量、一般连通信息拓扑及动态信息拓扑三种情况的姿态协同跟踪控制。Wu[149]提出一个分布式自适应滑模控制律，实现多航天器姿态的同步调节，消除与参考姿态指令以及各航天器之间的姿态及角速度误差。Zou[150]采用有限时间观测器、降维观测器以及退步控制技术，设计了分布式输出反馈姿态协同控制律，在部分航天器可知时变参考姿态情况下，实现多航天器姿态协同跟踪控制。Liang[151]提出了一种行为式的协同控制方法，分别通过各个控制器状态保持和编队保持两个行为的加权和，实现编队成员对期望姿态的同步跟踪及一致对准的全局行为。参考文献［152］分别采用分布式变结构控制和鲁棒滑模控制的方法研究了多航天器姿态协同控制。由于非线性控制固有的复杂性，目前多航天器姿态协同控制问题，尚未形成统一有效的理论和方法，仍然是多航天器协同控制值得关注的重要研究方向。

　　航天器 6 自由度的协同控制，目前主要采用的方法是将航天器相对轨道和姿态描述为 Lagrangian 方程形式的 6 自由度模型，借助 Lagrangian 方程反对称性等性质设计协同控制律。Chung[153]将卫星编队相对轨道和姿态运动描述为 Lagrangian 系统，设计分布式非线性协同控制律以实现卫星编队的 6 自由度控制。Lv[154]在考虑输入受限和参数不确定情况下，基于退步控制设计了协同控制律，并通过加入指令滤波器，使控制信号满足输入约束。Kristiansen[111]则针对模型参数不确定，分别设计基于无源方法的 PD＋控制器、滑模控制器和退步控制器三个控制器。Ren[155]在有向拓扑结构下研究了多星系统的相对轨道和相对姿态，但是将航天器相对运动建模为简单的线性二阶积分系统。

1.4.4　发展趋势

　　综上所述，相对运动动力学建模、协同制导和协同控制是航天器协同飞行控制的三个关键技术[31-33]（如图 1－8 所示），其研究与发展在一定程度上决定了航天器协同飞行从概念走向空间实践的发展进程。随着航天器协同飞行新的概念和任务的不断提出，也使这些方面的研究面临新的问题和挑战，促使了上述研究领域的进步并呈现出新的发展趋势。

相对运动动力学模型是对空间环境下航天器相对运动动力学规律的真实描述和相对运动的高逼真度数学拟合。使用精确的动力学模型能够在以最小甚至无需控制的情况下，使航天器间形成周期有界的期望相对运动。因此，建模研究的直接目标就是建立精确的相对运动模型。但是，由于近地空间环境各种不确定摄动因素存在，随着相对运动模型精度和控制要求的提高，其复杂程度也在不断增加，而复杂的模型必将占用更多的星上计算资源，同时也为寻找周期有界期望运动带来难度。因此，相对运动建模中精确性与复杂性之间的矛盾仍未得到很好的解决。由此出发，相对运动建模的发展可分为两个方向：其一，仍然致力于采用新的数学和力学理论与计算方法获得更精确且形式简单的动力学模型；其二，面向实际的空间任务，考虑更多真实的约束和空间约束，寻求高度非线性动力学的精确数值解；其三，则是紧跟新的编队和集群飞行的应用发展趋势，致力于编队和集群相对运动规律和建模的研究。与传统的精密编队相比，集群相对运动相比传统的编队相对运动，对模型精度要求不高，也并不力求得到两个航天器间确定的周期运动轨迹，而更强调多航天器间运动的有界性和协调性。但对于一个完成的分布式空间任务，可能既有精密编队飞行、松散编队飞行，构型重构，也有集群飞行，因此，编队和集群的统一描述和一体化建模也是相对动力学研究的重要内容。

协同制导的目标是确定协调的相对运动轨迹，为闭环控制提供跟踪指令。在协同飞行中可分为保持和重构两个子问题。保持阶段协同制导的主要任务是寻找符合自然动力学特性和摄动影响同步的自治周期运动约束，以尽可能减少保持阶段的控制能耗。而重构阶段的协同制导则是寻找初始状态到目标自治周期运动约束之间的最优策略和最优机动路径。协同制导问题的核心是以延长协同飞行在轨寿命为目标，以任务约束为前提的最优决策和最优路径规划问题。由于相对运动建模的复杂性和精确性问题的存在，在长期或超长期协同飞行任务中，解决保持和重构制导最优性问题仍然具有很大的挑战性。正因如此，由编队向集群的发展过程中，保持阶段的制导问题从寻找确定周期性轨迹约束演化为保持有界性约束，从而减少控制能耗。但是当前研究中的有界性约束一般均为最大相对距离约束和被动安全约束构成的非自然约束，而以复杂网络、微分几何、博弈论等理论和方法，寻找自然的有界约束，以及满足编队和集群的智能化制导与控制策略将是制导问题未来的重要研究方向。

协同控制的任务是协调控制或跟踪制导指令，以稳定的闭环反馈控制方式确保航天器满足运动约束，准确实现协同飞行的协同控制状态保持、跟踪或重构。如前文所述，由于航天任务的特殊性、航天器飞行力学的特性以及航天器协同飞行制导中特殊的自然构型要求等原因，其技术发展也具有一定特点：其一，Scharf[135]指出的编队飞行控制亟待解决的稳定性条件，减小信息需求以及增强自主性和鲁棒性三个问题，仍是很多学者研究的目标；其二，提高系统的自主性和智能性，增强系统在环境、任务、自身结构等因素发生变化时的在轨自主决策能力，使系统具有更强的适应性、容错性和灵活性，最终减小协同飞行对地面测控的依赖也是研究任务之一；其三，尽可能减小控制的总能耗和成员航天器的能耗差，即从最优控制的角度出发，研究协同飞行的分布式协同控制问题，在满足控制目标和性能的前提下，使总能耗和能耗差的综合指标最优；其四，考虑航天器的信息约束和控制执行能力约束，研究通信约束与通信延迟、测量信息缺失与输入受限、欠驱动和输出饱和，以及利用自然力等情况下分布式协同控制更具工程现实意义；其五，结合更加准确的动力学模型，研究复杂动力学约束下的协同控制，以及编队和集群的一体化控制以及轨道和姿态的六自由度协调控制，对于控制精度及能耗的经济性、空间任务的实施都有重要意义；其六，航天器集群的有界相对运动控制，在空间动力学环境下，其相比自然集群的涌现控制存在很大的不同，原有的 Boids 模型和 Vicsek 模型均不再适用，亟待一种可适用于轨道动力学约束的集群涌现控制方法。

另外，以一致性控制为基础的分布式协同控制作为一个新兴的研究领域，其研究仍处于发展阶段，也有很多问题尚未得到很好的解决，大体可分为两个方面[90,125]：一是考虑现实的网络不确定因素。多自主体系统区别于单体系统最本质的要素在于其通过网络进行信息传递与共享，而现实通信网络传输中普遍存在网络延迟、拓扑结构变化以及时间不同步等不确定因素，这些因素都会对系统性能产生不容忽视的影响；二是考虑实际的动力学不确定因素。实际物理系统的动力学，由于内部不可建模及外部不确定扰动等因素会导致动力学的不确定性。对于多自主体协同控制，模型的不确定性会给一致性控制律设计带来很大难度。虽然很多学者致力于解决以上两个方面的挑战，但是在多自主体协同控制分析与设计方法的普适性方面还有待进一步深入研究。另外，关于一般非线性系统的协同控制的研究以及分布式协同控制的工程化方面还面临很多挑战，如何将这些理论和方法的研究成果与多航天器协同飞行控制的应用实际结合起来，更有效地实施分布式空间任务，都是将来重要的研究方向。

1.5　本书内容安排

本书面向航天器编队、航天器集群以及它们的综合等自主分布式航天器系统的发展和应用，研究近地航天器协同飞行的动力学、制导与控制，全书内容包括相对运动动力学、协同制导、分布式控制和任务分配四部分，共分为 12 章。第 1 章首先介绍了航天器协同飞行的概念和内涵，航天器协同飞行的优势与挑战；其次分析了国外典型航天器协同飞行的相关计划，对航天器协同飞行动力学建模、协同制导与分布式控制的研究现状与发展趋势进行了综述。

第 2 章和第 3 章研究了航天器相对运动动力学、周期性条件与相对运动模型的周期解。第 2 章给出了不同适用条件的航天器相对运动的轨道和姿态动力学模型。其中相对运动的轨道动力学模型包括：考虑 J_2 项摄动的精确相对运动模型及其简化模型；以及不考虑 J_2 项摄动的线性相对运动模型；基于高斯变分方程的线性相对运动模型。还以刚体姿态运动为基础，建立了航天器姿态相对运动的动力学模型，以及考虑轨道和姿态耦合的相对运动模型。第 3 章研究了航天器协同飞行的周期性相对运动条件与相对运动模型的周期解。主要从解析和数值两个角度研究了航天器非线性相对运动模型的求解，得到了保持相对运动周期性或准周期性的初始条件，以及对应的周期运动的描述形式，并以长期编队保持控制为例，检验了周期解的有效性与应用。

第 4 章和第 5 章研究了航天器相对运动的重构和编队飞行的协同制导问题。第 4 章分圆参考轨道与椭圆参考轨道两种情况研究了周期相对运动轨迹的几何描述；针对航天器相对运动的重构问题，基于非线性相对运动模型，分为不考虑 J_2 项摄动和考虑 J_2 项摄动的相对运动两种情况，综合采用变法法和摄动法求解了相对运动的能量最优重构问题；针对多星相对运动重构的协同制导问题，研究了顶层协同—底层规划的航天器编队飞行构型重构分层优化协同制导，以及基于编队系统建模的航天器编队飞行整体优化协同制导。第 5 章基于 E/I 矢量及其相对运动模型，研究了航天器编队 E/I 联合隔离的轨道设计与制导，以及基于 E/I 矢量的集群飞行轨道优化。

第 6 章至第 10 章致力于研究多航天器协同飞行分布式控制的理论和方法，包括多航天器协同飞行的轨道控制、轨道和姿态 6 自由度协同飞行控制。第 6 章根据航天器协同飞行的特点，将一致性理论与航天器协同飞行控制的需求相结合，给出了基于一致性的航天器协同控制方法的统一描述，并建立了基于一致性的航天器协同控制框架；在此基础上，提出了基于一致性理论的分布式协同制导和控制的策略与算法，并通过典型仿真算例验证了该方法的有效性。第 7 章在研究一种可跟踪动态目标的线性二阶系统的循环追踪算法基础上，通过追踪轨迹同胚映射方法，使追踪轨迹与自然周期构型的匹配，从而实现多航天器编队的初始化、队形保持、转移与交会。第 8 章采用基于蜂拥控制的航天器集群控制算法结构，将传统蜂拥控制的速度匹配规则，推广为能量匹配规则，提出了一种航天器集群飞行的蜂拥控制方法——基于周期延迟误差同步的航天器集群飞行最优协同控制，综合仿真算例证明了该控制方法的有效性。第 9 章在建立单个航天器和多航天器协同飞行系统的 Lagrangian 形式 6 自由度模型基础上，采用多 Lagrangian 系统的线性和非线性一致性算法，分别设计了多航天器协同飞行交会对接任务以及编队构型控制任务的 6 自由度协同控制律，并通过仿真验证了控制律的有效性。第 10 章采用动力学分解方法，将涉及多个航天器轨道和姿态协同运动的动力学模型集分解为整体系统和队形系统，建立了多航天器协同飞行的轨道与姿态动力学分解模型；以此为基础，设计整体系统和队形系统的轨道与姿态跟踪控制律，实现了多航天器 6 自由度协同飞行的整体机动和队形变化。

　　第 11 章和第 12 章讨论了多航天器协同飞行的自主运行体系和自主任务分配。第 11 章分析了智能水平不同的航天器 Agent 组合成的各种多 Agent 结构，确立了多分离异构航天器系统的多 Agent 系统（MAS）模型，提出了基于 MAS 的多分离异构航天器系统的自主协作运行体系，建立了多分离异构航天器系统的动态联邦 MAS 结构，基于功能 Sub - Agent 给出了多分离异构航天器系统的信息流模型。第 12 章从 MAS 的动态任务优化分配问题出发，针对传统合同网协议的不足，从协商目标、协商协议、协商策略和协商处理等四个方面入手，建立了改进的合同网协议理论；基于改进的合同网任务优化分配理论，建立了招标前任务选择、任务执行 Agent 信任度及更新、投标方投标方法、评标前资源约束检验、招标方招标方法与策略等任务优化分配阶段性模型；描述了基于动态联邦 MAS 的多航天器系统任务优化分配问题的评标过程,讨论了任务优化分配策略的评价准则,建立了集中式动态任务分配模型。最后,针对确定点目标任务优化分配问题和非确定点目标观测问题,设计了任务优化分配算法和评标策略,并进行了仿真。

参 考 文 献

[1] J HAMEL, J DE LAFONTAINE. Autonomous Guidance & Control of Earth - Orbiting Formation Flying Spacecraft. Proceedings of the 57th International Astronautical Congress, Valencia, Spain, October 2006, IAC - 06 - C1. 7. 01.

[2] T A LOVELL, S G TRAGESSER. Analysis of the Reconfiguration and Maintenance of Close Spacecraft Formations. 13th AAS/AIAA Space Flight Mechanics Conference, Ponce, Puerto Rico, February 2003, AAS 03 - 139.

[3] O BROWN, P EREMENKO. Fractioned Space Architectures: A Vision for Responsive Space. Proceedings of the AIAA 4th Responsive Space Conference, Washington, 2006: 24 - 27.

[4] C JOLLY, T LANG, T DONATH. Satellite Protection: A System's Approach Through the 3R Concept. AIAA SPACE 2009 Conference & Exposition, Pasadena, California, 2009.

[5] M SWEETING. UoSAT Microsatellite Missions, Electronics & Communication Engineering Journal, 1992 (4): 141 - 150.

[6] 林兴来. 分布式小卫星系统的技术发展与应用前景 [J]. 航天器工程, 2010, 19 (1): 60 - 66.

[7] R L TICKER, J D AZZOLINI. 2000 Survey of Distributed Spacecraft Technologies and Architectures for NASA's Earth Science Enterprise in the 2010 - 2025 Timeframe. NASA, Goddard Space Flight Center, 2000, TM - 2000 - 209964.

[8] C KITTS, M SWARTWOUT. Autonomous Operations Experiments For the Distributed Emerald Nanosatellite Mission. SSC00 - IX - 5, 2000.

[9] K ALFRIEND, S R VADALI, P GURFIL, J HOW AND L BREGER. Spacecraft Formation Flying: Dynamics, Control and

Navigation. Elsevier，Amsterdam，2010.

[10]　A MOCCIA，S VETRELLA，R BERTONI. Mission Analysis and Design of a Bistatic Synthetic Aperture Radar on Board a Small Satellite. Acta Astronautica，2001，47（11）：819 – 829.

[11]　袁建平，李俊峰，和兴锁，冯维明，等. 航天器相对运动轨道动力学 [M]. 北京：中国宇航出版社，2013.

[12]　袁建平，和兴锁，等. 航天器轨道机动动力学 [M]. 北京：中国宇航出版社，2010.

[13]　敬忠良，袁建平，等. 航天器自主操作的测量与控制 [M]. 北京：中国宇航出版社，2011.

[14]　J H SALEH，G DUBOS. Responsive Space Concept Analysis，Critical Review，and Theoretical Framework. AIAA SPACE 2007 Conference & Exposition，Long Beach，California，Sept 2007.

[15]　D M LOBOSCO，G E CAMERON，R A GOLDING AND T M WONG. The Pleiades Fractionated Space System Architecture and the Future of National Security Space，AIAA SPACE 2008 Conference & Exposition，San Diego，California，Sept 2008.

[16]　杏建军. 编队卫星周期性相对运动轨道设计与构形保持研究 [D]. 长沙：国防科技大学，2007.

[17]　http：//www. space. com/missionlaunches/missions/eo1 _ sat _ 001114. html.

[18]　S D'AMICO，J S ARDAENS，et al. Spaceborne Autonomous Formation – Flying Experiment on the PRISMA Mission . Journal of Guidance，Control and Dynamics，2012，35（3）：834 – 850.

[19]　http：//www. utias – sfl. net/docs/canx45 – ssc – 2007. pdf.

[20]　http：//op. gfz – potsdam. de/grace.

[21]　http：//www. vs. afrl. af. mil/VSD/TechSat21/.

[22]　J DOW，S MATUSSI，R MUGELLESI DOW，M SCHMIDT AND M WARHAUT. The Implementation of the Cluster II Constellation. Acta Astronautica，2004（54）：657 – 669.

[23]　A S SHARMA，S A CURTIS. Magnetospheric Multiscale Mission：Cross – scale Exploration of Complexity in the Magnetosphere. Springer，2005.

[24]　K DANZMANN. LISA – An ESA Cornerstone Mission for the Detection

and Observation of Gravitational Waves. Advances in Space Research, 2003, 32 (7): 1233 - 1242.

[25] J Y TIEN, J M SRINIVASAN, J E YOUNG. Formation Acquisition Sensor for the Terrestrial Planet Finder (TPF) Mission. IEEE Aerospace Conference Proceedings, 2004 (6): 2680 - 2690.

[26] C MATHIEU, A L WEIGEL. Assessing the Flexibility Provided by Fractionated Spacecraft. AIAA Space 2005 Conference, Long Beach, California, 2005.

[27] P GURFIL, J HERSCOVITZ , et al. The SAMSON Project - Cluster Flight and Geolocation with Three Autonomous Nano - satellites. 26th Annual AIAA/USU Conference on Small Satellites, SSC12 -VII - 2.

[28] A DAS AND R COBB. TechSat 21 - Space Missions Using Collaborating Constellations of Satellites. Proceeding of the 12th Annual AIAA/USU Conference on Small Satellites, Logan Utah, 1998.

[29] 李新洪, 李智, 董云峰. F6 卫星系统相关情况及对我国的启示 [J]. 863 航天航空技术, 2012 (2): 1 - 27.

[30] P GURFIL, TECHNION, N BARESI. Development And Implementation Of Cluster Flight Algorithms For The Samson Mission. 7th International Workshop on Satellite Constellations and Formation Flying, 2013.

[31] 张育林, 曾国强, 王兆魁, 郝继刚. 分布式卫星系统理论及应用 [M]. 北京: 科学出版社, 2008.

[32] F Y HADAEGH, S GURKIRPAL, B AÇIKMEŞE, D P SCHARF AND M MANDIC. Guidance and Control of Formation Flying Spacecraft. The Path to Autonomous Robots , Springer , 2009: 1 - 19.

[33] J HAMEL, J DE LAFONTAINE. Autonomous Guidance and Control of Earth - Orbiting Formation Flying Spacecraft: Closing the Loop. Acta Astronautica, 2008 (63): 1246 - 1258.

[34] W CLOHESSY, R WILTSHIRE. Terminal Guidance System for Satellite Rendezvous. Journal of the Astronautical Sciences, 1960, 27 (9): 653 - 678.

[35] G XU, D WANG. Nonlinear Dynamic Equations of Satellite Relative Motion Around an Oblate Earth. Journal of Guidance, Control, and Dynamics, 2008, 31 (5): 521 - 1524.

[36] W E WIESEL. Relative Satellite Motion About an Oblate Planet. Journal of Guidance, Control, and Dynamics, 2002, 25 (4): 776 - 785.

[37] V M BECERRA, et al. Using Newton's Method to Search for Quasi - Periodic Relation Satellite Motion Based on Nonlinear Hamiltonian Models. 7th Cranfield Conference on Dynamics and Control of Systems and Structures in Space, 2006: 193 - 202.

[38] J D BIGGS, V M BECERRA, S J NASUTO, V F RUIZ, W HOLDER-BAUM. A Search for Invariant Relative Satellite Motion, 4th Workshop on Satellite Constellations and Formation Flying, Sao Jose dos Campos, 2005: 203 - 213.

[39] K T ALFRIEND, H SCHAUB, D - W GIM. Gravitational Pertubations, Nonlinearity and Circular Orbit Assumption Effects on Formation Flying Control Strategies, 23rd Annual AAS Guidance and Control Conference, 2000: 2 - 6.

[40] D W GIM, K T ALFRIEND. The State Transition Matrix of Relative Motion for the Perturbed Non - Circular Reference Orbit, Proceedings of the 11 th Annual AAS/AIAA Space Flight Mechanics Meeting, Santa Barbara, CA, 2001: 913 - 934.

[41] J F HAMEL, J D LAFONTAINE. Linearized Dynamics of Formation Flying Spacecraft on a J2 - Perturbed Elliptical Orbit, Journal of Guidance, Control, and Dynamics, 2007, 30 (6): 1649 -1658.

[42] P GURFIL, N J KASDIN. Nonlinear Modelling of Spacecraft Relative Motion in the Configuration Space. Journal of Guidance, Control, and Dynamics, 2004, 27 (1): 154 - 157.

[43] H MARK, P L PALMER. An Analytic Relative Orbit Model Incorporating J3, AIAA/AAS Astrodynamics Specialist Conference and Exhibit, Keystone, Colorado, 2006: 21 - 24.

[44] 高云峰. 卫星编队飞行相对轨道运动动力学研究 [D]. 北京: 清华大学, 2001.

[45] 孟鑫. 基于相对轨道要素的卫星编队飞行设计及摄动研究 [D]. 北京: 清华大学, 2005.

[46] 王虎妹. 卫星编队飞行的参照轨道要素方法及应用 [D]. 北京: 清华大

学，2005.

[47]　S R VADALI, P SENGUPTA, H YAN, et al. Fundamental Frequen-
cies of Satellite Relative Motion and Control of Formations. Journal of
Guidance, Control, and Dynamics, 2008, 31 (5): 1239 -1248.

[48]　R G. MELTON. Time - Explicit Representation of Relative Motion Be-
tween Elliptical Orbits. Journal of Guidance, Control, and Dynamics,
2000, 23 (4): 604 - 610.

[49]　S A SCHWEIGHART, R J Sedwick. High - Fidelity Linearized J2 Model
for Satellite Formation Flight. Journal of Guidance, Control, and Dy-
namics, 2002, 25 (6): 1073 - 1080.

[50]　S A SCHWEIGHART, R J SEDWICK. Cross - Track Motion of Satellite
Formations in the Presence of J2 Disturbances. Journal of Guidance, Con-
trol, and Dynamics, 2005, 28 (4): 824 - 826.

[51]　S R VADALI, K T ALFRIEND K T, S VADDI. Hill's Equations,
Mean Orbital Elements, and Formation Flying of Satellites. Richard
H. Battin Astrodynamics Conf, American Astronautical Society, AAS Pa-
per 00 - 258, March 2000.

[52]　I M ROSS. Linearized Dynamic Equations for Spacecraft Subject to J2 Per-
turbations. Journal of Guidance, Control, and Dynamics, 2003, 26
(4): 657 - 659.

[53]　J A ROBERTS, P C ROBERTS. The Development of High Fidelity Line-
arized J2 Models for Satellite Formation Flying Control. AAS/AIAA
Space Flight Mechanics Meeting, American Astronomical Soc. Paper 04 -
162, Washington D C, 2004

[54]　M HUMI, T E CARTER. Orbits and Relative Motion in the Gravitation-
al Field of an Oblate Body. Journal of Guidance, Control, and Dynamics,
2008, 31 (3): 522 - 532.

[55]　V MARTINUŞI, P GURFIL. Closed - Form Solutions for Satellite Rela-
tive Motion in an Axially - Symmetric Gravitational Field. AAS/AIAA
Space flight Mechanics Meeting, New Orleans, LA, American Astro-
nomical Soc. Paper 11 - 209, Washington D C, 2011.

[56]　S S VADDI, S R VADALI, K T ALFRIEND. Formation Flying: Accom-

modating Nonlinearity and Eccentricity Perturbations. Journal of Guidance, Control, and Dynamics, 2003, 26 (2): 214 - 223.

[57] J A KECHICHIAN. Motion in General Elliptic Orbit with Respect to a Dragging and Precessing Coordinate Frame. Journal of the Astronautical Sciences, 1998, 46 (1): 25 - 45.

[58] P SENGUPTA, S R VADALI. Relative Motion and the Geometry of Formations in Keplerian Elliptic Orbits. Journal of Guidance, Control, and Dynamics, 2007, 30 (4): 953 - 964.

[59] N J KASDIN, E KOLEMEN. Bounded, Periodic Relative Motion Using Canonical Epicyclic Orbital Elements. American Astronautical Society Paper, 2005.

[60] G INALHAN, M TILLERSON M, J P HOW. Relative Dynamics and Control of Spacecraft Formations in Eccentric Orbits. Journal of Guidance, Control, and Dynamics, 2002, 25 (1): 48 - 59.

[61] P GURFIL. Relative Motion Between Elliptic Orbits: Generalized Boundedness Conditions and Optimal Formation Keeping. Journal of Guidance, Control, and Dynamics, 2005, 28 (4): 761 - 767.

[62] H S SHAUB, K T ALFRIEND. J2 Invariant Reference Orbits for Spacecraft Formation [J]. Celestial Mechanics and Dynamical Astronomy, 2002, 79 (2): 77 - 95.

[63] P GURFIL. Generalized Solutions for Relative Spacecraft Orbits Under Arbitrary Perturbations. Acta Astronautica, 2007 (60): 61 - 78.

[64] M LARA, P GURFIL. Integrable approximation of J_2 - Perturbed Relative Orbits. Celestial Mechanics and Dynamical Astronomy, 2012, 114 (3): 229 - 254.

[65] M SABATINI, D IZZO, R BEVILACQUA. Special Inclinations Allowing Minimal Drift Orbits for Formation Flying Satellites. Journal of Guidance, Control, and Dynamics, 2008, 31 (1): 94 - 100.

[66] C J DAMAREN. Almost Periodic Relative Orbits Under J2 Perturbations. Proceedings of the Institution of Mechanical Engineers. Part G, Journal of Aerospace Engineering, 2007, 221 (5): 767 - 774.

[67] R W BEARD, F Y HADAEGH. Fuel Optimization for Unconstrained Ro-

tations of Spacecraft Formations. Journal of the Astronautical Sciences, 1999, 47 (3): 259 - 273.

[68] M J TILLERSON. Co - Ordination and Control of Multiple Spacecraft Using Convex Optimization Techniques. Master's Thesis, Massachusetts Institute of Technology, 2002.

[69] J B MUELLER. A Multiple - Team Organization for Decentralized Guidance and Control of Formation Flying Spacecraft. AIAA 1st Intelligent Systems Technical Conference, Chicago, Illinois, 2004, AIAA 2004 - 6249.

[70] 张玉锟. 卫星编队飞行的动力学与控制技术研究 [D]. 长沙: 国防科技大学, 2002.

[71] 张博, 罗建军. 一种新的卫星编队构型重构路径规划方法 [J]. 西安: 西北工业大学学报, 2010, 28 (2): 153 - 159.

[72] L S BREGER, J P HOW, Gauss's Variational Equation - Based Dynamics and Control for Formation Flying Spacecraft. Journal of Guidance, Control, and Dynamics, 2007, 30 (2): 437 - 448.

[73] L S BREGER. Control of Spacecraft in Proximity Orbits. PhD dissertation, Massachusetts Institute of Technology, 2007.

[74] M M JEFFREY. Closed - loop Control of Spacecraft Formations with Applications on SPHERES. Master's thesis, Massachusetts Institute of Technology, June 2008.

[75] T SAIKI, J I KAWAGUCHI. On the Depolyment and Collision Avoidance Strategy for Formation Flight. Advances in the Astronautical Sciences, 2004, 117: 343 - 356.

[76] D MORGAN, S J CHUNG, L BLACKMORE, D BAYARD, F Y HADAEGH. Swarm - Keeping Strategies for Spacecraft Under J2 and Atmospheric Drag Perturbations. Journal of Guidance, Control, and Dynamics, 2012 (35): 1492 - 1506.

[77] P GURFIL, D MISHNE. Cyclic Spacecraft Formations: Relative Motion Control Using Line - of - Sight Measurements Only. Journal of Guidance, Control, and Dynamics, 2007, 30 (1): 214 - 226.

[78] I BEIGELMAN, P GURFIL. Optimal Fuel - Balanced Impulsive Formationkeeping for Perturbed Spacecraft Orbits. Journal of Guidance, Control,

and Dynamics, 2008, 31 (5): 1266 – 1283.

[79] L MAZAL, P GURFIL. Cluster Flight Algorithms for Disaggregated Satellites. Journal of Guidance, Control, and Dynamics, 2013, 36 (1): 124 – 135.

[80] J WANG, S NAKASUKA. Optimal Cluster Flight Orbit Design Method For Fractionated Spacecraft Based On Relative Orbital Elements. AIAA Guidance, Navigation, and Control Conference, Portland, Oregon, August 2011.

[81] K SHAHID, P GURFIL. Top – Level Control of Disaggregated Satellites: Cluster Maintenance and Scatter/Re – gather Maneuvers. AIAA Guidance, Navigation, and Control Conference, Minneapolis, Minnesota, August 2012.

[82] D MORGAN, S – J CHUNG. Spacecraft Swarm Guidance Using a Sequence of Decentralized Convex Optimizations. AIAA/AAS Astrodynamics Specialist Conference, Minneapolis, Minnesota, August 2012.

[83] R DAI, J MAXIMOFF, M MESBAHI. Formation of Connected Networks for Fractionated Spacecraft. AIAA Guidance, Navigation, and Control Conference, Minneapolis, Minnesota, August 2012.

[84] L MAZAL, G MINGOTTI, P GURFIL. Continuous – Thrust Cooperative Guidance Law for Disaggregated Satellites. AIAA Guidance, Navigation, and Control Conference, Minneapolis, Minnesota, August 2012.

[85] C COLOMBO, C MCINNES. Orbit Design for Future SpaceChip Swarm Missions in a Planetary Atmosphere. Acta Astronautica, 2012 (75): 25 – 41.

[86] D IZZO, L PETTAZZI. Autonomous and Distributed Motion Planning for Satellite Swarm. Journal of Guidance, Control, and Dynamics, 2007, 30 (2): 449 – 459.

[87] S NAG, L SUMMERER. Behaviour Based, Autonomous and Distributed Scatter Manoeuvres for Satellite Swarms, Acta Astronautica, 2013 (82): 95 – 109.

[88] W B RANDAL, L JONATHAN, Y H FRED. A Coordination Architecture for Spacecraft Formation Control. IEEE Transactions on Control Systems Technology, 2001, 9 (6): 777 – 790.

[89] W REN, R BEARD. Decentralized Scheme for Spacecraft Formation Flying Via the Virtual Structure Approach. Journal of Guidance, Control, and Dynamics, 2004 (27): 73 - 82.

[90] 闵海波, 刘源, 王仕成, 孙富春. 多个体协调控制问题综述 [J]. 自动化学报, 2012, 38 (10): 1557 - 1570.

[91] W REN, R W BEARD, E M ATKINS. Information Consensus in Multivehicle Cooperative Control. IEEE Control Systems Magazine, 2007: 71 - 82.

[92] N A LYNCH. Distributed Algorithms. CA: Morgan Kaufmann, 1996.

[93] M H DEGROOT. Reaching a Consensus. Journal of American Statistical Association, 1974, 69 (345): 118 - 121.

[94] C W REYNOLDS. Flocks, herds, and Schools: a Distributed Behavioral Model. Proceedings of the 14th Annual Conference on Computer Graphics and Interactive Techniques, New York, USA: ACM, 1987: 25 - 34.

[95] T VICSEK, A CZIROK, E BEN - JACOB, I COHEN, O SHOCHET. Novel Type of Phase Transition in a System of Self - Driven Particles. Physical Review Letters, 1995, 75 (6): 1226 - 1229.

[96] Z LIU, L GUO. Connectivity and Synchronization of Multi - Agent Systems. Proceedings of the 25th Chinese Control Conference. Harbin, China: Beihang University Press, 2006: 373 - 378.

[97] A JADBABAIE, J LIN, A S MORSE. Coordination of Groups of Mobile Autonomous Agents Using Nearest Neighbor Rules. IEEE Trasactions on Automatic Control, 2003, 48 (6): 988 - 1001.

[98] R OLFATI - SABER, R M MURRAY. Consensus Problems in Networks of Agents with Switching Topology and Time - delays. IEEE Transactions on Automatic Control, 2004, 49 (9): 1520 - 1533.

[99] J S SHAMMA. Cooperative Control of Distributed Multi - Agent Systems. Wiley Online Library, 2007.

[100] J A FAX, R M MURRAY. Information Flow and Cooperative Control of Vehicle Formations. IEEE Transactions on Robotics, 2004, 49 (9): 1465 - 1476.

[101] W REN, R W BEARD. Consensus Seeking in Multiagent Systems Under Dynamically Changing Interaction Topologies. IEEE Transactions on Automatic Control, 2005, 50 (5): 655 - 661.

[102] L MOREAU. Stability of Multi – Agent Systems with Time – Dependent Communication Links. IEEE Transactions on Automatic Control, 2005, 50 (2): 169 – 182.

[103] W REN. On Consensus Algorithms for Double – Integrator Dynamics. IEEE Transactions on Automatic Control, 2008, 53 (6): 1503 – 1509.

[104] W REN, K MOORE, Y Chen. High – order Consensus Algorithms in Cooperative vehicle systems. Networking, Sensing and Control, IEEE, 2006, ICNSC06: 457 – 462.

[105] W REN, R W BEARD. Distributed Consensus in Multi – Vehicle Cooperative Control: Theory and Applications. Springer, 2008.

[106] S – J CHUNG, J J E SLOTINE. Cooperative Robot Control and Concurrent Synchronization of Lagrangian Systems. IEEE Transactions on Robotics, 2009, 25 (3): 686 – 700.

[107] W REN. Distributed Leaderless Consensus Algorithms for Networked Euler – Lagrange Systems. International Journal of Control, 2009, 82 (11): 2137 – 2149.

[108] W REN. Distributed Attitude Synchronization for Multiple Rigid Bodies with Euler – Lagrange Equations of Motion. Proceedings of the 46th IEEE Conference on Decision and Control , New Orleans, 2007.

[109] J MEI, W REN, G MA. Distributed Coordinated Tracking with a Dynamic Leader for Multiple Euler – Lagrange Systems. IEEE Transactions on Automatic Control, 2011, 56 (6): 1415 – 1421.

[110] W DONG. On Consensus Algorithms of Multiple Uncertain Mechanical Systems with a Reference Trajectory. Automatica, 2011, 47 (9): 2023 – 2028.

[111] R KRISTIANSEN, P J NICKLASSON, J T GRAVDAHL. Spacecraft Coordination Control in 6 DOF: Integrator Backstepping vs Passivity – Based Control. Automatica, 2008, 44 (11): 2896 – 2901.

[112] H ANDO, Y OASA, I SUZUKI, M YAMASHITA. Distributed Memoryless Point Convergence Algorithm for Mobile Robots with Limited Visibility. IEEE Transactions on Robotics and Automation, 1999, 15 (5): 818 – 828.

[113] J LIN, A S MORSE, B D O Anderson. The Multi – Agent Rendezvous Problem. Proceedings. 42nd IEEE Conference on Decision and Control,

Maui, Hawaii, 2003: 1508 - 1513.

[114] J CORTES, S MARTINEZ, F BULLO. Robust Rendezvous for Mobile Autonomous Agents via Proximity Graphs in Arbitrary Dimensions. IEEE Transactions on Automatic Control, 2006, 51 (8): 1289 -1298.

[115] N SORENSEN, W REN. Rendezvous Problem in Multi - vehicle Systems: Information Relay and Local Information Based Strategies. Adaptive and Learning Systems, 2006 IEEE Mountain Workshop on, 2006: 183 - 188.

[116] Q HUI. Finite - Time Rendezvous Algorithms for Mobile Autonomous A-gents. IEEE Transactions on Automatic Control, 2011, 56 (1): 207 - 211.

[117] 汪小帆, 苏厚胜. 复杂动态网络控制研究进展 [J]. 力学进展, 2008, 38 (6): 751 - 765.

[118] P K VISSCHER. Animal Behaviour - How Self - Organization Evolves. Nature, 2003, 421 (6925): 799 - 800.

[119] J TONER, Y H TU. Flocks, Herds, and Schools: A Quantitative Theory of Flocking. Physical Review E, 1998, 58 (4): 4828 - 4858.

[120] N SHIMOYAMA, K SUGAWARA, T MIZUGUCHI, Y HAYAKAWA, M SANO. Collective Motion in a System of Motile Elements. Physical Review Letters, 1996, 76 (20): 3870 - 3873.

[121] H LEVINE H, W J RAPPEL, I COHEN. Self - Organization in Systems of Self - Propelled Particles. Physical Review E, 2001, 63 (1): 97 - 101.

[122] N E LEONARD, E FIORELLI. Virtual Leaders, Artificial Potentials and Coordinated Control of Groups. Proceedings of the 40th Conference on Decision and Control, Orlando, IEEE, 2001: 2968 -2973.

[123] R OLFATI - SABER. Flocking for Multi - Agent Dynamic Systems: Algorithms and Theory. IEEE Transactions on Automatic Control, 2006, 51 (3): 401 - 420.

[124] T ZOHDI. Mechanistic Modeling of Swarms. Comput. Methods in Applied Mechanics and Engineering, 2009 (198): 2039 - 2051.

[125] Y CAO, W YU, W REN, G CHEN. An Overview of Recent Progress in the Study of Distributed Multi - Agent Coordination. IEEE Transactions on Industrial Informatics, 2013, 9 (1): 427 - 438.

[126] M PAVONE, A E FRAZZOLI. Decentralized Policies for Geometric Pat-

tern Formation and Path Coverage. Journal of Dynamic Systems, Measurement, and Control, 2007, 129 (5): 633 – 643.

[127] L MIER – Y – TERAN – ROMERO, E FORGOSTON, I B SCHWARTZ. Coherent Pattern Prediction in Swarms of Delay – Coupled Agents. IEEE Transactions on Robotics, 2012, 28 (5): 1034 – 1044.

[128] R SEPULCHRE, D A PALEY, N E LEONARD. Stabilization of Planar Collective Motion with Limited Communication. IEEE Transactions on Automatic Control, 2008, 53 (3): 706 – 719.

[129] Y CAO, W REN, Y LI. Distributed Discrete – Time Coordinated Tracking with a Time – Varying Reference State and Limited Communication. Automatica, 2009, 45 (5): 1299 – 1305.

[130] X WANG, Y HONG, J HUANG, Z JIANG. A Distributed Control Approach to a Robust Output Regulation Problem for Multi – Agent Linear Systems. IEEE Transactions on Automatic Control, 2010, 55 (12): 2891 – 2895.

[131] Y CAO, W REN. Distributed Coordinated Tracking with Reduced Interaction via a Variable Structure Approach. IEEE Transactions on Automatic Control, 2012, 57 (1): 33 – 48.

[132] J HU, G FENG. Distributed Tracking Control of Leader – Follower Multi – Agent Systems under Noisy Measurement. Automatica, 2010, 46 (8): 1382 – 1387.

[133] T GUSTAVI, X HU. Observer – Based Leader – Following Formation Control Using Onboard Sensor Information. IEEE Transactions on Robotics, 2008, 24 (6): 1457 – 1462.

[134] P S DANIEL, Y H FRED, R P SCOTT. A Survey of Spacecraft Formation Flying Guidance and Control (Part I): Guidance. Proceedings of the American Control Conference, 2003: 1733 – 1739.

[135] P S DANIEL, Y H FRED, R P SCOTT. A Survey of Spacecraft Formation Flying Guidance and Control (Part II): Control. Proceedings of the American Control Conference, 2003: 2976 – 2985.

[136] J R T LAWTON. A Behavior – Based Approach to Multiple Spacecraft Formation Flying. PhD. Dissertation, Brigham Young University, 2000.

[137] W R, W B RANDAL. Decentralized Scheme for Spacecraft Formation Flying via the Virtual Structure Approach. Journal of Guidance, Control, and Dynamics, 2004, 27 (1): 73 - 82.

[138] R S SMITH, F Y HADAEGH. Control of Deep - Space Formation - Flying Spacecraft: Relative Sensing and Switched Information. Journal of Guidance, Control, and Dynamics, 2005, 28 (1): 106 -114.

[139] R S SMITH, F Y HADAEGH. Closed - Loop Dynamics of Cooperative Vehicle Formations With Parallel Estimators and Communication. IEEE Transaction on Automatic Control, 2007, 52 (8), 1404 - 1414.

[140] 张博, 罗建军, 袁建平. 多航天器编队在轨自主协同控制研究 [J]. 北京: 宇航学报, 2010, 31 (1): 130 - 136.

[141] 张博, 罗建军, 袁建平. 一种基于信息一致性的卫星编队协同控制策略 [J]. 北京: 航空学报, 2010, 31 (5): 1004 - 1013.

[142] S J CHUNG, I CHANG. Phase Synchronization Control of Robotic Networks on Periodic Ellipses with Adaptive Network Topologies. AIAA Guidance, Navigation, and Control Conference, Portland, Oregon, August 2011.

[143] 马广富, 梅杰. 多星系统相对轨道的自适应协同控制 [J]. 控制理论与应用, 2011, 28 (6): 781 -787.

[144] J L RAMIREZ - RIBEROS, M PAVONE, E FRAZZOLI, D W MILLER. Distributed Control of Spacecraft Formations via Cyclic Pursuit: Theory and Experiments. Journal of guidance, control, and dynamics, 2010, 33 (5): 1655 - 1669.

[145] H MIN, S WANG, F SUN, Z GAO, J ZHANG. Decentralized Adaptive Attitude Synchronization of Spacecraft Formation, Systems & Control Letters, 2012, 61 (1): 238 - 246.

[146] W REN. Distributed Attitude Alignment in Spacecraft Formation Flying. International Journal of Adaptive Control and Signal Processing, 2007 (21): 95 - 113.

[147] A ABDESSAMEUD, A TAYEBI. Attitude Synchronization of a Group of Spacecraft Without Velocity Measurements. IEEE Transaction on Automatic Control, 2009, 54 (11): 2642 - 2648.

[148] Z MENG, W REN, Z YOU. Decentralised Cooperative Attitude Tracking Using Modified Rodriguez Parameters Based on Relative Attitude Information. International Journal of Control, 2010, 83 (12): 2427 – 2439.

[149] B WU, D WANG, E K POH. Decentralized Robust Adaptive Control for Attitude Synchronization Under Directed Communication Topology. Journal of Guidance, Control, and Dynamics, 2011, 34 (4): 1276 – 1282.

[150] A ZOU, K D KUMAR. Quaternion – Based Distributed Output Feedback Attitude Coordination Control for Spacecraft Formation Flying. Journal of Guidance, Control, and Dynamics, 2013, 36 (2): 548 –556.

[151] H LIANG, J WANG , Z SUN. Robust Decentralized Coordinated Attitude Control of Spacecraft Formation, Acta Astronautica, 2011 (69): 280 – 288.

[152] S WU, G RADICE, Y GAO, Z SUN. Quaternion – Based Finite Time Control for Spacecraft Attitude Tracking. Acta Astronautica, 2011 (69): 48 – 58.

[153] S J CHUNG. Application of Synchronization to Formation Flying Spacecraft: Lagrangian Approach. Journal of Guidance, Control, and Dynamics, 2009, 32 (2): 512 – 526.

[154] Y LV, Q HU, G MA, J ZHOU. 6 DOF Synchronized Control for Spacecraft Formation Flying with Input Constraint and Parameter Uncertainties. ISA Transactions, 2011, 50 (4): 573 – 580.

[155] W REN. Formation Keeping and Attitude Alignment for Multiple Spacecraft Through Local Interactions. Journal of Guidance, Control and Dynamics, 2007, 30 (2): 633 – 638.

第 2 章 航天器相对运动模型

2.1 引言

航天器之间的相对运动模型是研究航天器协同飞行制导和控制的基础。精确简洁的相对运动方程,不仅能揭示相对运动的内在规律,便于制导律与控制律设计,而且能在保证制导和控制性能的前提下,降低控制能耗和对星载计算机的要求。

本章研究了不同简化程度下的航天器的轨道和姿态相对运动动力学模型,为后续章节航天器相对运动的协调规划与控制奠定基础。首先,基于拉格朗日方法建立了考虑 J_2 项摄动的精确相对运动模型;其次,对相对运动模型进行了不同程度的简化,得到了考虑和不考虑 J_2 项摄动的简化相对运动模型,并给出了后续章节将要用到的其他典型的相对运动模型;然后,以刚体姿态动力学为基础,建立了航天器姿态相对运动的动力学模型;最后,考虑到航天器近距离和超近距离相对运动时,两个航天器非质心点之间相对运动的姿态与轨道耦合,推导了姿态和轨道耦合的相对运动模型。

2.2 相对轨道运动模型

近地空间运行的航天器,不仅受到中心引力的影响,同时还有其他摄动的干扰。一般地,在近地空间航天器相对运动动力学建模过程中需考虑二阶带谐项。参考文献 [1] 推导了一组基于 CRSV (Compact Reference Satellite Variables) 变量的轨道运动方程。基于 CRSV 变量的建模过程简单,而且能得到考虑了 J_2 项摄动的精确相对运动模型。本节首先基于 CRSV 变量和拉格朗日方法建立考虑 J_2 项摄动的精确相对运动模型，然后对相对运动模型进行不同程度的简化，最后给出后续章节将要用到的其他相对轨道运动模型。

2.2.1 坐标系

在建模之前，首先给出建模过程中相关坐标系的定义。

1) 地心惯性坐标系 $OXYZ(s_I)$：原点在地心，X 轴指向春分点，Z 轴指向地球北极，Y 轴在赤道平面内，由右手法则确定，各轴的单位矢量分别表示为 $\hat{\boldsymbol{X}}, \hat{\boldsymbol{Y}}, \hat{\boldsymbol{Z}}$。

2) 航天器轨道坐标系 $oxyz(s_R)$：原点在航天器的质心，三个坐标轴分别为航天器所在轨道面的径向、横向和法向，如图 2-1 所示。若将航天器看做质点，航天器的位置速度分别为 $\boldsymbol{R}, \dot{\boldsymbol{R}}$，定义角动量 $\boldsymbol{h} = \boldsymbol{R} \times \dot{\boldsymbol{R}}$，则径向、横向和法向这三轴的单位矢量可以表示为

$$\hat{\boldsymbol{x}} = \boldsymbol{R}/R$$
$$\hat{\boldsymbol{y}} = \hat{\boldsymbol{z}} \times \hat{\boldsymbol{x}}$$
$$\hat{\boldsymbol{z}} = \boldsymbol{h}/h \qquad\qquad (2-1)$$

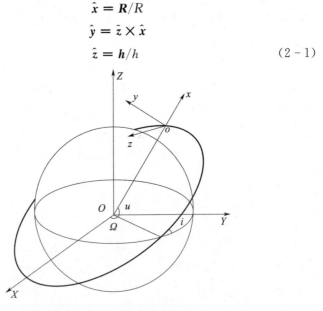

图 2-1　坐标系示意图

由惯性坐标系 $OXYZ$ 到轨道坐标系 $oxyz$，可通过三次旋转变换得到，即 3 - 1 - 3 变换（ $\Omega \rightarrow i \rightarrow u$ ）。坐标系 $oxyz$ 到 $OXYZ$ 的坐标变换矩阵用欧拉角可表示如下

$$C_O^l = \begin{bmatrix} \cos\Omega\cos u - \sin\Omega\sin u\cos i & -\cos\Omega\sin u - \sin\Omega\cos u\cos i & \sin\Omega\sin i \\ \sin\Omega\cos u + \cos\Omega\sin u\cos i & -\sin\Omega\sin u + \cos\Omega\cos u\cos i & -\cos\Omega\sin i \\ \sin u\sin i & \cos u\sin i & \cos i \end{bmatrix}$$

$$(2-2)$$

其中，Ω, i, u 分别为轨道的升交点赤经、轨道倾角以及纬度幅角。

2.2.2　基于 CRSV 变量的参考轨道描述方法

在考虑 J_2 项摄动的引力场中，航天器的轨道运动可以用下式来描述

$$\ddot{\boldsymbol{R}} = -\nabla U \qquad (2-3)$$

其中，U 为引力势函数，表达式如下

$$U = -\frac{\mu}{R} - \frac{k_{J_2}}{R^3}\left(\frac{1}{3} - \sin^2\phi\right), \sin\phi = Z/R \qquad (2-4)$$

式中，ϕ 为航天器的地心纬度，k_{J_2} 是与二阶带谐项系数 J_2 、地球半径 R_e 相关的常数

$$k_{J_2} = \frac{3J_2\mu R_e^2}{2} \qquad (2-5)$$

考虑到航天器的轨道角速度

$$\overline{\boldsymbol{\omega}} = \overline{\omega}_x\hat{\boldsymbol{x}} + \overline{\omega}_y\hat{\boldsymbol{y}} + \overline{\omega}_z\hat{\boldsymbol{z}} \qquad (2-6)$$

其中

$$\overline{\omega}_z = h/R^2 \qquad (2-7)$$

而沿横向的角速度为零，这是因为由式（2 - 1）所定义的坐标系 $oxyz$ 可知 $\hat{\boldsymbol{y}}$ 与 $(\boldsymbol{R}, \mathrm{d}\boldsymbol{R}/\mathrm{d}t)$ 共面，显然根据

$$\boldsymbol{R} \times \frac{\mathrm{d}\boldsymbol{R}}{\mathrm{d}t} = R^2(\overline{\omega}_y\hat{\boldsymbol{y}} + \overline{\omega}_z\hat{\boldsymbol{z}}) \qquad (2-8)$$

得到

$$\overline{\omega}_y \equiv 0 \qquad\qquad (2-9)$$

根据式（2-6），$oxyz$ 坐标系的单位矢量的速度可以表示为

$$\begin{cases} \dot{\hat{x}} = \overline{\boldsymbol{\omega}} \times \hat{x} = \overline{\omega}_z \hat{y} \\ \dot{\hat{y}} = \overline{\boldsymbol{\omega}} \times \hat{y} = \overline{\omega}_x \hat{z} - \overline{\omega}_z \hat{x} \\ \dot{\hat{z}} = \overline{\boldsymbol{\omega}} \times \hat{z} = -\overline{\omega}_x \hat{y} \end{cases} \qquad (2-10)$$

此外，角速度 $\overline{\boldsymbol{\omega}}$ 还可以用欧拉角（Ω, i, u）表示为

$$\begin{cases} \overline{\omega}_x = \dot{\Omega}\sin u \sin i + \dot{i}\cos u \\ \overline{\omega}_y = \dot{\Omega}\cos u \sin i - \dot{i}\sin u = 0 \\ \overline{\omega}_z = \dot{\Omega}\cos i + \dot{u} \end{cases} \qquad (2-11)$$

下面将式（2-3）投影至 $oxyz$ 坐标系。等式左边可通过对 $\boldsymbol{r} = r\hat{x}$ 求两次导数得到

$$\ddot{\boldsymbol{R}} = \left(\dot{V}_x - \frac{h^2}{R^3}\right)\hat{x} + \frac{\dot{h}}{R}\hat{y} + \frac{\overline{\omega}_x h}{R}\hat{z} \qquad (2-12)$$

式中，V_x 为航天器的速度大小沿径向的分量。等式右边

$$-\nabla U = -\frac{\partial U}{\partial R}\hat{x} - \frac{\partial U}{\partial Z}\hat{Z} = -\left[\frac{\mu}{R^2} + \frac{k_{J_2}}{R^4}(1 - 5\sin^2\phi)\right]\hat{x} - \frac{2k_{J_2}\sin\phi}{R^4}\hat{Z}$$

$$(2-13)$$

进一步，根据坐标系 $OXYZ$ 与 $oxyz$ 的转换关系式（2-2），有

$$Z = R\sin u \sin i$$

$$\hat{Z} = \sin u \sin i \hat{x} + \cos u \sin i \hat{y} + \cos i \hat{z}$$

从而得到

$$-\nabla U = -\left[\frac{\mu}{R^2} + \frac{k_{J_2}}{R^4}(1 - 3\sin^2 i \sin^2 u)\right]\hat{x} -$$

$$\frac{k_{J_2}\sin^2 i \sin 2u}{R^4}\hat{y} - \frac{k_{J_2}\sin 2i \sin u}{R^4}\hat{z} \qquad (2-14)$$

通过对比式（2-12）、式（2-14）的各个分量，可以得出

$$\overline{\omega}_x = -\frac{k_{J_2}\sin 2i\sin u}{hR^3} \qquad (2-15)$$

同时借助式（2-11）可以得出如下的轨道运动方程

$$\begin{cases} \dot{R} = V_x \\[2mm] \dot{V}_x = -\frac{\mu}{R^2} + \frac{h^2}{R^3} - \frac{k_{J_2}}{R^4}(1-3\sin^2 i\sin^2 u) \\[2mm] \dot{h} = -\frac{k_{J_2}\sin^2 i\sin 2u}{R^3} \\[2mm] \dot{u} = \frac{h}{R^2} + \frac{2k_{J_2}\cos^2 i\sin^2 u}{hR^3} \\[2mm] \dot{i} = -\frac{k_{J_2}\sin 2i\sin 2u}{2hR^3} \\[2mm] \dot{\Omega} = -\frac{2k_{J_2}\cos i\sin^2 u}{hR^3} \end{cases} \qquad (2-16)$$

参考文献［1］中将 (R,V_x,h,u,i,Ω) 这组变量称为 CRSV 变量。

此外，通过对式（2-15）和式（2-7）求导，可得到角加速度

$$\begin{cases} \dot{\overline{\omega}}_x = -\frac{k_{J_2}\sin 2i\cos u}{R^5} + \frac{3V_x k_{J_2}\sin 2i\sin u}{R^4 h} - \frac{8k_{J_2}^2\sin^3 i\cos i\sin^2 u\cos u}{R^6 h^2} \\[3mm] \dot{\overline{\omega}}_z = -\frac{2hV_x}{R^3} - \frac{k_{J_2}\sin^2 i\sin 2u}{R^5} \end{cases}$$

$$(2-17)$$

基于 CRSV 变量的轨道描述方式便于考虑 J_2 项摄动的影响，为近地空间航天器之间的相对运动动力学建模奠定了基础。下面将结合参考文献［1］，给出考虑 J_2 项摄动的相对运动动力学的建模过程。

考虑到后续的应用背景是航天器编队飞行和集群飞行，在下面的航天器相对运动建模过程中，假设其中之一为主航天器（Chief）或称为无控参考航天器，另一个为从航天器（Follower），是可控的。下文中带下标 C、F 的变量分别表示与主航天器、从航天器相关的变量。

2.2.3　考虑 J_2 项摄动的精确相对运动模型

相对运动的拉格朗日方程为

$$\frac{\mathrm{d}}{\mathrm{d}t}\left(\frac{\partial L_{\mathrm{F}}}{\partial \dot{\boldsymbol{r}}}\right) - \frac{\partial L_{\mathrm{F}}}{\partial \boldsymbol{r}} = \boldsymbol{u} \qquad (2-18)$$

其中，$\boldsymbol{r} = \begin{bmatrix} x & y & z \end{bmatrix}^{\mathrm{T}}$、$\boldsymbol{u} = \begin{bmatrix} u_x & u_y & u_z \end{bmatrix}^{\mathrm{T}}$ 分别为从航天器相对于主航天器的位置矢量和控制加速度在主航天器轨道坐标系中的投影，拉格朗日函数

$$L_{\mathrm{F}} = K_{\mathrm{F}} - U_{\mathrm{F}} \qquad (2-19)$$

其中，K_{F} 和 U_{F} 分别为从航天器的动能和势能，由于势能和速度矢量无关，因此，式（2-18）又可以写为

$$\frac{\mathrm{d}}{\mathrm{d}t}\left(\frac{\partial K_{\mathrm{F}}}{\partial \dot{\boldsymbol{r}}}\right) - \frac{\partial K_{\mathrm{F}}}{\partial \boldsymbol{r}} + \frac{\partial U_{\mathrm{F}}}{\partial \boldsymbol{r}} = \boldsymbol{u} \qquad (2-20)$$

下面计算 K_{F} 和 U_{F}。从航天器的位置矢量在主航天器轨道坐标系下可表示为

$$\boldsymbol{R}_{\mathrm{F}} = \boldsymbol{R}_{\mathrm{C}} + \boldsymbol{r} = R_{\mathrm{C}}\hat{\boldsymbol{x}} + (x\hat{\boldsymbol{x}} + y\hat{\boldsymbol{y}} + z\hat{\boldsymbol{z}}) \qquad (2-21)$$

结合式（2-10），可以求得速度矢量

$$\dot{\boldsymbol{R}}_{\mathrm{F}} = (\dot{x} + V_{Cx} - y\overline{\omega}_z)\hat{\boldsymbol{x}} + \lceil \dot{y} + (R_{\mathrm{C}} + x)\overline{\omega}_z - z\overline{\omega}_x \rceil\hat{\boldsymbol{y}} + (\dot{z} + y\overline{\omega}_x)\hat{\boldsymbol{z}}$$
$$(2-22)$$

其中，$\overline{\omega}_x, \overline{\omega}_z$ 分别为主航天器轨道角速度分量，表达式如式（2-15）、式（2-7）所示。进一步有

$$K_{\mathrm{F}} = \frac{1}{2}\dot{\boldsymbol{R}}_{\mathrm{F}} \cdot \dot{\boldsymbol{R}}_{\mathrm{F}} = \frac{1}{2}(\dot{x} + V_{Cx} - y\overline{\omega}_z)^2 +$$
$$\frac{1}{2}\lceil \dot{y} + (R_{\mathrm{C}} + x)\overline{\omega}_z - z\overline{\omega}_x \rceil^2 + \frac{1}{2}(\dot{z} + y\overline{\omega}_x)^2$$
$$(2-23)$$

考虑 J_2 项摄动，从航天器的势函数

$$U_{\mathrm{F}} = -\frac{\mu}{R_{\mathrm{F}}} - \frac{k_{J_2}}{R_{\mathrm{F}}^3}\left(\frac{1}{3} - \sin^2\phi_{\mathrm{F}}\right) \qquad (2-24)$$

其中

$$\sin\phi_F = Z_F/R_F \tag{2-25}$$

$$R_F = \sqrt{(R_C + x)^2 + y^2 + z^2} \tag{2-26}$$

根据式（2-2）、式（2-21）可得

$$Z_F = \boldsymbol{R}_F \cdot \hat{\boldsymbol{Z}} = (R_C + x)\sin i_C \sin u_C + y\sin i_C \cos u_C + z\cos i_C \tag{2-27}$$

进而，有势函数

$$U_F = -\frac{\mu}{R_F} - \frac{k_{J_2}}{3R_F^3} + \frac{k_{J_2} Z_F^2}{R_F^5} \tag{2-28}$$

根据式（2-23）、式（2-28），有

$$\frac{\mathrm{d}}{\mathrm{d}t}\left(\frac{\partial K_F}{\partial \dot{\boldsymbol{r}}}\right) - \frac{\partial K_F}{\partial \boldsymbol{r}}$$

$$= \begin{bmatrix} \ddot{x} - 2\dot{y}\overline{\omega}_z - x\overline{\omega}_z^2 - y\dot{\overline{\omega}}_z + z\overline{\omega}_x\overline{\omega}_z - R_C\overline{\omega}_z^2 + \dot{V}_{Cx} \\ \ddot{y} + 2\dot{x}\overline{\omega}_z - 2\dot{z}\overline{\omega}_x + x\dot{\overline{\omega}}_z - y\overline{\omega}_z^2 - y\overline{\omega}_x^2 - z\dot{\overline{\omega}}_x + 2V_{Cx}\overline{\omega}_z + R_C\dot{\overline{\omega}}_z \\ \ddot{z} + 2\dot{y}\overline{\omega}_x + x\overline{\omega}_x\overline{\omega}_z + y\dot{\overline{\omega}}_x - z\overline{\omega}_x^2 + R_C\overline{\omega}_x\overline{\omega}_z \end{bmatrix} \tag{2-29}$$

$$\frac{\partial U_F}{\partial \boldsymbol{r}} = \begin{bmatrix} \left(\dfrac{\mu}{R_F^3} + \dfrac{k_{J_2}}{R_F^5} - \dfrac{5k_{J_2} Z_F^2}{R_F^7}\right)(R_C + x) + \dfrac{2k_{J_2} Z_F}{R_F^5}\sin i_C \sin u_C \\ \left(\dfrac{\mu}{R_F^3} + \dfrac{k_{J_2}}{R_F^5} - \dfrac{5k_{J_2} Z_F^2}{R_F^7}\right)y + \dfrac{2k_{J_2} Z_F}{R_F^5}\sin i_C \cos u_C \\ \left(\dfrac{\mu}{R_F^3} + \dfrac{k_{J_2}}{R_F^5} - \dfrac{5k_{J_2} Z_F^2}{R_F^7}\right)z + \dfrac{2k_{J_2} Z_F}{R_F^5}\cos i_C \end{bmatrix} \tag{2-30}$$

进一步代入式（2-20），经整理可以得到如下的相对运动方程

$$
\begin{bmatrix}
\ddot{x} - 2\overline{\omega}_z\dot{y} - \overline{\omega}_z^2 x - \dot{\overline{\omega}}_z y + \overline{\omega}_x\overline{\omega}_z z \\
\ddot{y} + 2\overline{\omega}_z\dot{x} - 2\overline{\omega}_x\dot{z} + \dot{\overline{\omega}}_z x - \overline{\omega}_z^2 y - \overline{\omega}_x^2 y - \dot{\overline{\omega}}_x z \\
\ddot{z} + 2\overline{\omega}_x\dot{y} + \overline{\omega}_x\overline{\omega}_z x + \dot{\overline{\omega}}_x y - \overline{\omega}_x^2 z
\end{bmatrix}
=
\begin{bmatrix}
\dfrac{\mu}{R_C^2} - \dfrac{\mu}{R_F^3}(R_C + x) \\
-\dfrac{\mu}{R_F^3}y \\
-\dfrac{\mu}{R_F^3}z
\end{bmatrix}
+
$$

$$
\begin{bmatrix}
\dfrac{k_{J_2}}{R_C^4}(1 - 3\sin^2 i_C \sin^2 u_C) - \left(\dfrac{k_{J_2}}{R_F^5} - \dfrac{5k_{J_2}Z_F^2}{R_F^7}\right)(R_C + x) - \dfrac{2k_{J_2}Z_F}{R_F^5}\sin i_C \sin u_C \\
\dfrac{k_{J_2}\sin^2 i_C \sin 2u_C}{R_C^4} - \left(\dfrac{k_{J_2}}{R_F^5} - \dfrac{5k_{J_2}Z_F^2}{R_F^7}\right)y - \dfrac{2k_{J_2}Z_F}{R_F^5}\sin i_C \cos u_C \\
\dfrac{k_{J_2}\sin 2i_C \sin u_C}{R_C^4} - \left(\dfrac{k_{J_2}}{R_F^5} - \dfrac{5k_{J_2}Z_F^2}{R_F^7}\right)z - \dfrac{2k_{J_2}Z_F}{R_F^5}\cos i_C
\end{bmatrix}
+
$$

$$
\begin{bmatrix}
u_x \\
u_y \\
u_z
\end{bmatrix}
$$

$$(2-31)$$

方程（2-31）是考虑 J_2 项摄动时的精确相对运动模型，非线性程度很高。式中，主航天器轨道角速度和角加速度的表达式如式（2-15）、式（2-7）和式（2-17）所示，方程中有关主航天器轨道的信息需求解微分方程（2-16）。由于 Ω 为独立变量，因此整合之后是一个 11 维的微分方程。下面对此方程进行不同程度的简化，得到不同近似程度的相对运动方程。

2.2.4　相对运动模型的简化

2.2.4.1　考虑 J_2 项摄动的简化模型

相对运动方程（2-31）的状态方程形式如下

$$\dot{\boldsymbol{x}} = \boldsymbol{g}(\boldsymbol{x}, t) \tag{2-32}$$

其中，$\boldsymbol{x} = \begin{bmatrix}\boldsymbol{v}^T & \boldsymbol{r}^T\end{bmatrix}^T = \begin{bmatrix}\dot{x} & \dot{y} & \dot{z} & x & y & z\end{bmatrix}^T$，$\boldsymbol{g}$ 的各个分量记为 $g_j(j = 1, \cdots, 6)$。下面对方程（2-32）的右端进行线性化处理，并且保留至二阶项，其中与一阶项、二阶项相关的矩阵分别为 Jacobi

矩阵和 Hessian 矩阵。Jacobi 矩阵可通过下式得到

$$J_a \triangleq \frac{\partial \boldsymbol{g}(\boldsymbol{x},t)}{\partial \boldsymbol{x}}\bigg|_{\boldsymbol{x}=0} = \begin{bmatrix} 0 & 2\overline{\omega}_z & 0 & \dfrac{\partial g_1}{\partial x} & \dfrac{\partial g_1}{\partial y} & \dfrac{\partial g_1}{\partial z} \\[2ex] -2\overline{\omega}_z & 0 & 2\overline{\omega}_x & \dfrac{\partial g_2}{\partial x} & \dfrac{\partial g_2}{\partial y} & \dfrac{\partial g_2}{\partial z} \\[2ex] 0 & -2\overline{\omega}_x & 0 & \dfrac{\partial g_3}{\partial x} & \dfrac{\partial g_3}{\partial y} & \dfrac{\partial g_3}{\partial z} \\[2ex] 1 & 0 & 0 & 0 & 0 & 0 \\[1ex] 0 & 1 & 0 & 0 & 0 & 0 \\[1ex] 0 & 0 & 1 & 0 & 0 & 0 \end{bmatrix}_{\boldsymbol{x}=0}$$

$$(2-33)$$

矩阵中部分元素的表达式如下

$$\frac{\partial g_1}{\partial x}\bigg|_{\boldsymbol{x}=0} = \overline{\omega}_z^2 + \frac{2\mu}{R_{\text{C}}^3} + \frac{4k_{J_2}}{R_{\text{C}}^5} - \frac{12k_{J_2}\,\sin^2 i_{\text{C}}\,\sin^2 u_{\text{C}}}{R_{\text{C}}^5}$$

$$\frac{\partial g_1}{\partial y}\bigg|_{\boldsymbol{x}=0} = \dot{\overline{\omega}}_z + \frac{4k_{J_2}\,\sin^2 i_{\text{C}}\sin 2u_{\text{C}}}{R_{\text{C}}^5}$$

$$\frac{\partial g_1}{\partial z}\bigg|_{\boldsymbol{x}=0} = -\overline{\omega}_x\overline{\omega}_z + \frac{4k_{J_2}\,\sin 2i_{\text{C}}\sin u_{\text{C}}}{R_{\text{C}}^5}$$

$$\frac{\partial g_2}{\partial x}\bigg|_{\boldsymbol{x}=0} = -\dot{\overline{\omega}}_z + \frac{4k_{J_2}\,\sin^2 i_{\text{C}}\sin 2u_{\text{C}}}{R_{\text{C}}^5}$$

$$\frac{\partial g_2}{\partial y}\bigg|_{\boldsymbol{x}=0} = \overline{\omega}_z^2 + \overline{\omega}_x^2 - \frac{\mu}{R_{\text{C}}^3} - \frac{k_{J_2}}{R_{\text{C}}^5} + \frac{k_{J_2}\,\sin^2 i_{\text{C}}}{R_{\text{C}}^5}(7\sin^2 u_{\text{C}} - 2)$$

$$\frac{\partial g_2}{\partial z}\bigg|_{\boldsymbol{x}=0} = \dot{\overline{\omega}}_x - \frac{k_{J_2}\sin 2i_{\text{C}}\cos u_{\text{C}}}{R_{\text{C}}^5}$$

$$\frac{\partial g_3}{\partial x}\bigg|_{\boldsymbol{x}=0} = -\overline{\omega}_x\overline{\omega}_z + \frac{4k_{J_2}\sin 2i_{\text{C}}\sin u_{\text{C}}}{R_{\text{C}}^5}$$

$$\frac{\partial g_3}{\partial y}\bigg|_{\boldsymbol{x}=0} = -\dot{\overline{\omega}}_x - \frac{k_{J_2}\sin 2i_{\text{C}}\cos u_{\text{C}}}{R_{\text{C}}^5}$$

$$\frac{\partial g_3}{\partial z}\bigg|_{\boldsymbol{x}=0} = \overline{\omega}_x^2 - \frac{\mu}{R_{\text{C}}^3} - \frac{3k_{J_2}}{R_{\text{C}}^5} + \frac{k_{J_2}\,\sin^2 i_{\text{C}}}{R_{\text{C}}^5}(2 + 5\sin^2 u_{\text{C}})$$

Hessian 矩阵可通过下式得到

$$\boldsymbol{H}_e \triangleq \left. \frac{\partial^2 \boldsymbol{g}(\boldsymbol{x},t)}{\partial \boldsymbol{x}^2} \right|_{\boldsymbol{x}=0} \qquad (2-34)$$

这是一个维数为 36×6 的矩阵，该矩阵中非零的三个矩阵块的表达式如下

$$\begin{cases}
\boldsymbol{H}_{e1} = \left. \begin{bmatrix} g_{1xx} & g_{1xy} & g_{1xz} \\ g_{1yx} & g_{1yy} & g_{1yz} \\ g_{1zx} & g_{1zy} & g_{2zz} \end{bmatrix} \right|_{x=0} = \frac{3\mu}{R_C^4} \boldsymbol{C}_1 + \frac{5k_{J_2}}{R_C^6} \boldsymbol{D}_1 \\[3em]
\boldsymbol{H}_{e2} = \left. \begin{bmatrix} g_{2xx} & g_{2xy} & g_{2xz} \\ g_{2yx} & g_{2yy} & g_{2yz} \\ g_{2zx} & g_{2zy} & g_{2zz} \end{bmatrix} \right|_{x=0} = \frac{3\mu}{R_C^4} \boldsymbol{C}_2 + \frac{5k_{J_2}}{R_C^6} \boldsymbol{D}_2 \\[3em]
\boldsymbol{H}_{e3} = \left. \begin{bmatrix} g_{3xx} & g_{3xy} & g_{3xz} \\ g_{3yx} & g_{3yy} & g_{3yz} \\ g_{3zx} & g_{3zy} & g_{3zz} \end{bmatrix} \right|_{x=0} = \frac{3\mu}{R_C^4} \boldsymbol{C}_3 + \frac{5k_{J_2}}{R_C^6} \boldsymbol{D}_3
\end{cases}$$

式中

$$g_{jxy} = \frac{\partial^2 g_j}{\partial x \, \partial y}$$

$$\boldsymbol{C}_1 = \begin{bmatrix} -2 & 0 & 0 \\ 0 & 1 & 0 \\ 0 & 0 & 1 \end{bmatrix}, \boldsymbol{C}_2 = \begin{bmatrix} 0 & 1 & 0 \\ 1 & 0 & 0 \\ 0 & 0 & 0 \end{bmatrix}, \boldsymbol{C}_3 = \begin{bmatrix} 0 & 0 & 1 \\ 0 & 0 & 0 \\ 1 & 0 & 0 \end{bmatrix}$$

$$\boldsymbol{D}_1 = \begin{bmatrix} -4 + 12\sin^2 u_C \sin^2 i_C & -4\sin 2u_C \sin^2 i_C & -4\sin u_C \sin 2i_C \\[1em] -4\sin 2u_C \sin^2 i_C & 1 - \frac{1}{2}(3 - 7\cos 2u_C)\sin^2 i_C & \cos u_C \sin 2i_C \\[1em] -4\sin u_C \sin 2i_C & \cos u_C \sin 2i_C & 3 - (2 + 5\sin^2 u_C)\sin^2 i_C \end{bmatrix}$$

$$\boldsymbol{D}_2 = \begin{bmatrix} -4\sin 2u_C \sin^2 i_C & 1 - \frac{1}{2}(3 - 7\cos 2u_C)\sin^2 i_C & \cos u_C \sin 2i_C \\[1em] 1 - \frac{1}{2}(3 - 7\cos 2u_C)\sin^2 i_C & 3\sin 2u_C \sin^2 i_C & \sin u_C \sin 2i_C \\[1em] \cos u_C \sin 2i_C & \sin u_C \sin 2i_C & \sin 2u_C \sin^2 i_C \end{bmatrix}$$

$$\boldsymbol{D}_3 = \begin{bmatrix} -4\sin u_{\mathrm{C}}\sin 2i_{\mathrm{C}} & \cos u_{\mathrm{C}}\sin 2i_{\mathrm{C}} & 3-(2+5\sin^2 u_{\mathrm{C}})\sin^2 i_{\mathrm{C}} \\ \cos u_{\mathrm{C}}\sin 2i_{\mathrm{C}} & \sin u_{\mathrm{C}}\sin 2i_{\mathrm{C}} & \sin 2u_{\mathrm{C}}\sin^2 i_{\mathrm{C}} \\ 3-(2+5\sin^2 u_{\mathrm{C}})\sin^2 i_{\mathrm{C}} & \sin 2u_{\mathrm{C}}\sin^2 i_{\mathrm{C}} & 3\sin u_{\mathrm{C}}\sin 2i_{\mathrm{C}} \end{bmatrix}$$

则方程（2-32）右端线性化并保留至二阶项之后的结果为

$$\dot{\boldsymbol{x}} = \boldsymbol{J}_a \boldsymbol{x} + \frac{1}{2}\begin{bmatrix} \boldsymbol{r}^{\mathrm{T}}\boldsymbol{H}_{e1}\boldsymbol{r} \\ \boldsymbol{r}^{\mathrm{T}}\boldsymbol{H}_{e2}\boldsymbol{r} \\ \boldsymbol{r}^{\mathrm{T}}\boldsymbol{H}_{e3}\boldsymbol{r} \\ \boldsymbol{0}_{3\times 1} \end{bmatrix} \tag{2-35}$$

易知，Jacobi 矩阵中保留了引力差和 J_2 项差分摄动的一阶项；Hessian 矩阵中保留了相应的二阶项。考虑到 J_2 项的二阶差分摄动与引力差的二阶差分摄动相比是小量，因此一般忽略不计。最终可得到如下的相对运动模型

$$\begin{bmatrix} \ddot{x} - 2\bar{\omega}_z\dot{y} - \bar{\omega}_z^2 x - \dot{\bar{\omega}}_z y + \bar{\omega}_x\bar{\omega}_z z \\ \ddot{y} + 2\bar{\omega}_z\dot{x} - 2\bar{\omega}_x\dot{z} + \dot{\bar{\omega}}_z x - \bar{\omega}_z^2 y - \bar{\omega}_x^2 y - \dot{\bar{\omega}}_x z \\ \ddot{z} + 2\bar{\omega}_x\dot{y} + \bar{\omega}_x\bar{\omega}_z x + \dot{\bar{\omega}}_x y - \bar{\omega}_x^2 z \end{bmatrix} = \begin{bmatrix} \dfrac{2\mu}{R_{\mathrm{C}}^3} & 0 & 0 \\ 0 & -\dfrac{\mu}{R_{\mathrm{C}}^3} & 0 \\ 0 & 0 & -\dfrac{\mu}{R_{\mathrm{C}}^3} \end{bmatrix}\begin{bmatrix} x \\ y \\ z \end{bmatrix} +$$

$$\frac{3\mu}{2R_{\mathrm{C}}^4}\begin{bmatrix} y^2 + z^2 - 2x^2 \\ 2xy \\ 2xz \end{bmatrix} +$$

$$\frac{4k_{J_2}}{R_{\mathrm{C}}^5}\begin{bmatrix} 1-3\sin^2 i_{\mathrm{C}}\sin^2 u_{\mathrm{C}} & \sin^2 i_{\mathrm{C}}\sin 2u_{\mathrm{C}} & \sin 2i_{\mathrm{C}}\sin u_{\mathrm{C}} \\ \sin^2 i_{\mathrm{C}}\sin 2u_{\mathrm{C}} & -\dfrac{1}{4}-\sin^2 i_{\mathrm{C}}\left(\dfrac{1}{2}-\dfrac{7}{4}\sin^2 u_{\mathrm{C}}\right) & -\dfrac{1}{4}\sin 2i_{\mathrm{C}}\cos u_{\mathrm{C}} \\ \sin 2i_{\mathrm{C}}\sin u_{\mathrm{C}} & -\dfrac{1}{4}\sin 2i_{\mathrm{C}}\cos u_{\mathrm{C}} & -\dfrac{3}{4}+\sin^2 i_{\mathrm{C}}\left(\dfrac{1}{2}+\dfrac{5}{4}\sin^2 u_{\mathrm{C}}\right) \end{bmatrix}\begin{bmatrix} x \\ y \\ z \end{bmatrix} + \begin{bmatrix} u_x \\ u_y \\ u_z \end{bmatrix}$$

$$\tag{2-36}$$

与式（2-31）相比，此方程更便于研究航天器之间的相对运动制导

与控制问题。

2.2.4.2　椭圆参考轨道下忽略 J_2 摄动的相对运动模型

对于椭圆参考轨道，若忽略 J_2 项摄动的影响，可得如下的非线性相对运动模型

$$\begin{cases} \ddot{x} - 2\dot{f}\dot{y} - \dot{f}^2 x - \ddot{f}y = \dfrac{\mu}{R_C^2} - \dfrac{\mu}{R_F^3}(R_C + x) + u_x \\[2mm] \ddot{y} + 2\dot{f}\dot{x} - \dot{f}^2 y + \ddot{f}x = -\dfrac{\mu}{R_F^3}y + u_y \\[2mm] \ddot{z} = -\dfrac{\mu}{R_F^3}z + u_z \end{cases} \quad (2-37)$$

其中，f 为真近点角，$\dot{f} = \overline{\omega}_z$。对方程（2-37）右端的引力项进行差分，保留至二阶项，得到

$$\begin{cases} \ddot{x} - 2\dot{f}\dot{y} - \dot{f}^2 x - \ddot{f}y = \dfrac{2\mu}{R_C^3}x + \dfrac{3\mu}{2R_C^4}(y^2 + z^2 - 2x^2) + u_x \\[2mm] \ddot{y} + 2\dot{f}\dot{x} - \dot{f}^2 y + \ddot{f}x = -\dfrac{\mu}{R_C^3}y + \dfrac{3\mu}{R_C^4}xy + u_y \\[2mm] \ddot{z} = -\dfrac{\mu}{R_C^3}z + \dfrac{3\mu}{R_C^4}xz + u_z \end{cases}$$

$$(2-38)$$

此即考虑偏心率和引力差的二阶非线性项的相对运动模型。进一步，忽略非线性项后有

$$\begin{cases} \ddot{x} - 2\dot{f}\dot{y} - \dot{f}^2 x - \ddot{f}y = \dfrac{2\mu}{R_C^3}x + u_x \\[2mm] \ddot{y} + 2\dot{f}\dot{x} - \dot{f}^2 y + \ddot{f}x = -\dfrac{\mu}{R_C^3}y + u_y \\[2mm] \ddot{z} = -\dfrac{\mu}{R_C^3}z + u_z \end{cases} \quad (2-39)$$

式（2-39）即为著名的 Lawden 方程。

2.2.4.3　圆参考轨道下忽略 J_2 摄动的相对运动模型

对于圆参考轨道，仅考虑引力差的二阶非线性项的相对运动模型如下

$$\begin{cases} \ddot{x} - 2n\dot{y} - 3n^2 x = \dfrac{3n^2}{2R_C}(y^2 + z^2 - 2x^2) + u_x \\[2mm] \ddot{y} + 2n\dot{x} = \dfrac{3n^2}{R_C}xy + u_y \\[2mm] \ddot{z} + n^2 z = \dfrac{3n^2}{R_C}xz + u_z \end{cases} \qquad (2-40)$$

其中，n 为圆参考轨道的平均轨道角速度。进一步，忽略非线性项，有

$$\begin{cases} \ddot{x} - 2n\dot{y} - 3n^2 x = u_x \\[1mm] \ddot{y} + 2n\dot{x} = u_y \\[1mm] \ddot{z} + n^2 z = u_z \end{cases} \qquad (2-41)$$

此即著名的 C - W 方程。

2.2.5　其他常用典型线性相对运动模型

除了以上的相对运动模型，本书在后续章节中还用到以下两个常用的相对运动模型。

2.2.5.1　Schweighart - Sedwick 相对运动模型

Schweighart 和 Sedwick 在 C - W 方程基础上，考虑 J_2 项摄动影响，推导得到了一组适用于圆参考轨道的线性相对运动模型[2]。在使用该相对运动模型时，根据参考轨道是否受 J_2 项摄动，有以下两种情况。

（1）参考轨道不受 J_2 项摄动影响

假设参考航天器 S_0 运行在不受摄动影响的圆参考轨道上，参考文献［2］研究得到编队中任意航天器 S_i 相对于参考航天器 S_0 的相对运动方程为

$$
\begin{cases}
\ddot{x} - 2(nc)\dot{y} - (5c^2 - 2)n^2 x = -3n^2 J_2 (R_e^2/R_0) \times \\
\left\{ \dfrac{1}{2} - [3\sin^2 i_0 \ \sin^2(kt)/2] - [(1 + 3\cos 2i_0)/8] \right\} + u_x \\
\ddot{y} + 2(nc)\dot{x} = -3n^2 J_2 (R_e^2/R_0) \sin^2 i_0 \ \sin(kt)\cos(kt) + u_y \\
\ddot{z} + q^2 z = 2lq \ \cos(qt + \phi) + u_z
\end{cases} \tag{2-42}
$$

其中相关系数的计算表达式如下：

　　1）轨道平面内运动方程中系数 k，c 的计算表达式为

$$
\begin{cases}
k = nc + \dfrac{3n J_2 R_e^2}{2R_0^2} \cos^2 i_0 \\
c = \sqrt{1 + s} \\
s = \dfrac{3 J_2 R_e^2}{8R_0^2} (1 + 3\cos^2 i_0)
\end{cases} \tag{2-43}
$$

　　2）法向运动方程中系数 q 的计算表达式为

$$
\begin{cases}
q = nc - \delta\dot{\gamma} \\
\delta\dot{\gamma} = \left(\dfrac{\partial \gamma}{\partial \Delta\Omega} \right)_0 (\dot{\Omega}_1 - \dot{\Omega}_0) + \dot{\Omega}_1 \cos i_1 \\
\dfrac{\partial \gamma}{\partial \Delta\Omega} = \cos\gamma\sin\gamma\cot\Delta\Omega - \sin^2\gamma\cos i_1
\end{cases} \tag{2-44}
$$

式（2-44）中参数 γ 以及升交点赤经差 $\Delta\Omega$ 计算如下

$$
\begin{cases}
i_1 = \dfrac{\dot{z}(0)}{kR_0} + i_0 \\
\Delta\Omega(t) = \Omega_1 - \Omega_0 = \Delta\Omega(0) + (\dot{\Omega}_1 - \dot{\Omega}_0)t \\
\Delta\Omega(0) = \dfrac{z(0)}{R_0 \sin i_0} \\
\dot{\Omega}_1 = -\dfrac{3n J_2 R_e^2}{2R_0^2} \cos i_1 \\
\dot{\Omega}_0 = -\dfrac{3n J_2 R_e^2}{2R_0^2} \cos i_0 \\
\gamma(t) = \cot^{-1}\left[\dfrac{\cot i_0 \sin i_1 - \cos i_1 \cos\Delta\Omega(t)}{\sin\Delta\Omega(t)} \right]
\end{cases} \tag{2-45}
$$

　　3）法向运动方程中系数 l 的计算表达式为

$$\begin{cases} l = R_0 \dot{\Phi} = - R_0 \dfrac{\sin i_0 \ \sin i_1 \ \sin\Delta\Omega(0)}{\sin\Phi(0)}(\dot{\Omega}_1 - \dot{\Omega}_0) \\ \Phi(t) = \arccos[\cos i_1 \cos i_0 + \sin i_1 \sin i_0 \cos\Delta\Omega(t)] \end{cases} \tag{2-46}$$

通过以下方程确定 ϕ

$$\begin{cases} lm\sin\phi = z(0) \\ l\sin\phi + qm\cos\phi = \dot{z}(0) \end{cases} \tag{2-47}$$

其中

$$m \approx R_0 \Phi(0)$$

根据以上计算过程，即可根据地球常数 J_2，R_e，μ，虚拟参考航天器 S_0 轨道参数 R_0，i_0，航天器 S_i 倾角 i_i，以及初始条件 $x(0)$，$y(0)$，$z(0)$，$\dot{z}(0)$ 求得方程式（2-42）中的所有参数。

选择满足下式约束的 $\dot{x}(0)$ 和 $\dot{y}(0)$ 消除长期项和常数偏移

$$\begin{cases} \dot{y}(0) = - 2x(0)n \ \sqrt{1+s} + \dfrac{3nJ_2R_e^2n^2}{4kR_0}\sin^2 i_0 \\ \dot{x}(0) = y(0)n\left(\dfrac{1-s}{2 \ \sqrt{1+s}}\right) \end{cases} \tag{2-48}$$

不考虑推力作用，求解方程式（2-42）得到如下解析解

$$\begin{cases} x = [x(0) - \alpha]\cos(nt \ \sqrt{1-s}) + \dfrac{\sqrt{1-s}}{2 \ \sqrt{1+s}}y(0)\sin(nt \ \sqrt{1-s}) + \\ \qquad \alpha\cos(2kt) \\ y = - \dfrac{2 \ \sqrt{1+s}}{\sqrt{1-s}}[x(0) - \alpha]\sin(nt \ \sqrt{1-s}) + y(0)\cos(nt \ \sqrt{1-s}) + \\ \qquad \beta\sin(2kt) \\ z = (lt + m)\sin(qt + \phi) \end{cases}$$

$$\tag{2-49}$$

其中

$$\alpha = - \dfrac{3nJ_2R_e^2n^2}{4kR_0} \dfrac{(3k - 2n \ \sqrt{1+s})}{[n^2(1-s) - 4k^2]}\sin^2 i_0$$

$$\beta = - \dfrac{3nJ_2R_e^2n^2}{4kR_0} \dfrac{[2k(2k - 3n \ \sqrt{1+s}) + n^2(3+5s)]}{2k[n^2(1-s) - 4k^2]}\sin^2 i_0$$

（2）参考轨道受 J_2 项摄动影响

当研究多航天器编队中任意一个航天器 S_i 相对于其他航天器 S_j 之间的相对运动时，则需要考虑地球非球形摄动 J_2 项对参考轨道（此时为航天器 S_j 运行轨道）的影响。设航天器 S_i 与航天器 S_j 相对于不受摄的（虚拟）参考航天器 S_0 的相对状态分别为 $\boldsymbol{x}_{i0}$，$\boldsymbol{x}_{j0}$，则航天器 S_i 相对于航天器 S_j 的相对状态为

$$\delta\boldsymbol{x}_{ij} = \boldsymbol{x}_{i0} - \boldsymbol{x}_{j0} \tag{2-50}$$

为了便于下文表示，并区别于相对于参考航天器 S_0 的相对状态，在不引起混淆的情况下将 $\delta\boldsymbol{x}_{ij}$ 简化表示为 $\delta\boldsymbol{x}$。

不考虑推力作用，将式（2-42）轨道平面内分量代入式（2-50），可得平面内的相对运动方程

$$\begin{cases} \delta\ddot{x} - 2(nc)\delta\dot{y} - (5c^2 - 2)n^2\delta x = 0 \\ \delta\ddot{y} + 2(nc)\delta\dot{x} = 0 \end{cases} \tag{2-51}$$

平面外法向运动则直接将根据航天器 S_j 的轨道倾角 i_j 和升交点赤经 Ω_j 计算方程参数 q，l，m，ϕ，则法向相对运动方程形式依然为

$$\delta\ddot{z} + q^2\delta z = 2lq\cos(qt + \phi) \tag{2-52}$$

式（2-51）和式（2-52）即为考虑地球非球形摄动 J_2 项对参考轨道的影响时的相对运动方程，方程中参数计算方法同式（2-42）。

选择满足下式约束的 $\delta\dot{x}(0)$ 和 $\delta\dot{y}(0)$ 消除长期项和常数偏移

$$\begin{cases} \delta\dot{y}(0) = -2n\delta x(0)\sqrt{1+s} \\ \delta\dot{x}(0) = n\delta y(0)\left(\dfrac{1-s}{2\sqrt{1+s}}\right) \end{cases} \tag{2-53}$$

求解方程式（2-53）得到如下解析解

$$\begin{cases} \delta x = \delta x(0)\cos(nt\sqrt{1-s}) + \dfrac{\sqrt{1-s}}{2\sqrt{1+s}}\delta y(0)\sin(nt\sqrt{1-s}) \\ \delta y = -\dfrac{2\sqrt{1+s}}{\sqrt{1-s}}\delta x(0)\sin(nt\sqrt{1-s}) + \delta y(0)\cos(nt\sqrt{1-s}) \\ \delta z = (lt + m)\sin(qt + \phi) \end{cases}$$

$$\tag{2-54}$$

2.2.5.2　基于高斯变分方程的线性相对运动模型

C - W 方程和 Lawden 方程在参考航天器 S_0 和航天器 S_i 相对距离远远小于参考航天器 S_0 的轨道半径，即 $\delta r/R_0 \ll 1$ 时，可以很好地通过建模处理两个航天器间的相对运动。但是在两个航天器之间的相对距离较大时，以上两个线性化方程会产生大的线性化误差，而不适用。通常对于大尺寸构型，大偏心率参考轨道情况，除了采用前面建立的非线性相对运动模型外，另外一种常用的做法是将相对状态定义为轨道要素差，用高斯变分方程（GVEs）[3] 描述相对运动。基于高斯变分方程的相对运动模型的优势在于：对轨道要素线性化可以在较大的相对距离范围内精确描述相对运动；另外，以轨道要素差建立的状态转移矩阵在任意时间步长都是准确的，这样更利于采用开环、离散的控制方法，降低制导和控制的复杂度。

（1）高斯变分方程

高斯变分方程在时间域内描述了轨道坐标系径向、横向与法向的加速度分量 $u = \begin{bmatrix} u_x & u_y & u_z \end{bmatrix}^T$ 与轨道要素变化之间的关系。定义经典轨道要素集合为 $e = \begin{bmatrix} a & i & \Omega & \omega & e & M \end{bmatrix}^T$，其中 a 为轨道半长轴，i 为轨道倾角，Ω 为升交点赤经，ω 为近地点幅角，e 为偏心率，M 为平近点角。高斯变分方程的状态空间形式为

$$
\begin{bmatrix} \dot{a} \\ \dot{i} \\ \dot{\Omega} \\ \dot{\omega} \\ \dot{e} \\ \dot{M} \end{bmatrix} = \begin{bmatrix} 0 \\ 0 \\ 0 \\ 0 \\ 0 \\ n \end{bmatrix} + \frac{1}{h} \begin{bmatrix} 2a^2 e \sin f & 2a^2 p/R & 0 \\ 0 & 0 & R\cos u \\ 0 & 0 & R\sin u/\sin i \\ -p\cos f/e & (p+R)\sin f/e & -R\sin u/\cot i \\ p\sin f & (p+R)\cos f + eR & 0 \\ b(p\cos f - 2eR)/ae & -b(p+R)\sin f/ae & 0 \end{bmatrix} \begin{bmatrix} u_x \\ u_y \\ u_z \end{bmatrix}
$$

$$(2-55)$$

其中，除了轨道要素外，其他符号为 $u = \omega + f$（纬度幅角），$p = a(1-e^2)$（半通径），$h = \sqrt{\mu p}$（角动量），$R = p/(1+e\cos f)$（矢径模），

$b = \sqrt{ap}$（半短轴），$n = \sqrt{\mu/a^3}$（平均角速度）。将式（2-55）写成紧凑形式

$$\dot{e} = \overline{A}(e) + B(e)u \qquad (2-56)$$

（2）轨道要素差描述的相对运动模型

设参考航天器 S_0 的轨道要素集为 e_0，航天器 S_i 的轨道要素集为 e_i，则两个航天器的轨道要素差可定义为

$$\delta e_{i0} = e_i - e_0 \qquad (2-57)$$

下文在不引起混淆情况下，δe_{i0} 简写为 δe。

假设参考航天器 S_0 自治运动，无外力作用，则对于参考航天器 S_0，忽略式（2-56）中 $B(e_0)u$ 项。于是，对式（2-57）两侧求导，并代入式（2-56），可得

$$\dot{\delta e} = \dot{e}_i - \dot{e}_0 = \overline{A}(e_i) - \overline{A}(e_0) + B(e_i)u \qquad (2-58)$$

应用泰勒级数，对式（2-58）中的自治运动部分 $\overline{A}(e_1) - \overline{A}(e_0)$ 进行线性化[4]

$$\overline{A}(e_i) - \overline{A}(e_0) \approx \left.\frac{\delta \overline{A}}{\delta e}\right|_{e_0} (e_i - e_0) \approx \left.\frac{\delta \overline{A}}{\delta e}\right|_{e_0} \delta e \equiv A(e_0)\delta e \qquad (2-59)$$

将式（2-59）代入式（2-58）可得

$$\delta \dot{e} = A(e_0)\delta e + B(e_i)u \qquad (2-60)$$

根据式（2-55）易知，$A(e_0)$ 除了最左下角元素 $A_{61}(e_0) = -3n/2a$,其他元素均为 0。根据式（2-57），式（2-60）变为

$$\delta \dot{e} = A(e_0)\delta e + B(e_0 + \delta e)u \qquad (2-61)$$

再对式（2-61）的非线性控制项 $B(e_0 + \delta e)u$ 进行线性化，应用泰勒级数将式（2-61）中控制项展开可得

$$\delta \dot{e} \approx A(e_0)\delta e + \left[B(e_0) + \left.\frac{\delta B}{\delta e}\right|_{e_0} \delta e\right]u = A(e_0)\delta e + B(e_0)u + \left.\frac{\delta B}{\delta e}\right|_{e_0} \delta e u \qquad (2-62)$$

当式（2-62）中 $\left.\dfrac{\delta B}{\delta e}\right|_{e_0} \delta e$ 满足下式时

$$\left.\frac{\delta \boldsymbol{B}}{\delta e}\right|_{e_0} \delta e \ll \boldsymbol{B}(e_0) \qquad (2-63)$$

式（2 - 62）中 $\left.\dfrac{\delta \boldsymbol{B}}{\delta e}\right|_{e_0} \delta eu$ 项可忽略，式（2 - 62）变为

$$\delta \dot{e} = \boldsymbol{A}(e_0)\delta e + \boldsymbol{B}(e_0)u \qquad (2-64)$$

定义

$$\Delta \boldsymbol{B}(e_0, \delta e) \equiv \left.\frac{\delta \boldsymbol{B}}{\delta e}\right|_{e_0} \delta e \qquad (2-65)$$

根据式（2 - 62）的推导过程可知

$$\begin{aligned}\Delta \boldsymbol{B}(e_0, \delta e) &\approx \Delta \boldsymbol{B}(e_0, \delta e)_{\text{fidelity}} \equiv \boldsymbol{B}(e_1) - \boldsymbol{B}(e_0) \\ &= \boldsymbol{B}(e_0 + \delta e) - \boldsymbol{B}(e_0)\end{aligned} \qquad (2-66)$$

因此可以用 $\Delta \boldsymbol{B}(e_0, \delta e)_{\text{fidelity}}$ 代替 $\Delta \boldsymbol{B}(e_0, \delta e)$ 与 $\boldsymbol{B}(e_0)$ 比较，来验证式（2 - 64）的成立条件式（2 - 63）是否满足。研究证明[3]，若以 $\|\Delta \boldsymbol{B}(e_0, \delta e)_{\text{fidelity}}\|_2 \leqslant 0.01\|\boldsymbol{B}(e_0)\|_2$ 作为模型有效性范围的判断标准，对于参考轨道为低轨道情况，两个航天器之间相对距离 $\|\delta r\| \leqslant 25$ km，相对速度 $\|\delta \dot{r}\| \leqslant 40$ m/s；而对于参考轨道为高轨道情况，两个航天器之间相对距离 $\|\delta r\| \leqslant 50$ km，相对速度 $\|\delta \dot{r}\| \leqslant 2$ m/s，模型式（2 - 64）的精度可达到要求。

（3）轨道要素差与相对状态的转换

首先研究由轨道要素差 δe 到轨道坐标系 s_R 相对位置状态 δr 与相对速度状态 $\delta \dot{r}$ 的转换。经典轨道要素集 $e = \begin{bmatrix} a & i & \Omega & \omega & e & M \end{bmatrix}^{\mathrm{T}}$ 在 $e = 0$ 出现奇异，此时近地点幅角 ω，平近点角 M 没有定义。为了避免这种情况，先得到以无奇异的轨道要素集 $e_a = \begin{bmatrix} a & u & i & q_1 \end{bmatrix}$ $\begin{matrix} q_2 & \Omega \end{matrix}]^{\mathrm{T}}$ 表示的轨道要素差 δe_a 与相对位置和速度状态 δr、$\delta \dot{r}$ 的转换。无奇异的轨道要素集 e_a 中 a，i，Ω 与经典轨道要素集 δe 中的定义相同，$u = \omega + f$ 为纬度幅角，q_1，q_2 定义如下

$$\begin{cases} q_1 = e \cos\omega \\ q_2 = e \sin\omega \end{cases} \qquad (2-67)$$

此处定义轨道坐标系下两个航天器之间的相对位置、速度状态

矢量（下文简称相对状态）为 $\boldsymbol{x} = [x \quad y \quad z \quad \dot{x} \quad \dot{y} \quad \dot{z}]^{\mathrm{T}}$。则由无奇异轨道要素差 δe_a 到相对状态 $\boldsymbol{x}$ 存在如下的几何转换关系[5]

$$\boldsymbol{x}(t) = [\boldsymbol{A}(t) + \alpha \boldsymbol{B}(t)]\delta e_a(t) \qquad (2-68)$$

其中，$\alpha = 3J_2 R_e^2$。当不考虑 J_2 时，$\alpha = 0$。

定义

$$\Sigma(t) = \boldsymbol{A}(t) + \alpha \boldsymbol{B}(t) \qquad (2-69)$$

则 $\Sigma(t)$ 为由无奇异轨道要素差 δe_a 到相对状态 $\boldsymbol{x}$ 的转移矩阵。$\Sigma(t)$ 的各元素计算如下[5]

$$\Sigma_{11} = \frac{R}{a}$$

$$\Sigma_{12} = \frac{RV_r}{V_t}$$

$$\Sigma_{13} = 0$$

$$\Sigma_{14} = -\frac{R(2aq_1 + R\cos u)}{p}$$

$$\Sigma_{15} = -\frac{R(2aq_2 + R\sin u)}{p}$$

$$\Sigma_{16} = 0$$

$$\Sigma_{21} = 0$$

$$\Sigma_{22} = R$$

$$\Sigma_{23} = 0$$

$$\Sigma_{24} = 0$$

$$\Sigma_{25} = 0$$

$$\Sigma_{26} = R\cos i$$

$$\Sigma_{31} = 0$$

$$\Sigma_{32} = 0$$

$$\Sigma_{33} = R\sin u$$

$$\Sigma_{34} = 0$$

$$\Sigma_{35} = 0$$

$$\Sigma_{36} = -R\sin i \cos u$$

$$\Sigma_{41} = -\frac{V_r}{2a}$$

$$\Sigma_{42} = \frac{V_t}{p}(R - p)$$

$$\Sigma_{43} = 0$$

$$\Sigma_{44} = \frac{V_r a q_1 + R V_t \sin u}{p}$$

$$\Sigma_{45} = \frac{V_r a q_2 - R V_t \cos u}{p}$$

$$\Sigma_{46} = 0$$

$$\Sigma_{51} = -\frac{3V_t}{2a}$$

$$\Sigma_{52} = -V_r$$

$$\Sigma_{53} = -\alpha\left(\frac{V_t \sin i \cos i \sin^2 u}{pR}\right)$$

$$\Sigma_{54} = \frac{V_t}{p}(3aq_1 + 2R \cos u)$$

$$\Sigma_{55} = \frac{V_t}{p}(3aq_2 + 2R \sin u)$$

$$\Sigma_{56} = V_r \cos i + \alpha\left(\frac{V_t \sin^2 i \cos i \sin u \cos u}{pR}\right)$$

$$\Sigma_{61} = 0$$

$$\Sigma_{62} = \alpha\left(\frac{V_t \sin i \cos i \sin u}{pR}\right)$$

$$\Sigma_{63} = V_r \sin u + V_t \cos u$$

$$\Sigma_{64} = 0$$

$$\Sigma_{65} = 0$$

$$\Sigma_{66} = -(V_r \cos u - V_t \sin u)\sin i + \alpha\left(\frac{V_t \sin i \cos^2 i \sin u}{pR}\right)$$

转移矩阵 $\Sigma(t)$ 中偏心率 e、半通径 p 及矢径长度 R、径向速度 V_r、横向速度 V_t 计算如下

$$\begin{cases} e = \sqrt{q_1^2 + q_2^2} \\ p = a(1 - q_1^2 - q_2^2) \\ R = \|R\| = p/(1 + q_1 \sin u + q_2 \cos u) \\ V_r = \sqrt{\mu/p}(q_1 \sin u - q_2 \cos u) \\ V_t = \sqrt{\mu/p}(1 + q_1 \cos u + q_2 \sin u) \end{cases} \qquad (2-70)$$

由式（2-68）和式（2-69）可知，由相对状态 x 到无奇异轨道要素差 δe_a 的转换关系如下

$$\delta e_a(t) = \Sigma^{-1}(t) x(t) \qquad (2-71)$$

$\Sigma^{-1}(t)$ 的各元素计算如下[5]

$$\Sigma_{11}^{-1} = -\frac{2a}{R^3 V_t^2}[3aV_t^2(R-p) - 2(apV_r^2 + R^2 V_t^2)]$$

$$\Sigma_{12}^{-1} = \frac{2aV_r}{R^3 V_t^3}[3aV_t^2(R-p) - (apV_r^2 + R^2 V_t^2)]$$

$$\Sigma_{13}^{-1} = -a\left(\frac{2a \sin i \cos i \sin u}{pR^4 V_t^2}\right)[3aV_t^2(R-p) - 2(apV_r^2 + R^2 V_t^2)]$$

$$\Sigma_{14}^{-1} = \frac{2a^2 p V_r}{R^3 V_t^2}$$

$$\Sigma_{15}^{-1} = -\left(\frac{2a}{R^2 V_t^3}\right)[2aV_t^2(R-p) - (apV_r^2 + R^2 V_t^2)]$$

$$\Sigma_{16}^{-1} = 0$$

$$\Sigma_{21}^{-1} = 0$$

$$\Sigma_{22}^{-1} = \frac{1}{R} + a\left(\frac{\cos^2 i \sin^2 u}{pR^2}\right)$$

$$\Sigma_{23}^{-1} = \left(\frac{V_r \sin u + V_t \cos u}{RV_t}\right)\left(\frac{\cos i}{\sin i}\right)$$

$$\Sigma_{24}^{-1} = 0$$

$$\Sigma_{25}^{-1} = 0$$

$$\Sigma_{26}^{-1} = -\frac{\sin u \cos i}{V_t \sin i}$$

$$\Sigma_{31}^{-1} = 0$$

$$\Sigma_{32}^{-1} = -\alpha\left(\frac{\sin i \cos i \sin u \cos u}{pR^2}\right)$$

$$\Sigma_{33}^{-1} = -\frac{V_r \cos u - V_t \sin u}{RV_t}$$

$$\Sigma_{34}^{-1} = 0$$

$$\Sigma_{35}^{-1} = 0$$

$$\Sigma_{36}^{-1} = \frac{\cos u}{V_t}$$

$$\Sigma_{41}^{-1} = \frac{p(2V_r \sin u + 3V_t \cos u)}{R^2 V_t}$$

$$\Sigma_{42}^{-1} = -\frac{1}{R^2 V_t^2}[pV_r(V_r \sin u + V_t \cos u) - (R - p)V_t^2 \sin u] +$$

$$\alpha\left(\frac{\cos^2 i \sin^2 u}{pR^3 V_t}\right)[pV_r \cos u + (R - p)V_t \sin u]$$

$$\Sigma_{43}^{-1} = \frac{(V_r \sin u + V_t \cos u)\cos i}{R^2 V_t^2 \sin i}[pV_r \cos u + (R - p)V_t \sin u] +$$

$$\alpha\left(\frac{\sin i \cos i \sin u}{R^3 v_t}\right)(V_r \sin u + 2V_t \sin u)$$

$$\Sigma_{44}^{-1} = \frac{p \sin u}{RV_t}$$

$$\Sigma_{45}^{-1} = \frac{p(V_r \sin u + 2V_t \cos u)}{RV_t^2}$$

$$\Sigma_{46}^{-1} = -\frac{\sin u \cos i}{RV_t^2 \sin i}[pV_r \cos u + (R - p)V_t \sin u]$$

$$\Sigma_{51}^{-1} = \frac{p(2V_r \cos u - 3V_t \sin u)}{R^2 V_t}$$

$$\Sigma_{52}^{-1} = \frac{1}{R^2 V_t^2}[pV_r(V_r \cos u - V_t \sin u) - (R - p)V_t^2 \cos u] +$$

$$\alpha\left(\frac{\cos^2 i \sin^2 u}{pR^3 V_t}\right)[pV_r \sin u - (R - p)V_t \cos u]$$

$$\Sigma_{53}^{-1} = \frac{(V_r \sin u + V_t \cos u)\cos i}{R^2 V_t^2 \sin i}[pV_r \sin u - (R - p)V_t \cos u] -$$

$$\alpha\left(\frac{\sin i \cos i \sin u}{R^3 V_t}\right)(V_r \cos u - 2V_t \sin u)$$

$$\Sigma_{54}^{-1} = -\frac{p}{RV_t}\cos u$$

$$\Sigma_{55}^{-1} = -\frac{p}{RV_t^2}(V_r \cos u - 2V_t \sin u)$$

$$\Sigma_{56}^{-1} = -\frac{\sin u \cos i}{RV_t^2 \sin i}[pV_r \sin u - (R-p)V_t \cos u]$$

$$\Sigma_{61}^{-1} = 0$$

$$\Sigma_{62}^{-1} = -\alpha\left(\frac{\cos i \sin^2 u}{pR^2}\right)$$

$$\Sigma_{63}^{-1} = -\frac{V_r \sin u + V_t \cos u}{RV_t \sin t}$$

$$\Sigma_{64}^{-1} = 0$$

$$\Sigma_{65}^{-1} = 0$$

$$\Sigma_{66}^{-1} = \frac{\sin u}{V_t \sin i}$$

根据以上计算，在已知参考航天器 S_0 无奇异轨道要素 e_a 情况下，通过矩阵 $\Sigma(t)$ 即可由轨道要素差 δe_a 得到轨道坐标系下的相对状态 x，同样通过 $\Sigma^{-1}(t)$ 可根据相对状态 x 得到轨道要素差 δe_a。

要得到经典轨道要素差 δe 与相对状态 x 之间的相互转换。还需进行无奇异轨道要素差 δe_a 到经典轨道要素差 δe 的转换。

首先需要将参考航天器 S_0 的无奇异轨道要素集 e_a 转换到经典轨道要素集 e，其中近地点幅角 ω，偏心率 e，平近点角 M 的计算表达式如下[6]

近地点幅角 ω

$$\omega = \arctan \frac{q_2}{q_1} \tag{2-72}$$

偏心率 e

$$e = \sqrt{q_1^2 + q_2^2} \tag{2-73}$$

平近点角 M

$$M = E - e\sin E$$

$$E = 2\arctan\left(\sqrt{\frac{1-e}{1+e}}\tan\frac{u}{2}\right) \tag{2-74}$$

由无奇异轨道要素差 δe_a 到经典轨道要素差 δe 的转换关系为

$$\delta e = \boldsymbol{T}^{Dae}\delta e_a \tag{2-75}$$

式（2-75）中

$$\boldsymbol{T}^{Dae} = \begin{bmatrix} 1 & 0 & 0 & 0 & 0 & 0 \\ 0 & 0 & 1 & 0 & 0 & 0 \\ 0 & 0 & 0 & 0 & 0 & 1 \\ 0 & 0 & 0 & -\dfrac{\sin\omega}{e} & \dfrac{\cos\omega}{e} & 0 \\ 0 & 0 & 0 & \cos\omega & \sin\omega & 0 \\ 0 & \dfrac{\partial M}{\partial \theta} & 0 & \dfrac{\partial M}{\partial q_1} & \dfrac{\partial M}{\partial q_2} & 0 \end{bmatrix}$$

矩阵 $\boldsymbol{T}^{Dae}$ 中，平近点角 M 对纬度幅角 u 与 q_1，q_2 的偏导数计算如下

$$\begin{cases} \dfrac{\partial M}{\partial u} = \dfrac{\partial M}{\partial f}\dfrac{\partial f}{\partial u} \\[2mm] \dfrac{\partial M}{\partial q_1} = \dfrac{\partial M}{\partial f}\left[\dfrac{\sin\omega}{e} - \cos\omega\left(\dfrac{\partial f}{\partial e}\right)\right] \\[2mm] \dfrac{\partial M}{\partial q_2} = -\dfrac{\partial M}{\partial f}\left[\dfrac{\cos\omega}{e} + \sin\omega\left(\dfrac{\partial f}{\partial e}\right)\right] \end{cases} \tag{2-76}$$

式中，$\partial f/\partial u = 1$。另外在式（2-76）计算过程中，平近点角 M 对真近点角 f 与偏心率 e 的偏导数无法以解析方法得到，因此只能通过数值方法来近似求解。首先，选择足够小量的真近点角 Δf 与偏心率 Δe，再用以下方法近似求解

$$\begin{cases} \dfrac{\partial M}{\partial e} \approx \dfrac{F(e+\Delta e, f) - F(e, f)}{\Delta e} \\[2mm] \dfrac{\partial M}{\partial f} \approx \dfrac{F(e, f+\Delta f) - F(e, f)}{\Delta f} \end{cases} \tag{2-77}$$

式（2-77）中 $F(\cdot)$ 为以 e，f 为变量 M 的函数。

2.3 相对姿态运动模型

2.3.1 姿态运动学与动力学方程

假设航天器为理想刚体，采用刚体姿态运动学来描述航天器的相对姿态运动。假设参考坐标系 $o_f x_f y_f z_f$（s_F）为地球惯性坐标系 s_I 或参考轨道坐标系 s_R，参考坐标系 s_F 三个坐标轴 X_f，Y_f，Z_f 的单位矢量为 $\{X_f, Y_f, Z_f\}$（下文中也用 $\{X_f, Y_f, Z_f\}$ 来表示坐标系 s_F），在 s_F 坐标系中的坐标 $\{x_f, y_f, z_f\}$ 表示位置矢量的三个分量，其变化率为 $\{\dot{x}_f, \dot{y}_f, \dot{z}_f\}$。航天器本体坐标系 $o_b x_b y_b z_b$（s_B）的三个坐标轴 X_b，Y_b，Z_b 的单位矢量为 $\{X_b, Y_b, Z_b\}$。

2.3.1.1 欧拉角表示的姿态运动学方程

欧拉角法以偏航角 ψ、俯仰角 θ 和滚转角 ϕ 确定航天器本体坐标系 $\{X_b, Y_b, Z_b\}$ 相对于参考坐标系 $\{X_f, Y_f, Z_f\}$ 的方位。通过三次坐标系旋转，可将参考系变换到本体坐标系。

第一次转换：绕参考坐标系 $\{X_f, Y_f, Z_f\}$ 的 Z_f 轴旋转偏航角 ψ，旋转到中间坐标系 $\{X_1, Y_1, Z_f\}$；第一次旋转的正交变换矩阵为

$$C_z(\psi) = \begin{bmatrix} \cos(\psi) & \sin(\psi) & 0 \\ -\sin(\psi) & \cos(\psi) & 0 \\ 0 & 0 & 1 \end{bmatrix} \tag{2-78}$$

第二次转换：绕 $\{X_1, Y_1, Z_f\}$ 的 Y_1 轴旋转俯仰角 θ，旋转到中间坐标系 $\{X_b, Y_1, Z_2\}$；第二次旋转的正交变换矩阵为

$$C_y(\theta) = \begin{bmatrix} \cos(\theta) & 0 & -\sin(\theta) \\ 0 & 1 & 0 \\ \sin(\theta) & 0 & \cos(\theta) \end{bmatrix} \tag{2-79}$$

第三次转换：绕 $\{X_b, Y_1, Z_2\}$ 的 X_b 轴旋转滚转角 ϕ，最后旋转到本体坐标系 $\{X_b, Y_b, Z_b\}$。第三次旋转的正交变换矩阵为

$$\boldsymbol{C}_x(\phi) = \begin{bmatrix} 1 & 0 & 0 \\ 0 & \cos(\phi) & \sin(\phi) \\ 0 & -\sin(\phi) & \cos(\phi) \end{bmatrix} \tag{2-80}$$

因此，由参考系 $\{X_f,\ Y_f,\ Z_f\}$ 到本体系 $\{X_b,\ Y_b,\ Z_b\}$ 的变换矩阵为

$$\boldsymbol{C}_{fb} = \boldsymbol{C}_x(\phi)\boldsymbol{C}_y(\theta)\boldsymbol{C}_z(\psi) \tag{2-81}$$

将右侧三个矩阵代入，进行矩阵乘法运算后，可得

$$\boldsymbol{C}_{fb} = \begin{bmatrix} c_\phi c_\theta & s_\phi c_\theta & -s_\theta \\ -s_\phi c_\psi + c_\phi s_\theta s_\psi & c_\phi c_\psi + s_\phi s_\theta s_\psi & c_\theta s_\psi \\ s_\phi s_\psi + c_\phi s_\theta c_\psi & -c_\phi s_\psi + s_\phi s_\theta s_\psi & c_\theta c_\psi \end{bmatrix} \tag{2-82}$$

式中 $s_{(\cdot)}$，$c_{(\cdot)}$ 分别代表 $\sin(\cdot)$，$\cos(\cdot)$。

由于上述矩阵为正交矩阵，所以由本体系 $\{X_b,\ Y_b,\ Z_b\}$ 到参考系 $\{X_f,\ Y_f,\ Z_f\}$ 的变换矩阵 $\boldsymbol{C}_{bf} = \boldsymbol{C}_{fb}^{\mathrm{T}}$，即

$$\boldsymbol{C}_{bf} = \begin{bmatrix} c_\psi c_\theta & -s_\psi c_\phi + c_\psi s_\theta s_\phi & s_\psi s_\phi + c_\psi s_\theta c_\phi \\ s_\psi c_\theta & c_\psi c_\phi + s_\psi s_\theta s_\phi & -c_\psi s_\phi + s_\psi s_\theta c_\phi \\ -s_\theta & c_\theta s_\phi & c_\theta c_\phi \end{bmatrix} \tag{2-83}$$

偏航角 ψ、俯仰角 θ 和滚转角 ϕ 对时间的导数为

$$\omega_{\mathrm{yaw}} = \dot{\psi}, \omega_{\mathrm{pitch}} = \dot{\theta}, \omega_{\mathrm{roll}} = \dot{\phi} \tag{2-84}$$

角速度 $\boldsymbol{\omega}$ 可由偏航角 ψ、俯仰角 θ 和滚转角 ϕ 的速率表示为

$$\boldsymbol{\omega} = \omega_{\mathrm{yaw}} Z_f + \omega_{\mathrm{pitch}} Y_1 + \omega_{\mathrm{roll}} X_b \tag{2-85}$$

在本体系 $\{X_b,\ Y_b,\ Z_b\}$ 中，角速度 $\boldsymbol{\omega}$ 沿 X_b，Y_b，Z_b 坐标轴的各分量为 ω_x，ω_y，ω_z，则有

$$\boldsymbol{\omega} = \omega_x X_b + \omega_y Y_b + \omega z Z_b \tag{2-86}$$

根据第二次旋转的正交变换矩阵 $\boldsymbol{C}_y(\theta)$ 的逆变换矩阵 $C_y^{-1}(\theta) = \boldsymbol{C}_y^{\mathrm{T}}(\theta)$，可知

$$Z_f = -\sin\theta X_b + \cos\theta Z_2 \tag{2-87}$$

再根据第三次旋转的正交变换矩阵 $\boldsymbol{C}_x(\phi)$ 的逆变换矩阵 $\boldsymbol{C}_x^{\mathrm{T}}(\phi)$，可知

$$\begin{cases} Y_1 = \cos\phi Y_b - \sin\phi Z_b \\ Z_2 = \sin\phi Y_b + \cos\phi Z_b \end{cases} \tag{2-88}$$

将式（2-88）第二式代入式（2-87），可得

$$Z_f = -\sin\theta X_b + \cos\theta\sin\phi Y_b + \cos\theta\cos\phi Z_b \tag{2-89}$$

将式（2-88）第一式与式（2-89）代入式（2-85），整理可得

$$\boldsymbol{\omega} = \omega_{\text{yaw}}[-\sin\theta X_b + \cos\theta(\sin\phi Y_b + \cos\phi Z_b)] + \tag{2-90}$$
$$\omega_{\text{pitch}}(\cos\phi Y_b - \sin\phi Z_b) + \omega_{\text{roll}} X_b$$

对比式（2-90）与式（2-86），可得

$$\begin{cases} \omega_x = \omega_{\text{roll}} - \omega_{\text{yaw}}\sin\theta \\ \omega_y = \omega_{\text{yaw}}\cos\theta\sin\phi + \omega_{\text{pitch}}\cos\phi \\ \omega_z = \omega_{\text{yaw}}\cos\theta\cos\phi - \omega_{\text{pitch}}\sin\phi \end{cases} \tag{2-91}$$

求解式（2-91），可得到由 ω_x，ω_y，ω_z 表示的欧拉角速率

$$\begin{cases} \omega_{\text{yaw}} = \omega_y\sin\phi\sec\theta + \omega_z\cos\phi\sec\theta \\ \omega_{\text{pitch}} = \omega_y\cos\phi - \omega_z\sin\phi \\ \omega_{\text{roll}} = \omega_x - \omega_y\sin\phi\tan\theta - \omega_z\cos\phi\tan\theta \end{cases} \tag{2-92}$$

将式（2-92）写成矩阵形式，有

$$\begin{bmatrix} \omega_{\text{yaw}} \\ \omega_{\text{pitch}} \\ \omega_{\text{roll}} \end{bmatrix} = \begin{bmatrix} 0 & \sin\phi\sec\theta & \cos\phi\sec\theta \\ 0 & \cos\phi & -\sin\phi \\ 1 & -\sin\phi\tan\theta & -\cos\phi\tan\theta \end{bmatrix} \begin{bmatrix} \omega_x \\ \omega_y \\ \omega_z \end{bmatrix} \tag{2-93}$$

若 ω_x，ω_y，ω_z 为通过欧拉方程求得的已知时间函数，则可通过式（2-93）求解得到三个时变的欧拉角：偏航角 ψ、俯仰角 θ 和滚转角 ϕ。因此可得到任意给定时刻 t 本体坐标系 $\{X_b, Y_b, Z_b\}$ 相对于参考坐标系 $\{X_f, Y_f, Z_f\}$ 的方位。式（2-93）即为欧拉角表示的运动学方程。但当式（2-93）中俯仰角 $\theta=0$ 时，即 $X_b Z_b$ 平面与 $X_f Z_f$ 平面平行时，式（2-93）奇异。

由于以上欧拉角的航天器姿态描述方法存在奇异，所以在姿态控制律的设计中，常用四元数与修正罗德里格斯参数（MRPs）两种姿态表示方法描述姿态运动。

2.3.1.2　四元数表示的姿态运动学方程

定义航天器本体系 s_B 相对于参考系 s_F 的姿态四元数为

$$\boldsymbol{\rho} = \begin{bmatrix} \overline{\boldsymbol{\rho}}^{\mathrm{T}} & \rho_4 \end{bmatrix}^{\mathrm{T}} = \begin{bmatrix} \rho_1 & \rho_2 & \rho_3 & \rho_4 \end{bmatrix}^{\mathrm{T}} \qquad (2-94)$$

其中

$$\rho_1 = e_1 \sin \frac{\varphi}{2}, \rho_2 = e_2 \sin \frac{\varphi}{2}, \rho_3 = e_3 \sin \frac{\varphi}{2}, \rho_4 = \cos \frac{\varphi}{2}$$

$\overline{\boldsymbol{\rho}} = \begin{bmatrix} \rho_1 & \rho_2 & \rho_3 \end{bmatrix}^{\mathrm{T}}$ 为四元数的矢量部分，ρ_4 为四元数的标量部分，φ 为绕欧拉轴 $\boldsymbol{e} = (e_1, e_2, e_3)^{\mathrm{T}}$ 的旋转角。四元数满足约束 $\boldsymbol{\rho}^{\mathrm{T}} \boldsymbol{\rho} = 1$，且四元数 $\boldsymbol{\rho}$ 与 $-\boldsymbol{\rho}$ 表示相同姿态。四元数 $\boldsymbol{\rho}$ 的逆定义为：$\boldsymbol{\rho}^{-1} = \begin{bmatrix} -\overline{\boldsymbol{\rho}}^{\mathrm{T}} & \rho_4 \end{bmatrix}^{\mathrm{T}}$。两个四元数 $\boldsymbol{\rho}_i$ 与 $\boldsymbol{\rho}_j$ 相乘记为 $\boldsymbol{\rho}_i \odot \boldsymbol{\rho}_j$，定义为

$$\boldsymbol{\rho}_i \odot \boldsymbol{\rho}_j = \begin{bmatrix} \overline{\boldsymbol{\rho}}_i^{\times} + \rho_{i4} \boldsymbol{I}_3 & \overline{\boldsymbol{\rho}}_i \\ -\overline{\boldsymbol{\rho}}_i^{\mathrm{T}} & \rho_{i4} \end{bmatrix} \begin{bmatrix} \overline{\boldsymbol{\rho}}_j \\ \rho_{j4} \end{bmatrix} = \begin{bmatrix} -\overline{\boldsymbol{\rho}}_j^{\times} + \rho_{j4} \boldsymbol{I}_3 & \overline{\boldsymbol{\rho}}_j \\ -\overline{\boldsymbol{\rho}}_j^{\mathrm{T}} & \rho_{j4} \end{bmatrix} \begin{bmatrix} \overline{\boldsymbol{\rho}}_i \\ \rho_{i4} \end{bmatrix}$$

$$(2-95)$$

其同样也是一个四元数，表示由 $\boldsymbol{\rho}_i$ 与 $\boldsymbol{\rho}_j$ 两次旋转组成的一次组合旋转，其中 $\boldsymbol{s}^{\times} \in \boldsymbol{R}^{3 \times 3}$ 是由 $\boldsymbol{s} = \begin{bmatrix} s_1 & s_2 & s_3 \end{bmatrix}^{\mathrm{T}}$ 得到反对称矩阵，表示为

$$\boldsymbol{s}^{\times} = \begin{bmatrix} 0 & -s_3 & s_2 \\ s_3 & 0 & -s_1 \\ -s_2 & s_1 & 0 \end{bmatrix} \qquad (2-96)$$

若记

$$\boldsymbol{\Psi}(\boldsymbol{\xi}) = \begin{bmatrix} \overline{\boldsymbol{\xi}}^{\times} + \xi_4 \boldsymbol{I}_3 & \overline{\boldsymbol{\xi}} \\ -\overline{\boldsymbol{\xi}}^{\mathrm{T}} & \xi_4 \end{bmatrix}, \overline{\boldsymbol{\Psi}}(\boldsymbol{\xi}) = \begin{bmatrix} -\overline{\boldsymbol{\xi}}^{\times} + \xi_4 \boldsymbol{I}_3 & \overline{\boldsymbol{\xi}} \\ -\overline{\boldsymbol{\xi}}^{\mathrm{T}} & \xi_4 \end{bmatrix} \quad (2-97)$$

$\boldsymbol{\Psi}(\boldsymbol{\xi})$，$\overline{\boldsymbol{\Psi}}(\boldsymbol{\xi}) \in \boldsymbol{R}^{4 \times 4}$ 是由 $\boldsymbol{\zeta} = \begin{bmatrix} \overline{\boldsymbol{\xi}}^{\mathrm{T}} & \xi_4 \end{bmatrix}^{\mathrm{T}} = \begin{bmatrix} \xi_1 & \xi_2 & \xi_3 & \xi_4 \end{bmatrix}^{\mathrm{T}}$ 得到的双线性算子矩阵。

根据式（2-97），式（2-95）

$$\boldsymbol{\rho}_i \odot \boldsymbol{\rho}_j = \boldsymbol{\Psi}(\boldsymbol{\rho}_i) \boldsymbol{\rho}_j = \overline{\boldsymbol{\Psi}}(\boldsymbol{\rho}_j) \boldsymbol{\rho}_i \qquad (2-98)$$

根据式（2-95），四元数乘积满足 $\boldsymbol{\rho} \odot \boldsymbol{\rho}^{-1} = \begin{bmatrix} 0 & 0 & 0 & 1 \end{bmatrix}^{\mathrm{T}}$，求导可得

$$\dot{\boldsymbol{\rho}} \odot \boldsymbol{\rho}^{-1} + \boldsymbol{\rho} \odot \dot{\boldsymbol{\rho}}^{-1} = \boldsymbol{0}_{4 \times 1} \qquad (2-99)$$

采用四元数描述的航天器相对于本体系 s_B 相对于参考系 s_F 姿态在参考系 s_F 下的运动学方程为

$$\dot{\boldsymbol{\rho}} = \frac{1}{2}\overline{\boldsymbol{\Psi}}(\widetilde{\boldsymbol{\omega}})\boldsymbol{\rho} \qquad (2-100)$$

其中，$\widetilde{\boldsymbol{\omega}} = [\boldsymbol{\omega}^{\mathrm{T}} \quad 0]^{\mathrm{T}}$。

同样，可将式（2-100）表示为

$$\dot{\boldsymbol{\rho}} = \frac{1}{2}\boldsymbol{\Psi}(\boldsymbol{\rho})\widetilde{\boldsymbol{\omega}} \qquad (2-101)$$

因此，根据式（2-100）和式（2-101），及式（2-99），可得

$$\dot{\boldsymbol{\rho}} = \frac{1}{2}\boldsymbol{\rho}\odot\widetilde{\boldsymbol{\omega}} \qquad (2-102)$$

将式（2-102）代入式（2-99），整理可得

$$\dot{\boldsymbol{\rho}}^{-1} = -\frac{1}{2}\widetilde{\boldsymbol{\omega}}\odot\boldsymbol{\rho}^{-1} = -\frac{1}{2}\boldsymbol{\Psi}(\widetilde{\boldsymbol{\omega}})\boldsymbol{\rho}^{-1} \qquad (2-103)$$

另外，根据四元数定义，从本体系 s_B 到参考系 s_F 的坐标转换矩阵为

$$\boldsymbol{C}_{bf} = \boldsymbol{C}(\boldsymbol{\rho}) = (\rho_4^2 - \overline{\boldsymbol{\rho}}^{\mathrm{T}}\overline{\boldsymbol{\rho}})\boldsymbol{I}_3 + 2\overline{\boldsymbol{\rho}}\overline{\boldsymbol{\rho}}^{\mathrm{T}} - 2\rho_4\overline{\boldsymbol{\rho}}^{\times} \qquad (2-104)$$

旋转矩阵 $\boldsymbol{C}_{bf}$ 具有如下性质

$$\|\boldsymbol{C}_{bf}\| = 1, \dot{\boldsymbol{C}}_{bf} = -\boldsymbol{\omega}^{\times}\boldsymbol{C}_{bf} \qquad (2-105)$$

2.3.1.3　修正罗德里格斯参数表示的姿态运动学方程

修正罗德里格斯参数（MRPs）相较其他航天器姿态运动的描述方法，既可以避免求解复杂的约束方程，又能够减小奇异性影响，而且没有冗余参数。因此诸多参考文献采用 MRPs 来描述航天器的姿态运动[7]。

航天器的姿态用修正罗德里格斯参数表示，可写为

$$\boldsymbol{\sigma} = (\sigma_1, \sigma_2, \sigma_3)^{\mathrm{T}} = \boldsymbol{e}\tan\frac{\varphi}{4} \qquad (2-106)$$

由式（2-106）看到，MRPs 在 $\varphi = \pm 360°$ 存在几何奇异，因此除了一个整周的姿态转动，MRPs 可以描述任意姿态转动，比经典的罗德里格斯参数（CRPs）奇异性影响更小。当转动角很小时，

MRPs 可以线性化为 $\boldsymbol{\sigma} \approx (\varphi/4)\boldsymbol{e}$。

根据式（2-106）和式（2-94），从 MRPs 到四元数的转换为

$$\bar{\boldsymbol{\rho}} = \frac{2\boldsymbol{\sigma}}{1 + \boldsymbol{\sigma}^{\mathrm{T}}\boldsymbol{\sigma}}, \rho_4 = \frac{1 - \boldsymbol{\sigma}^{\mathrm{T}}\boldsymbol{\sigma}}{1 + \boldsymbol{\sigma}^{\mathrm{T}}\boldsymbol{\sigma}} \qquad (2-107)$$

相反，从四元数到 MRPs 的转换为

$$\boldsymbol{\sigma} = \frac{\bar{\boldsymbol{\rho}}}{1 + \rho_4} \qquad (2-108)$$

从航天器本体坐标系 s_B 到参考坐标系 s_F 的坐标转换矩阵为

$$\boldsymbol{C}_{bf} = \boldsymbol{I}_3 + \frac{8(\boldsymbol{\sigma}^{\times})^2 - 4(1 - \boldsymbol{\sigma}^{\mathrm{T}}\boldsymbol{\sigma})\boldsymbol{\sigma}^{\times}}{(1 + \boldsymbol{\sigma}^{\mathrm{T}}\boldsymbol{\sigma})^2} \qquad (2-109)$$

用 MRPs 表示的姿态运动学方程为

$$\dot{\boldsymbol{\sigma}} = \boldsymbol{Z}(\boldsymbol{\sigma})\boldsymbol{\omega} \qquad (2-110)$$

式中 $\boldsymbol{\omega} = (\omega_1, \omega_2, \omega_3)^{\mathrm{T}}$ 为航天器本体坐标系 s_B 相对于参考坐标系 s_R 在本体系中的角速度，其中

$$\boldsymbol{Z}(\boldsymbol{\sigma}) = \frac{1}{4}\left[(1 - \boldsymbol{\sigma}^{\mathrm{T}}\boldsymbol{\sigma})\boldsymbol{I}_3 + 2\boldsymbol{\sigma}\boldsymbol{\sigma}^{\mathrm{T}} + 2\boldsymbol{\sigma}^{\times}\right]$$

$$= \frac{1}{4}\begin{bmatrix} 1 - \sigma^2 + 2\sigma_1^2 & 2(\sigma_1\sigma_2 - \sigma_3) & 2(\sigma_1\sigma_3 + \sigma_2) \\ 2(\sigma_1\sigma_2 + \sigma_3) & 1 - \sigma^2 + 2\sigma_2^2 & 2(\sigma_2\sigma_3 - \sigma_1) \\ 2(\sigma_1\sigma_3 - \sigma_2) & 2(\sigma_2\sigma_3 + \sigma_1) & 1 - \sigma^2 + 2\sigma_3^2 \end{bmatrix}$$

$$(2-111)$$

其中
$$\sigma = \|\boldsymbol{\sigma}\| = \sqrt{\sigma_1^2 + \sigma_2^2 + \sigma_2^2}$$

根据式（2-110）可得

$$\boldsymbol{\omega} = \boldsymbol{Z}^{-1}(\boldsymbol{\sigma})\dot{\boldsymbol{\sigma}} \qquad (2-112)$$

为了计算 $\boldsymbol{Z}^{-1}(\boldsymbol{\sigma})$，进行如下推导。

矩阵 $\boldsymbol{Z}(\boldsymbol{\sigma})$ 的转置

$$\boldsymbol{Z}^{\mathrm{T}}(\boldsymbol{\sigma}) = \frac{1}{4}\left[(1 - \boldsymbol{\sigma}^{\mathrm{T}}\boldsymbol{\sigma})\boldsymbol{I}_3 + 2\boldsymbol{\sigma}\boldsymbol{\sigma}^{\mathrm{T}} - 2\boldsymbol{\sigma}^{\times}\right] \qquad (2-113)$$

根据式（2-111）与式（2-113），矩阵 $\boldsymbol{Z}(\boldsymbol{\sigma})$ 与其转置矩阵 $\boldsymbol{Z}^{\mathrm{T}}(\boldsymbol{\sigma})$ 相乘可得

$$Z^{\mathrm{T}}(\boldsymbol{\sigma})Z(\boldsymbol{\sigma}) = \frac{1}{16}\big[(1-\boldsymbol{\sigma}^{\mathrm{T}}\boldsymbol{\sigma})\boldsymbol{I}_3 + 2\boldsymbol{\sigma}\boldsymbol{\sigma}^{\mathrm{T}} - 2\boldsymbol{\sigma}^{\times}\big]\big[(1-\boldsymbol{\sigma}^{\mathrm{T}}\boldsymbol{\sigma})\boldsymbol{I}_3 + 2\boldsymbol{\sigma}\boldsymbol{\sigma}^{\mathrm{T}} + 2\boldsymbol{\sigma}^{\times}\big]$$

$$= \frac{1}{16}\big[(1-\boldsymbol{\sigma}^{\mathrm{T}}\boldsymbol{\sigma})^2\boldsymbol{I}_3 - 4(\boldsymbol{\sigma}^{\times})^2 + 4\boldsymbol{\sigma}\boldsymbol{\sigma}^{\mathrm{T}}\big]$$

再由于 $(\boldsymbol{\sigma}^{\times})^2 = \boldsymbol{\sigma}\boldsymbol{\sigma}^{\mathrm{T}} - \boldsymbol{\sigma}^{\mathrm{T}}\boldsymbol{\sigma}\boldsymbol{I}_3$，将其代入上式，可得

$$Z^{\mathrm{T}}(\boldsymbol{\sigma})Z(\boldsymbol{\sigma}) = \frac{1}{16}\big[(1-\boldsymbol{\sigma}^{\mathrm{T}}\boldsymbol{\sigma})^2\boldsymbol{I}_3 + 4\boldsymbol{\sigma}^{\mathrm{T}}\boldsymbol{\sigma}\boldsymbol{I}_3\big]$$

$$= \frac{1}{16}(1+\boldsymbol{\sigma}^{\mathrm{T}}\boldsymbol{\sigma})^2\boldsymbol{I}_3 \tag{2-114}$$

通过式（2-114）可得，$Z^{-1}(\boldsymbol{\sigma}) = 16(1+\sigma^2)^{-2}Z^{\mathrm{T}}(\boldsymbol{\sigma})$，代入式（2-112），可得

$$\boldsymbol{\omega} = \frac{16}{(1+\sigma^2)^2}Z^{\mathrm{T}}(\boldsymbol{\sigma})\dot{\boldsymbol{\sigma}} \tag{2-115}$$

式（2-115）即为 MRPs 表示的姿态运动学方程。

2.3.1.4　姿态动力学方程

利用旋转矩阵 $\boldsymbol{C}_{bf}$，本体坐标系 s_B 中的速度 $\{\dot{x}_b,\ \dot{y}_b,\ \dot{z}_b\}$ 可转换为参考系 s_F

$$\boldsymbol{\omega}_f = \boldsymbol{C}_{bf}\boldsymbol{\omega}_b \tag{2-116}$$

由于矩阵 $\boldsymbol{C}_{bf}$ 的正交性，可知 $\boldsymbol{C}_{bf}^{\mathrm{T}}\boldsymbol{C}_{bf} = \boldsymbol{I}_3$，因此

$$\dot{\boldsymbol{C}}_{bf}^{\mathrm{T}}\boldsymbol{C}_{bf} + \boldsymbol{C}_{bf}^{\mathrm{T}}\dot{\boldsymbol{C}}_{bf} = 0 \tag{2-117}$$

根据式（2-117），有

$$\dot{\boldsymbol{C}}_{bf} = -\boldsymbol{C}_{bf}\dot{\boldsymbol{C}}_{bf}^{\mathrm{T}}\boldsymbol{C}_{bf} \tag{2-118}$$

根据式（2-105），有

$$\dot{\boldsymbol{C}}_{bf}^{\mathrm{T}} = -\boldsymbol{\omega}_b^{\times}\boldsymbol{C}_{bf}^{\mathrm{T}} \tag{2-119}$$

将式（2-119）代入式（2-118）中，可得

$$\dot{\boldsymbol{C}}_{bf} = \boldsymbol{C}_{bf}\boldsymbol{\omega}_b^{\times}\boldsymbol{C}_{bf}^{\mathrm{T}}\boldsymbol{C}_{bf} = \boldsymbol{C}_{bf}\boldsymbol{\omega}_b^{\times} \tag{2-120}$$

若本体系 s_B 中的角速度 $\boldsymbol{\omega}_b$ 已知，可知参考系 s_F 中角速度 $\boldsymbol{\omega}_f = \boldsymbol{C}_{bf}\boldsymbol{\omega}_b$，角动量为 $\boldsymbol{h} = \boldsymbol{J}_f(t)\ \boldsymbol{\omega}_f$，其中 $\boldsymbol{J}_f(t) = \boldsymbol{C}_{bf}\boldsymbol{J}\boldsymbol{C}_{bf}^{\mathrm{T}}$ 为参考系 s_F 中的瞬时惯性矩阵，$\boldsymbol{J}$ 为航天器在本体系 s_B 的惯性矩阵。当航天器绕参考系 s_F 纯转动时，有

$$\boldsymbol{\tau}_f = \dot{\boldsymbol{h}} = \frac{\mathrm{d}}{\mathrm{d}t}\big[\boldsymbol{J}_f(t)\boldsymbol{\omega}_f\big] \tag{2-121}$$

其中，$\boldsymbol{\tau}_f = \boldsymbol{C}_{bf}\boldsymbol{\tau}_b$ 为相对于参考系 s_F 的力矩。$\boldsymbol{\tau}_b = (\tau_{b1}, \tau_{b2}, \tau_{b3})^{\mathrm{T}}$ 是作用于航天器上的控制力矩和干扰力矩产生的角加速度。对式（2-121）求导，并利用式（2-120），可得

$$\begin{aligned}
\boldsymbol{\tau}_f &= \frac{\mathrm{d}}{\mathrm{d}t}\big[\boldsymbol{C}_{bf}\boldsymbol{J}\boldsymbol{C}_{bf}^{\mathrm{T}}\boldsymbol{\omega}_f\big] \\
&= \frac{\mathrm{d}}{\mathrm{d}t}\big[\boldsymbol{C}_{bf}\boldsymbol{J}\boldsymbol{\omega}_b\big] \tag{2-122}\\
&= \boldsymbol{C}_{bf}\boldsymbol{J}\dot{\boldsymbol{\omega}}_b + \dot{\boldsymbol{C}}_{bf}\boldsymbol{J}\boldsymbol{\omega}_b \\
&= \boldsymbol{C}_{bf}\boldsymbol{J}\dot{\boldsymbol{\omega}}_b + \boldsymbol{C}_{bf}\boldsymbol{\omega}_b^{\times}\boldsymbol{J}\boldsymbol{\omega}_b
\end{aligned}$$

即有

$$\boldsymbol{J}\dot{\boldsymbol{\omega}}_b + \boldsymbol{\omega}_b^{\times}\boldsymbol{J}\boldsymbol{\omega}_b = \boldsymbol{\tau}_b \tag{2-123}$$

类似地，可将式（2-123）推广到参考系 s_F 下，有

$$\boldsymbol{J}\dot{\boldsymbol{\omega}}_f + \boldsymbol{\omega}_f^{\times}\boldsymbol{J}\boldsymbol{\omega}_f = \boldsymbol{\tau}_f \tag{2-124}$$

结合式（2-124）与式（2-100），有

$$\begin{cases}
\dot{\boldsymbol{\rho}}_f = \dfrac{1}{2}\overline{\boldsymbol{\Psi}}(\widetilde{\boldsymbol{\omega}}_f)\boldsymbol{\rho}_f \\[2mm]
\dot{\boldsymbol{\omega}}_f = -\boldsymbol{J}^{-1}\boldsymbol{\omega}_f^{\times}\boldsymbol{J}\boldsymbol{\omega}_f + \boldsymbol{J}^{-1}\boldsymbol{\tau}_f
\end{cases} \tag{2-125}$$

其中，$\widetilde{\boldsymbol{\omega}}_f = \big[\boldsymbol{\omega}_f^{\mathrm{T}}\ \ 0\big]^{\mathrm{T}}$。将式（2-125）写成状态空间形式

$$\begin{bmatrix} \dot{\boldsymbol{\rho}}_f \\ \dot{\boldsymbol{\omega}}_f \end{bmatrix} = \begin{bmatrix} \frac{1}{2}\boldsymbol{\Psi}(\widetilde{\boldsymbol{\omega}}_f) & \boldsymbol{0}_{4\times3} \\ \boldsymbol{0}_{3\times4} & -\boldsymbol{J}^{-1}\boldsymbol{\omega}_f^{\times}\boldsymbol{J} \end{bmatrix}\begin{bmatrix} \boldsymbol{\rho}_f \\ \boldsymbol{\omega}_f \end{bmatrix} + \begin{bmatrix} \boldsymbol{0}_{4\times3} \\ \boldsymbol{J}^{-1} \end{bmatrix}\boldsymbol{\tau}_f \tag{2-126}$$

式（2-125）或式（2-126）即为航天器姿态运动模型。

2.3.2　相对姿态动力学和运动学模型

2.3.2.1　相对姿态动力学方程

在航天器 S_i 本体系内，航天器 S_i 的姿态动力学方程为

$$\boldsymbol{J}_i\dot{\boldsymbol{\omega}}_{bi} + \boldsymbol{\omega}_{bi}^{\times}\boldsymbol{J}_i\boldsymbol{\omega}_{bi} = \boldsymbol{\tau}_{bi} \tag{2-127}$$

在航天器 S_j 本体系内，航天器 S_j 的姿态动力学方程为

$$\boldsymbol{J}_j\dot{\boldsymbol{\omega}}_{bj} + \boldsymbol{\omega}_{bj}^{\times}\boldsymbol{J}_j\boldsymbol{\omega}_{bj} = \boldsymbol{\tau}_{bj} \tag{2-128}$$

航天器 S_i 与航天器 S_j 之间的相对姿态角速度在航天器 i 的本体系中表示为

$$\boldsymbol{\omega}_{ij} = \boldsymbol{\omega}_{bi} - \boldsymbol{C}_{ji}\boldsymbol{\omega}_{bj} \qquad (2-129)$$

$\boldsymbol{C}_{ji}$ 是航天器 S_j 本体坐标系到航天器 S_i 本体坐标系的转换矩阵。

对式（2-129）的两端进行求导，并利用式（2-127），式（2-128），式（2-129）进行推导，可得

$$\dot{\boldsymbol{\omega}}_{ij} = \dot{\boldsymbol{\omega}}_{bi} - \boldsymbol{C}_{ji}\dot{\boldsymbol{\omega}}_{bj} - \dot{\boldsymbol{C}}_{ji}\boldsymbol{\omega}_{bj}$$

$$= -\boldsymbol{J}_i^{-1}\boldsymbol{\omega}_{bi}^{\times}\boldsymbol{J}_i\boldsymbol{\omega}_{bi} - \boldsymbol{C}_{ji}\dot{\boldsymbol{\omega}}_{bj} - \dot{\boldsymbol{C}}_{ji}\boldsymbol{\omega}_{bj} + \boldsymbol{J}_i^{-1}\boldsymbol{\tau}_b i$$

$$= -\boldsymbol{J}_i^{-1}(\boldsymbol{\omega}_{ij} + \boldsymbol{C}_{ji}\boldsymbol{\omega}_{bj})^{\times}\boldsymbol{J}_i(\boldsymbol{\omega}_{ji} + \boldsymbol{C}_{ji}\boldsymbol{\omega}_{bj}) - \boldsymbol{C}_{ji}\dot{\boldsymbol{\omega}}_{bj} - \dot{\boldsymbol{C}}_{ji}\boldsymbol{\omega}_{bj} + \boldsymbol{J}_i^{-1}\boldsymbol{\tau}_{bi}$$

$$= -\boldsymbol{J}_i^{-1}(\boldsymbol{\omega}_{ij} + \boldsymbol{C}_{ji}\boldsymbol{\omega}_{bj})^{\times}\boldsymbol{J}_i(\boldsymbol{\omega}_{ji} + \boldsymbol{C}_{ji}\boldsymbol{\omega}_{bj}) - \boldsymbol{C}_{ji}\dot{\boldsymbol{\omega}}_{bj} + \boldsymbol{\omega}_{ij}^{\times}\boldsymbol{C}_{ji}\boldsymbol{\omega}_{bj} + \boldsymbol{J}_i^{-1}\boldsymbol{\tau}_{bi}$$

$$\qquad (2-130)$$

2.3.2.2　四元数描述的相对姿态运动模型

航天器 S_i 与航天器 S_j 在参考系 s_F 的姿态分别表示为四元数 $\boldsymbol{\rho}_i$，$\boldsymbol{\rho}_j$，则在参考系 s_F 中用四元数表示的相对姿态 $\boldsymbol{\rho}_{ij}$ 为

$$\boldsymbol{\rho}_{ij} = \boldsymbol{\rho}_i \odot \boldsymbol{\rho}_j^{-1} \qquad (2-131)$$

对式（2-131）求导

$$\dot{\boldsymbol{\rho}}_{ij} = \dot{\boldsymbol{\rho}}_i \odot \boldsymbol{\rho}_j^{-1} + \boldsymbol{\rho}_i \odot \dot{\boldsymbol{\rho}}_j^{-1} \qquad (2-132)$$

根据式（2-100），式（2-103），式（2-132），经以下推导可得

$$\dot{\boldsymbol{\rho}}_{ij} = \frac{1}{2}\overline{\boldsymbol{\Psi}}(\widetilde{\boldsymbol{\omega}}_i)\boldsymbol{\rho}_{ij} - \frac{1}{2}\boldsymbol{\rho}_i \odot \widetilde{\boldsymbol{\omega}}_j \odot \boldsymbol{\rho}_j^{-1}$$

$$= \frac{1}{2}\overline{\boldsymbol{\Psi}}(\widetilde{\boldsymbol{\omega}}_i)\boldsymbol{\rho}_{ij} - \frac{1}{2}\overline{\boldsymbol{\Psi}}(\widetilde{\boldsymbol{\omega}}_j)\boldsymbol{\rho}_{ij}$$

$$= \frac{1}{2}\overline{\boldsymbol{\Psi}}(\widetilde{\boldsymbol{\omega}}_i - \widetilde{\boldsymbol{\omega}}_j)\boldsymbol{\rho}_{ij} \qquad (2-133)$$

$$= \frac{1}{2}\overline{\boldsymbol{\Psi}}(\widetilde{\boldsymbol{\omega}}_{ij})\boldsymbol{\rho}_{ij}$$

式（2-133）即为航天器 S_i 与航天器 S_j 在参考系 s_F 的相对姿态运动学方程。

类似地，根据式（2-129），航天器 S_i 与航天器 S_j 在航天器 S_i

本体系下的相对姿态运动学方程为

$$\dot{\boldsymbol{\rho}}_{ij} = \frac{1}{2}\overline{\boldsymbol{\Psi}}(\widetilde{\boldsymbol{\omega}}_{bi} - \widetilde{\boldsymbol{C}}_{ji}\widetilde{\boldsymbol{\omega}}_{bj})\boldsymbol{\rho}_{ij} = \frac{1}{2}\overline{\boldsymbol{\Psi}}(\widetilde{\boldsymbol{\omega}}_{ij})\boldsymbol{\rho}_{ij} \qquad (2-134)$$

其中

$$\widetilde{\boldsymbol{C}}_{ij} = \begin{bmatrix} \boldsymbol{C}_{ij} & \boldsymbol{0}_{3\times1} \\ \boldsymbol{0}_{3\times1} & 0 \end{bmatrix}$$

由式（2-130）经整理可得航天器 S_i 与航天器 S_j 之间的姿态相对运动的动力学方程为

$$\boldsymbol{J}_i\dot{\boldsymbol{\omega}}_{ij} = -(\boldsymbol{\omega}_{ij} + \boldsymbol{C}_{ji}\boldsymbol{\omega}_{bj})^\times \boldsymbol{J}_i(\boldsymbol{\omega}_{ij} + \boldsymbol{C}_{ji}\boldsymbol{\omega}_{bj}) - \boldsymbol{J}_i(\boldsymbol{C}_{ji}\dot{\boldsymbol{\omega}}_{bj} - \boldsymbol{\omega}_{ij}^\times \boldsymbol{C}_{ji}\boldsymbol{\omega}_{bj}) + \boldsymbol{\tau}_{bi}$$
$$(2-135)$$

式（2-134）与式（2-135）即为多航天器姿态协同的相对运动模型。

为了把式（2-134）和式（2-135）写成状态空间形式，根据反对称矩阵的以下 3 条性质，对式（2-135）进一步化简。

性质 1： $\qquad\qquad \boldsymbol{\zeta}^\times \boldsymbol{M} = -\boldsymbol{M}^{\mathrm{T}}\boldsymbol{\zeta}^\times$

性质 2： $\qquad\qquad \boldsymbol{\zeta}_1^\times \boldsymbol{\zeta}_2 = -\boldsymbol{\zeta}_2^\times \boldsymbol{\zeta}_1$

性质 3： $\qquad\qquad \boldsymbol{\zeta}_1^\times \boldsymbol{\zeta}_1 = 0$

对式（2-135）化简，可得

$$\dot{\boldsymbol{\omega}}_{ij} = -\boldsymbol{J}_i^{-1}\boldsymbol{\omega}_{ij}^\times \boldsymbol{J}_i\boldsymbol{\omega}_{ij} - \boldsymbol{J}_i^{-1}(\boldsymbol{C}_{ji}\boldsymbol{\omega}_{bj})^\times \boldsymbol{J}_i\boldsymbol{\omega}_{bj} + \boldsymbol{J}_i^{-1}(\boldsymbol{J}_i\boldsymbol{C}_{ji}\boldsymbol{\omega}_{bj})^\times \boldsymbol{\omega}_{ij}$$
$$- (\boldsymbol{C}_{ji}\boldsymbol{\omega}_{bj})^\times \boldsymbol{\omega}_{ij} - \boldsymbol{C}_{ji}\dot{\boldsymbol{\omega}}_{bj} + \boldsymbol{J}_i^{-1}\boldsymbol{\tau}_{bj}$$
$$(2-136)$$

根据式（2-104），式（2-136）右侧第五项为

$$\boldsymbol{C}_{ji}\dot{\boldsymbol{\omega}}_{bj} = \boldsymbol{C}(\boldsymbol{\rho}_{ij})\dot{\boldsymbol{\omega}}_{bj}$$
$$= [(\rho_{4,ij}^2 - \overline{\boldsymbol{\rho}}_{ij}^{\mathrm{T}}\overline{\boldsymbol{\rho}}_{ij})\boldsymbol{I}_3 + 2\overline{\boldsymbol{\rho}}_{ij}\overline{\boldsymbol{\rho}}_{ij}^{\mathrm{T}} - 2\rho_{4,ij}\overline{\boldsymbol{\rho}}_{ij}^\times]\dot{\boldsymbol{\omega}}_{bj}$$
$$(2-137)$$

对式（2-137）展开整理可得

$$\boldsymbol{C}_{ji}\dot{\boldsymbol{\omega}}_{bj} = \boldsymbol{A}_{21}\boldsymbol{\rho}_{ij} \qquad (2-138)$$

其中

$$A_{21} =$$

$$\begin{bmatrix} \rho_{1,q}\dot{\omega}_{1,bj} + 2\rho_{3,q}\dot{\omega}_{3,bj} & -\rho_{2,q}\dot{\omega}_{1,bj} + 2\rho_{4,q}\dot{\omega}_{2,bj} & -\rho_{3,q}\dot{\omega}_{1,bj} + 2\rho_{1,q}\dot{\omega}_{2,bj} & \rho_{4,q}\dot{\omega}_{1,bj} - 2\rho_{2,q}\dot{\omega}_{3,bj} \\ -\rho_{1,q}\dot{\omega}_{2,bj} + 2\rho_{4,q}\dot{\omega}_{3,bj} & \rho_{2,q}\dot{\omega}_{2,bj} + 2\rho_{1,q}\dot{\omega}_{3,bj} & -\rho_{3,q}\dot{\omega}_{2,bj} + 2\rho_{2,q}\dot{\omega}_{3,bj} & \rho_{4,q}\dot{\omega}_{2,bj} - 2\rho_{3,q}\dot{\omega}_{1,bj} \\ -\rho_{1,q}\dot{\omega}_{3,bj} + 2\rho_{3,q}\dot{\omega}_{1,bj} & -\rho_{2,q}\dot{\omega}_{3,bj} + 2\rho_{4,q}\dot{\omega}_{1,bj} & \rho_{3,q}\dot{\omega}_{3,bj} + 2\rho_{2,q}\dot{\omega}_{2,bj} & \rho_{4,q}\dot{\omega}_{3,bj} - 2\rho_{4,q}\dot{\omega}_{2,bj} \end{bmatrix}$$

$$(2-139)$$

另外记

$$A_{22} = -J_i^{-1}\omega_{ij}^{\times}J_i - J_i^{-1}(C_{ji}\omega_{bj})^{\times}J_i + J_i^{-1}(J_iC_{ji}\omega_{bj})^{\times} - (C_{ji}\omega_{bj})^{\times} \tag{2-140}$$

将式（2-136）与式（2-135）写成状态空间形式，有

$$\begin{bmatrix} \dot{\boldsymbol{\rho}}_{ij} \\ \dot{\boldsymbol{\omega}}_{ij} \end{bmatrix} = \begin{bmatrix} \dfrac{1}{2}\overline{\boldsymbol{\Psi}}(\widetilde{\omega}_{ij}) & \boldsymbol{0}_{4\times3} \\ A_{21} & A_{22} \end{bmatrix} \begin{bmatrix} \boldsymbol{\rho}_{ij} \\ \boldsymbol{\omega}_{ij} \end{bmatrix} + \begin{bmatrix} \boldsymbol{0}_{4\times3} \\ J^{-1} \end{bmatrix} \boldsymbol{\tau}_{bi} \tag{2-141}$$

注释：可以看到姿态相对运动中若作为参考或目标的航天器 S_j 为自由运动则 $A_{21} = \boldsymbol{0}_{3\times3}$，若航天器 S_j 相对参考系 s_F 无姿态运动，则进一步 $A_{22} = -J_i^{-1}\omega_{ij}^{\times}J_i$，姿态相对运动模型式（2-141）退化为式（2-124）。

2.3.2.3　MRPs 描述的相对姿态运动模型

定义航天器 S_i 与航天器 S_j 在参考系 s_F 的相对姿态采用 MRPs 的表示为 $\boldsymbol{\sigma}_{ij}$。$\boldsymbol{\sigma}_{ij}$ 和 $\boldsymbol{\rho}_{ij}$ 的转换关系为

$$\overline{\boldsymbol{\rho}}_{ij} = \frac{2\boldsymbol{\sigma}_{ij}}{1 + \boldsymbol{\sigma}_{ij}^{\mathrm{T}}\boldsymbol{\sigma}_{ij}}, \rho_{4,ij} = \frac{1 - \boldsymbol{\sigma}_{ij}^{\mathrm{T}}\boldsymbol{\sigma}_{ij}}{1 + \boldsymbol{\sigma}_{ij}^{\mathrm{T}}\boldsymbol{\sigma}_{ij}} \tag{2-142}$$

$$\boldsymbol{\sigma}_{ij} = \frac{\overline{\boldsymbol{\rho}}_{ij}}{1 + \rho_{4,ij}} \tag{2-143}$$

对式（2-143）求导，可得

$$\dot{\boldsymbol{\sigma}}_{ij} = \frac{\dot{\overline{\boldsymbol{\rho}}}_{ij}}{1 + \rho_{4,ij}} - \frac{\dot{\rho}_{4,ij}\overline{\boldsymbol{\rho}}_{ij}}{(1 + \rho_{4,ij})^2} \tag{2-144}$$

根据式（2-134），可知

$$\dot{\overline{\boldsymbol{\rho}}}_{ij} = -\frac{1}{2}\boldsymbol{\omega}_{ij}^{\times}\overline{\boldsymbol{\rho}}_{ij} + \frac{1}{2}\boldsymbol{\omega}_{ij}\rho_{4,ij}$$

$$\dot{\rho}_{4,ij} = -\frac{1}{2}\boldsymbol{\omega}_{ij}^{\mathrm{T}}\overline{\boldsymbol{\rho}}_{ij} \tag{2-145}$$

将式（2-142）代入式（2-145）右侧，经整理可得

$$\dot{\overline{\boldsymbol{\rho}}}_{ij} = -\frac{\boldsymbol{\omega}_{ij}^{\times}\boldsymbol{\sigma}_{ij}}{1+\boldsymbol{\sigma}_{ij}^{\mathrm{T}}\boldsymbol{\sigma}_{ij}} + \frac{\boldsymbol{\omega}_{ij}(1-\boldsymbol{\sigma}_{ij}^{\mathrm{T}}\boldsymbol{\sigma}_{ij})}{2(1+\boldsymbol{\sigma}_{ij}^{\mathrm{T}}\boldsymbol{\sigma}_{ij})} \qquad (2-146)$$

$$\dot{\overline{\rho}}_{4,ij} = -\frac{\boldsymbol{\omega}_{ij}^{\mathrm{T}}\overline{\boldsymbol{\sigma}}_{ij}}{1+\boldsymbol{\sigma}_{ij}^{\mathrm{T}}\boldsymbol{\sigma}_{ij}}$$

将式（2-142），式（2-146）代入式（2-144）右侧，经整理可得

$$\dot{\boldsymbol{\sigma}}_{ij} = \frac{1}{2}(-\boldsymbol{\omega}_{ij}^{\times}+\boldsymbol{\omega}_{ij}^{\mathrm{T}}\boldsymbol{\sigma}_{ij}\boldsymbol{I}_3)\sigma_{ij} + \frac{1}{4}\boldsymbol{\omega}_{ij}(1-\boldsymbol{\sigma}_{ij}^2) \qquad (2-147)$$

式（2-147）即为以 MRPs 表示的航天器 i 与航天器 j 之间的姿态相对运动的运动学方程。这样，式（2-147）与式（2-135）即为多航天器姿态协同的相对运动模型。

2.4　轨道和姿态耦合相对运动模型

本章 2.2 节在建立航天器相对轨道运动模型时，将航天器看做质点，因此相对轨道运动模型仅适用于航天器质心的相对运动。当研究航天器间的近程或超近程相对轨道运动操控，或者关注未安装在航天器质心处的有效载荷的协同任务时，通常需要考察非质心点或有效载荷间的相对运动。此时由外部力矩（如与姿态相关的重力梯度力矩）以及内部耦合因素（如航天器非质心点的运动耦合）所产生的姿态与轨道的耦合效应不能忽略，需要建立考虑姿态和轨道耦合的相对运动模型。下面首先建立航天器非质心点相对运动的耦合模型，在建模过程中考虑了航天器姿态和轨道运动的耦合作用，在此基础上综合相对姿态运动模型，得到完整的轨道和姿态相对运动模型[8]。

设两个刚体航天器 S_i 与航天器 S_j 上任意两个非质心的点如图 2-2 所示。P_i 为航天器 S_i 上的非质心点。$\boldsymbol{P}_i = [P_{ix}, P_{iy}, P_{iz}]$ 是由航天器 S_i 质心建立的轨道系 s_{Ri} 原点到 P_i 的矢量。同样，$\boldsymbol{P}_j = [P_{jx}, P_{jy}, P_{jz}]$ 是由航天器 S_j 质心建立的轨道系 s_{Rj} 原点到 P_j 的矢量。$\mathbf{r}_{ij}$ 表示 P_i 与 P_j 之间的相对位置，r_{ij} 表示航天器 S_i 与航天器 S_j 质心之间的相对位置矢量。由图 2-2 可知

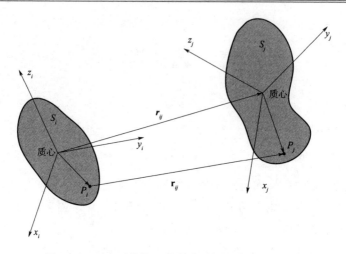

图 2-2　两个刚体航天器非质心点相对运动示意图

$$\boldsymbol{P}_i + \mathbf{r}_{ij} = \boldsymbol{P}_j + \boldsymbol{r}_{ij} \qquad (2-148)$$

$$\mathbf{r}_{ij} = \boldsymbol{r}_{ij} + \boldsymbol{P}_j - \boldsymbol{P}_i \qquad (2-149)$$

对 $\mathbf{r}_{ij}$ 求一阶、二阶导数

$$\dot{\mathbf{r}}_{ij} = \dot{\boldsymbol{r}}_{ij} + \dot{\boldsymbol{P}}_j - \dot{\boldsymbol{P}}_i \qquad (2-150)$$

$$\ddot{\mathbf{r}}_{ij} = \ddot{\boldsymbol{r}}_{ij} + \ddot{\boldsymbol{P}}_j - \ddot{\boldsymbol{P}}_i \qquad (2-151)$$

在刚体航天器 S_i 所在轨道系 s_{Ri} 中

$$\dot{\boldsymbol{P}}_j = \ddot{\boldsymbol{P}}_j = 0 \qquad (2-152)$$

在 $\dot{\boldsymbol{P}}_j$，$\ddot{\boldsymbol{P}}_j$ 在轨道系 s_{Ri} 中求导，可得

$$[\dot{\boldsymbol{P}}_j]_{s_{Ri}} = [\dot{\boldsymbol{P}}_j]_{s_{Rj}} + \boldsymbol{\omega}^\times \dot{\boldsymbol{P}}_j \qquad (2-153)$$

$$[\ddot{\boldsymbol{P}}_j]_{s_{Ri}} = [\ddot{\boldsymbol{P}}_j]_{s_{Ri}} + 2[\boldsymbol{\omega}^\times \dot{\boldsymbol{P}}_j]_{s_{Ri}} + \dot{\boldsymbol{\omega}}^\times \boldsymbol{P}_j + \boldsymbol{\omega}^\times (\boldsymbol{\omega}^\times \boldsymbol{P}_j)$$

$$(2-154)$$

假设航天器 S_j 为刚体，则有

$$[\dot{\boldsymbol{P}}_j]_{s_{Ri}} = [\ddot{\boldsymbol{P}}_j]_{s_{Ri}} = 0 \qquad (2-155)$$

因此，式（2-153）和式（2-154）为

$$\dot{\mathbf{r}}_{ij} = \dot{\boldsymbol{r}}_{ij} + \boldsymbol{\omega}^\times \dot{\boldsymbol{P}}_j \qquad (2-156)$$

$$\ddot{\boldsymbol{r}}_{ij} = \ddot{\boldsymbol{r}}_{ij} + \dot{\boldsymbol{\omega}}^{\times} \boldsymbol{P}_j + \boldsymbol{\omega}^{\times} (\boldsymbol{\omega}^{\times} \boldsymbol{P}_j) \tag{2-157}$$

设在轨道系 s_{Ri} 中，$\mathbf{r}_{ij} = [\mathrm{x}_{ij}, \mathrm{y}_{ij}, \mathrm{z}_{ij}]$，$r_{ij} = [x_{ij}, y_{ij}, z_{ij}]$，$\boldsymbol{P}_i = [P_{ix}, P_{iy}, P_{iz}]$，$\boldsymbol{P}_j = [P_{jx}, P_{jy}, P_{jz}]$。因此，相对位置式（2-149）在轨道系 s_{Ri} 表示为

$$\mathrm{x}_{ij} = x_{ij} + P_{jx} - P_{ix} \tag{2-158}$$

$$\mathrm{y}_{ij} = y_{ij} + P_{jy} - P_{iy} \tag{2-159}$$

$$\mathrm{z}_{ij} = z_{ij} + P_{jz} - P_{iz} \tag{2-160}$$

相对速度式（2-156）在轨道系 s_{Ri} 表示为

$$\dot{\mathrm{x}}_{ij} = \dot{x}_{ij} + \omega_y P_{jx} - \omega_z P_{ix} \tag{2-161}$$

$$\dot{\mathrm{y}}_{ij} = \dot{y}_{ij} + \omega_z P_{jy} - \omega_x P_{iy} \tag{2-162}$$

$$\dot{\mathrm{z}}_{ij} = \dot{z}_{ij} + \omega_x P_{jz} - \omega_y P_{iz} \tag{2-163}$$

相对加速度式（2-157）在轨道系 s_{Ri} 表示为

$$\ddot{\mathrm{z}}_{ij} = \ddot{x}_{ij} + \omega_y (\omega_x P_{jy} - \omega_y P_{jx}) - \omega_z (\omega_z P_{jx} - \omega_x P_{jz}) + \dot{\omega}_y P_{jz} - \dot{\omega}_z P_{jy} \tag{2-164}$$

$$\ddot{\mathrm{y}}_{ij} = \ddot{y}_{ij} + \omega_z (\omega_y P_{jz} - \omega_z P_{jy}) - \omega_x (\omega_x P_{jy} - \omega_y P_{jx}) + \dot{\omega}_z P_{jx} - \dot{\omega}_x P_{jz} \tag{2-165}$$

$$\ddot{\mathrm{z}}_{ij} = \ddot{z}_{ij} + \omega_x (\omega_z P_{jx} - \omega_x P_{jz}) - \omega_y (\omega_z P_{jz} - \omega_x P_{jz}) + \dot{\omega}_x P_{jy} - \dot{\omega}_y P_{jx} \tag{2-166}$$

根据椭圆参考轨道下忽略 J_2 项摄动影响的非线性相对运动模型式（2-37），可得航天器 S_i 与 S_j 间的相对运动的模型为

$$\begin{cases} \ddot{x}_{ij} - 2\dot{f}_i \dot{y}_{ij} - \ddot{f}_i y_{ij} - \dot{f}_i^2 x_{ij} = -\dfrac{\mu(R_i + x_{ij})}{\left[(R_i + x_{ij})^2 + y_{ij}^2 + z_{ij}^2 \right]^{\frac{3}{2}}} + \dfrac{\mu}{R_i^2} + u_x \\[4mm] \ddot{y}_{ij} + 2\dot{f}_i \dot{x}_{ij} + \ddot{f}_i x_{ij} - \dot{f}_i^2 y_{ij} = -\dfrac{\mu y_{ij}}{\left[(R_i + x_{ij})^2 + y_{ij}^2 + z_{ij}^2 \right]^{\frac{3}{2}}} + u_y \\[4mm] \ddot{z}_{ij} = -\dfrac{\mu z_{ij}}{\left[(R_i + x_{ij})^2 + y_{ij}^2 + z_{ij}^2 \right]^{\frac{3}{2}}} + u_z \end{cases} \tag{2-167}$$

式（2-167）中，f_i，R_i 分别为航天器 S_i 的真近点角和地心距大小，其在

极坐标下的动力学方程为

$$
\begin{cases}
\ddot{R}_i = R_i \dot{f}_i^2 - \dfrac{\mu}{R_i^2} \\
\ddot{f}_i = -\dfrac{2\dot{R}_i \dot{f}_i}{R_i}
\end{cases}
\tag{2-168}
$$

式中

$$
\dot{f}_i = \sqrt{\frac{\mu}{a_i^3 (1-e_i^2)^3}} \, (1 + e_i \cos f_i)^2 \tag{2-169}
$$

将式 (2-158) ～式 (2-160)，式 (2-161) ～式 (2-163)，式 (2-164) ～式(2-166)代入式 (2-167) 可得

$$
\begin{cases}
\begin{aligned}
&\ddot{x}_{ij} - [\omega_y(\omega_x P_{jy} - \omega_y P_{jx}) - \omega_z(\omega_z P_{jx} - \omega_x P_{jz})] - (\dot{\omega}_y P_{jz} - \dot{\omega}_z P_{jy}) \\
&\quad - 2\dot{f}_i[\dot{y}_{ij} - (\omega_z P_{jx} - \omega_x P_{jz})] - \ddot{f}_i[y_{iy} - (P_{jy} - P_{iy})] \\
&\quad - \dot{f}_i^2(x_{ij} - P_{jx} + P_{ix}) \\
&= -\frac{\mu(R_i + x_{ij} - P_{jx} + P_{ir})}{[(R_i + x_{ij} - P_{jx} + P_{ix})^2 + (y_{ij} - P_{jy} + P_{iy})^2 + (z_{ij} - P_{jz} + P_{iz})^2]^{\frac{3}{2}}} \\
&\quad + \frac{\mu}{R_i^2} + u_x \\[4pt]
&\ddot{y}_{ij} - [\omega_z(\omega_y P_{jz} - \omega_z P_{jy}) - \omega_x(\omega_x P_{jy} - \omega_y P_{jx})] - (\dot{\omega}_z P_{jx} - \dot{\omega}_x P_{jz}) \\
&\quad + 2\dot{f}_i[\dot{x}_{ij} - (\omega_y P_{jz} - \omega_z P_{jy})] + \ddot{f}_i[x_{ij} - (P_{jx} - P_{ix})] \\
&\quad - \dot{f}_i^2(y_{ij} - P_{jy} + P_{iy}) \\
&= -\frac{\mu(R_i + y_{ij} - P_{jy} + P_{iy})}{[(R_i + x_{ij} - P_{jx} + P_{ix})^2 + (y_{ij} - P_{jy} + P_{iy})^2 + (z_{ij} - P_{jz} + P_{iz})^2]^{\frac{3}{2}}} + u_y \\[4pt]
&\ddot{z}_{ij} - [\omega_x(\omega_z P_{jx} - \omega_x P_{jz}) - \omega_y(\omega_y P_{jz} - \omega_z P_{jy})] - (\dot{\omega}_x P_{jy} - \dot{\omega}_y P_{jx}) \\
&= -\frac{\mu(z_{ij} - P_{jz} + P_{iz})}{[(R_i + x_{ij} - P_{jx} + P_{ix})^2 + (y_{ij} - P_{jy} + P_{iy})^2 + (z_{ij} - P_{jz} + P_{iz})^2]^{\frac{3}{2}}} + u_z
\end{aligned}
\end{cases}
$$

$$\tag{2-170}$$

式 (2-170) 通过角速度分量 $\omega_x, \omega_y, \omega_z$ 与相对姿态动力学模型式 (2-136)相互耦合。

完整的航天器相对运动模型包括相对姿态运动模型，以及考虑

姿态和轨道耦合的相对轨道运动模型，因此，式（2 - 141），式（2 - 170），以及式（2 - 168）和式（2 - 169）共同构成了刚体航天器完整的 6 自由度耦合相对运动模型。

若航天器 S_i 运行轨道为圆轨道且相对距离相比轨道半径为小量，可以采用式（2 - 41）的 C - W 方程或式（2 - 42）的 Schweighart - Sedwick 相对运动模型作为动力学方程描述航天器 S_i 与 S_j 之间相对运动。参考文献［8］基于 C - W 方程得到考虑姿态和轨道耦合的相对轨道运动模型。基于式（2 - 42）可以得到考虑 J_2 项摄动和姿态与轨道耦合影响的相对轨道运动模型，将其表示为矩阵形式

$$\begin{bmatrix} \dot{\mathbf{r}}_{ij} \\ \ddot{\mathbf{r}}_{ij} \end{bmatrix} = \begin{bmatrix} \mathbf{0}_{3\times3} & \mathbf{I}_3 \\ \mathbf{A}_{s1} & \mathbf{A}_{s2} \end{bmatrix} \begin{bmatrix} \mathbf{r}_{ij} \\ \dot{\mathbf{r}}_{ij} \end{bmatrix} + \begin{bmatrix} \mathbf{0}_{3\times3} \\ \mathbf{p} \end{bmatrix} + \begin{bmatrix} \mathbf{0}_{3\times3} \\ \mathbf{I}_3 \end{bmatrix} \mathbf{F} \quad (2-171)$$

其中，$\mathbf{r}_i, \dot{\mathbf{r}}_i$ 分别为航天器 S_i 相对于参考航天器 S_0 的相对位置和速度状态，$\mathbf{A}_{s1} = \begin{bmatrix} (5c^2 - 2)n^2 & 0 & 0 \\ 0 & 0 & 0 \\ 0 & 0 & -q_n^2 \end{bmatrix}$，$\mathbf{A}_{s2} = \begin{bmatrix} 0 & 2nc & 0 \\ -2nc & 0 & 0 \\ 0 & 0 & 0 \end{bmatrix}$，$\mathbf{F} = \mathbf{u} + \mathbf{f}_{J_2}$，$\mathbf{0}_{3\times3}$ 为 3×3 的全零矩阵，$\mathbf{I}_3$ 为 3 阶单位阵。这里，$\mathbf{u} = \begin{bmatrix} u_x & u_y & u_z \end{bmatrix}^T$ 为作用于航天器 S_i 径向、横向与法向的控制力产生的控制加速度，$\mathbf{f}_{J_2}$ 为非球形摄动 J_2 项产生的摄动力产生的摄动加速度

$$\mathbf{f}_{J_2} = \begin{bmatrix} -\dfrac{3}{4} K_{J_2} \cos(2kt) \\[2mm] -\dfrac{1}{2} K_{J_2} \sin(2kt) \\[2mm] -2lq_n \cos(q_n t + \phi) \end{bmatrix} \quad (2-172)$$

其中 $K_{J_2} = 3n^2 J_2 (R_e^2 / R_0) \sin^2 i_0$，而 k, c, s, q, l, ϕ 的计算过程，详见式（2 - 43）～式（2 - 49）。

式（2 - 171）右边第三项为非质点姿态角速度耦合项，其中 $\mathbf{p} = [p_1, p_2, p_3]^T$，各分量分别为

$$\begin{cases} p_1 = (5c^2 - 2)n^2(P_{ix} - P_{jx}) - 2nc(\omega_z P_{jx} - \omega_x P_{jz}) + \\ \qquad \omega_y(\omega_x P_{jy} - \omega_y P_{jx}) - \omega_z(\omega_z P_{jx} - \omega_x P_{jz}) + (\dot{\omega}_y P_{jz} - \dot{\omega}_z P_{jy}) \\ p_2 = 2nc(\omega_y P_{jz} - \omega_z P_{jy}) + \omega_z(\omega_y P_{jz} - \omega_z P_{jy}) - \\ \qquad \omega_x(\omega_x P_{jy} - \omega_y P_{jx}) + \dot{\omega}_z P_{jx} - \dot{\omega}_x P_{jz} \\ p_3 = q^2(P_{jz} - P_{iz}) + \omega_x(\omega_z P_{jx} - \omega_x P_{jz}) - \\ \qquad \omega_y(\omega_z P_{jx} - \omega_x P_{jz}) + \dot{\omega}_x P_{jy} - \dot{\omega}_y P_{jx} \end{cases}$$

$$(2 - 173)$$

　　从相对运动模型（2-171）可以看到，非质点姿态角速度耦合项可以看做是相对轨道动力学模型的扰动项，而且这个扰动项必然存在且与轨道高度和外部扰动无关。当航天器间距离变小，进行超近距离操作时，该耦合项的影响将变得非常严重，忽略其影响将会造成较大的误差，因此，在近程采用线性相对运动方程的操控中必须考虑其影响[8]。

参 考 文 献

[1] G XU, D WANG. Nonlinear Dynamic Equations of Satellite Relative Motion Around an Oblate earth. Journal of Guidance, Control, and Dynamics, 2008, 31 (5): 521 - 1524.

[2] S A SCHWEIGHART, R J SEDWICK. A Perturbative Analysis of Geopotential Disturbances for Satellite Formation Flying. Proceedings of the IEEE Aerospace Conference, Inst of Electrical and Electronics Engineers, Piscataway, NJ, 2001 (2): 1001 - 1019.

[3] L S BREGER, J P HOW. GVE - Based Dynamics and Control for Formation Flying Spacecraft. 2nd International Formation Flying Symposium, Goddard Space Flight Center (NASA), 2004: 1 - 12.

[4] L S BREGER, J P HOW. Gauss's Variational Equation - Based Dynamics and Control for Formation Flying Spacecraft. Journal of Guidance, Control, and Dynamics, 2007, 30 (2): 437 - 448.

[5] D W GIM, K T ALFRIEND. State Transition Matrix of Relative Motion for the Perturbed Noncircular Reference Orbit. Journal of Guidance, Control, and Dynamics, 2003 , 26 (6): 956 - 971.

[6] M PALUSZEK, P BHATTA , et al. Spacecraft Attitude and Orbit Control (2nd Edition) . Princeton Satellite Systems, Inc Plainsboro, 2009.

[7] H SCHAUB, J L JUNKINS. Analytical Mechanics of Space Systems AIAA Education Series, 2003.

[8] K T ALFRIEND, S R VADALI , P GURFIL, ET AL. Spacecraft Formation Flying: Dynamics, Control and Navigation. Elsevier, Amsterdam, 2010.

第 3 章　非线性相对运动模型的周期解及应用

3.1　引言

周期性相对轨道在航天器长期协同飞行和空间科学与应用任务中有重要作用。C-W 方程形式简单，基于 C-W 方程的周期运动解析解在交会对接和航天器编队队形设计方面得到了广泛应用。但是，基于 C-W 方程的周期运动在实际的或在真实的空间环境中并不能长期保持周期性，需要通过人为的手段进行保持控制，这样引起了较多的推进剂消耗，不能用于需要长期协同飞行和队形保持的空间任务。寻求高保真空间环境中相对运动的周期性条件与周期解，是减少推进剂消耗、长期保持控制的有效途径之一，也是航天器相对动力学与协同飞行控制的重要研究内容。

本章从解析和数值两个角度对不同简化程度的非线性相对运动模型进行求解，并将求得的周期解应用于长期自然编队保持控制。首先介绍常用的求解相对运动模型及其周期解的方法，然后分别对忽略 J_2 项摄动的圆参考轨道非线性相对运动模型和椭圆参考轨道非线性相对运动模型的周期解进行解析求解，最后从半解析的角度对考虑 J_2 项摄动的非线性相对运动模型的周期解进行求解。

3.2　周期解求解方法

对相对运动模型进行求解是确定无控情况下自然相对运动的周期性初始条件和周期解的主要手段。目前求解相对运动模型及其周期解的方法主要有两种，即解析法和数值法。

3.2.1　解析法

从解析的角度求解相对运动模型的典型方法有如下几种：

1）摄动法[1-3]。将相对运动模型分为线性化部分和摄动部分，然后采用摄动法求得相对运动模型的解析解，通过令这一解析解中的长期项系数为零，既得到了相对轨道保持周期性的初始条件，同时也得到了周期性相对轨道的表达式。

2）频率匹配法[4]。主要思想是使平面内与平面外的运动频率相等，从而得到相对轨道满足周期性的初始条件。

3）能量匹配法或半长轴匹配法[5-6]。通过令主航天器和从航天器的能量一致，得到精确满足周期性约束的非线性条件。

上述除了第一种方法，其他几种方法得到的仅仅是周期性初始条件。为了同时得到周期性初始条件和周期解，本章采用的是第一种解析求解方法——摄动法。

3.2.1.1　摄动法

本章采用的摄动法为原始摄动法，也叫直接展开法[7]，其基本思想如下。

考虑非线性系统

$$\dot{x} = A(t)x + \varepsilon f(x) \qquad (3-1)$$

式中，$f(x)$ 是摄动项，ε 是小参数。当 $\varepsilon = 0$ 时，对应的是线性系统，其解的形式如下

$$x_L = \Phi(t)\Phi^{-1}(t_0)x_L(t_0) \qquad (3-2)$$

其中，$\Phi(t)$ 是与系统矩阵 $A(t)$ 相关的状态转移矩阵。

当考虑一阶摄动时，假设相应的解的形式为

$$x = x_L + \varepsilon x_N \qquad (3-3)$$

其中，下标 L 和 N 分别表示与线性系统和非线性系统相关的变量，下文相同。将式（3-3）代入式（3-1），令等式两端 ε 的同次幂系数相等，得到一阶摄动模型

$$\dot{x}_N = A(t)x_N + f(x_L) \qquad (3-4)$$

将 $f(x_L)$ 视为系统（3-4）的控制输入，根据线性系统理论，有

$$x_N(t) = \boldsymbol{\Phi}(t)\boldsymbol{\Phi}^{-1}(t_0)x_N(t_0) + \boldsymbol{\Phi}(t)\int_{t_0}^{t}\boldsymbol{\Phi}^{-1}(\tau)f[\boldsymbol{\Phi}(\tau)\boldsymbol{\Phi}^{-1}(t_0)x_L(t_0)]\mathrm{d}\tau$$

$$(3-5)$$

进一步将式（3-2）、式（3-5）代入式（3-3）即可得到非线性系统（3-1）的解析解。

3.2.1.2　能量匹配法

Gurfil 从能量的角度研究了开普勒参考轨道下相对运动有界的约束条件[6]。当不考虑摄动时，根据式（2-23）、式（2-28）可得从航天器的动能和势能分别如下

$$K_F = \frac{1}{2}(\dot{x} + V_{Cx} - y\bar{\omega}_z)^2 + \frac{1}{2}[\dot{y} + (R_C + x)\bar{\omega}_z]^2 + \frac{1}{2}\dot{z}^2$$

$$(3-6)$$

$$U_F = -\frac{\mu}{R_F} = -\frac{\mu}{\sqrt{(R_C + x)^2 + y^2 + z^2}} \qquad (3-7)$$

相应的机械能

$$E_F = K_F + U_F \qquad (3-8)$$

另一方面，根据活力公式[8]，主航天器或参考航天器的机械能

$$E_C = -\frac{\mu}{2a_C} \qquad (3-9)$$

其中，a_C 为主航天器或参考航天器轨道的半长轴。综合式（3-8）、式（3-9）可以得到如下的能量匹配条件

$$\frac{1}{2}(\dot{x} + V_{Cx} - y\bar{\omega}_z)^2 + \frac{1}{2}[\dot{y} + (R_C + x)\bar{\omega}_z]^2 +$$

$$\frac{1}{2}\dot{z}^2 - \frac{\mu}{\sqrt{(R_C + x)^2 + y^2 + z^2}} = -\frac{\mu}{2a_C} \qquad (3-10)$$

根据式（3-10）易知，能量匹配条件是由主航天器的状态和从航天器相对主航天器的状态共同表示的，而且在推导过程中，没有任何假设条件，因此，能量匹配条件是开普勒参考轨道下相对运动满足有界的充分必要条件。

3.2.2　数值法

当相对运动模型较复杂时，特别是考虑较多的非线性因素时，采用解析法求解周期性初始条件的思路已经不再适用，一般用数值法居多。目前文献中常用的数值法有两类：一类是将寻找周期性初始条件转化为一个优化问题，进而通过一些优化算法去求解，例如遗传算法、局部优化算法等；另一类是采用打靶法或牛顿法、微分修正法等结合动力学模型梯度信息的方法去求解。下面简要介绍本章采用的一种数值方法——微分修正法[9]。

针对自治系统

$$\dot{\boldsymbol{x}}(t) = \boldsymbol{g}(\boldsymbol{x}) \tag{3-11}$$

其中，$\boldsymbol{x} \in \mathbb{R}_k$，$\boldsymbol{g}(\boldsymbol{x}) = [g_1(\boldsymbol{x}), g_2(\boldsymbol{x}), \cdots, g_k(\boldsymbol{x})]^{\mathrm{T}}$ 为矢量值函数。将式（3-11）满足初始条件 $\boldsymbol{x}(t_0) = \boldsymbol{x}_0$ 的解记为 $X(\boldsymbol{x}_0, t)$，即系统的相流。在实际应用中，往往希望相流能"流"经某状态点 $\boldsymbol{x}_d$（称为靶点），但是这种情况一般是不容易满足的，而微分修正可以解决这个问题。

微分修正法的核心思想是通过修正初始状态和相流时间以达到"命中"靶点的目的。设 $\boldsymbol{X}(\boldsymbol{x}_0, t_1) = \boldsymbol{x}_1$，$\boldsymbol{X}(\boldsymbol{x}_0 + \delta\boldsymbol{x}_0, t_1 + \delta t_1) = \boldsymbol{x}_d$，为了求出修正量 $\delta\boldsymbol{x}_0$ 和 δt_1，需衡量 $\boldsymbol{X}(\boldsymbol{x}_0 + \delta\boldsymbol{x}_0, t_1 + \delta t_1)$ 是如何依赖于 $\delta\boldsymbol{x}_0$ 和 δt_1 的。为此作 Taylor 展开

$$\boldsymbol{X}(\boldsymbol{x}_0 + \delta\boldsymbol{x}_0, t_1 + \delta t_1) = \boldsymbol{X}(\boldsymbol{x}_0, t_1) + \frac{\partial \boldsymbol{X}(\boldsymbol{x}_0, t_1)}{\partial \boldsymbol{x}} \delta\boldsymbol{x}_0 +$$

$$\frac{\partial \boldsymbol{X}(\boldsymbol{x}_\delta, t_1)}{\partial t} \delta t_1 + O(\delta\boldsymbol{x}_0^2 + \delta t_1^2) \tag{3-12}$$

记 $\boldsymbol{\Phi}(\boldsymbol{x}_0, t_1) \triangleq \dfrac{\partial \boldsymbol{X}(\boldsymbol{x}_0, t_1)}{\partial \boldsymbol{x}}$，它反映了相流的目标状态改变量与初始状态改变量的线性关系，称为系统的状态转移矩阵。

令 $\delta\boldsymbol{x}_1 = \boldsymbol{x}_d - \boldsymbol{x}_1$，且考虑到 $\dfrac{\partial \boldsymbol{X}(\boldsymbol{x}_0, t_1)}{\partial \boldsymbol{x}} = \dot{\boldsymbol{x}}_1$，保留式（3-12）中的一阶项，得到

$$\delta \boldsymbol{x}_1 = \boldsymbol{\Phi}(\boldsymbol{x}_0, t_1)\delta \boldsymbol{x}_0 + \dot{\boldsymbol{x}}_1 \delta t_1 \qquad (3-13)$$

这就是后文中使用的微分修正基本方程。

为了由式（3-13）反解出 $\delta \boldsymbol{x}_0$ 和 δt_1，首先需要计算状态转移矩阵 $\boldsymbol{\Phi}(\boldsymbol{x}_0, t_1)$。注意到 $\boldsymbol{X}(\boldsymbol{x}_0, t)$ 是自治系统式（3-11）的解，因而满足

$$\dot{\boldsymbol{X}}(\boldsymbol{x}_0, t) = \boldsymbol{g}[\boldsymbol{X}(\boldsymbol{x}_0, t)] \qquad (3-14)$$

将上式两边同时对 $\boldsymbol{x}$ 求导，得

$$\frac{\mathrm{d}}{\mathrm{d}t}\frac{\partial \boldsymbol{X}(\boldsymbol{x}_0, t_1)}{\partial \boldsymbol{x}} = \frac{\mathrm{d}\boldsymbol{g}}{\mathrm{d}\boldsymbol{x}}\frac{\partial \boldsymbol{X}(\boldsymbol{x}_0, t_1)}{\partial \boldsymbol{x}} \qquad (3-15)$$

即

$$\dot{\boldsymbol{\Phi}}(\boldsymbol{x}_0, t_1) = \frac{\mathrm{d}\boldsymbol{g}}{\mathrm{d}\boldsymbol{x}}\boldsymbol{\Phi}(\boldsymbol{x}_0, t_1) \qquad (3-16)$$

其中，$\dfrac{\mathrm{d}\boldsymbol{g}}{\mathrm{d}\boldsymbol{x}}$ 为 $\boldsymbol{g}(\boldsymbol{x})$ 的 Jacobi 矩阵。因为 $\boldsymbol{X}(\boldsymbol{x}_0, t)$ 满足 $\boldsymbol{X}(\boldsymbol{x}_0, t_0) = \boldsymbol{x}_0$，故 $\boldsymbol{\Phi}(\boldsymbol{x}_0, t_0) = \boldsymbol{I}_{k \times k}$，$\boldsymbol{I}_{k \times k}$ 是 k 阶单位阵。求解状态转移矩阵 $\boldsymbol{\Phi}(\boldsymbol{x}_0, t_1)$ 是初值问题

$$\dot{\boldsymbol{\Phi}}(\boldsymbol{x}_0, t_1) = \frac{\mathrm{d}\boldsymbol{g}}{\mathrm{d}\boldsymbol{x}}\boldsymbol{\Phi}(\boldsymbol{x}_0, t_1), \boldsymbol{\Phi}(\boldsymbol{x}_0, t_0) = \boldsymbol{I}_{k \times k} \qquad (3-17)$$

在 t_1 处的解。由于式（3-17）的求解涉及到没有解析表达式的相流 $\boldsymbol{x} = \boldsymbol{X}(\boldsymbol{x}_0, t)$，所以求解时需结合式（3-11），才能最终求得 $\boldsymbol{\Phi}(\boldsymbol{x}_0, t_1)$。

假设已经由式（3-13）反解出修正量 $\delta \boldsymbol{x}_0$ 和 δt_1，则根据式（3-12）可以推得

$$\begin{aligned}
\boldsymbol{X}(\boldsymbol{x}_0 + \delta \boldsymbol{x}_0, t_1 + \delta t_1) &= \boldsymbol{x}_1 + \boldsymbol{\Phi}(\boldsymbol{x}_0, t_1)\delta \boldsymbol{x}_0 + \dot{\boldsymbol{x}}_1 \delta t_1 + O(\delta \boldsymbol{x}_0^2 + \delta t_1^2) \\
&= \boldsymbol{x}_1 + \delta \boldsymbol{x}_1 + O(\delta \boldsymbol{x}_0^2 + \delta t_1^2) \\
&= \boldsymbol{x}_d + O(\delta \boldsymbol{x}_0^2 + \delta t_1^2)
\end{aligned}$$

$$(3-18)$$

可见，在一阶近似的精度下，相流已"命中"靶点，"脱靶量"是修正量的二阶同阶无穷小。很显然，为了提高精度，该过程需重复进行，这可在计算机上编制迭代程序实现。

3.3　圆参考轨道非线性相对运动模型的周期解

3.3.1 相对运动模型的求解

本节采用 3.2.1.1 节介绍的摄动法，对第 2 章圆参考轨道下忽略 J_2 摄动的非线性相对运动模型，即式（2-40），进行求解。

根据式（2-40），无控情况下，圆参考轨道时考虑二阶非线性项的相对运动模型的矩阵形式如下

$$\dot{\boldsymbol{x}} = \boldsymbol{A}\boldsymbol{x} + \varepsilon\boldsymbol{f} \tag{3-19}$$

其中

$$\boldsymbol{A} = \begin{bmatrix} \boldsymbol{A}_1 & \boldsymbol{A}_2 \\ \boldsymbol{I}_{3\times3} & \boldsymbol{0}_{3\times3} \end{bmatrix}, \boldsymbol{A}_1 = \begin{bmatrix} 0 & 2n & 0 \\ -2n & 0 & 0 \\ 0 & 0 & 0 \end{bmatrix}, \boldsymbol{A}_2 = \begin{bmatrix} 3n^2 & 0 & 0 \\ 0 & 0 & 0 \\ 0 & 0 & -n^2 \end{bmatrix}$$

ε 为小量，与相对运动的尺度 r_0（构型半径）相关

$$\varepsilon = \frac{r_0}{R_\text{C}}, \boldsymbol{f} = \begin{bmatrix} \boldsymbol{f}_d \\ \boldsymbol{0}_{3\times1} \end{bmatrix}, \boldsymbol{f}_d = \frac{3n^2}{2r_0}\begin{bmatrix} y^2 + z^2 - 2x^2 \\ 2xy \\ 2xz \end{bmatrix}$$

当 $\varepsilon = 0$ 时，对应的线性模型是经典的 C-W 方程。

利用 3.2.1 节所述的摄动法对式（3-19）进行求解，设其解析解如下

$$\boldsymbol{x} = \boldsymbol{x}_L + \varepsilon\boldsymbol{x}_N \tag{3-20}$$

将式（3-20）代入式（3-19），得到如下两组微分方程

$$\begin{cases} \dot{\boldsymbol{x}}_L = \boldsymbol{A}\boldsymbol{x}_L \\ \dot{\boldsymbol{x}}_N = \boldsymbol{A}\boldsymbol{x}_N + \boldsymbol{f}(\boldsymbol{x}_L) \end{cases} \tag{3-21}$$

其中，$\boldsymbol{x}_L$ 为线性模型的解析解，即 C-W 方程的解。通过式（3-21）可知，要得到 $\boldsymbol{x}_N$，首先需要求出 $\boldsymbol{x}_L$，下面给出其解析式。

3.3.1.1 C-W 方程的解

式（3-19）的线性部分—C-W 方程有明确的解析解如下

$$x_L(t) = \boldsymbol{\Phi}(t)\boldsymbol{\Phi}^{-1}(t_0)x_L(t_0) \tag{3-22}$$

状态转移矩阵

$$\boldsymbol{\Phi}(t) = \begin{bmatrix} \dot{\boldsymbol{\Phi}}_A \\ \boldsymbol{\Phi}_A \end{bmatrix} = \begin{bmatrix} c & 2s & 0 & 3ns & 0 & 0 \\ -2s & 4c-3 & 0 & 6n(c-1) & 0 & 0 \\ 0 & 0 & c & 0 & 0 & -ns \\ \dfrac{1}{n}s & \dfrac{2}{n}(1-c) & 0 & 4-3c & 0 & 0 \\ \dfrac{2}{n}(c-1) & \dfrac{4}{n}s-3t & 0 & 6(s-nt) & 1 & 0 \\ 0 & 0 & \dfrac{1}{n}s & 0 & 0 & c \end{bmatrix}$$

$$\tag{3-23}$$

式中，$s \triangleq \sin(nt)$，$c \triangleq \cos(nt)$，$\dot{\boldsymbol{\Phi}}_A$，$\boldsymbol{\Phi}_A$ 均为 3×6 的矩阵。根据参考文献 [10]，有关系式

$$\boldsymbol{\Psi}^T \boldsymbol{\Phi} = \boldsymbol{C} \tag{3-24}$$

其中

$$\boldsymbol{\Psi} = \begin{bmatrix} \boldsymbol{\Phi}_A^T & \boldsymbol{\Phi}_B^T \end{bmatrix}^T$$

$$\boldsymbol{\Phi}_B = \boldsymbol{A}_1 \boldsymbol{\Phi}_A - \dot{\boldsymbol{\Phi}}_A = \begin{bmatrix} 3c-4 & 6(s-nt) & 0 & 9ns-12n^2t & 2n & 0 \\ 0 & -1 & 0 & -2n & 0 & 0 \\ 0 & 0 & -c & 0 & 0 & ns \end{bmatrix}$$

$$\boldsymbol{C} = \begin{bmatrix} 0 & 0 & 0 & -1 & 0 & 0 \\ 0 & 0 & 0 & 0 & -1 & 0 \\ 0 & 0 & 0 & 0 & 0 & -1 \\ 0 & 0 & 0 & 0 & -2n & 0 \\ 0 & 1 & 0 & 2n & 0 & 0 \\ 0 & 0 & 1 & 0 & 0 & 0 \end{bmatrix}$$

则状态转移矩阵的逆可以表示为

$$\boldsymbol{\Phi}^{-1} = \boldsymbol{C}^{-1}\boldsymbol{\Psi}^{\mathrm{T}} = \begin{bmatrix} c & -2s & 0 & -3ns & 0 & 0 \\ 2s & 4c-3 & 0 & 6n(c-1) & 0 & 0 \\ 0 & 0 & c & 0 & 0 & ns \\ -s/n & 2(1-c)/n & 0 & 4-3c & 0 & 0 \\ 2(c-1)/n & 3t-4s/n & 0 & 6nt-6s & 1 & 0 \\ 0 & 0 & -s/n & 0 & 0 & c \end{bmatrix}$$

$$(3-25)$$

当 $t_0 = 0$ 时，易知

$$\Xi_L = \dot{y}_{L0} + 2nx_{L0} = 0 \qquad (3-26)$$

是相对轨道满足周期性的约束条件，相应的周期解如下

$$\begin{cases} \dot{x}_L(t) = \dot{x}_{L0}c - nx_{L0}s \\ \dot{y}_L(t) = -2nx_{L0}c - 2\dot{x}_{L0}s \\ \dot{z}_L(t) = \dot{z}_{L0}c - nz_{L0}s \\ x_L(t) = \dfrac{\dot{x}_{L0}}{n}s + x_{L0}c \\ y_L(t) = -2x_{L0}s + \dfrac{2\dot{x}_{L0}}{n}c + \left(y_{L0} - \dfrac{2\dot{x}_{L0}}{n}\right) \\ z_L(t) = \dfrac{\dot{z}_{L0}}{n}s + z_{L0}c \end{cases} \qquad (3-27)$$

相应的周期轨道在 $x-y$ 平面内的投影为一个半长轴和半短轴之比为 $2:1$ 的椭圆，椭圆方程如下

$$\left(\frac{x_L}{\chi}\right)^2 + \left(\frac{y_L - y_c}{2\chi}\right)^2 = 1 \qquad (3-28)$$

其中

$$y_c = y_{L0} - \frac{2\dot{x}_{L0}}{n}$$

$$\chi = \sqrt{\left(\frac{2\dot{x}_{L0}}{n}\right)^2 + \left(3x_{L0} + \frac{2\dot{y}_{L0}}{n}\right)^2}$$

为了便于应用，一般将式（3-27）表示如下

$$\begin{cases} \dot{x}_L(t) = \rho_x n \cos(nt + \alpha_x) \\ \dot{y}_L(t) = -2\rho_x n \sin(nt + \alpha_x) \\ \dot{z}_L(t) = \rho_z n \cos(nt + \alpha_z) \\ x_L(t) = \rho_x \sin(nt + \alpha_x) \\ y_L(t) = \rho_y + 2\rho_x \cos(nt + \alpha_x) \\ z_L(t) = \rho_z \sin(nt + \alpha_z) \end{cases} \quad (3-29)$$

其中

$$\rho_x = \frac{\sqrt{n^2 x_{L0}^2 + \dot{x}_{L0}^2}}{n} , \ \rho_y = y_{L0} - \frac{2\dot{x}_{L0}}{n} , \ \rho_z = \frac{\sqrt{n^2 z_{L0}^2 + \dot{z}_{L0}^2}}{n}$$

$$\alpha_x = \arctan \frac{n x_{L0}^2}{\dot{x}_{L0}} , \ \alpha_z = \arctan \frac{n z_{L0}}{\dot{z}_{L0}}$$

当 $\rho_z = 2\rho_x$，$\alpha_z = \alpha_x + k\pi$ 时，即为水平投影圆相对运动构型；当 $\rho_z = \sqrt{3}\rho_r$，$\alpha_z = \alpha_x + k\pi$ 时，即为空间圆相对运动构型，这里 k 为整数。

3.3.1.2　一阶摄动解的求解

基于线性化模型的解析解式（3 - 22），求解式（3 - 21）的第二式，得到一阶摄动解

$$\boldsymbol{x}_N = \boldsymbol{\Phi}(t)\boldsymbol{\Phi}^{-1}(t_0)\boldsymbol{x}_N(t_0) + \boldsymbol{\Phi}(t)\int_{t_0}^{t} \boldsymbol{\Phi}^{-1}(\tau)\boldsymbol{f}(\boldsymbol{x}_L)\mathrm{d}\tau$$

$$(3-30)$$

考虑到最终目的是求周期解，因此求解时代入的是不含长期项的 $\boldsymbol{x}_L$。这里假设 $t_0 = 0$，下面给出三个位置分量的表达式，三个速度分量可以通过求导得到

$$\begin{cases} x_N(t) = A_0 + A_{c1}\cos nt + A_{c2}\cos 2nt + A_{s1}\sin nt + A_{s2}\sin 2nt \\ y_N(t) = B_0 + B_{c1}\cos nt + B_{c2}\cos 2nt + B_{s1}\sin nt + B_{s2}\sin 2nt - \frac{3\Xi_N t}{2r_0 n} \\ z_N(t) = C_0 + C_{c1}\cos nt + C_{c2}\cos 2nt + C_{s1}\sin nt + C_{s2}\sin 2nt \end{cases}$$

$$(3-31)$$

其中，三角函数系数 A_*，B_*，C_* 的表达式见本章附录 A 中的式（A-1）

$$\Xi_N = \dot{x}_{L0}^2 + 4\dot{y}_{L0}^2 + \dot{z}_{L0}^2 - 2n(\dot{x}_{L0}y_{L0} - 7x_{L0}\dot{y}_{L0}) +$$
$$n^2(11x_{L0}^2 + 2y_{L0}^2 + z_{L0}^2) + 2r_0 n(\dot{y}_{N0} + 2nx_{N0}) \tag{3-32}$$

3.3.2　周期性条件与周期解

分析式（3-31），发现 y 方向存在长期漂移项，令该项的系数为 0，得到圆参考轨道下的一阶周期性条件为

$$\Xi_N = 0 \tag{3-33}$$

相应的一阶周期解为

$$\begin{cases} x_{Np}(t) = A_0 + A_{c1}\cos nt + A_{c2}\cos 2nt + A_{s1}\sin nt + A_{s2}\sin 2nt \\ y_{Np}(t) = B_0 + B_{c1}\cos nt + B_{c2}\cos 2nt + B_{s1}\sin nt + B_{s2}\sin 2nt \\ z_{Np}(t) = C_0 + C_{c1}\cos nt + C_{c2}\cos 2nt + C_{s1}\sin nt + C_{s2}\sin 2nt \end{cases}$$
$$\tag{3-34}$$

显然，解的形式为傅里叶级数。

假设初始相对状态 $\boldsymbol{x}_0 = \begin{bmatrix} \dot{x}_0 & \dot{y}_0 & \dot{z}_0 & x_0 & y_0 & z_0 \end{bmatrix}^T$ 已经满足 C - W 解对应的周期性约束式（3-26），为了得到更稳定的周期性条件，按照约束条件式（3-33）对其进行进一步地修正。在这里，我们修正速度项，即取 $x_{N0} = 0$，然后根据式（3-33），计算得到 $\dot{y}_{N0}$，即可得到一组经过修正的周期性初始条件

$$\boldsymbol{x}_0 = \begin{bmatrix} \dot{x}_{L0} & \dot{y}_{L0} + \varepsilon\dot{y}_{N0} & \dot{z}_{L0} & x_{L0} & y_{L0} & z_{L0} \end{bmatrix}^T \tag{3-35}$$

其中

$$\dot{y}_{L0} + \varepsilon\dot{y}_{N0} = -2nx_{L0} - \frac{1}{2nR_C}[\dot{x}_{L0}^2 + \dot{z}_{L0}^2 - 2n\dot{x}_{L0}y_{L0} + n^2(-x_{L0}^2 + 2y_{L0}^2 + z_{L0}^2)]$$

根据参考文献 [11] 可知，对于圆参考轨道，能量匹配约束条件在二阶近似情况下也可以得到与上述周期性初始条件一致的结果，但是采用动力学求解的方法还可以得到相应的周期解

$$\boldsymbol{x}_p = \boldsymbol{x}_{Lp} + \varepsilon\boldsymbol{x}_{Np} \tag{3-36}$$

3.3.3　周期性条件与周期解的验证

上一节求解了基于圆参考轨道非线性相对运动模型的周期性条件与周期解，为了验证其有效性，本节针对不同尺度的相对运动情况进行了仿真验证。设圆参考轨道的轨道要素如表 3-1 所示。

表 3-1　参考航天器的轨道要素

a/km	e	$i/(°)$	$\Omega/(°)$	$u/(°)$
7 100	0	30	10	30

从航天器相对于主航天器的初始相对状态满足

$$\dot{x}(t) = \frac{1}{2}nr_0\cos(nt+\alpha_0) \quad x(t) = \frac{1}{2}r_0\sin(nt+\alpha_0)$$

$$\dot{y}(t) = -nr_0\sin(nt+\alpha_0) \quad y(t) = r_0\cos(nt+\alpha_0)$$

$$\dot{z}(t) = nr_0\cos(nt+\alpha_0) \quad z(t) = r_0\sin(nt+\alpha_0)$$

即基于 C - W 方程的水平圆编队构型参数。取 $\alpha_0 = 0$，r_0 依次取 1 km，10 km，50 km，然后分别按照式（3-35）进行修正，即可得到基于圆参考轨道非线性相对运动模型的周期性初始条件，如表 3-2 所示。

表 3-2　非线性修正后的初始条件

r_0/km	$\dot{x}_0/\mathrm{ms^{-1}}$	$\dot{y}_0/\mathrm{ms^{-1}}$	$\dot{z}_0/\mathrm{ms^{-1}}$	x_0/km	y_0/km	z_0/km
1	0.528	−0.000 167	1.055	0	1 000	0
10	5.277	−0.016 7	10.553	0	10 000	0
50	26.383	−0.418	52.766	0	50 000	0

3.3.3.1　周期性初始条件的有效性验证

为了验证上述基于非线性相对运动模型所求得的修正周期性初始条件的有效性，以及在受扰环境中这种初始条件下相对轨道的稳定性，本节分别以不考虑 J_2 项摄动和考虑 J_2 项摄动的精确相对运动模型（2-37）、（2-31）为数值积分模型并作为比较的基准。为了方便，分别将模型（2-37）、（2-31）记为数值模型 Ⅰ、Ⅱ。针对三种相对运动尺度，分别以基于圆轨道线性模型和非线性模型的周期性条件为初值，对两个数值模型进行积分，仿真时间取 20 个轨道周期。图 3-1～图 3-3 给出了不同相对运动尺度时，两种周期性条件对应的轨道演化情况，每幅图中的（a）、（b）分别是基于不同数值积分模型的轨道演化结果。

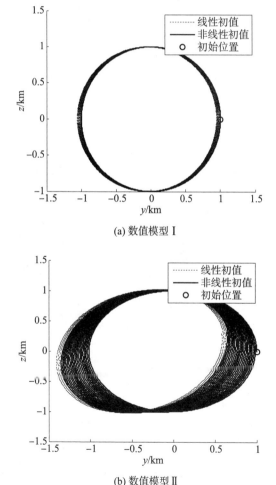

(a) 数值模型 Ⅰ

(b) 数值模型 Ⅱ

图 3-1 $r_0 = 1 \text{ km}$ 时，两种初值的相对运动演化

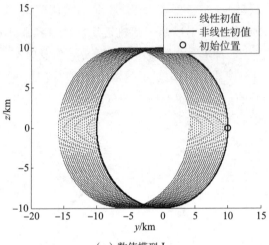

（a）数值模型 I

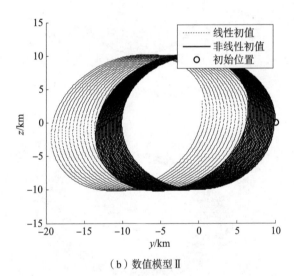

（b）数值模型 II

图 3-2　$r_0 = 10$ km 时，两种初值的相对运动演化

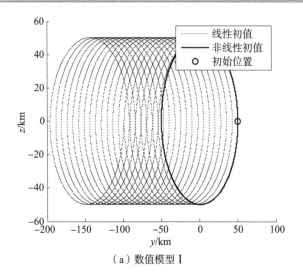

（a）数值模型 I

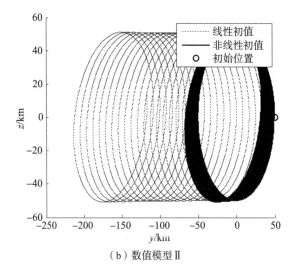

（b）数值模型 II

图 3-3 $r_0 = 50\ \mathrm{km}$ 时，两种初值的相对运动演化

　　仿真结果表明，相对运动尺度较小时，如 $r_0 = 1\ \mathrm{km}$ 时，基于线性模型与基于非线性模型的周期性初始条件的相对运动漂移情况相当，如图 3-1 所示。但是，随着相对运动尺度的增加，基于线性周

期性初始条件的相对运动漂移越来越大，相比之下，基于非线性周期性初始条件的相对运动稳定很多，如图 3 - 2、图 3 - 3 所示，这说明大尺度相对运动情况下，进行非线性修正是非常必要的。当然，由于线性周期性初始条件和非线性周期性初始条件都是利用不考虑 J_2 项摄动的相对运动模型求得的，因此，以考虑 J_2 项摄动的精确相对运动模型为数值积分模型进行比较，得到的轨道漂移较大，如图 3 - 1～图 3 - 3 中的图（b）所示。但是即使如此，基于非线性周期性初始条件的轨道漂移较线性情况的漂移还是小很多，这进一步说明了大尺度相对运动情况下进行非线性修正的必要性。

3.3.3.2　周期解的精度的验证

同样针对上述情况，分别以数值模型 Ⅰ 和 Ⅱ 为基准模型，分析基于圆轨道非线性相对运动模型的周期解的精度及其在受扰环境中与精确解的偏离程度。图 3 - 4～图 3 - 9 给出了不同情况下的仿真计算结果，每幅图中的（a）、（b）分别对应相同情况下，基于线性模型和非线性模型的两种周期解与数值解的误差。

仿真结果表明，基于非线性模型的周期解和数值模型 Ⅰ 的匹配程度非常好，这证明了上述求解结果的正确性，如图 3 - 4（b）、图 3 - 6（b）、图 3 - 8（b）所示。当考虑 J_2 项摄动时，在相对运动尺度较小的情况下，如 $r_0 = 1\ \mathrm{km}$，基于线性模型的周期解和基于非线性模型的周期解与数值解的匹配程度相当，如图 3 - 5 所示。随着相对运动尺度的增加，基于线性模型的周期解和数值解的误差越来越大，相比之下，基于非线性模型的周期解则能够与数值解较好地匹配，如图 3 - 7（b）、图 3 - 9（b）所示。当然，随着时间的增长，由于高阶非线性项以及 J_2 项摄动的影响，非线性情况的周期解与数值解的误差也在逐渐增大。

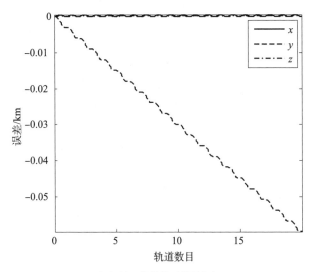

（a）基于线性模型的周期解

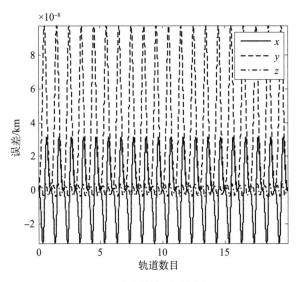

（b）基于非线性模型的周期解

图 3 - 4　$r_0 = 1 \, \text{km}$ 时，以数值模型 I 为参考，对比两种周期解

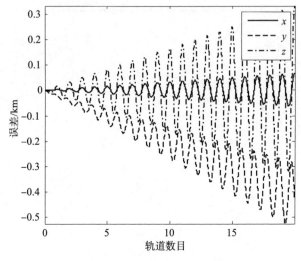

（a）基于线性模型的周期解

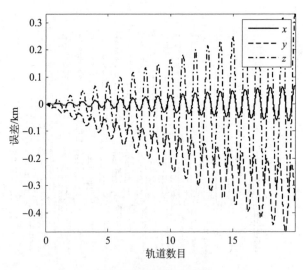

（b）基于非线性模型的周期解

图 3 - 5　$r_0 = 1$ km 时，以数值模型Ⅱ为参考，对比两种周期解

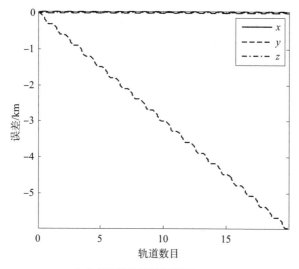

（a）基于线性模型的周期解

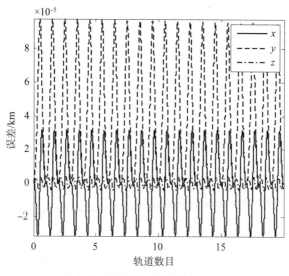

（b）基于非线性模型的周期解

图 3 - 6　$r_0 = 10$ km 时，以数值模型 I 为参考，对比两种周期解

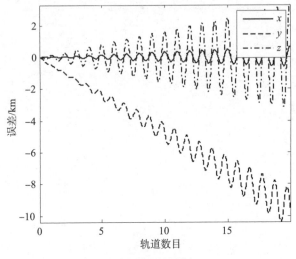

（a）基于线性模型的周期解

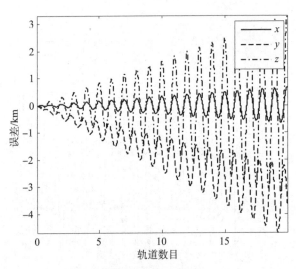

（b）基于非线性模型的周期解

图 3 - 7　$r_0 = 10$ km 时，以数值模型 Ⅱ 为参考，对比两种周期解

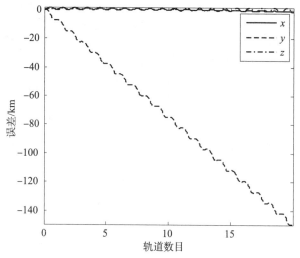

（a）基于线性模型的周期解

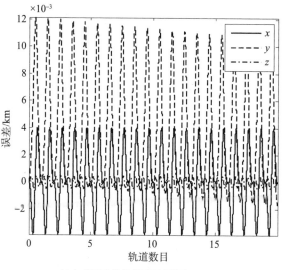

（b）基于非线性模型的周期解

图 3-8　$r_0 = 50$ km 时，以数值模型 I 为参考，对比两种周期解

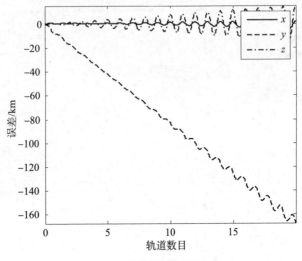

（a）基于线性模型的周期解

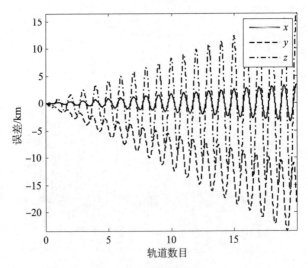

（b）基于非线性模型的周期解

图 3 - 9　$r_0 = 50$ km 时，以数值模型 Ⅱ 为参考，对比两种周期解

3.4　椭圆参考轨道非线性相对运动模型的周期解及应用

3.4.1　相对运动模型的求解

本节采用 3.2.1.1 节的摄动法，对第 2 章椭圆考轨道下忽略 J_2 摄动的非线性相对运动模型式（2-38）进行求解。

为了便于求解，将式（2-38）的自变量从时间域变换到真近点角域，并且进行如下的变量代换[2]

$$\begin{bmatrix} x \\ y \\ z \end{bmatrix} = \frac{r_0}{\eta} \begin{bmatrix} \tilde{x} \\ \tilde{y} \\ \tilde{z} \end{bmatrix}$$

$$\begin{bmatrix} \dot{x} \\ \dot{y} \\ \dot{z} \end{bmatrix} = \frac{r_0 \eta}{\Gamma^2} \begin{bmatrix} \tilde{x}' \\ \tilde{y}' \\ \tilde{z}' \end{bmatrix} + \frac{r_0 e \, \sin f}{\Gamma^2} \begin{bmatrix} \tilde{x} \\ \tilde{y} \\ \tilde{z} \end{bmatrix}$$

（3-37）

其中，r_0 同样表示相对运动尺度，$\eta = 1 + e \cos f$，$\Gamma = h^{3/2}/\mu$，h 为主航天器轨道的角动量大小，带 "～" 的变量表示经过变换之后的变量，"′" 表示变量对真近点角的导数。则无控情况下，经过变量代换的椭圆参考轨道下忽略 J_2 摄动的非线性相对运动模型式（2-38）的矩阵形式如下

$$\tilde{x}' = \tilde{A}\tilde{x} + \tilde{\varepsilon} \tilde{f}$$

（3-38）

其中

$$x = \begin{bmatrix} \tilde{x}' & \tilde{y}' & \tilde{z}' & \tilde{x} & \tilde{y} & \tilde{z} \end{bmatrix}^{\mathrm{T}}$$

$$\tilde{A} = \begin{bmatrix} \tilde{A}_1 & \tilde{A}_2 \\ I_3 & \mathbf{0}_{3 \times 3} \end{bmatrix}, \tilde{A}_1 = \begin{bmatrix} 0 & 2 & 0 \\ -2 & 0 & 0 \\ 0 & 0 & 0 \end{bmatrix}, \tilde{A}_2 = \begin{bmatrix} 3/\eta & 0 & 0 \\ 0 & 0 & 0 \\ 0 & 0 & -1 \end{bmatrix}$$

$\tilde{\varepsilon}$ 为小量，且

$$\widetilde{\varepsilon} = r_0/(\mu \varGamma^4)^{1/3}, \widetilde{\boldsymbol{f}} = \begin{bmatrix} \widetilde{\boldsymbol{f}}_d \\ \boldsymbol{0}_{3\times 1} \end{bmatrix}, \widetilde{\boldsymbol{f}}_d = \frac{3}{2\eta} \begin{bmatrix} -2\widetilde{x}^2 + \widetilde{y}^2 + \widetilde{z}^2 \\ 2\widetilde{x}\widetilde{y} \\ 2\widetilde{x}\widetilde{z} \end{bmatrix}$$

当 $\widetilde{\varepsilon} = 0$ 时，对应的线性化模型是 T-H 方程。

同样采用摄动法对方程（3-38）进行求解，设其解析解为

$$\widetilde{\boldsymbol{x}} = \widetilde{\boldsymbol{x}}_L + \widetilde{\varepsilon}\widetilde{\boldsymbol{x}}_N \tag{3-39}$$

将式（3-39）代入式（3-38），得到如下两组微分方程

$$\begin{cases} \widetilde{\boldsymbol{x}}'_L = \widetilde{\boldsymbol{A}}\widetilde{\boldsymbol{x}}_L \\ \widetilde{\boldsymbol{x}}'_N = \widetilde{\boldsymbol{A}}\widetilde{\boldsymbol{x}}_N + \widetilde{\boldsymbol{f}}(\widetilde{\boldsymbol{x}}_L) \end{cases} \tag{3-40}$$

其中，第一个式子为 T-H 方程，通过式（3-40）易知，要得到非线性方程（3-38）的解 $\widetilde{\boldsymbol{x}}_N$，首先需要求出线性方程的解 $\widetilde{\boldsymbol{x}}_L$，下面给出其解析式。

3.4.1.1　T-H方程的解

T-H 方程的解析解为[12]

$$\begin{cases} \widetilde{x}'_L(f) = -\widetilde{s}'\widetilde{a}_1 + 3e(\widetilde{s}'\varLambda + \widetilde{s}/\eta^2)\widetilde{a}_2 - \widetilde{c}'\widetilde{a}_5 \\ \widetilde{y}'_L(f) = 2\widetilde{s}\widetilde{a}_1 + 3(1 - 2e\widetilde{s}\varLambda)\widetilde{a}_2 + (2\widetilde{c} - e)\widetilde{a}_5 \\ \widetilde{z}'_L(f) = \widetilde{c}/\eta\widetilde{a}_3 - \widetilde{s}/\rho\widetilde{a}_6 \\ \widetilde{x}_L(f) = -\widetilde{s}\widetilde{a}_1 + (3e\widetilde{s}\varLambda - 2)\widetilde{a}_2 - \widetilde{c}\widetilde{a}_5 \\ \widetilde{y}_L(f) = -\widetilde{c}(1 + 1/\eta)\widetilde{a}_1 + 3\eta^2\varLambda\widetilde{a}_2 + \widetilde{a}_4 + \widetilde{s}(1 + 1/\eta)\widetilde{a}_5 \\ \widetilde{z}_L(f) = \widetilde{s}/\eta\widetilde{a}_3 + \widetilde{c}/\eta\widetilde{a}_6 \end{cases}$$

$$\tag{3-41}$$

矩阵形式如下

$$\widetilde{\boldsymbol{x}}_L(f) = \widetilde{\boldsymbol{\varPhi}}(f)\widetilde{\boldsymbol{a}} \tag{3-42}$$

状态转移阵

$$\tilde{\boldsymbol{\Phi}}(f) = \begin{bmatrix} \tilde{\boldsymbol{\Phi}}'_A \\ \tilde{\boldsymbol{\Phi}}_A \end{bmatrix}$$

$$= \begin{bmatrix} -\tilde{s}' & 3e(\tilde{s}'\Lambda + \tilde{s}/\eta^2) & 0 & 0 & -\tilde{c}' & 0 \\ 2\tilde{s} & 3(1-2e\tilde{s}\Lambda) & 0 & 0 & 2\tilde{c}-e & 0 \\ 0 & 0 & \tilde{c}/\eta & 0 & 0 & -\tilde{s}/\eta \\ -\tilde{s} & 3e\tilde{s}\Lambda - 2 & 0 & 0 & -\tilde{c} & 0 \\ -\tilde{c}(1+1/\eta) & 3\eta^2\Lambda & 0 & 1 & \tilde{s}(1+1/\eta) & 0 \\ 0 & 0 & \tilde{s}/\eta & 0 & 0 & \tilde{c}/\eta \end{bmatrix}$$

$$(3-43)$$

式中

$$\Lambda = \int_{f_0}^{f} \frac{1}{\eta^2}\mathrm{d}f = \frac{1}{\Gamma^2}(t-t_0) \tag{3-44}$$

$\tilde{s} \triangleq \eta\sin f$，$\tilde{c} \triangleq \eta\cos f$，$\tilde{s}'$，$\tilde{c}'$ 分别为 $\tilde{s}$，$\tilde{c}$ 对真近点角的导数，$\tilde{\boldsymbol{\Phi}}'_A$，$\tilde{\boldsymbol{\Phi}}_A$ 均为 3×6 的矩阵。对于椭圆的情况，同样有类似于式（3 - 24）的关系式

$$\tilde{\boldsymbol{\Psi}}^{\mathrm{T}}\tilde{\boldsymbol{\Phi}} = \tilde{\boldsymbol{C}} \tag{3-45}$$

其中

$$\tilde{\boldsymbol{\Psi}} = \begin{bmatrix} \tilde{\boldsymbol{\Phi}}_A^{\mathrm{T}} & \tilde{\boldsymbol{\Phi}}_B^{\mathrm{T}} \end{bmatrix}^{\mathrm{T}}$$

$$\tilde{\boldsymbol{\Phi}}_B = \tilde{\boldsymbol{A}}_1 \tilde{\boldsymbol{\Phi}}_A - \tilde{\boldsymbol{\Phi}}'_A$$

$$= \begin{bmatrix} -e-3\tilde{c}/\eta & 3\Lambda(3\eta+e^2-1)-3e\tilde{s}/\eta^2 & 0 & 2 & 3\tilde{s}/\eta & 0 \\ 0 & 1 & 0 & 0 & e & 0 \\ 0 & 0 & -\tilde{c}/\eta & 0 & 0 & \tilde{s}/\eta \end{bmatrix}$$

$$\tilde{C} = \begin{bmatrix} 0 & -e & 0 & 0 & -1 & 0 \\ e & 0 & 0 & 1 & 0 & 0 \\ 0 & 0 & 0 & 0 & 0 & -1 \\ 0 & -1 & 0 & 0 & -e & 0 \\ 1 & 0 & 0 & e & 0 & 0 \\ 0 & 0 & 1 & 0 & 0 & 0 \end{bmatrix}$$

则状态转移矩阵的逆可以表示为

$$\tilde{\boldsymbol{\Phi}}^{-1} = \tilde{\boldsymbol{C}}^{-1} \tilde{\boldsymbol{\Psi}}^{\mathrm{T}} = \tilde{\boldsymbol{C}}^{-1} \begin{bmatrix} \tilde{\boldsymbol{\Phi}}_A^{\mathrm{T}} & \tilde{\boldsymbol{\Phi}}_B^{\mathrm{T}} \end{bmatrix} \tag{3-46}$$

从而，式（3 - 42）中的积分常数

$$\tilde{\boldsymbol{a}} = \tilde{\boldsymbol{\Phi}}^{-1}(f_0)\tilde{\boldsymbol{x}}_0 \tag{3-47}$$

当初始真近点角为 0 时，其分量如下

$$\begin{cases} \tilde{a}_1 = -\dfrac{1}{1+e}\tilde{x}'_0 \\[2mm] \tilde{a}_2 = \dfrac{1+e}{-1+e}\tilde{y}'_0 + \dfrac{2+e}{-1+e}\tilde{x}_0 \\[2mm] \tilde{a}_3 = \tilde{z}'_0 \\[2mm] \tilde{a}_4 = -\dfrac{2+e}{1+e}\tilde{x}'_0 + \tilde{y}_0 \\[2mm] \tilde{a}_5 = \dfrac{2}{1-e}\tilde{y}'_0 + \dfrac{3}{1-e}\tilde{x}_0 \\[2mm] \tilde{a}_6 = \tilde{z}_0 \end{cases} \tag{3-48}$$

根据式（3 - 41）、式（3 - 44）可知，相对状态随时间的长期漂移主要是由 Λ 导致的，令 $\tilde{a}_2 = 0$，可得到椭圆参考轨道下线性化相对运动模型的周期解

$$
\begin{cases}
\tilde{x}'_{Lp}(f) = -\tilde{s}'\tilde{a}_1 - \tilde{c}\,\tilde{a}_5 \\
\tilde{y}'_{Lp}(f) = 2\tilde{s}\tilde{a}_1 + (2\tilde{c}-e)\tilde{a}_5 \\
\tilde{z}'_{Lp}(f) = \tilde{c}/\eta\,\tilde{a}_3 - \tilde{s}/\eta\,\tilde{a}_6 \\
\tilde{x}_{Lp}(f) = -\tilde{s}\tilde{a}_1 - \tilde{c}\,\tilde{a}_5 \\
\tilde{y}_{Lp}(f) = -\tilde{c}(1+1/\eta)\tilde{a}_1 + \tilde{a}_4 + \tilde{s}(1+1/\eta)\tilde{a}_5 \\
\tilde{z}_{Lp}(f) = \tilde{s}/\eta\,\tilde{a}_3 + \tilde{c}/\eta\,\tilde{a}_6
\end{cases}
\tag{3-49}
$$

为了与圆参考轨道的情况进行类比，可将式（3-49）表示如下

$$
\begin{cases}
\tilde{x}'_{Lp} = \tilde{\rho}_x\cos(f+\tilde{\alpha}_x) + \tilde{\rho}_x e\cos(2f+\tilde{\alpha}_x) \\
\tilde{y}'_{Lp} = -2\tilde{\rho}_x\sin(f+\tilde{\alpha}_x) - \tilde{\rho}_x e\sin(2f+\tilde{\alpha}_x) \\
\tilde{z}'_{Lp} = \tilde{\rho}_z\cos(f+\tilde{\alpha}_z) \\
\tilde{x}_{Lp} = \tilde{\rho}_x\sin(f+\tilde{\alpha}_x)(1+e\cos f) \\
\tilde{y}_{Lp} = \tilde{\rho}_x\cos(f+\tilde{\alpha}_x)(2+e\cos f) + \tilde{\rho}_y \\
\tilde{z}_{Lp} = \tilde{\rho}_z\sin(f+\tilde{\alpha}_z)
\end{cases}
\tag{3-50}
$$

其中

$$
\tilde{\rho}_x = \sqrt{\tilde{a}_1^2 + \tilde{a}_5^2},\ \tilde{\rho}_y = \tilde{a}_4,\ \tilde{\rho}_z = \sqrt{\tilde{a}_3^2 + \tilde{a}_6^2}
$$

$$
\tilde{\alpha}_x = \arctan(\tilde{a}_5/\tilde{a}_1),\ \tilde{\alpha}_z = \arctan(\tilde{a}_6/\tilde{a}_3)
$$

当 $e=0$ 时，式（3-50）与基于 C-W 方程的周期解（3-29）是一致的。

根据式（3-47）可知，$\tilde{a}_2 = 0$ 等价于初始条件满足如下关系式

$$
\tilde{\Xi}_L(\tilde{x}_{L0}, \tilde{x}'_{L0}, \tilde{y}'_{L0}) = (e^2+3e\cos f_0+2)\tilde{x}_{L0} + e\eta\sin f_0\tilde{x}'_{L0} + \eta^2\tilde{y}'_{L0} = 0
\tag{3-51}
$$

当 $f_0 = 0°$ 时，此关系式简化为

$$
(1+e)\tilde{y}_{L0} + (2+e)\tilde{x}_{L0} = 0
\tag{3-52}
$$

这与基于能量匹配法的线性周期性初始条件一致。满足条件式（3-51）的初始状态有无穷多组，若初始相对状态为 $\tilde{x}_0 = \begin{bmatrix} \tilde{x}'_0 & \tilde{y}'_0 & \tilde{z}'_0 & \tilde{x}_0 & \tilde{y}_0 & \tilde{z}_0 \end{bmatrix}^{\mathrm{T}}$，为满足线性周期性约束条件式（3-

51)，从理论上讲，对 $\tilde{x}_0$、$\tilde{x}'_0$ 或 $\tilde{y}'_0$ 进行修正均可，为了便于实现，这里仅对两个速度分量进行修正[2]，即在满足

$$(e^2 + 3e\cos f + 2)\tilde{x}_0 + e\eta\sin f(\tilde{x}'_0 + \Delta\tilde{x}'_0) + \eta^2(\tilde{y}'_0 + \Delta\tilde{y}'_0) = 0$$

的约束下，使得修正量 $\Delta\tilde{x}'_0$、$\Delta\tilde{y}'_0$ 的 2 范数最小

$$\min \sqrt{\Delta\tilde{x}'^2_0 + \Delta\tilde{y}'^2_0} \tag{3-53}$$

通过求解该带约束的极值问题，得到

$$\Delta\tilde{x}'_0 = -\frac{\Xi_L(\tilde{x}_0, \tilde{x}'_0, \tilde{y}'_0)e\sin f}{\eta(e^2\sin^2 f + \eta^2)}$$

$$\Delta\tilde{y}'_0 = -\frac{\Xi_L(\tilde{x}_0, \tilde{x}'_0, \tilde{y}'_0)}{e^2\sin^2 f + \eta^2} \tag{3-54}$$

即保证了修正后的初始条件 $\tilde{x}_{L0} = \begin{bmatrix} \tilde{x}'_{L0} & \tilde{y}'_{L0} & \tilde{z}'_{L0} & \tilde{x}_{L0} & \tilde{y}_{L0} & \tilde{z}_{L0} \end{bmatrix}^{\mathrm{T}}$
满足线性周期性约束条件（3-51），其中

$$\begin{cases} \tilde{x}'_{L0} = \tilde{x}'_0 + \Delta\tilde{x}'_0 \\[1mm] \tilde{y}'_{L0} = \tilde{y}'_0 + \Delta\tilde{y}'_0 \\[1mm] \tilde{z}'_{L0} = \tilde{z}'_0 \\[1mm] \tilde{x}_{L0} = \tilde{x}_0 \\[1mm] \tilde{y}_{L0} = \tilde{y}_0 \\[1mm] \tilde{z}_{L0} = \tilde{z}_0 \end{cases} \tag{3-55}$$

3.4.1.2　一阶摄动解的求解

基于 T-H 方程的解析解式（3-41），求解式（3-40）的第二式，即得到一阶摄动解

$$\tilde{x}_N(f) = \tilde{\Phi}\tilde{\Phi}_0^{-1}\tilde{x}_{N0} + \tilde{\Phi}\int_{f_0}^{f}\tilde{\Phi}^{-1}(\varphi)\tilde{f}(\tilde{x}_L)\mathrm{d}\varphi = \tilde{\Phi}\tilde{b} + \tilde{\Phi}(\tilde{d} - \tilde{d}_0)$$

$$\tag{3-56}$$

式中，$\tilde{b} = \tilde{\Phi}_0^{-1}\tilde{x}_{N0}$ 为积分常数，其分量为 $\tilde{b}_k(k = 1, \cdots, 6)$，$\tilde{d}$ 为如下不定积分

$$\tilde{d} = \int\tilde{\Phi}^{-1}\tilde{f}(\tilde{x}_L)\mathrm{d}f \tag{3-57}$$

$\tilde{\boldsymbol{d}}_0 = \tilde{\boldsymbol{d}}\,|_{f=f_0}$。由于 $\tilde{\boldsymbol{d}}$ 的被积函数 $\boldsymbol{\Phi}^{-1}\boldsymbol{f}_L$ 是 $\tilde{\boldsymbol{x}}_L$ 的二次函数，积分结果较复杂。对于航天器编队飞行，周期解的意义比一般的解析解更有应用价值，下面从式（3-56）出发，求解椭圆参考轨道非线性相对运动模型的周期解。

3.4.2　周期性条件与周期解

以 T-H 方程的周期解式（3-49）为基础，根据式（3-56）确定一阶周期性条件和一阶周期解的关键是不定积分 $\tilde{\boldsymbol{d}}$，利用式（3-46）可将其可简化为

$$\tilde{\boldsymbol{d}} = \tilde{\boldsymbol{C}}^{-1}\int \tilde{\boldsymbol{\Phi}}_A^{\mathrm{T}}\tilde{\boldsymbol{f}}_d(\boldsymbol{x}_{Lp})\,\mathrm{d}f \qquad (3-58)$$

为了使得积分结果不含特殊积分，下面将积分变量由真近点角变换为偏近点角，涉及的变换如下

$$\mathrm{d}f = \frac{\sqrt{1-e^2}}{1-e\cos E}\mathrm{d}E,\ \eta = \frac{1-e^2}{1-e\cos E},$$

$$\cos f = \frac{\cos E - e}{1-e\cos E},\ \sin f = \frac{\sqrt{1-e^2}\sin E}{1-e\cos E} \qquad (3-59)$$

$$\Lambda = \frac{E - e\sin E - M_0}{\sqrt{(1-e^2)^3}},\ M_0 = E_0 - e\sin E_0$$

然后借助 Mathematica 符号计算软件求积分，最后综合式（3-56）、式（3-58），可得到一阶摄动解，如式（3-60）所示

$$\begin{cases} \tilde{x}'_N(E) = \dfrac{1}{8e^3(1-e\cos E)^3}\left[\tilde{A}_0 + \sum_{k=1}^{3}(\tilde{A}_{ck}\cos kE + \tilde{A}_{sk}\sin kE)\right] - \\[3mm] \dfrac{8\tilde{\Xi}_N E(3e - 2\cos E - e\cos 2E)}{4e\sqrt{1-e^2}(1-e\cos E)^2} \end{cases}$$

$$
\begin{cases}
\widetilde{y}'_N(E) = \dfrac{1}{2e^3(1-e\cos E)^2}\Big[\widetilde{B}_0 + \sum_{k=1}^{2}(\widetilde{B}_{ck}\cos kE + \widetilde{B}_{sk}\sin kE)\Big] - \\[4mm]
\qquad\qquad \dfrac{3\widetilde{\Xi}_N E\sin E}{e(1-e\cos E)^2} \\[4mm]
\widetilde{z}'_N(E) = \dfrac{1}{2e^3(1-e\cos E)^2}\Big[\widetilde{C}_0 + \sum_{k=1}^{2}(\widetilde{C}_{ck}\cos kE + \widetilde{C}_{sk}\sin kE)\Big] \\[4mm]
\widetilde{x}_N(E) = \dfrac{1}{4e^3(1-e\cos E)^3}\Big[\widetilde{D}_0 + \sum_{k=1}^{3}(\widetilde{D}_{ck}\cos kE + \widetilde{D}_{sk}\sin kE)\Big] + \\[4mm]
\qquad\qquad \dfrac{3\widetilde{\Xi}_N E\sin E}{2e(1-e\cos E)^2} \\[4mm]
\widetilde{y}_N(E) = \dfrac{1}{4e^3(1-e\cos E)^2}\Big[\widetilde{E}_0 + \sum_{k=1}^{2}(\widetilde{E}_{ck}\cos kE + \widetilde{E}_{sk}\sin kE)\Big] + \\[4mm]
\qquad\qquad \dfrac{3\sqrt{1-e^2}\,\widetilde{\Xi}_N E}{2e^2(1-e\cos E)^2} \\[4mm]
\widetilde{z}_N(E) = \dfrac{1}{2e^3(1-e\cos E)^2}\Big[\widetilde{F}_0 + \sum_{k=1}^{2}(\widetilde{F}_{ck}\cos kE + \widetilde{F}_{sk}\sin kE)\Big]
\end{cases}
$$

$$(3-60)$$

值得注意的是，这里的位置求导依然是对真近点角的导数，式中

$$
\widetilde{\Xi}_N = \widetilde{a}_1^2 - (1-e^2)\widetilde{a}_3^2 + 2e\widetilde{a}_1\widetilde{a}_4 + e^2\widetilde{a}_4^2 - (1-e^2)\widetilde{a}_5^2 + \widetilde{a}_6^2 + 2e^2(\widetilde{b}_2 - \widetilde{d}_{20})
$$

$$(3-61)$$

系数 $\widetilde{A}_*$，$\widetilde{B}_*$，$\widetilde{C}_*$，$\widetilde{D}_*$，$\widetilde{E}_*$，$\widetilde{F}_*$ 的表达式见附录 A 中的式（A-2）、式（A-3）。

为了得到一阶周期解，令一阶摄动解式（3-60）中的长期项为 0，即

$$
\widetilde{\Xi}_N = 0 \qquad\qquad (3-62)
$$

此式即为椭圆参考轨道下的一阶周期性条件，进而可得到一阶周期解如下

$$\begin{cases} \widetilde{x}'_{Np}(E) = \dfrac{1}{8e^3(1-e\cos E)^3}\Big[\widetilde{A}_0 + \sum_{k=1}^{3}(\widetilde{A}_{ck}\cos kE + \widetilde{A}_{sk}\sin kE)\Big] \\[3mm] \widetilde{y}'_{Np}(E) = \dfrac{1}{2e^3(1-e\cos E)^2}\Big[\widetilde{B}_0 + \sum_{k=1}^{2}(\widetilde{B}_{ck}\cos kE + \widetilde{B}_{sk}\sin kE)\Big] \\[3mm] \widetilde{z}'_{Np}(E) = \dfrac{1}{2e^3(1-e\cos E)^2}\Big[\widetilde{C}_0 + \sum_{k=1}^{2}(\widetilde{C}_{ck}\cos kE + \widetilde{C}_{sk}\sin kE)\Big] \\[3mm] \widetilde{x}_{Np}(E) = \dfrac{-1}{4e^3(1-e\cos E)^3}\Big[\widetilde{D}_0 + \sum_{k=1}^{3}(\widetilde{D}_{ck}\cos kE + \widetilde{D}_{sk}\sin kE)\Big] \\[3mm] \widetilde{y}_{Np}(E) = \dfrac{1}{4e^3(1-e\cos E)^2}\Big[\widetilde{E}_0 + \sum_{k=1}^{2}(\widetilde{E}_{ck}\cos kE + \widetilde{E}_{sk}\sin kE)\Big] \\[3mm] \widetilde{z}_{Np}(E) = \dfrac{1}{2e^3(1-e\cos E)^2}\Big[\widetilde{F}_0 + \sum_{k=1}^{2}(\widetilde{F}_{ck}\cos kE + \widetilde{F}_{sk}\sin kE)\Big] \end{cases}$$

$$(3-63)$$

显然，解的形式也是傅里叶级数。

同样，满足式（3-62）的初始状态有无穷多组，为了便于应用，仅对 y 方向的速度进行修正，即令 $\widetilde{x}_{N0}$、$\widetilde{y}_{N0}$、$\widetilde{z}_{N0}$、$\widetilde{x}'_{N0}$、$\widetilde{z}'_{N0}$ 为 0，得到 $\widetilde{y}'_{N0}$。当 $f_0 = E_0 = 0°$ 时，一阶周期性条件为

$$\widetilde{y}'_{N0} = -\frac{1}{2}(\widetilde{x}'^2_{Lp0} + \widetilde{z}'^2_{Lp0}) + \widetilde{x}'_{Lp0}\widetilde{y}'_{Lp0} + \frac{1+2e}{2(1+e)}\widetilde{x}^2_{Lp0} -$$

$$\frac{2+e}{2(1+e)}\widetilde{y}^2_{Lp0} - \frac{1}{2(1+e)}\widetilde{z}^2_{Lp0}$$

$$(3-64)$$

根据参考文献［11］可知，对于椭圆参考轨道，能量匹配约束条件在二阶近似情况下也可以得到与上述周期性条件一致的结果。当 $E_0 \neq 0°$ 时可通过类似的方法得到相应的修正量。综合式（3-55）、式（3-62）和式（3-64），得到椭圆参考轨道下考虑二阶非线性项时相对运动模型的周期性初始条件

$$\widetilde{\boldsymbol{x}}_0 = \begin{bmatrix} \widetilde{x}'_{L0} & \widetilde{y}'_{L0} + \widetilde{\varepsilon}\,\widetilde{y}'_{N0} & \widetilde{z}'_{L0} & \widetilde{x}_{L0} & \widetilde{y}_{L0} & \widetilde{z}_{L0} \end{bmatrix}^{\mathrm{T}}$$

$$(3-65)$$

相应的周期解如下

$$\tilde{\boldsymbol{x}}_p = \tilde{\boldsymbol{x}}_{Lp} + \tilde{\varepsilon}\,\tilde{\boldsymbol{x}}_{Np} \qquad (3-66)$$

其中，$\tilde{\boldsymbol{x}}_{Np}$ 由式（3-63）给出，$\tilde{\boldsymbol{x}}_{Lp}$ 的偏近点角形式如下

$$
\begin{cases}
\tilde{x}'_{Lp}(E) = \dfrac{\sqrt{1-e^2}}{2(1-e\cos E)^2}\Big[\tilde{a}_1\,\sqrt{1-e^2}\,(3e - 2\cos E - e\cos 2E) + \\
\qquad\qquad 2\tilde{a}_5(1-2e^2)\sin E + \tilde{a}_5 E\sin 2E\ \Big] \\[2mm]
\tilde{y}'_{Lp}(E) = \dfrac{1}{2(1-e\cos E)^2}\Big[-3\tilde{a}_5 e(2-e^2) + 4\tilde{a}_5\cos E - \tilde{a}_5 e^3\cos 2E + \\
\qquad\qquad 4a_1\,\sqrt{1-e^2}\,(1-e^2)\sin E\Big] \\[2mm]
\tilde{z}'_{Lp}(E) = \dfrac{\tilde{a}_3(\cos E - e) - \tilde{a}_6\,\sqrt{1-e^2}\,\sin E}{1-e\cos E} \\[2mm]
\tilde{x}_{Lp}(E) = \dfrac{(1-e^2)(\tilde{a}_5 e - \tilde{a}_5\cos E - \tilde{a}_1\,\sqrt{1-e^2}\,\sin E)}{(1-e\cos E)^2} \\[2mm]
\tilde{y}_{Lp}(E) = \dfrac{1}{2(1-e\cos E)^2}\{\tilde{a}_1 e(5-2e^2) + \tilde{a}_4(2+e^2) - (\tilde{a}_1 + \tilde{a}_4 e) \\
\qquad\qquad (4\cos E - e\cos 2E) + \tilde{a}_5\,\sqrt{1-e^2}\,[2(2-e^2)\sin E - e\sin 2E]\} \\[2mm]
\tilde{z}_{Lp}(E) = \dfrac{\tilde{a}_6(\cos E - e) + \tilde{a}_3\,\sqrt{1-e^2}\,\sin E}{1-e\cos E}
\end{cases}
$$

$$(3-67)$$

同样，这里的位置求导依然是对真近点角的导数，若要转换至时域，可通过式（3-37）进行变换。

3.4.3　周期性条件与周期解的验证

　　为了证明上述求得的基于椭圆参考轨道非线性相对运动模型的周期性条件与周期解的有效性与优越性，本节针对不同的参考轨道偏心率以及不同尺度的相对运动情况进行仿真验证。设椭圆参考轨道的轨道要素如表 3-3 所示。

表 3 - 3 主航天器的轨道要素

R_P/km	e	i/(°)	Ω/(°)	u/(°)	f/(°)
7 100	0.3	30	10	30	0
7 100	0.8	30	10	30	0

根据式（3-50）选择从航天器相对于主航天器的初始相对状态，取 $e = 0$，$\tilde{\rho}_x = 0.5$，$\tilde{\rho}_y = 0$，$\tilde{\rho}_z = 1$，$\tilde{\alpha}_x = 30°$，$\tilde{\alpha}_z = 30°$，即初始相对运动状态满足圆参考轨道下的水平投影圆构型约束，然后依次按照式（3-55）和式（3-65）进行修正，可依次得到基于椭圆参考轨道线性相对运动模型和非线性相对运动模型的周期性初始条件，如表 3-4 所示。

表 3 - 4 非线性修正后的初始条件

e	r_0/km	$\dot{x}_0$/ms^{-1}	$\dot{y}_0$/ms^{-1}	$\dot{z}_0$/ms^{-1}	x_0/m	y_0/m	z_0/m
0.3	1	0.401	−0.409	0.802	192.308	666.173	384.615
	10	4.008	−4.102	8.016	1 923.077	6 661.734	3 846.154
0.8	1	0.341	−0.306	0.681	138.889	481.125	277.778
	10	3.406	−3.063	6.812	1 388.889	4 811.252	2 777.778

3.4.3.1 周期性初始条件的有效性验证

类似于圆参考轨道的情况，为验证上述所求周期性初始条件的有效性以及在受扰环境中这种初始条件下相对轨道的稳定性，本节同样以数值模型Ⅰ和Ⅱ为基准模型。针对不同偏心率的椭圆参考轨道以及不同尺度的相对运动，分别以基于线性模型和非线性模型的周期性条件为初值，对两个数值模型进行积分，仿真时间取 10 个轨道周期。图 3-10～图3-13 给出了两种偏心率情况下相对运动尺度不同时，两种周期性条件对应的轨道演化情况，每幅图中的（a）和（b）分别是基于不同数值积分模型的轨道演化结果。

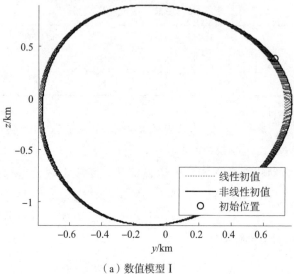

（a）数值模型 I

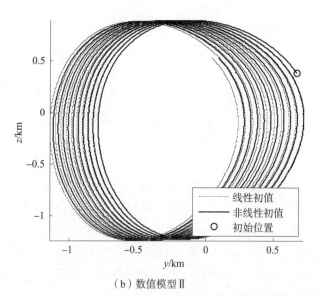

（b）数值模型 II

图 3 - 10　$e = 0.3, r_0 = 1$ km 时，两种初值的相对运动演化对比

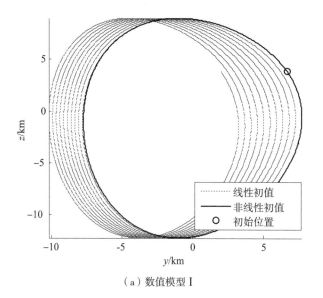

（a）数值模型 I

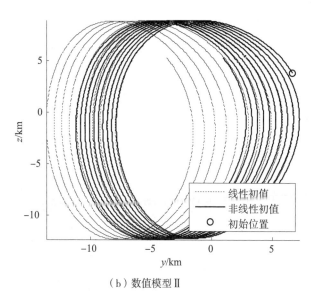

（b）数值模型 II

图 3 - 11　$e = 0.3, r_0 = 10$ km 时，两种初值的相对运动演化对比

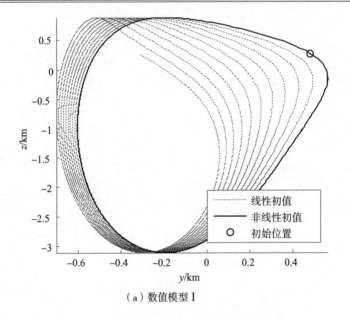

（a）数值模型 I

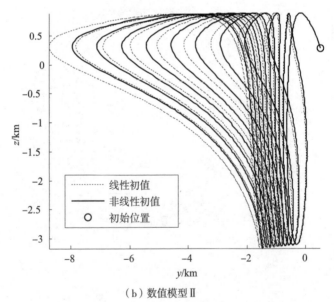

（b）数值模型 II

图 3 - 12　$e = 0.8, r_0 = 1$ km 时，两种初值的相对运动演化对比

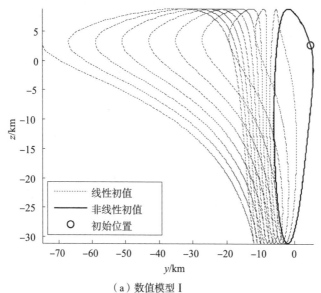

（a）数值模型 I

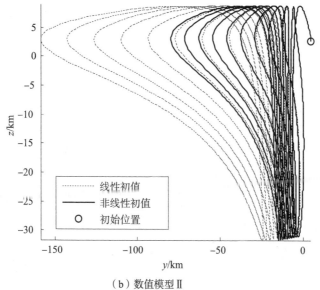

（b）数值模型 II

图 3 - 13　$e = 0.8, r_0 = 10$ km 时，两种初值的相对运动演化对比

　　从图 3-10～图 3-13 中的（a）可以看出，不论在哪种情况下，基于非线性模型的周期性初始条件均能够使相对轨道保持较好的周期性，这说明 3.4.2 节中求得的周期性约束条件是有效的。当考虑 J_2 项摄动时，在相对运动尺度较小的情况下，如 $r_0 = 1$ km，基于线性模型和非线性模型的周期性初始条件的相对运动漂移情况相当，如图 3-10（b）、图 3-12（b）所示。随着相对运动尺度的增加，基于线性初值的相对运动漂移很大，相比之下，基于非线性初值的相对运动较为稳定，如图 3-11（b）、图 3-13（b）所示。当然，由于非线性初值是利用不考虑 J_2 项摄动的相对运动模型式（3-38）求得的。因此，当考虑 J_2 项摄动时，在 $r_0 = 10$ km 的情况下，非线性初值对应的轨道漂移相对小尺度相对运动时也有所增加，这表明相对运动尺度增加到一定的程度时，J_2 项摄动的影响也是非常显著的。

3.4.3.2　验证周期解的精度

　　同样针对上述情况，分别以数值模型 Ⅰ 和 Ⅱ 为基准模型，分析基于椭圆参考轨道非线性相对运动模型的周期解的精度及其在受扰环境中与精确解的偏离程度。图 3-14～图 3-21 给出了不同情况下的仿真计算结果，每幅图中的（a）、（b）分别对应在该情况下基于线性模型和非线性模型的两种周期解与数值解的误差。此外，为了进一步验证本章所求周期解的精度，将所求得的周期解与参考文献［2］的周期解进行对比，取与参考文献［2］相同的初始条件以及相同的数值积分模型，基于本章所求得的周期解的仿真计算结果如图 3-22 所示。

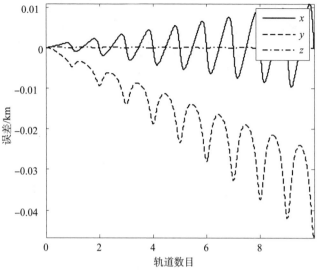

（a）基于线性模型的周期解

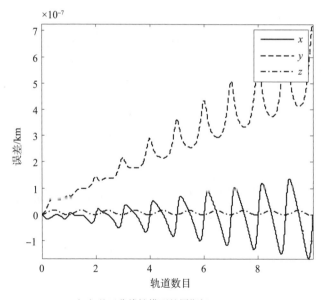

（b）基于非线性模型的周期解

图 3-14　$e = 0.3, r_0 = 1$ km 时，以数值模型 I 为参考，对比两种周期解

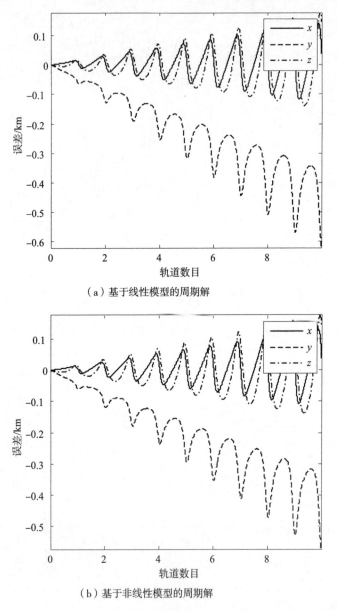

（a）基于线性模型的周期解

（b）基于非线性模型的周期解

图 3-15　$e = 0.3, r_0 = 1$ km 时，以数值模型 II 为参考，对比两种周期解

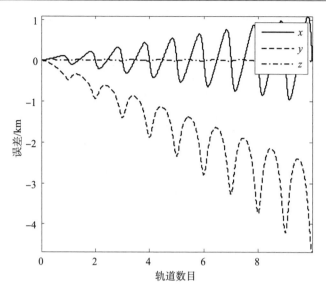

（a）基于线性模型的周期解

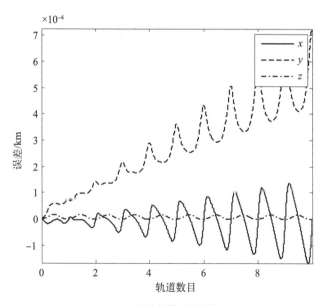

（b）基于非线性模型的周期解

图 3 - 16 $e = 0.3, r_0 = 10$ km 时，以数值模型 I 为参考，对比两种周期解

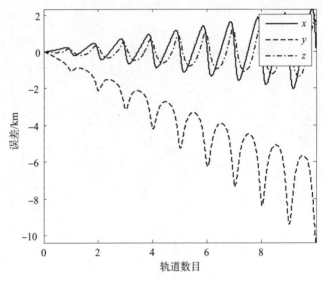

（a）基于线性模型的周期解

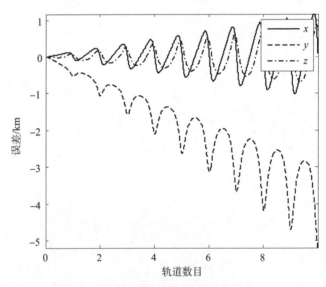

（b）基于非线性模型的周期解

图 3 - 17　$e = 0.3, r_0 = 10$ km 时，以数值模型 Ⅱ 为参考，对比两种周期解

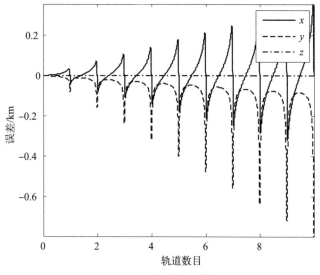

（a）基于线性模型的周期解

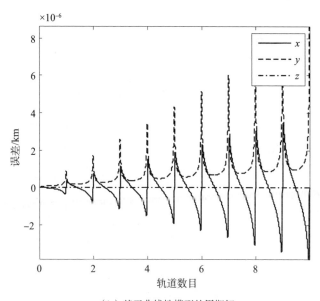

（b）基于非线性模型的周期解

图 3 - 18　$e = 0.8, r_0 = 1$ km 时，以数值模型 I 为参考，对比两种周期解

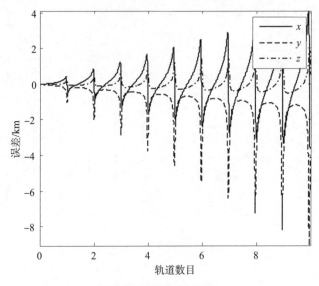

（a）基于线性模型的周期解

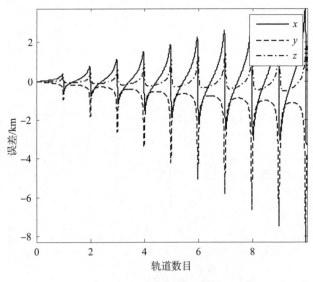

（b）基于非线性模型的周期解

图 3-19　$e = 0.8, r_0 = 1$ km 时，以数值模型 Ⅱ 为参考，对比两种周期解

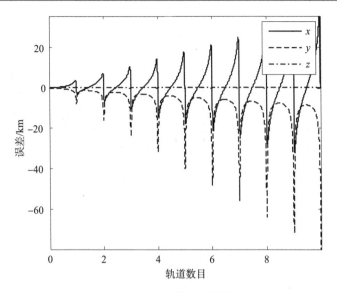

（a）基于线性模型的周期解

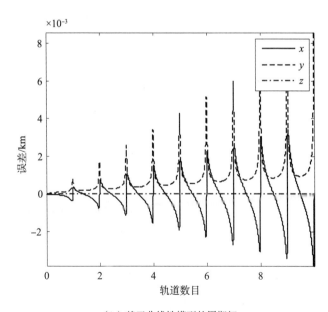

（b）基于非线性模型的周期解

图 3 - 20　$e = 0.8, r_0 = 10$ km 时，以数值模型 I 为参考，对比两种周期解

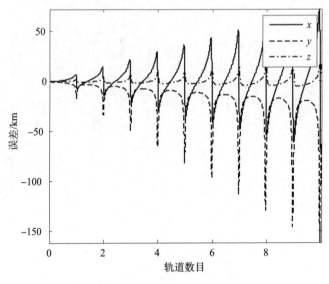

（a）基于线性模型的周期解

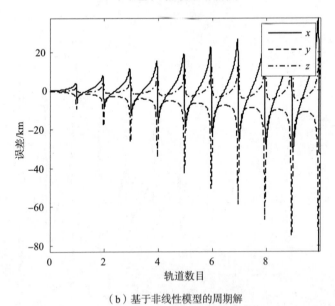

（b）基于非线性模型的周期解

图 3-21　$e = 0.8, r_0 = 10$ km 时，以数值模型 Ⅱ 为参考，对比两种周期解

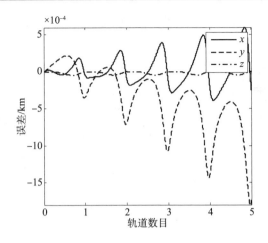

图 3 - 22 与参考文献 [2] 取相同的初值时，周期解的误差

从图 3 - 14 (b)、图 3 - 16 (b)、图 3 - 18 (b) 以及图 3 - 20 (b) 可以看出，基于非线性模型的周期解和数值模型 I 的匹配程度非常好，这证明了上述求解结果的正确性。当考虑 J_2 项摄动时，在相对运动尺度较小的情况下，如 $r_0 = 1$ km，基于线性模型和非线性模型的周期解与数值解的匹配程度相当，如图 3 - 15、图 3 - 19 所示。随着相对运动尺度的增加，基于线性模型的周期解和数值解的偏差越来越大，相比基于非线性模型的周期解与数值解的差较小，如图 3 - 17、图 3 - 21 所示。但是，当偏心率和相对运动尺度都较大时，如偏心率 $e = 0.8$、$r_0 = 10$ km 时，非线性情况的周期解与数值模型 II 的偏差也超过了相对运动尺度的量级，这说明在大偏心率大尺度情况下，高阶非线性项以及 J_2 项摄动的影响非常显著。此外，图 3 - 22 表明，采用本文方法所求得的周期解在 5 个轨道周期内，与数值解（数值模型 I）的最大误差不超过 5×10^{-4} km。而相比之下，参考文献 [2] 所求的周期解在 5 个轨道周期内最大误差已超过 0.08 km。因此，本文所求周期解的精度较高。

3.4.4 基于周期解的航天器编队保持

在航天器编队保持控制中，通常根据线性化相对运动模型的周期解设计理想轨迹，如投影圆、空间圆或椭圆参考轨道下的投影圆、空间圆等。然而，由于模型的线性化假设，在实际应用中势必会造成较多的推进剂消耗。因此，若采用更接近自然运动的轨迹，即根据非线性相对运动模型的周期解设计理想轨迹，则会减少编队保持的推进剂消耗。下面通过一个编队保持的算例说明基于非线性模型的周期解在编队保持控制中的应用及其优势。

首先，基于非线性的动力学模型式（2-37）设计保持控制律，为了便于设计控制律，将式（2-58）记为如下形式[13]

$$\ddot{r} = \overline{A}_1 r + \overline{A}_2 \dot{r} + \overline{f} + u \qquad (3-68)$$

式中

$$\overline{A}_1 = \begin{bmatrix} \dot{f}^2 + \dfrac{2\mu}{R_C^3} & \ddot{f} & 0 \\[2mm] -\ddot{f} & \dot{f}^2 - \dfrac{\mu}{R_C^3} & 0 \\[2mm] 0 & 0 & -\dfrac{\mu}{R_C^3} \end{bmatrix}, \overline{A}_2 = \begin{bmatrix} 0 & 2\dot{f} & 0 \\ -2\dot{f} & 0 & 0 \\ 0 & 0 & 0 \end{bmatrix}$$

$$\overline{f} = \begin{bmatrix} -\dfrac{2\mu x}{R_C^2} + \dfrac{\mu}{R_C^2} - \dfrac{\mu(R_C + x)}{[(R_C + x)^2 + y^2 + z^2]^{3/2}} \\[3mm] \dfrac{\mu y}{R_C^3} - \dfrac{\mu y}{[(R_C + x)^2 + y^2 + z^2]^{3/2}} \\[3mm] \dfrac{\mu z}{R_C^3} - \dfrac{\mu z}{[(R_C + x)^2 + y^2 + z^2]^{3/2}} \end{bmatrix}$$

采用基于 Lyapunov 稳定的 PD 控制方法进行相对轨道保持控制，控制律设计如下

$$u = -\overline{A}_1 r - \overline{A}_2 \dot{r} - \overline{f} + \ddot{r}_d - K_D(r - \dot{r}_d) - K_P(r - r_d) \quad (3-69)$$

式中，$\ddot{r}_d$、$\dot{r}_d$ 和 r_d 分别为理想的加速度、速度和位置；$K_P, K_D \in \mathbb{R}^{3 \times 3}$ 分别为 PD 控制增益。

将式（3-69）代入相对运动模型式（3-68）中，得到闭环的相对轨道动力学模型

$$\delta\ddot{r} + K_D\delta\dot{r} + K_P\delta r = 0 \qquad (3-70)$$

其中，$\delta \boldsymbol{r} = \boldsymbol{r} - \boldsymbol{r}_d$ 。下面通过 Lyapunov 定理来证明其稳定性，设计 Lyapunov 函数

$$V = \frac{1}{2}\delta \dot{\boldsymbol{r}}^{\mathrm{T}}\delta \dot{\boldsymbol{r}} + \frac{1}{2}\delta \boldsymbol{r}^{\mathrm{T}}\boldsymbol{K}_P\delta \boldsymbol{r} \qquad (3-71)$$

求导得到

$$\begin{aligned}
\dot{V} &= \delta \dot{\boldsymbol{r}}^{\mathrm{T}}\delta \ddot{\boldsymbol{r}} + \delta \boldsymbol{r}^{\mathrm{T}}\boldsymbol{K}_P\delta \dot{\boldsymbol{r}} \\
&= -\delta \dot{\boldsymbol{r}}^{\mathrm{T}}(\boldsymbol{K}_D\delta \dot{\boldsymbol{r}} + \boldsymbol{K}_P\delta \boldsymbol{r}) + \delta \boldsymbol{r}^{\mathrm{T}}\boldsymbol{K}_P\delta \dot{\boldsymbol{r}} \\
&= -\delta \dot{\boldsymbol{r}}^{\mathrm{T}}\boldsymbol{K}_D\delta \dot{\boldsymbol{r}} < 0
\end{aligned} \qquad (3-72)$$

显然，$\dot{V}$ 是负定的，因此，当 $t \to \infty$ 时 $\delta \dot{\boldsymbol{r}} \to \boldsymbol{0}$，$\delta \boldsymbol{r} \to \boldsymbol{0}$。

在控制增益不变的情况下，理想状态 $\ddot{\boldsymbol{r}}_d$、$\dot{\boldsymbol{r}}_d$ 和 $\boldsymbol{r}_d$ 与设计控制律采用的模型的状态越接近，控制加速度越小。下面通过仿真进行验证：分别以非线性修正前后的周期轨道为参考轨迹，按照式（3-69）描述的控制律进行编队保持控制，对比推进剂消耗情况。这里不考虑初始条件偏差带来的推进剂消耗差异，即假设从航天器已分别位于两种周期轨道上，初始条件分别设为：[20.039 m/s，−20.469 m/s，40.078 m/s，9 615.385 m，33 308.669 m，19 230.769 m]、[20.039 m/s，−20.676 m/s，40.078 m/s，9 615.385 m，33 308.669 m，19 230.769 m]（后者与前者相比，仅是 y 方向的速度增加了修正量）。主航天器的轨道参数设为：$e = 0.3,\theta = 0°$，取相同的控制增益（$\boldsymbol{K}_P = \boldsymbol{K}_D = \boldsymbol{I}_3$），进行编队保持 10 个轨道周期，推进剂消耗情况对比如图 3-23 所示。

仿真计算结果表明，与基于线性模型的周期解为参考轨迹的保持控制相比，以基于非线性模型的周期解为参考轨迹的保持控制加速度低了一个量级，10 个轨道周期内二者的推进剂消耗折算为 Δv 分别为 14.676 m/s、1.579 m/s。相比之下，后者的推进剂消耗明显降低，这说明了以非线性模型的周期解为参考轨道进行保持控制的优势，这对星上资源有限的长期编队飞行具有重要意义。

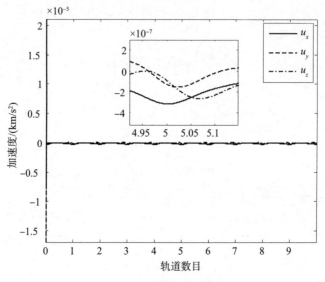

（a）基于线性模型的周期解

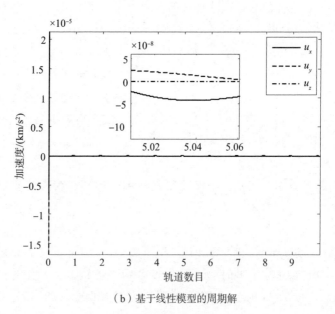

（b）基于线性模型的周期解

图 3 - 23　基于两种不同参考参考轨迹的控制加速度随时间的变化曲线

3.5　考虑 J_2 项摄动非线性相对运动模型的周期解及应用

从 3.3 和 3.4 节的研究结果可以看出，当相对运动尺度、参考轨道偏心率增加时，J_2 项摄动的影响非常显著。因此，在这种情况下，考虑 J_2 摄动是非常有必要的。然而，考虑 J_2 项摄动的相对运动模型较为复杂，3.3 和 3.4 节所采用的解析法已经不再适用。但是，上述两节的研究结果却为考虑 J_2 项摄动时的周期解求解提供了思路，即周期解可以假设为傅里叶级数。下面将针对考虑 J_2 项摄动的相对运动模型，首先采用微分修正法确定周期性初始条件，然后提出一种基于傅里叶分析和多庞加莱截面法确定周期解的方法。

3.5.1　基于微分修正的周期性条件

回顾 2.3.3.1 节，考虑 J_2 项摄动的线性化相对运动模型如下

$$\dot{\boldsymbol{x}} = \boldsymbol{J}_a \boldsymbol{x} \tag{3-73}$$

根据式（3-16）以及 2.2.4.1 节中关于 Jacobi 矩阵的定义可以确定方程（3-73）的状态转移矩阵满足如下矩阵方程

$$\dot{\boldsymbol{\Phi}}_{J_2}(t) = \boldsymbol{J}_a \boldsymbol{\Phi}_{J_2}(t), \boldsymbol{\Phi}_{J_2}(0) = \boldsymbol{I}_6 \tag{3-74}$$

假设一个轨道周期后的终端状态和期望状态的偏差为 $\delta \boldsymbol{x}_f$，为了达到期望状态，需要修正的初始状态和时间分别记为 $\delta \boldsymbol{x}_0$、δT，根据微分修正的基本方程（3-13）有

$$\delta \boldsymbol{x}_f = \boldsymbol{\Phi}_{J_2}(T)\delta \boldsymbol{x}_0 + \dot{\boldsymbol{x}}_f \delta T \tag{3-75}$$

类似于参考文献［10］，假设需要修正的变量仅仅为初始速度和时间，同时取 $\delta \boldsymbol{x}_f = 0$，则

$$\delta x_f = \Phi_{41}\delta \dot{x}_0 + \Phi_{42}\delta \dot{y}_0 + \Phi_{43}\delta \dot{z}_0 + \dot{x}_f \delta T = 0 \tag{3-76}$$

$$
\begin{bmatrix} \delta\dot{x}_f \\ \delta\dot{y}_f \\ \delta\dot{z}_f \\ \delta y_f \\ \delta z_f \end{bmatrix} = \begin{bmatrix} \Phi_{11} & \Phi_{12} & \Phi_{13} \\ \Phi_{21} & \Phi_{22} & \Phi_{23} \\ \Phi_{31} & \Phi_{32} & \Phi_{33} \\ \Phi_{51} & \Phi_{52} & \Phi_{53} \\ \Phi_{61} & \Phi_{62} & \Phi_{63} \end{bmatrix} \begin{bmatrix} \delta\dot{x}_0 \\ \delta\dot{y}_0 \\ \delta\dot{z}_0 \end{bmatrix} + \begin{bmatrix} \ddot{x}_f \\ \ddot{y}_f \\ \ddot{z}_f \\ \dot{y}_f \\ \dot{z}_f \end{bmatrix} \delta T \qquad (3-77)
$$

通过式（3-76）可以得到 δT

$$
\delta T = -\frac{1}{\dot{x}_f}(\Phi_{41}\delta\dot{x}_0 + \Phi_{42}\delta\dot{y}_0 + \Phi_{43}\delta\dot{z}_0) \qquad (3-78)
$$

将式（3-78）代入方程（3-77）可得

$$
\begin{bmatrix} \delta\dot{x}_f \\ \delta\dot{y}_f \\ \delta\dot{z}_f \\ \delta y_f \\ \delta z_f \end{bmatrix} = \left(\begin{bmatrix} \Phi_{11} & \Phi_{12} & \Phi_{13} \\ \Phi_{21} & \Phi_{22} & \Phi_{23} \\ \Phi_{31} & \Phi_{32} & \Phi_{33} \\ \Phi_{51} & \Phi_{52} & \Phi_{53} \\ \Phi_{61} & \Phi_{62} & \Phi_{63} \end{bmatrix} - \frac{1}{\dot{x}_f} \begin{bmatrix} \ddot{x}_f \\ \ddot{y}_f \\ \ddot{z}_f \\ \dot{y}_f \\ \dot{z}_f \end{bmatrix} \begin{bmatrix} \Phi_{41} & \Phi_{42} & \Phi_{43} \end{bmatrix} \right) \begin{bmatrix} \delta\dot{x}_0 \\ \delta\dot{y}_0 \\ \delta\dot{z}_0 \end{bmatrix}
$$

$$
\triangleq \boldsymbol{W} \begin{bmatrix} \delta\dot{x}_0 \\ \delta\dot{y}_0 \\ \delta\dot{z}_0 \end{bmatrix}
$$

$$
(3-79)
$$

上述是五个方程组，待求的变量为 $\delta\dot{x}_0, \delta\dot{y}_0, \delta\dot{z}_0$ ，其伪逆解如下

$$
\begin{bmatrix} \delta\dot{x}_0 \\ \delta\dot{y}_0 \\ \delta\dot{z}_0 \end{bmatrix} = (\boldsymbol{W}^{\mathrm{T}}\boldsymbol{W})^{-1}\boldsymbol{W}^{\mathrm{T}} \begin{bmatrix} \delta\dot{x}_f \\ \delta\dot{y}_f \\ \delta\dot{z}_f \\ \delta y_f \\ \delta z_f \end{bmatrix} \qquad (3-80)
$$

进一步可根据式（3-78）确定 δT 。上述修正需在计算机上通过多次迭代计算来实现。

3.5.2　基于傅里叶分析与多庞加莱截面法求解周期解

利用微分修正法可以得到有界的相对运动，但如果要将这种相对运动作为实时系统的参考轨迹，则需对相对运动进行实时的仿真，这对控制系统来讲，是不方便的。参考文献 [14] 采用一种数据处理方法——主成分分析法（Principle Component Analysis），将有界的相对运动投影为封闭的周期轨道。本节借鉴这种方法的主要思想，同时为保证投影后的周期轨道能够保存原有界准周期相对轨道的较多信息，提出一种基于傅里叶分析和多庞加莱截面法的确定周期解的方法。

假设待求周期解具有如下的形式

$$\boldsymbol{x}(t) = \boldsymbol{a}_0 + \sum_{k=1}^{K} (\boldsymbol{a}_k \cos k\overline{\omega} t + \boldsymbol{b}_k \sin k\overline{\omega} t) \qquad (3-81)$$

取其中的一个分量，来说明这种方法的主要思想

$$x_j(t_m) = a_{j0} + \sum_{k=1}^{K} (a_{jk} \cos k\overline{\omega}_j t_m + b_{jk} \sin k\overline{\omega}_j t_m)$$

其中，$j = 1, \cdots, 6$，表示 6 个状态；$m = 1, \cdots, M$，表示 M 个时刻；$K \in \mathbb{N}^+$ 表示傅里叶级数的阶数。这种方法的核心就是根据有界轨道的数值解，确定拟合函数式（3-81）中的系数。对于本问题，待求量为 $a_{j0}, a_{jk}, b_{jk}, \overline{\omega}_j$，共 $2K+2$ 个参数，其中，$\overline{\omega}_j$ 可通过庞加莱截面法预先估计。因此，剩下的待求量为 $2K+1$ 个，记为 $\boldsymbol{\gamma}_j = [a_{j0} \quad a_{j1} \quad \cdots \quad a_{jK} \quad b_{j1} \quad \cdots \quad b_{jK}]^{\mathrm{T}}$。为了使得拟合效果较好，一般地，$M > 2K+1$，这样此问题就转化为一个最小二乘问题。

首先定义残差

$$R_{jm} = a_{j0} + \sum_{k=1}^{K} (a_{jk} \cos k\overline{\omega}_j t_m + b_{jk} \sin k\overline{\omega}_j t_m) - x_j(t_m)$$

$$(3-82)$$

即确定最佳的 $\boldsymbol{\gamma}_j^*$，使得残差的平方和最小

$$\prod(\boldsymbol{\gamma}_j) = \sum_{m=1}^{M} R_{jm}^2(\boldsymbol{\gamma}_j) \qquad (3-83)$$

达到这个要求的充要条件是函数 $\prod(\boldsymbol{\gamma}_j)$ 对参数 $\boldsymbol{\gamma}_j$ 的一阶导数为 0，即

$$
\begin{bmatrix}
\dfrac{\partial R_{j1}}{\partial a_{j0}} & \dfrac{\partial R_{j2}}{\partial a_{j0}} & \cdots & \dfrac{\partial R_{jM}}{\partial a_{j0}} \\[2mm]
\dfrac{\partial R_{j1}}{\partial a_{j1}} & \dfrac{\partial R_{j1}}{\partial a_{j1}} & \cdots & \dfrac{\partial R_{jM}}{\partial a_{j1}} \\[2mm]
\vdots & \vdots & \ddots & \vdots \\[2mm]
\dfrac{\partial R_{j1}}{\partial b_{jk}} & \dfrac{\partial R_{j2}}{\partial b_{jK}} & \cdots & \dfrac{\partial R_{jM}}{\partial b_{jK}}
\end{bmatrix}
\begin{bmatrix}
R_{j1} \\ R_{j2} \\ \vdots \\ R_{jM}
\end{bmatrix}
= \boldsymbol{G}_j^{\mathrm{T}} \boldsymbol{R}_j = 0 \qquad (3-84)
$$

则

$$
\boldsymbol{\gamma}_j^* = (\boldsymbol{G}_j^{\mathrm{T}} \boldsymbol{G}_j)^{-1} \boldsymbol{G}_j^{\mathrm{T}} \boldsymbol{x}_j \qquad (3-85)
$$

根据上文可知，每确定一组傅里叶系数，需要该状态在 M 个时刻的取值。为了能够更多地反映准周期轨道的信息，下面采用多庞加莱截面法，即选 M 个庞加莱截面，且保证每个庞加莱截面上的点为速度方向一致的点，然后确定每个截面截得的点的平均状态，以及该截面的平均时刻，如图 3-24 所示。其中，平均状态即各个点上的状态求平均，对于平均时刻以及平均周期，计算过程如下。

假设第 m 个庞加莱截面在 L 个周期内的穿越截面的时刻依次记为

$$
t_{m0}, t_{m1}, t_{m2}, \cdots, t_{m(L-1)}, t_{mL}
$$

定义

$$
T_{ml} \triangleq t_{ml} - t_{m(l-1)} \qquad (3-86)
$$

其中，$l = 1, \cdots, L$。则第 m 个截面上各点的平均周期为

$$
\overline{T}_m = \frac{1}{L} \sum_{l=1}^{L} T_{ml} \qquad (3-87)
$$

进一步，第 m 个截面对应的平均时刻如下

$$
\overline{t}_m = \frac{1}{L+1} \sum_{l=0}^{L} (t_{ml} - l\overline{T}_m) \qquad (3-88)
$$

则对于 M 个庞加莱截面，可计算多个截面的平均周期与平均角速度

$$\overline{T} = \frac{1}{M} \sum_{m=1}^{M} (\overline{T}_m)$$

$$(3-89)$$

$$\overline{\omega}_{\mathrm{est}} = \frac{2\pi}{\overline{T}}$$

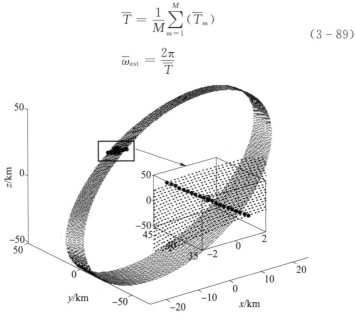

图 3 - 24　庞加莱截面示意图

3.5.3　周期性条件与周期解的验证

本节分别针对圆和椭圆参考轨道，在相对运动尺度为 $r_0 = 10$ km 的情况下进行仿真计算，以验证上述采用数值法所求的周期性条件与周期解的有效性。同时，为了与 3.3.2 节、3.4.3 节的结果进行对比，除了 $e = 0.7$ 的情况，本节选择和上述两节相同的参考轨道（轨道参数如表 3 - 1 和表 3 - 3 所示）。对于 $e = 0.7$ 的情况，除了偏心率，其他轨道参数和表 3 - 3 相同。由于微分修正算法一般需要提供一个较好的初值，本节选择经过非线性修正后的初始条件，即和表 3 - 2、表 3 - 4 中对应算例的初值相同，经过微分修正后，初始条件如表 3 - 5 所示。

表 3-5　微分修正后的初始条件

e	$\dot{x}_0/\mathrm{ms}^{-1}$	$\dot{y}_0/\mathrm{ms}^{-1}$	$\dot{z}_0/\mathrm{ms}^{-1}$	x_0/m	y_0/m	z_0/m
0	5.288	−0.012 4	0.107	0	10 000	0
0.3	4.378	−4.107	1.042	1 923.077	6 661.734	3 846.154
0.7	2.983	−3.224	6.933	1 470.588	5 094.267	2 941.176

3.5.3.1　周期性初始条件的有效性验证

　　分别以微分修正前后的初始条件为初值，对考虑 J_2 项摄动的精确相对运动模型式（2-31）进行数值积分，仿真时间取 20 个轨道周期。图 3-25～图 3-27 分别给出了三种情况下，初始条件修正前后对应的相对运动演化情况。

　　仿真结果表明，经微分修正后的初始条件对应的相对运动漂移明显减小，而且能在较长的时间内保持周期性。与 3.3 节和 3.4 节的解析修正结果 [图 3-2（b）、图 3-11（b）] 相比可知，在考虑 J_2 项摄动的情况下，数值法修正更有效。当然，解析修正可以为数值修正提供较好的初值，在自然相对轨道设计初期也是必要的。但是，微分修正方法对初值的要求比较高，例如，当偏心率和相对运动尺度较大时，由于解析法所提供的初值不能满足需求，故修正后的相对轨道依然有较大的漂移，如图 3-27 所示。

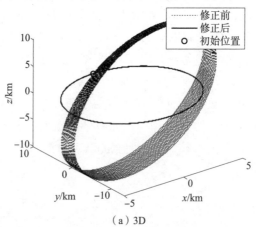

（a）3D

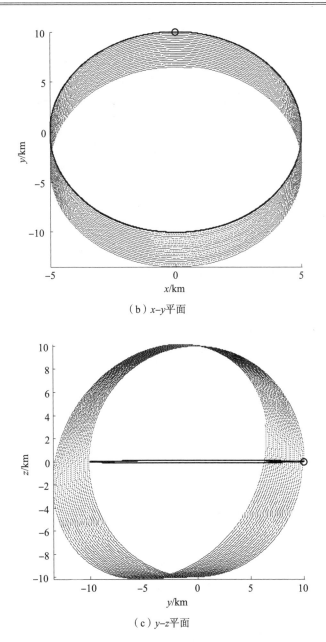

（b）x–y 平面

（c）y–z 平面

图 3 - 25　e = 0 时，微分修正前后初值的相对运动演化对比

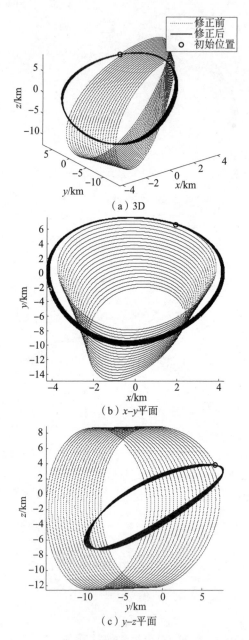

（a）3D

（b）x-y 平面

（c）y-z 平面

图 3-26　e = 0.3 时，微分修正前后初值的相对运动演化对比

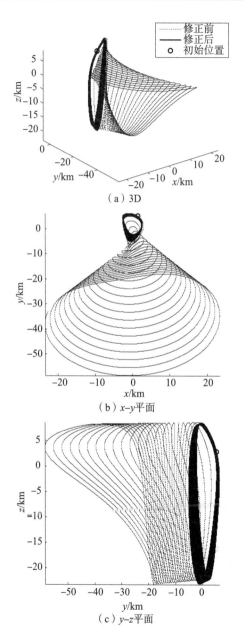

图 3 - 27　$e = 0.7$ 时，微分修正前后初值的相对运动演化对比

3.5.3.2　周期解精度的验证

由于参考轨道偏心率较大时，经微分修正后的相对运动漂移依然很大。因此，本节仅针对偏心率为 0、0.3 的情况，利用傅里叶分析和多庞加莱截面法计算平均相对轨道，图 3-28、图 3-29 给出了两种情况下的平均轨道示意图。其中，圆参考轨道的情况，傅里叶级数的阶数选为 3 阶，庞加莱截面的个数为 10 个；椭圆参考轨道的情况，傅里叶级数的阶数选为 5 阶，庞加莱截面的个数为 30 个。傅里叶系数的取值如表 3-6、表 3-7 所示。进一步，为了验证平均周期轨道的精确程度，将其在 20 个轨道周期内的演化结果和精确相对运动模型式（2-31）的数值解进行对比，图 3-30、图 3-31 分别给出了两种情况下，x、y、z 三个方向的位置误差。

表 3-6　$e = 0$ 时，傅里叶系数的取值

	a_0	a_1	a_2	a_3	b_1	b_2	b_3
x	-1.384	3.042	-1.297	-0.493	$5\,007.224$	-4.799	$-0.032\,6$
y	-15.397	$10\,023.394$	-7.126	-0.104	-6.913	-1.832	-1.412
z	2.353	7.463	0.693	-0.103	102.849	-0.820	$-0.087\,4$

表 3-7　$e = 0.3$ 时，傅里叶系数的取值

	a_0	a_1	a_2	a_3	a_4	a_5
x	-578.588	$1\,703.235$	542.660	147.357	40.457	17.522
y	$-2\,799.164$	$7\,316.388$	$1\,560.637$	441.361	148.863	46.352
z	$-2\,465.946$	$5\,304.357$	802.733	138.521	37.020	10.347
	b_1	b_2	b_3	b_4	b_5	
x	$3\,387.588$	$1\,007.649$	330.783	113.661	37.176	
y	$-3\,803.325$	-896.445	-155.112	-57.654	-34.813	
z	805.568	96.624	75.563	17.973	-5.552	

图 3 - 28、图 3 - 29 表明，基于傅里叶分析和多庞加莱截面法得到的平均轨道保留了原准周期轨道较多的信息。进一步，从定量的角度来看，即通过分析图 3 - 30、图 3 - 31 可知，采用本文的方法得到的周期轨道的精度也较高。此外，有意思的是，两幅误差图中，在第 10 个轨道周期附近，误差较小，这是由多庞加莱截面法确定平均状态和平均时刻的方法决定的。

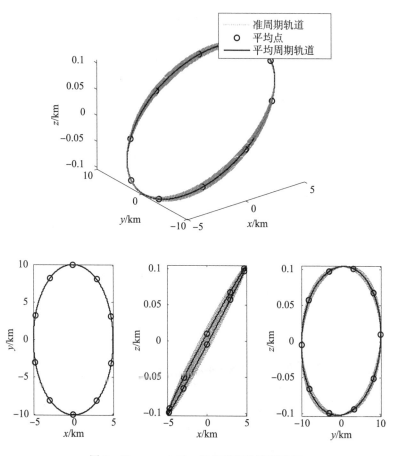

图 3 - 28 $e = 0$ 时，平均周期轨道示意图

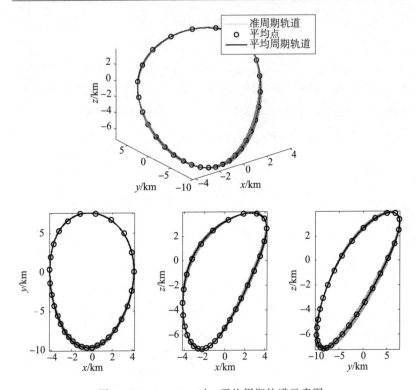

图 3 - 29　$e = 0.3$ 时，平均周期轨道示意图

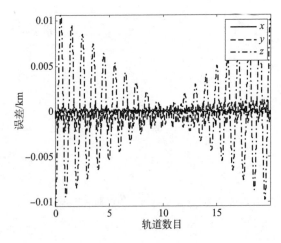

图 3 - 30　$e = 0$ 时，平均轨道与真实轨道的误差

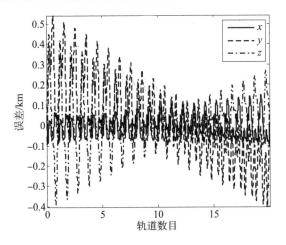

图 3 - 31　$e = 0.3$ 时，平均轨道与真实轨道的误差

3.5.4　基于周期解的航天器编队保持

下面以航天器编队保持为例，考察长时间保持上述平均周期轨道的推进剂消耗。

首先，基于考虑 J_2 项摄动的精确相对运动模型设计保持控制律。为了便于设计控制律，将考虑 J_2 项摄动的精确相对运动模型式 (2 - 31) 记为如下形式[15]

$$\overline{M}\ddot{r} + \overline{C}\dot{r} + \overline{g} = u \tag{3 - 90}$$

其中，矩阵

$$\overline{M} = I_3,\ \overline{C} = \begin{bmatrix} 0 & -2\overline{\omega}_z & 0 \\ 2\overline{\omega}_z & 0 & 2\overline{\omega}_x \\ 0 & 2\overline{\omega}_x & 0 \end{bmatrix}$$

易知，矩阵 $\overline{M}$ 为对称矩阵，$\overline{C}$ 为反对称矩阵。矢量

$$\overline{\boldsymbol{g}} = \begin{bmatrix} -\overline{\omega}_z^2 x - \dot{\overline{\omega}}_z y + \overline{\omega}_x \overline{\omega}_z z - \dfrac{\mu}{R_C^2} + \dfrac{\mu}{R_F^3}(R_C + x) \\[2ex] \dot{\overline{\omega}}_z x - (\overline{\omega}_x^2 + \overline{\omega}_z^2) y - \dot{\overline{\omega}}_x z + \dfrac{\mu}{R_F^3} y \\[2ex] \overline{\omega}_x \overline{\omega}_z x + \dot{\overline{\omega}}_x y - \overline{\omega}_x^2 z + \dfrac{\mu}{R_F^3} z \end{bmatrix} -$$

$$\begin{bmatrix} \dfrac{k_{J_2}}{R_C^4}(1 - 3\sin^2 i_C \sin^2 u_C) - \left(\dfrac{k_{J_2}}{R_F^5} - \dfrac{5k_{J_2} Z_F^2}{R_F^7} \right)(R_C + x) - \\[2ex] \dfrac{2k_{J_2} Z_F}{R_F^5} \sin i_C \sin u_C \\[2ex] \dfrac{k_{J_2} \sin^2 i_C \sin 2u_C}{R_C^4} - \left(\dfrac{k_{J_2}}{R_F^5} - \dfrac{5k_{J_2} Z_F^2}{R_F^7} \right) y - \dfrac{2k_{J_2} Z_F}{R_F^5} \sin i_C \cos u_C \\[2ex] \dfrac{k_{J_2} \sin 2i_C \sin u_C}{R_C^4} - \left(\dfrac{k_{J_2}}{R_F^5} - \dfrac{5k_{J_2} Z_F^2}{R_F^7} \right) z - \dfrac{2k_{J_2} Z_F}{R_F^5} \cos i_C \end{bmatrix}$$

基于模型式（3-90）设计如下的闭环控制律

$$\boldsymbol{u} = \overline{\boldsymbol{g}} + \overline{\boldsymbol{M}} \ddot{\boldsymbol{r}}_d + \overline{\boldsymbol{C}} \dot{\boldsymbol{r}}_d - \boldsymbol{K}_D(\dot{\boldsymbol{r}} - \dot{\boldsymbol{r}}_d) - \boldsymbol{K}_p(\boldsymbol{r} - \boldsymbol{r}_d) \qquad (3-91)$$

显然，在控制增益不变的情况下，理想状态 $\ddot{\boldsymbol{r}}_d$、$\dot{\boldsymbol{r}}_d$ 和 $\boldsymbol{r}_d$ 与精确模型的状态越接近，控制加速度越小。下面通过 Lyapunov 稳定性定理对控制律式（3-91）的稳定性进行简要证明。

将式（3-91）代入精确的相对运动模型式（3-90）中，得到如下的闭环相对运动模型

$$\overline{\boldsymbol{M}} \delta \ddot{\boldsymbol{r}} + \overline{\boldsymbol{C}} \delta \dot{\boldsymbol{r}} + \boldsymbol{K}_D \delta \dot{\boldsymbol{r}} + \boldsymbol{K}_P \delta \boldsymbol{r} = \boldsymbol{0} \qquad (3-92)$$

其中，$\delta \boldsymbol{r} = \boldsymbol{r} - \boldsymbol{r}_d$。设计 Lyapunov 函数

$$V = \frac{1}{2} \delta \dot{\boldsymbol{r}}^{\mathrm{T}} \overline{\boldsymbol{M}} \delta \dot{\boldsymbol{r}} + \frac{1}{2} \delta \boldsymbol{r}^{\mathrm{T}} \boldsymbol{K}_P \delta \boldsymbol{r} \qquad (3-93)$$

求导得到

$$\dot{V} = \delta\dot{r}^{\mathrm{T}}\overline{M}\delta\ddot{r} + \delta r^{\mathrm{T}}K_P\delta\dot{r}$$

$$= -\delta\dot{r}^{\mathrm{T}}(\overline{C}\delta\dot{r} + K_D\delta\dot{r} + K_P\delta r) + \delta r^{\mathrm{T}}K_P\delta\dot{r}$$

$$= -\underbrace{\delta\dot{r}^{\mathrm{T}}\overline{C}\delta\dot{r}}_{=0} - \delta\dot{r}^{\mathrm{T}}K_D\delta\dot{r} \tag{3-94}$$

$$= -\delta\dot{r}^{\mathrm{T}}K_D\delta\dot{r} < 0$$

易知，$\dot{V}$ 是负定的，因此，当 $t \to \infty$ 时，$\delta\dot{r} \to \mathbf{0}$，$\delta r \to \mathbf{0}$。

仿真算例：参考轨道偏心率选为 $e = 0.3$，其他轨道要素和表 3-3 中对应情况相同。这里不考虑相对轨道初始化引起的推进剂消耗，即假设航天器已位于平均周期解描述的轨道上，初始条件设为：[4.355 m/s，-4.003 m/s，0.786 m/s，1 872.642 m，6 714.436 m；3 827.032 m]。以 3.5.3.2 节第二种情况中的平均周期轨道为参考轨迹，按照式（3-91）描述的控制律进行控制，控制增益选为 $K_P = K_D = I_3$，控制持续时间为 20 个轨道周期，得到的相对轨道如图 3-32 所示，控制加速度如图 3-33 所示。整个编队保持过程中，推进剂消耗可折算为 $\Delta v = 61.166$ m/s，这在实际应用中是可行的。

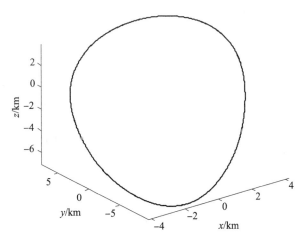

图 3-32　相对轨道

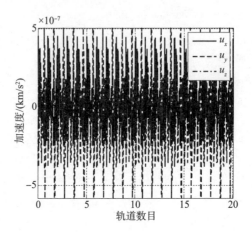

图 3 - 33 控制加速度

附录 A

本章 3.3 节，圆参考轨道下基于非线性相对运动模型的周期解中，三角函数系数 A_*, B_*, C_* 的表达式为

$$A_0 = \frac{1}{4r_0 n^2}[-6\dot{x}_{L0}^2 + 3\dot{z}_{L0}^2 - 3n^2(2x_{L0}^2 - 2y_{L0}^2 - z_{L0}^2) + \\ 8r_0 n(\dot{y}_{N0} + 2nx_{N0})]$$

$$A_{c1} = \frac{1}{2r_0 n^2}[4\dot{x}_{L0}^2 - 2\dot{z}_{L0}^2 + n^2(2x_{L0}^2 - 3y_{L0}^2 - z_{L0}^2) - \\ 2r_0 n(2\dot{y}_{N0} + 3nx_{N0})]$$

$$A_{c2} = \frac{1}{4r_0 n^2}[-2\dot{x}_{L0}^2 + \dot{z}_{L0}^2 + n^2(2x_{L0}^2 - z_{L0}^2)]$$

$$A_{s1} = \frac{1}{r_0 n}(-2x_{L0}\dot{x}_{L0} + z_{L0}\dot{z}_{L0} + r_0\dot{x}_{N0})$$

$$A_{s2} = \frac{1}{2r_0 n}(2x_{L0}\dot{x}_{L0} - z_{L0}\dot{z}_{L0})$$

$$B_0 = -\frac{1}{2r_0 n}[3x_{L0}\dot{x}_{L0} + 3z_{L0}\dot{z}_{L0} - 6nx_{L0}y_{L0} + 2r_0(2\dot{x}_{N0} - ny_{N0})]$$

$$B_{c1} = \frac{1}{r_0 n}(2x_{L0}\dot{x}_{L0} + 2z_{L0}\dot{z}_{L0} - 3nx_{L0}y_{L0} + 2r_0\dot{x}_{N0})$$

$$B_{c2} = -\frac{1}{2r_0 n}(x_{L0}\dot{x}_{L0} + z_{L0}\dot{z}_{L0})$$

$$B_{s1} = \frac{1}{r_0 n^2}\big[2\dot{x}_{L0}^2 + 2\dot{z}_{L0}^2 - 3n\dot{x}_{L0}y_{L0} - n^2(2x_{L0}^2 - 3y_{L0}^2 - z_{L0}^2) + 2r_0 n(2\dot{y}_{N0} + 3nx_{N0})\big]$$

$$B_{s2} = -\frac{1}{4r_0 n^2}\big[\dot{x}_{L0}^2 + \dot{z}_{L0}^2 - n^2(x_{L0}^2 + z_{L0}^2)\big]$$

$$C_0 = \frac{3}{2r_0 n^2}(n^2 x_{L0}z_{L0} + \dot{x}_{L0}\dot{z}_{L0})$$

$$C_{c1} = \frac{1}{r_0 n^2}(n^2 r_0 z_{N0} - n^2 x_{L0}z_{L0} - 2\dot{x}_{L0}\dot{z}_{L0})$$

$$C_{c2} = \frac{1}{2r_0 n^2}(-n^2 x_{L0}z_{L0} + \dot{x}_{L0}\dot{z}_{L0})$$

$$C_{s1} = \frac{1}{r_0 n}(\dot{x}_{L0}z_{L0} + x_{L0}\dot{z}_{L0} + r_0\dot{z}_{N0})$$

$$C_{s2} = -\frac{1}{2r_0 n}(\dot{x}_{L0}z_{L0} + x_{L0}\dot{z}_{L0}) \tag{A-1}$$

本章 3.4 节，椭圆参考轨道下基于非线性相对运动模型的周期解中，三角函数系数 $\tilde{A}_*,\tilde{B}_*,\tilde{C}_*,\tilde{D}_*,\tilde{E}_*,\tilde{F}_*$ 的表达式为

$$\tilde{A}_0 = -4e(20 + 8e^2 - 5e^4 + 4e^6)\tilde{a}_1\tilde{a}_5 + 4e(4 + 24e^2 - e^4)\tilde{a}_3\tilde{a}_6 - 4e^2(16 + 12e^2 - e^4)\tilde{a}_4\tilde{a}_5 +$$

$$16e^4\left[(1 - e^2)(\tilde{b}_1 - \tilde{d}_{10}) + \frac{3eM_0}{\sqrt{1 - e^2}}(\tilde{b}_2 - \tilde{d}_{20})\right]$$

$$\tilde{A}_{c1} = 2(20 + 33e^2 - 5e^4 + 9e^6)\tilde{a}_1\tilde{a}_5 - 2(4 + 29e^2 + 24e^4)\tilde{a}_3\tilde{a}_6 + 2e(16 + 32e^2 + 9e^4)\tilde{a}_4\tilde{a}_5 -$$

$$2e^3(4 + 5e^2)\left[(1 - e^2)(\tilde{b}_1 - \tilde{d}_{10}) + \frac{3eM_0}{\sqrt{1 - e^2}}(\tilde{b}_2 - \tilde{d}_{20})\right]$$

$$\tilde{A}_{c2} = 4e^3\big[(4 - 3e^2 + 2e^4)\tilde{a}_1\tilde{a}_5 - (2 + e^2)(\tilde{a}_3\tilde{a}_6 - \tilde{a}_4\tilde{a}_5 e)\big]$$

$$\tilde{A}_{c3} = -2e^2(5 + 3e^2 + e^4)\tilde{a}_1\tilde{a}_5 - 2e^3(4 + 5e^2)\tilde{a}_4\tilde{a}_5 +$$

$$2e^2(1+8e^2)\tilde{a}_3\tilde{a}_6 +$$

$$2e^5\left[(1-e^2)(\tilde{b}_1-\tilde{d}_{10})+\frac{3eM_0}{\sqrt{1-e^2}}(\tilde{b}_2-\tilde{d}_{20})\right]$$

$$\tilde{A}_{s1} = \frac{1}{\sqrt{1-e^2}}\{-(20-81e^2+42e^4-38e^6+12e^8)\tilde{a}_1^2 +$$

$$(1-e^2)(4-29e^2-5e^4)\tilde{a}_3^2 - 3e^2(4-17e^2-2e^4)\tilde{a}_4^2 +$$

$$(1-e^2)(20-81e^2+42e^4-11e^6)\tilde{a}_5^2 -$$

$$(4-21e^2-27e^4-e^6)\tilde{a}_6^2 - 2e(16-60e^2-e^6)\tilde{a}_1\tilde{a}_4 +$$

$$2e^3[3e(4+11e^2)(\tilde{b}_2-\tilde{d}_{20})+(4-13e^2+9e^4)(\tilde{b}_5-\tilde{d}_{50})]\}$$

$$\tilde{A}_{s2} = \frac{-4e^3}{\sqrt{1-e^2}}\{9\tilde{a}_1^2 - 6(1-e^2)\tilde{a}_3^2 + 9e^2\tilde{a}_4^2 - 3(3-4e^2+e^4)\tilde{a}_5^2 +$$

$$3(2+e^2)\tilde{a}_6^2 + 18e\tilde{a}_1\tilde{a}_4 + 2e^2[3(2+e^2)(\tilde{b}_2-\tilde{d}_{20})-$$

$$e(1-e^2)(\tilde{b}_5-\tilde{d}_{50})]\}$$

$$\tilde{A}_{s3} = \frac{e^2}{\sqrt{1-e^2}}\{(5+2e^2+2e^4)\tilde{a}_1^2 - (1+4e^2-5e^4)\tilde{a}_3^2 +$$

$$3(e^2+2e^4)\tilde{a}_4^2 - (5-3e^2-3e^4+e^6)\tilde{a}_5^2 + (1+7e^2+e^4)\tilde{a}_6^2 +$$

$$2e(2+e^2)^2\tilde{a}_1\tilde{a}_4 + 2e^3[9e(\tilde{b}_2-\tilde{d}_{20})-(1-e^2)(\tilde{b}_5-\tilde{d}_{50})]\}$$

$$\tilde{B}_0 = 3e\{(6-2e^2)\tilde{a}_1^2 + 2(-1+e^2)\tilde{a}_3^2 + 4e^2\tilde{a}_4^2 - 2(3-4e^2+e^4)\tilde{a}_5^2 +$$

$$2(1+e^2)\tilde{a}_6^2 + 2e(5-e^2)\tilde{a}_1\tilde{a}_4 + e^2[(2+3e^2)(\tilde{b}_2-\tilde{d}_{20})-$$

$$e(2-e^2)(\tilde{b}_5-\tilde{d}_{50})]\}$$

$$\tilde{B}_{c1} = -2\tilde{a}_1^2(5+2e^2-e^4)+2\tilde{a}_3^2(1+e^2-2e^4)-6e^2(1+e^2)\tilde{a}_4^2 +$$

$$2(5-3e^2-3e^4+e^6)\tilde{a}_5^2 - 2\tilde{a}_6^2(1+4e^2+e^4)-$$

$$2\tilde{a}_1\tilde{a}_4e(8+5e^2-e^4)+4e^3[(\tilde{b}_5-\tilde{d}_{50})-3e(\tilde{b}_2-\tilde{d}_{20})]$$

$$\tilde{B}_{c2} = -e^5[3(\tilde{b}_2-\tilde{d}_{20})+e(\tilde{b}_5-\tilde{d}_{50})]$$

$$\tilde{B}_{s1} = 2\sqrt{1-e^2}\{-(10+4e^2+3e^4)\tilde{a}_1\tilde{a}_5 + 2(1+6e^2)\tilde{a}_3\tilde{a}_6 -$$

$$e(8+9e^2)\tilde{a}_4\tilde{a}_5 + 2e^3[(1-e^2)(\tilde{b}_1-\tilde{d}_{10})+$$

$$\frac{3eM_0}{\sqrt{1-e^2}}(\tilde{b}_2-\tilde{d}_{20})]\}$$

$$\widetilde{B}_{s2} = e^3 \sqrt{1-e^2}\,[(2-e^2)\widetilde{a}_1\widetilde{a}_5 + 2\widetilde{a}_3\widetilde{a}_6 + e\widetilde{a}_4\widetilde{a}_5\,]$$

$$\widetilde{C}_0 = 3e[-e^3(\widetilde{b}_3-\widetilde{d}_{30}) - (1-e^4)\widetilde{a}_3\widetilde{a}_5 - (1-e^4)\widetilde{a}_1\widetilde{a}_6\,]$$

$$\widetilde{C}_{c1} = 2e^3(1+e^2)(\widetilde{b}_3-\widetilde{d}_{30}) + 2(1+e^2-2e^4)(\widetilde{a}_3\widetilde{a}_5 + \widetilde{a}_1\widetilde{a}_6)$$

$$\widetilde{C}_{c2} = -e^4(\widetilde{b}_3-\widetilde{d}_{30}) - e(1-e^2)^2(\widetilde{a}_3\widetilde{a}_5 + \widetilde{a}_1\widetilde{a}_6)$$

$$\widetilde{C}_{s1} = -2\sqrt{1-e^2}\,[(1-3e^2+2e^4)\widetilde{a}_1\widetilde{a}_3 -$$
$$(1+2e^4)\widetilde{a}_5\widetilde{a}_6 + e^3(\widetilde{b}_6-\widetilde{d}_{60})\,]$$

$$\widetilde{C}_{s2} = e\sqrt{1-e^2}\,[(1-e^2)\widetilde{a}_1\widetilde{a}_3 - (1+2e^2)\widetilde{a}_5\widetilde{a}_6 + e^3(\widetilde{b}_6-\widetilde{d}_{60})\,]$$

$$\widetilde{D}_0 = e\{(19-7e^2+8e^4-2e^6)\widetilde{a}_1^2 - (7-5e^2-2e^4)\widetilde{a}_3^2 +$$
$$(3e^2(5+e^2)\widetilde{a}_4^2 - 19 - 30e^2 + 12e^4 - e^6)\widetilde{a}_5^2 +$$
$$(7+10e^2+e^4)\widetilde{a}_6^2 + 2e(16+e^2+e^4)\widetilde{a}_1\widetilde{a}_4 +$$
$$2e^2[(4+9e^2)(\widetilde{b}_2-\widetilde{d}_{20}) - 3e(1-e^2)(\widetilde{b}_5-\widetilde{d}_{50})]\}$$

$$\widetilde{D}_{c1} = -\{2(5+5e^2+2e^4)\widetilde{a}_1^2 - 2(1+4e^2-5e^4)\widetilde{a}_3^2 +$$
$$6e^2(1+3e^2)\widetilde{a}_4^2 - 2\widetilde{a}_5^2(5-9e^4+4e^6) + (2+14e^2+8e^4)\widetilde{a}_6^2 +$$
$$4e(4+7e^2+e^4)\widetilde{a}_1\widetilde{a}_4 + e^3[3e(8+3e^2)(\widetilde{b}_2-\widetilde{d}_{20}) -$$
$$4(1-e^4)(\widetilde{b}_5-\widetilde{d}_{50})]\}$$

$$\widetilde{D}_{c2} = e(5-e^2+2e^4)\widetilde{a}_1^2 - e(1+e^2-2e^4)\widetilde{a}_3^2 + 3e^3(1+e^2)\widetilde{a}_4^2 -$$
$$e(5-6e^2+e^6)\widetilde{a}_5^2 + e(1+4e^2+e^4)\widetilde{a}_6^2 + 2e^2(4+e^2+e^4)\widetilde{a}_1\widetilde{a}_4 +$$
$$2e^4[3e(\widetilde{b}_2-\widetilde{d}_{20}) - (1-e^2)(\widetilde{b}_5-\widetilde{d}_{50})]$$

$$\widetilde{D}_{c3} = e^6(\widetilde{b}_2-\widetilde{d}_{20})$$

$$\widetilde{D}_{s1} = \sqrt{1-e^2}\,\{(20+8e^2-5e^4+4e^6)\widetilde{a}_1\widetilde{a}_5 +$$
$$(4+24e^2-e^4)\widetilde{a}_3\widetilde{a}_6 - e(16+12e^2-e^4)\widetilde{a}_4\widetilde{a}_5 +$$
$$4e^3\left[(1-e^2)(\widetilde{b}_1-\widetilde{d}_{10}) + \frac{3eM_0}{\sqrt{1-e^2}}(\widetilde{b}_2-\widetilde{d}_{20})\right]\}$$

$$\widetilde{D}_{s2} = 2e\sqrt{1-e^2}\,\{(5+e^4)\widetilde{a}_1\widetilde{a}_5 + 2e(2+e^2)\widetilde{a}_4\widetilde{a}_5 -$$
$$(1+5e^2)\widetilde{a}_3\widetilde{a}_6 - e^3\left[(1-e^2)(\widetilde{b}_1-\widetilde{d}_{10}) + \frac{3eM_0}{\sqrt{1-e^2}}(\widetilde{b}_2-\widetilde{d}_{20})\right]\}$$

$$\widetilde{D}_{s3} = e^4 \sqrt{1-e^2}\,(\tilde{a}_1\tilde{a}_5 - \tilde{a}_3\tilde{a}_6 + e\tilde{a}_4\tilde{a}_5)$$

$$\widetilde{E}_0 = 2e\left[3(1-e^4)\tilde{a}_1\tilde{a}_5 - 9(1-e^2)\tilde{a}_3\tilde{a}_6 + 6e(1-e^2)\tilde{a}_4\tilde{a}_5 + \right.$$
$$e^3(5-2e^2)(\tilde{b}_1-\tilde{d}_{10}) - 6e^2\sqrt{1-e^2}\,M_0(\tilde{b}_2-\tilde{d}_{20}) +$$
$$\left. e^2(2+e^2)(\tilde{b}_4-\tilde{d}_{40})\right]$$

$$\widetilde{E}_{c1} = 4\left[(10-14e^2+5e^4-e^6)\tilde{a}_1\tilde{a}_5 - 2(1-e^4)\tilde{a}_3\tilde{a}_6 + \right.$$
$$\left. e(8-9e^2+e^4)\tilde{a}_4\tilde{a}_5 - 2e^3(\tilde{b}_1-\tilde{d}_{10}) - 2e^4(\tilde{b}_4-\tilde{d}_{40})\right]$$

$$\widetilde{E}_{c2} = 2e\left[-(5-6e^2+e^4)\tilde{a}_1\tilde{a}_5 + (1-e^2)\tilde{a}_3\tilde{a}_6 - 4e(1-e^2)\tilde{a}_4\tilde{a}_5 + \right.$$
$$\left. (\tilde{b}_1-\tilde{d}_{10})e^3 + (\tilde{b}_4-\tilde{d}_{40})e^4\right]$$

$$\widetilde{E}_{s1} = 4\sqrt{1-e^2}\{-(5-2e^2)\tilde{a}_1^2 + (1-e^2)\tilde{a}_3^2 - 3e^2\tilde{a}_4^2 + $$
$$(5-7e^2+2e^4)\tilde{a}_5^2 - (1+2e^2)\tilde{a}_6^2 - 2e(4-e^2)\tilde{a}_1\tilde{a}_4 - $$
$$e^3[3e(\tilde{b}_2-\tilde{d}_{20}) - (2-e^2)(\tilde{b}_5-\tilde{d}_{50})]\}$$

$$\widetilde{E}_{s2} = e\sqrt{1-e^2}\left[(5-2e^2)\tilde{a}_1^2 - (1-e^2)\tilde{a}_3^2 + 3e^2\tilde{a}_4^2 - \right.$$
$$(5-7e^2+2e^4)\tilde{a}_5^2 + (1+2e^2)\tilde{a}_6^2 + $$
$$\left. 2e(4-e^2)\tilde{a}_1\tilde{a}_4 - 2e^3(\tilde{b}_5-\tilde{d}_{50})\right]$$

$$\widetilde{F}_0 = -3e\left[(1-e^2)^2\tilde{a}_1\tilde{a}_3 - (1-e^2)\tilde{a}_5\tilde{a}_6 + e^3(\tilde{b}_6-\tilde{d}_{60})\right]$$

$$\widetilde{F}_{c1} = 2\left[(1-e^2)^2\tilde{a}_1\tilde{a}_3 - (1+e^2-2e^4)\tilde{a}_5\tilde{a}_6 + \right.$$
$$\left. e^3(1+e^2)(\tilde{b}_6-\tilde{d}_{60})\right]$$

$$\widetilde{F}_{c2} = -e(1-e^2)^2\tilde{a}_1\tilde{a}_3 + e(1+e^2-2e^4)\tilde{a}_5\tilde{a}_6 - e^4(\tilde{b}_6-\tilde{d}_{60})$$

$$\widetilde{F}_{s1} = 2\sqrt{1-e^2}\left[(\tilde{a}_1\tilde{a}_6+\tilde{a}_3\tilde{a}_5)(1-e^4) + e^3(\tilde{b}_3-\tilde{d}_{30})\right]$$

$$\widetilde{F}_{s2} = -e\sqrt{1-e^2}\left[(1-e^2)(\tilde{a}_1\tilde{a}_6+\tilde{a}_3\tilde{a}_5) + e^3(\tilde{b}_3-\tilde{d}_{30})\right] \quad (A-2)$$

式中，系数中 $\tilde{d}_{k0}$ 为 $\tilde{\boldsymbol{d}}_0$ 的各个分量，限于篇幅，下面给出初始偏近点角为 0 时的表达式

$$\tilde{d}_{10} = -\frac{1}{e^3(1-e^2)}\left[(5+2e^2+2e^3-e^5)\tilde{a}_1\tilde{a}_5 - \right.$$
$$\left. (1+6e^2+e^3)\tilde{a}_3\tilde{a}_6 + e(4+3e^2+e^3)\tilde{a}_4\tilde{a}_5\right]$$

$$\tilde{d}_{20} = \frac{1}{2(1-e)e^2}\left[(1-e+5e^2+5e^3+e^4)\tilde{a}_1^2 - (1-e-2e^2)\tilde{a}_3^2 + \right.$$

$$3e^2 \tilde{a}_4^2 - (1 - e + 4e^3 + 2e^4) \tilde{a}_5^2 + (1 - e + e^2) \tilde{a}_6^2 +$$

$$2e(1 - 4e - 2e^2) \tilde{a}_1 \tilde{a}_4]$$

$$\tilde{d}_{30} = \frac{1}{e^3} [(\tilde{a}_1 \tilde{a}_6 + \tilde{a}_3 \tilde{a}_5)(1 + e^3)]$$

$$\tilde{d}_{40} = -\frac{1}{e^2(1 - e^2)} [-(14 - 13e^2 - e^3 + 6e^4 + 2e^5) \tilde{a}_1 \tilde{a}_5 +$$

$$(7 + e^3) \tilde{a}_3 \tilde{a}_6 - e(13 + 3e - 6e^2 - 2e^3) \tilde{a}_4 \tilde{a}_5]$$

$$\tilde{d}_{50} = -\frac{1}{2(1 - e)e^3} [(5 - 5e - e^2 + 9e^3 + 3e^4) \tilde{a}_1^2 -$$

$$(1 - e - 2e^2) \tilde{a}_3^2 + 3e^2 \tilde{a}_4^2 - (5 - 5e - 6e^2 + 8e^3 + 4e^4) \tilde{a}_5^2 +$$

$$(1 - e + e^2) \tilde{a}_6^2 + 2e(4 - 4e - 5e^2) \tilde{a}_1 \tilde{a}_4]$$

$$\tilde{d}_{60} = \frac{1}{e^3} [(1 + e)^2 (1 - 2e) \tilde{a}_1 \tilde{a}_3 - (1 + e^3) \tilde{a}_5 \tilde{a}_6] \tag{A-3}$$

参 考 文 献

［1］ S S VADDI，S R VADALI，K T ALFRIEND. Formation Flying：Accommodating Nonlinearity and Eccentricity Perturbations ［J］. Journal of Guidance，Control，and Dynamics，2003，26（2）：214 - 223.

［2］ P SENGUPTA，R SHARMA，S R VVDALI. Periodic Relative Motion near a Keplerian Elliptic Orbit with Nonlinear Differential Gravity ［J］. Journal of Guidance，Control，and Dynamics，2006，29（5）：1110 - 1121.

［3］ N J KASDIN，E KOLEMEN. Bounded，Periodic Relative Motion Using Canonical Epicyclic Orbital Elements ［J］. Advances in the Astronautical Sciences，2005，120（2）：1381 - 1398.

［4］ S R VADALI，P SENGUPTA，H YAN，et al. Fundamental Frequencies of Satellite Relative Motion and Control of Formations ［J］. Journal of Guidance，Control，and Dynamics，2008，31（5）：1239 - 1248.

［5］ G INALHAN，M TILLERSON，J P HOW. Relative Dynamics and Control of Spacecraft Formations in Eccentric orbits ［J］. Journal of Guidance，Control，and Dynamics，2002，25（1）：48 - 59.

［6］ P GURFIL. Relative Motion Between Elliptic Orbits：Generalized Boundedness Conditions and Optimal Formation Keeping ［J］. Journal of Guidance，Control，and Dynamics，2005，28（4）：761 - 767.

［7］ 陈树辉. 强非线性振动系统的定量分析方法 ［M］. 北京：科学出版社，2007.

［8］ 章仁为. 卫星轨道姿态动力学与控制 ［M］. 北京：北京航空航天大学出版社，1998：12，46 - 51.

［9］ T A PAVLAK. Mission Design Applications in the Earth - Moon System：Transfer Trajectories and Stationkeeping ［D］. West Lafayette，Indiana：Purdue University，2010.

［10］ M XU，S XU. J2 Invariant Relative Orbits Via Differential Correction Algorithm [J] . Acta Mechanica Sinica，2007，23 (5)：585 – 595.

[11]　杏建军. 编队卫星周期性相对运动轨道设计与构型保持研究 [D] . 长沙：国防科学技术大学，2007.

[12]　K YAMANAKA，F ANKERSEN. New State Transition Matrix for Relative Motion on an Arbitrary Elliptical Orbit [J] . Journal of Guidance，Control，and Dynamics，2002，25 (1)：60 – 66.

[13]　杨乐平，朱彦伟，黄涣. 航天器相对运动轨迹规划与控制 [M] . 北京：国防工业出版社，2010，162 – 163.

[14]　J D BIGGS，V M BECERRA，S J NASUTO，et al. A Search for Invariant Relative Satellite Motion [C] . 4th Workshop on Satellite Constellations and Formation Flying，Sao Jose dos Campos，2005：203 – 213.

[15]　D LEE，P Y LI. Formation and Maneuver Control of Multiple Spacecraft [C] . Proceedings of the American Control Conference Denver，Colorado，2003.

第4章 航天器相对运动最优重构与协同制导

4.1 引言

航天器协同飞行的制导不仅包括队形或构型的设计、构型初始化、重构的路径规划与优化，而且还需考虑多个航天器之间的协调与配置。协同制导研究如何以最优方式协调配置编队中的多个航天器并规划航天器运动，为协同飞行控制和航天器的闭环控制提供跟踪指令，或直接作为闭环或开环控制策略使用。

本章研究航天器相对运动最优重构与协同飞行的制导问题，包括航天器周期相对运动构型的参数化、相对运动的最优重构以及多航天器相对运动协同规划与制导三部分内容。首先，分为圆参考轨道和椭圆参考轨道两种情况，研究了周期相对运动轨迹的参数化，用以定义自然稳定的构型，为协同飞行提供低能耗的运行轨道；其次，采用解析的思路研究基于非线性相对运动模型的能量最优重构问题，将能量最优重构问题转化为增广相对运动模型的求解问题，并进行求解；最后，研究了顶层协同-底层规划的多航天器相对运动构型重构的分层优化制导方法，以及基于编队系统整体建模的航天器协同飞行构型重构制导方法。

4.2 周期相对运动构型的参数化

航天器协同飞行要求编队中航天器均获得有界周期的相对运动。对于航天器而言，制导算法的作用是确定航天器跟踪控制器所需的期望轨迹。可以根据相对运动的精确解为编队任务确定相对运动轨迹。而对于多航天器编队飞行任务（一般指双星编队），则是选择设计一种位于自然周期轨道上相对状态，使编队能够以最低的能量消耗长时间稳定地运行。因而从制导角度讲，通过定义这些自然的周期轨迹，并将其作为制导指令，在忽略了噪声、扰动以及建模误差的理想状态下，可以使航天器在不需要控制的情况下得到稳定的相对运动。从轨道要素角度来说，获得稳定相对运动的前提是航天器的半长轴相同，即轨道能量匹配。

4.2.1　圆参考轨道几何构型的参数化

在圆参考轨道条件下，以 C‐W 方程式（2‐41）描述航天器相对运动，当相对运动的初始条件满足周期性约束时[1]，则周期相对运动为

$$
\begin{cases}
x(t) = \dfrac{1}{n}\big[\dot{x}(0)\sin(nt) + nx(0)\cos(nt)\big] \\[2mm]
y(t) = \dfrac{2}{n}\big[\dot{x}(0)\cos(nt) - nx(0)\sin(nt)\big] + \Big[y(0) - \dfrac{2\dot{x}(0)}{n}\Big] \\[2mm]
z(t) = \dfrac{1}{n}\big[\dot{z}(0)\sin(nt) + nz(0)\cos(nt)\big]
\end{cases}
\tag{4-1}
$$

定义 5 个构型参数[2]

$$
\begin{cases}
\tilde{y}_0 = y(0) - \dfrac{2\dot{x}(0)}{n} \\[2mm]
a_E = \dfrac{2\sqrt{\dot{x}^2(0) + n^2 x^2(0)}}{n} \\[2mm]
\alpha_0 = \arctan\Big[\dfrac{-\dot{x}(0)}{nr(0)}\Big] - u \\[2mm]
\beta_0 = \arcsin\Big(\dfrac{2\sin\alpha_0}{\sqrt{1 + 3\sin^2\alpha_0}}\Big) \\[2mm]
z_\Omega = \dfrac{\dot{z}(0)}{n}\sin u - z(0)\cos u \\[2mm]
z_i = \dfrac{\dot{z}(0)}{n}\cos u + z(0)\sin u
\end{cases}
\tag{4-2}
$$

式（4‐2）中 u 是纬度幅角，α_0 为辅助相位角，几何意义如图 4‐1

所示，其可根据 β_0 计算

$$\alpha_0 = \arcsin\left(\frac{\sin\beta_0}{\sqrt{4 - 3\sin^2\beta_0}}\right) \tag{4-3}$$

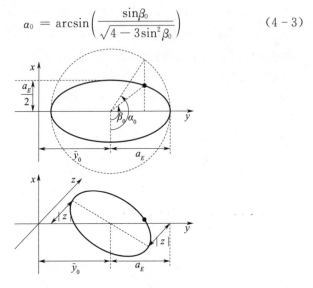

图 4 - 1　圆参考轨道相对运动构型的几何参数

　　描述圆参考轨道相对运动构型几何特征的 5 个构型参数及其几何意义，如表 4 - 1 所示。

表 4 - 1　圆参考轨道相对运动构型的几何参数

参数	几何意义描述
$\tilde{y}_0$	轨道平面上相对运动的中心与参考点在横向上的偏离
a_E	轨道平面上相对运动 2：1 椭圆的长半轴
β_0	航天器位于升交点时在椭圆构型上的相位角（由最低点到航天器，以顺时针为正向）
z_i	轨道倾角差引起的法向振幅
z_Ω	轨道升交点赤经差引起的法向振幅

　　将式（4 - 2）代入式（4 - 1），可得

$$\begin{cases} x(t) = -\dfrac{1}{2}\alpha_E \cos(\alpha_0 + u) \\ y(t) = \alpha_E \sin(\alpha_0 + u) + \tilde{y}_0 \\ z(t) = z_i \sin(u) - z_\Omega \sin(u) \end{cases} \qquad (4-4)$$

对式（4-4）求导，可得到相对速度为

$$\begin{cases} \dot{x}(t) = \dfrac{1}{2}\alpha_E n \sin(\alpha_0 + u) \\ \dot{y}(t) = a_E n \cos(\alpha_0 + u) \\ \dot{z}(t) = n[z_i \cos(u) + z_\Omega \sin(u)] \end{cases} \qquad (4-5)$$

在图 4-1 中，法向振幅 $|z|$ 为

$$|z| = \sqrt{z_i^2 + z_\Omega^2} \qquad (4-6)$$

由式（4-6）可以看出，法向振幅 $|z|$ 是轨道倾角差和升交点赤经差共同引起的。由于倾角差更易使地球非球形摄动 J_2 项产生长期漂移项，因此在构型设计过程中，更希望法向振幅由升交点赤经差产生，即 $z_i < z_\Omega$。

4.2.2　椭圆参考轨道几何构型的参数化

4.2.2.1　边界法和位置法

椭圆参考轨道相对运动构型的几何形态和圆参考轨道相对运动构型的几何形态有着本质的区别。构型在轨道面内一般不再是椭圆，法向摆动的中心也不再位于原点。构型的几何形态依赖于参考轨道的偏心率。与圆参考轨道构型相似的是，椭圆参考轨道构型在轨道平面内与平面外也是解耦的，径向 x 轴的运动同样是以横向 y 轴为对称轴的对称运动。需要说明的是，圆参考轨道 Hill 坐标系的 y 轴始终与轨道横向一致，而椭圆参考轨道 Hill 坐标系的 y 轴则以轨道横向为对称轴沿径向上下摆动，只有在近地点和远地点才与轨道横向一致。在不引起混淆的情况下，为了表述一致，下面依然称椭圆参考轨道坐标系的 y 轴为横向。

预测椭圆参考轨道相对运动首先需要得到积分常数集 $D^{[3]}$。而

计算积分常数集 D 最直接的方法就是根据参考文献 [3] 通过约束特定真近点角（包括初始真近点角）的位置速度状态获得，也可以通过引入其他类型的约束获得。本章引入如下约束关系

$$\tilde{V} = \tilde{R}D \tag{4-7}$$

其中 $\tilde{V} \in \mathbb{R}^{6 \times 1}$ 和 $\tilde{R} \in \mathbb{R}^{6 \times 6}$ 被定义用以表示与 D 相关的 6 个独立线性方程集。表 4-2 定义的 5 个几何参数[3]结合周期性条件可以建立足够的约束方程，用以计算期望轨迹的积分常数。椭圆参考轨道相对运动构型几何参数如图 4-2 所示。

表 4-2 椭圆参考轨道相对运动构型的几何参数

参数	几何意义描述
$\tilde{y}_0$	轨道平面上相对运动的中心与参考点在横向上的偏离
$\tilde{x}$	最大（正值）径向振幅
$f_{\tilde{x}}$	最大（正值）径向振幅的真近点角
$\tilde{z}$	最大（正值）法向振幅
$f_{\tilde{z}}$	最大（正值）法向振幅的真近点角

为了求解积分常数集 D，总共需要 6 个约束方程。表 4-2 中的 5 个参数可以得到 5 个约束方程。第 6 个约束方程可以通过椭圆参考轨道相对运动的周期性约束得到。

如图 4-2 所示，表 4-2 中 $\tilde{x}$ 表示真近点角为 $f_{\tilde{x}}$ 时径向最大振幅，参数 $\tilde{y}_0$ 定义为横向 y 轴上的运动中心。根据其几何意义，可以直接得到真近点角为 $f_{\tilde{x}}$ 时的两个约束方程，第一个是径向 x 轴相对距离必须等于 $\tilde{x}$，第二个是径向 x 轴相对速度必须等于 0。类似的两个约束方程可以根据真近点角 $f_{\tilde{z}}$ 的法向最大振幅 $\tilde{z}$ 确定。这样，可以获得以下方程

$$\tilde{y}_0 = \frac{1}{2} \left[y(f_{y-}) + y(f_{y+}) \right] \tag{4-8}$$

f_{y-} 和 f_{y+} 分别为横向 y 轴上的相对运动最小值和最大值处的真近点角，需要通过迭代方法获得。首先，猜测初始的 f_{y-} 和 f_{f+}，可以先直观地选择为 $f_{\tilde{y}} \pm \pi/2$。真近点角 $f_{\tilde{x}} \pm \pi/2$ 可以用来定义参数 $\tilde{y}_0$

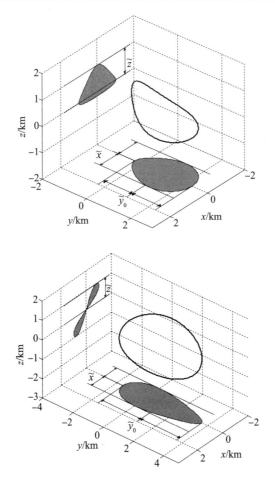

4 - 2　椭圆参考轨道相对运动构型的几何参数

的约束方程。真近点角域相对运动方程的周期性约束的一般形式为[4]

$$\frac{y'(f)}{x(f)} = -\frac{2+e}{1+e} \tag{4-9}$$

这样即可得到计算 $\boldsymbol{D}$ 所需的 6 个约束方程，写成如下矩阵形式。

$$
\begin{bmatrix} \tilde{x} \\ \tilde{y}_0 \\ 0 \\ 0 \\ \tilde{z} \\ 0 \end{bmatrix} = \begin{bmatrix} \tilde{r}_1(f_{\tilde{x}}) \\ [\tilde{r}_2(f_y-) + \tilde{r}_2(f_{y-})]/2 \\ \tilde{r}_3(f_{\tilde{x}}) \\ -(2+e)/(1+e)\tilde{r}_1(0) - \tilde{r}_4(0) \\ \tilde{r}_5(f_{\tilde{z}}) \\ \tilde{r}_6(f_{\tilde{z}}) \end{bmatrix} \begin{bmatrix} d_1 \\ d_2 \\ d_3 \\ d_4 \\ d_5 \\ d_6 \end{bmatrix}
\qquad (4-10)
$$

其中 $\tilde{r}_1 \sim \tilde{r}_6$ 是式（4-7）中矩阵 $\tilde{\boldsymbol{R}}$ 的行矢量。

应用约束方程式（4-10）进行迭代计算。首先，选择 f_{y-} 和 f_{y+} 的初始值为 $f_{\tilde{x}} \pm \pi/2$，根据表 4-2 中的构型参数求得积分常数集 $\boldsymbol{D}$。再由 $\boldsymbol{D}$ 确定相对运动的构型，得到该构型在横向 y 轴上的实际最大值和最小值，以及相应的真近点角。如果终端的真近点角没有在可允许范围内接近猜测值，则 f_{y-} 和 f_{y+} 被更新，继续迭代。可以采用 Newton-Raphson 法作为迭代计算的方法。实际上，这个方法能够快速准确地逼近真实值，通常只需不超过 5 次迭代即能完成计算。

因为这种方法采用径向 x 轴和法向 z 轴的运动边界（几何参数）定义椭圆参考轨道相对运动轨迹的几何形态，因此将这种定义椭圆参考轨道相对运动轨迹几何形态的方法称为边界法，使用边界法定义椭圆参考轨道构型可以直观地描述构型的边界和中心。

但有时需要通过相对系中某一点来定义构型，则可对式（4-10）进行改进，得到如下约束方程

$$
\begin{bmatrix} x \\ \tilde{y}_0 \\ y \\ 0 \\ \tilde{z} \\ 0 \end{bmatrix} = \begin{bmatrix} r_1(f_{xy}) \\ [r_2(f_{y-}) + r_2(f_{y-})]/2 \\ r_3(f_{xy}) \\ -(2+e)/(1+e)r_1(0) - r_4(0) \\ r_5(f_{\tilde{z}}) \\ r_6(f_{\tilde{z}}) \end{bmatrix} \begin{bmatrix} d_1 \\ d_2 \\ d_3 \\ d_4 \\ d_5 \\ d_6 \end{bmatrix}
\qquad (4-11)
$$

其中 f_{xy} 为通过轨道平面内坐标 (x, y) 的真近点角，其他参数意义与式（4-10）相同。将这种通过特定点定义构型的方法称为位

置法。

　　上述的两种构型参数定义方法可以提供足够的约束方程，因此可以唯一地确定构型。另外，还有学者研究了部分约束的方法[4]，采用线性规划方法，通过使代价函数最小，建立最优的构型。

4.2.2.2　仿真算例与分析

　　为了验证边界法和位置法确定椭圆参考轨道相对运动几何构型的有效性，设计以下仿真算例进行检验。

　　（1）仿真条件

　　两种方法均考虑参考轨道偏心率 $e=0.6$。边界法和位置法构型参数设置如表 4-3 所示。

表 4-3　椭圆参考轨道几何构型的参数设置

参数	$\tilde{y}_0/\mathrm{km}$	$\tilde{x}/\mathrm{km}$	$f_{\tilde{x}}/\mathrm{rad}$	x/km	y/km	f_{xy}/rad	$\tilde{z}/\mathrm{km}$	$f_{\tilde{z}}/\mathrm{rad}$
边界法	1.5	1	$\pi/3$	—	—	—	1	$2\pi/3$
位置法	1.5	—	—	1.5	0.5	$\pi/6$	1	$2\pi/3$

　　分别根据式（4-10）、式（4-11）计算积分常数集 $\boldsymbol{D}$，并确定所需的初始条件，最后绘制确定的几何构型，检验是否满足几何特征的约束。

　　（2）仿真结果及分析

　　采用边界法仿真计算，可得积分常数为

$$\boldsymbol{D}=\begin{bmatrix}1.443 & -1.556 & -0.500 & 0.196 & 0.866 & 0.100\end{bmatrix}^{\mathrm{T}}$$

构型的初始条件为

$$\boldsymbol{x}(0)=\begin{bmatrix}0.500 & 2.432 & 0.063 & 0.866 & -0.813 & 0.541\end{bmatrix}^{\mathrm{T}}$$

　　以积分常数集 $\boldsymbol{D}$ 根据参考文献 [3] 求得一个轨道周期相对运动的状态，得到如图 4-3 的几何构型，可以看出该构型完全符合边界法参数所确定的几何约束。

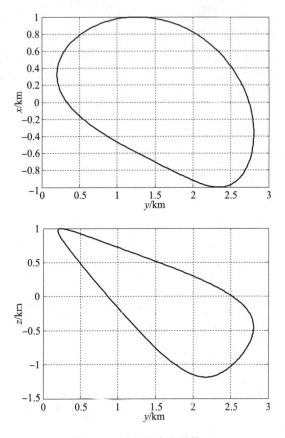

图 4-3　边界法定义的构型

采用位置法仿真计算，可得积分常数

$$\boldsymbol{D} = \begin{bmatrix} 0.830 & 0 & -1.445 & 0.663 & 0.866 & 0.100 \end{bmatrix}^T$$

构型的初始条件为

$$\boldsymbol{x}(0) = \begin{bmatrix} 1.445 & 1.742 & 0.063 & 0.498 & -2.347 & 0.541 \end{bmatrix}^T$$

以积分常数集 $\boldsymbol{D}$ 根据参考文献 [3] 求得一个轨道周期相对运动的状态，得到如图4-4所示的几何构型，可以看出该构型也完全符合位置法参数所确定的几何约束，定义的构型通过轨道面内的指定点 p (1.5, 0.5)（图4-4上图中黑色圆点）。

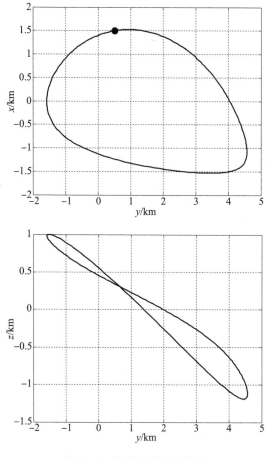

图 4 - 4 位置法定义的构型

4.3 基于非线性相对运动模型的最优重构问题及其求解

4.3.1 问题描述

首先,针对普适的相对运动模型给出能量最优重构问题的描述。设相对运动状态方程如下

$$\dot{x}(t) = g(x,t) + Bu(t) \tag{4-12}$$

其中，$B = \begin{bmatrix} I_3 & 0_{3\times3} \end{bmatrix}^T$。初始和终端时刻固定，分别为 t_0、t_f，初始状态和终端状态约束分别如下

$$x_0 = x(t_0), \quad x_f = x(t_f) \tag{4-13}$$

以能量最优为控制目的，定义如下的性能指标

$$J = \int_{t_0}^{t_f} F[u(t),t]dt \tag{4-14}$$

此问题属于非线性最优控制问题，一般需采用数值法求解。为了从解析的角度确定最优控制问题的近似解，可以将状态方程近似如下

$$\dot{x}(t) = A(t)x(t) + Bu(t) + \varepsilon f(x,t) \tag{4-15}$$

下面利用极小值原理来求解相对运动能量最优控制问题。定义哈密尔顿函数

$$H = F[u(t),t] + \lambda^T[A(t)x(t) + Bu(t) + \varepsilon f(x,t)] \tag{4-16}$$

其中，λ 为协态变量。根据最优性条件，得到如下的协态方程和控制方程

$$\dot{\lambda} = -\frac{\partial H}{\partial x} = -A^T x - \varepsilon \frac{\partial(\lambda^T f)}{\partial x} \tag{4-17}$$

$$\frac{\partial H}{\partial u} = \frac{\partial F}{\partial u} + B^T \lambda = 0 \Rightarrow u = w(\lambda,t) \tag{4-18}$$

式中，w 为 λ 和 t 的函数。将控制方程（4-18）代入状态方程（4-15），然后将状态方程与协态方程合并为如下形式

$$\begin{bmatrix} \dot{x} \\ \dot{\lambda} \end{bmatrix} = \begin{bmatrix} A & 0_{3\times3} \\ 0_{3\times3} & -A^T \end{bmatrix} \begin{bmatrix} x \\ \lambda \end{bmatrix} + \begin{bmatrix} Bw \\ 0_{3\times1} \end{bmatrix} + \varepsilon \begin{bmatrix} f \\ -\dfrac{\partial(\lambda^T f)}{\partial x} \end{bmatrix} \tag{4-19}$$

即最优控制问题转化为这个微分方程的两点边值问题。这是一个将非线性项视为扰动的系统，因此，可以采用摄动法求解。下面将基于第 2 章建立的两种典型非线性相对运动模型，按照上述思路求解相对运动能量最优重构控制问题。这两种非线性相对运动模型分别为：椭圆参考轨道下，不考虑 J_2 项摄动、仅考虑引力差二阶非线性

项的相对运动模型［即式（2-38）］，以及考虑 J_2 项摄动一阶差分项和引力差二阶非线性项的相对运动模型［即式（2-36）］。为了方便，下面将这两种非线性相对运动模型分别称为非线性相对运动模型 I 和非线性相对运动模型 II。

4.3.2　不考虑 J_2 项摄动的最优重构求解

非线性相对运动模型 I，即椭圆参考轨道下不考虑 J_2 项摄动、考虑引力差二阶非线性项的相对运动模型式（2-38），对其进行量纲变换［见式（3-38）］，并考虑控制后，具有如下形式

$$\tilde{x}' = \tilde{A}\tilde{x} + \tilde{B}\tilde{u} + \tilde{\varepsilon}\tilde{f} \qquad (4-20)$$

其中

$$\tilde{B} = \begin{bmatrix} I_3 & 0_{3\times3} \end{bmatrix}^{\mathrm{T}}, \tilde{u} = \frac{\Gamma^4}{r_0\eta^3}u \qquad (4-21)$$

性能指标函数定义如下

$$J = \frac{1}{2}\int_{t_0}^{t_f} u^{\mathrm{T}}u\,\mathrm{d}t = \frac{r_0^2}{2\mu\Gamma^7}\int_{f_0}^{f_f}\eta^4(f)\tilde{u}^{\mathrm{T}}\tilde{u}\,\mathrm{d}f \qquad (4-22)$$

其中，f_0，f_f 分别为初始和终端真近点角。这样，哈密尔顿函数

$$H = \frac{r_0^2\eta^4}{2\mu\Gamma^7}\tilde{u}^{\mathrm{T}}\tilde{u} + \tilde{\lambda}_v^{\mathrm{T}}(\tilde{A}_1\tilde{v} + \tilde{A}_2\tilde{r} + \tilde{\varepsilon}\tilde{f}_d + \tilde{u}) + \tilde{\lambda}_r^{\mathrm{T}}\tilde{v} \quad (4-23)$$

其中，$\tilde{\lambda}_v$，$\tilde{\lambda}_r$ 为协态变量的分量，即 $\tilde{\lambda} = \begin{bmatrix} \tilde{\lambda}_v^{\mathrm{T}} & \tilde{\lambda}_r^{\mathrm{T}} \end{bmatrix}^{\mathrm{T}}$，根据式（4-17）、式（4-18），得到如下的协态方程和控制方程

$$\begin{cases} \tilde{\lambda}'_v = \tilde{A}_1\tilde{\lambda}_v - \tilde{\lambda}_r \\ \tilde{\lambda}'_r = -\tilde{A}_2\tilde{\lambda}_v - \tilde{\varepsilon}\tilde{q} \end{cases} \qquad (4-24)$$

$$\tilde{u} = -\frac{\mu\Gamma^7}{r_0^2\eta^4}\tilde{\lambda}_v \qquad (4-25)$$

式中

$$\tilde{\boldsymbol{q}} = \frac{3}{\eta} \begin{bmatrix} \tilde{\boldsymbol{\lambda}}_v^{\mathrm{T}} \tilde{\boldsymbol{C}}_1 \tilde{\boldsymbol{r}} \\ \tilde{\boldsymbol{\lambda}}_v^{\mathrm{T}} \tilde{\boldsymbol{C}}_2 \tilde{\boldsymbol{r}} \\ \tilde{\boldsymbol{\lambda}}_v^{\mathrm{T}} \tilde{\boldsymbol{C}}_3 \tilde{\boldsymbol{r}} \end{bmatrix} \qquad (4-26)$$

矩阵

$$\tilde{\boldsymbol{C}}_1 = \boldsymbol{C}_1, \tilde{\boldsymbol{C}}_2 = \boldsymbol{C}_2, \tilde{\boldsymbol{C}}_3 = \boldsymbol{C}_3$$

$\boldsymbol{C}_1$，$\boldsymbol{C}_2$，$\boldsymbol{C}_3$ 的表达式见 2.2.4.1 节。

综合式（4-20）、式（4-24）以及式（4-25），考虑二阶非线性项的增广状态方程如下

$$\begin{bmatrix} \tilde{\boldsymbol{v}}' \\ \tilde{\boldsymbol{r}}' \\ \tilde{\boldsymbol{\lambda}}'_v \\ \tilde{\boldsymbol{\lambda}}'_r \end{bmatrix} = \begin{bmatrix} \tilde{\boldsymbol{A}}_1 & \tilde{\boldsymbol{A}}_2 & -\dfrac{\mu \Gamma^7}{r_0^2 \eta^4} \boldsymbol{I}_3 & \boldsymbol{0}_{3\times3} \\ \boldsymbol{I}_3 & \boldsymbol{0}_{3\times3} & \boldsymbol{0}_{3\times3} & \boldsymbol{0}_{3\times3} \\ \boldsymbol{0}_{3\times3} & \boldsymbol{0}_{3\times3} & \tilde{\boldsymbol{A}}_1 & -\boldsymbol{I}_3 \\ \boldsymbol{0}_{3\times3} & \boldsymbol{0}_{3\times3} & -\tilde{\boldsymbol{A}}_2 & \boldsymbol{0}_{3\times3} \end{bmatrix} \begin{bmatrix} \tilde{\boldsymbol{v}} \\ \tilde{\boldsymbol{r}} \\ \tilde{\boldsymbol{\lambda}}_v \\ \tilde{\boldsymbol{\lambda}}_r \end{bmatrix} + \tilde{\varepsilon} \begin{bmatrix} \tilde{\boldsymbol{f}}_d \\ \boldsymbol{0}_{3\times1} \\ \boldsymbol{0}_{3\times1} \\ -\tilde{\boldsymbol{q}} \end{bmatrix}$$

$$(4-27)$$

至此，基于非线性相对运动模型 I 的最优重构问题即转化为微分方程式（4-27）的求解问题。考虑到方程式（4-27）与方程式（3-1）具有类似的形式，因此下面采用摄动法求解此方程。设方程（4-27）的近似解析解为

$$\begin{bmatrix} \tilde{\boldsymbol{v}} \\ \tilde{\boldsymbol{r}} \\ \tilde{\boldsymbol{\lambda}}_v \\ \tilde{\boldsymbol{\lambda}}_r \end{bmatrix} = \begin{bmatrix} \tilde{\boldsymbol{v}}_L \\ \tilde{\boldsymbol{r}}_L \\ \tilde{\boldsymbol{\lambda}}_{vL} \\ \tilde{\boldsymbol{\lambda}}_{rL} \end{bmatrix} + \tilde{\varepsilon} \begin{bmatrix} \tilde{\boldsymbol{v}}_N \\ \tilde{\boldsymbol{r}}_N \\ \tilde{\boldsymbol{\lambda}}_{vN} \\ \tilde{\boldsymbol{\lambda}}_{rN} \end{bmatrix} \qquad (4-28)$$

其中，等式右端第一项为线性增广系统的解；第二项为一阶摄动解。下面依次对这两部分进行求解，进而根据式（4-25）求得基于非线性相对运动模型 I 的最优重构控制。

4.3.2.1　基于线性相对运动模型的最优重构问题求解

当 $\varepsilon = 0$ 时，模型式（4-27）转化为线性系统

$$
\begin{bmatrix}
\tilde{\boldsymbol{v}}_L' \\
\tilde{\boldsymbol{r}}_L' \\
\tilde{\boldsymbol{\lambda}}_{vL}' \\
\tilde{\boldsymbol{\lambda}}_{rL}'
\end{bmatrix}
=
\begin{bmatrix}
\tilde{\boldsymbol{A}}_1 & \tilde{\boldsymbol{A}}_2 & -\dfrac{\mu \Gamma^7}{r_0^2 \eta^4} \boldsymbol{I}_3 & \boldsymbol{0}_{3\times3} \\
\boldsymbol{I}_3 & \boldsymbol{0}_{3\times3} & \boldsymbol{0}_{3\times3} & \boldsymbol{0}_{3\times3} \\
\boldsymbol{0}_{3\times3} & \boldsymbol{0}_{3\times3} & \tilde{\boldsymbol{A}}_1 & -\boldsymbol{I}_3 \\
\boldsymbol{0}_{3\times3} & \boldsymbol{0}_{3\times3} & -\tilde{\boldsymbol{A}}_2 & \boldsymbol{0}_{3\times3}
\end{bmatrix}
\begin{bmatrix}
\tilde{\boldsymbol{v}}_L \\
\tilde{\boldsymbol{r}}_L \\
\tilde{\boldsymbol{\lambda}}_{vL} \\
\tilde{\boldsymbol{\lambda}}_{rL}
\end{bmatrix}
\tag{4-29}
$$

对应的性能指标函数

$$
J_L = \frac{1}{2}\int_{t_0}^{t_f} \boldsymbol{u}_L^{\mathrm{T}} \boldsymbol{u}_L \mathrm{d}t = \frac{r_0^2}{2\mu\Gamma^7}\int_{f_0}^{f_f} \eta^4 \tilde{\boldsymbol{u}}_L^{\mathrm{T}} \tilde{\boldsymbol{u}}_L \mathrm{d}f
\tag{4-30}
$$

式（4-29）中的状态方程在无控情况下的解已在 3.4.1 节中给出，若要求得其在受控情况下的解，首先需确定协态变量 $\tilde{\boldsymbol{\lambda}}_{vL}$。

对式（4-24）第一式的线性部分，即 $\tilde{\boldsymbol{\lambda}}_{vL}' = \tilde{\boldsymbol{A}}_1 \tilde{\boldsymbol{\lambda}}_{vL} - \tilde{\boldsymbol{\lambda}}_{rL}$ 进行求导，得到

$$
\tilde{\boldsymbol{\lambda}}_{vL}'' = \tilde{\boldsymbol{A}}_1 \tilde{\boldsymbol{\lambda}}_{vL}' + \tilde{\boldsymbol{A}}_2 \tilde{\boldsymbol{\lambda}}_{vL}
\tag{4-31}
$$

式中，$\tilde{\boldsymbol{A}}_1$、$\tilde{\boldsymbol{A}}_2$ 均是与线性化状态方程相关的常值矩阵。因此，上述求导过程成立的前提条件是自变量变化量 Δf 较小时。

由于状态方程在无控情况下满足

$$
\tilde{\boldsymbol{r}}_L'' = \tilde{\boldsymbol{A}}_1 \tilde{\boldsymbol{r}}_L' + \tilde{\boldsymbol{A}}_2 \tilde{\boldsymbol{r}}_L
\tag{4-32}
$$

可以看出，式（4-31）和式（4-32）在形式上完全相同。因此，根据方程（4-32）的解，可以推得方程（4-31）的解，即

$$
\begin{bmatrix}
\tilde{\boldsymbol{\lambda}}_{vL}' \\
\tilde{\boldsymbol{\lambda}}_{vL}
\end{bmatrix}
= \tilde{\boldsymbol{\Phi}} \tilde{\boldsymbol{\Lambda}}_{0L}
=
\begin{bmatrix}
\tilde{\boldsymbol{\Phi}}_A' \\
\tilde{\boldsymbol{\Phi}}_A
\end{bmatrix}
\tilde{\boldsymbol{\Lambda}}_{0L}
\tag{4-33}
$$

将式（4-33）代入式（4-24）第一式的线性部分，得到

$$
\tilde{\boldsymbol{\lambda}}_{rL} = (\tilde{\boldsymbol{A}}_1 \tilde{\boldsymbol{\Phi}}_A - \tilde{\boldsymbol{\Phi}}_A') \tilde{\boldsymbol{\Lambda}}_{0L}
\tag{4-34}
$$

则有

$$\begin{bmatrix} \tilde{\boldsymbol{\lambda}}_{vL} \\ \tilde{\boldsymbol{\lambda}}_{rL} \end{bmatrix} = \begin{bmatrix} \widetilde{\boldsymbol{\Phi}}_A \\ \tilde{\boldsymbol{A}}_1 \widetilde{\boldsymbol{\Phi}}_A - \widetilde{\boldsymbol{\Phi}}_A' \end{bmatrix} \tilde{\boldsymbol{\Lambda}}_{0L} \qquad (4-35)$$

根据式（3-45），有

$$\begin{bmatrix} \tilde{\boldsymbol{\lambda}}_{vL} \\ \tilde{\boldsymbol{\lambda}}_{rL} \end{bmatrix} = \begin{bmatrix} \widetilde{\boldsymbol{\Phi}}_A \\ \widetilde{\boldsymbol{\Phi}}_B \end{bmatrix} \tilde{\boldsymbol{\Lambda}}_{0L} = \widetilde{\boldsymbol{\Psi}} \tilde{\boldsymbol{\Lambda}}_{0L} \qquad (4-36)$$

根据线性系统理论，式（4-29）中的状态方程在受控情况下的解为

$$\tilde{\boldsymbol{x}}_L = \widetilde{\boldsymbol{\Phi}} \widetilde{\boldsymbol{\Phi}}_0^{-1} \tilde{\boldsymbol{x}}_0 + \widetilde{\boldsymbol{\Phi}} \int_{f_0}^{f} \widetilde{\boldsymbol{\Phi}}^{-1} \tilde{\boldsymbol{B}} \tilde{\boldsymbol{u}}_L \mathrm{d}f \qquad (4-37)$$

其中，$\tilde{\boldsymbol{x}}_0 = \tilde{\boldsymbol{x}}(f_0)$，$\widetilde{\boldsymbol{\Phi}}_0 = \widetilde{\boldsymbol{\Phi}}(f_0)$。另一方面，根据式（4-25）、式（4-36），有

$$\tilde{\boldsymbol{u}}_L = -\frac{\mu \Gamma^7}{r_0^2 \eta^4} \widetilde{\boldsymbol{\Phi}}_A \tilde{\boldsymbol{\Lambda}}_{0L} \qquad (4-38)$$

则式（4-37）的被积函数

$$\begin{aligned} \widetilde{\boldsymbol{\Phi}}^{-1} \tilde{\boldsymbol{B}} \tilde{\boldsymbol{u}}_L &= -\tilde{\boldsymbol{C}}^{-1} \begin{bmatrix} \widetilde{\boldsymbol{\Phi}}_A^{\mathrm{T}} & \widetilde{\boldsymbol{\Phi}}_B^{\mathrm{T}} \end{bmatrix} \begin{bmatrix} \boldsymbol{I}_3 \\ \boldsymbol{0}_{3\times 3} \end{bmatrix} \frac{\mu \Gamma^7}{r_0^2 \eta^4} \widetilde{\boldsymbol{\Phi}}_A \tilde{\boldsymbol{\Lambda}}_{0L} \\ &= -\frac{\mu \Gamma^7}{r_0^2} \tilde{\boldsymbol{C}}^{-1} \left(\frac{1}{\eta^4} \widetilde{\boldsymbol{\Phi}}_A^{\mathrm{T}} \widetilde{\boldsymbol{\Phi}}_A \right) \tilde{\boldsymbol{\Lambda}}_{0L} \end{aligned} \qquad (4-39)$$

当 $f = f_f$ 时

$$\tilde{\boldsymbol{x}}_{Lf} = \widetilde{\boldsymbol{\Phi}}_f \widetilde{\boldsymbol{\Phi}}_0^{-1} \tilde{\boldsymbol{x}}_0 - \frac{\mu \Gamma^7}{r_0^2} \widetilde{\boldsymbol{\Phi}}_f \tilde{\boldsymbol{C}}^{-1} \left(\int_{f_0}^{f_f} \frac{1}{\eta^4} \widetilde{\boldsymbol{\Phi}}_A^{\mathrm{T}} \widetilde{\boldsymbol{\Phi}}_A \mathrm{d}f \right) \tilde{\boldsymbol{\Lambda}}_{0L} \quad (4-40)$$

则

$$\tilde{\boldsymbol{\Lambda}}_{0L} = -\frac{r_0^2}{\mu \Gamma^7} \tilde{\boldsymbol{S}}_f^{-1} \tilde{\boldsymbol{C}} \boldsymbol{K} \qquad (4-41)$$

其中，$\tilde{\boldsymbol{S}} \triangleq \int_{f_0}^{f} \frac{1}{\eta^4} \widetilde{\boldsymbol{\Phi}}_A^{\mathrm{T}} \widetilde{\boldsymbol{\Phi}}_A \mathrm{d}f$，$\tilde{\boldsymbol{K}} \triangleq \widetilde{\boldsymbol{\Phi}}_f^{-1} \tilde{\boldsymbol{x}}_f - \widetilde{\boldsymbol{\Phi}}_0^{-1} \tilde{\boldsymbol{x}}_0$。

综上所述，基于模型式（4-20）的线性化部分的最优重构问题的解如下，包括状态变量、协态变量、线性最优控制及其性能指标

$$\tilde{\pmb{x}}_L = \widetilde{\pmb{\Phi}}(\widetilde{\pmb{\Phi}}_0^{-1}\tilde{\pmb{x}}_0 + \widetilde{\pmb{C}}^{-1}\widetilde{\pmb{S}}\,\widetilde{\pmb{S}}_f^{-1}\widetilde{\pmb{C}}\pmb{K}) \tag{4-42}$$

$$\tilde{\pmb{\lambda}}_L = -\frac{r_0^2}{\mu\Gamma^7}\widetilde{\pmb{\Psi}}\,\widetilde{\pmb{S}}_f^{-1}\widetilde{\pmb{C}}\pmb{K} \tag{4-43}$$

$$\tilde{\pmb{u}}_L = \frac{1}{\eta^4}\widetilde{\pmb{\Phi}}_A\,\widetilde{\pmb{S}}_f^{-1}\widetilde{\pmb{C}}\pmb{K} \tag{4-44}$$

$$J_L = \frac{r_0^2}{2\mu\Gamma^7}\pmb{K}^{\mathrm{T}}\,\widetilde{\pmb{C}}^{\mathrm{T}}\,\widetilde{\pmb{S}}_f^{-1}\widetilde{\pmb{C}}\pmb{K} \tag{4-45}$$

其中，$\widetilde{\pmb{S}}$ 为对称矩阵，其形式如下

$$\widetilde{\pmb{S}} = \begin{bmatrix} \widetilde{S}_{11} & \widetilde{S}_{12} & 0 & \widetilde{S}_{14} & \widetilde{S}_{15} & 0 \\ \widetilde{S}_{21} & \widetilde{S}_{22} & 0 & \widetilde{S}_{24} & \widetilde{S}_{25} & 0 \\ 0 & 0 & \widetilde{S}_{33} & 0 & 0 & \widetilde{S}_{36} \\ \widetilde{S}_{41} & \widetilde{S}_{42} & 0 & \widetilde{S}_{44} & \widetilde{S}_{45} & 0 \\ \widetilde{S}_{51} & \widetilde{S}_{52} & 0 & \widetilde{S}_{54} & \widetilde{S}_{55} & 0 \\ 0 & 0 & \widetilde{S}_{63} & 0 & 0 & \widetilde{S}_{66} \end{bmatrix} \tag{4-46}$$

矩阵中各项的表达式见本章附录 B 中的式（B-1）、式（B-2）。

4.3.2.2　基于非线性相对运动模型的最优重构问题求解

上一节给出了基于线性模型的最优重构解，然而，对于大范围的编队最优重构问题，考虑模型中的非线项是非常必要的。本节将模型式（4-27）中含 ε 小量的非线性项视为线性模型的小扰动，采用摄动法求解其近似解析解，进而确定基于非线性相对运动模型式（4-20）的最优重构控制。

为了得到一阶摄动解，将式（4-28）代入式（4-27）得到一阶摄动模型

$$
\begin{bmatrix} \widetilde{\boldsymbol{v}}'_N \\ \widetilde{\boldsymbol{r}}'_N \\ \widetilde{\boldsymbol{\lambda}}'_{vN} \\ \widetilde{\boldsymbol{\lambda}}'_{rN} \end{bmatrix} = \begin{bmatrix} \widetilde{\boldsymbol{A}}_1 & \widetilde{\boldsymbol{A}}_2 & -\dfrac{\mu \Gamma^7}{r_0^2 \eta^4} \boldsymbol{I}_3 & \boldsymbol{0}_{3\times3} \\ \boldsymbol{I}_3 & \boldsymbol{0}_{3\times3} & \boldsymbol{0}_{3\times3} & \boldsymbol{0}_{3\times3} \\ \boldsymbol{0}_{3\times3} & \boldsymbol{0}_{3\times3} & \widetilde{\boldsymbol{A}}_1 & -\boldsymbol{I}_3 \\ \boldsymbol{0}_{3\times3} & \boldsymbol{0}_{3\times3} & -\widetilde{\boldsymbol{A}}_2 & \boldsymbol{0}_{3\times3} \end{bmatrix} \begin{bmatrix} \widetilde{\boldsymbol{v}}_N \\ \widetilde{\boldsymbol{r}}_N \\ \widetilde{\boldsymbol{\lambda}}_{vN} \\ \widetilde{\boldsymbol{\lambda}}_{rN} \end{bmatrix} + \begin{bmatrix} \widetilde{\boldsymbol{f}}_{dL} \\ \boldsymbol{0}_{3\times1} \\ \boldsymbol{0}_{3\times1} \\ -\widetilde{\boldsymbol{q}}_L \end{bmatrix}
$$

$$(4-47)$$

根据线性系统理论，状态方程和协态方程的解析表达式分别如式（4-48）、式（4-49）所示

$$
\begin{bmatrix} \widetilde{\boldsymbol{v}}_N \\ \widetilde{\boldsymbol{r}}_N \end{bmatrix} = \widetilde{\boldsymbol{\Phi}} \widetilde{\boldsymbol{\Phi}}_0^{-1} \begin{bmatrix} \widetilde{\boldsymbol{v}}_{N0} \\ \widetilde{\boldsymbol{r}}_{N0} \end{bmatrix} + \widetilde{\boldsymbol{\Phi}} \int_{f_0}^{f} \widetilde{\boldsymbol{\Phi}}^{-1} \begin{bmatrix} -\dfrac{\mu \Gamma^7}{r_0^2 \eta^4} \boldsymbol{I}_3 & \boldsymbol{I}_3 \\ \boldsymbol{0}_{3\times3} & \boldsymbol{0}_{3\times3} \end{bmatrix} \begin{bmatrix} \widetilde{\boldsymbol{\lambda}}_{vN} \\ \widetilde{\boldsymbol{f}}_{dL} \end{bmatrix} \mathrm{d}f
$$

$$
= \widetilde{\boldsymbol{\Phi}} \widetilde{\boldsymbol{\Phi}}_0^{-1} \begin{bmatrix} \widetilde{\boldsymbol{v}}_{N0} \\ \widetilde{\boldsymbol{r}}_{N0} \end{bmatrix} - \dfrac{\mu \Gamma^7}{r_0^2} \widetilde{\boldsymbol{\Phi}} \widetilde{\boldsymbol{C}}^{-1} \int_{f_0}^{f} \dfrac{1}{\eta^4} \widetilde{\boldsymbol{\Phi}}_A^{\mathrm{T}} \widetilde{\boldsymbol{\lambda}}_{vN} \mathrm{d}f +
$$

$$
\widetilde{\boldsymbol{\Phi}} \widetilde{\boldsymbol{C}}^{-1} \int_{f_0}^{f} \widetilde{\boldsymbol{\Phi}}_A^{\mathrm{T}} \widetilde{\boldsymbol{f}}_{dL} \mathrm{d}f
$$

$$(4-48)$$

$$
\begin{bmatrix} \widetilde{\boldsymbol{\lambda}}_{vN} \\ \widetilde{\boldsymbol{\lambda}}_{rN} \end{bmatrix} = \widetilde{\boldsymbol{\Psi}} \widetilde{\boldsymbol{\Psi}}_0^{-1} \widetilde{\boldsymbol{\lambda}}_{N0} + \widetilde{\boldsymbol{\Psi}} \int_{f_0}^{f} \widetilde{\boldsymbol{\Psi}}^{-1} \begin{bmatrix} \boldsymbol{0}_{3\times1} \\ -\widetilde{\boldsymbol{q}}_L \end{bmatrix} \mathrm{d}f = \widetilde{\boldsymbol{\Psi}} \widetilde{\boldsymbol{\Lambda}}_{N0} - \widetilde{\boldsymbol{\Psi}} \widetilde{\boldsymbol{P}}
$$

$$(4-49)$$

其中
$$
\widetilde{\boldsymbol{\Lambda}}_{N0} \triangleq \widetilde{\boldsymbol{\Psi}}_0^{-1} \widetilde{\boldsymbol{\lambda}}_{N0}
$$

$$
\widetilde{\boldsymbol{P}} = \widetilde{\boldsymbol{C}}^{-\mathrm{T}} \int_{f_0}^{f} \widetilde{\boldsymbol{\Phi}}_A^{\mathrm{T}} \widetilde{\boldsymbol{q}}_L \mathrm{d}f \qquad (4-50)
$$

因 $\widetilde{\boldsymbol{\Phi}}_A$ 中含有特殊积分 Λ [式（3-44）]，这为 $\widetilde{\boldsymbol{P}}$ 的求解带来不便。为此，这里将积分变量由真近点角变换为偏近点角。进一步，借助 Mathimatica 符号计算软件，可以确定 $\widetilde{\boldsymbol{P}}$ 的解析表达。但是，由于这一解析式较冗长，应用起来较繁琐。因此，程序中采用

Matlab 提供的数值积分函数 quadl（自适应 Lobatto 积分方法）求

解 $\widetilde{\boldsymbol{P}}$。

　　根据式（4-25）可知，最优控制 $\widetilde{\boldsymbol{u}}$ 仅与 $\widetilde{\boldsymbol{\lambda}}_{vN}$ 有关，因此这里只

给出 $\widetilde{\boldsymbol{\lambda}}_{vN}$ 的求解过程

$$\widetilde{\boldsymbol{\lambda}}_{vN} = \widetilde{\boldsymbol{\Phi}}_A \widetilde{\boldsymbol{\Lambda}}_{N0} - \widetilde{\boldsymbol{\Phi}}_A \widetilde{\boldsymbol{P}} \tag{4-51}$$

　　下面对 $\widetilde{\boldsymbol{\Lambda}}_{N0}$ 进行求解。令式（4-48）中的 $f = f_f$，并假设一阶

摄动状态的边界条件如下

$$\begin{bmatrix} \widetilde{\boldsymbol{v}}_{Nf} \\ \widetilde{\boldsymbol{r}}_{Nf} \end{bmatrix} = \begin{bmatrix} \widetilde{\boldsymbol{v}}_{N0} \\ \widetilde{\boldsymbol{r}}_{N0} \end{bmatrix} = \begin{bmatrix} \boldsymbol{0}_{3\times1} \\ \boldsymbol{0}_{3\times1} \end{bmatrix} \tag{4-52}$$

于是得到

$$\widetilde{\boldsymbol{\Lambda}}_{N0} = \widetilde{\boldsymbol{S}}_f^{-1} (\widetilde{\boldsymbol{Q}}_f + \widetilde{\boldsymbol{u}}_f) \tag{4-53}$$

其中

$$\begin{aligned} \widetilde{\boldsymbol{Q}}_f &= \int_{f_0}^{f_f} \frac{1}{\eta^4} \widetilde{\boldsymbol{\Phi}}_A^{\mathrm{T}} \widetilde{\boldsymbol{\Phi}}_A \widetilde{\boldsymbol{P}} \, \mathrm{d}f \\ \widetilde{\boldsymbol{u}}_f &= \frac{r_0^2}{\mu \Gamma^7} \int_{f_0}^{f_f} \widetilde{\boldsymbol{\Phi}}_A^{\mathrm{T}} \widetilde{\boldsymbol{f}}_{dL} \, \mathrm{d}f \end{aligned} \tag{4-54}$$

这是两个定积分，均可通过数值积分函数 quadl 得到。其中，$\widetilde{\boldsymbol{Q}}_f$ 的求

解需要嵌套 $\widetilde{\boldsymbol{P}}$ 的求解。这样，根据式（4-25）、式（4-28）、式（4-

44）以及式（4-51）可以得到基于非线性模型式（4-20）的最优

重构控制

$$\widetilde{\boldsymbol{u}} = \frac{1}{\eta^4} \widetilde{\boldsymbol{\Phi}}_A \widetilde{\boldsymbol{S}}_f^{-1} \widetilde{\boldsymbol{C}} \widetilde{\boldsymbol{K}} - \widetilde{\varepsilon} \frac{\mu \Gamma^7}{r_0^2 \eta^4} \widetilde{\boldsymbol{\Phi}}_A [\widetilde{\boldsymbol{S}}_f^{-1} (\widetilde{\boldsymbol{Q}}_f + \widetilde{\boldsymbol{u}}_f) - \widetilde{\boldsymbol{P}}] \tag{4-55}$$

这是新量纲下的最优控制加速度，应用时需根据 $\widetilde{\boldsymbol{u}}$ 与 $\boldsymbol{u}$ 的关系［式

（4-21）］，将其转换为原始量纲下的控制加速度。由式（4-22）、

式（4-55）得到此时的性能指标为

$$J \approx \frac{r_0^2}{2\mu \Gamma^7} \widetilde{\boldsymbol{K}}^{\mathrm{T}} \widetilde{\boldsymbol{C}}^{\mathrm{T}} \widetilde{\boldsymbol{S}}_f^{-1} \widetilde{\boldsymbol{C}} \widetilde{\boldsymbol{K}} - \widetilde{\varepsilon} \widetilde{\boldsymbol{K}}^{\mathrm{T}} \widetilde{\boldsymbol{C}}^{\mathrm{T}} \widetilde{\boldsymbol{S}}_f^{-1} \widetilde{\boldsymbol{u}}_f \tag{4-56}$$

至此，得到了基于非线性相对运动模型Ⅰ的最优控制（4－55），及其性能指标（4－56）。

4.3.2.3　仿真验证

4.3.2.3.1　基于非线性模型最优控制的仿真分析

为了充分验证上述求得的相对运动能量最优控制的有效性和优越性，本节针对六种情况（六组初末状态约束），设计 6 组对比算例，重构时间为 $1T$（T 表示相应的参考轨道周期），以考虑非线性项的相对运动模型式（2－37）为数值仿真模型，分别施加基于线性相对运动模型的最优控制 u_L［式（4－44）的原始量纲形式］和基于非线性相对运动模型的最优控制 u［式（4－55）的原始量纲形式］，进行仿真验证。设参考轨道的近地点距离 $R_p = 7\,100$ km，初始真近点角 $f_0 = 0$。六种情况对应的偏心率和相对运动尺度分别为：Case1：$e = 0.05$，$r_0 = 1$ km；Case2：$e = 0.05$，$r_0 = 10$ km；Case3：$e = 0.3$，$r_0 = 1$ km；Case4：$e = 0.3$，$r_0 = 10$ km；Case5：$e = 0.8$，$r_0 = 1$ km；Case6：$e = 0.8$，$r_0 = 10$ km。表 4－4 给出了这六种情况下的初始条件和终端条件。

表 4－4　初始和终端条件

情况	初始条件					
	1	2	3	4	5	6
$\dot{x}$ /ms⁻¹	0.446	4.460	0.401	4.008	0.341	3.406
$\dot{y}$ /ms⁻¹	－0.503	－5.041	－0.409	－4.103	－0.306	－3.063
$\dot{z}$ /ms⁻¹	0.515	5.149	0.463	4.628	0.393	3.933
x /m	238.095	2 380.952	192.308	1 923.077	138.889	1 388.889
y /m	920.024	9 200.242	743.096	7 430.965	536.681	5 366.808

续表

情况	初始条件					
	1	2	3	4	5	6
z /m	824.786	8 247.861	666.173	6 661.734	481.125	4 811.252

情况	终端条件					
	1	2	3	4	5	6
$\dot{x}$ /ms^{-1}	0.892	8.919	0.802	8.016	0.681	6.812
$\dot{y}$ /ms^{-1}	− 1.006	− 10.091	− 0.819	− 8.211	− 0.612	− 6.129
$\dot{z}$ /ms^{-1}	0.515	5.149	0.463	4.628	0.393	3.933
x /m	476.190	4 761.905	384.615	3 846.154	277.778	2 777.778
y /m	1 840.048	18 400.484	1 486.093	14 861.929	1 073.362	10 733.616
z /m	824.786	8 247.861	666.173	6 661.734	481.125	4 811.252

　　图 4-5～图 4-7 依次给出相对运动尺度为 10 km($r_0 = 1$ km 的情况曲线类似) 的三种情况下基于 u_L 和 u 的重构轨迹以及控制加速度随时间的变化曲线。表 4-5 给出了两种重构控制在不同情况下的重构误差和性能指标大小。

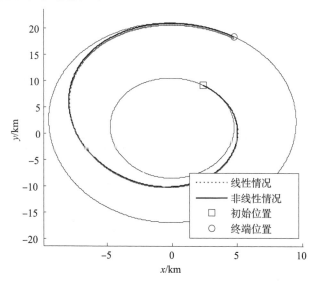

(a) x - y 平面内的重构轨迹

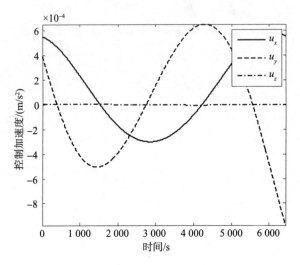

（b）控制加速度随时间变化曲线

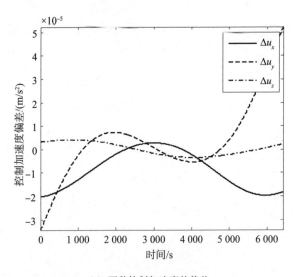

（c）两种控制加速度的偏差

图 4-5　Case 2 时，基于 u_L 和 u 的重构轨迹以及控制加速度曲线

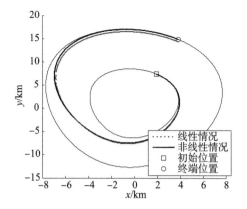

（a）$x-y$ 平面内的重构轨迹

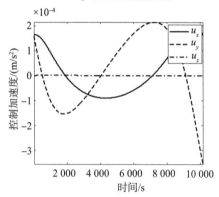

（b）控制加速度随时间变化曲线

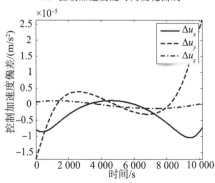

（c）两种控制加速度的偏差

图 4-6　Case 4 时，基于 u_L 和 u 的重构轨迹以及控制加速度曲线

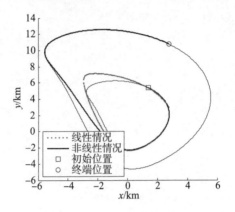

（a）$x - y$ 平面内的重构轨迹

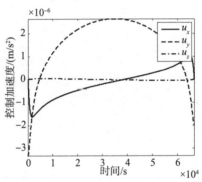

（b）控制加速度随时间变化曲线

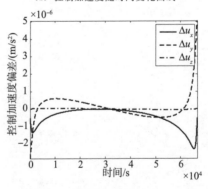

（c）两种控制加速度的偏差

图 4-7　Case 6 时，基于 $\boldsymbol{u}_L$ 和 $\boldsymbol{u}$ 的重构轨迹以及控制加速度曲线

表 4 - 5　非线性项对最优重构误差的影响

情况	基于线性模型的最优控制			基于非线性模型的最优控制		
	$\mid \Delta \boldsymbol{v}_L \mid$ /ms^{-1}	$\mid \Delta \boldsymbol{r}_L \mid$ /m	J_L /m^{2}s^{-3}	$\mid \Delta \boldsymbol{v}_N \mid$ /ms^{-1}	$\mid \Delta \boldsymbol{r}_N \mid$ /m	J /m^{2}s^{-3}
1	4.537×10^{-4}	3.424	9.831×10^{-6}	5.130×10^{-4}	0.343	9.784×10^{-6}
2	0.009 54	315.671	0.001 02	0.005 13	3.385	9.741×10^{-4}
3	0.001 57	6.064	1.581×10^{-6}	3.538×10^{-4}	1.000	1.570×10^{-6}
4	0.136	515.962	1.672×10^{-4}	0.003 488 2	9.875	1.562×10^{-4}
5	0.048 1	76.475	1.472×10^{-9}	0.001 46	2.306	1.460×10^{-9}
6	4.939	7 849.019	1.892×10^{-7}	0.016 4	25.862	1.465×10^{-7}

通过分析仿真结果发现，基于非线性模型的最优控制较基于线性模型的最优控制，重构精度有明显地改善，特别是对于大偏心率的参考轨道和较大尺度的相对运动，效果更加显著，如 $e = 0.8$，$r_0 = 10$ km 时，重构位置误差由 7 849.019 m 降低到 25.862 m，速度误差由 4.939 m/s 降低到 0.016 4 m/s，但是能耗变化的幅度很小［如图 4 - 5（c）～图 4 - 7（c）所示］。综上表明：在各种情况下，基于非线性模型的最优重构控制均可在能耗几乎不变的情况下，有效地降低重构误差；在参考轨道偏心率和相对运动尺度较大时，非线性项对重构的精度影响很大，因此在设计重构控制时不能忽略。

4.3.2.3.2　考虑 J_2 摄动影响的仿真分析

若以考虑 J_2 项摄动的精确模型式（2 - 31）为数值仿真模型，针对表 4 - 6 所示的三种情况进行仿真验证，初末状态和表 4 - 4 中对应的情况相同，相对轨道尺度选为 10 km，重构时间依然选为 $t_f = 1T$。表 4 - 7 给出了考虑 J_2 项摄动时，两种重构控制在不同情况下的重构误差和性能指标大小。

表 4 - 6　参考航天器的轨道要素

R_p /km	e	i / (°)	Ω / (°)	u / (°)	f / (°)
7 100	0.05	30	10	30	0
7 100	0.3	30	10	30	0
7 100	0.8	30	10	30	0

表 4 - 7　考虑 J_2 项摄动影响时，u_L 和 u 的控制效果对比

情况	基于线性模型的最优控制			基于非线性模型的最优控制		
	$\mid \Delta v_L \mid$ /ms^{-1}	$\mid \Delta r_L \mid$ /m	J_L /m^{2}s^{-3}	$\mid \Delta v_N \mid$ /ms^{-1}	$\mid \Delta r_N \mid$ /m	J /m^{2}s^{-3}
2	0.201	794.359	0.001 02	0.191	485.690	9.741×10^{-4}
4	0.460	1 308.270	1.672×10^{-4}	0.356	809.357	1.562×10^{-4}
6	13.409	2.139×10^4	1.892×10^{-7}	9.257	1.392×10^4	1.465×10^{-7}

对比表 4 - 5 和表 4 - 7，可以发现：1）考虑 J_2 项摄动的情况下，基于非线性模型的最优控制效果较线性情况依然有较大的改善；2）J_2 项摄动对重构精度影响很大，与不考虑摄动之前（表 4 - 2）相比，考虑 J_2 项摄动影响时的终端相对位置误差增大了两个数量级；3）随着偏心率的增加，J_2 项摄动的影响越大，$e = 0.8$ 时，终端相对位置误差已经超出了本身相对运动尺度的量级。此仿真实验说明，在相对运动尺度较大的情况下，J_2 项摄动对最优重构控制的影响已经大于引力差的非线性项对其的影响，而且偏心率越大，影响也越大。因此，在参考轨道偏心率和相对运动尺度较大的情况下，计算最优重构控制时，考虑 J_2 项摄动是非常必要的。

4.3.3　考虑 J_2 项摄动的最优重构求解

根据 4.4.3.2 节的仿真结果分析结论可知，J_2 项摄动在参考轨道偏心率和相对运动尺度较大的情况下，对能量最优重构控制的影响非常大，因此，在这些情况下有必要考虑 J_2 项摄动。但是，由于考虑 J_2 摄动的精确模型（2 - 31）的非线性程度较高，为此我们以经

过简化处理的非线性相对运动模型（2－36）（即非线性相对运动模型Ⅱ）为基础，研究相对运动能量最优重构控制。该模型的矩阵形式如下

$$\begin{bmatrix} \dot{v} \\ \dot{r} \end{bmatrix} = \begin{bmatrix} \breve{A}_1 & \breve{A}_2 \\ I_3 & 0_{3\times3} \end{bmatrix} \begin{bmatrix} v \\ r \end{bmatrix} + \begin{bmatrix} I_3 \\ 0_{3\times3} \end{bmatrix} u + \breve{\varepsilon} \begin{bmatrix} \breve{f}_d \\ 0_{3\times1} \end{bmatrix} \qquad (4-57)$$

其中

$$\breve{A}_1 = \begin{bmatrix} 0 & 2\bar{\omega}_z & 0 \\ -2\bar{\omega}_z & 0 & 2\bar{\omega}_x \\ 0 & -2\bar{\omega}_x & 0 \end{bmatrix}$$

$$\breve{A}_2 = \begin{bmatrix} \dfrac{\partial g_1}{\partial x} & \dfrac{\partial g_1}{\dot{y}} & \dfrac{\partial g_1}{\partial z} \\[2mm] \dfrac{\partial g_2}{\partial x} & \dfrac{\partial g_2}{\partial y} & \dfrac{\partial g_2}{\partial z} \\[2mm] \dfrac{\partial g_3}{\partial x} & \dfrac{\partial g_3}{\partial y} & \dfrac{\partial g_3}{\partial z} \end{bmatrix}_{\substack{r=0_{3\times1} \\ v=0_{3\times1}}}, \breve{f}_d = \dfrac{3\mu}{2\breve{\varepsilon}R_C^4} \begin{bmatrix} r^T C_1 r \\ r^T C_2 r \\ r^T C_3 r \end{bmatrix}$$

此外，$\breve{\varepsilon}$ 为高阶小量，在运算结果中可消去，故此处不给出定义。性能指标函数定义为

$$J = \frac{1}{2} \int_{t_0}^{t_f} u^T u \, \mathrm{d}t \qquad (4-58)$$

哈密尔顿函数

$$H = \frac{1}{2} u^T u + \lambda_v^T (\breve{A}_1 v + \breve{A}_2 r + \breve{\varepsilon} \breve{f}_d + u) + \lambda_r^T v \qquad (4-59)$$

协态方程和控制方程分别为

$$\begin{bmatrix} \dot{\lambda}_v \\ \dot{\lambda}_r \end{bmatrix} = \begin{bmatrix} -\breve{A}_1^T & -I_{3\times3} \\ -\breve{A}_2^T & 0_{3\times3} \end{bmatrix} \begin{bmatrix} \lambda_v \\ \lambda_r \end{bmatrix} + \breve{\varepsilon} \begin{bmatrix} 0_{3\times1} \\ -\breve{q} \end{bmatrix} \qquad (4-60)$$

$$u = -\lambda_v \qquad (4-61)$$

式中

$$\breve{\boldsymbol{q}} = \frac{3\mu}{\breve{\varepsilon} R_{\mathrm{C}}^4} \begin{bmatrix} \boldsymbol{\lambda}_v^{\mathrm{T}} \boldsymbol{C}_1 \boldsymbol{r} \\ \boldsymbol{\lambda}_v^{\mathrm{T}} \boldsymbol{C}_2 \boldsymbol{r} \\ \boldsymbol{\lambda}_v^{\mathrm{T}} \boldsymbol{C}_3 \boldsymbol{r} \end{bmatrix} \qquad (4-62)$$

对于此问题，相应的式（4-19）可以表示如下

$$\begin{bmatrix} \dot{\boldsymbol{v}} \\ \dot{\boldsymbol{r}} \\ \dot{\boldsymbol{\lambda}}_v \\ \dot{\boldsymbol{\lambda}}_r \end{bmatrix} = \begin{bmatrix} \breve{\boldsymbol{A}}_1 & \breve{\boldsymbol{A}}_2 & -\boldsymbol{I}_3 & \boldsymbol{0}_{3\times3} \\ \boldsymbol{I}_3 & \boldsymbol{0}_{3\times3} & \boldsymbol{0}_{3\times3} & \boldsymbol{0}_{3\times3} \\ \boldsymbol{0}_{3\times3} & \boldsymbol{0}_{3\times3} & -\breve{\boldsymbol{A}}_1^{\mathrm{T}} & -\boldsymbol{I}_3 \\ \boldsymbol{0}_{3\times3} & \boldsymbol{0}_{3\times3} & -\breve{\boldsymbol{A}}_2^{\mathrm{T}} & \boldsymbol{0}_{3\times3} \end{bmatrix} \begin{bmatrix} \boldsymbol{v} \\ \boldsymbol{r} \\ \boldsymbol{\lambda}_v \\ \boldsymbol{\lambda}_r \end{bmatrix} + \breve{\varepsilon} \begin{bmatrix} \breve{\boldsymbol{f}}_d \\ \boldsymbol{0}_{3\times1} \\ \boldsymbol{0}_{3\times1} \\ -\breve{\boldsymbol{q}} \end{bmatrix} \quad (4-63)$$

下面依然采用摄动法对此方程进行求解，设

$$\begin{bmatrix} \boldsymbol{v} \\ \boldsymbol{r} \\ \boldsymbol{\lambda}_v \\ \boldsymbol{\lambda}_r \end{bmatrix} = \begin{bmatrix} \boldsymbol{v}_L \\ \boldsymbol{r}_L \\ \boldsymbol{\lambda}_{vL} \\ \boldsymbol{\lambda}_{rL} \end{bmatrix} + \breve{\varepsilon} \begin{bmatrix} \boldsymbol{v}_N \\ \boldsymbol{r}_N \\ \boldsymbol{\lambda}_{vN} \\ \boldsymbol{\lambda}_{rN} \end{bmatrix} \qquad (4-64)$$

首先求基准解，即确定等式（4-64）右端的第一项。

4.3.3.1　基准解的求解

考虑到状态方程（4-57）、协态方程（4-60）的线性化部分的状态转移矩阵分别满足

$$\dot{\boldsymbol{\Phi}}_{J_2}(t,t_0) = \begin{bmatrix} \breve{\boldsymbol{A}}_1 & \breve{\boldsymbol{A}}_2 \\ \boldsymbol{I}_3 & \boldsymbol{0}_{3\times3} \end{bmatrix} \boldsymbol{\Phi}_{J_2}(t,t_0), \boldsymbol{\Phi}_{J_2}(t_0,t_0) = \boldsymbol{I}_6 \quad (4-65)$$

$$\dot{\boldsymbol{\Psi}}_{J_2}(t,t_0) = \begin{bmatrix} -\breve{\boldsymbol{A}}_1^{\mathrm{T}} & -\boldsymbol{I}_3 \\ -\breve{\boldsymbol{A}}_2^{\mathrm{T}} & \boldsymbol{0}_{3\times3} \end{bmatrix} \boldsymbol{\Psi}_{J_2}(t,t_0), \boldsymbol{\Psi}_{J_2}(t_0,t_0) = \boldsymbol{I}_6$$

$$(4-66)$$

即状态转移矩阵和协态转移矩阵的求解属于常微分方程初值问题的求解。进而，根据线性系统理论，得到状态方程的基准解

$$\begin{bmatrix} \boldsymbol{v}_L(t) \\ \boldsymbol{r}_L(t) \end{bmatrix} = \boldsymbol{\Phi}_{J_2}(t,t_0) \begin{bmatrix} \boldsymbol{v}_{L0} \\ \boldsymbol{r}_{L0} \end{bmatrix} - \int_{t_0}^t \boldsymbol{\Phi}_{J_2}^A(t,\tau) \boldsymbol{\lambda}_{vL} \, \mathrm{d}\tau \qquad (4-67)$$

其中

$$\boldsymbol{\Phi}_{J_2}(t,\tau)=\left[\begin{matrix}\boldsymbol{\Phi}_{J_2}^A(t,\tau)&\boldsymbol{\Phi}_{J_2}^B(t,\tau)\end{matrix}\right],\boldsymbol{\Phi}_{J_2}^A(t,\tau),\boldsymbol{\Phi}_{J_2}^B(t,\tau)\in\mathbb{R}_{6\times3}$$

协态方程的基准解

$$\left[\begin{matrix}\boldsymbol{\lambda}_{vL}(t)\\\boldsymbol{\lambda}_{rL}(t)\end{matrix}\right]=\boldsymbol{\Psi}_{J_2}(t,t_0)\boldsymbol{\lambda}_L(t_0)=\left[\begin{matrix}\boldsymbol{\Psi}_{J_2}^A\,\boldsymbol{\lambda}_{L0}\\\boldsymbol{\Psi}_{J_2}^B\,\boldsymbol{\lambda}_{L0}\end{matrix}\right] \tag{4-68}$$

其中

$$\boldsymbol{\Psi}_{J_2}=\left[\begin{matrix}\boldsymbol{\Psi}_{J_2}^A\\\boldsymbol{\Psi}_{J_2}^B\end{matrix}\right],\boldsymbol{\Psi}_{J_2}^A,\boldsymbol{\Psi}_{J_2}^B\in\mathbb{R}_{3\times6}$$

则

$$\boldsymbol{u}_L=-\boldsymbol{\lambda}_{vL}=-\boldsymbol{\Psi}_{J_2}^A\,\boldsymbol{\lambda}_{L0} \tag{4-69}$$

令式（4-67）中的 $t=t_f$，得到

$$\boldsymbol{x}_L(t_f)=\boldsymbol{\Phi}_{J_2}(t_f,t_0)\boldsymbol{x}_L(t_0)-\int_{t_0}^{t_f}\boldsymbol{\Phi}_{J_2}^A(t_f,\tau)\boldsymbol{\Psi}_{J_2}^A(\tau,t_0)\boldsymbol{\lambda}_{L0}\mathrm{d}\tau$$

$$\tag{4-70}$$

从而可以解出

$$\boldsymbol{\lambda}_{L0}=-\left[\int_{t_0}^{t_f}\boldsymbol{\Phi}_{J_2}^A(t_f,\tau)\boldsymbol{\Psi}_{J_2}^A(\tau,t_0)\mathrm{d}\tau\right]^{-1}\left[\boldsymbol{x}_L(t_f)-\boldsymbol{\Phi}_{J_2}(t_f,t_0)\boldsymbol{x}_L(t_0)\right]$$

$$\tag{4-71}$$

定义

$$\breve{\boldsymbol{S}}_f=\int_{t_0}^{t_f}\boldsymbol{\Phi}_{J_2}^A(t_f,\tau)\boldsymbol{\Psi}_{J_2}^A(\tau,t_0)\mathrm{d}\tau \tag{4-72}$$

$$\breve{\boldsymbol{K}}=\boldsymbol{x}_L(t_f)-\boldsymbol{\Phi}_{J_2}(t_f,t_0)\boldsymbol{x}_L(t_0) \tag{4-73}$$

则基于线性模型的最优控制

$$\boldsymbol{u}_L(t)=\boldsymbol{\Psi}_{J_2}^A(t,t_0)\breve{\boldsymbol{S}}_f^{-1}\breve{\boldsymbol{K}} \tag{4-74}$$

4.3.3.2　一阶摄动解的求解

将近似解式（4-64）代入式（4-63）得到一阶摄动方程

$$\begin{bmatrix} \dot{\boldsymbol{v}}_N \\ \dot{\boldsymbol{r}}_N \\ \dot{\boldsymbol{\lambda}}_{vN} \\ \dot{\boldsymbol{\lambda}}_{rN} \end{bmatrix} = \begin{bmatrix} \breve{\boldsymbol{A}}_1 & \breve{\boldsymbol{A}}_2 & -\boldsymbol{I}_3 & \boldsymbol{0}_{3\times 3} \\ \boldsymbol{I}_3 & \boldsymbol{0}_{3\times 3} & \boldsymbol{0}_{3\times 3} & \boldsymbol{0}_{3\times 3} \\ \boldsymbol{0}_{3\times 3} & \boldsymbol{0}_{3\times 3} & -\breve{\boldsymbol{A}}_1^{\mathrm{T}} & -\boldsymbol{I}_3 \\ \boldsymbol{0}_{3\times 3} & \boldsymbol{0}_{3\times 3} & -\breve{\boldsymbol{A}}_2^{\mathrm{T}} & \boldsymbol{0}_{3\times 3} \end{bmatrix} \begin{bmatrix} \boldsymbol{v}_N \\ \boldsymbol{r}_N \\ \boldsymbol{\lambda}_{vN} \\ \boldsymbol{\lambda}_{rN} \end{bmatrix} + \begin{bmatrix} \breve{\boldsymbol{f}}_{dL} \\ \boldsymbol{0}_{3\times 1} \\ \boldsymbol{0}_{3\times 1} \\ -\breve{\boldsymbol{q}}_L \end{bmatrix} \quad (4-75)$$

同样根据线性系统理论,有

$$\begin{bmatrix} \boldsymbol{v}_N(t) \\ \boldsymbol{r}_N(t) \end{bmatrix} = \boldsymbol{\Phi}_{J_2}(t,t_0)\begin{bmatrix} \boldsymbol{v}_{N0} \\ \boldsymbol{r}_{N0} \end{bmatrix} + \boldsymbol{\Phi}_{J_2}(t,t_0)\int_{t_0}^t \boldsymbol{\Phi}_{J_2}^{-1}(\tau,t_0)\begin{bmatrix} -\boldsymbol{\lambda}_{vN} + \breve{\boldsymbol{f}}_{dL} \\ \boldsymbol{0}_{3\times 1} \end{bmatrix}\mathrm{d}\tau$$

$$(4-76)$$

$$\begin{bmatrix} \boldsymbol{\lambda}_{vN}(t) \\ \boldsymbol{\lambda}_{rN}(t) \end{bmatrix} = \boldsymbol{\Psi}_{J_2}(t,t_0)\boldsymbol{\lambda}_{N0} - \boldsymbol{\Psi}_{J_2}(t,t_0)\int_{t_0}^t \boldsymbol{\Psi}_{J_2}^{-1}(\tau,t_0)\begin{bmatrix} \boldsymbol{0}_{3\times 1} \\ \breve{\boldsymbol{q}}_L \end{bmatrix}\mathrm{d}\tau$$

$$(4-77)$$

定义

$$\breve{\boldsymbol{P}}(t) = \begin{bmatrix} \breve{\boldsymbol{P}}_A(t) \\ \breve{\boldsymbol{P}}_B(t) \end{bmatrix} = \boldsymbol{\Psi}_{J_2}(t,t_0)\int_{t_0}^t \boldsymbol{\Psi}_{J_2}^{-1}(\tau,t_0)\begin{bmatrix} \boldsymbol{0}_{3\times 1} \\ \breve{\boldsymbol{q}}_L \end{bmatrix}\mathrm{d}\tau \quad (4-78)$$

其中,$\breve{\boldsymbol{P}}_A(t),\breve{\boldsymbol{P}}_B(t) \in \mathbb{R}_{3\times 1}$,则

$$\boldsymbol{\lambda}_{vN}(t) = \boldsymbol{\Psi}_{J_2}^A(t,t_0)\boldsymbol{\lambda}_{N0} - \breve{\boldsymbol{P}}_A(t) \quad (4-79)$$

令式(4-76)中的 $t = t_f$,并结合式(4-79)得到

$$\begin{bmatrix} \boldsymbol{v}_N(t_f) \\ \boldsymbol{r}_N(t_f) \end{bmatrix} = \boldsymbol{\Phi}_{J_2}(t_f,t_0)\begin{bmatrix} \boldsymbol{v}_N(t_0) \\ \boldsymbol{r}_N(t_0) \end{bmatrix} + \int_{t_0}^{t_f} \boldsymbol{\Phi}_{J_2}^A(t_f,\tau)\breve{\boldsymbol{f}}_{dL}\,\mathrm{d}\tau - $$

$$\int_{t_0}^{t_f} \boldsymbol{\Phi}_{J_2}^A(t_f,\tau)\big[\boldsymbol{\Psi}_{J_2}^A(\tau,t_0)\boldsymbol{\lambda}_{N0} - \breve{\boldsymbol{P}}_A(\tau)\big]\mathrm{d}\tau$$

$$(4-80)$$

假设一阶摄动解的边界条件为

$$\begin{bmatrix} \boldsymbol{v}_N(t_f) \\ \boldsymbol{r}_N(t_f) \end{bmatrix} = \begin{bmatrix} \boldsymbol{v}_N(t_0) \\ \boldsymbol{r}_N(t_0) \end{bmatrix} = \begin{bmatrix} \boldsymbol{0}_{3\times 1} \\ \boldsymbol{0}_{3\times 1} \end{bmatrix}$$

则式（4-80）可化简为

$$\int_{t_0}^{t_f} \boldsymbol{\Phi}_{J_2}^A (t_f, \tau) \boldsymbol{\Psi}_{J_2}^A (\tau, t_0) \mathrm{d}\tau \, \lambda_{N0} - \int_{t_0}^{t_f} \boldsymbol{\Phi}_{J_2}^A (t_f, \tau) \breve{\boldsymbol{P}}_A (\tau) \mathrm{d}\tau$$

$$= \int_{t_0}^{t_f} \boldsymbol{\Phi}_{J_2}^A (t_f, \tau) \breve{\boldsymbol{f}}_{dL} \mathrm{d}\tau$$

$$(4-81)$$

定义

$$\breve{\boldsymbol{Q}}_f = \int_{t_0}^{t_f} \boldsymbol{\Phi}_{J_2}^A (t_f, \tau) \breve{\boldsymbol{P}}_A (\tau) \mathrm{d}\tau \qquad \breve{\boldsymbol{U}}_f = \int_{t_0}^{t_f} \boldsymbol{\Phi}_{J_2}^A (t_f, \tau) \breve{\boldsymbol{f}}_{dL} \mathrm{d}\tau$$

$$(4-82)$$

则

$$\boldsymbol{\lambda}_{N0} = \breve{\boldsymbol{S}}_f^{-1} (\breve{\boldsymbol{Q}}_f + \breve{\boldsymbol{U}}_f) \tag{4-83}$$

进一步，有

$$\boldsymbol{\lambda}_{vN} (t) = \boldsymbol{\Psi}_{J_2}^A (t, t_0) \breve{\boldsymbol{S}}_f^{-1} (\breve{\boldsymbol{Q}}_f + \breve{\boldsymbol{U}}_f) - \breve{\boldsymbol{P}}_A (t) \tag{4-84}$$

则根据式（4-61）、式（4-64）、式（4-68）以及式（4-84），得到基于非线性模型式（4-57）的能量最优重构控制

$$\boldsymbol{u} (t) = \boldsymbol{\Psi}_{J_2}^A (t, t_0) \breve{\boldsymbol{S}}_f^{-1} \breve{\boldsymbol{K}} - \varepsilon \boldsymbol{\Psi}_{J_2}^A (t, t_0) \breve{\boldsymbol{S}}_f^{-1} (\breve{\boldsymbol{Q}}_f + \breve{\boldsymbol{U}}_f) + \varepsilon \breve{\boldsymbol{P}}_A (t) \tag{4-85}$$

根据上述推导过程可知，确定最优控制的关键是确定如下几个积分项：$\breve{\boldsymbol{S}}_f$、$\breve{\boldsymbol{P}}$、$\breve{\boldsymbol{Q}}_f$ 以及 $\breve{\boldsymbol{U}}_f$，而这些积分均与状态转移矩阵和协态转移矩阵相关。与 4.3.2 节的非线性相对运动模型 I 相比，基于非线性相对运动模型 II 的状态转移矩阵和协态转移矩阵的解析表达式未知，但我们可以根据式（4-65）和式（4-66），得到它们在离散时刻点的值。因此，我们求解基于非线性相对运动模型 II 的最优重构控制问题的方法，可以认为是一种半解析的方法。数值分析中，已知被积函数在离散时刻点的值，可通过数值积分方法确定积分结果。此处采用样条插值积分方法，配点采用的是 Gauss-Radau 点。程序中采用的是 Matlab 提供的样条插值函数 spline，以及样条插值

积分 fnint。

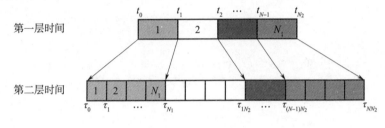

图 4-8　两层时间示意图

由于待求的积分中 $\breve{\boldsymbol{P}}$ 是嵌套在积分 $\breve{\boldsymbol{Q}}_f$ 中，因此我们采用两层时间节点。第一层：$t_0,t_1,\cdots,t_{N_1}$，第二层：$\tau_0,\tau_1,\cdots,\tau_{N_2}$，每层时间的节点都是 LGR 配点，两层节点之间的关系如图 4-8 所示。

为了得到第一层时间节点上的 $\breve{\boldsymbol{P}}(t)$，且节省运算量，需考虑 $\breve{\boldsymbol{P}}(\iota)$ 的递推关系

$$\breve{\boldsymbol{P}}(t_{k+1}) = \boldsymbol{\Psi}_{J_2}(t_{k+1},t_0)\int_{t_0}^{t_{k+1}} \boldsymbol{\Psi}_{J_2}^{-1}(\tau,t_0)\begin{bmatrix} \boldsymbol{0}_{3\times1} \\ \breve{\boldsymbol{q}}_L \end{bmatrix}\mathrm{d}\tau$$

$$= \boldsymbol{\Psi}_{J_2}(t_{k+1},t_k)\left[\breve{\boldsymbol{P}}(t_k)+\int_{t_k}^{t_{k+1}} \boldsymbol{\Psi}_{J_2}^{-1}(\tau,t_k)\begin{bmatrix} \boldsymbol{0}_{3\times1} \\ \breve{\boldsymbol{q}}_L \end{bmatrix}\mathrm{d}\tau\right]$$

$$(4-86)$$

其中，积分项

$$\boldsymbol{I}(t_{k+1},t_k) = \int_{t_k}^{t_{k+1}} \boldsymbol{\Psi}_{J_2}^{-1}(\tau,t_k)\begin{bmatrix} \boldsymbol{0}_{3\times1} \\ \breve{\boldsymbol{q}}_L(\tau) \end{bmatrix}\mathrm{d}\tau \qquad (4-87)$$

是通过在第二层时间序列 $\tau_0,\tau_1,\cdots,\tau_{N_2}$ 上进行样条插值积分得到的，在此过程中需计算被积函数在第二层时间节点 $\tau_j(t_k \leqslant \tau_j \leqslant t_{k+1})$ 处的值，即 $\boldsymbol{\Psi}_{J_2}^{-1}(\tau_j,t_k)\begin{bmatrix} \boldsymbol{0}_{3\times1} \\ \breve{\boldsymbol{q}}_L(\tau_j) \end{bmatrix}$。进一步，$\breve{\boldsymbol{S}}_f$、$\breve{\boldsymbol{Q}}_f$ 和 $\breve{\boldsymbol{U}}_f$ 的被积函数在第一层时间节点 $t_k(t_0 \leqslant t_k \leqslant t_{N_1})$ 处的值：$\boldsymbol{\Phi}_{J_2}^A(t_f,t_k)\boldsymbol{\Psi}_{J_2}^A(t_k,t_0)$、$\boldsymbol{\Phi}_{J_2}^A(t_f,t_k)\breve{\boldsymbol{P}}_A(t_k)$ 和 $\boldsymbol{\Phi}_{J_2}^A(t_f,t_k)\breve{\boldsymbol{f}}_{dL}(t_k)$ 也可以得到，然后将这些被

积函数在第一层时间序列 $t_0, t_1, \cdots, t_{N_1}$ 上进行样条插值积分，即可确定 $\breve{\boldsymbol{S}}_f$、$\breve{\boldsymbol{Q}}_f$ 和 $\breve{\boldsymbol{U}}_f$ 的值。因此，第一层时间节点处的线性和非线性最优控制可通过下面两式确定

$$\boldsymbol{u}_L(t_k) = \boldsymbol{\Psi}_{J_2}^A(t_k, t_0)\breve{\boldsymbol{S}}_f^{-1}\breve{\boldsymbol{K}} \tag{4-88}$$

$$\boldsymbol{u}(t_k) = \boldsymbol{\Psi}_{J_2}^A(t_k, t_0)\breve{\boldsymbol{S}}_f^{-1}\breve{\boldsymbol{K}} - \breve{\varepsilon}\,\boldsymbol{\Psi}_{J_2}^A(t_k, t_0)\breve{\boldsymbol{S}}_f^{-1}(\breve{\boldsymbol{Q}}_f + \breve{\boldsymbol{U}}_f) + \breve{\varepsilon}\,\breve{\boldsymbol{P}}_A(t_k) \tag{4-89}$$

第一层时间节点之间的最优控制可通过样条插值来确定，也可以采用其他插值方法。此外，$\breve{\boldsymbol{Q}}_f$、$\breve{\boldsymbol{U}}_f$ 以及 $\breve{\boldsymbol{P}}_A(t_k)$ 中均含有小量 $\breve{\varepsilon}$ 的倒数，因此在计算的过程中，$\breve{\varepsilon}$ 小量可以抵消。

4.3.3.3 仿真验证

为了验证 4.3.3.2 节求得的考虑 J_2 摄动的最优控制的有效性和优越性，本节以考虑 J_2 项摄动的精确模型式（2-31）为数值仿真模型，针对表 4-6 所示三种情况进行仿真验证，初末状态和表 4-4 中对应的情况相同，重构时间为 $t_f = 1T$。分别施加基于线性相对运动模型的最优控制 $\boldsymbol{u}_L$［式（4-88）］和基于非线性相对运动模型的最优控制 $\boldsymbol{u}$［式（4-89）］，进行仿真验证。表 4-8 给出了两种重构控制在不同情况下的重构误差和性能指标大小。

表 4-8 考虑 J_2 项摄动时，$\boldsymbol{u}_L$ 和 $\boldsymbol{u}$ 的控制效果对比

情况	基于线性模型的最优控制			基于非线性模型的最优控制		
	$\mid \Delta \boldsymbol{v}_L \mid$ /ms^{-1}	$\mid \Delta \boldsymbol{r}_L \mid$ /m	J_L /m^2 s^{-3}	$\mid \Delta \boldsymbol{v}_N \mid$ /ms^{-1}	$\mid \Delta \boldsymbol{r}_N \mid$ /m	J /m^2 s^{-3}
2	0.009 37	319.784	1.001×10^{-3}	0.006 01	11.643	9.518×10^{-4}
4	0.137	320.428	1.777×10^{-4}	0.012 7	25.826	1.663×10^{-4}
6	5.480	9 460.766	8.047×10^{-4}	0.650	1 294.964	7.957×10^{-4}

通过对比表 4-8 和表 4-7 的数据，不难发现，考虑 J_2 项摄动后，不论是线性情况，还是非线性情况，最优重构精度较考虑摄动前均有明显的改善。这反映了求解相对运动最优重构控制时，考虑 J_2 项摄动的必要性。当然，基于考虑 J_2 项摄动非线性相对运动模型

的最优重构精度较线性情况有很大的提高，但是性能指标的变化却较小，如表 4-8 所示。这说明要达到较高的重构精度，需要付出的能耗代价也较小。此外，由于随着偏心率和相对运动尺度的增加，考虑 J_2 项摄动的近似非线性相对运动模型和精确相对运动模型相比，精度降低，故而重构误差也随着增大，但与相对运动尺度（10 km）相比，还是合理的。

综合本节以及 4.3.2.3 节的仿真结果，可以得出如下结论：基于非线性模型的最优重构控制均可在能耗几乎不变的情况下，有效地降低重构误差；考虑 J_2 项摄动后的重构精度较考虑前更高。这为真实环境中的进一步闭环修正控制提供了较好的参考，可大大减少闭环控制的能耗。

4.4　多航天器编队构型重构的分层优化协同制导

4.4.1　问题描述

多航天器编队的建立和重构（由于控制过程相同，以下简称为重构）的制导问题，可概括为两个子问题，即如何最优地为各航天器分配最终状态，各航天器如何最优地机动到终端状态。这样，多航天器编队重构的制导目标是确定每个航天器以最优的路径到达最优目标状态（或轨迹），使编队航天器进入期望的相对轨道，实现预定的几何构型。对航天器编队而言，最优性指标一般为时间最优、总推进剂消耗最优、推进剂消耗的均衡性最优，或者是这几个最优性条件的组合。

本节研究的多航天器编队构型重构协同制导方法采用分层控制结构，分为顶层协同和底层规划两个阶段实现多航天器编队的协同和路径规划任务，如图 4-9 所示。

4.4.2　基于高斯变分方程的底层路径规划

对于椭圆参考轨道的航天器编队构型重构的路径规划问题，一

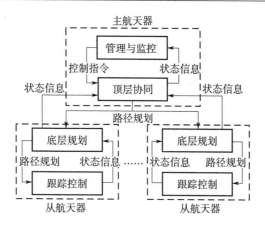

图 4 - 9　顶层协同-底层规划的协同制导

般以 Lawden 方程为动力学模型来研究[20]。考虑到在偏心率较大时，高斯变分方程描述的相对运动方程比 Lawden 方程的线性化误差要小。下面采用以高斯变分方程描述的相对运动方程式（2 - 64）作为动力学模型，采用线性规划方法展开研究。

4.4.2.1　模型预测方程

首先以 Δt 为时间步长，采用零阶保持器对式（2 - 64）表示的连续系统进行离散化，时间间隔 Δt 通过 m 个等间隔的真近点角值定义。因为式（2 - 64）为 LTV 系统，所以零阶保持器必须在每个时间步 k 执行

$$\delta \boldsymbol{e}_{k+1} = \boldsymbol{A}(\boldsymbol{e}_0)_k \delta \boldsymbol{e}_k + \boldsymbol{B}(\boldsymbol{e}_0)_k \boldsymbol{u}_k \qquad (4-90)$$

对于每个 $k \in (1, m)$，可以得到系统矩阵 $\boldsymbol{A}(\boldsymbol{e}_0)_k$ 和输入矩阵 $\boldsymbol{B}(\boldsymbol{e}_0)_k$。此外需要强调的是虽然连续时间系统中 $\boldsymbol{A}(\boldsymbol{e}_0)$ 并不是真近点角的函数，但是离散系统中 $\boldsymbol{A}(\boldsymbol{e}_0)_k$ 却是随时间变化的，这是因为时间步长 Δt 也是变化的。下文在不引起混淆的情况下将系统矩阵 $\boldsymbol{A}(\boldsymbol{e}_0)_k$ 和输入矩阵 $\boldsymbol{B}(\boldsymbol{e}_0)_k$ 简写为 $\boldsymbol{A}_k$，$\boldsymbol{B}_k$。这样，方程式（4 - 90）的前两步方程表示为

$$\delta e_1 = A_0 \delta e_0 + B_0 u_0$$

$$\delta e_2 = A_1 \delta e_1 + B_1 u_1 \tag{4-91}$$

$$= A_1 A_0 \delta e_0 + A_1 B_0 F_0 + B_1 u_1$$

将式（4-91）扩展到第 m 步离散状态为

$$
\begin{aligned}
\delta e_m = {} & [A_{m-1} \quad A_{m-2} \quad \cdots \quad A_0] \delta e_0 + \\
& [A_{m-1} \quad A_{m-2} \quad \cdots \quad A_1] B_0 u_0 + \\
& [A_{m-1} \quad A_{m-2} \quad \cdots \quad A_2] B_1 u_1 + \\
& \cdots + B_{m-1} u_{m-1}
\end{aligned} \tag{4-92}
$$

定义式（4-92）中

$$
\begin{cases}
\hat{A} = [A_{m-1} \quad A_{m-2} \quad \cdots \quad A_0] \\
\hat{B} = [[A_{m-1} \quad A_{m-2} \quad \cdots \quad A_1] B_0 \quad [A_{m-1} \quad A_{m-2} \quad \cdots \quad A_2] B_1 \quad \cdots \quad B_{m-1}] \\
\hat{u} = [u_0^T \quad u_1^T \quad \cdots \quad u_{m-1}^T]^T
\end{cases} \tag{4-93}
$$

式（4-93）中 u_k，$k = 0 \rightarrow (m-1)$ 为编队航天器在第 k 步三个方向的脉冲组成的控制脉冲矢量。

将式（4-93）代入式（4-92），可得到第 m 步离散状态为

$$\delta e_m = \hat{A} \delta e_0 + \hat{B} \hat{u} \tag{4-94}$$

式（4-94）可根据初始状态 δe_0 与前 k 步的控制过程 u_k $[k = 0 \rightarrow (m-1)]$，计算出第 m 步状态 δe_m。路径规划问题可描述为：在最后一步状态 δe_m 满足终端约束 δe^* 的前提下，求解控制脉冲序列 $\hat{u}^*$，使得控制脉冲序列 $\hat{u}^*$ 的推进剂消耗 $\| \hat{u}^* \|$ 最小。

4.4.2.2　目标函数

编队航天器构型重构路径规划问题中，最重要的考虑为推进剂消耗最小。推进剂消耗 Δm 与速度脉冲 Δv 满足如下关系

$$\Delta m = m_0 \left[1 - \exp\left(-\frac{\Delta v}{I_{sp} g_0} \right) \right] \tag{4-95}$$

这里，m_0 为初始推进剂质量，I_{sp} 为比冲，g_0 为海平面重力加速度。

考虑 $\Delta v / I_{sp} g_0 \ll 1$，则式（4-95）简化为

$$\Delta m \approx \frac{m_0 \Delta_v}{I_{sp} g_0} \qquad (4-96)$$

式（4-96）说明推进剂消耗与脉冲量满足近似线性正比关系。

因此，可用下式衡量编队推进剂消耗

$$\Delta v = \| \Delta \boldsymbol{v} \|_1 \triangleq \sum_{i=1}^{3m} \| \Delta \boldsymbol{v}_i \|_1 \qquad (4-97)$$

根据式（4-97）可以得到如下目标函数

$$\hat{\boldsymbol{u}}^* = \mathop{\arg\min}\limits_{\hat{\boldsymbol{u}}} \boldsymbol{C} \| \hat{\boldsymbol{u}} \|_1 \triangleq \mathop{\arg\min}\limits_{\hat{\boldsymbol{u}}} \sum_{i=1}^{3m} c_i \| u_i \|_1 \qquad (4-98)$$

式（4-98）表示求解航天器三方向推力脉冲序列 $\hat{\boldsymbol{u}}^* = \begin{bmatrix} u_1 & u_2 & \cdots & u_{3m} \end{bmatrix}^T$，在满足约束函数的条件下使 $\| \hat{\boldsymbol{u}} \|_1$ 最小，其中系数矢量 $\boldsymbol{C} = \begin{bmatrix} c_0 & c_1 & \cdots & c_{3m} \end{bmatrix}$ 元素一般为全 1。也可以通过调整系数矢量 $\boldsymbol{C}$ 来对某个时刻或某个方向的推力脉冲进行较大或较小的惩罚。

4.4.2.3　终端约束

根据路径规划问题的描述，终端约束可表示为

$$| \delta e_m - \delta e^* | \leqslant \varepsilon_e \qquad (4-99)$$

期望轨道要素差 δe^* 可根据 4.2 节，先确定编队任务所需的几何构型及构型上的相对运动状态，再根据 2.2.5.2 节相对运动状态与轨道要素差的转换方法计算得到。

终端轨道要素误差容忍限 $\boldsymbol{\varepsilon}_e = \begin{bmatrix} \varepsilon_e^a & \varepsilon_e^i & \varepsilon_e^\Omega & \varepsilon_e^\omega & \varepsilon_e^e & \varepsilon_e^M \end{bmatrix}^T$ 为一个充分小矢量。将式（4-99）写为如下两个不等式

$$\begin{cases} \delta e_m - \delta e^* \geqslant -\varepsilon_e \\ \delta e_m - \delta e^* \leqslant +\varepsilon_e \end{cases} \qquad (4-100)$$

将式（4-94）代入式（4-100）可得

$$\begin{cases} \hat{\boldsymbol{A}} \delta e_0 + \widehat{\boldsymbol{B}} \boldsymbol{u} - \delta e^* \geqslant -\varepsilon_e \\ \hat{\boldsymbol{A}} \delta e_0 + \widehat{\boldsymbol{B}} \boldsymbol{u} - \delta e^* \leqslant +\varepsilon_e \end{cases} \qquad (4-101)$$

对式（4-101）进行代数变换

$$
\begin{cases}
-\widehat{\pmb{B}}\pmb{u} \leqslant \pmb{\varepsilon}_e + \widehat{\pmb{A}}\delta\pmb{e}_0 - \delta\pmb{e}^* \\
\widehat{\pmb{B}}\pmb{u} \leqslant \pmb{\varepsilon}_e - \widehat{\pmb{A}}\delta\pmb{e}_0 + \delta\pmb{e}^*
\end{cases}
\tag{4-102}
$$

定义 $\widetilde{\pmb{A}}$ 和 $\widetilde{\pmb{b}}$ 为

$$
\begin{cases}
\widetilde{\pmb{A}} = \begin{bmatrix} \pmb{\varepsilon}_e + \widehat{\pmb{A}}\delta\pmb{e}_0 - \delta\pmb{e}^* \\ \pmb{\varepsilon}_e - \widehat{\pmb{A}}\delta\pmb{e}_0 + \delta\pmb{e}^* \end{bmatrix} \\
\widetilde{\pmb{b}} = \begin{bmatrix} -\widehat{\pmb{B}} \\ \widehat{\pmb{B}} \end{bmatrix}
\end{cases}
\tag{4-103}
$$

这样式（4-102）可写为

$$
\widetilde{\pmb{A}}\widetilde{\pmb{u}} \leqslant \widetilde{\pmb{b}}
\tag{4-104}
$$

这样可以将椭圆参考轨道的航天器编队构型重构的路径规划描述为一个线性规划问题，通过单纯形法进行求解。

4.4.2.4　仿真算例与分析

为了验证基于高斯变分方程的路径规划方法的有效性，设计以下仿真算例。

（1）仿真条件

考虑参考航天器 S_0 初始轨道要素为

$$
\pmb{e}_0 = \begin{bmatrix} 7\,058.136\,8 & \pi/4 & 0 & 0 & 0.6 & \pi \end{bmatrix}
$$

航天器 S_1 与参考航天器 S_0 的轨道要素差为

$$
\delta\pmb{e} = \begin{bmatrix} 1\times10^{-9} & 1\times10^{-7} & 1\times10^{-7} & 1\times10^{-7} & 1\times10^{-7} & 1\times10^{-7} \end{bmatrix}
$$

期望构型参数设置同 4.2.2.2 节中边界法的构型参数，如表 4-9 所示。

表 4-9　期望构型的参数设置

参数	$\widetilde{y}_0/\mathrm{km}$	$\widetilde{x}/\mathrm{km}$	$f_{\widetilde{x}}/\mathrm{rad}$	$\widetilde{z}/\mathrm{km}$	$f_{\widetilde{z}}/\mathrm{rad}$
数值	1.5	1	$\pi/3$	1	$2\pi/3$

重构时间为一个轨道周期 T，路径规划计算总步数为 2 000 步。同时，采用 Lawden 方程为动力学方程进行路径规划，对两者在惯

性系下积分的仿真计算结果进行比较，目的是比较采用两种不同模型进行路径规划实现期望构型的精度和能耗。

（2）仿真结果与分析

根据以上仿真条件设置中初始参考轨道要素，以及一个轨道周期 T 之后的期望构型参数，通过将构型参数转换为相对状态，再转换为轨道要素差状态，可以求得目标轨道要素差为

$$\delta a^* = 5.750\ 3 \times 10^{-5}\ \text{km}$$

$$\delta i^* = 1.917\ 0 \times 10^{-4}\ \text{rad}$$

$$\delta \Omega^* = -3.127\ 7 \times 10^{-5}\ \text{rad}$$

$$\delta \omega^* = 6.548\ 4 \times 10^{-5}\ \text{rad}$$

$$\delta e^* = -7.085\ 0 \times 10^{-5}$$

$$\delta M^* = 1.635\ 9 \times 10^{-4}\ \text{rad}$$

同样，可得到相对系下的初始相对位置状态为

$$\boldsymbol{r}_0 = [7.058\ 2 \times 10^{-4} \quad 2.3 \times 10^{-3} \quad 7.985\ 4 \times 10^{-4}]^{\text{T}}\ (\text{km})$$

初始相对速度状态为

$$\boldsymbol{v}_0 = [-1.761\ 3 \times 10^{-7} \quad -8.219\ 4 \times 10^{-7} \quad -3.757\ 5 \times 10^{-7}]^{\text{T}}\ (\text{km/s})$$

相对系下的目标相对位置状态为

$$\boldsymbol{r}^* = [-0.5 \quad 1.067\ 2 \quad -0.25]^{\text{T}}\ (\text{km})$$

以及目标相对速度状态为

$$\boldsymbol{v}^* = [-2.881\ 5 \times 10^{-4} \quad 5.822\ 7 \times 10^{-4} \quad -7.203\ 7 \times 10^{-4}]^{\text{T}}\ (\text{km/s})$$

以式（4-98）计算得到衡量推力脉冲能量消耗的速度增量指标，以高斯变分方程描述的动力学模型的路径规划速度增量指标为 $2.939\ 6 \times 10^{-4}\ \text{km/s}$，以 Lawden 方程为动力学模型的路径规划速度增量指标为 $2.948\ 2 \times 10^{-4}\ \text{km/s}$。

图 4-10（a）是基于高斯变分方程（GVE）的路径规划方法在相对系下积分所得的重构路径，图 4-10（b）为该方法和以 Lawden 方程为动力学模型的路径规划方法在惯性系下积分所得的重构路径。

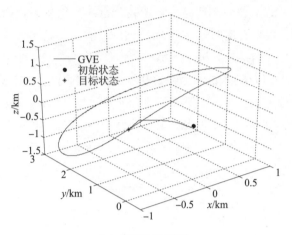

（a）在相对系下积分

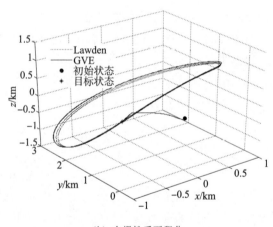

（b）在惯性系下积分

图 4 - 10　构型重构的路径规划

　　由以上仿真结果可以看到，基于高斯变分方程的路径规划方法相比 Lawden 方程做为动力学模型的路径规划方法得到的规划路径及能量消耗基本相同。但由图 4 - 10（b）可见，该方法相较 Lawden 方程为动力学模型的路径规划方法线性化误差更小。

4.4.3　基于 0‐1 规划的顶层协同

通过 4.4.2 节的计算，可以预测每个航天器由所在的初始构型到目标构型所需的推进剂消耗。设 4.2 节所定义的几何构型参数集表示为 P，编队中航天器 S_i 的初始构型表示为 P_{Si}, $i \in 1, \cdots, N$，第 j 个目标构型表示为 P_{Tj}, $j \in 1, \cdots, N$，编队初始构型集合为 $P_S = \{P_{S1}, P_{S2}, \cdots, P_{SN}\}$，目标构型集合为 $P_T = \{P_{T1}, P_{T2}, \cdots, P_{TN}\}$。

假如编队中航天器相同，则每个航天器均可到达任意一个目标构型。假设位于初始构型 P_{Si} 的航天器到达目标构型 P_{Tj} 所需的推进剂消耗指标为 $c_{ij} = c(P_{Si}, P_{Sj})$，所有推进剂消耗指标结果组成一个代价矩阵 $C_{N \times N}$，其第 i 行代表第 i 个航天器 S_i 由初始构型 P_{Si} 到达所有目标构型 P_T 的推进剂消耗指标，第 j 列代表所有初始构型 P_S 的航天器到达第 j 个目标构型 P_{Tj} 的推进剂消耗指标。

定义权系数矩阵 $W_{N \times N}$，其元素 w_{ij} 表示位于初始构型 P_{Si} 的航天器 S_i 到达目标构型 P_{Tj} 的权重（若权重相同，则 $W_{N \times N}$ 所有元素为 1）。若能找到一个初始构型集 P_S 到目标构型集 P_T 的双射 $\Gamma: P_S \rightarrow P_T$，使得以下目标函数最小

$$J = \sum_{i=1}^{N} c_{i\Gamma(i)} \cdot w_{i\Gamma(i)} \qquad (4-105)$$

为了表示双射 $\Gamma: P_S \rightarrow P_T$，定义配置矩阵 $T_{N \times N}$，其元素 t_{ij} 仅可为 0 或 1，$t_{ij} = 1$ 表示航天器 S_i 配置到第 j 个目标构型 P_{Tj}，$t_{ij} = 0$ 则航天器 S_i 不配置到第 j 个目标构型 P_{Tj}。因为每个航天器只能配置到 个目标构型，且每个目标构型只能配置一个航天器，则约束矩阵 $T_{N \times N}$ 中每一行仅有一个元素为 1 其他元素为 0，同样每列中仅有一个元素为 1 其他元素为 0。这样式（4‐105）中双射 $\Gamma(i) = \{j \mid t_{ij} = 1, i, j \in 1, \cdots, N\}$。则满足约束条件的每个 $T_{N \times N}$ 均代表一个可行的构型重构配置方案。这样编队构型重构的最优配置可表示为一个 0‐1 规划问题，可采用 0‐1 整数线性规划技术来求解。

应用 0‐1 规划算法的目的就是要从 $T_{N \times N}$ 中找到一种配置方案

使目标函数式（4-105）最小。这样顶层协同控制的离散最优配置问题表示为

$$\min_{i,j} J = \sum_{i=1}^{N} \sum_{j=1}^{N} c_{ij} w_{ij} t_{ij}$$

$$\text{s.t} \begin{cases} \sum_{i=1}^{N} t_{ij} = 1, \forall_j = 1, 2, \cdots, N \\ \sum_{j=1}^{N} t_{ij} = 1, \forall_i = 1, 2, \cdots, N \\ t_{ij} = 0 \text{ or } 1 \end{cases} \quad (4-106)$$

其中，式（4-106）中的目标函数表示编队重构推进剂消耗指标，两个求和约束确定的异或约束条件，确保了每个航天器仅配置到一个目标位置，每个目标位置仅配置一个航天器。整数 0-1 线性规划问题采用匈牙利算法来求解。

4.4.4　仿真算例与分析

采用顶层协同-底层规划的航天器编队构型重构的分层优化协同制导方法，执行 5 航天器编队初始化任务。

（1）仿真条件

参考航天器 S_0 初始轨道要素为

$$e_0 = \begin{bmatrix} 7\,058.136\,8 & \pi/4 & 0 & 0 & 0.6 & \pi \end{bmatrix}$$

重构初始时刻编队中 5 个航天器与参考航天器 S_0 之间的轨道要素差如表 4-10 表示。

表 4-10　重构前编队航天器的轨道要素差

	δa	δi	$\delta \Omega$	$\delta \omega$	δe	δM
S_1	1×10^{-9}	1×10^{-7}	1.00×10^{-7}	1×10^{-7}	1×10^{-7}	1×10^{-7}
S_2	1×10^{-9}	1×10^{-7}	1.20×10^{-7}	1×10^{-7}	1×10^{-7}	1×10^{-7}
S_3	1×10^{-9}	1×10^{-7}	1.40×10^{-7}	1×10^{-7}	1×10^{-7}	1×10^{-7}
S_4	1×10^{-9}	1×10^{-7}	1.60×10^{-7}	1×10^{-7}	1×10^{-7}	1×10^{-7}
S_5	1×10^{-9}	1×10^{-7}	1.80×10^{-7}	1×10^{-7}	1×10^{-7}	1×10^{-7}

期望构型参数设置同 4.2.2.2 节中边界法的构型参数，如表 4-11 所示。重构时间为一个参考轨道周期 T，路径规划计算步数为 2 000 步。

表 4-11　编队构型的参数设置

	$\tilde{y}_0/\mathrm{km}$	$\tilde{x}/\mathrm{km}$	$f_{\tilde{x}}/\mathrm{rad}$	$\tilde{z}/\mathrm{km}$	$f_{\tilde{z}}/\mathrm{rad}$
P_{T1}	1.5	1	$\pi/5$	1	$2\pi/3$
P_{T2}	1.5	1	$\pi/4$	1	$2\pi/3$
P_{T3}	1.5	1	$\pi/3$	1	$2\pi/3$
P_{T4}	1.5	1	$\pi/2$	1	$2\pi/3$
P_{T5}	1.5	1	$\pi/6$	1	$2\pi/3$

（2）仿真结果与分析

5 个航天器的构型重构过程及在目标构型上运行一个参考轨道周期 T 的运动轨迹如图 4-11，可见采用顶层协同-底层规划的协同制导方法，顶层协同算法将每个航天器准确地配置到了目标构型上，底层规划算法为每个航天器规划出了由初始状态到目标构型的重构路径。

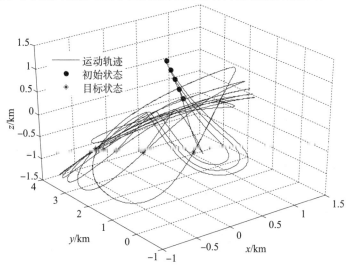

图 4-11　航天器相对运动轨迹

图 4-12 为编队中 5 个航天器与参考航天器之间的相对距离，可见经过一个参考轨道周期 T 的重构过程后，编队中 5 个航天器相对运动中的非周期项均被消除，进入目标构型形成稳定的周期相对运动。

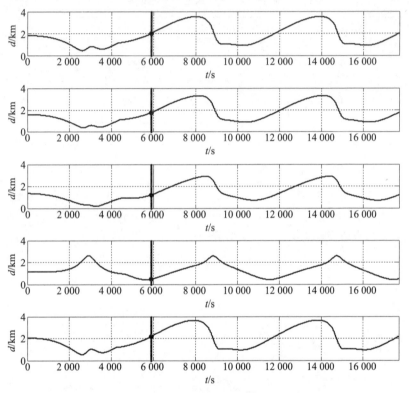

图 4-12　编队 5 个航天器与参考航天器的相对距离变化

编队构型初始所有可能的路径规划能耗，以及顶层协同算法计算所得最优配置方案如表 4-12 所示。其中航天器 S_i（第 i 行）配置到目标构型 P_{Tj}（第 j 行），则表值为 1，否则为 0。按照计算所得最优配置方案进行重构，总的推进剂消耗指标为 0.001 7 km/s。

表 4 - 12　编队构型初始化的路径能耗与最优配置

	$P_{T1}/$ $(10^{-4}\,km/s)$		$P_{T2}/$ $(10^{-4}\,km/s)$		$P_{T3}/$ $(10^{-4}\,km/s)$		$P_{T4}/$ $(10^{-4}\,km/s)$		$P_{T5}/$ $(10^{-4}\,km/s)$	
S_1	3.667 4	0	3.307 4	0	2.606 3	0	2.088 9	1	3.895 2	0
S_2	3.808 6	0	3.470 7	0	2.818 9	1	2.453 1	0	4.023 1	0
S_3	3.991 0	0	3.678 8	1	3.114 0	0	2.845 7	0	4.192 2	0
S_4	4.216 7	1	3.925 6	0	3.472 5	0	3.270 2	0	4.402 7	0
S_5	4.486 7	0	4.217 2	0	3.880 6	0	3.726 7	0	4.657 4	1

由仿真结果可知，采用顶层协同-底层规划的多航天器编队构型重构协同制导方法能够有效地实现航天器编队的重构任务。

4.5　多航天器编队构型重构的整体优化协同制导

上节的协同制导方法是一种分散规划集中协调的分层优化制导策略。这种优化策略适用于集中式协同控制方式，且顶层规划依赖于底层路径规划的结果，不易考虑推进剂消耗的平衡性。因此，本节以航天器编队整体作为优化对象，将各航天器相对位置和速度状态作为编队系统的子状态，通过规划编队系统整体由初始状态到目标状态的状态转移轨迹来实现各航天器由初始构型到目标构型的最优转移。这样的编队整体优化制导方法优势在于便于考虑编队航天器推进剂消耗的平衡性，且可在编队航天器星载计算机上实现分布式并行计算，适用于采用分布式协同控制方式的航天器编队飞行任务。

基于编队系统整体建模的路径规划与优化方法，以编队总推进剂消耗最小与各航天器推进剂消耗平衡为目标，以重构机动编队脉冲推力序列及编队中第 1 个航天器 S_1 初始构型上始发点相位角与目标构型上期望点相位角为优化变量，通过编队整体系统的模型预测控制方程规划编队系统各子状态集（即编队中各航天器状态）由初始构型到目标构型的路径。

4.5.1　编队系统的动力学模型

设参考航天器 S_0 运行在圆或近圆近地轨道上，则在参考轨道坐标系 $oxyz$（s_R）下，航天器编队的相对运动可以用 C - W 方程式（2 - 41）描述。将式（2 - 41）写成状态方程形式，则编队中第 i 个航天器 S_i 相对参考点的相对运动动力学模型为

$$\begin{cases} \dot{\boldsymbol{x}}_i = \boldsymbol{A}_i \boldsymbol{x}_i + \boldsymbol{B}_i \boldsymbol{u}_i \\ \boldsymbol{y}_i = \boldsymbol{C}_i \boldsymbol{x}_i \end{cases} \tag{4 - 107}$$

这里 $\boldsymbol{x}_i$ 为由航天器 S_i 相对位置与相对速度构成的状态矢量，$\boldsymbol{x}_i = \begin{bmatrix} x_i & y_i & z_i & \dot{x}_i & \dot{y}_i & \dot{z}_i \end{bmatrix}^{\mathrm{T}}$，$i = 1, \cdots, N$，$N$ 为编队航天器数目，$\boldsymbol{u}_i$ 为控制输入，$\boldsymbol{y}_i$ 为输出。其中 $\boldsymbol{C}_i$ 为单位阵 $\boldsymbol{I}_6$，系统矩阵 $\boldsymbol{A}_i$，输入矩阵 $\boldsymbol{B}_i$ 分别为

$$\boldsymbol{A}_i = \begin{bmatrix} & \boldsymbol{0}_{3\times3} & & & \boldsymbol{I}_3 & \\ 3n^2 & 0 & 0 & 0 & 2n & 0 \\ 0 & 0 & 0 & -2n & 0 & 0 \\ 0 & 0 & -2n^2 & 0 & 0 & 0 \end{bmatrix}, \boldsymbol{B}_i = \begin{bmatrix} \boldsymbol{0}_{3\times3} \\ \boldsymbol{I}_3 \end{bmatrix}$$

其中 n 为参考轨道平均角速度，$\boldsymbol{0}_{3\times3}$ 为 3 阶零矩阵，$\boldsymbol{I}_3$ 为 3 阶单位阵。

定义 4.1：设 $\hat{\boldsymbol{A}} = (\hat{a}_{ij})_{m\times n}$，$\hat{\boldsymbol{B}} = (\hat{b}_{ij})_{p\times q}$，称如下分块矩阵

$$\hat{\boldsymbol{A}} \otimes \hat{\boldsymbol{B}} = \begin{bmatrix} \hat{a}_{11}\hat{\boldsymbol{B}} & \hat{a}_{12}\hat{\boldsymbol{B}} & \cdots & \hat{a}_{1n}\hat{\boldsymbol{B}} \\ \hat{a}_{21}\hat{\boldsymbol{B}} & \hat{a}_{22}\hat{\boldsymbol{B}} & \cdots & \hat{a}_{2n}\hat{\boldsymbol{B}} \\ \vdots & \vdots & & \vdots \\ \hat{a}_{m1}\hat{\boldsymbol{B}} & \hat{a}_{m2}\hat{\boldsymbol{B}} & \cdots & \hat{a}_{mn}\hat{\boldsymbol{B}} \end{bmatrix} \tag{4 - 108}$$

为 $\hat{\boldsymbol{A}}$，$\hat{\boldsymbol{B}}$ 的 Kronecker 直积。

编队系统整体状态 $\boldsymbol{x}$ 由编队 N 个航天器状态构成，即 $\boldsymbol{x} = \begin{bmatrix} \boldsymbol{x}_1^{\mathrm{T}} & \boldsymbol{x}_2^{\mathrm{T}} \cdots \boldsymbol{x}_N^{\mathrm{T}} \end{bmatrix}^{\mathrm{T}}$。这样，编队系统动力学方模型为

$$\begin{cases} \dot{\boldsymbol{x}} = \boldsymbol{A}\boldsymbol{x} + \boldsymbol{B}\boldsymbol{u} \\ \boldsymbol{y} = \boldsymbol{C}\boldsymbol{x} \end{cases} \tag{4 - 109}$$

式（4 - 109）中 $\boldsymbol{u}$ 为编队系统的控制输入，由编队 N 个航天器控

制输入组成，即 $\boldsymbol{u}=\begin{bmatrix}\boldsymbol{u}_1^T & \boldsymbol{u}_2^T & \cdots & \boldsymbol{u}_N^T\end{bmatrix}^T$，同理 $\boldsymbol{y}=\begin{bmatrix}\boldsymbol{y}_1^T & \boldsymbol{y}_2^T & \cdots & \boldsymbol{y}_N^T\end{bmatrix}^T$。其中 $\boldsymbol{A}=\boldsymbol{I}_N\otimes\boldsymbol{A}_i$，$\boldsymbol{B}=\boldsymbol{I}_N\otimes\boldsymbol{B}_i$，$\boldsymbol{C}=\boldsymbol{I}_N\otimes\boldsymbol{C}_i$，$\boldsymbol{I}_N$ 为 N 阶单位矩阵，符号 $\otimes$ 表示 Kronecker 直积。

4.5.2 编队重构整体优化

4.5.2.1 编队系统的模型预测控制方程

以 T_s 为采样周期，采用零阶保持器对式（4-107）离散化，可得编队中的航天器 S_i 相对运动离散状态空间模型形式如下

$$\boldsymbol{x}_i(k+1)=\widetilde{\boldsymbol{A}}_i(k)\boldsymbol{x}_i(k)+\widetilde{\boldsymbol{B}}_i(k)\boldsymbol{u}_i(k) \qquad (4-110)$$

上式中 $\boldsymbol{x}_i(k)=\begin{bmatrix}x_i(k) & y_i(k) & z_i(k) & \dot{x}_i(k) & \dot{y}_i(k) & \dot{z}_i(k)\end{bmatrix}^T$ 为第 k 步航天器 S_i 的位置与速度状态矢量，$\widetilde{\boldsymbol{A}}_i(k)$ 为第 k 步状态矩阵，$\widetilde{\boldsymbol{B}}_i(k)$ 为第 k 步输入矩阵。已知航天器初始状态 $\boldsymbol{x}(0)$，根据式（4-110）则有

$$\boldsymbol{x}_i(1)=\widetilde{\boldsymbol{A}}_i(0)\boldsymbol{x}_i(0)+\widetilde{\boldsymbol{B}}_i(0)\boldsymbol{u}_i(0)$$
$$\boldsymbol{x}_i(2)=\widetilde{\boldsymbol{A}}_i(1)\boldsymbol{x}_i(1)+\widetilde{\boldsymbol{B}}_i(1)\boldsymbol{u}_i(1)$$
$$=\widetilde{\boldsymbol{A}}_i(1)\widetilde{\boldsymbol{A}}_i(0)x_i(0)+\widetilde{\boldsymbol{A}}_i(1)\widetilde{\boldsymbol{B}}_i(0)\boldsymbol{u}_i(0)+\boldsymbol{B}_i(1)\boldsymbol{u}_i(1)$$

$$(4-111)$$

将式（4-111）推广到第 m 步

$$\begin{aligned}\boldsymbol{x}_i(m)=&\widetilde{\boldsymbol{A}}_i(m-1)\widetilde{\boldsymbol{A}}_i(m-2)\cdots\widetilde{\boldsymbol{A}}_i(0)\boldsymbol{x}_i(0)+\\&\widetilde{\boldsymbol{A}}_i(m-1)\widetilde{\boldsymbol{A}}_i(m-2)\cdots\widetilde{\boldsymbol{A}}_i(1)\widetilde{\boldsymbol{B}}_i(0)\boldsymbol{u}_i(0)+\\&\widetilde{\boldsymbol{A}}_i(m-1)\widetilde{\boldsymbol{A}}_i(m-2)\cdots\widetilde{\boldsymbol{A}}_i(2)\widetilde{\boldsymbol{B}}_i(1)\boldsymbol{u}_i(1)+\\&\cdots+\widetilde{\boldsymbol{B}}_i(m-1)\boldsymbol{u}_i(m-1)\end{aligned} \qquad (4-112)$$

若记

$$\widehat{\boldsymbol{A}}=\widetilde{\boldsymbol{A}}_i(m-1)\widetilde{\boldsymbol{A}}_i(m-2)\cdots\widetilde{\boldsymbol{A}}_i(0)$$
$$\begin{aligned}\widehat{\boldsymbol{B}}=\big[&\widetilde{\boldsymbol{A}}_i(m-1)\widetilde{\boldsymbol{A}}_i(m-2)\cdots\widetilde{\boldsymbol{A}}_i(1)\boldsymbol{B}_i(0)\\&\widetilde{\boldsymbol{A}}_i(m-1)\widetilde{\boldsymbol{A}}_i(m-2)\cdots\widetilde{\boldsymbol{A}}_i(2)\boldsymbol{B}_i(1)\\&\cdots\boldsymbol{B}_i(m-1)\big]\end{aligned}$$
$$\boldsymbol{u}_i=\begin{bmatrix}\boldsymbol{u}_i^T(0) & \boldsymbol{u}_i^T(1) & \cdots & \boldsymbol{u}_i^T(m-1)\end{bmatrix}^T$$

这样即可得到航天器 S_i 第 m 步的模型预测控制方程

$$\boldsymbol{x}_i(m) = \hat{\boldsymbol{A}}_i \boldsymbol{x}_i(0) + \hat{\boldsymbol{B}}_i \boldsymbol{u}_i \qquad (4-113)$$

应用 Kronecker 直积将式（4-113）扩张成编队系统第 m 步模型预测控制方程，有

$$\boldsymbol{x}(m) = \bar{\boldsymbol{A}} \boldsymbol{x}(0) + \bar{\boldsymbol{B}} \boldsymbol{u} \qquad (4-114)$$

其中，$\bar{\boldsymbol{A}} = \boldsymbol{I}_N \otimes \hat{\boldsymbol{A}}_i$，$\bar{\boldsymbol{B}} = \boldsymbol{I}_N \otimes \hat{\boldsymbol{B}}_i$，$\boldsymbol{I}_N$ 为 N 阶单位矩阵

$$\boldsymbol{x}(0) = [\boldsymbol{x}_1^{\mathrm{T}}(0)\ \boldsymbol{x}_2^{\mathrm{T}}(0) \cdots \boldsymbol{x}_N^{\mathrm{T}}(0)]^{\mathrm{T}} \qquad (4-115)$$

由各航天器初始状态构成，其中航天器 S_i 初始状态为

$$\boldsymbol{x}_i(0) = [x_i(0)\ y_i(0)\ z_i(0)\ \dot{x}_i(0)\ \dot{y}_i(0)\ \dot{z}_i(0)]^{\mathrm{T}} \quad i \in 1, \cdots, N$$
$$(4-116)$$

式（4-116）中 $\boldsymbol{u} = [\boldsymbol{u}_1^{\mathrm{T}}\ \boldsymbol{u}_2^{\mathrm{T}} \cdots \boldsymbol{u}_N^{\mathrm{T}}]^{\mathrm{T}}$，其中航天器 S_i 速度脉冲序列为

$$\boldsymbol{u}_i = [u_{ix}(1)u_{iy}(1)u_{iz}(1) \cdots u_{ix}(p)u_{iy}(p)u_{iz}(p)]^{\mathrm{T}} \qquad (4-117)$$

式中 $i \in 1, \cdots, N$，而 p 为各航天器重构机动过程中的总作用脉冲数。

4.5.2.2 目标函数

编队航天器构型重构过程最重要的考虑为推进剂消耗最小与机动过程中各航天器推进剂消耗平衡。通常应用下式衡量编队推进剂消耗

$$\Delta v = \|\Delta \boldsymbol{v}\|_2 \triangleq \sum_{i=1}^{N} \|\Delta \boldsymbol{v}_i\|_2 \qquad (4-118)$$

但是直接应用式（4-118）并不能保证构型重构过程各航天器的推进剂消耗平衡。为了平衡各航天器推进剂消耗，须惩罚推进剂消耗较多航天器的速度脉冲。因此对式（4-118）进行修正得到下式

$$\boldsymbol{u}^* = \arg\min_{\boldsymbol{u}} \|\boldsymbol{u}\|_2^2 \triangleq \arg\min_{\boldsymbol{u}} \sum_{i=1}^{N} \|\boldsymbol{u}_i\|_2^2 \qquad (4-119)$$

式（4-119）表示求解编队推力脉冲序列

$$\boldsymbol{u}^* = [\boldsymbol{u}_1^{*\mathrm{T}} \boldsymbol{u}_2^{*\mathrm{T}} \cdots \boldsymbol{u}_N^{*\mathrm{T}}]$$

在满足约束函数的条件下使 $\|\boldsymbol{u}\|_2^2$ 最小，这里 $i \in 1, \cdots, N$，N 为航天器数目。

4.5.2.3　约束函数

考虑航天器编队的初始构型与目标构型均为 4.2.1 节所述的圆参考轨道自然构型，即满足下式（4-4）与式（4-5）。为了便于在重构路径规划计算过程中，将目标构型状态的相位角作为优化变量，对式（4-4）与式（4-5）进行简单的数学变形可得

$$\begin{cases} x(\alpha) = -\dfrac{1}{2} a_E \cos(\alpha_0 + \alpha) \\ y(\alpha) = a_E \sin(\alpha_0 + \alpha) + \tilde{y}_0 \\ z(\alpha) = \tilde{z}_0 \sin(\alpha_0 + \alpha + \alpha_{z0}) \end{cases} \tag{4-120}$$

对式（4-4）求导，可得到相对速度

$$\begin{cases} \dot{x}(\alpha) = \dfrac{1}{2} a_E n \sin(\alpha_0 + \alpha) \\ \dot{y}(\alpha) = a_E n \cos(\alpha_0 + \alpha) \\ \dot{z}(\alpha) = \tilde{z}_0 n \cos(\alpha_0 + \alpha + \alpha_{z0}) \end{cases} \tag{4-121}$$

其中对于圆参考轨道，$\alpha = nt$，a_E，$\tilde{y}_0$，$\tilde{z}_0$，α_0，α_{0z} 等价于 4.2.1 节的构型参数，为编队构型五要素可以定义圆参考轨道的编队构型。可用式（4-120）与式（4-121）描述的初始构型与目标构型构成编队系统的初始状态集与目标状态集。编队航天器 S_i 在构型上的状态 $\boldsymbol{x}_i = \begin{bmatrix} x_i & y_i & z_i & \dot{x}_i & \dot{y}_i & \dot{z}_i \end{bmatrix}^T, i \in 1, \cdots, N$ 可表示为一个以相位 α_i 为自变量的函数，因而式（4-4）与式（4-5）可统一简写为

$$\boldsymbol{x}_i(\alpha_i) = f_i(\alpha_i) \tag{4-122}$$

假设 $\boldsymbol{\alpha} = [\alpha_1 \, \alpha_2 \cdots \alpha_N]^T$，$\boldsymbol{x}(\boldsymbol{\alpha}) = [x_1^T(\alpha_1) \, x_2^T(\alpha_2) \cdots x_N^T(\alpha_N)]^T$，则编队系统在构型上状态可用下式表示

$$\boldsymbol{x}(\boldsymbol{\alpha}) = \boldsymbol{F}(\boldsymbol{\alpha}) \tag{4-123}$$

这里 $\boldsymbol{F}(\cdot) = [f_1(\cdot) \, f_2(\cdot) \cdots f_N(\cdot)]^T$。

一般来说，各航天器在构型上的分布均为已知，因而各航天器相位均可以用第 1 个航天器 S_1 相位表示，即 $\alpha_i = \alpha_1 + \Delta\alpha_i$，$i \in 1$，

$\cdots$，N，$\Delta\alpha_i$ 为航天器 S_i 与航天器 S_1 之间相位差。因而式（4-123）可变为

$$\boldsymbol{x}(\alpha_1) = \boldsymbol{F}(\alpha_1) \tag{4-124}$$

式（4-124）表示编队系统在构型上的状态集。因此编队系统构型重构初始构型上的始发状态 $\boldsymbol{x}^0 = [\boldsymbol{x}_1^{0\mathrm{T}}\ \boldsymbol{x}_2^{0\mathrm{T}}\cdots\boldsymbol{x}_N^{0\mathrm{T}}]^\mathrm{T}$ 可表示为下式

$$\boldsymbol{x}^0(\alpha)_1^0 = \boldsymbol{F}^0(\alpha_1^0) \tag{4-125}$$

其中 $\boldsymbol{F}^0(\bullet) = [f_1^0(\bullet)\ f_2^0(\bullet)\cdots f_N^0(\bullet)]^\mathrm{T}$ 为各航天器初始构型，如式（4-4）与式（4-5），α_1^0 是初始构型上航天器 S_1 重构始发点相位。

同理，编队系统构型重构机动到目标构型上的期望状态 $\boldsymbol{x}^d = [\boldsymbol{x}_1^{d\mathrm{T}}\ \boldsymbol{x}_2^{d\mathrm{T}}\cdots\boldsymbol{x}_N^{d\mathrm{T}}]^\mathrm{T}$ 可表示为

$$\boldsymbol{x}^d(\alpha_1^d) = \boldsymbol{F}^d(\alpha_1^d) \tag{4-126}$$

其中 $\boldsymbol{F}^d(\bullet) = [f_1^d(\bullet)\ f_2^d(\bullet)\cdots f_N^d(\bullet)]^\mathrm{T}$ 为各航天器目标构型，α_1^d 是目标构型上航天器 S_1 重构期望点相位。

编队重构过程是编队系统从始发状态式（4-125）开始在 $\boldsymbol{u}^*$ 作用下机动到期望状态式（4-126），因而式（4-112）中编队系统第 m 步状态须满足如下终端约束

$$|\ \boldsymbol{x}(m) - \boldsymbol{x}^d\ | \leqslant \varepsilon \tag{4-127}$$

这里 $\varepsilon = [\varepsilon_1^\mathrm{T}\ \varepsilon_2^\mathrm{T}\cdots\varepsilon_N^\mathrm{T}]^\mathrm{T}$，$\varepsilon_i$ 为航天器 S_i 误差容忍限，$\varepsilon_i = [\varepsilon_i^x\ \varepsilon_i^y\ \varepsilon_i^z\ \varepsilon_i^{\dot{x}}\ \varepsilon_i^{\dot{y}}\ \varepsilon_i^{\dot{z}}]^\mathrm{T}$，$i \in 1,\cdots,N$。

将式（4-114）、式（4-126）代入式（4-127），可得

$$|\ \bar{\boldsymbol{A}}\boldsymbol{x}(0) + \bar{\boldsymbol{B}}\boldsymbol{u} - \boldsymbol{F}^d(\alpha_1^d)\ | \leqslant \varepsilon \tag{4-128}$$

再将式（4-125）代入式（4-128）中，得到

$$|\ \bar{\boldsymbol{A}}\boldsymbol{F}^0(\alpha_1^0) + \bar{\boldsymbol{B}}\boldsymbol{u} - \boldsymbol{F}^d(\alpha_1^d)\ | \leqslant \varepsilon \tag{4-129}$$

式（4-129）即为实现编队构型重构的编队系统动力学约束。另外考虑推力脉冲 $\boldsymbol{u}$ 上下限及相位角 α_1^0，α_1^d 上下限，还有如下约束

$$\boldsymbol{u}^{\min} \leqslant \boldsymbol{u} \leqslant \boldsymbol{u}^{\max}$$

$$0 \leqslant \alpha_1^0 \leqslant 2\pi$$

$$0 \leqslant \alpha_1^d \leqslant 2\pi \tag{4-130}$$

这样，编队构型重构整体优化问题可描述为：求解编队推力脉冲序列 u^*、初始构型上航天器 S_1 始发状态相位角 α_1^i 及目标构型上航天器 S_1 期望状态相位角 α_1^d，在满足约束函数式（4-129）和式（4-130）的条件下，使得目标函数式（4-119）最小。该问题可采用非线性优化技术求解。

4.5.3　仿真算例与分析

4.5.3.1　仿真任务

下面以运行在轨道半径 7 058 km 圆参考轨道上的 5 个航天器组成编队，由共面绕飞构型重构到空间圆构型为例，验证编队系统整体建模的构型重构协同制导方法的有效性。初始编队构型绕飞半长轴 α_E 为 3 000 m，绕飞椭圆中心沿航迹距离 $\tilde{y}_0$ 为 0，垂直轨道面方向运动振幅 $\tilde{z}$ 为 0 m，垂直轨道面方向运动初始相位 α_{z0} 任意，航天器 S_1 绕飞椭圆初始相位 α_0 为 0，其他各航天器相隔 72° 等相位差分布在初始构型上。目标编队构型绕飞半长轴 α_E 为 6 000 m，绕飞椭圆中心沿航迹距离 $\tilde{y}_0$ 为 0，垂直轨道面方向运动振幅 $\tilde{z}_0$ 为 5 196 m，垂直轨道面方向运动初始相位 α_{z0} 均为 90°，航天器 S_1 绕飞椭圆初始相位 α_0 为 0，其他各航天器相隔 72° 等相位差分布在初始构型上。重构转移时间分别取 $T/8$，$T/4$，$T/2$，这里 T 为参考轨道周期，编队重构推力脉冲作用数分别取 3 次、6 次、9 次，交替进行 9 组仿真以便分析，设定终端状态允许误差限的位置误差为 0.01 m，速度误差为 0.001 m/s，总离散步数取 4 001 步，优化过程初值选择 $\alpha_1^i = \pi/4$，$\alpha_1^d = \pi/4$。采用同样参数以参考文献［20］的集中规划方法进行仿真，并与我们提出的编队系统整体建模的构型重构规划与优化方法（简称整体优化方法）的结果进行比较和分析。

4.5.3.2　仿真结果与分析

按照上述任务设计，采用整体优化方法以不同参数设置进行仿真，构型重构轨迹如图 4-13 所示。从图 4-13 可以看出，优化变量

初始构型上航天器 S_1 始发点相位角 α_1^0 及目标构型上航天器 S_1 期望点相位角 α_1^d 优化后具有一定规律性。优化后，这两个相位角差 $\Delta\alpha_1 = \alpha_1^0 - \alpha_1^d$ 与重构时间有直接关系，即当重构时间为 $T/8$，$\Delta\alpha_1$ 为 $2\pi/8$；当重构时间为 $T/4$，$\Delta\alpha_1$ 为 $2\pi/4$；当重构时间为 $T/2$，$\Delta\alpha_1$ 为 π。这说明当 $\Delta\alpha_1$ 和航天器在重构时间内在绝对轨道上运行的相位一致时，其推进剂消耗最小。另外 $\Delta\alpha_1$ 与脉冲作用次数并不相关。

以同样仿真任务采用参考文献 [20] 的集中规划方法进行仿真，并与整体优化方法仿真结果进行对比，如图 4 - 14 所示。采用两种方法以不同重构机动时间和不同推力脉冲数各进行 9 次仿真实验，航天器编队总的推进剂消耗对比如图 4 - 14 （a） 所示。需要说明的是为了更能直观说明航天器推进剂消耗量，图 4 - 14 中采用编队航天器脉冲矢量 1 范数 $\|\Delta v\|_1$ 作为对比准则，另外为了量化编队航天器推进剂消耗平衡性的对比，采用方差作为平衡性指标，该指标为一次重构机动各航天器推进剂消耗与编队航天器平均推进剂消耗的偏差的平均，因此方差指标越小说明推进剂消耗的平衡性越好。从图 4 - 14 （a） 与图 4 - 14 （c） 可以看出，当以较短重构时间进行构型重构时，整体优化方法比集中规划方法 5 航天器编队推进剂消耗减小约 17%，推进剂消耗的平衡性方差指标减小约 72.5%。当以较长重构时间进行构型重构时，则推进剂消耗量与平衡性指标均相差不多。这说明本节研究的编队整体路径规划方法，在快速重构机动时相比集中规划方法具有较大优势。最后，由图 4 - 14 （b） 可以看出整体优化方法各次仿真计算时间比集中规划方法长，这是由于采用编队系统整体模型直接进行优化，状态方程的维数是集中规划状态方程维数的 N 倍 （N 为编队航天器数目）。在编队实际运行中，可利用编队各航天器上的星载计算机采用分布式并行计算方式以整体优化方法进行路径优化，这样可大幅度缩短计算时间，而集中规划方法由于其分层优化结构则不能采用并行计算方式。

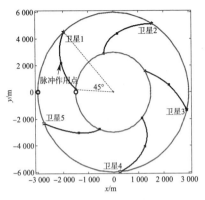

$T/8$ 以 3 次速度脉冲重构

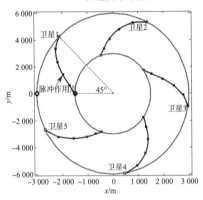

$T/8$ 以 6 次速度脉冲重构

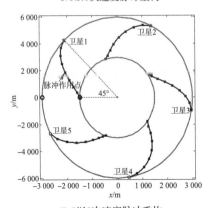

$T=8$ 以 9 次速度脉冲重构

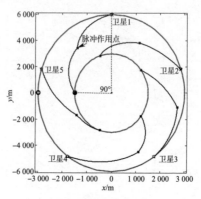

T/4以3次速度脉冲重构

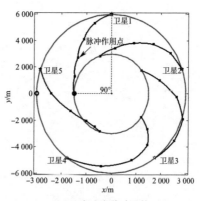

T/4以6次速度脉冲重构

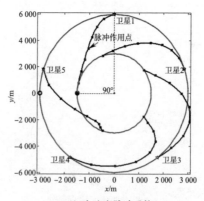

T/4以9次速度脉冲重构

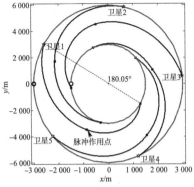

T/2以3次速度脉冲重构

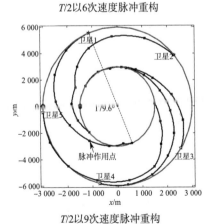

T/2以6次速度脉冲重构

T/2以9次速度脉冲重构

图 4-13　不同重构时间与脉冲数的构型重构轨迹

总之，本节研究的编队系统整体建模的路径优化方法，以编队总推进剂消耗最小与各航天器推进剂消耗平衡为目标，以重构机动编队脉冲推力序列及编队中航天器 S_1 初始构型上始发点相位角与目标构型上期望点相位角为优化变量，通过编队系统的模型预测控制方程规划编队系统各子状态集（即编队中各航天器状态）由初始状态集（初始构型）到目标状态集（目标构型）的路径。以该方法与传统分层集中路径优化方法进行了仿真对比，可得出如下结论：

1）当编队航天器初始构型上始发点相位角与目标构型上期望点相位角之差与航天器在重构时间内在绝对轨道上运行的相位一致时，其推进剂消耗最小。

2）当快速构型重构机动时，整体优化方法在编队总推进剂消耗量与各航天器推进剂消耗平衡性方面均具有较为明显的优势。

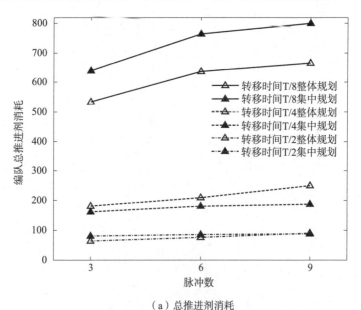

（a）总推进剂消耗

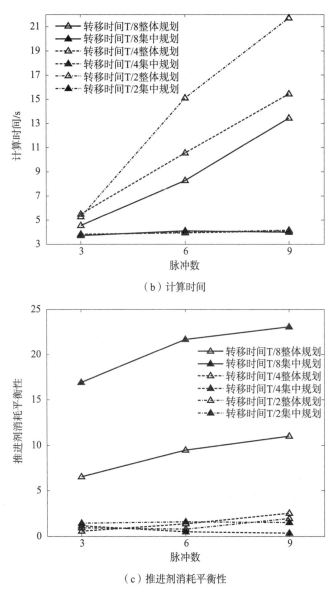

（b）计算时间

（c）推进剂消耗平衡性

图 4-14　整体优化与集中规划方法的性能对比

4.6　本章小结

本章研究了航天器相对运动最优重构和协同飞行的制导问题，主要研究工作和结果有：

1) 在相对运动建模和周期性条件分析基础上，研究了航天器协同飞行周期相对运动的参数化，分圆参考轨道与椭圆参考轨道两种情况研究了周期相对运动轨迹的几何描述，并按照尺寸约束和空间定点约束两种方式定义椭圆参考轨道的周期相对运动，为相对运动保持提供自然稳定的几何构型。仿真算例和结果表明这两种方法都能定义唯一的相对运动构型。

2) 分别基于椭圆参考轨道下不考虑 J_2 项摄动和考虑 J_2 项摄动的非线性相对运动模型，综合庞特里亚金极小值原理、摄动法以及双层时间样条积分等方法，求解了能量最优相对运动重构问题。结果表明，在大尺度相对运动情况下，基于非线性相对运动模型的最优重构控制与基于线性相对运动模型的最优重构控制相比，重构精度精度大大提高，能耗却没有明显的变化；考虑 J_2 项摄动后的重构精度较考虑前有较大的提高，且能耗代价也较小。本章得到的基于非线性相对运动模型的能量最优重构控制，为进一步的闭环控制提供了较好的参考，可减少闭环控制的能耗，对椭圆参考轨道下，高保真环境中的大尺度航天器编队重构具有重要意义。

3) 研究了顶层协同—底层规划的多航天器相对运动构型重构分层优化协同制导方法。仿真分析中分别采用 Lawden 方程和基于高斯变分方程的相对运动模型实现底层规划，结果表明，顶层协同—底层规划的制导策略能够实现多航天器的协同重构机动，相同条件下采用基于高斯变分方程的相对运动模型的重构制导精度更高。

4) 研究了基于编队系统整体建模的构型重构协同制导方法，该方法根据航天器编队系统的模型预测控制方程得到动力学约束，以编队重构的推进剂消耗总量最少与各航天器推进剂消耗均衡为目标，设计优化目标函数，采用非线性优化技术优化各航天器推力脉冲序列及初始构型上始发点与期望构型上的目标点相位。以 5 个航天器编队不同重构时间与推力脉冲数的构型重构为例，将该方法与传统分层集中路径优化方法进行了仿真与对比。仿真结果表明，当快速构型重构机动时，采用整体系统建模的规划与优化方法比传统规划方法推进剂消耗减少约 17%，推进剂消耗的均衡性方差指标减小约72.5%，这说明整体系统建模的规划与优化方法在快速构型重构机动时，航天器编队总推进剂消耗量与各航天器推进剂消耗平衡性方面均具有较为明显的优势。

附录 B

基于 T - H 方程的线性最优重构控制中，对称矩阵 $\tilde{S}$ 中，部分元素的表达式为

$$\tilde{S}_{11} = \frac{1}{12\,(1-e^2)^{7/2}}\big[\tilde{l}_{11}(E) - \tilde{l}_{11}(E_0)\big]$$

$$\tilde{S}_{12} = \frac{1}{4\,(1-e^2)^3}\big[\tilde{l}_{12}(E) - \tilde{l}_{12}(E_0) + 12\,(2-e^2)M_0\,(\sin E - \sin E_0) - 12eM_0(E - E_0)\big]$$

$$\tilde{S}_{14} = \frac{1}{12\,(1-e^2)^{7/2}}\big[\tilde{l}_{14}(E) - \tilde{l}_{14}(E_0)\big]$$

$$\tilde{S}_{15} = -\frac{1}{12\,(1-e^2)^3}\big[\tilde{l}_{15}(E) - \tilde{l}_{15}(E_0)\big]$$

$$\tilde{S}_{22} = -\frac{1}{12\,(1-e^2)^{7/2}}\big\{\tilde{l}_{22}(E) - \tilde{l}_{22}(E_0) + 18M_0\big[\tilde{h}_{22}(E) - \tilde{h}_{22}(E_0)\big] - 108M_0^2\,(E + e\sin E - E_0 - e\sin E_0)\big\}$$

$$\tilde{S}_{24} = \frac{3}{4\,(1-e^2)^3}\big[\tilde{l}_{24}(E) - \tilde{l}_{24}(E_0) - 4M_0\,(E - e\sin E - E_0 + e\sin E_0)\big]$$

$$\tilde{S}_{25} = \frac{1}{(1-e^2)^{5/2}}\big[\tilde{l}_{25}(E) - \tilde{l}_{25}(E_0) + 6M_0\,(\cos E - \cos E_0)\big]$$

$$\tilde{S}_{33} = \frac{1}{12\,(1-e^2)^{5/2}}\big[\tilde{l}_{33}(E) - \tilde{l}_{33}(E_0)\big]$$

$$\tilde{S}_{36} = \frac{1}{12\,(1-e^2)^3}\big[\tilde{l}_{36}(E) - \tilde{l}_{36}(E_0)\big]$$

$$\tilde{S}_{44} = \frac{1}{12\,(1-e^2)^{7/2}}\big[\tilde{l}_{44}(E) - \tilde{l}_{44}(E_0)\big]$$

$$\tilde{S}_{45} = -\frac{1}{12\,(1-e^2)^3}\big[\tilde{l}_{45}(E) - \tilde{l}_{45}(E_0)\big]$$

$$\tilde{S}_{55} = \frac{1}{12\,(1-e^2)^{5/2}}\big[\tilde{l}_{55}(E) - \tilde{l}_{55}(E_0)\big]$$

$$\widetilde{S}_{66} = \frac{1}{12\,(1-e^2)^{7/2}}\big[\widetilde{l}_{66}(E)-\widetilde{l}_{66}(E_0)\big] \qquad (B-1)$$

式中

$$\widetilde{l}_{11}(E) = 6(5+2e^2-2e^4)E-3e(31-20e^2+4e^4)\sin E+9\sin 2E-e\sin 3E$$

$$\widetilde{l}_{12}(E) = 6eE^2-32(1-e^2)\cos E-e(4-e^2)\cos 2E-12(2-e^2)E\sin E$$

$$\widetilde{l}_{14}(E) = 6e(7-2e^2)E-(24+33e^2-12e^4)\sin E+9e\sin 2E-e^2\sin 3E$$

$$\widetilde{l}_{15}(E) = (39e-24e^3)\cos E-(9-3e^2)\cos 2E+e\cos 3E$$

$$\widetilde{l}_{22}(E) = -36E^3-6E(8+33e^2+96e\cos E+3e^2\cos 2E)-108eE^2\sin E+e\big[45(16+e^2)\sin E+36e\sin 2E+e^2\sin 3E\big]$$

$$\widetilde{h}_{22}(E) = 6E^2+32e\cos E+e^2\cos 2E+12eE\sin E$$

$$\widetilde{l}_{24}(E) = 2E^2-e^2\cos 2E-4eE\sin E$$

$$\widetilde{l}_{25}(E) = -6eE-6E\cos E+(8+2e^2)\sin E+e\sin 2E$$

$$\widetilde{l}_{33}(E) = 6E-3e\sin E-3\sin 2E+e\sin 3E$$

$$\widetilde{l}_{36}(E) = 15e\cos E-3(1+e^2)\cos 2E+e\cos 3E$$

$$\widetilde{l}_{44}(E) = 6(2+3e^2)E-9e(4+e^2)\sin E+9e^2\sin 2E-e^3\sin 3E$$

$$\widetilde{l}_{45}(E) = (24-9e^2)\cos E-3e(3-e^2)\cos 2E+e^2\cos 3E$$

$$\widetilde{l}_{55}(E) = (30-24e^2)E-3e(5-4e^2)\sin E-(9-6e^2)\sin 2E+e\sin 3E$$

$$\widetilde{l}_{66}(E) = (6+24e^2)E-3e(11+4e^2)\sin E+(3+6e^2)\sin 2E-e\sin 3E \qquad (B-2)$$

参 考 文 献

［1］ 张博. 多航天器协同飞行的分布式控制研究［D］. 西安：西北工业大学，2013.

［2］ J B MUELLER. A Multiple - Team Organization for Decentralized Guidance and Control of Formation Flying Spacecraft. AIAA 1st Intelligent Systems Technical Conference, Chicago, Illinois, 2004, No. AIAA 2004 - 6249.

［3］ M PALUSZEK, P BHATTA, P GRIESEMER, ET AL. Spacecraft Attitude and Orbit Control (2nd Edition) . Princeton Satellite Systems, Inc Plainsboro, 2009.

［4］ G INALHAN, M TILLERSON, J P HOW. Relative Dynamics and Control of Spacecraft Formations in Eccentric Orbits. Journal of Guidance, Control, and Dynamics, 2002, 25 (1): 48 - 59.

［5］ E A EULER. Optimal Low - Thrust Rendezvous Control ［J］. AIAA Journal, 1969, 7 (6): 1140 - 1144.

［6］ T E CARTER, HUMI M. Fuel - Optimal Rendezvous Near a Point in General Keplerian Orbit ［J］. Journal of Guidance, Control, and Dynamics, 1987, 10 (6): 567 - 573.

［7］ M HUMI. Fuel - Optimal Rendezvous in a General Central Force Field ［J］. Journal of Guidance, Control, and Dynamics, 1993, 16 (1): 215 - 217.

［8］ T E CARTER. Optimal Power - Limited Rendezvous for Linearized Equations of Motion ［J］. Journal of Guidance, Control, and Dynamics, 1994, 17 (5): 1082 - 1086.

［9］ T E CARTER, J P CYRUS. Optimal Power - Limited Rendezvous with Upper and Lower Bounds on Thrust ［J］. Journal of Guidance, Control, and Dynamics, 1996, 19 (5): 1124 - 1133.

［10］ H C CHO, S Y PARK, K H CHOI. Application of Analytic Solution in Relative Motion to Spacecraft Formation Flying in Elliptic Orbit ［J］. Journal of

Astronomy Space Sciences，2008，25（3）：255 - 266.

[11]　H C CHO，S Y PARK，S M YOO，et al. Analytical Solution to Optimal Relocation of Satellite Formation Flying in Arbitrary Elliptic Orbits [C]. 17th Annual Space Flight Mechanics Meeting，Sedona，AZ，2007.

[12]　P SENGUPTA，S R VADALI. Analytical Solution for Power - Limited Optimal Rendezvous Near an Elliptic Orbit [J]. Journal of Optimization Theory and Applications，2008，138（1）：115 - 137.

[13]　H C CHO，S Y PARK. Analytical Solution for Fuel - Optimal Reconfiguration in Relative Motion [J]. Journal of Optimization Theory and Applications，2009，141（3）：495 - 512.

[14]　H YAN，K T ALFREND. Approximate Minimum Energy Control Laws for Low - Thrust Formation Reconfiguration [J]. Journal of Guidance，Control，and Dynamics，2007，30（4）：1182 - 1185.

[15]　D - W GIM，K T ALFRIEND. State Transition Matrix of Relative Motion for the Perturbed Noncircular Reference Orbit [J]. Journal of Guidance，Control，and Dynamics，2003，26（6）：956 - 971.

[16]　S J LEE，S Y PARK. Approximate Analytical Solutions to Optimal Reconfiguration Problems in Perturbed Satellite Relative Motion [J]. Journal of Guidance，Control，and Dynamics，2011，34（4）：1097 - 1111.

[17]　G XU，D WANG. Nonlinear Dynamic Equations of Satellite Relative Motion Around an Oblate Earth [J]. Journal of Guidance，Control，and Dynamics，2008，31（5）：521 - 1524.

[18]　欧阳洁，聂玉峰，车刚明，等. 数值分析 [M]. 西安：西北工业大学出版社，2009：123 - 125.

[19]　汤国建，张功波，郑伟，等. 小推力轨道机动动力学与控制 [M]. 北京：科学出版社.

[20]　M TILLERSON，G INALHAN，J P HOW. Coordination and Control of Distributed Spacecraft Systems Using Convex Optimization Techniques. International Journal of Robust and Nonlinear Control，2002（12）：207 - 242.

第5章 基于相对 E/I 矢量的航天器协同飞行轨道设计与制导

5.1 引言

  航天器协同飞行的轨道设计方法按照设计变量选择的不同，可以粗略地分为两类：基于笛卡尔坐标系下相对位置和相对速度的设计方法以及相对轨道要素法[1]。

  很多学者基于 C-W 方程、修正的 C-W 方程（考虑非线性项，J_2 项摄动和偏心率等的影响）或 T-H 方程，采用解析法和数值法在笛卡尔坐标系下进行编队飞行的轨道设计。与笛卡尔坐标系下的位置和速度相比，相对轨道要素是一组慢变量，且运动学方程不存在线性化误差和圆参考轨道误差积累的情况，更适宜于描述航天器长期相对运动。基于相对轨道要素的编队设计方法的另一个优点是便于进行摄动分析。因此，相对轨道要素方法是考虑摄动长期影响时，研究相对运动和设计编队飞行轨道的一种自然方便的选择。

  近二十年来，在航天器编队飞行和集群飞行的相对运动分析与控制领域，许多学者提出了不同的相对轨道要素方法[2-4]。其中，基于相对偏心率/倾角矢量（简称相对 E/I 矢量）的描述方法，简明直观，而且基于相对 E/I 矢量的相对运动方程以轨道要素和相对轨道要素为参数描述航天器的相对运动，物理概念明确，且不需要求解微分方程便可得到相对位置信息。另外，这类方程便于考虑摄动的影响，尤其是在无需星间相对测量参数的情况下，基于此方程可以方便地对航天器相对运动进行有效的控制，因此得到了广泛的应用。

  基于相对 E/I 矢量的控制技术最初应用于地球静止轨道卫星的

共位问题研究[5-7]。目前，这种方法正在被扩展应用到航天器编队飞行（Spacecraft Formation Flying）[8-13]和航天器集群飞行（Spacecraft Cluster Flight）[14-17]的轨迹设计和控制领域。参考文献［6］研究了基于相对 E/I 矢量的静止卫星共位控制算法，并成功地应用于我国地球同步卫星的双、三星共位控制。参考文献［8］研究了基于相对 E/I 矢量的编队飞行轨道设计与控制算法，其有效性在欧空局的 GRACE 项目、瑞典的 PRISMA 项目和德国的 TanDEM - X 计划中得到了在轨飞行验证。参考文献［10］研究了 J_2 项摄动和大气阻力影响下相对 E/I 矢量的长期和周期变化，得到了 J_2 稳定的相对轨道。参考文献［12］基于相对 E/I 矢量，利用高斯摄动方程，分别提出了效率高和推进剂消耗少的两种编队脉冲控制方法。参考文献［13］提出了基于相对 E/I 矢量的相对倾斜构型设计算法，然后利用基于高斯摄动方程的编队控制模型设计并实现了四脉冲绕飞捕获控制算法。参考文献［14］和参考文献［17］基于相对 E/I 矢量，研究了航天器集群飞行的轨道优化和推进剂最优控制问题，并分别采用遗传算法、混合粒子群-序列二次规划（PSO - SQP）算法对该问题进行求解。

本章在国内外学者相关研究的基础上，对基于相对 E/I 矢量的编队飞行安全制导控制策略和航天器集群飞行轨道优化进行了分析和讨论。首先，给出基于相对 E/I 矢量的相对运动模型，分析摄动的影响和碰撞规避的安全性。然后，研究基于相对 E/I 矢量的航天器编队飞行轨迹设计与制导。最后，讨论和分析了基于相对 E/I 矢量的航天器集群飞行轨道优化。

5.2　基于相对 E/I 矢量的相对运动模型

5.2.1　相对 E/I 矢量的定义

相对 E/I 矢量是相对偏心率矢量和相对倾角矢量的简称。

首先，定义相对偏心率矢量。偏心率矢量 e 是大小为轨道偏心率，指向沿轨道近地点方向的矢量，可表示为

$$e = \begin{bmatrix} e_X \\ e_Y \end{bmatrix} = e \cdot \begin{bmatrix} \cos\omega \\ \sin\omega \end{bmatrix} \qquad (5-1)$$

相对运动的两航天器的相对偏心率矢量 Δe 定义为

$$\Delta e = e_2 - e_1 = \begin{bmatrix} \Delta e_X \\ \Delta e_Y \end{bmatrix} = \delta e \cdot \begin{bmatrix} \cos\varphi \\ \sin\varphi \end{bmatrix} \qquad (5-2)$$

其中，φ 为相对偏心率矢量的相位角，δe 为 Δe 的模值，如图 5-1 所示[10]。

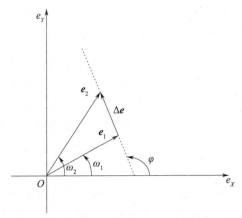

图 5-1　相对偏心率矢量定义

下面从几何的角度说明和定义相对倾角矢量。图 5-2 描述了相对运动的两航天器 S_1 和 S_2（假设航天器 S_1 为参考航天器或主航天器，航天器 S_2 为从航天器）的相对倾角矢量 Δi [10]。

首先，定义坐标系 $oX_iY_iZ_i$（$i=1,2$，分别对应航天器 S_1，S_2）：oX_i 轴指向航天器 S_i 的轨道升交点，oY_i 在轨道平面内与 oX_i 垂直，oZ_i 与 oX_i、oY_i 构成右手坐标系。易知，坐标系 $oX_iY_iZ_i$ 的单位矢量 X_i、Y_i、Z_i 与航天器 S_i 的轨道倾角和升交点赤经相关，可表示为

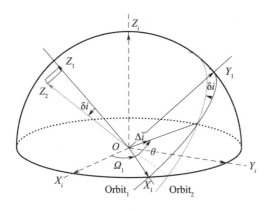

图 5-2　相对倾角矢量示意图

$$\boldsymbol{X}_i = \begin{bmatrix} \cos\Omega_i \\ \sin\Omega_i \\ 0 \end{bmatrix} \quad (5-3)$$

$$\boldsymbol{Y}_i = \begin{bmatrix} -\cos i_i \sin\Omega_i \\ \cos i_i \cos\Omega_i \\ \sin i_i \end{bmatrix} \quad (5-4)$$

$$\boldsymbol{Z}_i = \begin{bmatrix} \sin i_i \sin\Omega_i \\ -\sin i_i \cos\Omega_i \\ \cos i_i \end{bmatrix} \quad (5-5)$$

将航天器 S_2 轨道平面法矢量 $\boldsymbol{Z}_2$ 投影到平面 $o\boldsymbol{X}_1\boldsymbol{Y}_1$ 上，即可得到相对倾角矢量

$$\Delta\boldsymbol{i} = \begin{bmatrix} -\boldsymbol{Y}_1^{\mathrm{T}}\boldsymbol{Z}_{t0} \\ \boldsymbol{X}_1^{\mathrm{T}}\boldsymbol{Z}_2 \end{bmatrix} = \begin{bmatrix} \Delta i_X \\ \Delta i_Y \end{bmatrix} = \sin(\delta i)\cdot\begin{bmatrix} \cos\theta \\ \sin\theta \end{bmatrix} \quad (5-6)$$

显然，相对倾角矢量 Δi 的模值等于两轨道平面夹角 δi 的正弦值，即 $\sin(\delta i)$。θ 表示航天器 S_2 穿过航天器 S_1 的轨道平面时航天器 S_1 的纬度幅角，其正方向为相对于升交点的上升方向，也可以理解为相对倾角矢量的相位角，如图 5-2 所示。

对于两航天器轨道倾角 i 以及升交点赤经 Ω 都相差较小的情况，

在顶点为两轨道升交点和相对升交点的球面三角形中，采用正弦和余弦法则，上式可以简化为

$$\Delta i \approx \delta i \cdot \begin{bmatrix} \cos\theta \\ \sin\theta \end{bmatrix} = \begin{bmatrix} \Delta i \\ \Delta\Omega\sin i \end{bmatrix} \tag{5-7}$$

5.2.2　相对 E/I 矢量描述的相对运动

航天器 S_1 和 S_2 的相对运动如图 5-3 所示。图中，R、T、N 分别表示航天器 S_1 运动的径向、切向和轨道平面法线方向，e_R、e_T、e_N 分别为对应方向的单位矢量。

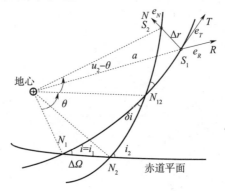

图 5-3　航天器相对运动示意图

将开普勒轨道问题线性展开，相对偏心率矢量可以用来表示轨道平面内的周期性相对运动。对于近圆轨道而言，真近点角 f 和平近点角 M 之间的差值具有如下形式

$$f - M = e\left(2 - \frac{1}{4}e^2 + \frac{5}{96}e^4\right)\sin M +$$
$$e^2\left(\frac{5}{4} - \frac{11}{24}e^2\right)\sin 2M + \cdots \tag{5-8}$$

忽略高阶项，有

$$f - M \approx 2e\sin M = 2e\sin(u - \omega) = (-2e_Y)\cos u + (2e_X)\sin u$$
$$\tag{5-9}$$

其中，u 表示平纬度幅角，ω 表示近地点幅角。

径向运动可以表示为

$$r/a = 1 + \frac{1}{2}e^2 - e\left(1 - \frac{3}{8}e^2 + \frac{5}{192}e^4\right)\cos M - $$

$$e^2\left(\frac{1}{2} - \frac{1}{3}e^2\right)\cos 2M + \cdots \tag{5-10}$$

忽略高阶项，有

$$r/a \approx 1 - e\cos M = 1 - e\cos(u - \omega) = (-e_X)\cos u - e_Y\sin u + 1 \tag{5-11}$$

其中，a 表示半长轴。

针对近距离相对运动情况，将两航天器沿切向的运动方程作差，采用相同的平纬度幅角，可得切向相对运动

$$\Delta r_T/a = r_{T2}/a - r_{T1}/a \approx (f_2 - M_2) - (f_1 - M_1)$$
$$= (-2\Delta e_Y)\cos u + (2\Delta e_X)\sin u \tag{5-12}$$
$$= 2\delta e\sin(u - \varphi)$$

同理，可得径向相对运动方程

$$\Delta r_R/a = (r_2 - r_1)/a$$
$$\approx (-\Delta e_X)\cos u - (\Delta e_Y)\sin u \tag{5-13}$$
$$= -\delta e\cos(u - \varphi)$$

通过以上推导，得到了用相对偏心率矢量描述的在参考航天器轨道平面内的相对运动。

如图 5-3 所示，在顶点为 S_1，S_2 和 N_{12} 的球面三角形中，采用正弦定理，可以得到相对运动沿法向的　阶近似，即参考轨道平面外的相对运动

$$\Delta r_N/a \approx \sin(u_2 - \theta)\sin(\delta i)$$
$$\approx (-\Delta i_Y)\cos u + (\Delta i_X)\sin u \tag{5-14}$$
$$\approx \delta i\sin(u - \theta)$$

除了偏心率和倾角矢量之差，两航天器之间的相对运动还受到半长轴差 Δa 和平纬度幅角差 Δu 的影响。对于近圆轨道，半长轴的

变化产生了一个径向系统偏移量 Δa，和一个切向长期变量 $-\frac{3}{2}\Delta a(u-u_0)$，其中 $u_0 = u(t_0)$ 表示 t_0 时刻的平纬度幅角。对于近圆轨道，平纬度幅角的变化导致切向位置漂移 $a\Delta l$ [9]。根据上述分析，由 Δa 和 Δu 引起的相对运动一阶形式为

$$\begin{cases} \Delta r_T/a \approx \Delta l - \dfrac{3}{2}(\Delta a)(u-u_0)/a \\ \Delta r_R/a \approx \Delta a/a \end{cases} \tag{5-15}$$

其中

$$\Delta l = \Delta u - \Delta \theta \approx \Delta u + \cos i \cdot \Delta \Omega \tag{5-16}$$

式（5-12）～式（5-15）表明，相对运动能够根据 Δe 和 Δi 的大小和相位分解为轨道平面内的椭圆相对运动和垂直于轨道平面的谐振荡相对运动。除此之外，Δa 和 Δu 也会引起径向和切向的漂移。

至此，航天器 S_2 与 S_1 的相对位置矢量 Δr 在参考轨道坐标系 $oxyz$ 中的径向（R）、切向（T）和法向（N）的分量可以用以下线性方程来表示

$$\begin{bmatrix} \Delta r_R/a \\ \Delta r_T/a \\ \Delta r_N/a \end{bmatrix} = \begin{bmatrix} \Delta a/a \\ \Delta l - 3\Delta a(u-u_0)/2a \\ 0 \end{bmatrix} + \delta e \begin{bmatrix} -\cos(u-\varphi) \\ 2\sin(u-\varphi) \\ 0 \end{bmatrix} +$$

$$\delta i \begin{bmatrix} 0 \\ 0 \\ \sin(u-\theta) \end{bmatrix}$$

$$\tag{5-17}$$

对式（5-17）关于时间求导，可得径向、切向和法向 3 个方向的速度方程，与式（5-17）综合构成了基于相对 E/I 矢量描述的 S_2 关于 S_1 的相对运动状态方程，可写作如下形式

$$
\begin{bmatrix}
\Delta r_R/a \\
\Delta r_T/a \\
\Delta r_N/a \\
\Delta v_R/v \\
\Delta v_T/v \\
\Delta v_N/v
\end{bmatrix}
=
\begin{bmatrix}
\Delta a/a & 0 & -\Delta e_X & -\Delta e_Y \\
\Delta l & -3\Delta a/2a & -2\Delta e_Y & 2\Delta e_x \\
0 & 0 & -\Delta i_Y & \Delta i_X \\
0 & 0 & -\Delta e_Y & \Delta e_X \\
-3\Delta a/2a & 0 & 2\Delta e_X & 2\Delta e_Y \\
0 & 0 & \Delta i_X & \Delta i_Y
\end{bmatrix}
\cdot
\begin{bmatrix}
1 \\
u - u_0 \\
\cos u \\
\sin u
\end{bmatrix}
$$

$$(5-18)$$

其中，v 表示半径为 a 的圆轨道上的航天器速度大小。

若不考虑摄动对轨道的影响，线性化的相对运动方程（5-18）表明对于任意的平纬度幅角 u，相对状态矢量 Δr 是相对轨道要素 Δe、Δi，Δa 和 Δu 的函数。当不受 Δa 和 Δu 的影响时，使用相对 E/I 矢量表示的相对位置状态如下所示

$$\Delta r_R/a = -\delta e\cos(u-\varphi) \qquad (5-19)$$

$$\Delta r_T/a = 2\delta e\sin(u-\varphi) \qquad (5-20)$$

$$\Delta r_N/a = \delta i\sin(u-\theta) \qquad (5-21)$$

显然，航天器 S_2 相对于航天器 S_1 的运动在参考轨道平面内为一个椭圆。椭圆的半长轴为 $2a\delta e$，沿切向；椭圆的半短轴为 $a\delta e$，沿径向，如图 5-4 所示。δe 可以衡量椭圆的大小，相位角 φ 可以确定相对近心点。当 $u=\varphi$ 时，航天器 S_2 位于航天器 S_1 的正下方。当 $u=\varphi+\pi/2$ 时，航天器 S_2 位于 S_1 的正前方。类似地，相对倾角矢

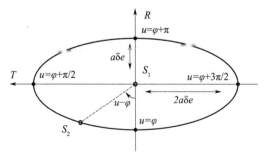

图 5-4　两航天器在参考轨道平面内的相对运动示意图

量用来描述垂直于轨道平面内的相对运动。法向的相对运动由一个振幅为 $a\delta i$，相位角为 $u-\theta$ 的谐振荡来描述。垂直于切向的相对运动与 φ 和 θ 的选取有关，当 φ 与 θ 相等时，相对轨道如图 5-5 所示[10]。

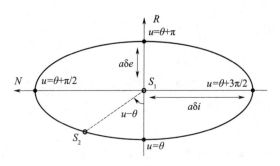

图 5-5　两航天器垂直于切向的相对运动示意图

5.2.3　J_2 项摄动影响

自然作用力（如地球引力、大气阻力、太阳光压，日月引力等）会引起轨道要素周期和长期的变化，对理想的开普勒轨道产生摄动影响。其中，地球非球形摄动（如 J_2 项摄动）和大气阻力摄动对低地球轨道上的航天器影响较大。这些影响必须被量化才能有效分析航天器相对运动的特征和稳定性。下面重点分析 J_2 项摄动，即引力势的二阶带谐项对相对 E/I 矢量和编队的影响。

J_2 项摄动导致的两个主要效应分别为升交点的回归和拱线的旋转[10]，表现为相对偏心率矢量和相对倾角矢量的短周期（short periodic）、长周期（long periodic）和长期变化。

5.2.3.1　J_2 项摄动对相对偏心率矢量的影响

短周期的振动主要由 J_2 项摄动引起，并伴随平纬度幅角 u 产生周期性变化。用 R_e 表示地球赤道半径，J_2 项摄动对偏心率矢量的影响如下[9]

$$\delta \boldsymbol{e}_{sp} = \frac{3}{2} J_2 \frac{R_e^2}{a^2} \begin{bmatrix} (1 - 5/4 \sin^2 i)\cos u + (7/12 \sin^2 i)\cos 3u \\ (1 - 7/4 \sin^2 i)\sin u + (7/12 \sin^2 i)\sin 3u \end{bmatrix}$$

$$(5-22)$$

其中，$J_2 = 1.082 \times 10^{-3}$，下标 sp 表示短周期（short periodic），去掉这些摄动，就可以得到平均偏心率矢量

$$\bar{\boldsymbol{e}} = \boldsymbol{e} - \delta \boldsymbol{e}_{sp} \qquad (5-23)$$

经上述处理，可消除轨道的周期项，但是包含一个关于"冻结偏心率"矢量的长周期旋转，所谓的"冻结（frozen）偏心率"表示为

$$\boldsymbol{e}_G \approx \left[0, \quad -\frac{1}{2} \frac{J_3}{J_2} \frac{R_e^2}{a^2} \sin i \right] \qquad (5-24)$$

旋转周期 T_G 表示为

$$T_G = \frac{4}{3} T \frac{a^2}{R_e^2} \frac{1}{J_2 \mid 5\cos^2 i - 1 \mid} \qquad (5-25)$$

大约为轨道周期 T 的 1 000 倍。

对于航天器编队任务，航天器之间的相对偏心率矢量 $\Delta \boldsymbol{e}$ 可以分解为长周期（lp）与短周期（sp）摄动之和，即有

$$\Delta \boldsymbol{e} = \boldsymbol{e}_2 - \boldsymbol{e}_1 = \Delta \boldsymbol{e}_{lp} + \Delta \boldsymbol{e}_{sp} \qquad (5-26)$$

那么

$$\Delta \bar{\boldsymbol{e}} = \Delta \boldsymbol{e} - \Delta \delta \boldsymbol{e}_{sp} \qquad (5-27)$$

根据式（5-22），航天器之间的短周期摄动之差为

$$\Delta \delta \boldsymbol{e}_{sp} = \frac{3}{2} J_2 \frac{R_e^2}{a^2} \begin{bmatrix} -(1 - 5/4 \sin^2 i)\sin u - 3(7/12 \sin^2 i)\sin 3u \\ (1 - 7/4 \sin^2 i)\cos u + 3(7/12 \sin^2 i)\cos 3u \end{bmatrix} \Delta u$$

$$(5-28)$$

显然，短周期摄动之差 $\delta \Delta \boldsymbol{e}_{sp}$ 与平均纬度幅角差 Δu 成正比，在短基线（$\Delta u \ll 1$）的条件下可以忽略不计。因此，在近距离编队和接近操作中，可以只考虑长周期的相对偏心率矢量变化，平均相对偏心率矢量约等于长周期摄动下的相对偏心率矢量。即

$$\Delta \bar{e} \approx \Delta \, e_{\mathrm{lp}} = \delta e \cdot \begin{bmatrix} \cos(\varphi_0 + \dot{\varphi} t) \\ \sin(\varphi_0 + \dot{\varphi} t) \end{bmatrix} \qquad (5-29)$$

上式表示的是一个在偏心率矢量平面内以 δe 为半径的圆，其旋转角速度为

$$\dot{\varphi} = 2\pi / T_G \approx \frac{3}{2} \cdot \frac{\pi}{T} \cdot \frac{R_e^2}{a^2} \cdot J_2 (5 \cos^2 i - 1) \qquad (5-30)$$

根据式（5-29）和式（5-30），平均相对偏心率矢量 $\Delta \bar{e}$ 的变化如图 5-6 所示，它表明相对偏心率矢量的长周期变化为封闭的圆，且变化的方向由 $\dot{\varphi}$ 的正负号确定。

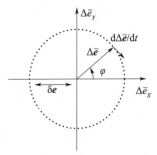

图 5-6　平均相对偏心率矢量的变化示意图

为了使相对偏心率矢量不发生变化，根据式（5-30），令

$$5 \cos^2 i - 1 = 0 \qquad (5-31)$$

可得临界倾角，$i = 63.43°$ 或 $i = 117.57°$。即当倾角取临界值的时候，可以消除 J_2 项对相对偏心率矢量的影响。

5.2.3.2　J_2 项摄动对相对倾角矢量的影响

倾角和升交点赤经的短周期摄动为[10]

$$\delta i_{\mathrm{sp}} = \frac{3}{8} J_2 \frac{R_e^2}{a^2} \cdot \sin 2i \cos 2u \qquad (5-32)$$

$$\delta \Omega_{\mathrm{sp}} = \frac{3}{4} J_2 \frac{R_e^2}{a^2} \cdot \cos i \sin 2u \qquad (5-33)$$

利用式（5-7）的简化表示，相对倾角矢量的短周期摄动可以推导如下

$$\Delta\delta\boldsymbol{i}_{\text{sp}} \approx \begin{bmatrix} \Delta\delta i_{\text{sp}} \\ \sin i \cdot \Delta\delta\Omega_{\text{sp}} \end{bmatrix} = \begin{bmatrix} \dfrac{3}{4}J_2\dfrac{R_e^2}{a^2}\sin 2i \cdot (-\sin 2u)\Delta u \\ \dfrac{3}{4}\sin i \cdot J_2\dfrac{R_e^2}{a^2}\cos i \times 2 \cdot (\cos 2u)\Delta u \end{bmatrix}$$

$$(5-34)$$

化简整理得

$$\Delta\delta\boldsymbol{i}_{\text{sp}} = \begin{bmatrix} \dfrac{3}{4}J_2\dfrac{R_e^2}{a^2} \cdot \sin 2i \cdot (-\sin 2u)\Delta u \\ \dfrac{3}{4}J_2\dfrac{R_e^2}{a^2} \cdot \sin 2i \cdot (\cos 2u)\Delta u \end{bmatrix} \qquad (5-35)$$

$$= \frac{3}{4}J_2\frac{R_e^2}{a^2} \cdot \sin 2i \cdot \begin{bmatrix} -\sin 2u \\ +\cos 2u \end{bmatrix}\Delta u$$

在短基线（$\Delta u \ll 1$）和极轨道（$i \approx \pi/2$）情况下，$\Delta\delta\boldsymbol{i}_{\text{sp}}$ 很小，可以忽略不计。

相对倾角矢量 $\Delta\boldsymbol{i}$ 随时间的变化情况可表示为如下形式[10]

$$\Delta\boldsymbol{i} = \begin{bmatrix} \Delta i_X \\ \Delta i_Y \end{bmatrix} = \begin{bmatrix} \Delta i_X \\ \Delta i_Y + \mathrm{d}(\Delta i_Y)/\mathrm{d}t \cdot t \end{bmatrix} \qquad (5-36)$$

对于近圆轨道，轨道平面长期漂移的漂移率的大小为

$$\frac{\mathrm{d}}{\mathrm{d}t}\Delta i_Y \approx -\frac{3\pi}{T} \cdot J_2 \cdot \frac{R_e^2}{a^2}\sin^2 i \cdot \Delta\boldsymbol{i} \qquad (5-37)$$

相对倾角矢量 $\Delta\boldsymbol{i}$ 在摄动影响下的长期变化如图 5-7 所示。

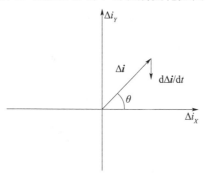

图 5-7　相对倾角矢量的变化示意图

由式（5-36）、式（5-37）可以看出，只有当编队航天器轨道绝对倾角相等的时候（$\Delta i = 0$），才能够避免相对倾角矢量的长期变化。在 $\Delta i = 0$ 的情况下，两个轨道的平面夹角 δi 是由升交点赤经的微小偏移量 $\Delta\Omega$ 造成的。由图 5-3，在球面三角形 $N_1 N_2 N_{12}$ 中，根据球面三角形正弦定理可得

$$\Delta\Omega = \pm\, \delta i / \sin i \qquad (5-38)$$

上式反映了升交点赤经偏移与两轨道平面夹角的关系。

根据上述分析可知，如果不进行必要的校正机动来补偿漂移，则航天器的初始构型将被破坏。

5.2.3.3　J_2 项摄动对编队构型影响的仿真分析

算例 1：J_2 项摄动对相对偏心率矢量和编队构型的影响

根据 5.2.3.1 节可知，在考虑 J_2 项摄动的条件下，式（5-19）～式（5-21）可以改写为

$$\Delta r_R = -a\delta e\cos(u - \varphi_0 - \dot\varphi t) \qquad (5-39)$$

$$\Delta r_T = 2a\delta e\sin(u - \varphi_0 - \dot\varphi t) \qquad (5-40)$$

$$\Delta r_N = a\delta i\sin(u - \theta_0 - \dot\theta t) \qquad (5-41)$$

其中，u 的取值为 $2\pi t/T$，且

$$\dot\varphi = 2\pi/T_G \approx \frac{3}{2}(\pi/T)(R_e^2/a^2)J_2(5\cos^2 i - 1)$$

选取如下的初始参数

$$\varphi_0 = 90°, \quad \theta_0 = -90°, \quad a = 6\,878\text{ km}, \quad i = 89°$$

$$a\delta e = 300\text{ m}, \quad a\delta i = -1\,000\text{ m},$$

$$\Delta i = 0, \quad \Delta u = 0, \quad a\Delta e = \begin{bmatrix} 0 \\ 300\text{ m} \end{bmatrix}, \quad a\Delta i = \begin{bmatrix} 0 \\ -1\,000\text{ m} \end{bmatrix}$$

在不施加控制时，进行 30 天仿真，J_2 项摄动对相对偏心率矢量和相对轨道影响的计算结果分别如图 5-8 和图 5-9 所示。

图 5-8 可知，相对偏心率矢量在偏心率矢量平面内的变化为一段圆弧，由于 $\dot\theta = 0$，根据式（5-37），相对倾角矢量保持恒定。随着时间的推移，初始状态平行的相对 E/I 矢量逐渐演化。当 Δe 的相位角为

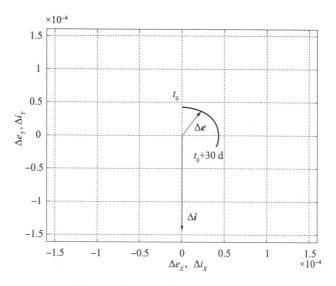

图 5 - 8　相对偏心率矢量 30 天的变化

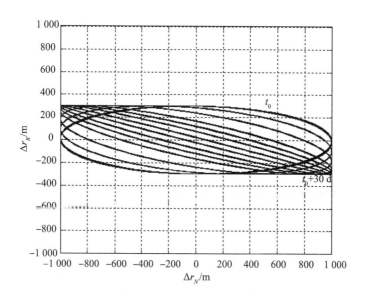

图 5 - 9　径法（RN）平面的相对运动

0时，相对 **E** 矢量与相对 **I** 矢量互相垂直。由图 5-9 可以看出，这样的变化是很危险的，因为径向与法向的分离距离会在某一时刻同时消失，这在切向不确定性很大的情况下，很容易引发碰撞。因此，对于长期编队飞行必须采取相应的规避措施。

算例 2：J_2 项摄动对相对倾角矢量和编队构型的影响

选取如下的初始参数

$$a = 6\ 878\ \text{km}, \quad i = 63.43°, \quad \delta e = 6 \times 10^{-4}$$

$$\varphi_0 = \theta_0 = 45°, \quad \Delta i = 0.001$$

设置初始相对倾角矢量，用五角星表示相对倾角矢量坐标随摄动的变化，进行 30 天的无控仿真，相对倾角矢量和相对轨道的计算结果分别如图 5-10 和图 5-11 所示。

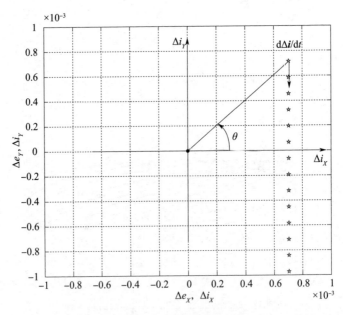

图 5-10 相对倾角矢量变化

从图 5-10 可以得知，由于 J_2 项的影响，相对倾角矢量的长期变化将引起一个无限长的漂移。这种情况下，如果不采取机动措施，编队构型同样会发生严重破坏，有碰撞的危险，如图 5-11 所示。

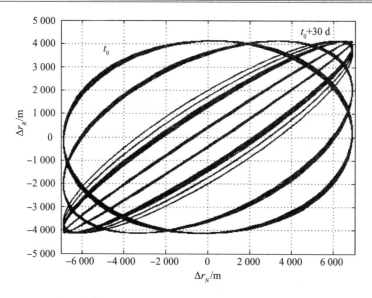

图 5-11 径法（*RN*）平面的相对运动

5.3 基于相对 **E/I** 矢量的编队飞行安全轨道设计与制导

5.3.1 碰撞规避分析与安全性要求

上节的分析表明，J_2 项摄动会引起相对 **E/I** 矢量的长期漂移，从而破坏编队构型，且可能使航天器发生碰撞。同时，考虑到大气阻力等变化因素的影响，预测航天器之间切向分离的距离的不确定性远高于径向和法向的部分。因此，为了避免由于存在切向运动的不确定性引起的碰撞危险，必须要保证航天器之间在径向和法向方向的适当分离。根据参考文献［10］和 5.2.3 节的仿真分析，这可以通过使相对偏心率矢量 Δ**e** 和相对倾角矢量 Δ**i** 平行来实现，即满足

$$\Delta e \parallel \Delta i \qquad (5-42)$$

根据相对偏心率矢量和相对倾角矢量的定义，矢量 Δ**e** 和 Δ**i** 平

行等效于角 φ 和角 θ 存在一定的关系，即 $\varphi = \theta + k\pi, k = 0, 1, \cdots$。根据式（5-19）～式（5-21），当 $u = \varphi + k\pi, k = 0, 1, \cdots$ 时，两航天器之间具有最大径向分离；当 $u = \varphi + (k + 1/2)\pi, k = 0, 1, \cdots$ 时，径向分离消失。考虑 $\varphi = \theta + k\pi$ 时，在两轨道平面交线处法向分离消失，即 $\Delta r_N = 0$，但是由于保证了 $\Delta e \parallel \Delta i$，径向距离 Δr_R 最大；反之，当 $\Delta r_R = 0$ 时，法向分离 Δr_N 最大，如图 5-12 所示，从而能保证航天器之间在径法平面的安全。

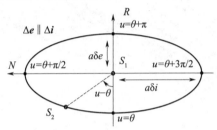

图 5-12　相对 E/I 矢量平行时 RN 平面内的相对运动

与之形成对比，如果 $\Delta e \perp \Delta i$，Δr_R 和 Δr_N 将在某一时刻同时消失，即 $\Delta r_R = \Delta r_N = 0$。这样，在切向运动不确定性的影响下就可能出现碰撞危险，如图 5-13 所示。

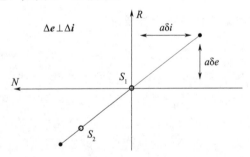

图 5-13　相对 E/I 矢量垂直时 RN 平面内的相对运动

针对 $\Delta e \parallel \Delta i$ 的安全性要求，特殊地，给出相对倾角矢量相位角

$$\theta = \pm \pi/2 \tag{5-43}$$

使得 $\dfrac{\mathrm{d}}{\mathrm{d}t}\Delta i_Y = 0$，即相对倾角矢量不发生变化。

同时，相对偏心率矢量要选择与之相同或者相反的相位，使得 $\Delta e \parallel \Delta i$，即可达到碰撞规避的目的，相应地

$$\Delta e = \begin{bmatrix} 0 \\ \pm\,\delta e \end{bmatrix}, \quad \Delta i = \begin{bmatrix} 0 \\ \pm\,\delta i \end{bmatrix} \tag{5-44}$$

满足以上条件的构型可以提供一种被动安全稳定，使得地球扁率 J_2 项摄动对相对运动的影响最小。

5.3.2　编队飞行轨道设计与制导

5.3.2.1　轨道设计

根据简化的相对运动方程式（5-19）～式（5-21），只要设置合适的初始位置及相对 E/I 矢量，就可以实现多星的编队飞行。

若编队飞行的 4 个航天器（航天器 S_1、S_2、S_3、S_4）具有相同的半长轴、相对偏心率矢量和相对倾角矢量，平纬度幅角 u 依次相差 $\pi/2$，可形成的编队构型如图 5-14 所示。4 个航天器的相对轨道位于同一平面内，参考点（或虚拟参考航天器）位于相对轨道的中心。

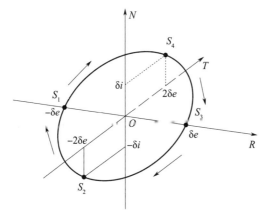

图 5-14　相对轨道要素相同的编队飞行构型图

若 4 个航天器具有不同的半长轴及相对轨道要素（$a\delta e$　$a\delta i$　φ　θ），

平纬度幅角 u 的相位依次相差 $\pi/2$，形成的编队飞行相对运动构型如图 5-15 所示。图中 S_1、S_2、S_3、S_4 点表示 4 个航天器的初始位置，箭头为相对运动方向，运动时间为半个轨道周期。根据式（5-19）~式（5-21），由于 4 个航天器具有不同的半长轴、相对偏心率/倾角矢量，它们的相对轨道位于不同的平面内，且轨道形状各不相同。

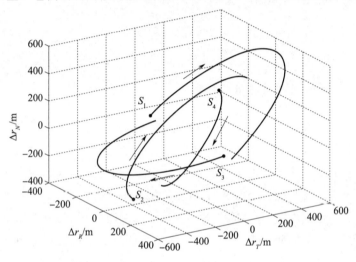

图 5-15　相对轨道要素不同的编队飞行构型图

5.3.2.2　制导和控制策略

对状态方程式（5-18）进行微分，可得到近圆轨道中相对轨道要素的变化（$\mathrm{d}\Delta a,\mathrm{d}\Delta e,\mathrm{d}\Delta i,\mathrm{d}\Delta u$）与各个方向速度变化 Δv_R，Δv_T 以及 Δv_N 的相互关系，为简化的高斯摄动方程[10]

$$
\begin{bmatrix} \mathrm{d}\Delta a \\ \mathrm{d}\Delta e_X \\ \mathrm{d}\Delta e_Y \\ \mathrm{d}\Delta i_X \\ \mathrm{d}\Delta i_Y \\ \mathrm{d}\Delta u \end{bmatrix} = \frac{1}{v}
\begin{bmatrix}
0 & 2a & 0 \\
\sin u & 2\cos u & 0 \\
-\cos u & 2\sin u & 0 \\
0 & 0 & \cos u \\
0 & 0 & \sin u \\
0 & -3v/a \cdot \Delta t & 0
\end{bmatrix}
\begin{bmatrix} \Delta v_R \\ \Delta v_T \\ \Delta v_N \end{bmatrix}
\tag{5-45}
$$

分析这一方程，可以得到如下结论：

1) 对 dΔe 和 dΔi 的控制是解耦的。

2) 轨道平面的脉冲影响相对半长轴、平纬度幅角的微分以及相对偏心率矢量的变化,法向的脉冲只影响相对倾角矢量的变化。

3) 若平纬度幅角 u 确定,一个给定的推力可以产生瞬时变化的 dΔe、dΔi 以及 dΔa,并且在 Δt 的时间范围内产生净增量 dΔu。

4) 当 $\Delta v_R \neq 0$,$\Delta v_T = 0$ 且 $\Delta v_N = 0$ 时,可得到径向脉冲控制方程;类似地,可以得到切向和法向脉冲控制方程。

由式 (5 - 45) 可以看出,沿轨道切向的脉冲作用相对于沿径向的脉冲作用具有双倍的效果,可以用来更有效地控制相对偏心率矢量。

针对相对偏心率矢量的变化,根据式 (5 - 45) 应该施加的切向脉冲大小为

$$|\Delta v_T| = (v/2)\,\|\mathrm{d}\Delta e\| = \frac{v}{2}\left(\delta e \frac{2\pi}{T_e}\right) \qquad (5-46)$$

式中,T_e 为相对偏心率矢量的旋转周期,且 $T_e = \dfrac{4}{3} T \dfrac{a^2}{R_e^2} \dfrac{1}{J_2(5\cos^2 i - 1)}$。

类似于相对偏心率矢量的控制,同样由式 (5 - 45) 可以看出,法向的机动脉冲可以用来控制相对倾角矢量。控制脉冲的大小和位置可以由下式表示

$$\Delta v_N = v\,\|\mathrm{d}\Delta i\| \qquad (5-47)$$

$$u = \arctan(\mathrm{d}\Delta i_Y / \mathrm{d}\Delta i_X) \qquad (5-48)$$

为了保持编队构型,通常对从航天器施加机动。这些机动主要是用来补偿由参考航天器轨道保持机动和地球扁率造成的相对轨道变化。

执行脉冲机动的时机可以通过设定边界条件来确定,例如设置界限为相对偏心率矢量和相对倾角矢量的相位差小于某一常数 c($|\varphi - \theta| < c$)。一旦相对 E/I 矢量的相位差超过 c,就对从航天器实施机动操作,改变相对偏心率矢量或者相对倾角矢量,使得相对偏

心率矢量重新与相对倾角矢量平行，即 $\Delta e \parallel \Delta i$ 。

由 5.2.3 节的分析，相对偏心率矢量和相对倾角矢量会在摄动影响下产生周期性或者长期偏移，而安全性又要求二者具有相互平行的关系，这就需要给出保证编队飞行安全性的制导控制策略。

一旦相对偏心率矢量和相对倾角矢量的相位角之差大于某一角度 c ，则对从航天器施加机动脉冲，进行安全控制。根据施加机动脉冲的条件 $|\theta - \varphi| \geqslant c$ 和相对 $\boldsymbol{E}/\boldsymbol{I}$ 矢量控制方程，可以得到以下 3 种制导控制策略

1）控制相对偏心率矢量。使 $\varphi^{+}_{t(|\theta-\varphi|\geqslant c)} = \theta^{-}_{t(|\theta-\varphi|\geqslant c)}$ ，根据式（5-29）～式（5-30）以及式（5-46），可得

$$|\Delta v_T| = \frac{v}{2} \cdot c \cdot \delta e \qquad (5-49)$$

2）控制相对倾角矢量。使 $\theta^{+}_{t(|\theta-\varphi|\geqslant c)} = \varphi^{-}_{t(|\theta-\varphi|\geqslant c)}$ ，根据式（5-36）～式（5.37）以及式（5-47），可得

$$\Delta v_N = v \cdot \Delta i \cdot |\sin|\theta| - \cos\theta \cdot \tan|\theta - c|| \qquad (5-50)$$

3）同时控制相对偏心率矢量和相对倾角矢量。使 $\varphi^{+}_{t(|\theta-\varphi|\geqslant c)} = \theta^{+}_{t(|\theta-\varphi|\geqslant c)} = m \cdot \varphi^{-}_{t(|\theta-\varphi|\geqslant c)} + n \cdot \theta^{-}_{t(|\theta-\varphi|\geqslant c)}$ ，可得

$$\begin{cases} |\Delta v_T| = \dfrac{v}{2} \cdot m \cdot c \cdot \delta e \\ \Delta v_N = v \cdot \Delta i \cdot |\sin|\theta| - \cos\theta \cdot \tan|\theta - n \cdot c|| \end{cases} \qquad (5-51)$$

下标 $t(|\theta-\varphi|\geqslant c)$ 表示在 $|\theta-\varphi|\geqslant c$ 的时刻，上标"−"表示施加脉冲机动之前，上标"+"表示施加脉冲机动之后。m，n 为权重参数，$0 < m, n < 1$ ，且 $m + n = 1$ 。

通过分析相对运动方程（5-18）可知，相对偏心率矢量使航天器之间在径向和切向产生分离距离，相对倾角矢量使法向产生分离距离。因此，单独的相对偏心率矢量控制仅使航天器之间在径切（RT）平面产生分离，当航天器之间的切向分离距离为零时，需要航天器之间在径向存在物理上安全的分离距离，但这种情况下航天器处在对地指向的一条直线上，可能造成共位卫星对地遮挡，这时需要在径切平面隔离的基础上，再引入轨道法向隔离[6]，此时应采

用相对偏心率/倾角矢量联合控制，即上述的制导控制策略 3)，消除
摄动因素对相对偏心率矢量和相对倾角矢量的影响。

5.3.3　仿真分析

为了验证使用相对 **E/I** 矢量方法进行航天器编队安全轨迹设计与
控制的有效性，下面对考虑 J_2 项摄动的受控相对运动、碰撞规避安全
性、考虑摄动的编队飞行安全轨迹设计与控制效果进行仿真分析。

5.3.3.1　考虑 J_2 项摄动的受控相对轨道仿真

与 5.2.3 小节 J_2 项摄动影响仿真中算例 1 使用的方程与初始条件
完全相同，脉冲机动的时机通过设定边界条件来确定，边界条件的设
置界限为相对偏心率矢量和相对倾角矢量的相位差小于 $5°$（$|\varphi-\theta|<$
$5°$）。一旦两矢量的相位差超过 $5°$，就对从航天器 S_2 实施脉冲机动，
改变相对偏心率矢量 Δe，使得 $\Delta e \parallel \Delta i$。仿真计算结果如图 5-16 和
图 5-17 所示。

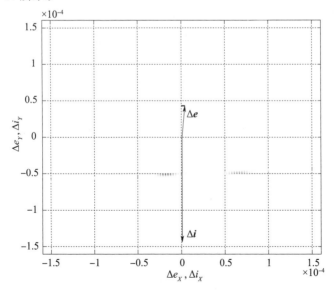

图 5-16　受控相对 **E/I** 矢量变化

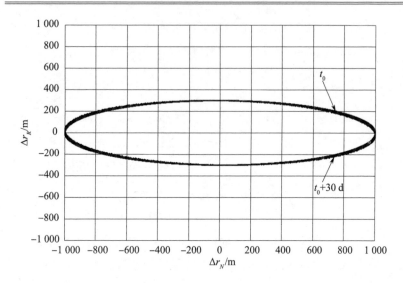

图 5-17　受控条件下相对轨道

　　图 5-16 和图 5-17 是在仿真时间内（30 天），在给定条件下施加脉冲机动控制后，相对偏心率矢量与相对倾角矢量的关系，以及 RN 平面内相对轨道的形状。可以看出，两航天器之间在各个方向的分离距离满足安全性要求，达到预期控制效果，验证了基于相对偏心率/倾角矢量的相对轨道制导和控制方案的可行性。

5.3.3.2　碰撞规避安全性仿真

　　假设各航天器具有相同的面质比和切向加速度，且切向干扰引起的不确定性呈正态分布。分别设计与 $\Delta e \parallel \Delta i$ 和 $\Delta e \perp \Delta i$ 对应的仿真初始条件，对比分析对应的航天器编队飞行构型和相对距离随纬度幅角的变化情况。

　　令 $\varphi = \theta = \pi/2$，$a\delta e = 300 \text{ m}$，$a\delta i = -500 \text{ m}$，此时 $\Delta e \parallel \Delta i$

$$a\Delta e = \begin{bmatrix} 0 \\ 300 \text{ m} \end{bmatrix}$$

$$a\Delta i = \begin{bmatrix} 0 \\ -500 \text{ m} \end{bmatrix}$$

相对运动轨迹如图 5 - 18 所示。图中，分别用下标 R、T、N 来表示径向、切向与法向。

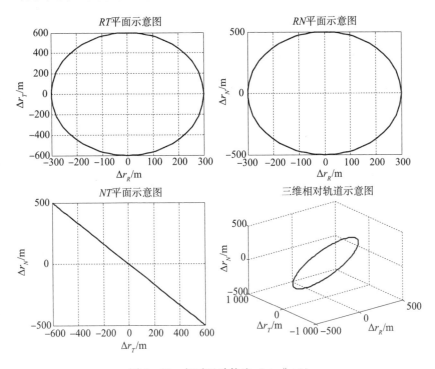

图 5 - 18　相对运动轨迹（$\Delta e \parallel \Delta i$）

两航天器各方向相对距离以及两航天器之间的空间距离如图 5 - 19 所示，其中，空间距离为绝对值，其余为相对值。

令 $\varphi = \pi/2$，$\theta = 0$，$a\delta e = +300$ m，$a\delta i = -500$ m，此时 $\Delta e \perp \Delta i$

$$a\Delta e = \begin{bmatrix} 0 \\ 300 \text{ m} \end{bmatrix}$$

$$a\Delta i = \begin{bmatrix} -500 \text{ m} \\ 0 \end{bmatrix}$$

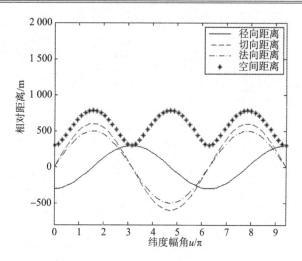

图 5-19　相对距离随纬度幅角的变化（$\Delta e \parallel \Delta i$）

相对运动轨迹如图 5-20 所示。

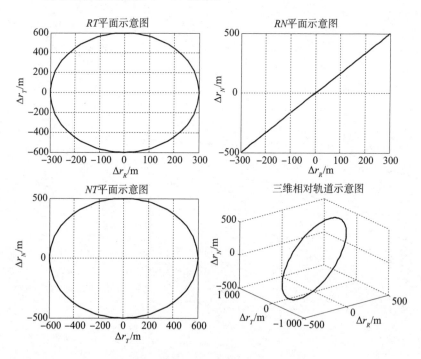

图 5-20　相对运动轨迹（$\Delta e \perp \Delta i$）

两航天器各方向相对距离以及空间距离如图 5 - 21 所示。

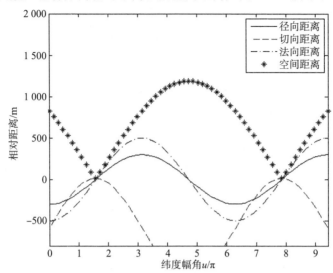

图 5 - 21　相对距离随纬度幅角的变化（ $\Delta e \perp \Delta i$ ）

对仿真结果进行比较分析，可以得出以下结论：

1）相对运动 $\boldsymbol{R}$，$\boldsymbol{T}$ 方向（径向与切向）分量相互耦合，相对轨道在 RT 平面的投影始终为一个椭圆，椭圆长短半轴之比为 2：1，短半轴长 $a\delta e$ 。

2）相对运动 N 方向（法向）是一个独立的简谐运动，振动的振幅为 $a\delta i$ 。

3）若使相对偏心率矢量相位角与相对倾角矢量相位角相差值为 $k\pi/2, k = 0,2,4,\cdots$，即 $\Delta e \parallel \Delta i$，则相对运动在 RN 平面投影为一椭圆，在 TN 平面投影为一条过中心点（参考点或主航天器 S_1 ）的直线。

4）若使相对偏心率矢量相位角与相对倾角矢量相位角相差值为 $k\pi/2, k = 1,3,5,\cdots$，即 $\Delta e \perp \Delta i$，则相对运动在 TN 平面投影为一椭圆，在 RN 平面投影为一条过中心点（参考点或主航天器 S_1 ）的直线。

5) $\Delta e \perp \Delta i$ 时，由于切向运动存在不确定性，在某一时刻，两航天器间的空间距离可能会小于安全值，从而有碰撞危险。$\Delta e \parallel \Delta i$ 时，两航天器间的空间距离存在最小值，如果将该最小值设计为最小安全距离，即可保证航天器编队的安全性。

5.3.3.3　考虑摄动的编队飞行安全轨迹设计与制导仿真

选取参考中心或虚拟主航天器的初始参数值如表 5 - 1 所示。

表 5 - 1　参考航天器的轨道要素

轨道要素	a/km	i/(°)	e	Ω/(°)	ω/(°)	M/(°)
取值	6 878	89	0.001	100	30	60

设计 4 个编队航天器的初始相对轨道要素如表 5 - 2 所示。它们相对于参考航天器均满足 $\Delta e \parallel \Delta i$ 。

表 5 - 2　4 颗编队航天器的相对轨道要素

航天器编号 相对轨道要素	S_1	S_2	S_3	S_4
$a\delta e$/m	$200\sqrt{2}$	400	175	135
$a\delta i$/m	$300\sqrt{2}$	350	150	160
φ/(°)	45	60	112.5	210
θ/(°)	45	60	112.5	210
Δi/(°)	0.001	0.001	0.001	0.001

考虑 J_2 项摄动因素的影响，采用第 5.3.2 节给出的 3 种不同的制导控制策略，令 $c = 5°$，分别进行仿真计算。不同制导控制策略的计算结果曲线如图 5 - 22～图 5 - 24 所示。

图 5 - 22～图 5 - 24 的（a）为不同制导控制策略下的编队飞行构型，比较可以发现，虽然存在细微的差别，但是总体控制趋势基本一致，均能在摄动条件下保持安全的编队构型；图 5 - 22～图 5 - 24 的（b）为各星相对距离，存在较大差异，这是由施加脉冲机动的大小和时间不同导致的。这说明，存在一般的控制策略满足 $\varphi_{t(\,|\,\theta-\varphi\,|\,\geqslant c)}^{+}$ $= \theta_{t(\,|\,\theta-\varphi\,|\,\geqslant c)}^{+} = m \cdot \varphi_{t(\,|\,\theta-\varphi\,|\,\geqslant c)}^{-} + n \cdot \theta_{t(\,|\,\theta-\varphi\,|\,\geqslant c)}^{-}$ ，使得脉冲机动如式（5

-51），其中 $0 \leqslant m, n \leqslant 1, m+n=1$，可以实现基于相对 *E/I* 矢量的
航天器编队飞行安全轨迹控制。

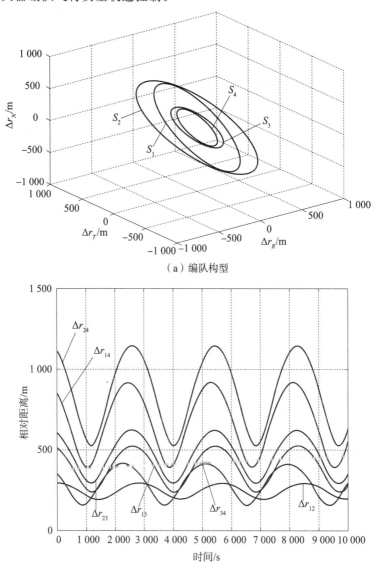

（a）编队构型

（b）航天器之间的相对距离

图 5-22　相对偏心率矢量制导控制结果曲线

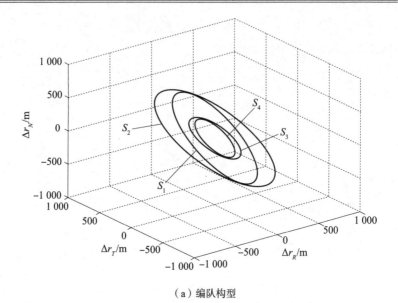

（a）编队构型

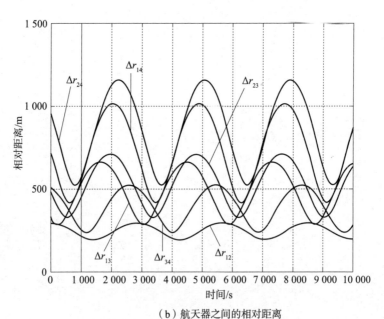

（b）航天器之间的相对距离

图 5 - 23　相对倾角矢量制导控制结果曲线

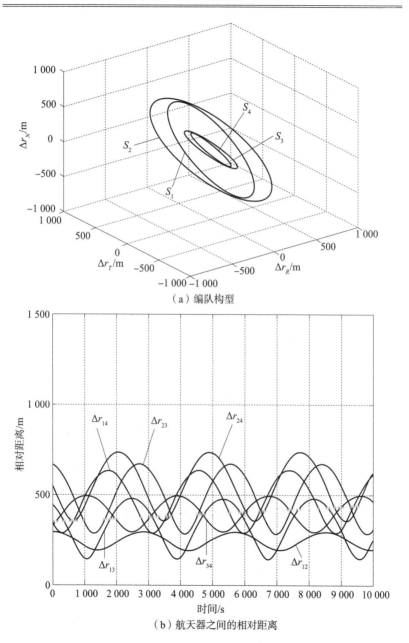

（a）编队构型

（b）航天器之间的相对距离

图 5-24　相对偏心率矢量和相对倾角矢量联合制导控制结果曲线

5.4　基于相对 E/I 矢量的航天器集群飞行轨道优化设计

5.4.1　问题描述

　　航天器集群飞行通过合适的轨道设计方法，星间无线链路的相互作用和影响，以尽可能低的控制能耗，使多个航天器在空间长期保持安全有界的相对运动。它与一般的编队飞行的主要区别在于它不需要精确维持特定的相对轨道几何构型，不需要成员航天器之间相对姿态和位置的精确保持，这降低了保持控制问题和相对导航问题的难度。航天器集群飞行是分布式空间体系结构的一种存在形式和多航天器协同飞行的一种重要模式。如何进行航天器集群飞行的最优轨道设计是一个新的研究课题。Jihe Wang 和 Shinichi Nakasuk[14-15]提出基于相对 E/I 矢量，研究了考虑被动无碰撞安全性、航天器星间链路要求、推进剂消耗最优的集群飞行最优轨道设计方法。本节参考 Jihe Wang 等人的研究工作，考虑最大相对距离和被动安全约束两种约束，给出了考虑 J_2 项摄动长期影响的航天器集群飞行推进剂消耗最优和推进剂消耗均衡的轨道设计方法。

　　为了使用相对 E/I 矢量描述航天器集群飞行的轨道优化设计问题，需要给出集群飞行的要求，即约束条件及优化目标函数。约束条件包括：最大相对距离约束、安全性约束和推进剂消耗约束。

5.4.1.1　最大相对距离约束

　　根据集群飞行任务的要求，集群飞行航天器之间需要通过星间链路实现信息的传递。空间中信息传递的范围是有限的，这就要求集群构型中任意两个航天器的最大相对距离小于通信传输能力要求的给定值。假定星间最大通信距离为 d_{max}，那么第 i 颗航天器和第 j 颗航天器之间最大相对距离约束可以表示为

$$d_{ij}^{RTN} = \sqrt{(\Delta r_{Ri} - \Delta r_{Rj})^2 + (\Delta r_{Ti} - \Delta r_{Tj})^2 + (\Delta r_{Ni} - \Delta r_{Nj})^2} \leqslant d_{\max}$$

$$(5-52)$$

使用相对 **E/I** 矢量描述该约束，将相对运动方程式（5-19）～式（5-21）代入式（5-52）中，基于函数最大值原理，可得采用相对 **E/I** 矢量表示的最大相对距离约束为[14]

$$d_{ij}^{RTN} \leqslant (d_{ij}^{RTN})_{\max} =$$

$$\left(\frac{\sqrt{2}a}{2} \sqrt{5(\delta e)^2 + (\delta i)^2 + \sqrt{9(\delta e)^4 + 6(\delta e)^2(\delta i)^2 \cos(2\alpha) + (\delta i)^4}} \right)_j$$

$$\leqslant d_{\max}$$

$$(5-53)$$

式中，α 为相对偏心率矢量相位角和相对倾角矢量相位角之差的绝对值，即

$$\alpha = |\varphi - \theta| \qquad (5-54)$$

5.4.1.2　安全性要求约束

根据 5.3.1 节的编队飞行碰撞规避和安全性分析，为了避免切向运动不确定性可能造成航天器之间碰撞，采用 $\Delta e \parallel \Delta i$ 作为条件进行航天器编队飞行的轨迹设计，能够形成一种相对安全的编队构型。但是，这种条件对航天器集群飞行来讲，过于严格。在集群飞行中，为了避免集群中的航天器产生碰撞，提出了被动安全约束，要求集群中的任意两个航天器在径法平面内的最小相对距离应该大于某个设计值，设该值为 d_{safe}^{RN}。选择径法平面设定最小相对距离是因为切向具有较大的不确定性，是最不稳定的运动方向，尤其是考虑导航、控制误差以及摄动影响的时候。这样，安全性约束可以表示如下

$$d_{ij}^{RN} = \sqrt{(\Delta r_{Ri} - \Delta r_{Rj})^2 + (\Delta r_{Ni} - \Delta r_{Nj})^2} \geqslant d_{safe}^{RN} \quad (5-55)$$

使用相对 **E/I** 矢量描述该约束，将相对运动方程式（5-19）～式（5-21）代入式（5-55）中，基于函数最大值原理，可得采用相对 **E/I** 矢量表示的安全性约束为[14]

$$d_{ij}^{RN} \geqslant (d_{ij}^{RN})_{\min} =$$

$$\left(\frac{\sqrt{2}a}{2} \sqrt{(\delta e)^2 + (\delta i)^2 - \sqrt{(\delta e)^4 + (\delta i)^4 - 2(\delta e)^2(\delta i)^2 \cos(2\alpha)}} \right)_j$$

$$\geqslant d_{\text{safe}}^{RN}$$

$$(5-56)$$

5.4.1.3　目标函数

推进剂是航天器宝贵的不可再生资源，对于航天器工作寿命及长期空间任务的完成至关重要。在航天器集群飞行控制的过程中，既要尽可能减少航天器的推进剂消耗，又要使所有航天器推进剂消耗均衡，防止个别航天器因推进剂消耗过多而过早失效，影响整个集群飞行任务。因此，常常将推进剂消耗最优和推进剂均衡作为集群航天器轨道设计与优化问题的目标函数。

根据 5.3.2 节研究的相对 E/I 矢量制导控制策略，将脉冲速度增量 Δv 作为推进剂消耗的评估参数。考虑 J_2 项影响的 N 个集群飞行航天器的推进剂消耗最优目标函数为

$$J_1 = \sum_{j=1}^{N} (|\Delta v_{Tj}| + |\Delta v_{Nj}|) \qquad (5-57)$$

结合式（5-37）、式（5-46）和式（5-47），使用相对偏心率矢量和相对倾角矢量表示的目标函数如下

$$
\begin{aligned}
J_1 &= \sum_{j=1}^{N} (|\Delta v_{Tj}| + |\Delta v_{Nj}|) \\
&= \sum_{j=1}^{N} \left[\frac{v}{2}\left(\delta e_j \frac{2\pi}{T_e}\right) + v \left| -\frac{3\pi}{T} J_2 \frac{R_e^2}{a^2} \sin^2 i \cdot \Delta i_j \right| \right] \\
&= \sum_{j=1}^{N} \left[\frac{v}{2}\left(\delta e_j \frac{2\pi}{T_e}\right) + v \left| -\frac{3\pi}{T} J_2 \frac{R_e^2}{a^2} \sin^2 i \cdot \delta i_j \cos\theta_j \right| \right]
\end{aligned}
$$

$$(5-58)$$

推进剂消耗均衡最优目标函数为

$$J_2 = \sum_{j=1}^{N} \left| \Delta v_j - \frac{1}{N} \sum_{i=1}^{N} \Delta v_i \right| \qquad (5-59)$$

其中，Δv_j 为第 j 颗航天器切向脉冲与法向脉冲大小之和，即

$$\Delta v_j = |\Delta v_{Tj}| + |\Delta v_{Nj}| = \frac{v}{2}\left(\delta e_j \frac{2\pi}{T_e}\right) + v\left|-\frac{3\pi}{T}J_2 \frac{R_e^2}{a^2}\sin^2 i \cdot \delta i_j \cos\theta_j\right|$$

$$(5-60)$$

5.4.1.4　航天器集群飞行轨道优化问题

（1）推进剂最优的航天器集群飞行轨道优化问题

根据上文的分析和推导，航天器集群飞行的约束和目标函数都可以用相对偏心率矢量和相对倾角矢量来表示。因此，基于相对 E/I 矢量的推进剂最优的航天器集群飞行轨道优化问题可以表示为

$$
\begin{cases}
\min: J = J_1 = \sum_{j=1}^{N} \Delta v_j \\[2mm]
\text{s. t. } \left[\frac{\sqrt{2}a}{2}\sqrt{5(\delta e)^2 + (\delta i)^2 + \sqrt{9(\delta e)^4 + 6(\delta e)^2(\delta i)^2\cos(2\alpha) + (\delta i)^4}}\right]_j \\[2mm]
\quad\leqslant d_{\max} \\[2mm]
\left(\frac{\sqrt{2}a}{2}\sqrt{(\delta e)^2 + (\delta i)^2 - \sqrt{(\delta e)^4 + (\delta i)^4 - 2(\delta e)^2(\delta i)^2\cos(2\alpha)}}\right)_j \\[2mm]
\quad\geqslant d_{\text{safe}}^{RN} \\[2mm]
a\delta e \geqslant 0 \\[1mm]
a\delta i \geqslant 0 \\[1mm]
0 \leqslant \varphi \leqslant 2\pi \\[1mm]
0 \leqslant \theta \leqslant 2\pi
\end{cases}
$$

其中，α 和 Δv_j 的定义由式（5-54）和式（5-60）分别给出。

（2）推进剂最优和推进剂均衡的航天器集群飞行轨道优化问题

与推进剂最优的航天器集群飞行轨道优化问题类似，同时考虑总推进剂消耗最优和推进剂均衡的航天器集群飞行轨道优化问题可以表示为

$$
\begin{cases}
\min: \quad J = J_1 + J_2 = \sum_{j=1}^{N} \Delta v_j + \sum_{j=1}^{N} \sum_{i=j+1}^{N} |\Delta v_j - \Delta v_i| \\[4mm]
\text{s. t.} \quad \left[\frac{\sqrt{2}a}{2} \sqrt{5\,(\delta e)^2 + (\delta i)^2 + \sqrt{9\,(\delta e)^4 + 6\,(\delta e)^2\,(\delta i)^2 \cos(2\alpha) + (\delta i)^4}} \right]_j \\[4mm]
\qquad \leqslant d_{\max} \\[4mm]
\qquad \left(\frac{\sqrt{2}a}{2} \sqrt{(\delta e)^2 + (\delta i)^2 - \sqrt{(\delta e)^4 + (\delta i)^4 - 2\,(\delta e)^2\,(\delta i)^2 \cos(2\alpha)}} \right)_j \\[4mm]
\qquad \geqslant d_{\text{safe}}^{RN} \\[2mm]
\qquad a\delta e \geqslant 0 \\[2mm]
\qquad a\delta i \geqslant 0 \\[2mm]
\qquad 0 \leqslant \varphi \leqslant 2\pi \\[2mm]
\qquad 0 \leqslant \theta \leqslant 2\pi
\end{cases}
$$

为了求解上述多约束优化问题，可以选择遗传算法（GA）[14]或者混合粒子群-序列二次规划（PSO - SQP）[17]等算法作为优化方法进行求解。

5.4.2　算例分析

为了检验上述分析的基于相对 E/I 矢量的航天器集群飞行轨道优化设计方法的正确性和有效性，以参考文献［14］推进剂最优的航天器集群飞行轨道优化问题为例，进行以下的仿真和说明。

首先，给出集群飞行的初始条件。给定参考航天器的轨道参数如表 5 - 3 所示。

表 5 - 3　参考航天器的轨道参数

轨道要素	a/km	$i/(°)$	e	$\Omega/(°)$	$\omega/(°)$	$M(°)$
取值	6 778	98.24	0.001	0.249 7	30	60

航天器集群由 6 个航天器构成，安全性要求约束 d_{safe}^{RN} 设为 100 m，最大相对距离约束 $d_{\max}$ 设为 900 m。使用遗传算法（GA）进行求解，得到的推进剂最优集群飞行的设计结果如表 5 - 4 所示[14]。

表 5-4　集群航天器的相对轨道要素

航天器编号 相对轨道要素	S_1	S_2	S_3	S_4	S_5	S_6
$a\delta e$/m	208.78	269.25	174.62	133.70	138.59	110.16
$a\delta i$/m	150.67	289.68	175.91	119.55	130.54	116.25
φ/(°)	252.48	312.31	61.20	198.71	345.73	103.78
θ/(°)	263.29	288.38	71.61	212.11	327.44	107.39

相对运动轨道和相对距离的仿真计算结果如图 5-25 和图 5-26
所示。

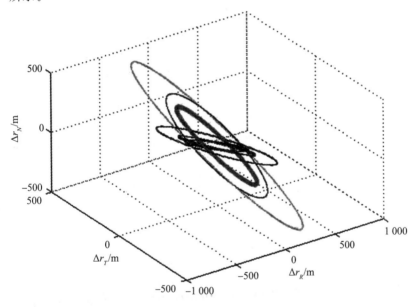

图 5-25　航天器集群飞行相对轨道几何构型

图 5-25 为由遗传算法（GA）方法获得的航天器集群飞行相对
轨道的几何形状，6 个航天器能够实现稳定的集群飞行。由图 5-26
可以看出，航天器间能够满足安全性约束和最大相对距离的约束，
这说明基于相对 **E/I** 矢量的航天器集群飞行问题描述和使用 GA 进
行求解的正确性和有效性。

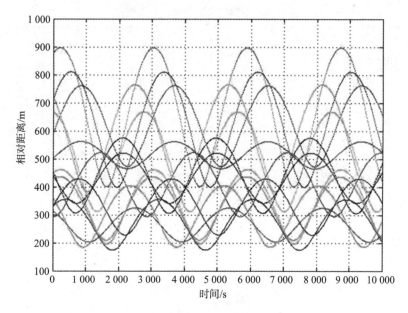

图 5 - 26　航天器集群各成员之间的相对距离

　　在上面的仿真计算中，安全性要求约束 d_{safe}^{RN} 和最大相对距离约束 d_{max} 是固定的。参考文献 ［14］还选择不同的 d_{safe}^{RN} 和 d_{max}，分析了航天器集群飞行的构型变化。

　　首先，仅改变安全性要求约束，d_{safe}^{RN} 分别选取为 50 m，120 m，150 m，其他参数保持不变，仿真计算结果分别如图 5 - 27，图 5 - 28 和图 5 - 29 所示[14]。

　　图 5 - 27 反映了不同安全性要求约束下，航天器集群的相对轨道几何构型，图 5 - 28 和图 5 - 29 分别反映了相对 E/I 矢量的大小和方向。可以看出，随着安全性要求约束距离的增大，平面内和平面外的相位角需要达到不同的角度才能满足最大相对距离的约束。随着安全性要求约束距离的增大，推进剂消耗也不断增大，3 种不同安全性要求对应的推进剂消耗分别为 0.017 m/s，0.082 m/s 和0.119 7 m/s。因此，在航天器集群飞行任务设计中，必须考虑安全性要求约束和推进剂消耗的权衡。

接下来，仅改变最大相对距离约束，$d_{\max}$ 分别选取为 600 m，800
m，1 500 m，其他参数保持不变，仿真计算结果如图 5 - 30，图 5 -
31 和图 5 - 32 所示[14]。

图 5 - 30 反映了不同最大相对距离约束下，航天器集群的相对
轨道几何构型，图 5 - 31 和图 5 - 32 分别反映了相对 E/I 矢量的大
小和方向。可以看出，随着最大相对距离约束的增大，平面内和
平面外的相位角需要达到不同的角度才能满足最大相对距离的约
束。随着最大相对距离约束的增大，推进剂消耗也不断增大，3 种
不同相对距离约束的推进剂消耗分别为 0.017 m/s，0.082 m/s 和
0.119 7 m/s。在航天器集群飞行任务设计中，最大相对距离往往
由任务决定，因此，任务设计者必须进行最大相对距离约束和推
进剂消耗的权衡。

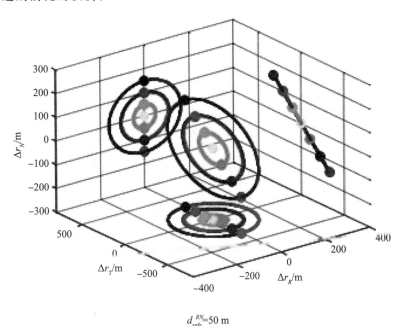

d_{safe}^{RN}=50 m

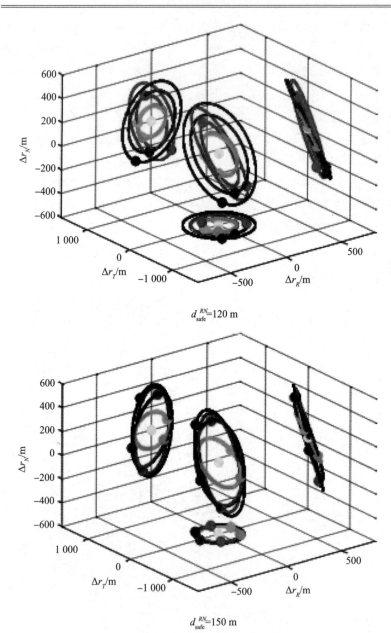

$d_{\text{safe}}^{RN}=120\ \text{m}$

$d_{\text{safe}}^{RN}=150\ \text{m}$

图 5 - 27　航天器集群飞行相对轨道 3 维图

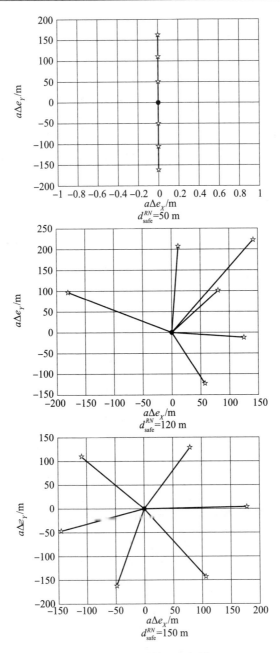

图 5 - 28　相对偏心率矢量

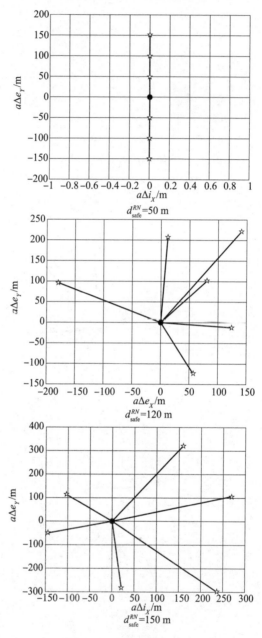

图 5 - 29　相对倾角矢量

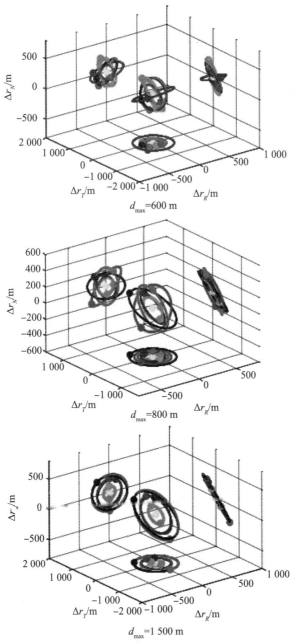

图 5 - 30　航天器集群飞行相对轨道 3 维图

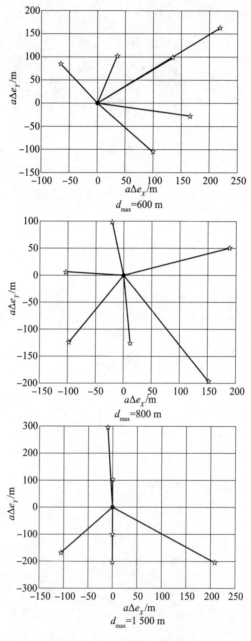

图 5-31　相对偏心率矢量

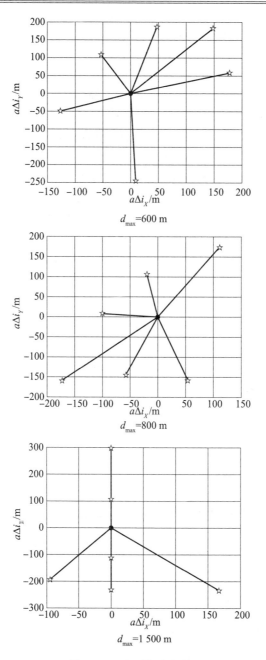

图 5 - 32　相对倾角矢量

参 考 文 献

[1] 袁建平，李俊峰，何兴锁，冯维明，等．航天器相对运动轨道动力学 [M]．北京：中国宇航出版社，2013.

[2] S R VADALI. An Analytical Solution for Relative Motion of Satellites [J]. 5th Dynamics and Control of Systems and Structures in Space Conference, Cranfield University, Cranfield UK, July 2002.

[3] T A LOVELL, S G TRAGESSER. Guidance for Relative Motion of Low Earth Orbit Spacecraft Based on Relative Orbit Elements [J]. AIAA Paper 2004 - 4988, Aug 2004.

[4] C HAN, J YIN. Formation Design in Elliptical Orbit Using Relative Orbit Elements [J]. Acta Astronautica, 2012 (77): 34 - 47.

[5] M C ECKSTEIN, C K RAJASINGH , P BLUMER. Colocation Strategy and Collision Avoidance for The Geostationary Satellites at 19 Degrees West [C]. International Symposium on Space Flight Dynamics, 1989.

[6] 李恒年．地球静止卫星与共位控制技术 [M]．北京：国防工业出版社，2010.

[7] 李恒年，高益军，余培军，李济生，黄永宣．地球静止轨道共位控制策略研究 [J]．宇航学报，2009，30（3）：967 - 973.

[8] O MONTENBRUCK, M KIRSCHNER, S D'AMICO, et al. E - I - Vector Separation for Safe Switching of the GRACE Formation [J]. Aerospace Science and Technology, 2006 (10): 628 - 635.

[9] O MONTENBRUCK, M KIRSCHNER, S. D'AMICO. E -/I - Vector Separation for Grace Proximity Operations [J]. TN04 - 08, DLR/GSOC, 2004.

[10] S D'AMICO, O MONTENBRUCK. Proximity Operations of Formation - Flying Spacecraft Using an Eccentricity/Inclination Vector Separation [J]. Journal of Guidance, Control, and Dynamics, 2006, 29 (3): 554 - 563.

[11]　G KRIEGER，A MOREIRA，H FIELDER. TanDem – X：A Satellite for-
　　　mation for High – Resolution SAR Interferometry [J] . IEEE Transactions
　　　on Geoscience and Remote Sensing，2007，45 (11)：3317 – 3341.

[12]　贺东雷，曹喜滨，马骏，等. 基于相对偏心率/倾角矢量的编队控制方法
　　　[J] . 系统工程与电子技术，2011，33 (4)：833 – 837.

[13]　伍升钢，钱山，李恒年，谭炜. 编队飞行相对倾斜构形的 e/i 矢量控制方
　　　法 [J] . 中国空间科学技术，2014，34 (2)：69 – 75.

[14]　J WANG，S NAKASUKA. Optimal Cluster Flight Orbit Design Method
　　　for Fractionated Spacecraft Based on Relative Orbital Elements [C] //
　　　AIAA Guidance，Navigation，and Control Conference，2011.

[15]　J WANG，S NAKASUKA. Cluster Flight Orbit Design Method for Frac-
　　　tionated Spacecraft [J] . Aircraft Engineering and Aerospace Technology，
　　　2012，84 (5)：330 – 343.

[16]　J WANG，J ZHANG，X CAO，et al. Optimal Satellite Formation Recon-
　　　figuration Strategy Based on Relative Orbital Elements [J] . Acta Astro-
　　　nautica，2012 (76)：99 – 114.

[17]　S H WAN，J L SONG，J CHEN，et al. Hybrid Approach to Optimize the
　　　Cluster Flying Orbit for Fractionated Spacecraft Based on PSO – SQP Algo-
　　　rithm [J] . Applied Mechanics and Materials，2013 (341)：1144 – 1149.

第 6 章　航天器协同飞行的一致性控制

6.1　引言

分布式协同控制在多传感器网络、多机械臂协同装配、机器人协同运动、无人机编队和航天器编队等众多领域得到广泛研究和应用，是多自主体协同控制的主要研究方向。一致性（consensus）问题是分布式协同控制研究的一个基本问题。多自主体系统中的一致性是指多自主体的某种状态，通过信息的共享与交互，趋向一致[1]。其作为控制问题的控制目标是使所有自主体的协同状态趋同，称为一致性控制问题。一致性算法（或称一致性协议）是指多个自主体基于局部信息采取的使得个体状态趋于一致的协商算法，其也是协同控制中的一致性控制算法的核心。将航天器编队或集群看做由多自主体、通信、感知信息流构成的信息网络拓扑（下文简称信息拓扑），则多航天器协同飞行控制问题即是一致性控制问题[1-2]。从一致性控制的角度出发，航天器协同飞行控制问题可定义为：多个航天器利用信息拓扑，在一致性控制算法的作用下，将所有航天器的状态同步到某个一致的期望状态上，实现多航天器的期望协同运动。

本章根据航天器协同飞行的特点和协同控制的要求，应用一致性理论研究航天器协同飞行分布式控制的解决方案。首先，介绍了一致性问题的相关理论及其在多自主体协同控制中的应用，从一致性控制角度对典型的航天器协同控制方法进行了统一描述；然后，面向包括航天器编队和航天器集群等自主分布式航天器系统的应用需求，研究了基于一致性的航天器分布式协同控制框架，提出了基于一致性的分布式航天器协同控制结构和控制策略；最后，进行了仿真验证研究。

6.2 一致性问题相关理论与应用

本节面向航天器协同飞行的应用背景，重点阐述一致性问题的相关理论及其在多自主体协同控制中的应用。

6.2.1 图论与代数图论基础

在多自主体系统分布式协同的一致性问题的研究中，图论是重要的分析工具。本节根据后续章节的需要，介绍关于图论和代数图论的相关基础知识[3]。

6.2.1.1 图论基础

有向图和无向图是描述多自主体系统内通信与感知信息拓扑最直接的数学工具。有向图 $\mathcal{G} = (\mathcal{V}, \varepsilon)$ 由非空节点集合 $\mathcal{V} = \{1, \cdots, N\}$ 与有向边集合 $\varepsilon \subset \mathcal{V} \times \mathcal{V}$ 构成，其中边为有序节点对 $e_{ij} = (i, j) \in \varepsilon$，$i, j \in \mathcal{V}$。边 $e_{ij} = (i, j)$ 第一个元素 i 为父节点，第二个元素 j 为子节点，边的方向是从 i 指向 j。若对 $\forall (i, j) \in \varepsilon$，有 $(j, i) \in \varepsilon$，则称该图为无向图。

节点 i 的邻接集合（或称邻居）用 $\mathcal{N}_i$ 表示，定义为 $\mathcal{N}_i = \{j \in \mathcal{V}, (j, i) \in \varepsilon\}$。节点的入/出度（in/out - degree）是以该节点为子（父）节点的边的数目，即

$$\begin{cases} \deg_{\text{out}}(i) = \sum\limits_{j=1}^{N} a_{ij} \\ \deg_{\text{in}}(i) = \sum\limits_{j=1}^{N} a_{ji} \end{cases} \quad (6-1)$$

其中 a_{ij} 为图 $\mathcal{G}$ 的邻接矩阵元素。节点的出度与入度之和为该节点的度。

有向图 $\mathcal{G}$ 中的长度为 p 的路 $\mathcal{P} = \{1, 2, \cdots, p+1\}$ 定义为不同节点的有序集合，其中节点满足 $\forall_i \in [1, p]$，$(i, i+1) \in \varepsilon$。

无向图中路定义类似。一条节点不重复的闭环路 $\mathscr{P}=\{1,\,2,\,\cdots,$ $p,\,1\}$，$p\geqslant 3$ 称为环 $\mathscr{C}$。图 $\mathscr{G}$ 的直径是图 $\mathscr{G}$ 中两个不同节点间的最大路径。

一个有向图 $\mathscr{G}$ 为强连通，当且仅当图 $\mathscr{G}$ 的任意两个不同的节点之间有一条有向路。一个有向图为弱连通，如果对于图 $\mathscr{G}$ 任意两个不同的节点 i，j，$i\neq j$，存在一个节点集合 $\{i_1=i,\,i_2,\,\cdots,\,i_m=j\}$ 定义了一条从 i 到 j 的路，使得 $(i_k,\,i_{k+1})\in\varepsilon$ 或 $(i_{k+1},\,i_k)\in\varepsilon$。如果图 $\mathscr{G}$ 存在不相交的节点子集，且不存在从一个节点子集到另一个节点子集的路，则图 $\mathscr{G}$ 是非连通。对于图 $\mathscr{G}=(\mathscr{V},\,\varepsilon)$，如果图 $\mathscr{G}_s$ 的节点集合 $\mathscr{V}_s\subset\mathscr{V}$ 与边集合 $\varepsilon_s\subset\varepsilon\cap(\mathscr{V}_s\times\mathscr{V}_s)$，则称图 $\mathscr{G}_s$ 是图 $\mathscr{G}$ 的子图。

一个没有环的连通图 $\mathscr{G}$ 称为树 $\mathscr{T}$。如果树 $\mathscr{T}$ 是连通图 $\mathscr{G}$ 的一个子图且包括图 $\mathscr{G}$ 的所有节点，则称树 $\mathscr{T}$ 为图 $\mathscr{G}$ 的一棵最大生成树。

6.2.1.2　代数图论基础

邻接矩阵 $\mathscr{A}$：图 $\mathscr{G}$ 的邻接矩阵 $\mathscr{A}=[a_{ij}]_{N\times N}$ 表示图 $\mathscr{G}$ 中各节点的邻接关系，行和列分别对应图 $\mathscr{G}$ 的 N 个节点序列。矩阵中元素 a_{ij} 若为 1 则表示节点 i 与 j 邻接，若为 0 则不邻接。即

$$a_{ij}=\begin{cases}1,\ \text{if}\ (j,\,i)\in\varepsilon\\0,\ \text{if}\ (j,\,i)\notin\varepsilon\end{cases}\qquad(6-2)$$

Laplacian 矩阵 $\mathscr{L}$：图 $\mathscr{G}$ 的 Laplacian 矩阵定义为

$$\mathscr{L}=\mathscr{D}-\mathscr{A}\qquad(6-3)$$

其中 $\mathscr{D}$ 为图 $\mathscr{G}$ 的节点度矩阵，$\mathscr{D}=[d_{ij}]_{N\times N}$，行和列分别是各节点序号，对角线元素 d_{ii}，$i=\{1,\,\cdots,\,N\}$ 为节点 i 的度，其他元素为 0。

另外 Laplacian 矩阵 $\mathscr{L}$ 也可以等价地定义为

$$\begin{cases}l_{ii}=\displaystyle\sum_{j=1,j\neq i}^{N}a_{ij}\\l_{ij}=-a_{ij},\,i\neq j\end{cases}\qquad(6-4)$$

其中 a_{ij} 为邻接矩阵 $\mathscr{A}$ 的元素。

Laplacian 矩阵 $\mathscr{L}$ 满足

$$\begin{cases} l_{ij} \leqslant 0, i \neq j \\ \displaystyle\sum_{j=1}^{N} l_{ij} = 0, i = 1,\cdots,N \end{cases} \qquad (6-5)$$

另外无向图的 Laplacian 矩阵 $\mathscr{L}$ 为对称矩阵，而有向图 Laplacian 矩阵 $\mathscr{L}$ 则不一定对称。

Laplacian 矩阵可从数学角度描述和分析不同拓扑结构的特性，是协同控制中一致性算法稳定性分析的重要工具。Laplacian 矩阵 $\mathscr{L}$ 具有以下谱特性：

1）对于有向或无向图 $\mathscr{G}$，由于 $\mathscr{L}$ 行和为 0，$\mathscr{L}$ 至少有一个 0 特征值，其相应的特征矢量为 $N \times 1$ 全 **1** 列矢量 $\mathbf{1}_N$。

2）$\mathscr{L}$ 是半正定矩阵，若图 $\mathscr{G}$ 是无向图，则 $\mathscr{L}$ 的所有非零特征值为正；而若图 $\mathscr{G}$ 是有向图，则 $\mathscr{L}$ 的所有非零特征值具有正实部。即对于无向图 $\mathscr{G}$，$\mathscr{L}$ 的特征值有 $0 = \lambda_1 \leqslant \lambda_2 \leqslant \cdots \leqslant \lambda_n$，其中 n 为 $\mathscr{L}$ 的特征值的数目。

3）$\lambda_1 = 0$，λ_1 的重根数反映了图 $\mathscr{G}$ 的非连接子图数目，对于强连通图 $\mathscr{G}$，只有一个 0 特征值。

4）对于连通图 $\mathscr{G}$，$\mathscr{L}$ 的非零特征值满足如下等式

$$\lambda \geqslant \frac{1}{d_G \sum_{i \in v} \deg_{in}(i)} \qquad (6-6)$$

其中 d_G 为图 $\mathscr{G}$ 的直径。

5）$\mathscr{L}$ 的最小非零特征值 λ_2 为连通图 $\mathscr{G}$ 的代数连通度。当且仅当图 $\mathscr{G}$ 是连通图，$\lambda_2 > 0$。图 $\mathscr{G}$ 的代数连通度是一致性算法收敛速度一个重要的量度。

对于矩阵 $\mathscr{S} = [s_{ij}] \in \mathbb{R}^{N \times N}$，$\mathscr{S}$ 的有向图，表示为 $\Lambda(\mathscr{S})$，其节点集 $V = \{1, \cdots, N\}$，并且当且仅当 $s_{ij} \neq 0$，图 $\Lambda(\mathscr{S})$ 中有一条从 j 到 i 的边。也就是说，若 $s_{ij} \neq 0$，邻接矩阵 $\mathscr{A}$ 的元素满足 $a_{ij} > 0$，若 $s_{ij} = 0$，则 $a_{ij} = 0$。

6.2.2　线性一阶系统的一致性算法

6.2.2.1　线性一阶系统一致性算法的基本形式

设 $i \in \{1, \cdots, N\}$ 表示多自主体系统的任意自主体，$x_i \in \mathbb{R}^m$ 表示自主体 i 的状态。一致性是指自主体 $i \in \{1, \cdots, N\}$，通过以图 $\mathscr{G} = (\mathscr{V}, \varepsilon)$ 表示的信息拓扑与其相邻的自主体交换状态信息，并应用一致性算法使其状态趋于一致。当 $t \to \infty$，$\| x_i - x_j \| \to 0$，$\forall i \neq j$，自主体系统的状态即达到一致。

定义 6.1[4-5]：一致性算法（或协议）是自主体系统中个体间的相互作用规则，其通过相邻自主体的状态信息来更新自己的状态，最终使各自主体状态收敛到一致。

设线性一阶系统动力学模型为

$$\dot{x}_i = u_i, \ i = 1, \cdots, N \tag{6-7}$$

式（6-7）中 $u_i \in \mathbb{R}^m$ 是第 i 个自主体的控制输入。连续时间一致性算法的基本形式为

$$u_i = -\sum_{j=1}^{N} a_{ij}(t)[x_i(t) - x_j(t)], i = 1, \cdots, N \tag{6-8}$$

式（6-8）中 $a_{ij}(t)$ 是 t 时刻信息拓扑图 $\mathscr{G}$ 邻接矩阵 $\mathscr{A}$ 的元素，$a_{ij} = 1$ 表示自主体 i 可获得自主体 j 的状态信息。$a_{ij} = 0$ 表示自主体 i 无法获得自主体 j 的状态信息。在式（6-8）的作用下，第 i 个自主体的状态 x_i 趋向其邻居的状态，最终收敛到的公共值是所有自主体初始状态的线性组合。若信息拓扑时不变，则 a_{ij} 从初始时刻保持不变。式（6-7）可写为矩阵形式

$$\dot{x}(t) = -\mathscr{L}(t) \otimes I_m x(t) \tag{6-9}$$

其中，$x(t) = [x_1^T(t), \cdots, x_N^T(t)]^T$ 是多自主体系统的状态，$\mathscr{L}(t) = [l_{ij}(t)] \in \mathbb{R}^{N \times N}$ 是 t 时刻图 $\mathscr{G}$ 的 Laplacian 矩阵，$\otimes$ 表示 Kronecker 积。

6.2.2.2　时不变信息拓扑线性一阶系统一致性算法的收敛性分析

在分析连续时间线性一阶系统一致性算法的收敛性前，给出以

下几个所需的引理和推论[5]。

引理 6.1： 当且仅当 $t \to \infty$ 时，

$$\Phi(t,0) = \mathbf{I}_N + \int_0^t -\mathscr{L}(\sigma_1)\mathrm{d}\sigma_1 + \int_0^t -\mathscr{L}(\sigma_1)\int_0^{\sigma_1} -$$

$$\mathscr{L}(\sigma_2)\mathrm{d}\sigma_2\mathrm{d}\sigma_1 + \cdots \to \mathbf{1}_N c^{\mathrm{T}} \qquad (6-10)$$

一致性算法式（6-8）可渐近一致，其中式（6-10）中 $\mathbf{I}_N$ 是 N 阶单位矩阵，$\mathbf{I}_N$ 为元素全为 1 的 $N \times 1$ 列矢量，c 是常系数 $N \times 1$ 矢量。

引理 6.2： 设矩阵 $\mathscr{A} = [a_{ij}] \in \mathbb{R}^{N \times N}$，$a_{ij} \leqslant 0$，$a_{ij} \geqslant 0$，$\forall i \neq j$，且任意 i 行都有 $\sum_{j=1}^{N} a_{ij} = 0$，则 $\mathscr{A}$ 至少有一个零特征值，且相应的特征矢量为 $\mathbf{1}_N$，其他所有非零特征矢量在复平面的左半开平面。而且，当且仅当矩阵 $\mathscr{A}$ 的图 $\Lambda(\mathscr{A})$ 有一个生成树时，$\mathscr{A}$ 只有一个零特征值。

推论 6.1： 当且仅当有向图 $\mathscr{G}$ 中有一个生成树时，图 $\mathscr{G}$ 的 Laplacian 矩阵只有一个零特征值，其对应的特征矢量为 $\mathbf{1}_N$，且其他全部特征值在复平面右半开平面内。

引理 6.3： 若 $\mathscr{L}$ 是 $N \times N$ 的 Laplacian 矩阵，则 $e^{-\mathscr{L}t}$，$\forall t \geqslant 0$ 是一个对角元素为正的行随机矩阵。另外，当且仅当 $\mathscr{L}$ 只有一个特征值时，$\mathscr{L}$ 的秩 Rank（1）$= N-1$。而且，若 $\mathscr{L}$ 只有一个零特征值且其左特征矢量 $v = [v_1, \cdots, v_N]^{\mathrm{T}} \geqslant 0$ 满足 $\mathbf{1}_N^{\mathrm{T}} v = 1$ 和 $\mathscr{L}^{\mathrm{T}} v = 0$，则当 $t \to \infty$，$e^{-\mathscr{L}t} \to \mathbf{1}_N v^{\mathrm{T}}$。

由于以上引理证明过程不是本章研究重点，因此对以上相关引理和推论不进行证明，详细证明过程可参考文献 [5]。

定理 6.1： 假设有向图 $\mathscr{G}$ 时不变。当且仅当有向图 $\mathscr{G}$ 有一个生成树时，算法式（6-8）能使各自主体状态渐近一致。且当 $t \to \infty$，$x_i(t) \to \sum_{i=1}^{N} v_i x_i(0)$，其中 $v = [v_1, \cdots, v_N]^{\mathrm{T}} \geqslant 0$，$\mathbf{1}_N^{\mathrm{T}} v = 1$ 和 $\mathscr{L}^{\mathrm{T}} v = 0$。

证明：（充分性）根据引理 6.1，需要证明 $e^{-\mathscr{L}t} \to \mathbf{1}_N c^{\mathrm{T}}$，$c$ 为 $n \times 1$ 矢量。显然式（6-9）中 $-\mathscr{L}$ 与引理 6.2 中的 $\mathscr{A}$ 有相同特性，$\mathscr{L}$ 为

图 $\mathscr{G}$ 的 Laplacian 矩阵。图 $\mathscr{G}$ 中有一个生成树意味着矩阵 $-\mathscr{L}$ 的图 $\Lambda\,(-\mathscr{L})$ 中有一个生成树。因此从引理 6.2 可知 $\mathscr{L}$ 也只有一个零特征值且其他特征值在复平面的左开平面。因此根据引理 6.3，可知连续时间一致性算法式（6-8）能够渐近一致。在式（6-8）的作用下，式（6-7）的解为 $\boldsymbol{x}(t) = (e^{-\mathscr{L}t} \otimes \boldsymbol{I}_m)\boldsymbol{x}(0)$。因而，根据引理 6.3，当 $t\rightarrow\infty$，$\boldsymbol{x}_i(t) \rightarrow \sum_{i=1}^{N} v_i\boldsymbol{x}_i(0), i = 1,\cdots,N$。

（必要性）假设式（6-9）能够渐近一致，但是图 $\mathscr{G}$ 中没有一个生成树。这样在图 $\mathscr{G}$ 中必然存在至少两个自主体 i，j，在图 $\mathscr{G}$ 没有一条路同时包含 i，j。因此不可能实现这两个自主体信息的一致，这意味着渐近一致无法实现。

6.2.2.3　时变信息拓扑线性一阶系统一致性算法的收敛性分析

由于多自主体构型的变化，或者通信和感知过程中传感器故障、通信链路中断，或传感器受限或者信号干扰、遮蔽等原因都有可能引起和出现信息拓扑的动态变化。因此一致性算法中的信息拓扑图 $\mathscr{G}$ 成为一个时变的图 $\mathscr{G}(t)$，相应 $\mathscr{A}(t)$ 也都是时变的。时变信息拓扑情况下一致性算法的收敛性分析需要大量的矩阵理论与数学证明，本节略去这些中间证明过程，只给出最后的结论的定理，详细证明过程请参考相关参考文献 [5]。

为了分析时变信息拓扑一致性算法的收敛问题，引入驻留时间的概念。

定义 6.2：信息拓扑切换期间，$\mathscr{A}(t)$ 保持不变的有限下界停留时间为驻留时间 τ_i。

在驻留时间 τ_i，信息拓扑保持不变。系统式（6-9）可写为

$$\dot{\boldsymbol{x}}\,(t) = -\mathscr{L}(t_i) \otimes \boldsymbol{I}_m\boldsymbol{x}(t), \ t\in [t_i, t_i+\tau_i] \qquad (6-11)$$

式（6-11）中 $\tau_i > 0$ 为驻留时间，t_0，t_1，$t_2\cdots$为无穷时间序列，满足 $t_{i+1}-t_i=\tau_i$。

对于时变信息拓扑一致性算法式（6-8）有如下定理。

定理 6.2：让 t_1，t_2，$\cdots$为一个无穷时间序列，多自主体系统式

(6-9) 历经该时间序列时，内部信息拓扑及其权值发生变化且 $\tau_i = t_{i+1} - t_i \in \Upsilon$，$i = 0$，1，…，$\Upsilon$ 为正数无限集合，让 $\mathcal{G}(t_i) \in \overline{\mathcal{G}}$ 为 $t = t_i$ 时刻的自主体间信息拓扑，这里 $\overline{\mathcal{G}}$ 表示 N 个自主体所有可能构成的有限个信息拓扑图 $\mathcal{G}$ 的集合。a_{ij} $(t_i) \in \overline{\Psi}$，$\overline{\Psi}$ 是任意非负数的有限集合。如果存在一个从 $t_{i1} = 0$ 开始的一致有界连续非空时间间隔 $[t_{ij}, t_{ij} + l_j)$，$j = 1$，2，…组成的无穷序列，且历经这些时间间隔的信息拓扑图的并集中存在一个生成树，连续线性一阶系统一致性算法式 (6-8) 能够渐近一致。如果在历经有限时间后，信息拓扑图的并集中没有生成树时，则一致性算法式 (6-8) 不能渐近一致。

推论 6.2：t_1，t_2…为一个无穷时间序列，$t_{i+1} - t_i = \tau_D$，$i = 0$，1，…这里 τ_D 是常数。让 $\mathcal{G}(t_i) \in \overline{\mathcal{G}}$ 为 $t = t_i$ 时刻的信息拓扑。若在 $t = t_i$ 时刻，$\forall_j \neq i$，当 $(j, i) \in \varepsilon, a_{ij}(t_i) = 1/N$，否则 $a_{ij}(t_i) = 0$。当且仅当存在一个从 $t_{i1} = 0$ 开始的一致有界连续非空时间间隔 $[t_{ij}, t_{ij}, l_j)$，$j = 1$，2，…组成的无穷序列，且历经这些时间间隔的信息拓扑图的并集为连通图，连续线性一阶系统一致性算法式 (6-8) 能够渐近一致。

定理 6.3：若 $\mathcal{A}(t) = [a_{ij}(t)] \in \mathbb{R}^{N \times N}$ 为分段连续且非负，因而其元素为正且有一致的上界和下界（也就是说，如果 $(j, i) \in \varepsilon$，$a_{ij} \in [\underline{a}, \overline{a}]$，$0 < \underline{a} < \overline{a}$，否则 $a_{ij} = 0$）。t_0，t_1…为信息拓扑变化（即 $\mathcal{A}(t)$ 变化）的时间序列，假设 $t_i - t_{i-1} = t_L$，$\forall_i = 1$，2，…，t_L 为正常数。且仅当存在一个从 $t_{i1} = 0$ 开始的一致有界连续非空时间间隔组成的无穷序列，且历经这些 $[t_{ij}, t_{ij} + l_j)$，$j = 1$，2，…时间间隔的信息拓扑图的并集中有一个生成树，连续线性一阶系统一致性算法式 (6-8) 能够渐近收敛。

结论 6.1：由定理 6.2、推论 6.2 以及定理 6.3 可知当多自主体协同控制系统式 (6-9) 信息拓扑发生变化时，如果信息拓扑在变化前后能够保证存在一个最大生成树，连续线性一阶系统一致性算法式 (6-8) 能够保证系统渐近一致。

6.2.2.4　线性一阶系统一致性算法的平衡状态

　　通过上节研究可知，当且仅当图 $\mathscr{G}$ 中有一个生成树，一致性算法式（6-8）能够达到一致。当 $t \to \infty$，$x_i(t) \to \sum_{i=1}^{N} v_i x_i(0)$，$\sum_{i=1}^{N} v_i = 1$，$v_i \geqslant 0$。但是，是否每个初始状态 $x_i(0)$ 都会影响一致性算法最终的平衡状态。

　　如果在图 $\mathscr{G}$ 中有一个节点 k 的入度为零，一致性算法式（6-8）作用在节点 k 的更新律为 $\dot{x}_k = 0$，也就是说对于 t，$x_k(t) = x_k(0)$。因此，其他节点必须收敛到 $x_k(0)$，也就是说 $v_k = 1$ 且 $v_i = 0$，$\forall i \neq k$。

　　通常当且仅当图 $\mathscr{G}$ 中一个节点有一条有向通路到其他所有节点，该节点的初始条件将会影响平衡状态。因此对于图 $\mathscr{G}$ 中存在一条有向通路到其他所有节点的每个节点有 $v_i \neq 0$，反之 $v_i = 0$。当且仅当有向图是强连通，所有节点才都对最终平衡点的值产生影响。以上表述可解释如下：若图 $\mathscr{G}$ 中节点 j 到节点 m 没有路，则 $x_m(t)$ 不会受 $x_j(t)$ 的影响。另一方面，若图 $\mathscr{G}$ 中有一条路可从节点 j 到其他每个节点，则节点状态 $x_i(t)$，$\forall i \neq j$ 将会受 $x_j(0)$ 的影响。

　　事实上，$v_i \geqslant 0$，$i = 1, \cdots, N$，能够从以下分析中得以证明。假设存在某个节点 ζ，$v_\zeta < 0$。分析 $x_\zeta(0) > 0, x_i(0) = 0, \forall i \neq \zeta$。可知 $x_i(0)$ 将收敛到 $\sum_{i=1}^{N} v_i x_i(0) = v_\zeta x_\zeta(0) < 0$。根据一致性算法式（6-8），如果图 $\mathscr{G}$ 中存在一条到达节点 ζ 的边，则 $\dot{x}_\zeta(0) < 0$，否则 $\dot{x}_\zeta(0) = 0$。第一种情况，由于 $\dot{x}_i(0) \geqslant 0$，$x_\zeta(t)$ 将会减小且 $x_i(t)$，$\forall i \neq \zeta$ 不会减小，这意味着 $x_i(t)$ 将被驱向一个值 c，c 满足 $0 \leqslant c < x_\zeta(0)$。第二种情况，$x_i(t)$ 将被驱向一个值 $x_\zeta(0)$。这两种情况的结果相互矛盾。因此 $v_i \geqslant 0$，$i = 1, \cdots, N$。

　　若 $x_i(t) \to \dfrac{1}{N} \sum_{i=1}^{N} x_i(0)$，即所有节点 i 都有 $v_i = 1/N$，则一致性平衡状态为初始信息状态的平均，该条件称为平均一致。

推论 6.3：假设图 $\mathscr{G}$ 为静态，即邻接矩阵 $\mathscr{A}$ 为定常矩阵。一致性算法式（6-8）能够渐近平均一致，且仅当有向图 $\mathscr{G}$ 是强连通图且为平衡图，或者无向图 $\mathscr{G}$ 为连通。

综合以上对于一致性平衡状态以及静态一致性收敛性的分析，可得到以下两个引理。

引理 6.4：假设 $z=\left[z_1^{\mathrm{T}},\,\cdots,\,z_p^{\mathrm{T}}\right]^{\mathrm{T}}$，$z\in\mathbb{R}^m$，$\mathscr{L}\in\mathbb{R}^{p\times p}$ 满足式（6-5）。则以下五个条件等价：

1）$\mathscr{L}$ 仅有一个零特征值，相应特征矢量为 $\mathbf{1}_N$，且所有其他特征值具有正实部；

2）$(\mathscr{L}\otimes I_m)\,z=0$ 意味着 $z_1=\cdots=z_p$；

3）系统 $\dot{z}=-(\mathscr{L}\otimes I_m)z$ 可渐近一致；

4）$\mathscr{L}$ 的有向图有一个生成树；

5）$\mathscr{L}$ 的秩为 $p-1$。

引理 6.5：假设 z，$\mathscr{L}$ 为引理 6.4 所定义。则以下四个条件等价：

1）$\mathscr{L}$ 的有向图有一个生成树，自主体 k 没有可到达的边；

2）$\mathscr{L}$ 的有向图有一个生成树，$\mathscr{L}$ 的第 k 行所有元素为 0；

3）系统 $\dot{z}=-(\mathscr{L}\otimes I_m)\,z$ 可渐近一致，且 $t\to\infty$ 时，$z_i(t)\to z_k(0)$，$i=1,\,\cdots,\,p$；

4）自主体 k 是自主体群体中唯一一个具有可达其他自主体有向路的自主体。

6.2.2.5　仿真算例

考虑一个由 5 个自主体构成的多自主体系统，其运动可由线性一阶系统描述，其初始状态如表 6-1 所示。采用线性一阶系统一致性算法式（6-8）对自主体 i，$i=1,\,\cdots,\,N$ 的状态进行控制，使所有自主体状态趋于一致。

表 6 - 1 初始参数设置

自主体	初始状态		
	x/m	y/m	z/m
1	0	0	800
2	1 000	600	400
3	1 600	0	0
4	1 200	− 800	− 400
5	400	− 800	800

多自主体系统在运动过程中，假设信息拓扑变化如图 6 - 1 所示。

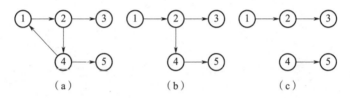

图 6 - 1 信息拓扑变化

考虑以下三种情况进行仿真。

情况 1：在一致性算法式（6 - 8）作用时，各自主体信息拓扑为图 6 - 1（a）。5 个自主体状态一致性过程如图 6 - 2 所示。可见，各自主体状态能够趋于一致，协同控制可实现。

情况 2：在一致性算法式（6 - 8）作用时，多自主体系统 0.5 s 时信息拓扑由图 6 - 1（a）切换为图 6 - 1（b），自主体 1 不能获得自主体 4 的状态信息，但是此时信息拓扑中仍然有一个生成树存在，信息拓扑保持这种状态直到仿真结束。5 个自主体状态一致性过程的状态变化如图 6 - 3 所示。可见各自主体在信息拓扑发生变化情况下，自主体状态依然能够趋于一致。

情况 3：在一致性算法式（6 - 8）作用时，多自主体系统 0.5 s 时信息拓扑由图 6 - 1（a）切换为图 6 - 1（b），第 1 s 时信息拓扑由图 6 - 1（b）切换为图 6 - 1（c），这使自主体 4 无法获得自主体 2 的状

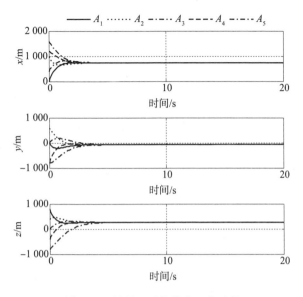

图 6 - 2　情况 1 下的状态一致过程

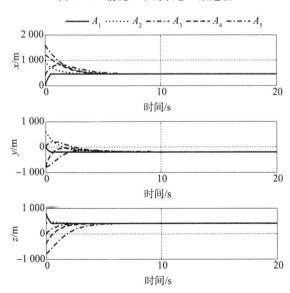

图 6 - 3　情况 2 下的状态一致过程

态信息，此时信息拓扑中没有一个生成树存在，信息拓扑保持这种状态直到仿真结束。5 个自主体状态一致性过程的状态变化如图 6 - 4 所示。可见自主体 1、2、3 与自主体 4、5 的状态信息无法达到一致。

从以上仿真结果可以看出，只有信息拓扑中保证有一个最大生成树的时候，采用线性一阶系统一致性算法的多自主体系统状态才能到达一致。而且在一致性算法作用期间，多自主体系统只要保证信息拓扑中有一个生成树，状态一致即能实现。仿真实验结果与上文的理论分析结论一致。

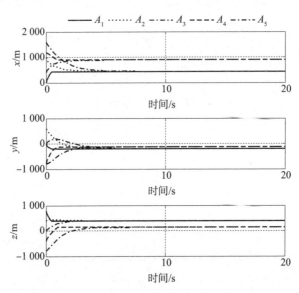

图 6 - 4　情况 3 下的状态一致过程

6.2.3　线性二阶系统的一致性算法

设线性二阶系统动力学模型为

$$\begin{cases} \dot{\boldsymbol{x}}_i = \boldsymbol{v}_i \\ \dot{\boldsymbol{v}}_i = \boldsymbol{u}_i, \quad i = 1, \cdots, N \end{cases} \tag{6-12}$$

同式（6-7），$x_i \in \mathbb{R}^m$ 是第 i 个自主体的状态（如位置），$v_i \in \mathbb{R}^m$ 是第 i 个自主体的状态的导数（如速度），$u_i \in \mathbb{R}^m$ 是第 i 个自主体的控制输入。

假设 N 个自主体之间状态与状态导数的信息拓扑同为图 $\mathscr{G} = (v, \varepsilon)$，$\mathscr{A} = [a_{ij}] \in \mathbb{R}^{N \times N}$ 和 $\mathscr{L} = [l_{ij}] \in \mathbb{R}^{N \times N}$ 分别为图 $\mathscr{G}$ 相应的邻接矩阵和 Laplacian 矩阵。对式（6-12），连续时间线性二阶系统一致性算法的基本形式如下

$$u_i(t) = -\sum_{j=1}^{N} a_{ij}(t)\{[x_i(t) - x_j(t)] + \gamma(t)[v_i(t) - v_j(t)]\}$$

$$(6-13)$$

其中 $a_{ij}(t)$ 是 t 时刻信息拓扑图 $\mathscr{G}$ 的邻接矩阵 $\mathscr{A}(t)$ 的第 (i, j) 个元素。$\gamma(t)$ 是 t 时刻正的增益因子。若 $x_i(t)$，$v_i(t)$ 分别代表第 i 个自主体的位置和速度，则式（6-13）为第 i 个自主体的加速度。如果当 $t \to \infty$ 时对于所有 $x_i(0)$，$v_i(0)$，有 $\| v_i(t) - v_j(t) \| \to 0$，$i, j \in N$，则多自主体系统各自主体位置、速度状态到达一致。

设多自主体系统协同变量为 $x = [x_1^T, \cdots, x_N^T]^T$，$v = [v_1^T, \cdots, v_N^T]^T$，则将式（6-13）代入式（6-12），并将其写成矩阵形式

$$\begin{bmatrix} \dot{x} \\ \dot{v} \end{bmatrix} = \boldsymbol{\Gamma} \begin{bmatrix} x \\ v \end{bmatrix} \qquad (6-14)$$

其中

$$\boldsymbol{\Gamma}(t) = \begin{bmatrix} \boldsymbol{0}_{n \times n} & \boldsymbol{I}_n \\ -\mathscr{L}(t) & -\gamma(t)\,\mathscr{L}(t) \end{bmatrix}$$

这里 $\mathscr{L}(t)$ 为 t 时刻的多自主体系统信息拓扑图 G 的 Laplacian 矩阵。

在多自主体协同控制系统中，一致性算法都为分布式，各自主体需要通过多自主体系统间的信息拓扑交换状态信息。一般来说，对于确定的多自主体系统其内部信息拓扑都是根据通信需求和传感器特性预先设计的，理想情况下在系统运行期间并不发生变化。但是在实际环境中，传感器或通信链路受限、失效、信号遮蔽或中断

等原因将导致信息拓扑发生变化。下面，分为时不变信息拓扑和时变信息拓扑两种情况讨论线性二阶系统一致性算法的收敛性。

6.2.3.1　时不变信息拓扑线性二阶系统一致性算法的收敛性分析

在分析时不变信息拓扑连续时间线性二阶系统一致性算法的收敛性之前，给出以下几个所需的引理和推论。

引理 6.6：仅当 $\mathscr{G}$ 有两个零特征根并且其他所有特征根具有负实部，线性二阶系统一致性算法式（6-13）渐近一致。且 $\boldsymbol{x}_i(t) \rightarrow \sum_{i=1}^{N} p_i \boldsymbol{x}_i(0) + t \sum_{i=1}^{N} p_i \boldsymbol{v}_i(0)$，$t$ 很大时 $\boldsymbol{v}_i(t) \rightarrow \sum_{i=1}^{N} p_i \boldsymbol{v}_i(0)$，其中 $\boldsymbol{p} = [p_1, \cdots, p_N]^{\mathrm{T}} \geqslant 0, \boldsymbol{1}_N^{\mathrm{T}} \boldsymbol{p} = 1, \mathscr{L}_N^{\mathrm{T}} \boldsymbol{p} = 0$。

引理 6.7：如果 $-\mathscr{L}$ 有一个唯一的零特征根且其他特征根为负实数，则对于任意 $\gamma > 0$ 线性二阶系统一致性算法式（6-13）渐近一致。

推论 6.4：假设信息拓扑为无向图，那么当且仅当信息拓扑图 $\mathscr{G}$ 为连通图时，线性二阶系统一致性算法式（6-13）对于任意 $\gamma > 0$ 均渐近一致。

定理 6.4：如果线性二阶系统一致性算法式（6-13）渐近一致，则自主体间信息拓扑图 $\mathscr{G}$ 有一个最大生成树。

引理 6.8：对于下式

$$\rho_\pm = \frac{\gamma\kappa - \alpha \pm \sqrt{(\gamma\kappa - \alpha)^2 + 4\mu}}{2}$$

式中 ρ，$\kappa \in C$，如果 $\alpha \geqslant 0$，$\mathrm{Re}(\kappa) < 0$，$\mathrm{Im}(\kappa) > 0$ 且有

$$\gamma > \sqrt{\frac{2}{|\kappa| \cos\left(\dfrac{\pi}{2} - \tan^{-1}\dfrac{-\mathrm{Re}(\kappa)}{\mathrm{Im}(\kappa)}\right)}}$$

则 $\mathrm{Re}(\rho\pm) < 0$，此处 $\mathrm{Re}(\cdot)$ 表示复数实部，$\mathrm{Im}(\cdot)$ 表示复数虚部，C 表示复数域。

在以上引理 6.6、引理 6.7、推论 6.4、定理 6.1 以及引理 6.8 的基础上，得到如下结论性定理。

定理 6.5：设 $\kappa \in C$，$i=1, \cdots, N$ 表示 $-\mathscr{L}$ 第 i 个特征根。如果自主体内信息拓扑 $\mathscr{G}$ 中有一个生成树并且

$$\gamma > \bar{\gamma} \tag{6-15}$$

线性二阶系统一致性算法式（6-13）能够渐近一致。其中如果 $-\mathscr{L}$ 的 $N-1$ 个非零特征根均为负数，$\bar{\gamma}=0$，否则

$$\bar{\gamma} = \mathop{\max}_{\forall \, \mathrm{Re}(\kappa_i) < 0 \, \& \, \mathrm{Im}(\kappa_i) > 0} \sqrt{\dfrac{2}{|\kappa_i| \cos\left[\dfrac{\pi}{2} - \tan^{-1}\left(\dfrac{-\mathrm{Re}(\kappa_i)}{\mathrm{Im}(\kappa_i)}\right)\right]}}$$

其中 $\mathrm{Re}(\cdot)$ 表示复数实部，$\mathrm{Im}(\cdot)$ 表示复数虚部。

证明：如果信息拓扑 $\mathscr{G}$ 中有一个最大生成树，根据推论 6.1 可知 $-\mathscr{L}$ 有唯一的零特征根且所有其他特征根都具有负实部。不失一般性，让 $\kappa_1 = 0$ 且 $\mathrm{Re}(\kappa_i) < 0$，$i=2, \cdots, N$。于是可知 $\boldsymbol{\Gamma}$ 有两个特征根。注意到如果 $\kappa_i < 0$ 则可知对于所有 γ，$\mathrm{Re}(\lambda_{i\pm}) < 0$，$\lambda_{i\pm}$ 是 $\boldsymbol{\Gamma}$ 的对应 κ_i 的特征根。定理 6.5 中 $\gamma > \bar{\gamma}$ 保证了 $\boldsymbol{\Gamma}$ 对应 κ_i 的特征根满足 $\mathrm{Re}(\kappa_i) < 0$ 且 $\mathrm{Im}(\kappa_i) \neq 0$ 具有负实部。根据引理 6.8，只需要考虑满足 $\mathrm{Re}(\kappa_i) < 0$ 且 $\mathrm{Im}(\kappa_i) > 0$ 的 κ_i，因为满足 $\mathrm{Re}(\kappa_i) < 0$ 且 $\mathrm{Im}(\kappa_i) < 0$ 的任何 κ_i 都与满足 $\mathrm{Re}(\kappa_i) < 0$ 且 $\mathrm{Im}(\kappa_i) > 0$ 的 κ 复共轭。根据引理 6.6 可知在定理 6.5 条件下线性二阶系统一致性算法可以渐近收敛。

结论 6.2：从定理 6.5 可知，当自主体间信息拓扑中存在一个生成树并且算法中的正比例因子满足定理要求 $\gamma > \bar{\gamma}$ 即可保证多自主体系统式（6-13）渐近一致。

6.2.3.2　时变信息拓扑线性二阶系统一致性算法的收敛性分析

时变信息拓扑线性二阶系统一致性算法的收敛性分析比时不变拓扑更加复杂，仍然不加证明的给出如下引理。

引理 6.9：信息拓扑 $\mathscr{G}$ 变化，如果在变化的每个时间间隔，信息拓扑 $\mathscr{G}$ 无向且连通，则二阶系统一致性算法式（6-13）渐近一致。

引理 6.10：$\{A_p : p \in P\}$ 是封闭有界的 $N \times N$ 实矩阵集合。若对于每个 $p \in P$，且让 a_p，χ_p 分别是任意有限非负数和正数，其满

足 $t \geqslant 0$，$\| e^{A_p t} \| \leqslant e^{(a_p - \chi_p t)}$ 则 A_p 稳定。假设 τ_0 满足 $\tau_0 > \sup_{p \in P}$ $\{ a_p / \chi_p \}$。对于任意驻留时间不小于 τ_0 的切换信号 σ：$[0, \infty) \to P$，则 A_σ 的切换矩阵满足 $\| \Phi(t, \kappa) \| \leqslant e^{[a - \chi_p(t - \kappa)]}$，$\forall t \geqslant \kappa \geqslant 0$，这里 $a = \sup_{p \in P} \{ a_p \}$ 且 $\chi = \inf_{p \in P} \{ \chi_p - a_p / \tau_0 \}$。

在引理 6.9 和引理 6.10 的基础上得到以下结论性定理。

定理 6.6：t_0，$t_1 \cdots$ 为信息拓扑发生变化的时刻，τ 表示驻留时间，$\tau_i = t_{i+1} - t_i \geqslant \tau$，$\forall i = 0, 1, \cdots$。如果信息拓扑在每个时间间隔 $t \in [t_i, t_{i+1})$ 内分段存在一个有向生成树且对于每个 $\sigma \in P$，系数 γ 为常数满足定理 6.5 式（6 - 15），并且驻留时间 τ 满足 $\tau > \sup_{\sigma \in P}$ (a_σ / χ_σ)，则二阶系统一致性算法能够渐近一致，并且对于扰动具有鲁棒性。

证明：假设对于某个 $\sigma_l \in P$，在 $t \in [t_i, t_{i+1})$ 内信息拓扑图 $\mathscr{G}$ 里有最大生成树且 γ 为常数满足定理 6.5 式（6 - 15），则由定理 6.5 可知，如果 $\sigma(t) \equiv \sigma_l$，$\forall t \geqslant 0$，则线性二阶一致性算法式（6 - 13）可渐近一致，也就是说如果 $\sigma(t) \equiv \sigma_l$，$x_i \to x_j$，且 $v_i \to v_j$，$\forall i \neq j$。根据引理 6.10，如果驻留时间 τ 满足 $\tau > \sup_{\sigma \in P}$ (a_σ / χ_σ)，则系统式（6 - 14）渐近收敛，因此定理 6.6 成立。

结论 6.3：从定理 6.6 可知当信息拓扑中存在一个生成树并且算法中的正比例因子 γ 满足定理 6.5 式（6 - 15）的要求，即可保证采用线性二阶系统一致性算法渐近一致收敛。

6.2.3.3　线性二阶系统一致性算法的平衡状态

线性二阶系统一致性算法的平衡状态可用以下引理表述。

引理 6.11：假设 $\mathscr{L}$ 有两个零特征值，其他所有特征值具有复实部。如果 $v_i(0) = 0$，$i = 1, \cdots, N$，则当 $t \to \infty$ 时，$x_i(t) \to \sum_{i=1}^{N} p_i x_i(0)$ 且 $v_i(t) \to 0$，$i = 1, \cdots, N$，这里 $p = [p_1, \cdots, p_N]^T \geqslant 0$，$\mathbf{1}_N^T p = 1$，$\mathscr{L}_N^T p = 0$。另外，如果 $v_i(0) = 0$，$i \in I_{\mathscr{L}}$，这里 $I_{\mathscr{L}}$ 表示自主体集合，其有可达所有其他自主体的路 $\mathscr{P}$，则当 $t \to \infty$ 时，$x_i(t) \to \sum_{i=I_{\mathscr{L}}} p_i x_i(0)$ 且 $v_i(t) \to 0$，$i = 1, \cdots, N$。

证明：引理的第一部分的结论可直接用从引理 6.6 得出。另外根据 6.2.2.4 节结论，若自主体 i 有路 $\mathscr{P}$ 可达其他所有自主体，则 $p_i \neq 0$，否则 $p_i = 0$。如此可知，当 $t \to \infty$ 时，$\boldsymbol{x}_i(t) \to \sum_{i=I_{\mathscr{B}}} p_i \boldsymbol{x}_i(0) + t \sum_{i=I_{\mathscr{P}}} p_i \boldsymbol{v}_i(0)$ 和 $v_i(t) \to \sum_{i=I_{\mathscr{P}}} p_i \boldsymbol{v}_i(0)$，第二部分得证。

6.2.3.4　仿真算例

考虑一个由 5 个自主体构成的多自主体系统，其运动可由线性二阶系统描述，其初始状态如表 6-2 所示。采用线性二阶系统一致性算法式（6-13）对自主体 i，$i=1,\cdots,5$ 状态进行控制，使各自主体状态趋于一致。

表 6-2　初始参数设置

自主体	初始位置状态 x/m			初始速度状态 v（m/s）		
	x	y	z	$\dot{x}$	$\dot{y}$	$\dot{z}$
1	0	0	800	-60	80	25
2	1 000	600	400	-30	40	50
3	1 600	0	0	0	0	0
4	1 200	-800	-400	30	-40	-50
5	400	-800	-800	60	-80	-25

假设多自主体系统在运行过程中，信息拓扑变化如图 6-1 所示，三种仿真情形与 6.2.2.5 节相同。

情况 1：在一致性算法式（6-13）作用时，各自主体信息拓扑为图 6-1（a）。5 个自主体状态一致性控制过程如图 6-5 所示。可见，各自主体状态能够趋于一致。

情况 2：在一致性算法式（6-13）作用时，多自主体系统 0.5 s 时信息拓扑由图 6-1（a）切换为图 6-1（b），自主体 1 不能获得自主体 4 的状态信息，但是此时信息拓扑中仍然有一个生成树存在。5 个自主体状态一致性过程的状态变化如图 6-6 所示。可见各自主体在信息拓扑发生变化情况下，自主体状态依然能够趋于一致。

情况 3：在一致性算法式（6-13）作用时，多自主体系统 0.5 s

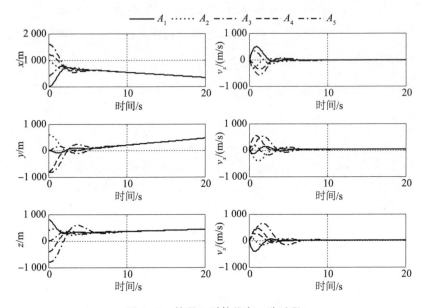

图 6 - 5　情况 1 下的状态一致过程

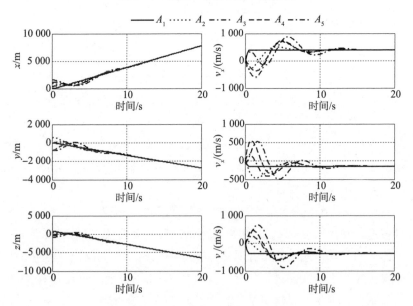

图 6 - 6　情况 2 下的状态一致过程

时信息拓扑由图6-1（a）切换为图6-1（b），第1 s时信息拓扑由图6-1（b）切换为图6-1（c），这使自主体4无法获得自主体2的状态信息，此时信息拓扑中没有一个生成树存在。5个自主体状态一致性过程的状态变化如图6-7所示。可见，自主体1、2、3与自主体4、5状态信息无法获得一致。

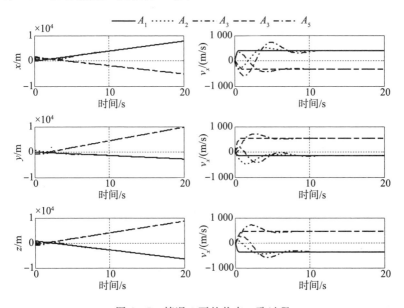

图6-7 情况3下的状态一致过程

从以上仿真结果可以看出，与一阶系统一致性算法类似，只有信息拓扑中保证有一个最大生成树时，采用二阶系统一致性算法的多自主体系统状态才能达到一致。而且在一致性算法作用期间，多自主体系统只要保证信息拓扑中有一个生成树，状态一致即能实现。仿真实验结果与上文的理论分析结论完全一致。

6.2.4 一致性理论在多自主体协同控制中的应用

多自主体系统的控制和决策问题大多都可以归纳为一致性问题，因此，一致性问题是分布式协同控制研究的一个基本问题，一致性算法广泛应用于多自主体系统协同运动的控制问题中，其中包括多自主体交会、编队控制、同步及姿态同步对准等。下面简要介绍一致性问题在上述问题中的应用。

需要说明的是，本节研究目标仅限于分析一致性问题在多自主体协同控制中的应用形式，因此所提出的相关一致性算法形式均为基础的理论框架，详细系统稳定性证明过程参考有关文献。

6.2.4.1　多自主体交会控制

多自主体交会问题是一类特殊的一致性问题。多自主体交会问题的一个典型应用是多航天器的空间交会对接控制，以实现在轨装配、推进剂加注、故障维修等空间操作任务。参考文献［6］提出了一种两层协同结构，如图 6-8 所示。其中交会目标管理器中采用分布式一致性算法使所有自主体获得一致的交会目标，如交会时间或交会地点等。在交会目标管理器输出的基础上，每个自主体上的一致性分布式控制律控制自主体在指定时间到达交会地点。

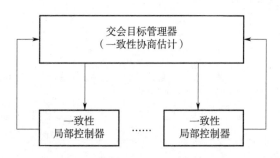

图 6-8　交会控制的两层协同结构

多自主体交会（或聚集）要求所有自主体到达同一地点（即位置一致），其控制目标如式（6-16）。

$$\begin{cases} \lim\limits_{t\to\infty} \| \boldsymbol{x}_i(t) - \boldsymbol{x}_j(t) \| = 0 \\ \lim\limits_{t\to\infty} \| \boldsymbol{v}_i(t) \| = 0, i,j = 1,\cdots,N \end{cases} \tag{6-16}$$

选择自主体的位置和速度状态作为协调状态，以一致性算法式

（6-13）作为分布式控制律（下文简称一致性控制算法），在一致性控制算法的作用下，所有自主体最终交会于同一点。

若交会状态各主体期望速度为 $v_r(t)$，则控制目标为

$$\begin{cases} \lim\limits_{t\to\infty} \| x_i(t) - x_j(t) \| = 0 \\ \lim\limits_{t\to\infty} \| v_i(t) - v_r(t) \| = 0, i,j = 1,\cdots,N \end{cases} \quad (6-17)$$

实现该控制目标的一致性控制算法为[7]

$$u_i(t) = \dot{v}_r(t) - \alpha(t)[v_i(t) - v_r(t)] -$$
$$\sum_{j=1}^{N} a_{ij}(t)\{[x_i(t) - x_j(t)] + \gamma(t)[v_i(t) - v_j(t)]\}$$

$$(6-18)$$

式中 $\alpha(t)$，$\gamma(t) > 0$ 为正标量增益因子。

在某些交会问题中，要求所有自主体交会到指定的参考点 $x_r(t)$，且所有自主体一致的期望速度 $v_r(t)$，则控制目标如式

$$\begin{cases} \lim\limits_{t\to\infty} \| [x_i(t) - x_r(t)] - [x_j(t) - x_r(t)] \| = 0 \\ \lim\limits_{t\to\infty} \| v_i(t) - v_r(t) \| = 0, i,j = 1,\cdots,N \end{cases} \quad (6-19)$$

针对式（6-19）的控制目标，相应的一致性控制算法[7] 为

$$u_i(t) = \dot{v}_r(t) - \beta(t)\{[x_i(t) - x_r(t)] - \gamma(t)[v_i(t) - v_r(t)]\} -$$
$$\sum_{j=1}^{N} a_{ij}(t)\{[x_i(t) - x_j(t)] + \gamma(t)[v_i(t) - v_j(t)]\} \quad (6-20)$$

式（6-20）中 $\beta(t) > 0$ 为正标量增益因子。

使用式（6-20）的前提是所有自主体能获得参考点 $x_r(t)$ 的信息，若仅有部分自主体能获得参考点 $x_r(t)$ 的状态信息，则一致性控制算法为

$$u_i(t) = a_{ir}(t)\dot{v}_r(t) - a_{ir}(t)\beta(t)\{[x_i(t) - x_r(t)] - \gamma(t)[v_i(t) - v_r(t)]\} - \sum_{j=1}^{N} a_{ij}(t)\{[x_i(t) - x_j(t)] + \gamma(t)[v_i(t) - v_j(t)]\}$$

$$(6-21)$$

式（6-21）中，若自主体 i 可获得参考点 $x_r(t)$ 状态信息，则 $a_{ir}(t) =$

1，反之 $a_{ir}(t) = 0$。

6.2.4.2　多自主体编队控制

编队控制是一致性理论应用的重要领域。编队控制的目标在于通过控制自主体的行为使多自主体系统实现特定的几何构型和整体运动，其数学描述为

$$\begin{cases} \lim\limits_{t \to \infty}[\boldsymbol{x}_i(t) - \boldsymbol{x}_j(t)] = \boldsymbol{x}_{ij}^d \\ \lim\limits_{t \to \infty}[\boldsymbol{v}_i(t) - \boldsymbol{v}_f(t)] = 0, i,j = 1,\cdots,N \end{cases} \tag{6-22}$$

其中 $\boldsymbol{x}_{ij}^d$ 为第 i，j 自主体之间期望相对位置状态，$\boldsymbol{v}_f(t)$ 为期望编队整体运动速度。

假设多自主体的运动可用二阶动力学系统描述，则多自主体编队的一致性控制算法的形式为

$$\boldsymbol{u}_i(t) = \dot{\boldsymbol{v}}_f(t) - \alpha(t)[\boldsymbol{v}_i(t) - \boldsymbol{v}_f(t)] - \sum_{j=1}^{N} a_{ij}(t)\{[\boldsymbol{x}_i(t) - \boldsymbol{x}_i^d(t)] - $$
$$[\boldsymbol{x}_j(t) - \boldsymbol{x}_j^d(t)] + \gamma(t)[\boldsymbol{v}_i(t) - \boldsymbol{v}_j(t)]\}$$

$$\tag{6-23}$$

式中 $\boldsymbol{x}_i^d$，$\boldsymbol{x}_j^d$ 分别为自主体 i，j 的期望位置状态，其满足 $\boldsymbol{x}_i^d - \boldsymbol{x}_j^d = \boldsymbol{x}_{ij}^d$。

若航天器编队飞行的期望几何构型为动态构型，其控制目标的数学描述为

$$\begin{cases} \lim\limits_{t \to \infty}[\boldsymbol{x}_i(t) - \boldsymbol{x}_j(t)] = \boldsymbol{x}_{ij}^d(t) \\ \lim\limits_{t \to \infty}\{[\boldsymbol{v}_i(t) - \boldsymbol{v}_f(t)] - [\boldsymbol{v}_j(t) - \boldsymbol{v}_f(t)]\} = \boldsymbol{v}_{ij}^d(t), i,j = 1,\cdots,N \end{cases}$$

$$\tag{6-24}$$

实现控制目标式（6-24）的一致性控制算法可由式（6-23）变化得到[7]。

$$\boldsymbol{u}_i(t) = \dot{\boldsymbol{v}}_f(t) + \dot{\boldsymbol{v}}_i^d(t) - \alpha(t)[\boldsymbol{v}_i(t) - \boldsymbol{v}_i^d(t) - \boldsymbol{v}_f(t)] -$$

$$\sum_{j=1}^N a_{ij}(t)\{[(\boldsymbol{x}_i(t) - \boldsymbol{x}_i^d(t))] -$$

$$[\boldsymbol{x}_j(t) - \boldsymbol{x}_j^d(t)] + \gamma(t)[\boldsymbol{v}_i(t) - \boldsymbol{v}_i^d(t)] - [\boldsymbol{v}_j(t) - \boldsymbol{v}_j^d(t)]\}$$

$$(6-25)$$

式中 $\boldsymbol{x}_i^d(t)$, $\boldsymbol{x}_j^d(t)$, $\boldsymbol{v}_i^d(t)$, $\boldsymbol{v}_j^d(t)$ 分别为自主体 i,j 的期望位置、速度状态，其分别满足 $\boldsymbol{x}_i^d(t) - \boldsymbol{x}_j^d(t) = \boldsymbol{x}_{ij}^d(t)$, $\boldsymbol{v}_i^d(t) - \boldsymbol{v}_j^d(t) = \boldsymbol{v}_{ij}^d(t)$。

若航天器编队飞行的保持阶段不需要编队进行整体运动，即式 (6-24) 中 $\boldsymbol{v}_f(t)=0$。则此时的一致性控制算法[8]形式为

$$\boldsymbol{u}_i(t) = \dot{\boldsymbol{v}}_i^d(t) - \alpha(t)\{[(\boldsymbol{x}_i(t) - \boldsymbol{x}_i^d(t))] + \gamma(t)[\boldsymbol{v}_i(t) - \boldsymbol{v}_i^d(t)]\}$$

$$- \sum_{j=1}^N a_{ij}(t)\{[(\boldsymbol{x}_i(t) - \boldsymbol{x}_i^d(t))] - [\boldsymbol{x}_j(t) - \boldsymbol{x}_j^d(t)] +$$

$$\gamma(t)\{[(\boldsymbol{v}_i(t) - \boldsymbol{v}_i^d(t))] - [\boldsymbol{v}_j(t) - \boldsymbol{v}_j^d(t)]\}\}$$

$$(6-26)$$

下面用 5 个自主体编队协同控制的算例说明本节算法的有效性。用线性二阶动力学系统描述自主体在 3 维空间中的运动，5 个自主体的初始状态如表 6-2 所示。自主体间信息拓扑如图 6-1 （a）所示。自主体 i, $i=1,\cdots,5$ 的动态期望轨迹为

$$\boldsymbol{x}_i^d = \begin{bmatrix} r\cos(t + (i-1)2\pi/5) \\ r\sin(t + (i-1)2\pi/5) \\ r\cos(t + (i-1)2\pi/5) \end{bmatrix} \qquad (6-27)$$

其中，$r=600$ m，t 为时间。以一致性控制算法式 （6-26）作为协同控制律进行仿真，仿真时间为 20 s。仿真结果如图 6-9 所示。可见，自主体在控制律式 （6-26）的作用下，准确跟踪期望轨迹形成半径为 600 m 的圆形构型，且 5 个自主体在该圆形构型上以 $2\pi/5$ 相位差为间距，逆时针做圆周运动。

6.2.4.3 多自主体蜂拥控制

蜂拥 （Flocking）控制可以看做不遵循严格几何构型的编队控制

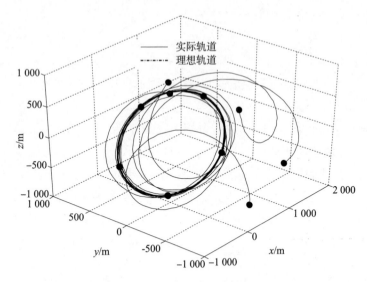

图 6-9 多自主体编队控制算例

问题。蜂拥控制的目标是通过控制自主体的个体行为，从而使多自主体系统涌现出全局协调的蜂拥运动行为。其控制目标可描述为

$$\begin{cases} \lim_{t \to \infty} \| \boldsymbol{x}_i(t) - \boldsymbol{x}_j(t) \| \in \left[\boldsymbol{x}_{\min}^d, \boldsymbol{x}_{\max}^d \right] \\ \lim_{t \to \infty} \| \boldsymbol{v}_i(t) - \boldsymbol{v}_j(t) \| = 0, i, j = 1, \cdots, N \end{cases} \quad (6-28)$$

为了实现控制目标式 (6-28)，根据 Reynolds 所提出的 Bolds 模型的三条规则，基本的蜂拥控制模型为[9-10]

$$\begin{cases} \boldsymbol{u}_i^a = -\sum_{j \in N_i} (\boldsymbol{v}_i - \boldsymbol{v}_j) \\ \boldsymbol{u}_i^b = -\sum_{j \in N_i} \nabla_{r_i} V_{ij} \\ \boldsymbol{u}_i = \boldsymbol{u}_i^a \oplus \boldsymbol{u}_i^b \end{cases} \quad (6-29)$$

其中 $\boldsymbol{u}_i^a$ 为一致性控制项，其目的是使所有自主体实现速度匹配，$\boldsymbol{v}_i$，$\boldsymbol{v}_j$ 表示集群中自主体 i，j 的相对速度状态；$\boldsymbol{u}_i^b$ 为人工势函数，$\nabla_{r_i} V_{ij}$ 代表人工势场 V_{ij} 对第 i 个自主体相对运动位置状态 r_i 的梯度，其目的是实现相对运动的上下界控制，N_i 表示能够被自主体 i 感知到的其他自主体构成的集合，$\oplus$ 表示两个控制项 $\boldsymbol{u}_i^a$，$\boldsymbol{u}_i^b$ 的

联合。

若蜂拥中存在一个虚拟领导者，并且所有自主体均能获得领导者信息，则一致性控制项为以下一致性算法[9]

$$\boldsymbol{u}_i^a = -c_1(\boldsymbol{x}_i - \boldsymbol{x}_r) - c_2(\boldsymbol{v}_i - \boldsymbol{v}_r) - \sum_{j \in N_i}(\boldsymbol{v}_i - \boldsymbol{v}_j) \qquad (6-30)$$

式（6-30）中，c_1，c_2 为正标量参数。若仅有部分自主体可感知领导者状态信息，则采用如下的一致性控制算法[12]

$$\boldsymbol{u}_i^a = -a_{ir}[c_1(\boldsymbol{x}_i - \boldsymbol{x}_r) + c_2(\boldsymbol{v}_i - \boldsymbol{v}_r)] - \sum_{j \in N_i}(\boldsymbol{v}_i - \boldsymbol{v}_j) \quad (6-31)$$

式（6-31）中 $a_{ir} = 1$ 表示自主体 i 可获得虚拟领导者信息，反之 $a_{ir} = 0$。

若虚拟领导者具有时变速度时，则采用以下一致性控制算法[13]

$$\boldsymbol{u}_i^a = f_r(\boldsymbol{x}_r, \boldsymbol{v}_r) - [c_1(\boldsymbol{x}_i - \boldsymbol{x}_r) + c_2(\boldsymbol{v}_i - \boldsymbol{v}_r)] - \sum_{j \in N_i}(\boldsymbol{v}_i - \boldsymbol{v}_j)$$

$$(6-32)$$

式（6-32）中 $f_r(\boldsymbol{x}_r, \boldsymbol{v}_r)$ 为虚拟领导者的加速度反馈项。而对于多个虚拟领导者的情况，一致性控制算法结构为

$$\boldsymbol{u}_i^a = f_{r_i}(\boldsymbol{x}_{r_i}, \boldsymbol{v}_{r_i}) - [c_1(\boldsymbol{x}_i - \boldsymbol{x}_{r_i}) + c_2(\boldsymbol{v}_i - \boldsymbol{v}_{r_i})] - \sum_{j \in N_i}(\boldsymbol{v}_i - \boldsymbol{v}_j)$$

$$(6-33)$$

另外，人工势函数的基本结构为[14]

$$V_{ij} = \underbrace{\frac{\alpha^1 \| \boldsymbol{r}_i - \boldsymbol{r}_j \|^{\beta^1+1}}{\beta^1 + 1}}_{repulsion} - \underbrace{\frac{\alpha^2 \| \boldsymbol{r}_i - \boldsymbol{r}_j \|^{-\beta^2+1}}{-\beta^2 + 1}}_{attraction} \qquad (6-34)$$

由其构造的自主体 i，j 之间的梯度控制力为

$$U_{ij} = -\nabla V_{ij} = (\underbrace{\alpha^1 \| \boldsymbol{r}_i - \boldsymbol{r}_j \|^{\beta^1}}_{attraction} - \underbrace{\alpha^2 \| \boldsymbol{r}_i - \boldsymbol{r}_j \|^{-\beta^2}}_{repulsion}) \frac{\boldsymbol{r}_j - \boldsymbol{r}_i}{\| \boldsymbol{r}_i - \boldsymbol{r}_j \|}$$

$$(6-35)$$

式（6-34），式（6-35）中，α^1，α^2，β^1，β^2 为正参数。另外，式（6-35）中

$$n_{ij} = \frac{r_j - r_i}{\| r_i - r_j \|} \qquad (6-36)$$

为单位矢量，定义了控制力的方向。当自主体 i，j 之间处于平衡状态时，控制力式（6-35）$U_{ij}=0$，此时两个自主体间距离为

$$x^d = \| r_i - r_j \| = \left(\frac{\alpha^2}{\alpha^1} \right)^{\frac{1}{\beta^1 + \beta^2}} \qquad (6-37)$$

这样以自主体 i 为中心的邻域内自主体 $j \in N_i$，$j \neq i$ 的梯度控制力的合力为

$$u_i^b = -\sum_{j \in N_i} \left[(\alpha^1 \| r_i - r_j \|^{\beta^1} - \alpha^2 \| r_i - r_j \|^{-\beta^2}) \frac{r_j - r_i}{\| r_i - r_j \|} \right]$$
$$(6-38)$$

6.2.4.4　多自主体姿态同步控制

姿态运动的主要描述方法有方向余弦矩阵、欧拉角、四元数及修正罗格里格斯（MRPs）等。采用 MRPs 描述自主体姿态运动，姿态动力学模型为

$$\begin{cases} \dot{\sigma}_i = Z(\sigma_i)\omega_i \\ J_i \dot{\omega}_i = -\omega_i \times J_i \omega_i + \tau_i & i = 1, \cdots, N \end{cases} \qquad (6-39)$$

其中

$$Z(\sigma_i) = \frac{1}{4} \left[(1 - \sigma_i^{\mathrm{T}} \sigma_i) I_3 + 2\sigma_i \sigma_i^{\mathrm{T}} + 2S(\sigma_i) \right] \qquad (6-40)$$

多自主体姿态同步控制的控制目标与多自主体的编队控制类似，目的是使所有自主体的姿态运动同步化，其数学描述为

$$\begin{cases} \lim_{t \to \infty} [\sigma_i(t) - \sigma_j(t)] = \sigma_{ij}^d \\ \lim_{t \to \infty} [\omega_i(t) - \omega_f(t)] = 0, & i, j = 1, \cdots, N \end{cases} \qquad (6-41)$$

由于姿态动力学方程是典型的非线性方程。而对于一般非线性系统的一致性控制算法仍是一致性问题的研究前沿，尚未得到统一有效的解决方法。为了便于一致性控制算法的设计，很多学者将姿态动力学写为 Lagrangian 方程形式，如下式，借助 Lagrangian 方程反对称性等特性进行非线性一致性控制算法的设计。

$$M_i(\boldsymbol{\sigma}_i)\ddot{\boldsymbol{\sigma}}_i + C_i(\boldsymbol{\sigma}_i,\dot{\boldsymbol{\sigma}}_i)\dot{\boldsymbol{\sigma}}_i = \boldsymbol{Z}^{-T}(\boldsymbol{\sigma}_i)\boldsymbol{\tau}_i \tag{6-42}$$

参考文献［15］针对姿态运动的 Lagrangian 方程设计了控制受限的一致性控制算法

$$\begin{cases} \boldsymbol{\tau}_i = \boldsymbol{Z}^T\boldsymbol{u}_i \\ \boldsymbol{u}_i = -\sum_{j=1}^{N} a_{ij}\tanh[\boldsymbol{K}_\sigma(\boldsymbol{\sigma}_i - \boldsymbol{\sigma}_j)] - \\ \qquad \sum_{j=1}^{N} a_{ij}\tanh[\boldsymbol{K}_{\dot{\sigma}}(\dot{\boldsymbol{\sigma}}_i - \dot{\boldsymbol{\sigma}}_j)] - \tanh(\boldsymbol{K}_{di}\dot{\boldsymbol{\sigma}}_i) \end{cases} \tag{6-43}$$

其中 $\boldsymbol{K}_\sigma$，$\boldsymbol{K}_{\dot{\sigma}}$，$\boldsymbol{K}_{di}$ 为对称正定矩阵，a_{ij} 为信息拓扑邻接矩阵的元素。该控制律最终可实现多自主体姿态的同步，并且稳态角速度为 0。

参考文献［15］则提出了一种基于缩论方法的一致性控制算法

$$\begin{cases} \boldsymbol{\tau}_i = \boldsymbol{M}_i\ddot{\boldsymbol{\sigma}}_{i,r} + \boldsymbol{C}_i\dot{\boldsymbol{\sigma}}_{i,r} + \boldsymbol{G}_i - \boldsymbol{K}_1\boldsymbol{s}_i + \boldsymbol{K}_2\boldsymbol{s}_{i-1} + \boldsymbol{K}_2\boldsymbol{s}_{i+1} \\ \boldsymbol{s}_i = \dot{\boldsymbol{\sigma}}_i - \dot{\boldsymbol{\sigma}}_{r,i} = \dot{\boldsymbol{\sigma}}_i - \dot{\boldsymbol{\sigma}}_i^d + \boldsymbol{\Lambda}(\boldsymbol{\sigma}_i - \boldsymbol{\sigma}_i^d), i = 0,1,\cdots,N \\ \dot{\boldsymbol{\sigma}}_{i,j} = \dot{\boldsymbol{\sigma}}_i^d + \boldsymbol{\Lambda}(\boldsymbol{\sigma}_i^d - \boldsymbol{\sigma}_i) \end{cases} \tag{6-44}$$

该算法能够实现多自主体对动态姿态指令的跟踪控制，并且系统指数收敛。

另外，参考文献［14］还提出了一种基于被动方法的一致性控制算法

$$\begin{cases} \dot{\hat{\boldsymbol{x}}}_i = \boldsymbol{\Gamma}\hat{\boldsymbol{x}}_i + \sum_{j=1}^{N} a_{ij}(\boldsymbol{\sigma}_i - \boldsymbol{\sigma}_j) + \varepsilon\boldsymbol{\sigma}_i \\ \boldsymbol{y}_i = \boldsymbol{P}\dot{\hat{\boldsymbol{x}}}_i \\ \boldsymbol{\tau}_i = -\boldsymbol{Z}^T(\boldsymbol{\sigma}_i)\left\{ \sum_{j=1}^{N} a_{ij}\tanh[\boldsymbol{K}_\sigma(\boldsymbol{\sigma}_i - \boldsymbol{\sigma}_j)] + \boldsymbol{y}_i \right\} \end{cases} \tag{6-45}$$

式中 $\boldsymbol{\Gamma}\in R^{m\times m}$ 是一个 Hurwitz 矩阵，ε 为正变量参数，$\boldsymbol{P}=\boldsymbol{P}^T\in R^{m\times m}$ >0 是 Lyapunov 方程 $\boldsymbol{\Gamma}^T\boldsymbol{P}+\boldsymbol{P}\boldsymbol{\Gamma}=-\boldsymbol{Q}$，$\boldsymbol{Q}=\boldsymbol{Q}^T\in R^{m\times m}>0$。式（6-45）要求信息拓扑图 $\mathscr{G}$ 为无向连通。

6.3　典型协同控制方法的一致性控制描述

目前，包括多航天器编队控制在内的多自主体系统协同控制的典型控制模式和控制方法有主从式、行为式或虚拟结构/虚拟领导者等[16]，这些协同控制方法均可采用基于一致性理论的协同控制——一致性控制进行统一描述[7,17]。

6.3.1　主从式控制

主从式控制是最常见的协同控制方法。在该方法中，一个或多个自主体作为"主自主体"，而其他自主体则做为"从自主体"通过信息拓扑获得其相邻自主体信息，再对其邻居进行反馈跟踪，从而使"从自主体"跟随"主自主体"，以指定的几何构型稳定地运动。如图 6 - 10 所示，图中箭头方向为信息传播方向，其反方向为反馈跟踪方向，上标 l，f 分别表示"主自主体"与"从自主体"，I^r 表示外部参考指令信息。由于每个自主体仅需根据邻域内局部信息，调整自身行为，因此这种方法可自然地利用分布式控制结构来实现。主从式方法易于理解和实现，但编队系统的鲁棒性过分依赖于"主自主体"的状态，一旦"主自主体"失效，整个编队系统即会失控，且单个自主体稳定并不意味着编队系统稳定。局部控制器需要满足严格的稳定性条件，才能确保编队系统的稳定性。因此基于该方法的控制律不具有可剪裁性。这意味着随着编队中自主体数目不断增多，编队不稳定性的风险将越来越大。

以 l 表示图 6 - 10 中的"主自主体"，采用一致性控制算法式（6 - 46）作为分布式控制律

$$\begin{cases} \boldsymbol{u}_i = \dot{\boldsymbol{v}}_r - \boldsymbol{K}_1(\boldsymbol{x}_i - \boldsymbol{x}_r) - \boldsymbol{K}_2(\boldsymbol{v}_i - \boldsymbol{v}_r), i = l \\ \boldsymbol{u}_i = \dot{\boldsymbol{v}}_{i,l} - \boldsymbol{K}_1(\boldsymbol{x}_i - \boldsymbol{x}_{i,l}) - \boldsymbol{K}_2(\boldsymbol{v}_i - \boldsymbol{v}_{i,l}), \quad i \neq l \end{cases} \quad (6-46)$$

式（6 - 46）中 $\boldsymbol{K}_1$，$\boldsymbol{K}_2$ 为正定对称增益矩阵，$\boldsymbol{x}_{i,l}$，$\boldsymbol{v}_{i,l}$ 为信息拓扑中自主体 i 的父节点所在的自主体位置、速度状态。

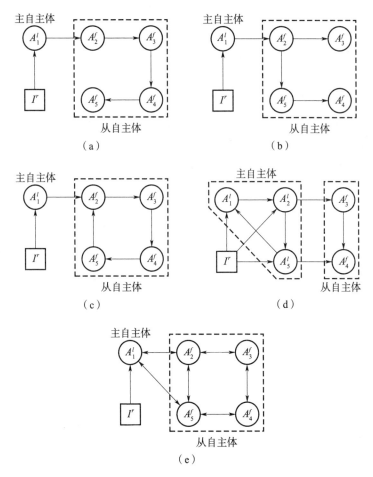

图 6-10　主从式控制方法的信息拓扑结构

用由 5 个自主体编队协同控制的算例说明主从式方法的一致性控制算法式（6-46）的有效性。5 个由线性二阶系统描述的自主体 i，$i=1$，…，5 的初始状态如表 6-2 所示。自主体间信息拓扑为图 6-10（b）。动态参考状态为

$$\boldsymbol{x}^r = \begin{bmatrix} r\cos(t+(i-1)2\pi/5) \\ r\sin(t+(i-1)2\pi/5) \\ r\cos(t+(i-1)2\pi/5) \end{bmatrix} \tag{6-47}$$

其中，$r=1\,000$ m，t 为时间。

仿真结果如图 6 - 11 和图 6 - 12。由图 6 - 11 可见，5 个自主体很快跟踪上动态参考状态信息，并形成同步的周期运动。由图 6 - 12 可见，各自主体在式（6 - 46）作用下，准确跟踪参考期望轨迹形成半径为 1 000 m 的圆形构型，且 5 个自主体交会到该圆形构型上的期望状态，一起以逆时针做圆周运动。

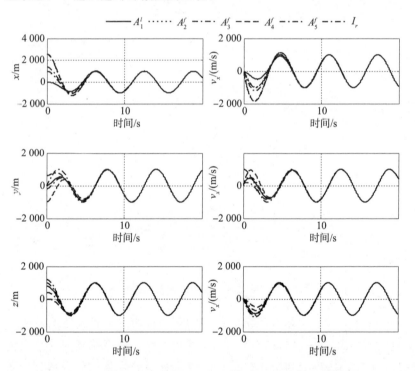

图 6 - 11　采用一致性主从式控制方法的 5 个自主体的状态变化

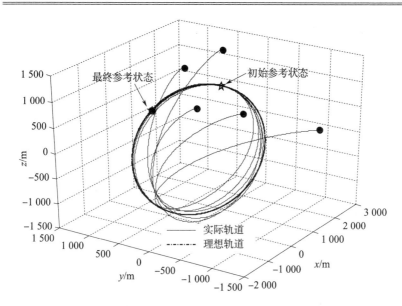

图 6 - 12　采用一致性主从式控制方法的 5 个自主体的空间运动轨迹

实际上，用一致性控制来描述的主从式协同控制方法仅仅是一种特定信息拓扑结构（如图 6 - 10）的协同控制问题，而且在一致性控制方法的描述下可以对主从式拓扑结构进行扩展以改善其鲁棒性能。例如图 6 - 10 （e）所示的信息拓扑，这样其一致性控制律式（6 - 46）相应扩展为

$$
\begin{cases}
\boldsymbol{u}_i = \dfrac{1}{s_i+1}\big[\dot{\boldsymbol{v}}_r - \boldsymbol{K}_1(\boldsymbol{x}_i - \boldsymbol{x}_r) - \boldsymbol{K}_2(\boldsymbol{v}_i - \boldsymbol{v}_r)\big] + \\
\qquad \dfrac{1}{s_i+1}\displaystyle\sum_{j=1}^{N} a_{ij}\big[\dot{\boldsymbol{v}}_j - \boldsymbol{K}_1(\boldsymbol{x}_1 - \boldsymbol{x}_j) - \boldsymbol{K}_2(\boldsymbol{v}_i - \boldsymbol{v}_j)\big], i = l \\
\boldsymbol{u}_i = \dfrac{1}{s_i}\displaystyle\sum_{j=1}^{N} a_{ij}\big[\dot{\boldsymbol{v}}_j - \boldsymbol{K}_1(\boldsymbol{x}_i - \boldsymbol{x}_j) - \boldsymbol{K}_2(\boldsymbol{v}_i - \boldsymbol{v}_j)\big], i \neq 1
\end{cases}
$$

$$(6-48)$$

其中 $s_i = \displaystyle\sum_{j}^{N} a_{ij}$，其他符号意义与式（6 - 46）相同。

6.3.2　虚拟结构式控制

　　虚拟结构式也是一种典型的编队控制方法。虚拟结构方法中，通过对所有自主体状态进行一定的代数计算得到一个虚拟参考点，使整个多自主体编队的几何构型被看成是一个以虚拟参考点为中心的虚拟刚体结构。构型保持时，各自主体在虚拟刚体结构中相对虚拟中心的位置和方位保持不变，通过控制虚拟结构的膨胀、收缩与旋转实现构型变换。每个自主体的位置状态均，可以通过其在虚拟刚体结构中相对于虚拟中心的位置和方位以及虚拟中心的位置计算得到。该方法的优势在于易于描述编队几何构型，且编队保持的控制精度高，不足之处是编队构型变换难以数学表达，因此缺乏灵活性和适应性。

　　采用一致性控制描述虚拟结构式的协同控制方法，需要所有自主体能够得到一致的虚拟参考点，可用以下一致性算法式（6 - 49）对虚拟参考点状态进行分布式协商估计

$$
\begin{cases}
\dot{\boldsymbol{x}}_{i,F} = \boldsymbol{v}_{i,F} \\
\dot{\boldsymbol{v}}_{i,F} = \dot{\boldsymbol{v}}_F^d - \alpha(\boldsymbol{v}_{i,F} - \boldsymbol{v}_F^d) + \varepsilon_i(\boldsymbol{x}_i, \boldsymbol{x}_i^d) - \\
\qquad\quad \sum_{j=1}^N a_{ij} k_{ij} \left[(\boldsymbol{x}_{i,F} - \boldsymbol{x}_{j,F}) + \gamma(\boldsymbol{x}_{i,F} - \boldsymbol{x}_{j,F}) \right]
\end{cases}
\tag{6 - 49}
$$

式（6 - 49）中，$\boldsymbol{x}_{i,F}$，$\boldsymbol{v}_{i,F}$ 分别是自主体 i 对虚拟参考点位置、速度状态的估计，$\boldsymbol{v}_F^d$ 是虚拟刚体的期望平移速度，$\boldsymbol{x}_i$，$\boldsymbol{v}_i$ 分别是自主体 i 的位置、速度状态，$\boldsymbol{x}_i^d = \psi_i(t, \boldsymbol{x}_i, \boldsymbol{x}_{i,F}, \boldsymbol{v}_{i,F})$ 为自主体 i 的期望状态，$\varepsilon_i(\cdot, \cdot)$ 表示由自主体 i 状态到自主体 i 的虚拟刚体中心状态的反馈项，其作用是根据编队精度等性能调节自主体 i 所估计虚拟刚体中心状态的变化速度。例如，选择 $\varepsilon_i(\cdot, \cdot)$ 为 $e_i = \| \boldsymbol{x}_i - \boldsymbol{x}_i^d \|$ 的函数。如果 e_i 较大，则意味着自主体 i 在存在饱和约束或扰动情况下，无法准确跟踪其期望状态。这样，当自主体 i 位于期望状态之后时，可以通过令 $\varepsilon_i < 0$，使虚拟刚体中心的变化速度减慢，从而使自主体 i 能够跟踪上期望位置，并且通过提高自主体 i 的速

度，使 e_i 减小。

在式（6-49）对虚拟刚体中心状态协商估计的基础上，再设计分布式控制律 $\boldsymbol{u}_i = \chi(t, \boldsymbol{x}_i, \boldsymbol{x}_i^d)$，使得 $\boldsymbol{x}_i \to \boldsymbol{x}_i^d$。可见，$\boldsymbol{u}_i$ 仅依赖于自身状态信息和虚拟中心的状态信息。

另外，应用一致性控制算法，还可以选择用另外一种更简单的方法实现虚拟结构式协同控制。如图 6-13，$\boldsymbol{x}_j$ 为自主体 j 的位置，$\boldsymbol{x}_{oj}$ 为自主体 j 所估计的虚拟刚体中心相对于惯性参考系的位置，$\boldsymbol{x}_{Fj}$ 为自主体 i 相对于其所估计的虚拟刚体中心 $\boldsymbol{x}_{oj}$ 的期望相对偏离（即编队构型期望状态）。三者显然满足 $\boldsymbol{x}_j = \boldsymbol{x}_{oj} + \boldsymbol{x}_{Fj}$。在如图 6-13（a）中，由于所有自主体对于虚拟刚体中心的估计不一致，导致编队构型无法形成。在如图 6-13（b）中，所有自主体对虚拟刚体中心的估计一致到共同值 $\boldsymbol{x}_o$（即 $\boldsymbol{x}_{o1} = \boldsymbol{x}_{o2} = \cdots = \boldsymbol{x}_{oN} = \boldsymbol{x}_o$），$\boldsymbol{x}_j \to r_o + r_{Fj}$，编队构型形成。因此，根据设计自主体 i 的局部控制的分布式控制律[17]

$$\boldsymbol{u}_i = \dot{\boldsymbol{v}}_{Fi} + \dot{\boldsymbol{v}}_F^d - \alpha(\boldsymbol{v}_i - \boldsymbol{v}_{Fi} - \boldsymbol{v}_F^d) - $$
$$\sum_{j=1}^{N} a_{ij} k_{ij} \{[(\boldsymbol{x}_i - \boldsymbol{x}_{Fi}) - (\boldsymbol{x}_j - \boldsymbol{x}_{Fj})] + \gamma[(\boldsymbol{v}_i - \boldsymbol{v}_{Fi}) - (\boldsymbol{v}_j - \boldsymbol{v}_{Fj})]\}$$

$$(6-50)$$

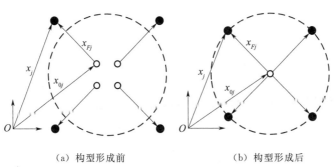

（a）构型形成前　　　　　　（b）构型形成后

图 6-13　虚拟结构式控制方法的示意

由图 6-13 可知，虚拟刚体中心位置、速度状态分别为 $\boldsymbol{x}_{oj} = \boldsymbol{x}_j - \boldsymbol{x}_{Fj}$，$\boldsymbol{v}_{oj} = \boldsymbol{v}_j - \boldsymbol{v}_{Fj}$，将其代入式（6-50）可得

$$\begin{cases} \dot{\boldsymbol{x}}_{oi} = \boldsymbol{v}_{oi} \\ \dot{\boldsymbol{v}}_{oi} = \dot{\boldsymbol{v}}_F^d - \alpha(\boldsymbol{v}_{oi} - \boldsymbol{v}_F^d) - \sum_{j=1}^{N} a_{ij} k_{ij} \{(\boldsymbol{x}_{oi} - \boldsymbol{x}_{oj}) + \gamma[(\boldsymbol{v}_{oi}) - (\boldsymbol{v}_{oj})]\} \end{cases}$$

$$(6-51)$$

式中 $\boldsymbol{x}_F^d$ 为虚拟刚体中心的期望运动。式（6-51）一致性算法与式（6-18）一致性算法结构相同。

由式（6-51）可见，一致性控制算法式（6-50）转化为所有自主体对虚拟刚体中心的一致性估计。

用由相同的 5 个自主体编队协同控制算例说明虚拟结构式方法的一致性控制算法式（6-50）的有效性。5 个线性二阶系统自主体 i，$i=1$，…，5 的初始状态如表 6-2 所示。自主体间信息拓扑为图 6-1（a）。编队构型期望状态为

$$\boldsymbol{x}_{Fi} = \begin{bmatrix} r\cos\ (t+\ (i-1)\ 2\pi/5) \\ r\sin\ (t+\ (i-1)\ 2\pi/5) \\ r\cos\ (t+\ (i-1)\ 2\pi/5) \end{bmatrix} \qquad (6-52)$$

其中，$r=600$ m，t 为仿真时间。仿真时间 50 s，当 $t \geqslant 30$ s 后，$r=1\ 000$ m。虚拟刚体中心的期望运动的初始位置为 $\boldsymbol{x}_F^d = \begin{bmatrix} 20 & 20 & 20 \end{bmatrix}$ m，$\boldsymbol{v}_F^d = \begin{bmatrix} 10t & -10t & 0 \end{bmatrix}$，同样 $t \geqslant 30$ s 后，$\boldsymbol{v}_F^d = \begin{bmatrix} 0 & 0 & 0 \end{bmatrix}$。仿真计算结果如图 6-14 和图 6-15 所示。

由图 6-14 可见，各自主体在式（6-50）作用下，跟踪编队构型期望状态 $\boldsymbol{x}_{Fi}$ 形成半径为 600 m 的圆形构型，并且跟踪虚拟刚体中心的期望运动信息 $\boldsymbol{v}_F^d$，编队整体进行转移，$t \geqslant 30$ s 编队整体转移停止，圆形构型的半径由 600 m 重构为 1 000 m。

图 6-15 可见，5 个自主体对虚拟刚体中心的估计值在一致性控制算法式（6-50）作用下趋同到公共值，并跟踪上了虚拟刚体中心的期望运动状态，当 $t \geqslant 30$ s 构型发生变化时，5 个自主体对虚拟刚体中心的估计值由于构型变化而发生分离，之后在一致性控制算法式（6-50）的作用下，5 个自主体对虚拟刚体中心的估计值又重新一致到虚拟刚体中心的期望运动状态。

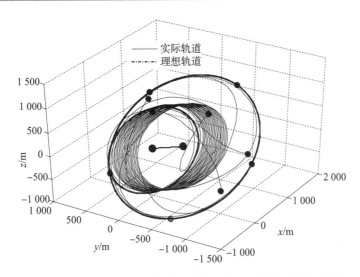

图 6-14　采用一致性虚拟结构方法的 5 个自主体的空间运动轨迹

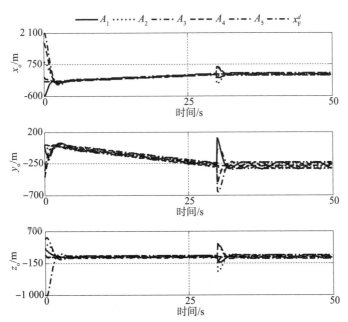

图 6-15　5 个自主体对虚拟刚体中心的一致性估计

6.3.3　行为式控制

　　行为式协同控制方法是由一系列行为完成协同任务，其中每个行为有自己的目标或任务。该方法中每个自主体均具有一个局部的控制器，其根据编队中所有自主体状态，使自主体执行预定义的各种行为。自主体上的局部控制器的输入可以是自主体自身的传感信息，也可以是编队中其他自主体行为的输出。同样，自主体局部控制器的输出送到自身执行机构控制自主体的运动，或作为其他自主体控制器执行行为的输入。这样，所有自主体的运动行为构成了一个交互作用的行为网络。设计基于行为的系统的主要问题是如何设计各种基本行为和有效的行为机制（即行为的选择问题）。该方法的优点是具有很好的并行性、分布性和实时性。而不足之处在于难以明确设计出理想的局部基本行为与控制器，使所有自主体局部行为能够合成期望的编队行为，而且，编队控制的稳定性也得不到保证。

　　采用一致性控制算法执行行为式协同控制的示意图如图 6 - 16 所示，可将自主体保持编队构型从位置 A 转移到位置 B 的协同控制分解为两个基本控制行为：第一个行为为多自主体以期望整体转移速度 v_F^d 从位置位置 A 转移到位置 B，第二个行为为多自主体在转移过程中保持期望编队构型 $\{\boldsymbol{x}_{Fi}, i=1, \cdots, N\}$。

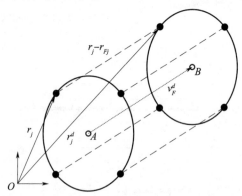

图 6 - 16　行为式控制方法的示意图

设 $\{x_{Fi},\ i=1,\ \cdots,\ N\}$ 为自主体 i 的局部行为，当自主体 i，$i=1,\ \cdots,\ N$ 执行第一个行为 $x_{Fi}-x_i$ 与第二个行为 $v_{Fi}-v_i$ 时，则所有自主体的局部行为合成为期望的编队运动。因此，可采用一致性算法式（6-50）作为分布式控制律执行行为式协同控制，在控制算法的作用下 $x_{Fi}-x_i \to x_{Fj}-x_j$，$v_{Fi}-v_i \to v_{Fj}-v_j \to v_F^d$，所有自主体涌现出期望的编队运动。因此，从一致性控制角度来说，其协同控制算法与虚拟结构式方法是相同的。

综上所述，主从式、虚拟结构式及行为式这三种协同控制方法从一致性问题的角度来说，均可认为是一致性控制的特例，可以统一采用一致性控制的方法来描述。并且，以一致性控制方法来描述，可利用一致性控制的研究成果设计不同类型的协同控制算法，也可更好地对编队稳定性进行分析。

6.4　基于一致性理论的多航天器分布式协同控制

6.4.1　问题描述与控制结构

航天器协同控制的控制结构和控制策略可分为集中式和分布式两种。集中式控制有一个航天器作为主星，承担多航天器系统的顶层管理与控制任务，接收地面指令和对各航天器状态进行解算后，再向各航天器发布控制执行指令[19]。这种控制策略的优点在于易于实现各航天器间的协同控制，缺点是主航天器失效将造成整个多航天器系统协同飞行任务的失败。而在分布式控制中，每个航天器均具有独立的局部决策和自主控制能力，以不同的协同控制方式相互协调，从而形成期望的协同运动。分布式协同控制是多航天器协同控制的理想方式，典型的航天器协同控制方法有主从式、基于行为和虚拟结构的方式等[16,20]。根据 6.3 节的分析，典型的协同控制方式都可用基于一致性理论的协同控制进行描述。本节首先根据航天器协同飞行的特点和协同控制的要求，应用一致性理论对航天器协同控制进行统一描述，然后提出一种基于一致性理论的多航天器分布式协同控制结构。

多航天器分布式协同飞行是动力学、信息和控制的相互作用和有机融合，若将多航天器系统看做由通信、感知信息流构成的信息拓扑，则多航天器协同飞行的控制问题同样可认为是一类动力学系统一致性问题。以一致性控制描述的多航天器协同飞行控制问题可定义为：多航天器系统中各航天器应用一致性控制算法，通过信息拓扑和动力学规律将所有航天器的状态同步到某个一致的期望状态上，以实现多航天器协同飞行的期望运动。多航天器协同控制中一致性控制算法的基本任务是：各航天器通过信息拓扑，根据其相邻航天器信息更新自己的信息，使每个航天器协同状态最终收敛到某个公共值[1,4]。因此，将多自主体一致性控制的理论和方法应用于航天器协同飞行控制，是多自主体协同控制领域的重要研究方向。

分布式航天器协同飞行的控制，包括多航天器间相对运动的控制和多航天器系统整体运动的控制。研究的重点是相对构型的形成、保持、重构和整体系统的机动，在某些任务期间对系统整体的绝对方位可能并无严格要求。通常在相对坐标系下研究航天器间的相对运动。在相对坐标系下，应用相对运动动力学模型进行协同控制，均需一个基准的参考点来设计构型，并规划重构路径[21]。而对于分布式航天器系统来说，参考点的选择往往是空间虚拟点，虚拟参考点无法通过航天器间相对测量得到其相对位置、速度状态信息，只能通过绝对传感器测量进行解算或者通过地面测控站注入，这势必增加感知本或降低系统自主运行程度。即使系统中有一个航天器可作为参考点，为其他航天器提供相对测量基准，这个航天器也需承担较为集中的通信与测量任务，这必将使系统的可靠性降低，也使系统变得脆弱。另外，无论是否有航天器位于参考点，作为整个系统构型的基准，系统内其他航天器由于信息测量误差、通信延迟、计算误差等不确定因素影响，各航天器得到整个系统的参考点状态必然存在差异。各航天器对编队整体系统参考点状态估计的这种不一致，将会给编队协同控制引入误差，破坏多航天器系统的协同性和一致性。

根据多航天器协同控制的一致性描述和上述分析，我们提出一种基于一致性理论的分布式协同控制结构（如图 6 - 17 所示），在该结构中每个航天器均具有局部的分层控制结构，通过系统内的信息拓扑进行分布式估计与协同控制，自主实现协同飞行的队形建立、保持与整体机动。

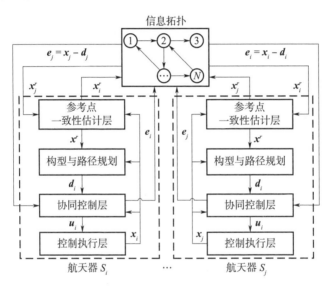

图 6 - 17　基于一致性的航天器协同控制结构

在图 6 - 17 所示的基于一致性理论的分布式航天器协同控制结构中，每个航天器均具有局部的 4 层（分层）控制结构：参考点一致性估计层、系统构型与路径规划层、协同控制层及控制执行层。图中：S_i，S_j 表示系统中任意 2 个不同航天器；x_i，x_j 分别为航天器 S_i，S_j 相对状态；x_i^r，x_j^r 分别为航天器 S_i，S_j 对参考点的状态估计；x^r 为一致性估计最终所得到的参考点状态估计；d_i，d_j 分别为航天器 S_i，S_j 期望构型与重构机动路径；e_i，e_j 分别为航天器 S_i，S_j 实际状态与期望构型与重构机动路径理想状态间的误差；u_i，u_j

为反馈协同的控制量。航天器的协同控制策略为：先通过参考点一致性估计层，应用一致性算法，由各航天器自主协商估计出整个系统的基准参考点，再基于该参考点确定期望构型或计算各航天器的期望运动状态，规划重构路径，并采用反馈协同控制律进行构型建立、状态一致性控制、队形保持与整体机动的协同控制。

　　下面基于上面提出的航天器分布式协同控制结构和控制策略，研究基于一致性理论的参考点估计、制导指令计算和协同控制律设计，并进行仿真验证研究。

6.4.2　参考点一致性估计

　　参考点一致性估计的任务和目的是：根据各航天器初始状态及系统内部的信息拓扑，由系统内各航天器自主协商估计出整个系统的基准参考点，为多航天器协同制导与控制提供统一的参考基准。

　　参考点估计器可采用一阶一致性算法[7]进行协商估计，如下式

$$\dot{x}_i^r(t) = -\sum_{j \in N_i} a_{ij} \left[x_i^r(t) - x_j^r(t) \right], i,j = 1, \cdots, N \quad (6-53)$$

式（6-53）中 a_{ij} 为信息拓扑图 $\mathcal{G}$ 的邻接矩阵 $\boldsymbol{A}$ 的元素，$x_i^r(t)$ 为 t 时刻第 i 个航天器对参考点的估计。根据定理 6.1 可知，当且仅当系统内部的信息拓扑图 $\mathcal{G}$ 中存在一个最大生成树时，当 $t \to \infty$，各航天器对参考点的估计 $x_i^r(\infty)$ 必将收敛到图 $\mathcal{G}$ 中强连通节点状态（即位于强连通节点航天器 S_m，$m=1, \cdots, w$ 的初始状态）的代数平均值上，即 $x_i^r(\infty) \to c_1 x_1^r(0) + \cdots + c_w x_w^r(0)$，这里 $c_1 + \cdots + c_w = 1$，其中，$x_1(0) \cdots x_w(0)$ 为图 $\mathcal{G}$ 中强连通节点的初始相对状态。

　　根据参考点估计的任务和一致性理论，参考点一致性估计的处理过程为：航天器 S_i 将自己的初始状态 $x_i(0)$ 作为其对参考点估计的初值 $x_i^r(0)$，即最初每个航天器均认为自己是整个系统的参考点；之后通过信息拓扑交换信息，各航天器应用式（6-53）进行迭代协商估计，最终使各航天器对整个系统参考点的状态估计趋于一致。

6.4.3　制导指令计算

多航天器系统内各航天器根据估计出的参考点，应用第2章 C-W 方程解析解得到期望构型指令

$$\begin{cases} x(t) = -\dfrac{1}{2}a_E\cos(\alpha_0 + nt) \\ y(t) = a_E\sin(\alpha_0 + nt) + \tilde{y}_0 \\ z(t) = z_i\sin(nt) - z_\Omega\cos(nt) \end{cases} \tag{6-54}$$

式（6-54）中，$\tilde{y}_0$，a_E，β_0，z_i，z_Ω 为编队构型五要素，这 5 个构型参数可对圆参考轨道的编队构型进行统一形式的量化描述[22]。之后，根据编队整体系统模型预测控制方程，用凸优化方法求解出构型建立与重构过程的最优重构机动路径[21]。

根据第 3 章内容，航天器 S_i 第 m 步的模型预测控制方程

$$\boldsymbol{x}_i(m) = \widehat{\boldsymbol{A}}_i\boldsymbol{x}_i(0) + \widehat{\boldsymbol{B}}_i\boldsymbol{u}_i \tag{6-55}$$

式（6-55）中，$\boldsymbol{x}_i(0) = [x_i(0)\quad y_i(0)\quad z_i(0)\quad \dot{x}_i(0)\quad \dot{y}_i(0)\quad \dot{z}_i(0)]^{\mathrm{T}}$ 为航天器 S_i 初始的状态矢量，$\boldsymbol{x}_i(m) = [x_i(m)\quad y_i(m)\quad z_i(m)\quad \dot{x}_i(m)\quad \dot{y}_i(m)\quad \dot{z}_i(m)]^{\mathrm{T}}$ 为航天器 S_i 在第 m 步的状态矢量，航天器 S_i 在各时刻的推力脉冲序列矢量为 $\boldsymbol{u}_i = [\boldsymbol{u}_i^{\mathrm{T}}(0)\boldsymbol{u}_i^{\mathrm{T}}(1)\cdots\boldsymbol{u}_i^{\mathrm{T}}(m-1)]^{\mathrm{T}}$。其中，$\widehat{\boldsymbol{A}} = \boldsymbol{A}_i^m$，$\widehat{\boldsymbol{B}}_i = [\boldsymbol{A}_i^{m-1}\quad \boldsymbol{B}_i\quad \boldsymbol{A}_i^{m-2}\quad \boldsymbol{B}_i\cdots\boldsymbol{B}_i]$，这里 $\boldsymbol{A}_i$，$\boldsymbol{B}_i$ 分别为航天器 S_i 相对运动离散状态空间模型的状态矩阵与输入矩阵。

根据式（6-55），则多航天器整体系统第 m 步模型预测控制方程为

$$\boldsymbol{x}(m) = \boldsymbol{I}_N \otimes \widehat{\boldsymbol{A}}_i\boldsymbol{x}(0) + \boldsymbol{I}_N \otimes \widehat{\boldsymbol{B}}_i\boldsymbol{u} \tag{6-56}$$

这里 $\boldsymbol{I}_N$ 为 N 阶单位矩阵，整体系统第 k 步状态为 $\boldsymbol{x}(k) = [\boldsymbol{x}_1^{\mathrm{T}}(k)\quad \boldsymbol{x}_2^{\mathrm{T}}(k)\cdots\boldsymbol{x}_N^{\mathrm{T}}(k)]^{\mathrm{T}}$，$k = 0,\cdots,m$，整体系统推力脉冲序列为 $\boldsymbol{u} = [\boldsymbol{u}_1^{\mathrm{T}}, \boldsymbol{u}_2^{\mathrm{T}}\cdots\boldsymbol{u}_N^{\mathrm{T}}]^{\mathrm{T}}$，符号 $\otimes$ 表示 Kronecker 直积。令 $\overline{\boldsymbol{A}} = \boldsymbol{I}_N \otimes \widehat{\boldsymbol{A}}_i$，$\overline{\boldsymbol{B}} = \boldsymbol{I}_N \otimes \widehat{\boldsymbol{B}}_i$，则式（6-56）可改写为

$$\boldsymbol{x}(m) = \overline{\boldsymbol{A}}\boldsymbol{x}(0) + \overline{\boldsymbol{B}}\boldsymbol{u} \tag{6-57}$$

式（6-57）即为编队整体系统的模型预测控制方程。

应用式（6-58）衡量编队总推进剂消耗，并惩罚推进剂消耗较多的航天器的速度脉冲，以尽量使各航天器的推进剂消耗均衡

$$\boldsymbol{u}^* = \arg\min_{\boldsymbol{u}} \frac{1}{2} \parallel \boldsymbol{u} \parallel_2^2 \triangleq \arg\min_{\boldsymbol{u}} \frac{1}{2} \sum_{i=1}^N \parallel \boldsymbol{u}_i \parallel_2^2 \quad (6-58)$$

应用凸优化技术的目的在于求解编队推力脉冲序列 $\boldsymbol{u}^* = [\boldsymbol{u}_1^{*\mathrm{T}} \boldsymbol{u}_2^{*\mathrm{T}} \cdots \boldsymbol{u}_N^{*\mathrm{T}}]^\mathrm{T}$，满足式（6-58）使编队重构过程中推进剂消耗最小，且各航天器推进剂消耗均衡，并使各航天器在 $\boldsymbol{u}^*$ 作用下机动的终端满足期望构型要求，即终端约束满足 $\mid \boldsymbol{x}(m) - \boldsymbol{x}^d \mid \leqslant \boldsymbol{\varepsilon}$，其中，$\boldsymbol{x}^d = [\boldsymbol{x}_1^{d\mathrm{T}} \boldsymbol{x}_2^{d\mathrm{T}} \cdots \boldsymbol{x}_N^{d\mathrm{T}}]^\mathrm{T}$ 由期望构型上的编队各航天器指定相位的期望状态构成，编队误差容忍限 $\boldsymbol{\varepsilon} = [\boldsymbol{\varepsilon}_1^\mathrm{T} \boldsymbol{\varepsilon}_2^\mathrm{T} \cdots \boldsymbol{\varepsilon}_N^\mathrm{T}]^\mathrm{T}$，$\boldsymbol{\varepsilon}_i$ 为航天器 S_i 的制导指令状态误差容忍限 $\boldsymbol{\varepsilon}_i = [\varepsilon_i^x \varepsilon_i^y \varepsilon_i^z \dot{\varepsilon}_i^x \dot{\varepsilon}_i^y \dot{\varepsilon}_i^z]^\mathrm{T}$，$i \in 1, \cdots, N$。将式（6-57）代入终端约束并进行数学变换，可得

$$\begin{bmatrix} -\boldsymbol{B} \\ \boldsymbol{B} \end{bmatrix} \boldsymbol{u} \leqslant \begin{bmatrix} \boldsymbol{\varepsilon} + \boldsymbol{A}\boldsymbol{x}(0) - \boldsymbol{x}^d \\ \boldsymbol{\varepsilon} - \boldsymbol{A}\boldsymbol{x}(0) + \boldsymbol{x}^d \end{bmatrix} \quad (6-59)$$

式（6-59）即为实现编队构型变换的编队整体系统动力学约束。附加约束条件由编队航天器推进系统的饱和极限、最小脉冲宽度等实际系统参数决定。

6.4.4　控制律设计

期望构型与机动到期望构型的重构路径确定后，由于初始状态误差、地球非球形摄动 J_2 项等各种不确定因素影响，航天器会偏离期望构型或重构路径。因此有必要设计反馈控制使航天器能够准确跟踪制导指令，实现构型的建立、保持与编队整体协同机动。设航天器 S_i，$i=1, \cdots, N$ 实际位置与速度分别为 $\boldsymbol{x}_i$，$\dot{\boldsymbol{x}}_i$，其构型与重构路径的期望位置指令为 $\boldsymbol{x}_i^d$，期望速度指令为 $\dot{\boldsymbol{x}}_i^d$。并假设编队各航天器均能获得编队整体系统机动的参考状态信息，其由参考点位置信息 $\boldsymbol{x}^f$，速度信息 $\dot{\boldsymbol{x}}^f$ 与加速度信息 $\ddot{\boldsymbol{x}}^f$ 组成，如图 6-18 所示。

下面以第 2 章式（2-42）作为相对运动模型，基于线性二阶系

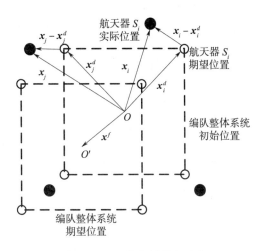

图 6 - 18 反馈协同控制示意

统一致性算法设计如下的反馈协同控制律

$$\boldsymbol{u}_i = \boldsymbol{m}(\dot{\boldsymbol{x}}, \boldsymbol{x}, t) + \ddot{\boldsymbol{x}}_i^d + \ddot{\boldsymbol{x}}^f - \alpha[(\boldsymbol{x}_i - \boldsymbol{x}_i^d - \boldsymbol{x}^f) + \gamma(\dot{\boldsymbol{x}}_i - \dot{\boldsymbol{x}}_i^d - \dot{\boldsymbol{x}}^f)] -$$
$$\sum_{j=1}^{N} a_{ij}\{[(\boldsymbol{x}_i - \boldsymbol{x}_i^d) + \gamma(\dot{\boldsymbol{x}}_i - \dot{\boldsymbol{x}}_i^d)] - [(\boldsymbol{x}_j - \boldsymbol{x}_j^d) + \gamma(\dot{\boldsymbol{x}}_j - \dot{\boldsymbol{x}}_j^d)]\}$$

$$(6-60)$$

式 (6-60) 中 $\alpha > 0$，$\gamma > 0$ 为增益系数，$\boldsymbol{u}_i$ 为航天器 S_i 协同反馈控制指令，$\boldsymbol{x}_i$，$\dot{\boldsymbol{x}}_i$ 为航天器 S_i 相对于基准参考点的实际位置与速度，$\boldsymbol{x}_j$，$\dot{\boldsymbol{x}}_j$ 为航天器 S_j，$j \neq i$ 相对于基准参考点的实际位置与速度，如图 6-18。另外 a_{ij} 为信息拓扑图 $\mathscr{G}$ 邻接矩阵 $\mathscr{A}$ 的元素。

另外，控制律式 (6-60) 中第一项 $\boldsymbol{m}(\dot{\boldsymbol{x}}, \boldsymbol{x}, t)$ 为模型参考项，其为

$$\boldsymbol{m}(\dot{\boldsymbol{x}}, \boldsymbol{x}, t) = \begin{bmatrix} -2(nc)\dot{y} + (5c^2 - 2)n^2 x + \dfrac{3}{4}K_{J_2}\cos(2kt) \\[2ex] 2(nc)\dot{x} + \dfrac{1}{2}K_{J_2}\sin(2kt) \\[2ex] q^2 z + 2lq\cos(qt + \phi) \end{bmatrix}$$

$$(6-61)$$

其中

$$\begin{cases} k = nc + \dfrac{3nJ_2R_e^2}{2R_0^2}\cos^2 i_0 \\[2mm] K_{J_2} = 3n^2J_2(R_e^2/R_0)\sin^2 i_0 \\[2mm] c = \sqrt{1+s} \\[2mm] s = \dfrac{3J_2R_e^2}{8R_0^2}(1+3\cos 2i_0) \end{cases}$$

另外，q，l，ϕ 的计算过程，详见第 2 章式（2-44）～式（2-49）。$n = \sqrt{\mu/R_0^3}$，μ 为地球引力常数。

下面分析采用式（6-60）控制律的多航天器系统的稳定性。

设 $\boldsymbol{x} = [\boldsymbol{x}_1^T, \ \boldsymbol{x}_2^T, \ \cdots \boldsymbol{x}_N^T]^T$，$\dot{\boldsymbol{x}} = [\dot{\boldsymbol{x}}_1^T, \ \dot{\boldsymbol{x}}_2^T, \ \cdots, \ \dot{\boldsymbol{x}}_N^T]^T$，$\ddot{\boldsymbol{x}} = [\ddot{\boldsymbol{x}}_1^T, \ \ddot{\boldsymbol{x}}_2^T, \ \cdots\ddot{\boldsymbol{x}}_N^T]^T$，$\boldsymbol{x}^d = [\boldsymbol{x}_1^{dT}, \ \boldsymbol{x}_2^{dT}, \ \cdots, \ \boldsymbol{x}_N^{dT}]^T$，$\dot{\boldsymbol{x}}^d = [\dot{\boldsymbol{x}}_1^{dT}, \ \dot{\boldsymbol{x}}_2^{dT}, \ \cdots, \ \dot{\boldsymbol{x}}_N^{dT}]$，$\bar{\boldsymbol{x}}^f = \boldsymbol{1}_{3\times1}\otimes\boldsymbol{x}^{fT}$，$\dot{\bar{\boldsymbol{x}}}^f = \boldsymbol{1}_{3\times1}\otimes\dot{\boldsymbol{x}}^{fT}$，$\boldsymbol{1}_{3\times1}$ 为元素为 1 的 3×1 列矢量，这样式（6-60）可改写为

$$\begin{bmatrix} \dot{\boldsymbol{x}}^e \\ \ddot{\boldsymbol{x}}^e \end{bmatrix} = \begin{bmatrix} \boldsymbol{0}_N & \boldsymbol{I}_N \\ -(\alpha\boldsymbol{I}_N + \boldsymbol{L}) & -\gamma(\alpha\boldsymbol{I}_N + \boldsymbol{L}) \end{bmatrix} \otimes \boldsymbol{I}_3 \begin{bmatrix} \boldsymbol{x}^e \\ \dot{\boldsymbol{x}}^e \end{bmatrix} \quad (6-62)$$

式中：$\boldsymbol{x}^e = \boldsymbol{x} - \boldsymbol{x}^d - \bar{\boldsymbol{x}}^f$，$\dot{\boldsymbol{x}}^e = \dot{\boldsymbol{x}} - \dot{\boldsymbol{x}}^d - \dot{\bar{\boldsymbol{x}}}^f$，$\boldsymbol{0}_N$ 为 N 阶零元素方阵，$\boldsymbol{I}_3$ 为 3 阶单位矩阵。

令

$$\Sigma = \begin{bmatrix} \boldsymbol{0}_N & \boldsymbol{I}_N \\ -(\alpha\boldsymbol{I}_N + \boldsymbol{L}) & -\gamma(\alpha\boldsymbol{I}_N + \boldsymbol{L}) \end{bmatrix}$$

则式（6-62）表示的线性定常系统渐近稳定的充分必要条件为：系统矩阵 Σ 所有特征值 $\lambda_i(\Sigma)(i = 1, \cdots, N)$ 均具有负实部，即式（6-63）成立

$$Re\{\lambda_i(\Sigma)\} < 0, i = 1, \cdots, N \quad (6-63)$$

式中：特征值 $\lambda_i(\Sigma)$（简写为 λ_i，构成的特征值矢量简写为 λ），则 Σ 的特征多项式为

$$\det(\lambda \boldsymbol{I}_{2N} - \Sigma) = \det\left[\begin{array}{cc} \lambda \boldsymbol{I}_N & -\boldsymbol{I}_N \\ \alpha \boldsymbol{I}_N + \boldsymbol{L} & \lambda \boldsymbol{I}_N + \gamma(\alpha \boldsymbol{I}_N + \boldsymbol{L}) \end{array}\right]$$

$$= \det[\lambda^2 \boldsymbol{I}_N + (1 + \gamma \lambda)(\alpha \boldsymbol{I}_N + \boldsymbol{L})]$$

$$(6-64)$$

设 $-\boldsymbol{L}$ 的第 i 个特征值为 μ_i，则 $k_i = -\alpha + \mu_i$ 为 $-(\alpha \boldsymbol{I}_N + \boldsymbol{L})$ 的第 i 个特征值，于是式（6-64）可变形为

$$\det[\lambda^2 \boldsymbol{I}_N + (1 + \gamma \lambda)(\alpha \boldsymbol{I}_N + \boldsymbol{L})] = \prod_{i=1}^{N}[\lambda_{2i} - (1 + \gamma \lambda_i)\kappa_i]$$

$$(6-65)$$

根据式（6-65），可得

$$\lambda_{i\pm} = \frac{\gamma \kappa_i \pm \sqrt{\gamma^2 \kappa_i^2 + 4\kappa_i}}{2} \qquad (6-66)$$

根据 Laplacian 矩阵 $\boldsymbol{L}$ 的性质可知 $-\boldsymbol{L}$ 特征值 $\mathrm{Re}(\kappa_i) \leqslant 0$，且有 $\alpha > 0$，因此 $\mathrm{Re}(\kappa_i) < 0$，所以根据引理 6.8 可知，若

$$\gamma > \max_{i=1,\cdots,N} \sqrt{\frac{2}{\mid \kappa_i \mid \cos\left[\dfrac{\pi}{2} - \arctan^{-1} - \dfrac{\mathrm{Re}(\kappa_i)}{\mathrm{Im}(\kappa_i)}\right]}} \qquad (6-67)$$

则式（6-66）中，$\lambda_{i\pm}$ 的实部 $\mathrm{Re}(\lambda_{i\pm}) < 0$，式（6-62）表示的线性定常系统渐近稳定，即多自主体闭环系统渐近稳定。因而对任意多航天器信息拓扑的 Laplacian 矩阵 $\boldsymbol{L}$，只要 γ 满足式（6-67），则当 $t \to \infty$ 时，$\boldsymbol{x}^e \to 0$，$\dot{\boldsymbol{x}}^e \to 0$，控制律式（6-60）可使系统渐近稳定。

综上所述，若反馈协同控制律式（6-60）中 γ 满足式（6-67），只需在基准参考点一致性估计阶段保证多航天器系统的信息拓扑中有一个最大生成树，本节基于一致性的编队协同控制策略即能实现航天器编队的构型建立、保持与整体机动协同控制，在应对部分星间测量传感器失效、通信链路故障或观测丢失信息等情况时，具有良好的容错性。

6.4.5　仿真研究

6.4.5.1　仿真算例设计

以 5 个编队航天器从任意初始状态建立空间圆构型，保持构型及编队整体机动 3 个编队协同任务作为仿真算例。参考轨道半径为 7 058 km，期望构型绕飞半长轴 a_E 为 5 000 m，绕飞椭圆中心沿航迹距离 $\tilde{y}_0$ 为 0，垂直轨道面方向运动振幅的两个分量 z_i，z_Ω 均为 3 061.8 m。航天器 $S_2 \sim S_5$ 相对于航天器 S_5 的初始相对状态及 5 个航天器在期望构型上的初始相位 α_0 如表所示。

重构机动时间设为 $T/3$（T 为参考点轨道周期），在机动过程中以 5 次脉冲建立重构路径，根据编队整体系统模型预测方程，采用二次规划方法优化机动路径，且设定各航天器终端状态允许的位置误差限为 0.01 m，速度误差限为 0.001 m/s。计算实际重构轨迹时，在表 6 - 3 相对初始状态引入 10^{-2} 量级随机误差以模拟实际重构机动的相对初始状态误差。式（6 - 60）中 α，γ 均取 1［符合式（6 - 67）要求］。仿真总时间为 $10 + T/3 + T + 2T$，前 10 s 为一致性估计过程；之后 $T/3$ s 建立期望编队构型；构型形成后 T s，5 个航天器在构型上运行一周；随后 $2T$ s 编队保持构型，在 x，y，z 方向以（0.707　0.707　0）m/s 的速度，整体机动到距离参考点（3 000　3 000　0）m位置；然后，编队对该点保持绕飞构型至仿真结束。

表 6 - 3　仿真参数

航天器	初始相位/（°）	初始位置/m			初始速度/（m/s）		
	α_0	x	y	z	$\dot{x}$	$\dot{y}$	$\dot{z}$
S_1	0	0	0	0	0	0	0
S_2	72	1 000	600	400	- 0.73	0.65	0.34
S_3	144	1 600	0	800	0.80	- 0.70	0.30
S_4	216	1 200	- 800	- 400	0.50	- 0.47	- 0.58
S_5	288	400	- 800	- 800	0.40	- 0.85	0.25

选择图 6-19 作为航天器编队内部信息拓扑，进行仿真分析。假定在航天器编队协同控制过程中的某时刻，由于传感器、通信链路故障或信号遮蔽等不确定原因，首先造成航天器 S_4 不能获得 S_1 相对状态信息（下文简称第 1 次通信中断），即图 6-19（a）中边 $(1, 4)$ 缺失，变化为图 6-19（b）。之后，航天器 S_5 无法获得 S_4 相对状态信息（下文简称第 2 次通信中断），即图 6-19（b）中边 $(4, 5)$ 缺失，变化为图 6-19（c）。仿真分两种情况进行。

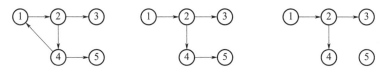

（a）通信中断前信息拓扑　（b）第1次通信中断后信息拓扑　（c）第2次通信中断后信息拓扑

图 6-19　航天器编队内部信息拓扑的图模型

情况 1　两次通信中断均发生在仿真实验前 10 s 的参考点一致性估计阶段，分析通信中断对参考点一致性估计的影响。设定仿真开始 1 s 后第 1 次通信中断发生，第 1.5 s 后第 2 次通信中断发生，且仿真任务在构型形成后 T s，5 个航天器在构型上运行一周后结束。

情况 2　两次通信中断均发生在仿真开始 10 s 之后的反馈协同控制律工作阶段，分析通信中断对反馈协同控制律的影响。设定仿真 $10 + T/4$ s 时刻第 1 次通信中断发生，$10 + T/4 + T$ s 时刻第 2 次通信中断发生。且在 $10 + T/3 + T + 2T$ 时间内完整执行编队的构型建立、保持与整体机动任务。

仿真验证与对比：编队建立、保持与整体机动过程中，编队构型的建立与重构阶段推进剂消耗最大。因此，以仿真算例中编队构型建立过程为例，分别选择在 $T/6$，$T/4$，$T/3$，$5T/12$，$T/2$ 时间内，建立空间圆构型。分别应用上述基于一致理论的协同控制方法（下文简称本文方法）与参考文献［21］方法（下文简称传统方法）执行这 5 个不同时间要求的编队建立与重构任务，并比较两种方法在 5 次仿真任务中编队推进剂消耗总量与均衡性。

　　设计以上仿真算例旨在验证：本章理论分析的正确性；在构型建立、保持与整体机动任务中，基于一致性理论协同控制策略与反馈协同控制律式（6-60）的有效性；个别航天器通信中断时，协同控制策略的容错能力；并得到本文方法与传统方法在推进剂消耗总量与均衡性方面的性能对比。

6.4.5.2　仿真结果与分析

　　本文协同控制策略与方法需先协商估计出编队整体系统的基准参考点。因此首先分析航天器通信中断导致信息拓扑变化，对参考点一致性估计的影响。图 6-20 是编队各航天器参考点一致性协商估计过程。通信中断发生前，信息拓扑为图 6-19（a），由图可知各航天器能得到一致的基准参考点相对状态估计。仿真开始前 10 s 参考点一致性估计阶段发生两次通信中断（情况 1），信息拓扑先由图 6-19（a）变为图 6-19（b），再变为图 6-19（c），参考点一致性估计过程如图 6-20（b）所示。由图 6-20（b）可知，仿真开始 1.5 s 时的第 2 次通信中断导致航天器 S_5 参考点一致性估计过程被中断，对参考点的状态估计不再随着其他航天器的参考点估计进行更新。参考点一致性估计过程结束时，各航天器无法获得统一的基准参考点估计。图 6-20 所示的仿真结果与 6.4.4 节的理论分析相符。

　　在 MATLAB 环境下，执行航天器编队构型建立、保持与整体机动仿真算例，仿真结果如图 6-21～图 6-24 所示。

　　图 6-21 是在 $10+T/3+T$ s 时间内，仅考虑地球非球形摄动 J_2 项影响，不施加反馈协同控制时，5 个航天器的实际轨迹与期望路径（上图）、及状态误差变化（下图）。可见在没有反馈协同控制作用的情况下，$T/3+T$ s 时间内 J_2 项引起航天器实际状态与期望状态的误差周期性扩大，最大位置误差约在 20 m（10^1 m 量级）范围内，最大速度误差约在 10^{-2} m/s 量级范围内。

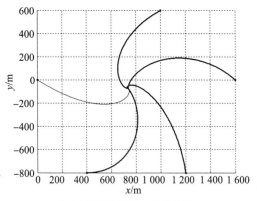

（a）正常情况下的一致性估计

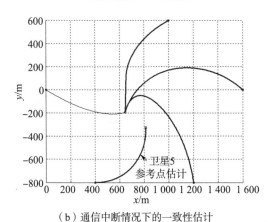

（b）通信中断情况下的一致性估计

图 6-20　信息拓扑对基准参考点一致性估计的影响（Oxy 平面内位置状态）

　　图 6-22 是在 $10+T/3+T$ s 时间内，考虑相对初始状态误差与 J_2 项影响，不施加反馈协同控制，5 个航天器的实际轨迹与期望路径（上图）、及状态误差变化（下图）。在地球非球形摄动 J_2 项与 10^{-2} m，10^{-2} m/s 量级随机相对初始状态误差影响下，y 横向最大位置误差达到约 2 000 m（10^3 m 量级），最大速度误差达到 10^{-1} m/s 量级。因此，需要采用反馈协同控制，使各航天器准确跟踪重构路径与构型指令。

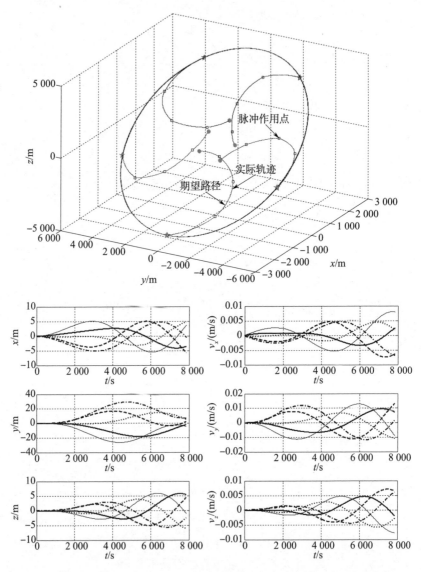

图 6 - 21　仅考虑 J_2 项影响、无反馈协同控制的航天器轨迹及状态误差变化

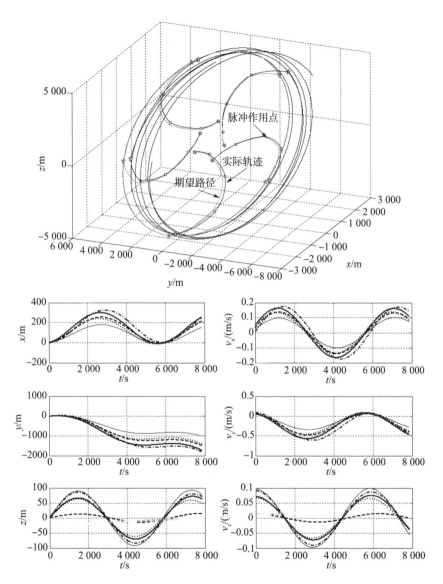

图 6 - 22　考虑初始误差与 J_2 项影响、无反馈协同控制的
航天器轨迹及状态误差变化

图 6-23 是在 $10+T/3+T$ s 内，考虑相对初始状态误差与 J_2 项影响，且在仿真开始前 10 s 参考点一致性估计阶段发生两次通信中断（情况 1），在反馈协同控制作用下，5 个航天器执行构型建立与保持的轨迹（上图）及状态误差变化（下图）。由图 6-23 可知，由于航天器 S_5 与其他航天器参考点不同，因此其解算的制导指令产生偏差，从而导致其脱离编队。但两次通信中断并不影响协同反馈控制律式（6-60），协同反馈控制依然能跟踪各航天器制导指令，这与 6.4.3 节分析相符。

图 6-24 是仿真在 $10+T/3+2T$ s 时间内，考虑相对初始状态误差与 J_2 项影响，且在仿真开始 10 s 后的反馈协同控制律工作阶段发生两次通信中断（情况 2），在反馈协同控制律式（6-60）作用下，5 个航天器执行构型建立、保持及整体机动的轨迹（上图）及状态误差变化（下图）。由图 6-24 可知，在协同反馈控制律式（6-60）工作阶段（10 s 后）发生两次通信中断，整个协同控制策略并不受影响，仍然能有效消除相对初始状态误差与 J_2 项引起的状态误差，控制各航天器实现构型建立、保持和整体机动。

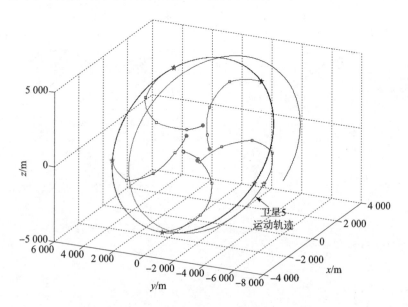

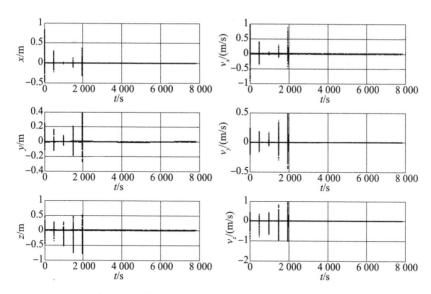

图 6 - 23　前 10 s 经历两次通信失效时编队航天器
在反馈协同控制作用下的轨迹及状态误差变化

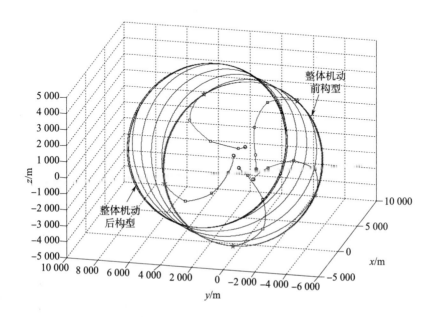

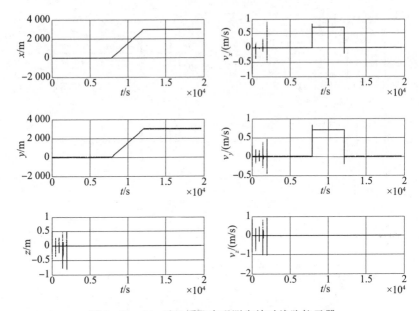

图 6 - 24　10 s 后经历两次观测失效时编队航天器
在反馈协同控制作用下的轨迹及状态误差变化

最后，图 6 - 25 对本文方法和传统方法的推进剂消耗总量与均衡性进行了对比。从图 6 - 25 可看到，在 5 个不同时间要求的编队构型建立任务中，本文方法相比传统方法在推进剂消耗总量［图 6 - 25 (a)］与均衡性方面［图 6 - 25 (b)］均有所改善，且在构型快速建立或重构时，推进剂消耗总量方面的优势更为明显。

总之，当协同控制律中参数 γ 满足条件式 (6 - 67)，只需在基准参考点一致性估计过程中航天器间信息拓扑存在一个最大生成树，所提出的航天器编队协同控制策略即可实现构型的建立、保持和编队整体机动，且相比传统方法在推进剂消耗总量与均衡性方面有所改善。

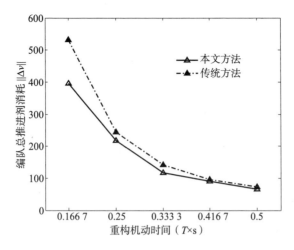

（a）编队总推进剂消耗

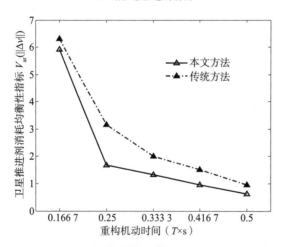

（b）推进剂消耗均衡性指标

图 6-25　本文方法与传统方法的推进剂消耗总量及均衡性对比

参 考 文 献

［1］ W REN，R W BEARD，E M ATKINS. Information Consensus in Multivehicle Cooperative Control. IEEE Control Systems Magazine，2007：71 - 82.

［2］ J YU，L WANG. Group Consensus in Multi - Agent Systems with Switching Topologies and Communication Delays. Systems & Control Letters，2010（59）：340 - 348.

［3］ C GODSIL，G ROYAL. Algebraic Graph Theory. New York，Springer - Verlag，2001.

［4］ W REN，R W BEARD，E M ATKINS. A Survey of Consensus Problems in Multi - Agent Coordination. American Control Conference，IEEE，2005：1859 - 1864.

［5］ W REN，R W BEARD. Distributed Consensus in Multi - vehicle Cooperative Control. London，U K，Springer - Verlag，2008.

［6］ D B KINGSTON，W REN，R W BEARD. Consensus Algorithms are Input - to - State Stable. American Control Conference，IEEE，2005，Portland，OR：1686 - 1690.

［7］ W REN. Consensus Strategies for Cooperative Control of Vehicle Formations. IET Control Theory Application，2007，1（2）：505 - 512.

［8］ 张博，罗建军，袁建平. 一种基于信息一致性的卫星编队协同控制策略［J］. 航空学报，2010，31（5）：1004 - 1013.

［9］ R OLFATI - SABER. Flocking for Multi - Agent Dynamic Systems：Algorithms and Theory. IEEE Transactions on Automatic Control，2006，51（3）：401 - 420.

［10］ R OLFATI - SABER，R M MURAY. Flocking with Obstacle Avoidance：Cooperation with Limited Communication in Mobile Networks. Proceedings of the 42nd IEEE Conference on Decision and Control，2003（2）：2022 -

2028.

[11]　H SU，X WANG，Z LIN. Flocking of Multi – Agents with a Virtual Leader，Part I：With Minority of Informed Agents. IEEE Conference on Decision and Control，2007：2937 – 2942.

[12]　H SU，X WANG，Z LIN. Flocking of Multi – Agents with a Virtual Leader，Part II：With a Virtual Leader of Varying Velocity. IEEE Conference on Decision and Control，2007：1429 – 1434.

[13]　T ZOHDI. Mechanistic Modeling of Swarms. Comput. Methods in Applied Mechanics and Engineering. 2009（198）：2039 – 2051.

[14]　W REN. Distributed Attitude Synchronization for Multiple Rigid Bodies with Euler – Lagrange Equations of Motion. Proceedings of the 46th IEEE Conference on Decision and Control. New Orleans，LA，USA，Dec 12 – 14，2007.

[15]　S – J CHUNG. Application of Synchronization to Formation Flying Spacecraft：Lagrangian Approach. Journal of Guidance，Control，and Dynamics，2009，32（2）：512 – 526.

[16]　P S DANIEL，Y H FRED，R P SCOTT. A Survey of Spacecraft Formation Flying Guidance and Control（Part II）：Control. Proceedings of the American Control Conference，2003：2976 – 2985.

[17]　W REN. Consensus Based Formation Control Strategies for Multi – vehicle Systems. Proceedings of the 2006 American Control Conference Minneapolis，Minnesota，USA，June 14 – 16，2006.

[18]　W REN，Y CAO. Distributed Coordination of Multi – Agent Networks：Emergent Problems，Models，and Issues，Springer，2011.

[19]　W B RANDAL，L JONATHAN，Y H FRED A Coordination Architecture for Spacecraft Formation Control. IEEE Transactions on Control Systems Technology，2001，9（6）：777 – 790.

[20]　P S DANIEL，Y H FRED，R P SCOTT. A Survey of Spacecraft Formation Flying Guidance and Control（Part I）：Guidance. Proceedings of the American Control Conference，2003：1733 – 1739.

[21]　M J TILLERSON. Co – ordination and Control of Multiple Spacecraft Using Convex Optimization Techniques. Master's thesis，Massachusetts In-

stitute of Technology，2002.

[22]　J B MUELLER. A Multiple – Team Organization for Decentralized Guid-
ance and Control of Formation Flying Spacecraft. AIAA 1st Intelligent Sys-
tems Technical Conference，Chicago，Illinois，2004，No. AIAA 2004 –
6249.

第 7 章　基于循环追踪的航天器协同飞行控制

7.1　引言

在以一致性算法为基础的分布式协同控制方法中，循环追踪控制是一种特殊的一致性算法，其通过循环矩阵使一致性算法的各个状态分量相互耦合，并以有向环为信息拓扑前后追踪、首尾相连，从而使多自主体系统形成各种周期的追踪轨迹。循环追踪算法由于算法结构简单，信息需求量小，易于实现等优点，使其成为分布式协同控制的研究热点。

本章研究循环追踪控制策略与算法及其在航天器协同飞行控制中的应用。首先，介绍了循环追踪算法的相关理论基础，分别研究了线性一阶系统和二阶系统的循环追踪算法；其次，针对圆参考轨道的编队飞行，分为不考虑 J_2 项摄动和考虑 J_2 项摄动两种情况，应用微分同胚映射方法和循环追踪算法，研究多航天器协同飞行的循环追踪控制律，实现循环追踪轨迹与航天器近地环境自然周期相对运动的匹配，以及多航天器的协同飞行控制；最后，通过数值仿真分别对集群飞行和编队飞行的循环追踪控制算法进行仿真验证。

7.2　循环矩阵和旋转矩阵

7.2.1　循环矩阵与块循环矩阵

一个 $N \times N$ 的循环矩阵具有如下表达形式[1]

$$C = \begin{bmatrix} c_1 & c_2 & \cdots & c_N \\ c_N & c_1 & \cdots & c_{N-1} \\ \vdots & \vdots & \vdots & \vdots \\ c_2 & c_3 & \cdots & c_1 \end{bmatrix} \triangleq \mathrm{circ}(c_1, c_2, \cdots, c_N) \qquad (7-1)$$

矩阵 C 由其第一行元素确定，下面的每一行元素是由上一行元素向右移一位获得的，即上一行元素的最后一位移至第一位元素的位置，这样依次移动 $N-1$ 次，即可形成循环矩阵。

循环矩阵的一个重要性质是其可以对角化。定义 $\omega = \mathrm{e}^{2\pi j/N}$，$j = \sqrt{-1}$，$F$ 为 $N \times N$ 的 Fourier 矩阵[1]，定义为

$$F = \frac{1}{\sqrt{N}} \begin{bmatrix} 1 & 1 & 1 & & 1 \\ 1 & \omega & \omega^2 & \cdots & \omega^{N-1} \\ 1 & \omega^2 & \omega^4 & \cdots & \omega^{2(N-1)} \\ \vdots & \vdots & \vdots & \vdots & \vdots \\ 1 & \omega^{N-1} & \omega^{2(N-1)} & \cdots & \omega^{(N-1)(N-1)} \end{bmatrix} \qquad (7-2)$$

F^* 为矩阵 F 的共轭转置，$F^* F = I$。由矩阵 C 的特征值组成的对角矩阵 $\Lambda = \mathrm{diag}(\lambda_1, \lambda_2, \cdots, \lambda_N)$，满足以下变换

$$\Lambda = F^* C F \qquad (7-3)$$

因此，矩阵 F 也就是矩阵 C 的特征矢量矩阵，且有

$$\lambda_k = \sum_{k=1}^{N} \omega^{k-1} c_k, \quad k = 1, 2, \cdots, N \qquad (7-4)$$

设 $C_1, C_2, \cdots, C_N$ 均为 $m \times m$ 方阵，一个 mN 阶块循环矩阵为

$$\hat{C} = \begin{bmatrix} C_1 & C_2 & \cdots & C_N \\ C_N & C_1 & \cdots & C_{N-1} \\ \vdots & \vdots & \vdots & \vdots \\ C_2 & C_3 & \cdots & C_1 \end{bmatrix} \triangleq \mathrm{circ}[C_1, C_2, \cdots, C_N] \qquad (7-5)$$

同样可应用 Fourier 矩阵的方法对块循环矩阵 $\hat{C}$ 进行块对角化，每个对角块具有如下结构

$$D_k = \sum_{k=1}^{N} \omega^{k-1} C_k, \quad k = 1, 2, \cdots, N \qquad (7-6)$$

7.2.2　旋转矩阵

旋转矩阵是其转置等于逆阵且特征行列式为 1 的方阵。对于二维空间，旋转矩阵可为

$$\boldsymbol{R}(\theta) = \begin{bmatrix} \cos\theta & \sin\theta \\ -\sin\theta & \cos\theta \end{bmatrix} \tag{7-7}$$

其中 $\theta \in [-\pi, \pi)$ 为旋转角，二维旋转矩阵的特征值为 $e^{\pm j\theta}$。对于三维空间，若选择旋转轴为 $\begin{bmatrix} 0 & 0 & 1 \end{bmatrix}^T$（下文若无特殊说明，均选择 $\begin{bmatrix} 0 & 0 & 1 \end{bmatrix}^T$ 为旋转轴），旋转矩阵为

$$\boldsymbol{R}(\theta) = \begin{bmatrix} \cos\theta & \sin\theta & 0 \\ -\sin\theta & \cos\theta & 0 \\ 0 & 0 & 1 \end{bmatrix} \tag{7-8}$$

其特征值为 1 和 $e^{\pm j\theta}$，相应特征矢量为 $\begin{bmatrix} 0 & 0 & 1 \end{bmatrix}^T$，$\begin{bmatrix} 1 & +j & 0 \end{bmatrix}^T$ 和 $\begin{bmatrix} 1 & -j & 0 \end{bmatrix}^T$。

7.3　循环追踪算法

循环追踪算法研究最早起源于数学上的曲线追踪，循环追踪策略尤为简单。对于 n 个自主体组成的系统来说，自主体 i 只需追踪自主体 $i+1$，以有向环为信息拓扑前后追踪、首尾相连，从而使多自主体系统形成各种对称周期的追踪轨迹。由于循环追踪的算法结构简单，信息需求量小，易于实现等优点，使其成为分布式协同控制的研究热点。本节首先给出了线性一阶系统的循环追踪算法，包括二维空间和三维空间循环追踪基本算法，以及循环追踪运动几何构型中心和半径可控的循环追踪算法。然后针对线性二阶系统，在需要相对参考点信息的循环追踪算法基础上，参考一阶系统构型中心受控的循环追踪算法，研究了一种可跟踪动态目标的线性二阶系统的循环追踪算法，为航天器协同飞行的循环追踪控制律设计奠定基础。

7.3.1　线性一阶系统的循环追踪算法

7.3.1.1　二维空间循环追踪算法

设 $i \in [1, \cdots, N]$ 表示 2D 空间多自主体系统中任意自主体，$\boldsymbol{x}_i(t) = [x_i(t), y_i(t)]^T \in \mathbb{R}^2$ 表示自主体 i 在 $t \geqslant 0$ 时刻的位置状态。线性一阶系统的运动模型为

$$\boldsymbol{x}_i = \boldsymbol{u}_i, \quad i = 1, \cdots, N \tag{7-9}$$

式（7-9）中 $\boldsymbol{u}_i \in \mathbb{R}^2$ 是自主体 i 的控制输入，经典循环追踪策略为[1]

$$\boldsymbol{u}_i = \begin{cases} k(\boldsymbol{x}_{i+1} - \boldsymbol{x}_i), & i = 1, \cdots, N-1 \\ k(\boldsymbol{x}_1 - \boldsymbol{x}_i), & i = N \end{cases} \tag{7-10}$$

式（7-10）中 $k \in \mathbb{R}^+$，$\mathbb{R}^+$ 表示正实数。式（7-10）表示自主体 i 沿视线方向追踪其邻居自主体 $i+1$。

如图 7-1 所示为以有向环信息拓扑进行循环追踪，运动速度与自主体 i 到自主体 $i+1$ 之间的距离成正比。设 $\boldsymbol{x} = [\boldsymbol{x}_1^T, \boldsymbol{x}_2^T, \cdots, \boldsymbol{x}_n^T]^T$ 为多自主体系统的状态，则多自主体系统可写为

$$\dot{\boldsymbol{x}} = k \boldsymbol{C} \boldsymbol{x} \tag{7-11}$$

其中 $\boldsymbol{C} = \mathrm{circ}[-1, 1, 0, \cdots, 0]$ 为循环矩阵。

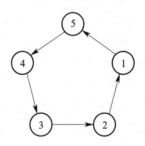

图 7-1　循环追踪的信息拓扑

对经典追踪策略式（7-10）进行修正，每个自主体追踪其邻居，其追踪方向与视线方向保持相同的角偏差 $\alpha \in [-\pi, \pi]$（下文简称跟踪角，如图 7-2 所示）。

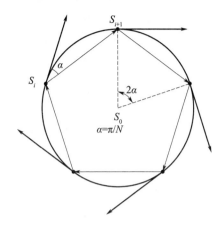

图 7 - 2　循环追踪的跟踪角

以跟踪角 α 作为旋转角，这样自主体 i 的控制输入为

$$u_i = \begin{cases} k\boldsymbol{R}(\alpha)(\boldsymbol{x}_{i+1} - \boldsymbol{x}_i), & i = 1, \cdots, N-1 \\ k\boldsymbol{R}(\alpha)(\boldsymbol{x}_1 - \boldsymbol{x}_i), & i = N \end{cases} \quad (7-12)$$

其中，$k \in \mathbb{R}^+$，$\boldsymbol{R}(\alpha)$ 是由式（7-7）定义的 2D 空间旋转矩阵。在式（7-12）作用下，每个自主体以跟踪角 $\alpha \in [-\pi, \pi]$ 追踪其邻居。

将式（7-12）代入式（7-9），多自主体系统可写为

$$\dot{\boldsymbol{x}} = k\,\hat{\boldsymbol{C}}(\alpha)\boldsymbol{x} \quad (7-13)$$

$\hat{\boldsymbol{C}}(\alpha) = \boldsymbol{C} \otimes \boldsymbol{R}(\alpha) = \mathrm{circ}[-\boldsymbol{R}(\alpha), \boldsymbol{R}(\alpha), \boldsymbol{0}_{2\times2}, \cdots, \boldsymbol{0}_{2\times2}]$ 为一个循环矩阵。不失一般性，可令 $k = 1$。

根据参考文献 [2]，以下两个定理成立。

定理 7.1： $\hat{\boldsymbol{C}}$ 有两个零特征值，且

1）若 $0 \leqslant |\alpha| \leqslant \pi/N$，所有非零特征值位于复平面的左半开平面内；

2）若 $|\alpha| = \pi/N$，有两个非零特征值位于复平面虚轴上，而其他所有非零特征值位于左半开平面内；

3）若 $\pi/N \leqslant |\alpha| \leqslant 2\pi/N$，两个非零特征值位于右半开平面内，而其他所有非零特征值位于左半开平面内。

定理 7.2：自主体群体由任意初始条件（除了全零初值外）开始，在控制律式（7-12）的作用下，多自主体系统式（7-13）指数收敛，且

1）若 $0 \leqslant |\alpha| \leqslant \pi/N$，收敛到初值的几何中心点上；

2）若 $|\alpha| = \pi/N$，收敛到一个均匀分布的圆形编队；

3）若 $\pi/N \leqslant |\alpha| \leqslant 2\pi/N$，收敛到一个均匀分布的对数螺旋线编队。

定理 7.1，定理 7.2 的证明过程详见参考文献 [3]。

为了演示验证循环追踪算法（7-12）作用下多自主体的运动，考虑 5 个自主体在 2D 空间运动，其运动用线性一阶系统描述，自主体的初始状态如表 7-1 所示。易得，5 个自主体的初始位置的几何中心为（0，0），距离几何中心的平均距离为 1.2 km。5 个自主体之间的环形信息拓扑如图 7-1 所示。

表 7-1 自主体初始状态设置

自主体	1	2	3	4	5
x/km	2	1	0	-1	-2
y/km	2	1	0	-1	-2

旋转矩阵的旋转角分别选择为 $\alpha = \pi/2N$（满足 $0 \leqslant |\alpha| \leqslant \pi/N$），$\alpha = \pi/N$（满足 $|\alpha| = \pi/N$），$\alpha = 3\pi/2N$（满足 $\pi/N < |\alpha| < 2\pi/N$），前两种情况仿真时间 t 为 20 s，第三种情况仿真时间 t 为 4 s，仿真步长为 0.1 s。

仿真结果如图 7-3 所示，由图 7-3（a）可见，$\alpha = \pi/2N$ 时，5 个自主体在控制律式（7-12）作用下，最终收敛到点（0，0）；而由图 7-3（b）可见 $\alpha = \pi/N$ 时，5 个自主体在控制律式（7-12）作用下，最终收敛到以点（0，0）为中心，半径为 1.2 km 的圆形构型上；由图 7-3（c）可见，$\alpha = 2\pi/N$ 时，5 个自主体在控制律式（7-12）作用下，最终收敛为对数螺旋线。

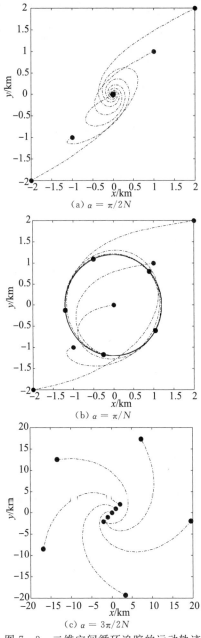

（a）$\alpha = \pi/2N$

（b）$\alpha = \pi/N$

（c）$\alpha = 3\pi/2N$

图 7 - 3　二维空间循环追踪的运动轨迹

根据上述分析，可知在循环控制算法式（7-12）作用下，根据定理 7.2 选择不同的跟踪角 α，可形成三种不同的运动模式：聚集运动，圆形周期运动，螺旋线运动。

7.3.1.2 三维空间循环追踪算法

设 $i \in \{1, \cdots, N\}$ 表示 3D 空间多自主体系统中任意的一个自主体，$\boldsymbol{x}_i(t) = [x_i(t), y_i(t), z_i(t)]^{\mathrm{T}} \in \mathbb{R}^3$ 表示自主体 i 在 $t \geqslant 0$ 时刻的位置状态。线性一阶系统的运动模型为式（7-9）。

同样，每个自主体追踪其邻居，其跟踪角 $\alpha \in [-\pi, \pi]$。自主体 i 的控制输入为[3]

$$\boldsymbol{u}_i = \begin{cases} k\boldsymbol{R}(\alpha)(\boldsymbol{x}_{i+1} - \boldsymbol{x}_i), & i = 1, \cdots, N-1 \\ k\boldsymbol{R}(\alpha)(\boldsymbol{x}_1 - \boldsymbol{x}_i), & i = N \end{cases} \quad (7-14)$$

其中，$k \in \mathbb{R}^+$，$\boldsymbol{R}(\alpha)$ 是由式（7-8）定义的 3D 空间内的旋转矩阵。

同样，多自主体系统可写为

$$\dot{\boldsymbol{x}} = k\hat{\boldsymbol{C}}(\alpha)\boldsymbol{x} \quad (7-15)$$

$\hat{\boldsymbol{C}}(\alpha) = \boldsymbol{C} \otimes \boldsymbol{R}(\alpha) = \mathrm{circ}[-\boldsymbol{R}(\alpha), \boldsymbol{R}(\alpha), \boldsymbol{0}_{3\times3}, \cdots, \boldsymbol{0}_{3\times3}]$ 为一个循环矩阵。不失一般性，可令 $k = 1$。

同样，选择不同的跟踪角 α，在循环追踪控制律式（7-14）作用下，在 3D 空间可形成三种不同的运动模式：聚集运动，圆形周期运动，螺旋线运动。跟踪角 α 的选择，依据如下定理。

定理 7.3：自主体群体由任意初始条件（除了全零初值外）开始，在控制律式（7-14）的作用下，多自主体系统（7-15）指数收敛，且

1）若 $0 \leqslant |\alpha| < \pi/N$，收敛到初值的几何中心点上；

2）若 $|\alpha| = \pi/N$，收敛到一个均匀分布的圆形编队；

3）若 $\pi/N < |\alpha| < 2\pi/N$，收敛到一个均匀分布的对数螺旋线编队。

同样，为演示验证在循环追踪算法（7-14）作用下多自主体的运动，考虑 5 个自主体在 3D 空间运动，其运动用线性一阶系统描

述，自主体初始状态如表 7 - 2 所示。易得，5 个自主体的初始位置的几何中心为（0，0），距离几何中心的平均距离为 1.2 km。5 个自主体之间的环形信息拓扑如图 7 - 1 所示。

表 7 - 2　自主体初始状态设置

自主体	1	2	3	4	5
x/km	2	1	0	−1	−2
y/km	2	1	0	−1	−2
z/km	2	1	0	−1	−2

旋转矩阵的旋转角分别选择为 $\alpha = \pi/2N$（满足 $0 \leqslant |\alpha| < \pi/N$），$\alpha = \pi/N$（满足 $|\alpha| = \pi/N$），$\alpha = 3\pi/2N$（满足 $\pi/N < |\alpha| < 2\pi/N$），前两种情况仿真时间 t 为 20 s，第三种情况仿真时间 t 为 6 s，仿真步长为 0.1 s。

仿真结果如图 7 - 4 所示，由图 7 - 4（a）可见，$\alpha = \pi/2N$ 时，5 个自主体在控制律式（7 - 14）作用下，最终收敛到点（0，0）；而由图 7 - 4（b）可见，$\alpha = \pi/N$ 时，5 个自主体在控制律式（7 - 14）作用下，最终收敛到以点（0，0）为中心，半径为 1.2 km 的圆形构型上；由图 7 - 4（c）可见，$\alpha = 3\pi/2N$ 时，5 个自主体在控制律式（7 - 14）作用下，最终收敛为对数螺旋线。

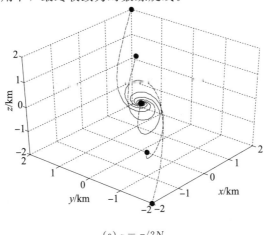

（a）$\alpha = \pi/2N$

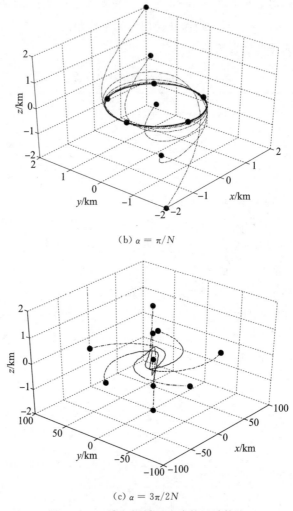

(b) $\alpha = \pi/N$

(c) $\alpha = 3\pi/2N$

图 7 - 4　三维空间循环追踪的运动轨迹

　　自主体在循环追踪控制的作用下，在 3D 空间的三种运动模式可用于多航天器协同飞行的聚集、圆形构型编队的保持以及构型初始化与重构等控制操作。但是航天器协同飞行由于任务约束等原因，经常要求构型中心位于期望位置，或构型半径为期望半径，因此有必要研究构型中心与半径可控的循环追踪算法。

7.3.1.3　构型可控的线性一阶系统循环追踪算法

若采用上节式（7-14）的循环追踪控制，编队构型的中心和半径由所有自主体初始位置决定，而编队的运动模式则是由自主体的跟踪角决定。当需要多自主体运行在期望构型上时，则需要在式（7-14）基础上，研究构型可控的循环追踪算法。

7.3.1.3.1　构型中心可控的循环追踪

为使循环追踪形成的编队构型的中心可控，在控制律式（7-14）基础上，设计如下控制律[4]

$$u_i = \begin{cases} k\boldsymbol{R}(\alpha)(\boldsymbol{x}_{i+1}-\boldsymbol{x}_i)-k_c(\boldsymbol{x}_i-\boldsymbol{r}_c)+\dot{\boldsymbol{r}}_c, & i=1,\cdots,N-1 \\ k\boldsymbol{R}(\alpha)(\boldsymbol{x}_1-\boldsymbol{x}_i)-k_c(\boldsymbol{x}_i-\boldsymbol{r}_c)+\dot{\boldsymbol{r}}_c, & i=N \end{cases}$$

$$(7-16)$$

其中 $\boldsymbol{R}(\alpha)$ 为 3D 空间旋转矩阵，$\boldsymbol{r}_c=[x_c,y_c,z_c]^{\mathrm{T}}$，$\dot{\boldsymbol{r}}_c=[\dot{x}_c,\dot{y}_c,\dot{z}_c]^{\mathrm{T}}$ 为期望构型中心的位置和速度，k_c 为标量增益。

同样，令 $k=1$，则多自主体系统可写为

$$\dot{\boldsymbol{x}}=(\hat{\boldsymbol{C}}(\alpha)\boldsymbol{x}-k_c\boldsymbol{I}_{3N})(\boldsymbol{x}-\boldsymbol{1}_N\otimes\boldsymbol{r}_c)+\boldsymbol{1}_N\otimes\dot{\boldsymbol{r}}_c \quad (7-17)$$

其中，$\hat{\boldsymbol{C}}(\alpha)=\boldsymbol{C}\otimes\boldsymbol{R}(\alpha)=\mathrm{circ}[-\boldsymbol{R}(\alpha),\boldsymbol{R}(\alpha),\boldsymbol{0}_{3\times3},\cdots,\boldsymbol{0}_{3\times3}]$ 为一个循环矩阵，$\boldsymbol{I}_{3N}$ 为 $3N$ 阶单位矩阵，$\boldsymbol{1}_N$ 为全 1 的 $N\times1$ 列矢量。

类似于定理 7.2 和定理 7.3，在式（7-16）控制下，多自主体的运动特征由矩阵 $\hat{\boldsymbol{C}}-k_c\boldsymbol{I}_{3n}$ 的特征值分布来决定，有如下定理。

定理 7.4：假设 $k_c>0$，若 $0\leqslant|\alpha|<\pi/N$，则 $\hat{\boldsymbol{C}}(\alpha)-k_c\boldsymbol{I}_{3n}$ 的所有特征值都位于左半复平面内，收敛到期望的几何中心点上；若 $\pi/N<|\alpha|<2\pi/N$ 则有如下结论。

1）若 $k_c>2\sin(\pi/N)\sin(\alpha-\pi/N)$，所有特征值位于左半开复平面内；

2）若 $k_c=2\sin(\pi/N)\sin(\alpha-\pi/N)$，有两个非零特征值位于复平面虚轴上，而其他所有特征值位于左半开平面内；

3）若 $k_c<2\sin(\pi/N)\sin(\alpha-\pi/N)$，两个非零特征值位于右半

开平面内，而其他所有非零特征值位于左半开平面内。

　　根据定理 7.4，若 $k_c > 2\sin(\pi/N)\sin(\alpha - \pi/N)$ 或 $0 \leqslant |\alpha| < \pi/N$，在式（7-16）作用下，多自主体系统从初始状态开始（非零初始状态），指数收敛到期望编队中心 $\boldsymbol{r}_c = [x_c, y_c, z_c]^T$，以期望速度 $\dot{\boldsymbol{r}}_c = [\dot{x}_c, \dot{y}_c, \dot{z}_c]^T$ 跟踪期望编队中心运动；若 $\pi/N \leqslant |\alpha| < 2\pi/N$ 且 $k_c = 2\sin(\pi/N)\sin(\alpha - \pi/N)$，收敛到以 $\boldsymbol{r}_c = [x_c, y_c, z_c]^T$ 为中心的圆形构型上，以期望速度 $\dot{\boldsymbol{r}}_c = [\dot{x}_c, \dot{y}_c, \dot{z}_c]^T$ 跟踪期望编队中心运动；若 $\pi/N \leqslant |\alpha| < 2\pi/N$ 且 $k_c < 2\sin(\pi/N)\sin(\alpha - \pi/N)$，收敛到以 $\boldsymbol{r}_c = [x_c, y_c, z_c]^T$ 为中心的对数螺旋线构型上，以期望速度 $\dot{\boldsymbol{r}}_c = [\dot{x}_c, \dot{y}_c, \dot{z}_c]^T$ 跟踪期望编队中心运动。

　　为了演示验证循环追踪算法式（7-16）作用下多自主体的运动，考虑 5 个自主体在 3D 空间的运动，其运动用线性一阶系统描述，自主体的初始状态如表 7-3 所示。期望构型中心位置和速度状态为 $\boldsymbol{r}_c = \dot{\boldsymbol{r}}_c t + \boldsymbol{r}_c(0)$，$\boldsymbol{r}_c(0) = [0, 0, 0]^T (\text{km})$，$\dot{\boldsymbol{r}}_c = [0.2, 0.2, 0.2]^T (\text{km/s})$。5 个自主体之间的环形信息拓扑如图 7-1 所示。

　　旋转矩阵的旋转角分别选择为 $\alpha = \pi/2N$（满足 $0 \leqslant |\alpha| < \pi/N$），$\alpha = 3\pi/2N$（满足 $\pi/N < |\alpha| < 2\pi/N$）。当 $\alpha = 3\pi/2N$ 时，分三种情况：

　　情况 1　$k_c = 2\sin(\pi/N)\sin(\alpha - \pi/N) + 0.2$；

　　情况 2　$k_c = 2\sin(\pi/N)\sin(\alpha - \pi/N)$；

　　情况 3　$k_c = 2\sin(\pi/N)\sin(\alpha - \pi/N) - 0.2$。

　　分别对以上三种情况进行仿真，仿真时间 t 为 20 s，仿真步长为 0.1 s。

表 7-3　自主体初始状态设置

自主体	1	2	3	4	5
x/km	2	2	0	−2	−2
y/km	2	−2	0	2	−2
z/km	1	1	1	1	1

仿真结果如图 7-5 所示，由图 7-5（a）可见，$\alpha = \pi/N$ 时，5 个自主体在式（7-16）作用下，最终交会在期望的编队中心 $\boldsymbol{r}_c$；而由图 7-5（b）可见，$\alpha = 3\pi/2N$ 且 $k_c < 2\sin(\pi/N)\sin(\alpha - \pi/N) + 0.2$ 时，5 个自主体在式（7-16）作用下，最终也交会到期望的编队中心 $\boldsymbol{r}_c$；由图 7-5（c）可见，$\alpha = 3\pi/2N$ 且 $k_c = 2\sin(\pi/N)\sin(\alpha - \pi/N)$ 时，5 个自主体式在式（7-16）作用下，形成一个圆心位于 $\boldsymbol{r}_c$ 的圆形构型；由图 7-5（d）可见，$\alpha = 2\pi/N$ 且 $k_c = 2\sin(\pi/N)\sin(\alpha - \pi/N) - 0.2$ 时，5 个自主体在式（7-16）作用下，最终收敛到中心位于 $\boldsymbol{r}_c$ 的对数螺旋线。

7.2.1.3.2　构型半径可控的循环追踪

为了使循环追踪形成的圆形编队构型的半径可控，可在式（7-14）基础上，考虑将旋转角 α 作为系统状态的函数，设计如下控制律

$$\boldsymbol{u}_i = \begin{cases} k\boldsymbol{R}[\alpha(\boldsymbol{x}_{i+1}, \boldsymbol{x}_i)](\boldsymbol{x}_{i+1} - \boldsymbol{x}_i), & i = 1, \cdots, N-1 \\ k\boldsymbol{R}[\alpha(\boldsymbol{x}_{i+1}, \boldsymbol{x}_i)](\boldsymbol{x}_1 - \boldsymbol{x}_i), & i = N \end{cases} \tag{7-18}$$

其中

$$\alpha(\boldsymbol{x}_{i+1}, \boldsymbol{x}_i) = \frac{\pi}{N} + k_a(r_d - \parallel \boldsymbol{x}_{i+1} - \boldsymbol{x}_i \parallel) \tag{7-19}$$

其中，$k, k_a \in \mathbb{R}^+$，$\mathbb{R}^+$ 表示正实数。$r_d \in \mathbb{R}^+$ 为自主体间的期望距离。由式（7-19）看到，若自主体间实际距离 $r > r_d$，则 $\alpha(\boldsymbol{x}_{i+1}, \boldsymbol{x}_i) < \pi/N$，这样自主体向内盘旋运动，构型收缩；若自主体间的实际距离 $r < r_d$，则 $\alpha(\boldsymbol{x}_{i+1}, \boldsymbol{x}_i) > \pi/N$，这样自主体向外盘旋运动，构型膨胀扩大。显然，所有自主体最终会形成半径为 $r_f = r_d/[2\sin(\pi/N)]$，圆心为多自主体位置状态均值的构型。

为了演示验证在循环追踪算法式（7-18）作用下多自主体的运动，考虑 5 个自主体在 3D 空间运动，自主体的初始状态设置如表 7-3 所示，期望构型半径 $r_f = 4(\text{km})$。

仿真结果如图 7-6 所示，5 个自主体形成圆形构型编队。由图 7-6（b）可见，编队半径为 4 km，说明算法式（7-18）可使多自

主体系统形成期望半径 $r_f = 4(\text{km})$ 的圆构型编队。

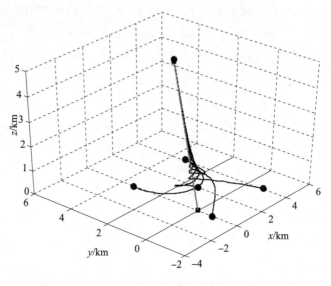

（a）$\alpha=\pi/2N$

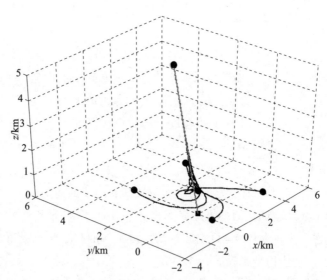

（b）　$\alpha=3\pi/2N$
　　　$k_c=2\sin(\pi/N)\sin(\alpha-\pi/N)+0.2$

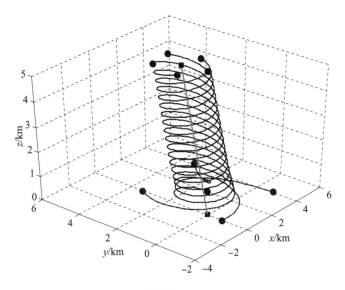

（c）　$\alpha=3\pi/2N$
　　　$k_c=2\sin(\pi/N)\sin(\alpha-\pi/N)$

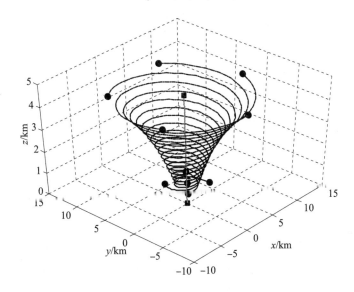

（d）　$\alpha=3\pi/2N$
　　　$k_c=2\sin(\pi/N)\sin(\alpha-\pi/N)-0.2$

图 7-5　构形中心可控的三维空间循环追踪的运动轨迹

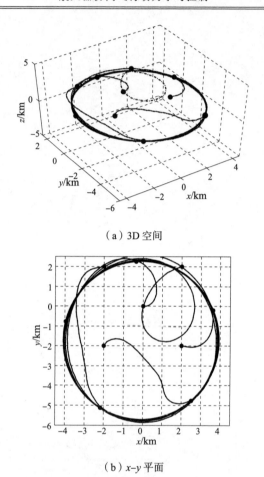

（a）3D空间

（b）x–y平面

图 7-6　构形半径可控的三维空间循环追踪的运动轨迹

7.3.2　线性二阶系统的循环追踪算法

设 $i \in \{1, \cdots, N\}$ 表示 3D 空间多自主体系统中任意的一个自主体，$\mathbf{r}_i(t) = [x_i(t), y_i(t), z_i(t)]^{\mathrm{T}}$ 表示自主体 i 在 $t \geqslant 0$ 时刻的位置状态，自主体运动以线性二阶系统描述

$$\dot{\mathbf{r}}_i = \mathbf{v}_i, \dot{\mathbf{v}}_i = \mathbf{u}_i, \quad i = 1, \cdots, N \tag{7-20}$$

另外，设多自主体系统状态为 $\mathbf{x} = [\mathbf{x}_1^{\mathrm{T}}, \mathbf{x}_2^{\mathrm{T}}, \cdots, \mathbf{x}_n^{\mathrm{T}}]^{\mathrm{T}}$，自主体 i 的位

置速度状态为 $\boldsymbol{x}_i = [\boldsymbol{r}_i^{\mathrm{T}}, \dot{\boldsymbol{r}}_i^{\mathrm{T}}]^{\mathrm{T}}$，$\boldsymbol{R}(\alpha)$ 为旋转角为 $\alpha \in [-\pi, \pi]$ 的三维旋转矩阵，其旋转轴为 $[0,0,1]^{\mathrm{T}}$。

7.3.2.1　需要相对参考点信息的循环追踪算法

考虑如下线性二阶系统循环追踪控制律[1]

$$\boldsymbol{u}_i = \begin{cases} k_m \boldsymbol{R}(\alpha)(\boldsymbol{r}_{i+1} - \boldsymbol{r}_i) + \boldsymbol{R}(\alpha)(\dot{\boldsymbol{r}}_{i+1} - \dot{\boldsymbol{r}}_i) - k_m k_n \boldsymbol{r}_i - \\ (k_m + k_n)\dot{\boldsymbol{r}}_i, \quad i = 1, \cdots, N-1 \\ k_m \boldsymbol{R}(\alpha)(\boldsymbol{r}_1 - \boldsymbol{r}_i) + \boldsymbol{R}(\alpha)(\dot{\boldsymbol{r}}_1 - \dot{\boldsymbol{r}}_i) - k_m k_n \boldsymbol{r}_i - \\ (k_m + k_n)\dot{\boldsymbol{r}}_i, \quad i = N \end{cases}$$

$$(7-21)$$

式（7-21）中参数 $k_m \in \mathbb{R}^+$，$k_n \in \mathbb{R}$。由式（7-21）可见，以上循环追踪控制需要每个自主体相对于参考点的位置（$k_n \neq 0$）和速度信息（$k_n \neq -k_m$）。

在循环追踪控制律式（7-21）作用下，N 个自主体组成的多自主体系统可写为

$$\begin{bmatrix} \dot{\boldsymbol{r}} \\ \ddot{\boldsymbol{r}} \end{bmatrix} = \begin{bmatrix} \boldsymbol{0}_{3N} & \boldsymbol{I}_{3N} \\ k_m \widetilde{\boldsymbol{C}}(\alpha) & \widetilde{\boldsymbol{C}}(\alpha) - k_m \boldsymbol{I}_{3N} \end{bmatrix} \begin{bmatrix} \boldsymbol{r} \\ \dot{\boldsymbol{r}} \end{bmatrix} = \widetilde{\boldsymbol{A}}(\alpha) \begin{bmatrix} \boldsymbol{r} \\ \dot{\boldsymbol{r}} \end{bmatrix} \quad (7-22)$$

式（7-22）中 $\boldsymbol{r} = [\boldsymbol{r}_1^{\mathrm{T}}, \boldsymbol{r}_2^{\mathrm{T}}, \cdots, \boldsymbol{r}_N^{\mathrm{T}}]^{\mathrm{T}}$，$\widetilde{\boldsymbol{C}}(\alpha) = -\widetilde{\boldsymbol{C}} - k_n \boldsymbol{I}_{3N}$，$\hat{\boldsymbol{C}}(\alpha) = \boldsymbol{C} \otimes \boldsymbol{R}(\alpha) = \mathrm{circ}[-\boldsymbol{R}(\alpha), \boldsymbol{R}(\alpha), \boldsymbol{0}_{3\times3}, \cdots, \boldsymbol{0}_{3\times3}]$。

定理 7.5：若 $-k_m$ 不是 $\widetilde{\boldsymbol{C}}(\alpha)$ 的特征值，则闭环系统式（7-22）的状态矩阵 $\widetilde{\boldsymbol{A}}(\alpha)$ 的特征值由以下两部分组成：

1）$\widetilde{\boldsymbol{C}}(\alpha)$ 的 N 个特征值；

2）$3N$ 个重根 $-k_n$。

即 eig$[\widetilde{\boldsymbol{A}}(\alpha)]$ = eig$[\widetilde{\boldsymbol{C}}(\alpha)] \cup \{-k_n\}$。而且，$\widetilde{\boldsymbol{A}}(\alpha)$ 的特征值 $\lambda_k \in$ eig$[\widetilde{\boldsymbol{C}}(\alpha)]$ 相应的特征矢量为

$$\boldsymbol{v}_k = \begin{bmatrix} \mu_k \\ \lambda_k \mu_k \end{bmatrix}, \quad k \in 1, \cdots, 3N \quad (7-23)$$

μ_k 为 $\widetilde{\boldsymbol{C}}(\alpha)$ 特征值 λ_k 对应的特征矢量。其他 $3N$ 个重根 $-k_n$ 对应的

特征矢量为

$$v_k = \begin{bmatrix} -k_n^{-1}e_{k-3N} \\ e_{k-3N} \end{bmatrix}, k \in 3N+1, \cdots, 6N \qquad (7-24)$$

其中 e_j 为 $\mathbb{R}^{3N}$ 空间典范基的第 j 个矢量。

定理 7.6：若 $-k_m$ 不是 $\widetilde{C}(\alpha)$ 的特征值，多自主体系统从初始状态开始（非零初始状态），在式（7-21）作用下指数收敛，则

1）若 $k_n = 0$，收敛到以初值的几何中心为中心的编队，并且：

a）若 $0 \leqslant |\alpha| < \pi/N$，收敛到初值的几何中心上；

b）若 $|\alpha| = \pi/N$，收敛到一个以初值几何中心为圆心均匀分布的圆形编队；

c）若 $\pi/N < |\alpha| < 2\pi/N$，收敛到一个均匀分布的对数螺旋线编队。

2）若 $k_n > 0$，收敛到以原点为中心的编队上，并且

a）若 $0 \leqslant |\alpha| < \pi/N$，收敛到原点上；

b）若 $\pi/N < |\alpha| < 2\pi/N$：

①若 $k_n > 2\sin(\pi/N)\sin(\alpha - \pi/N)$，收敛到原点；

②若 $k_n = 2\sin(\pi/N)\sin(\alpha - \pi/N)$，收敛到一个以原点为圆心的圆构型上；

③若 $k_n < 2\sin(\pi/N)\sin(\alpha - \pi/N)$，收敛到一个均匀分布的对数螺旋线编队。

为了演示验证在循环追踪算法式（7-21）作用下多自主体的运动，考虑 5 个自主体在 3D 空间运动，其运动用线性二阶系统描述，自主体的初始状态如表 7-4 所示。取 $k_m = 1$，分别以定理 7.6 中的 7 种情况进行仿真，仿真时间 $t = 20$ s，仿真步长为 0.1 s。

表 7 - 4　自主体初始状态设置

自主体	1	2	3	4	5
x/km	0	5	0	0	3.5
y/km	2	0	5	0	0
z/km	3.5	0	0	5	2
$\dot{x}/(\mathrm{km/s})$	0.1	0.1	0.1	0.1	0.1
$\dot{y}/(\mathrm{km/s})$	0.1	0.1	0.1	0.1	0.1
$\dot{z}/(\mathrm{km/s})$	0.1	0.1	0.1	0.1	0.1

仿真结果如图 7 - 7 所示，可见当 $k_n = 0$ 时，通过设置不同的跟踪角 α，所有自主体在控制律式（7 - 21）作用下，可以形成三种运动模式的编队，编队中心由所有自主体初始状态确定 ［如图 7 - 7（a），图 7 - 7（b），图 7 - 7（c）］；而当 $k_n > 0$ 时，当跟踪角为 $\alpha = 0.5\pi/N$，所有自主体在控制律式（7 - 21）作用下，交会到原点 ［如图 7 - 7（d）］；当跟踪角为 $\alpha = 1.5\pi/N$ 所有自主体在控制律式（7 - 21）作用下，可以形成三种运动模式的编队，编队中心位于原点 ［如图 7 - 7（e），图 7 - 7（f），图 7 - 7（g）］。

7.3.2.2　跟踪动态目标的循环追踪算法

本节在 7.3.1.3.1 节基础上研究可追踪动态目标的线性二阶系统循环追踪算法。首先，在式（7 - 16）基础上，定义

$$v_i^d = \begin{cases} \boldsymbol{R}(\alpha)(\boldsymbol{r}_{i+1} - \boldsymbol{r}_i) - k_c(\boldsymbol{r}_i - \boldsymbol{r}_c) + \dot{\boldsymbol{r}}_c, & i = 1, \cdots, N-1 \\ \boldsymbol{R}(\alpha)(\boldsymbol{r}_1 - \boldsymbol{r}_i) - k_c(\boldsymbol{r}_i - \boldsymbol{r}_c) + \dot{\boldsymbol{r}}_c, & i = N \end{cases}$$

$$(7 - 25)$$

其中 $k_c \in \mathbb{R}^+$，$\boldsymbol{r}_c, \dot{\boldsymbol{r}}_c$ 分别为期望编队中心的位置和速度。

设计如下线性二阶系统循环追踪控制律

$$\boldsymbol{u}_i = -k_d \dot{\boldsymbol{r}}_i + \dot{\boldsymbol{v}}_i^d + k_d \boldsymbol{v}_i^d \qquad (7 - 26)$$

其中 $k_d \in \mathbb{R}^+$。

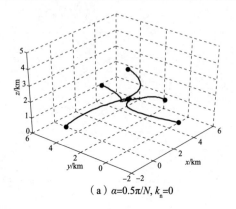

（a）$\alpha=0.5\pi/N,\ k_n=0$

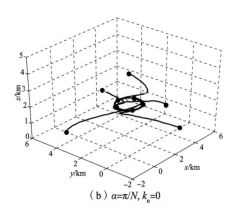

（b）$\alpha=\pi/N,\ k_n=0$

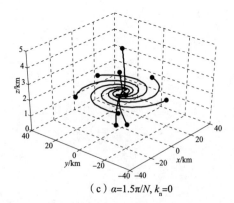

（c）$\alpha=1.5\pi/N,\ k_n=0$

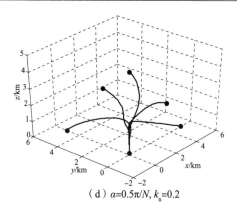

（d）$\alpha=0.5\pi/N$，$k_{\mathrm{n}}=0.2$

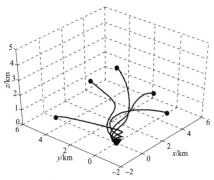

（e）$\alpha=1.5\pi/N$
$k_{\mathrm{n}}=2\sin(\pi/N)\sin(\alpha-\pi/N)$

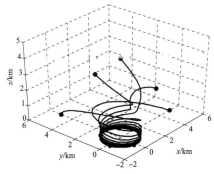

（f）$\alpha=1.5\pi/N$
$k_{\mathrm{n}}=2\sin(\pi/N)\sin(\alpha-\pi/N)$

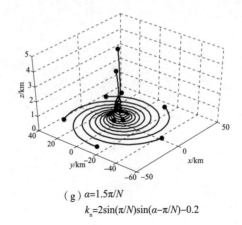

（g）$\alpha=1.5\pi/N$

$k_n=2\sin(\pi/N)\sin(\alpha-\pi/N)-0.2$

图 7 - 7　二阶线性系统循环追踪的运动轨迹

将式（7 - 25）的导数及式（7 - 25）代入式（7 - 26），整理后，线性二阶系统循环追踪控制律式（7 - 26）变为

$$
\boldsymbol{u}_i=
\begin{cases}
k_d\boldsymbol{R}(\alpha)(\boldsymbol{r}_{i+1}-\boldsymbol{r}_i)+\boldsymbol{R}(\alpha)(\dot{\boldsymbol{r}}_{i+1}-\dot{\boldsymbol{r}}_i)-k_dk_c(\boldsymbol{r}_i-\boldsymbol{r}_c)-\\
\quad(k_d+k_c)(\dot{\boldsymbol{r}}_i-\dot{\boldsymbol{r}}_c)+\ddot{\boldsymbol{r}},\quad i=1,\cdots,N-1\\
k_d\boldsymbol{R}(\alpha)(\boldsymbol{r}_1-\boldsymbol{r}_i)+\boldsymbol{R}(\alpha)(\dot{\boldsymbol{r}}_1-\dot{\boldsymbol{r}}_i)-k_dk_c(\boldsymbol{r}_i-\boldsymbol{r}_c)-\\
\quad(k_d+k_c)(\dot{\boldsymbol{r}}_i-\dot{\boldsymbol{r}}_c)+\ddot{\boldsymbol{r}}_c,\quad i=N
\end{cases}
$$

$$(7-27)$$

设 $\tilde{\boldsymbol{r}}_i=\boldsymbol{r}_i-\boldsymbol{r}_c$，$\dot{\tilde{\boldsymbol{r}}}=\dot{\boldsymbol{r}}_i-\dot{\boldsymbol{r}}_c$，经过推导，$N$ 个自主体组成的多自主体系统可写为

$$
\begin{bmatrix}\dot{\tilde{\boldsymbol{r}}}\\\ddot{\tilde{\boldsymbol{r}}}\end{bmatrix}=
\begin{bmatrix}\boldsymbol{0}_{3N}&\boldsymbol{I}_{3N}\\k_d\widetilde{\boldsymbol{C}}(\alpha)&\widetilde{\boldsymbol{C}}(\alpha)-k_d\boldsymbol{I}_{3N}\end{bmatrix}
\begin{bmatrix}\tilde{\boldsymbol{r}}\\\dot{\tilde{\boldsymbol{r}}}\end{bmatrix}=\widehat{\boldsymbol{A}}(\alpha)
\begin{bmatrix}\tilde{\boldsymbol{r}}\\\dot{\tilde{\boldsymbol{r}}}\end{bmatrix}\quad(7-28)
$$

式（7 - 28）中

$$\tilde{\boldsymbol{r}}=[\tilde{\boldsymbol{r}}_1^\mathrm{T},\tilde{\boldsymbol{r}}_2^\mathrm{T},\cdots,\tilde{\boldsymbol{r}}_N^\mathrm{T}]^\mathrm{T}$$

$$\widetilde{\boldsymbol{C}}=-\hat{\boldsymbol{C}}-k_d\boldsymbol{I}_{3N}$$

$$\hat{\boldsymbol{C}}(\alpha)=\boldsymbol{C}\otimes\boldsymbol{R}(\alpha)=\mathrm{circ}[-\boldsymbol{R}(\alpha),\boldsymbol{R}(\alpha),\boldsymbol{0}_{3\times3},\cdots,\boldsymbol{0}_{3\times3}]\ 。$$

由式（7 - 28）与式（7 - 22）的对比可见，可追踪动态目标的循环追踪控制律式（7 - 27）是式（7 - 21）的推广，因此定理 7.5，定理 7.6 适用于控制律式（7 - 27）。

为了演示验证循环追踪算法式（7 - 27）作用下多自主体的运动，考虑 5 个自主体在 3D 空间运动，其运动用线性二阶系统描述，自主体的初始状态如表 7 - 4 所示。取 $k_m = 1$，分别以定理 7.6 中的 7 种情况进行仿真，仿真时间 $t = 20\ \text{s}$，仿真步长为 0.1 s。

仿真结果如图 7 - 8，可见当 $k_c = 0$ 时，通过设置不同的跟踪角 α，多自主体在循环追踪控制律式（7 - 26）作用下，可以形成三种运动模式的编队，所形成的这三种运动模式的多自主体系统虽然能够跟踪到期望的编队中心速度 $\dot{r}_c$，但是与期望编队中心位置 r_c 存在一个偏差［如图 7 - 8（a），图 7 - 8（b），图 7 - 8（c）］这个偏差主要是由各自主体初始状态引起的；而当 $k_c > 0$ 时，所有自主体在循环追踪控制律式（7 - 26）作用下，不但可以形成三种运动模式的编队，而且多自主体系统能够准确地跟踪期望的编队中心的位置速度 r_c，$\dot{r}_c$［如图 7 - 8（d），图 7 - 8（e），图 7 - 8（f），图 7 - 8（g）］。

7.4　航天器协同飞行的循环追踪控制与仿真

由 7.3 节研究可知，循环追踪算法可以使多自主体系统形成三种协调的相对运动的几何形态：共点交会、圆形编队或者阿基米德螺旋线。但是实际的航天器编队飞行在地球引力以及各种摄动因素的作用下，其自然周期相对运动具有特定的几何形态。本节主要研究由追踪轨迹到航天器自然相对运动构型的同胚映射问题，目的是使采用带有追踪角的循环追踪策略所形成的追踪轨迹匹配到航天器编队飞行的自然周期相对运动几何构型上，从而降低航天器编队飞行控制过程中的能量消耗。在此基础上，利用构型匹配的循环追踪算法所产生的三种运动模式与其跟踪动态目标能力，实现多航天器编队的初始化、保持、队形机动以及交会等协同飞行操作任 1 务。

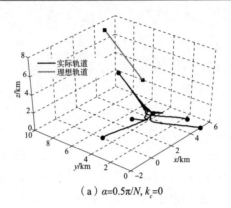

（a）$\alpha=0.5\pi/N$, $k_c=0$

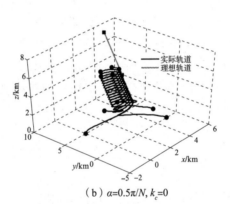

（b）$\alpha=0.5\pi/N$, $k_c=0$

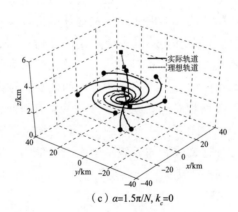

（c）$\alpha=1.5\pi/N$, $k_c=0$

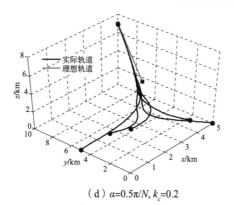

（d）$\alpha=0.5\pi/N$, $k_c=0.2$

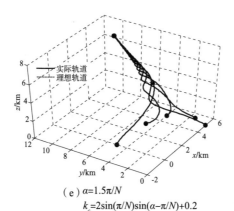

（e）$\alpha=1.5\pi/N$
$k_c=2\sin(\pi/N)\sin(\alpha-\pi/N)+0.2$

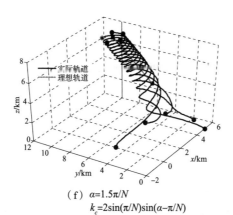

（f）$\alpha=1.5\pi/N$
$k_c=2\sin(\pi/N)\sin(\alpha-\pi/N)$

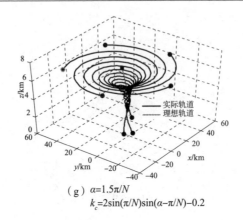

（g）$\alpha = 1.5\pi/N$

$k_c = 2\sin(\pi/N)\sin(\alpha - \pi/N) - 0.2$

图 7-8 跟踪动态目标的循环追踪运动轨迹

7.4.1 追踪轨迹与航天器协同飞行自然构型的匹配

7.4.1.1 追踪轨迹的同胚映射

应用微分方程不变集同胚映射的方法，可以将循环追踪控制算法作用下多自主体系统的追踪轨迹映射为特定的几何形状[5]。

引理 7.1：对于一个收敛到不变集 $M_x \subset \mathbb{R}^N$ 的系统 $\dot{x} = f(x)$，$x \in \mathbb{R}^N$，以及一个任意可微同胚映射 $x' = h(x)$，$h: \mathbb{R}^N \rightarrow \mathbb{R}^N$。存在一个控制策略使得系统 $\dot{x}' = \nabla_x h f[h^{-1}(x')]$ 收敛到不变集 $M_{x'}$，这里 $\overline{x}' \in M_{x'} = h(\overline{x})$，$\overline{x} \in M_x$。

证明：对于变量 $x = h^{-1}(x')$。其动力学如下

$$\dot{x} = \frac{\mathrm{d}h^{-1}(x')}{\mathrm{d}x} = \nabla_{x'} h^{-1} \dot{x}' = \nabla_{x'} h^{-1} \nabla_x h f[h^{-1}(x')] \quad (7-29)$$

由于 h 是同胚的，所以 $x = h^{-1}(x')$，$h^{-1}: R^N \rightarrow R^N$，$\dot{x}' = \nabla_{x'} h^{-1} \dot{x}$ 并且在局部 $\nabla_{x'} h^{-1} \nabla_x h = I$。由于系统 $\dot{x} = f(x)$ 收敛到 $M_x = h^{-1}(M_{x'})$，则 $x' = h(x) \rightarrow h(M_x)$，证毕。

引理 7.1 说明采用同胚映射的方法可以将循环追踪的轨迹转换到特定的几何形状。相似变换是一种常用的同胚映射方法。这样，根据引理 7.1，通过选择合适的变换矩阵 $\hat{T} = I_N \otimes T$ 对循环追踪算

法中的旋转矩阵 $\boldsymbol{R}(\alpha)$ 进行相似变换，使得

$$\overline{\boldsymbol{x}}_i(t) = \boldsymbol{T}\boldsymbol{x}_i(t), \quad i = 1, \cdots, N \qquad (7-30)$$

从而使循环追踪的圆形构型匹配到航天器相对运动的自然椭圆构型上。

将航天器相对运动动力学模型简化表示为 $\ddot{\boldsymbol{r}}_i = f(\boldsymbol{r}_i, \dot{\boldsymbol{r}}_i) + \boldsymbol{u}_i, i = 1, \cdots, N$。并假设循环追踪算法由两部分组成 $\boldsymbol{u}_i = -f(\boldsymbol{r}_i, \dot{\boldsymbol{r}}_i) + \boldsymbol{u}_c, i = 1, \cdots, N$。这样在循环追踪算法作用下，闭环系统 $\ddot{\boldsymbol{r}}_i = f(\boldsymbol{r}_i, \dot{\boldsymbol{r}}_i) - f(\boldsymbol{r}_i, \dot{\boldsymbol{r}}_i) + \boldsymbol{u}_c$ 存在一个零控制（即 $\boldsymbol{u}_i = 0$）不变集 $\boldsymbol{r}_i^*$，满足 $f(\boldsymbol{r}_i^*, \dot{\boldsymbol{r}}_i^*) = \boldsymbol{u}_c$。因而，若设计一个控制器使得当 $t \to \infty$ 时，$\boldsymbol{r}_i \to \boldsymbol{r}_i^*$，则当 $t \to \infty$ 时，控制量 $\boldsymbol{u}_i \to 0$。下面分为不受摄动和受摄动两种情况进行具体研究和分析。

7.4.1.2　不考虑 J_2 项摄动的构型匹配

假设参考航天器 S_0 在近圆轨道运行，即 $e_0 = 0$，且不考虑 J_2 项摄动的影响，可采用第 2 章研究的 C-W 方程式（2-41）描述航天器 $S_i, i = 1, \cdots, N$ 与参考航天器 S_0 之间的相对运动。为了下文表示方便，将式（2-41）表示为 $\ddot{\boldsymbol{r}}_i = f_c(\boldsymbol{r}_i, \boldsymbol{u}_i)$。

根据 7.4.1（1）节引理 7.1，定义如下转换矩阵

$$\boldsymbol{T}_c = \begin{bmatrix} 1/2 & 0 & 0 \\ 0 & 1 & 0 \\ z_0\cos(\phi_z) & z_0\sin(\phi_z) & 1 \end{bmatrix} \qquad (7-31)$$

矩阵 $\boldsymbol{T}_c$ 中 z_0 和 ϕ_z 是两个可调参数。

根据线性二阶系统的循环追踪算法式（7-27），设计如下多航天器循环追踪控制律

$$\boldsymbol{u}_i = \begin{cases} -f_c(\boldsymbol{r}_i) + k_g\big[k_d\boldsymbol{T}_c\boldsymbol{R}(\alpha)\boldsymbol{T}_c^{-1}(\alpha)(\boldsymbol{r}_{i+1} - \boldsymbol{r}_i) + \boldsymbol{T}_c\boldsymbol{R}(\alpha)\boldsymbol{T}_c^{-1}(\alpha)(\dot{\boldsymbol{r}}_{i+1} - \dot{\boldsymbol{r}}_i) + \\ \quad g_c(\boldsymbol{r}_i, \boldsymbol{r}_c)\big], \quad i = 1, \cdots, N-1 \\ -f_c(\boldsymbol{r}_i) + k_g\big[k_d\boldsymbol{T}_c\boldsymbol{R}(\alpha)\boldsymbol{T}_c^{-1}(\alpha)(\boldsymbol{r}_1 - \boldsymbol{r}_i) + \boldsymbol{T}_c\boldsymbol{R}(\alpha)\boldsymbol{T}_c^{-1}(\alpha)(\dot{\boldsymbol{r}}_1 - \dot{\boldsymbol{r}}_i) + \\ \quad g_c(\boldsymbol{r}_i, \boldsymbol{r}_c)\big], \quad i = N \end{cases}$$

$$(7-32)$$

$$g_c(\boldsymbol{r}_i,\boldsymbol{r}_c) = -k_d k_c(\boldsymbol{r}_i - \boldsymbol{r}_c) - (k_d + k_c/k_g)(\boldsymbol{r}_i - \dot{\boldsymbol{r}}_c) + \ddot{\boldsymbol{r}}_c$$

$$(7-33)$$

其中，$k_g = n/[2\sin(\pi/n)]$，$n = \sqrt{\mu/a_0^3}$。

根据引理 7.1 以及定理 7.5，定理 7.6 可知，控制律式（7-32）能够保证闭环系统稳定，当 $t \to \infty$，多航天器系统中航天器 S_i，$i = 1,\cdots,N$ 将收敛到以下构型

$$\boldsymbol{r}_i(t) = \boldsymbol{r}_i^d(t) = \boldsymbol{T}\begin{bmatrix} a_E\sin(nt + \alpha_{0,i}) \\ a_E\cos(nt + \alpha_{0,i}) \\ 0 \end{bmatrix}, i = 1,\cdots,N \quad (7-34)$$

式（7-34）中，$\alpha_{0,i} = 2\pi(i-1)/N$，$a_E$ 为椭圆自然构型的长半轴，由所有航天器初始状态决定。将式（7-31）代入式（7-34），并对参考系 s_R 的 z 方向分量进行化简，可得

$$\begin{bmatrix} x_i^d(t) \\ y_i^d(t) \\ z_i^d(t) \end{bmatrix} = \begin{bmatrix} \dfrac{1}{2}a_E\sin(nt + \alpha_{0,i}) \\ a_E\cos(nt + \alpha_{0,i}) \\ z_0 a_E\sin(nt + \alpha_{0,i} + \phi_z) \end{bmatrix}, i = 1,\cdots,N \quad (7-35)$$

根据 4.2.1 节研究可知，式（7-35）为 C - W 方程描述的航天器相对运动的自然构型。

7.4.1.3　考虑 J_2 项摄动的构型匹配

假设参考航天器 S_0 在近圆轨道运行，即 $e_0 \approx 0$，并且考虑 J_2 项摄动的影响，可采用 2.2.5.1 节研究的相对运动方程式（2-42）描述航天器 S_i，$i = 1,\cdots,N$ 与参考航天器 S_0 的相对运动。为了下文表示方便，将式（2-42）简化表示为 $\ddot{\boldsymbol{r}}_i = f_s(\boldsymbol{r}_i,\boldsymbol{u}_i)$。

不考虑推力作用，方程式（2-42）的解析解为式（2-49），对其进行整理可得

$$
\begin{cases}
x = x(0)\cos(nt\ \sqrt{1-s}) + \dfrac{\sqrt{1-s}}{2\ \sqrt{1+s}}y(0)\sin(nt\ \sqrt{1-s}) + p_x \\[3mm]
y = -x(0)\dfrac{2\ \sqrt{1+s}}{\sqrt{1-s}}\sin(nt\ \sqrt{1-s}) + y(0)\cos(nt\ \sqrt{1-s}) + p_y \\[3mm]
z = (lt+m)\sin(qt+\phi) + p_z
\end{cases}
$$

$$(7-36)$$

式（7 - 36）中 $\boldsymbol{p}$ 定义为辅助参考点，其具体表达为

$$
\boldsymbol{p} = \begin{bmatrix} p_x \\ p_y \\ p_z \end{bmatrix} = \begin{bmatrix} \alpha\big[\cos(2kt) - \cos(nt\ \sqrt{1-s})\big] \\[2mm] \beta\cos(2kt) + \alpha\dfrac{2\ \sqrt{1+s}}{\sqrt{1-s}}\sin(nt\ \sqrt{1-s}) \\[2mm] 0 \end{bmatrix}
$$

$$(7-37)$$

式（7 - 36）、式（7 - 37）中的各种参数意义见 2.3.2 节。

根据 7.4.1.1 节的引理 7.1，定义如下转换矩阵

$$
\boldsymbol{T}_s = \begin{bmatrix} \dfrac{\sqrt{1-s}}{2\ \sqrt{1-s}} & 0 & 0 \\[3mm] 0 & 1 & 0 \\[2mm] z_0\cos(\phi_z) & z_0\sin(\phi_z) & 1 \end{bmatrix}
$$

$$(7-38)$$

矩阵 $\boldsymbol{T}_s$ 中 z_0 和 ϕ_z 是两个可调参数。

以矩阵 $\boldsymbol{T}_s$ 取代式（7 - 32）中的矩阵 $\boldsymbol{T}_c$，则多航天器循环追踪控制律变为

$$
\boldsymbol{u}_i = \begin{cases}
-f_s(\boldsymbol{r}_i) + k_s\big[k_d\boldsymbol{T}_s\boldsymbol{R}(\alpha)\boldsymbol{T}_s^{-1}(\alpha)(\boldsymbol{r}_{i+1} - \boldsymbol{r}_i) + \boldsymbol{T}_s\boldsymbol{R}(\alpha)\boldsymbol{T}_s^{-1}(\alpha)(\dot{\boldsymbol{r}}_{i+1} - \dot{\boldsymbol{r}}_i) + \\
\quad g_s(\boldsymbol{r}_i,\boldsymbol{r}_c)\big], \quad i = 1,\cdots,N-1 \\
-f_s(\boldsymbol{r}_i) + k_s\big[k_d\boldsymbol{T}_s\boldsymbol{R}(\alpha)\boldsymbol{T}_s^{-1}(\alpha)(\boldsymbol{r}_1 - \boldsymbol{r}_i) + \boldsymbol{T}_s\boldsymbol{R}(\alpha)\boldsymbol{T}_s^{-1}(\alpha)(\dot{\boldsymbol{r}}_1 - \dot{\boldsymbol{r}}_i) + \\
\quad g_s(\boldsymbol{r}_i,\boldsymbol{r}_c)\big], \quad i = N
\end{cases}
$$

$$(7-39)$$

$$
g_s(\boldsymbol{r}_i,\boldsymbol{r}_c) = -k_d k_c(\boldsymbol{r}_i - \boldsymbol{r}_c) - (k_d + k_c/k_s)(\dot{\boldsymbol{r}}_i - \dot{\boldsymbol{r}}_c) + \ddot{\boldsymbol{r}}_c
$$

$$(7-40)$$

其中，$k_s = n\sqrt{1-s}/[2\sin(\pi/N)]$，$n = \sqrt{\mu/a_0^3}$。

根据引理 7.1、定理 7.5 以及定理 7.6 可知，控制律（7-39）能够保证闭环系统稳定，且当 $t \to \infty$，多航天器系统中航天器 $S_i, i = 1, \cdots, N$ 将收敛到以下构型

$$\boldsymbol{r}_i(t) = \boldsymbol{r}_i^d(t) = \boldsymbol{T}_s \begin{bmatrix} a_E\sin(nt + \alpha_{0,i}) \\ a_E\cos(nt + \alpha_{0,i}) \\ 0 \end{bmatrix} + \boldsymbol{p}, \quad i = 1, \cdots, N$$

$$(7-41)$$

可以看出多航天器中的航天器 $S_i, i = 1, \cdots, N$ 的追踪轨迹将会形成一个特殊的相对运动构型。首先，追踪轨迹是相对于辅助参考点 $\boldsymbol{p}$ 的椭圆形构型，而根据式（7-37）可知，辅助参考点 $\boldsymbol{p}$ 相对于参考点 S_0 的相对运动也是周期的。因此，追踪轨迹相对于参考点 S_0 也是周期相对运动。而且根据式（7-36）可知，追踪轨迹的周期相对运动与自然周期相对运动相匹配。

7.4.2　仿真研究

本节以 5 个航天器的编队飞行任务为例，分为不考虑 J_2 项摄动影响和考虑 J_2 项摄动影响两种情况，通过数值仿真研究构型匹配的循环追踪策略和算法在多航天器协同飞行控制中的应用。

7.4.2.1　不考虑 J_2 项摄动的多航天器协同飞行仿真

本节在不考虑 J_2 项摄动，以及参考点 S_0 为近圆轨道假设前提下，以 7.4.1.2 节提出的构型匹配的循环追踪算法式（7-32）作为分布式协同控制律，以第 2 章研究的 C-W 方程式（2-41）描述的 5 个航天器 $S_i, i = 1, \cdots 5$ 与参考航天器 S_0 的相对运动，仿真 5 个航天器在式（7-32）作用下，利用循环追踪的三种运动模式与控制律式（7-32）跟踪动态目标，实现多航天器编队重构、保持、队形机动以及交会等编队操作任务，以证明该控制律的有效性。

7.4.2.1.1　仿真参数设置

设参考轨道是高度为 679.971 8 km 的圆轨道，轨道倾角 75°，选择相对于参考航天器 S_0 距离在 $100 \sim 500$ m 范围内，且不稳定的位置和速度，作为 5 个航天器的初始位置与初始速度，如表 7 - 5 所示。

表 7 - 5　5 个航天器的初始位置和初始速度

航天器	初始位置/m					初始速度/ (m/s)
	x	y	z	v_x	v_y	v_z
S_1	−105.872 1	0	611.234 6	0	−0.233 0	0
S_2	−162.337 1	−611.234 6	−304.205 7	−0.323 9	0.379 5	−0.563 6
S_3	−176.453 4	611.234 6	−304.911 5	0.324 6	0.375 7	0.563 6
S_4	−148.220 8	−564.650 9	−305.617 3	−0.325 4	0.375 7	−0.563 6
S_5	−190.569 7	564.650 9	−306.323 1	0.326 1	0.379 5	0.563 6

追踪方向与视线方向之间的夹角 $\alpha = 1.5\pi/N$，控制参数 $k_d = 1$，$k_g = n/[2\sin(\pi/N)]$，其中 $n = \sqrt{\mu/a_0^3}$。由式（3 - 5）可知，转换矩阵 $\boldsymbol{T}_c$ 中可调参数 z_0, ϕ_z 决定圆参考轨道周期构型的法向振幅和相位角，分别选择 $z_0 = 2$ 和 $\phi_z = \pi/4$。

整个任务周期为 25 个轨道周期（T），可分为 5 个任务阶段：第一阶段，在 $0 < t \leqslant 2T$ 时间内，利用循环追踪所产生的螺旋线运动模式，执行编队的初始化任务；第二阶段，在 $2T < t \leqslant 12T$ 时间内，利用圆形周期运动模式，使编队保持自然的周期运动构型；第三阶段，在 $12T < t \leqslant 13T$ 时间内，利用式（7 - 32）跟踪动态目标能力以及圆形周期运动模式，使编队保持构型执行队形转移操作；第四阶段，在 $13T < t \leqslant 22T$ 时间内，编队在队形转移后的位置保持自然的周期运动构型；第五阶段，在 $22T < t \leqslant 25T$ 时间，利用共点交会运动模式，使多航天器系统实现交会任务。

为了执行以上 5 个阶段的编队操作任务，式（7 - 32）中的参数

k_c 设置为

$$k_c = \begin{cases} 2\sin(\pi/N)\sin(\alpha - \pi/N) - 0.2 & 0 < t \leqslant 2T \\ 2\sin(\pi/N)\sin(\alpha - \pi/N) & 2T < t \leqslant 22T \\ 2\sin(\pi/N)\sin(\alpha - \pi/N) + 0.2 & 22T < t \leqslant 25t \end{cases}$$

$$(7-42)$$

另外，在 $12T < t \leqslant 13T$ 时间内，队形整体转移跟踪的期望运动为

$$x_c = \begin{bmatrix} r_c \\ \dot{r}_c \end{bmatrix} = \begin{bmatrix} 0.2(t-3T) \times \mathbf{1}_{3\times1} + r_c(0) \\ 0.2 \times \mathbf{1}_{3\times1} \end{bmatrix} \quad (7-43)$$

其中 $r_c(0) = \begin{bmatrix} 0 & 0 & 0 \end{bmatrix}^{\mathrm{T}} m$。

7.4.2.1.2　仿真结果与分析

图 7-9 是 5 个航天器在式（7-32）的控制作用下，运行 25 个参考轨道周期（40.981 8 h），执行构型初始化、保持、整体转移及交会操作的运动轨迹。可以看出，5 个航天器在 2 个参考轨道周期后，建立起半长轴为 1 000 m 的椭圆自然构型，并在保持该构型运行 10 周后，队形整体从参考点转移到距离参考点 2 044.5 m 的位置，再保持构型 9 周后，交会到队形的中心位置。

图 7-10 为 5 个航天器相对参考点 S_0 的位置、速度以及控制加速度随时间变化的曲线。可以看出，5 个航天器准确地跟踪了构型中心的期望运动，并且在队形转移过程中，队形得到严格地保持；从控制加速度变化曲线来看，只在操作任务的切换点，控制加速度较大，而其他时间内控制加速度都维持在 10^{-4} 量级，这也从侧面说明了 5 个航天器形成的相对运动为自然周期运动。

以下式作为航天器协同飞行任务操作控制过程的推进剂消耗指标

$$\Delta V_i = \int_0^{25T} \sqrt{u_{x,i}^2 + u_{y,i}^2 + u_{z,i}^2}\, \mathrm{d}t, \quad i = 1,\cdots,N \quad (7-44)$$

根据该指标，整个任务中 5 个航天器的推进剂消耗如表 7-6 所示。

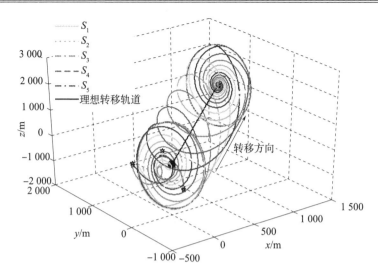

图 7-9　不考虑地球 J_2 项摄动影响的 5 个航天器循环追踪的运动轨迹

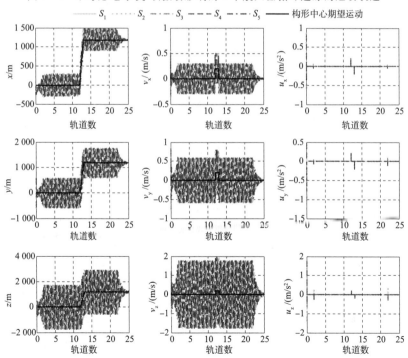

图 7-10　循环追踪控制作用下 5 个航天器的相对位置、速度以及控制加速度变化

表 7 - 6　循环追踪控制的能量消耗

	S_1	S_2	S_3	S_4	S_5	集群
能耗/（m/s）	12.575 6	14.794 0	15.878 9	14.843 1	13.745 3	71.836 9

以上仿真结果说明了控制律式（7 - 32）以及构型匹配方法的有效性，以及利用循环追踪的三种运动模式与控制律式（7 - 32）跟踪动态目标的能力，可以实现多航天器编队重构、保持、队形机动以及交会等编队操作任务。但需要说明的是，在控制律式（7 - 32）作用下，5 个航天器形成的相对运动的构型是由 5 个航天器根据初始状态、跟踪角以及跟踪关系确定的信息拓扑自主协商形成，并不是预先设定，因此式（7 - 35）构型的形状参数并不受控制。

7.4.2.2　考虑 J_2 项摄动的多航天器协同飞行仿真

本节考虑 J_2 项摄动，以 2.2.5.1 节研究的相对运动方程式（2 - 42）描述 5 个航天器 $S_i, i = 1, \cdots, 5$ 与参考航天器 S_0 的相对运动，以 7.4.1.3 节提出的构型匹配的循环追踪算法式（7 - 39）作为分布式协同控制律，仿真 5 个航天器在式（7 - 39）作用下，利用循环追踪的三种运动模式与控制律式（7 - 32）跟踪动态目标的能力，实现多航天器编队重构、保持、队形机动以及交会等协同飞行操作任务，以证明该控制律的有效性。

仿真参数设置与上一节参数设置基本相同，不同的是参数 $k_s = n / \sqrt{1 - s} / [2\sin(\pi/N)]$。

在 Matlab 环境，仿真 5 个航天器从初始位置状态开始，在控制律式（7 - 39）的作用下，运行 25 个轨道周期（40.981 8 h）。

图 7 - 11 是 5 个航天器 $S_i, i = 1, \cdots, 5$ 相对于辅助参考点 $\boldsymbol{p}$ 的相对运动轨迹，可以看出，类似于上一节仿真算例图 7 - 9 的相对运动轨迹，5 个航天器在 2 个参考轨道周期后，相对于辅助参考点 $\boldsymbol{p}$ 建立起半长轴为 1 000 m 的椭圆自然构型，并在保持该构型运行 10 周后，队形整体从参考点转移到距离参考点 2 044.5 m 的位置，在保持构型 9 个轨道周期后，交会到队形的中心位置。

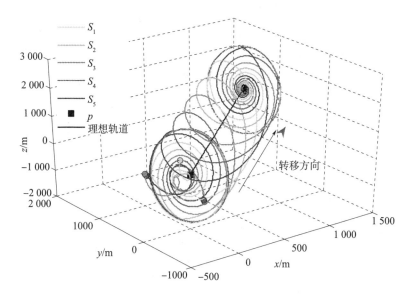

图 7-11　5 个航天器相对于辅助参考点 p 的周期相对运动

图 7-12 为 5 个航天器相对辅助参考点 p 的位置、速度以及控制加速度随时间变化过程。可以看出，5 个航天器能准确地跟踪到相对于辅助参考点 p 的期望运动，并能够实现相对于辅助参考点 p 的周期构型的初始化、保持及多航天器的交会操作。从控制加速度变化曲线来看，只有在操作任务的切换点，控制加速度较大，而其他时间内控制加速度都维持在 10^{-4} 量级。

图 7-13 和图 7-14 分别是辅助参考点 p 和 5 个航天器 $S_i, i = 1, \cdots, 5$ 相对于参考航天器 S_0 的运动轨迹。由图 7-13 可见辅助参考点 p 相对于参考航天器 S_0 的相对运动也是周期性的。根据 7.4.1.3 节研究可知，5 个航天器 $S_i, i = 1, \cdots, 5$ 相对于参考航天器 S_0 的相对运动是由 5 个航天器 $S_i, i = 1, \cdots, 5$ 相对于辅助参考点 p 的运动与辅助参考点 p 相对于参考航天器 S_0 的运动，这两个同周期的周期运动相叠加形成。因此，从图 7-14 可见 5 个航天器 $S_i, i = 1, \cdots, 5$ 相对于参考航天器 S_0 的相对运动变化呈现为一个复杂的周期运动形态。

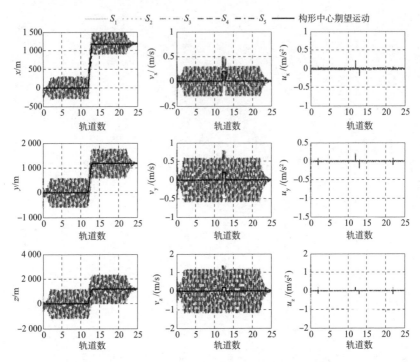

图 7 - 12　　在循环追踪控制作用下 5 个航天器相对于辅助
参考点 **p** 的位置、速度及控制加速度变化

图 7 - 15 为 5 个航天器 $S_i, i = 1, \cdots, 5$ 在控制律式（7 - 39）的作用下相对于参考航天器 S_0 的相对位置状态，以及辅助参考点 **p** 相对于参考航天器 S_0 的相对位置状态随时间变化过程。可见 5 个航天器 $S_i, i = 1, \cdots, 5$ 在控制律式（7 - 39）的作用下的构型建立、队形转移、交会都是相对于辅助参考点 **p** 的相对运动控制，而辅助参考点 **p** 相对于参考航天器 S_0 的运动并不受控制。

以式（7 - 44）作为航天器协同飞行任务操作控制过程的推进剂消耗指标。根据该指标，计算得到整个任务中 5 个航天器的推进剂消耗如表 7 - 7 所示。可以看出，5 个航天器控制过程中，推进剂消耗水平正常且合理。

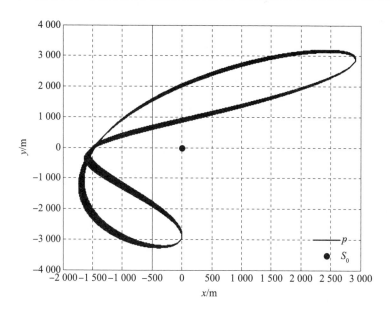

图 7-13　辅助参考点 p 相对于参考航天器的周期相对运动

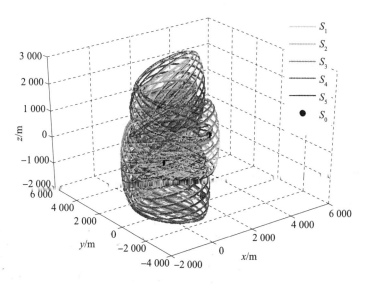

图 7-14　5 个航天器相对于参考航天器 S_0 的周期相对运动

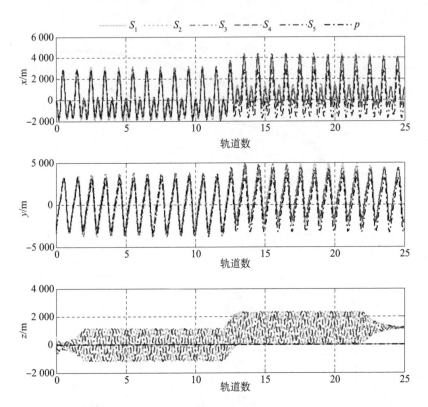

图 7 - 15　5 个航天器与辅助参考点 p 相对于参考航天器的周期相对运动

表 7 - 7　循环追踪控制的能量消耗

	S_1	S_2	S_3	S_4	S_5	集群
能耗/（m/s）	18.850 2	18.821 6	18.835 9	18.819 4	18.820 5	94.147 7

　　以上仿真结果说明，利用循环追踪控制算法式（7-39）所产生的三种运动模式与其跟踪动态目标能力，可以实现多航天器编队构型初始化、保持、队形机动以及交会等协同操作任务。但需要说明两点：第一，在控制律式（7-39）作用下，5 个航天器形成的相对运动的构型是由 5 个航天器根据初始状态、跟踪角以及跟踪关系确定的信息拓扑自主协商形成，并不是预先设定，因此式（7-41）构

型的形状参数并不受控制；第二，5 个航天器形成的相对运动构型是以辅助参考点 p 为参考基准，5 个航天器 $S_i, i = 1, \cdots, 5$ 相对于参考航天器 S_0 的相对运动是由 5 个航天器相对于辅助参考点 p 的运动，以及与辅助参考点 p 相对于参考航天器 S_0 的运动，两个同周期的周期运动相叠加形成。

参 考 文 献

[1]   P GURFIL, D MISHNE. Cyclic Spacecraft Formations: Relative Motion
         Control Using Line - of - Sight Measurements Only. Journal of Guidance,
         Control, and Dynamics, 2007, 30 (1): 214 - 226.

[2]   J L RAMIREZ - RIBEROS, M PAVONE, E FRAZZOLI, D W MILL-
         ER. Distributed Control of Spacecraft Formations via Cyclic Pursuit: Theo-
         ry and experiments. Journal of guidance, control, and dynamics, 2010, 33
         (5): 1655 - 1669.

[3]   M PAVONE, E FRAZZOLI. Decentralized Policies for Geometric Pattern
         Formation and Path Coverage. Journal of Dynamic Systems, Measurement,
         and Control, 2007 (129): 633 - 643.

[4]   L MA, N HOVAKIMYAN. Vision - Based Cyclic Pursuit for Cooperative
         Target Tracking. Journal of Guidance, Control and Dynamics, 2013, 36
         (2): 617 - 622.

[5]   J RAMIREZ. New Decentralized Algorithms for Spacecraft Formation Con-
         trol Based on a Cyclic Approach. PhD Dissertation, Massachusetts Inst of
         Technology, Boston, 2010.

第8章 航天器集群飞行的蜂拥控制

8.1 引言

航天器协同飞行几何构型保持控制的推进剂消耗是影响其在轨运行寿命的决定因素。为此,在多航天器协同飞行中,以相对运动的有界性约束代替严格的几何构型要求,则形成了一种新型的航天器集群飞行(Cluster flight)模式[1-3],集群飞行的多个卫星英文称为 Cluster Flight Satellites,Disaggregated Satellites 或 Swarm Satellites。这种集群飞行,类似于广泛存在于自然界的蜂拥现象,如鸟群、鱼群、蚁群和蜂群等。蜂拥中大量个体不遵循确定的几何关系,仅借助个体局部的信息感知和控制规则就能使集群整体涌现出全局协调行为,且表现出高度的适应性、鲁棒性、分散性和自组织性[4]。

本章根据航天器集群飞行的轨道力学特征和相对运动特点,研究基于蜂拥涌现控制机制的航天器集群飞行控制方法和算法,在此基础上提出和形成一种航天器集群飞行协同控制的新方法——基于周期延迟误差同步的航天器集群飞行的蜂拥控制,实现航天器集群的协同飞行控制。

8.2 蜂拥与航天器集群飞行

8.2.1 蜂拥的基本概念

蜂拥(Flocking)在朗文字典中解释为大量个体共同运动。在计算机领域中,蜂拥问题指的是在一个多自主体系统中,所有的自主

体最终能够达到速度矢量相等、相互间的距离稳定[4-12]。蜂拥行为可以认为是群集的一种特殊情况。蜂拥控制目标可描述为

$$\begin{cases} \lim\limits_{t\to\infty} \| x_i(t) - x_j(t) \| \in \left[x_{\min}^d, x_{\max}^d \right] \\ \lim\limits_{t\to\infty} \| v_i(t) - v_j(t) \| = 0, \quad i,j = 1,\cdots,N \end{cases} \quad (8-1)$$

从系统论角度来看,蜂拥行为并不是运动个体的简单聚集,而是由个体简单的局部规则涌现出全局协调的复杂行为,其表现出高度的协调性、适应性、鲁棒性、分散性和自组织性。这种由个体的简单行为反应使集群产生整体同步效应和全局协调行为的现象,在复杂性科学中称之为涌现(Emergence)。

从生物群体到人类社会群体,从分子到星系,自然界中的蜂拥现象无处不在。生物界中的生物群体通过协作行为完成躲避天敌、寻觅食物等集体行为,相比单个个体更具有生存优势。宇宙空间中的大量尘埃、陨石或小行星等小天体聚集形成的蜂拥,仅仅通过相互间微弱的吸引与排斥力,就能使整个集群以一种松散、协调、稳定的形态长期存在。蜂拥内在的协作机制往往很简单,自治个体只需按照简单行为规则,根据能够感知到的相邻个体的状态,做出相应的反应,就可以导致集群整体产生自组织的涌现行为,而并不需要全局信息。从复杂网络观点看,蜂拥是由所有个体形成的动态网络通过局部感知和反应所产生的协调一致行为。集群中个体构成网络的节点,个体的局部感知关系的总和形成网络的信息拓扑,个体的行为反应对网络产生局部影响,所有个体的行为使网络涌现出整体协调行为。从协同控制的角度来看,蜂拥是在所有个体局部感知和反应构成分布式控制模式的作用下,所有个体组成的整体系统所产生的全局协同行为。从这个角度来看,在人工系统中,多机器人系统(如水下探测器、无人驾驶飞行器、航天器编队)都是蜂拥的例子。

综上所述,蜂拥是一种复杂网络系统,具有自组织涌现、非集中式控制和局部的相互作用等特征。目前研究的航天器集群飞行控制与之有很多相同的特征和联系。

8.2.2　航天器集群飞行的特点

集群飞行（Cluster Flight）是指多个小型或模块化航天器长期在被动稳定的邻近开普勒轨道上飞行[13]，使模块化航天器在整个任务周期内，相互间的相对距离保持在有界的相对距离约束之内[14]。航天器集群飞行的特点在于分布式的空间体系结构、有界性约束所确定的松散相对运动关系以及分布式的协同控制。最典型的案例是模块化分离航天器系统（如 F6 系统），其由诸多可自由飞行的航天器模块或单元（即分离模块）组成，通过群体内部无线通信网络形成一个协同的卫星集群，在整个任务周期维持集群飞行的运动模式。集群飞行的分布式空间结构使得该系统具备了系统重构和功能再定义的能力。

在集群飞行的任务周期中，要求各航天器之间的相对距离维持在一定范围内（例如 100 m 到 100 km 之间）。通过 3.2.1.2 节研究可知，在开普勒轨道力学的假设条件下，能量匹配条件能够保证有界相对运动。但是对于近地环境而言，地球非球形摄动和大气阻力将会引起长期漂移，破坏相对运动的有界性。因此，集群飞行的基本控制目标可描述为

$$\begin{cases} \lim\limits_{t\to\infty} \| \boldsymbol{x}_i(t) - \boldsymbol{x}_j(t) \| \in \left[x^d_{\min}, x^d_{\max} \right] \\ \lim\limits_{t\to\infty} \| \boldsymbol{\varepsilon}_i(t) - \boldsymbol{\varepsilon}_j(t) \| = 0, \quad i,j = 1,\cdots,N \end{cases} \tag{8-2}$$

式（8-2）中，$\boldsymbol{x}_i(t)$ 表示 t 时刻航天器 S_i 的运动状态，$\left[x^d_{\min}, x^d_{\max} \right]$ 表示航天器 S_i 与其邻域 N_i 内航天器 S_j 之间的相对距离约束，$x^d_{\min}$ 通常为被动安全的最小距离约束，$x^d_{\max}$ 为通信或感知所确定的最大相对距离约束，$\boldsymbol{\varepsilon}_i(t)$ 表示 t 时刻航天器 S_i 的轨道能量，是航天器 S_i 的轨道动能与势能之和。

由以上分析可知，集群飞行的分布式航天器系统一般不需要航天器间相对姿态或相对位置的精确保持与控制，相对位置或相对姿态精度只要可以确保信息或能量传输所需的距离和方位即可。因此，只要相对位置和方位没有超出传输链路的最大约束距离限度并可避

免碰撞，由高阶项引起的航天器间相对漂移就可以忽略。这放宽了相对运动保持与控制问题的技术要求，同时也降低了相对导航问题的难度。

而传统的航天器编队飞行则是由若干个独立的航天器相互通信和协同，使航天器之间的相对运动形成期望的几何构型，实现预期的全局任务目标。因此，集群飞行与编队飞行在运动控制方面的主要区别在于：航天器集群飞行相对位置和姿态运动特性主要是由通信或能源共享约束所决定的，是一种宽松的、无需保持严格几何构型和无需满足高精度控制要求的"软约束"，而编队飞行的相对运动约束是由编队任务目标所决定的，具有严格几何构型要求和高精度控制需求的"硬约束"。

根据式（8-1）与式（8-2）可知，蜂拥问题与航天器集群飞行的控制问题类似，不同的是航天器集群飞行周期有界的全局行为需要遵循轨道机械能匹配，而蜂拥的协调全局行为则需要遵循速度匹配原则。实际上，从自主体能量角度考虑，机械能匹配是速度匹配的一般情况。所以航天器集群飞行可认为是一种更一般情况的蜂拥运动。因此可借鉴蜂拥控制的思路和方法研究和实现航天器集群飞行的协调控制。

8.3 蜂拥模型与控制算法

1986 年，Reynolds 提出了一个用计算机来模拟三维空间中鸟类和鱼群等动物群体蜂拥行为的模型—Boids 模型[15]，并提出了自主体群体行为满足的三条基本规则：分离、聚合和速度匹配。随后，许多学者在此基础上对多自主体系统的蜂拥控制算法进行了研究。Olfati‐Saber 在参考文献[10]中，根据 Reynolds 的 Boids 控制模型，提出了多自主体系统蜂拥的数学解析方法，为蜂拥问题研究提供了理论分析框架。本节针对航天器集群飞行的应用背景，首先介绍 Boids 模型，然后重点介绍和分析 Olfati‐Saber 提出的 3 种蜂拥控制算法，即基于 Boids 模型的基本蜂拥控制算法、全局可感知虚拟领导者的蜂拥控制算法和局部可感知虚拟领导者的蜂拥控制算法，并对 3 种算法的特点和性能进行了仿真分析。

8.3.1 Boids 模型

在蜂拥控制研究中采用最多的是 Reynolds 在 1986 年提出的经典 Boids 模型。Boids 模型是在计算机上模拟蜂拥鸟群和鱼群等动物群体涌现行为的计算机模型。在这个模型中的自主体满足 3 条基本规则（如图 8-1）。

1）分离：与邻域内的自主体避免碰撞。分离规则的作用是使个体能够和它附近的自主体保持一定的分隔距离，以避免发生碰撞，如图 8-1（a）所示。对于某个自主体来说，为了能够保持分离，自主体必须首先获得邻域内其他自主体的位置信息。每一个在其邻域范围内的自主体与它之间均存在一个排斥力，这个排斥力是与它们之间的距离成反比的。每个自主体所受到的排斥力是它邻域范围内其他自主体对它的排斥力的合力。

2）聚合：与邻域内的自主体保持紧凑。聚合规则的作用是使自主体间具有凝聚力，保持群集整体的紧凑，如图 8-1（b）所示。为了能够产生聚合的群体行为，自主体必须首先获得其邻域内其他自主体的位置信息，并计算出邻域内自主体位置的平均值，由此产生一个作用于该邻域内所有自主体的吸引力，这样使得自主体向平均位置方向运动。

3）速度匹配：与邻域内的自主体速度保持一致。速度匹配规则的作用是使各自主体与其邻域内其他自主体的速度保持一致，如图 8-1（c）所示。为了能够实现速度匹配，自主体必须首先获得邻域内其他自主体的速度信息，并计算出邻域内自主体的平均速度。根据平均速度的大小和方向产生控制力，控制自主体速度与平均速度一致。通过速度匹配，可以使得自主体速度大小和方向与这个邻域内所有自主体平均速度的大小和方向保持一致。

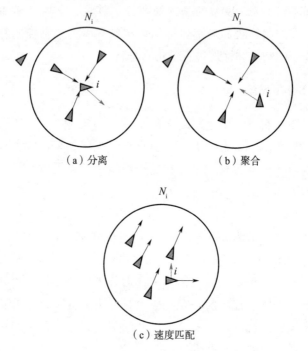

$$N_i$$

（a）分离　　　　　　　　（b）聚合

（c）速度匹配

图 8 - 1　Boids 模型的 3 个控制规则

　　邻域是由自主体局部感知所决定的距离限定的空间范围，如图 8 - 1中平面运动的自主体 i 的邻域是以其所处位置为中心的圆。

8.3.2　蜂拥控制算法的数学基础

　　定义 8.1：邻域。蜂拥中自主体 i 的邻域是 t 时刻自主体 i 能够感知的周围其他自主体的集合 $N_i(t)$。

　　用无向图 $\mathcal{G}$ 来表示群集自主体之间感知关系构成的信息拓扑。自主体为图 $\mathcal{G}$ 的节点，节点 i 与其邻域内节点的相互感知关系为无向边。t 时刻节点集合 $\mathcal{V}=\{1,\cdots,N\}$ 和边集合 $\varepsilon\subset\mathcal{V}\times\mathcal{V}$ 组成的网络用无向图 $\mathcal{G}(t)$ 表示。若自主体能够感知的集群内个体不随时间变化，则无向图为静态，这种系统为固定信息拓扑结构。若自主体能够感知的集群内自主体随着相对位置变化而变化，前一时刻邻域内的某些自主体在之后的某一时刻移出该邻域，或者前一时刻不在其邻域的自主体在之后某一时刻移入该邻域内，无向图 $\mathcal{G}(t)$ 动态变化，这种集群系统为动态拓扑结构。

定义 8.2：自主体运动学方程。假设 N 个自主体构成的群集中所有自主体为简单的线性二阶系统，第 i 个自主体的动力学方程为

$$\begin{cases} \dot{\boldsymbol{r}}_i = \boldsymbol{v}_i \\ \dot{\boldsymbol{v}}_i = \boldsymbol{u}_i \end{cases} \tag{8-3}$$

其中 $\boldsymbol{r}_i, \boldsymbol{v}_i, \boldsymbol{u}_i \in \mathbb{R}^3, i \in 1, \cdots, N$ 分别为第 i 个自主体的位置、速度和控制输入。

定义 8.3：共识网络（Proximity Nets）。用 $r > 0$ 表示两个自主体之间的距离。一个以自主体 i 为中心，半径为 r 的球形空间确定了自主体 i 的可感知空间范围，其定义为

$$N_i(r) = \{ j \in \mathcal{V} : \| \boldsymbol{r}_j - \boldsymbol{r}_i \| < r \} \tag{8-4}$$

其中 $\| \cdot \|$ 是 $\mathbb{R}^3$ 的欧几里德范数。若自主体间交互范围为 $r > 0$，则共识网络 $\mathcal{G}(\boldsymbol{r}) = [\mathcal{V}, \varepsilon(\boldsymbol{r})]$ 能由 $\mathcal{V}$ 定义，且 $\varepsilon(\boldsymbol{r})$ 定义如下

$$\varepsilon(r) = \{ (i, j) \in \mathcal{V} \times \mathcal{V} : \| \boldsymbol{r}_j - \boldsymbol{r}_i \| < r, i \neq j \} \tag{8-5}$$

显然 $\mathcal{G}(\boldsymbol{r}) = [\mathcal{V}, \varepsilon(\boldsymbol{r})]$ 由 r 来确定。框架 $(\mathcal{G}, \boldsymbol{r})$ 叫做邻接结构。如果所有自主体的相互作用范围是相同的，共识网络 $\mathcal{G}(\boldsymbol{r})$ 就成为了一个无向图。假设：1）自主体的球形感知范围的半径不同；2）每个自主体使用圆锥型感知范围确定它的邻居。若满足以上假设的任意一个，则 N 个节点的共识网络为有向图。本文如无特别说明，所有的共识网络均为无向图。

定义 8.4：σ 范数和光滑邻接元素。为了建立光滑的蜂拥势函数与共识网络邻接矩阵，Olfati - Saber 定义了矢量的 σ 范数[10]，σ 范数是一个非负映射 $\mathbb{R}^m \to \mathbb{R}_{\geq 0}$，而不是一个严格意义的范数，其定义为

$$\| z \|_\sigma = \frac{1}{\zeta} \left[\sqrt{1 + \zeta \| z \|^2} - 1 \right] \tag{8-6}$$

式中参数 $\zeta > 0$。σ 范数的梯度 $\sigma_\zeta(z) = \nabla \| z \|_\sigma$ 如下

$$\sigma_\zeta(z) = \frac{z}{\sqrt{1 + \zeta \| z \|^2}} = \frac{z}{1 + \zeta \| z \|_\sigma} \qquad (8-7)$$

另外，碰撞函数（bump function）$\rho_h(z)$ 是一个从 0 变化到 1 的标量函数，其定义为

$$\rho_h(z) = \begin{cases} 1 & z \in [0, h) \\ \dfrac{1}{2}\left[1 + \cos\left(\pi \dfrac{z-h}{1-h}\right)\right] & z \in [h, 1) \\ 0 & \text{其他} \end{cases} \qquad (8-8)$$

式中参数 $h \in (0, 1)$。使用 $\rho_h(z)$ 可定义 N_i 个邻域内自主体个体构成的共识网络 $\mathscr{G}(\boldsymbol{r})$ 相应的邻接矩阵 $\mathscr{A}(\boldsymbol{r})$，其元素为

$$a_{ij}(\boldsymbol{r}) = \rho_h(\| \boldsymbol{r}_j - \boldsymbol{r}_i \|_\sigma / r_a) \in [0, 1], j \neq i \qquad (8-9)$$

式（8-9）对于所有 i 和 $\boldsymbol{r}$，$a_{ii} = 0$。对于 $h = 1$，$\rho_h(z)$ 是一个指示函数，区间 $[0, 1)$ 函数值为 1，在其他范围则为 0。

8.3.3　Oflati - Saber 蜂拥控制的基本算法

Reynolds 设计 Boids 控制模型的目的是在计算机上模拟 3 维空间中大量自主体粒子在 3 条规则作用下，集群整体涌现出的宏观运动行为。规则的控制状态是邻域个体的相对位置和速度。假设 N 个自主体构成的群集中所有自主体的动力学方程如式（8-3），则蜂拥控制问题即为：如何设计控制律 $\boldsymbol{u}_i$，使自主体 i 的行为满足 Boids 控制模型的三条规则。

8.3.3.1　无领导者的算法结构

满足 Boids 模型 3 条规则的基本蜂拥控制算法结构，如式（6-29）所示。Olfati - Saber 定义的人工势函数[10]为

$$\psi_a(z) = \int_{d_a}^z \phi_a(s) \mathrm{d}s \qquad (8-10)$$

式（8-10）中 ϕ_a 为作用力方程，自变量为 z，其定义如下

$$\phi_a(z) = \rho_h(z/r_a)\phi(z - d_a) \qquad (8-11)$$

式中 $r_a = \|\, \boldsymbol{r}_{N_i} \,\|_\sigma$，$d_a = \|\, \boldsymbol{r}_j - \boldsymbol{r}_i \,\|_\sigma$ 分别为两个个体之间 σ 范数表示的邻域半径和期望距离，$\rho_h(z)$ 为式（8-8）所定义的碰撞函数。

另外，式（8-11）中第二个函数 $\phi(z)$ 定义为

$$\phi(z) = \frac{1}{2}[(a+b)\sigma_1(z+c) + (a-b)] \qquad (8-12)$$

式中，$\sigma_1(z) = z / \sqrt{1+z^2}$，$0 < a \leqslant b$，$c = |\,a-b\,| / \sqrt{4ab}$。

根据基本的蜂拥控制算法式（6-29），以及作用力方程式（8-11），无领导者的算法结构（下文简称算法 1）由梯度项 $\boldsymbol{u}_i^b$ 和一致性项 $\boldsymbol{u}_i^a$ 两部分构成，其表达式如下[10]

$$\begin{cases} \boldsymbol{u}_i^a = \sum\limits_{j \in N_i}(\boldsymbol{v}_j - \boldsymbol{v}_i) \\ \boldsymbol{u}_i^b = \sum\limits_{j \in N_i}\phi_a(\|\, \boldsymbol{r}_j - \boldsymbol{r}_i \,\|_\sigma)\boldsymbol{n}_{ij} \\ \boldsymbol{u}_i = \boldsymbol{u}_i^a + \boldsymbol{u}_i^b \end{cases} \qquad (8-13)$$

式中

$$\boldsymbol{n}_{ij} = \nabla \|\, \boldsymbol{r}_j - \boldsymbol{r}_i \,\|_\sigma = \frac{\boldsymbol{r}_j - \boldsymbol{r}_i}{\sqrt{1 - \zeta \|\, \boldsymbol{r}_j - \boldsymbol{r}_i \,\|^2}} \qquad (8-14)$$

可证明[10]：集群个体在式（8-14）控制作用下，集群整体系统收敛到稳态时，个体组成的空间构型结构称为 α 格子，α 格子使个体之间势能最小，其满足

$$\|\, \boldsymbol{r}_j - \boldsymbol{r}_i \,\| = d, \forall j \in N_i(r) \qquad (8-15)$$

其中 r, d 分别为两个个体之间的邻域半径和期望距离。所有个体速度趋于一致，另外当初始系统能量 $c < \psi_a(0)$，个体之间不可能发生碰撞。

采用图的应力要素，分析式（8-13）如何实现 Boids 模型中的三条基本规则。定义与 N_i 个邻域内个体构成的共识网络 $\mathscr{G}(\boldsymbol{r})$ 中的边 (i,j) 对应的应力为

$$s_{ij}(r) = \frac{\phi_a(\|\, \boldsymbol{r}_j - \boldsymbol{r}_i \,\|_\sigma)}{1 + \varepsilon \|\, \boldsymbol{r}_j - \boldsymbol{r}_i \,\|_\sigma}, (i,j) \in \varepsilon(r) \qquad (8-16)$$

不相邻的自主体之间的应力元素为 0。这样算法 1 式（8-13）

的蜂拥控制算法可以用应力和邻接矩阵元素表示为下式

$$\boldsymbol{u}_i = \sum_{j \in N_i} s_{ij}(r)(\boldsymbol{r}_j - \boldsymbol{r}_i) + \sum_{j \in N_i} a_{ij}(r)(\boldsymbol{v}_j - \boldsymbol{v}_i) \qquad (8-17)$$

式（8-17）右边第一项执行自主体之间的分离和聚合规则（规则 1 和规则 2），第二项执行速度匹配规则（规则 3）。

为证明式（8-17）能够执行 Boids 模型中的三条基本规则，设 $S_i(r) = \sum_{j \in N_i} s_{ij}(r)$，用以衡量规则 1 和规则 2 是否需要被应用到给定状态上。若 $S_i(r) \neq 0$，有

$$\boldsymbol{u}_i^b = \sum_{j \in N_i} s_{ij}(r)(\boldsymbol{r}_j - \boldsymbol{r}_i) = S_i(r)(\bar{\boldsymbol{r}}_i - \boldsymbol{r}_i) \qquad (8-18)$$

式（8-18）中 $\bar{\boldsymbol{r}}_i$ 是第 i 个自主体邻域内所有自主体位置的加权平均，如下

$$\bar{\boldsymbol{r}}_i = \frac{\sum_{j \in N_i} s_{ij}(r) \boldsymbol{r}_j}{\sum_{j \in N_i} s_{ij}(r)} \qquad (8-19)$$

显然式（8-19）中权值是依赖于邻域自主体相对位置的应力要素。因此，在控制力式（8-18）作用下，每个自主体遵循如下规则：a）如果 $S_i(r) > 0$，则移向邻域自主体的加权中心。b）如果 $S_i(r) < 0$，则远离邻域自主体的加权中心。这里加权中心即是 $\bar{\boldsymbol{r}}_i$，同时也可获得一种明确的控制准则，使自主体能够在特定状态（$\boldsymbol{r}_i$，$\boldsymbol{v}_i$）时，在分离规则和聚合规则之间做出选择。

但是在 $S_i(r) = 0$ 时，加权中心无法定义，因此还需要讨论 $S_i(r) = 0$ 情况。首先定义自主体 i 的友邻，并按照 $S_i(r)$ 值将自主体 i 的友邻分为正友邻集、负友邻集和中立友邻集，分别定义为

$$\begin{cases} F_i^+ = \{ j \in N_i(r) : S_i(r) > 0 \} \\ F_i^- = \{ j \in N_i(r) : S_i(r) < 0 \} \\ F_i^0 = \{ j \in N_i(r) : S_i(r) = 0 \} \end{cases} \qquad (8-20)$$

由式（8-20）可知，$\{ F_i^+(r), F_i^-(r), F_i^0(r) \}$ 实际上是对邻域 $N_i(r)$ 的划分，且友邻 $F_i^0(r)$ 非空，这是因为 $i \in F_i^0(r)$，也就是自主体是

自己的中立友邻。再定义自主体 i 和其正负友邻之间的应力元素和分别为

$$\begin{cases} S_i^+(r) = \sum_{j \in F_i^+(r)} s_{ij}(r) \\ S_i^-(r) = \sum_{j \in F_i^-(r)} s_{ij}(r) \end{cases} \qquad (8-21)$$

对于式（8-21），显然有 $S_i(r) = S_i^+(r) + S_i^-(r) = 0$

$$\begin{aligned} u_i^b &= \sum_{j \in N_i} s_{ij}(r)\boldsymbol{r}_j - S_i(r)\boldsymbol{r}_i \\ &= \sum_{j \in F_i^+(r)} s_{ij}(r)\boldsymbol{r}_j + \sum_{j \in F_i^-(r)} s_{ij}(r)\boldsymbol{r}_j \\ &= S_i^+(r)\overline{\boldsymbol{r}}_i^+ + S_i^-(r)\overline{\boldsymbol{r}}_i^- \\ &= S_i^+(r)(\overline{\boldsymbol{r}}_i^+ - \overline{\boldsymbol{r}}_i^-) \end{aligned} \qquad (8-22)$$

式（8-22）中 $\overline{\boldsymbol{r}}_i^+$ 和 $\overline{\boldsymbol{r}}_i^-$ 代表自主体 i 的正负加权中心，定义如下

$$\begin{cases} \overline{\boldsymbol{r}}_i^+ = \dfrac{\sum_{j \in F_i^+(r)} s_{ij}(r)\boldsymbol{r}_j}{\sum_{j \in F_i^+(r)} s_{ij}(r)} \\ \\ \overline{\boldsymbol{r}}_i^- = \dfrac{\sum_{j \in F_i^-(r)} s_{ij}(r)\boldsymbol{r}_j}{\sum_{j \in F_i^-(r)} s_{ij}(r)} \end{cases} \qquad (8-23)$$

根据式（8-22），对于 $S_i(r) = 0$ 的自主体，存在一个平行于正负加权中心之间连线的作用力，它作用在自主体上，产生一个特殊的规则，该规则使自主体远离负友邻中心，并向正友邻中心移动。需要指出的是，当自主体间形成 α 格子，则格子上每个自主体 $S_i(r) = 0$ 且自主体的所有友邻都是中立友邻，并且形成无应力结构。以上分析的规则与自主体的速度一致性控制算法一起证明了无领导算法结构满足 Reynolds 的 3 项规则。但当无领导者算法结构的初始条件任意选取时，有可能出现分裂现象，如图 8-2 所示。整个群集经

过时间演化，分为若干个子群集，每个子群集仅能在局部交换信息，在局部涌现出蜂拥现象，而对于整体群集则产生了分裂现象。因此算法1对于初始条件要求非常苛刻。

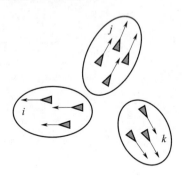

图 8-2　蜂拥的分裂示意

8.3.3.2　有领导者的算法结构

针对初始条件选择不当，无领导者算法结构有可能会产生分裂现象的问题，Olfati - Saber 提出了有虚拟领导者的蜂拥控制算法[10-11]，在式（8-13）基础上加入期望位置和速度的反馈项。结合航天器集群飞行的特点，本节讨论只有一个领导者的蜂拥控制算法。

首先考虑所有自主体均可感知领导者信息，其蜂拥控制算法结构（下文简称算法2）为

$$\boldsymbol{u}_i = \underbrace{\sum_{j \in N_i} \boldsymbol{\phi}_\alpha(\parallel \boldsymbol{r}_j - \boldsymbol{r}_i \parallel_\sigma) \boldsymbol{n}_{ij}}_{\text{gradient-based term}} + \underbrace{\sum_{j \in N_i} a_{ij}(r)(\boldsymbol{v}_j - \boldsymbol{v}_i)}_{\text{consensus term}} + \underbrace{f_i^r(\boldsymbol{r}_i, \boldsymbol{v}_i, \boldsymbol{r}_r, \boldsymbol{v}_r)}_{\text{navigational feedback}}$$

$$(8-24)$$

其中式（8-24）制导反馈项为

$$f_i^r(\boldsymbol{r}_i, \boldsymbol{v}_i, \boldsymbol{r}_r, \boldsymbol{v}_r) = -c_1(\boldsymbol{r}_i - \boldsymbol{r}_r) - c_2(\boldsymbol{v}_i - \boldsymbol{v}_r) \qquad (8-25)$$

式（8-25）中定义了一个虚拟的自主体，称为 γ 自主体，状态为 $(\boldsymbol{r}_r, \boldsymbol{v}_r)$，其作用是作为虚拟领导者为集群中所有自主体提供制导指令。若 γ 自主体为静态，则状态 $(\boldsymbol{r}_r, \boldsymbol{v}_r)$ 为集群提供了固定的交会点，若 γ 自主体为动态，其运动方程为

$$\begin{cases} \dot{\boldsymbol{r}}_r = \boldsymbol{v}_r \\ \boldsymbol{v}_r = f_r(\boldsymbol{r}_r, \boldsymbol{v}_r) \end{cases} \tag{8-26}$$

其中 $[\boldsymbol{r}_r(0), \boldsymbol{v}_r(0)] = (\boldsymbol{r}_d, \boldsymbol{v}_d)$。

在初始能量有限的假设条件下，Olfati - saber 证明了在单一领导者的控制算法式（8-24）的作用下，Reynolds 的三条规则均可以实现，其中包括聚合、速度匹配和避免碰撞。该算法在初始值任意选取时，即使网络拓扑结构不连通分成几个子组，最终也能保证实现整体蜂拥，避免发生分裂现象。

但是以上算法结构假设每个自主体都能感知领导者信息，这样的假设虽然能够保证所有自主体保持为一个内聚体。但是这个假设和自然界中很多实例并不相符。在自然界，群体中往往只有少数个体能够感知到引导信息，如食物位置或迁徙路线等。例如：研究发现鱼群中仅有少量的鱼具有迁徙的路线信息，但整个鱼群能够在它们的引导下游向目的地；蜂群中只有大概 5% 的蜜蜂知道新巢信息，但却能引导整个蜂群飞向新巢。Couzin 等[16]针对这种现象建立离散群体模型，并通过仿真证明只需群体中很少一部分自主体具有引导信息，群体中的绝大多数自主体就能实现期望的群体行为。

为此，在算法 2 基础上得到部分自主体可得到领导者信息的蜂拥控制算法结构（下文简称算法 3）[17]为

$$\boldsymbol{u}_i = \underbrace{\sum_{j \in N_i} \phi_\alpha(\parallel \boldsymbol{r}_j - \boldsymbol{r}_i \parallel_\sigma) \boldsymbol{n}_{ij}}_{\text{gradient-based term}} + \underbrace{\sum_{j \in N_i} a_{ij}(r)(\boldsymbol{v}_j - \boldsymbol{v}_i)}_{\text{consensus term}} +$$

$$M(\parallel \boldsymbol{r}_j - \boldsymbol{r}_i \parallel_\sigma) \underbrace{f_i^r(\boldsymbol{r}_i, \boldsymbol{v}_i, \boldsymbol{r}_r, \boldsymbol{v})}_{\text{navigational feedback}}$$

$$\tag{8-27}$$

式（8-27）中

$$M(\parallel \boldsymbol{r}_j - \boldsymbol{r}_i \parallel_\sigma) = \begin{cases} 1, & \parallel \boldsymbol{r}_j - \boldsymbol{r}_i \parallel_\sigma \leqslant \delta r \\ 0, & \parallel \boldsymbol{r}_j - \boldsymbol{r}_i \parallel_\sigma > \delta r \end{cases} \tag{8-28}$$

$M(\parallel \boldsymbol{r}_j - \boldsymbol{r}_i \parallel_\sigma) = 1$，表示自主体能够感知到领导者信息，$M(\parallel \boldsymbol{r}_j - \boldsymbol{r}_i \parallel_\sigma) = 0$，表示自主体无法感知到领导者信息。参数 δr

表示领导者信息能够被感知的范围，只有在以领导者位置 r_r 为中心，以 δr 为半径的球形区域内的自主体才能感知到虚拟领导者，这个区域外的自主体则无法感知到领导者信息。

8.3.4　仿真算例与分析

为了验证自主体群集在算法结构 1 式（8-13）、算法结构 2 式（8-24）以及算法结构 3 式（8-27）的控制作用下所涌现出的蜂拥行为，设计以下仿真算例并进行仿真验证。

8.3.4.1　仿真参数基本设置

考虑 50 个自主体在 3 维空间中运动，3 个方向的初始位置均在 $[0，50]$ m 之间随机取值，3 个方向的初始速度均在 $[-1，1]$ m/s 之间随机取值，仿真时间为 300 s，仿真离散步长 0.1，σ 范数中的参数 $\zeta = 0.1$，邻域半径 $r=1$ m，网络结构格子的期望相对距离 $d=5$ m，碰撞函数 $\rho_h(z)$ 中参数 $h=0.9$，作用力方程 ϕ_a 中参数 $a=1$，$b=2$。

对于算法结构 2，虚拟领导者的初始位置和速度设置与其他自主体以相同方式随机取值，领导者参数 $c_1 = 0.1$，$c_2 = 0.2$，领导者自主体被感知范围 $\delta r = 40$ m。

8.3.4.2　仿真结果与分析

（1）算法 1 的计算结果与分析

下面的仿真算例使用算法 1，式（8-13），进行仿真分析。由于自主体的初始状态是随机选择的，所以不能保证所有的自主体能够形成连通的信息拓扑结构，因此有可能会出现分裂现象。为了更有利于涌现出蜂拥行为，本算例 50 个自主体的初始位置在 $[0，30]$（m）随机取值。

仿真结果如图 8-3 所示，圆锥体代表自主体，圆锥体顶点所指方向为自主体运动的速度方向，连接线表示自主体之间的信息交换，可以看到 50 个自主体的运动在仿真 300 s 后，形成若干个局部蜂拥，并且有个别自主体脱离了群体，整个群集产生了分裂现象。

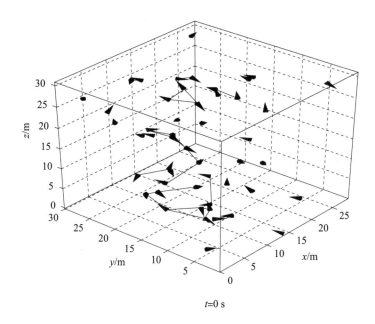

t=0 s

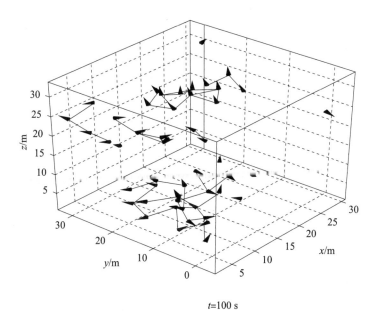

t=100 s

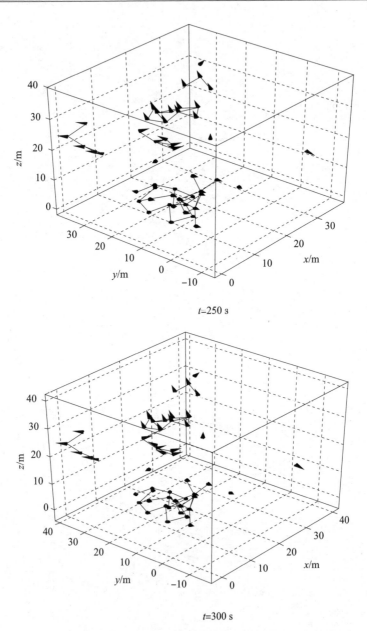

t–250 s

t=300 s

图 8 - 3 算法 1 的仿真结果 (n＝50)

（2）算法 2 的计算结果与分析

下面仿真算例采用算法 2［式（8-24）］进行仿真分析，并考虑所有自主体均可感知领导者信息。图 8-4 分别对初始时刻 0 s、中间时刻第 100 s 与第 250 s 以及最后时刻第 300 s 的自主体运动状态进行快照。多组随机初始状态的仿真实验结果表明，在每个自主体都能获得领导者引导信息的情况下，自主体群体能涌现出速度大小和方向一致的蜂拥行为。

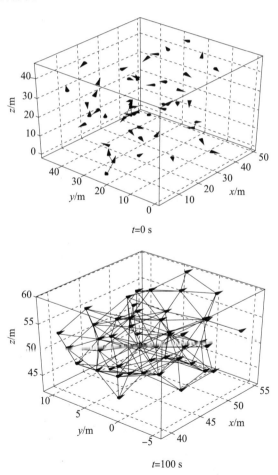

$t=0$ s

$t=100$ s

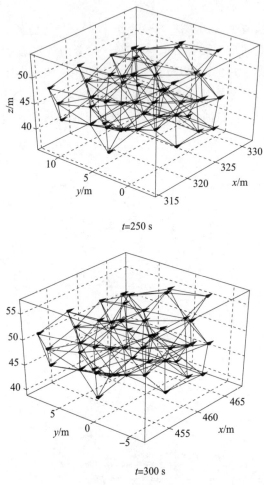

$t=250$ s

$t=300$ s

图 8-4　算法 2 的仿真结果（$n=50$）

（3）算法 3 的计算结果与分析

下面仿真算例采用对算法 3，式（8-27），进行仿真分析，并考虑领导者引导信息可被感知范围为以领导者自主体为中心、以 $\delta r=$ 40 m 为半径的球。分别对初始时刻 0 s，中间时刻第 100 s 与第 250 s，以及最后时刻第 300 s 的自主体运动状态进行快照。随机初始状态的仿真实验结果如图 8-5 所示。结果表明在部分自主体都能获得领导者引导信息的情况下，部分自主体能够形成连通拓扑结构，涌现出速度大小方向一致的蜂拥行为。

　　保持仿真条件不变，使可感知范围逐步增大，进行 50 次仿真。图 8 - 6 是形成蜂拥的自主体所占整个群体的比例与领导者可被感知范围内的自主体所占整个群体的比例之间的关系。空心圆点为每次仿真的结果，由于初始值随机选择，所以仿真结果也存在随机性，但是从拟合的曲线可以看出，能够形成蜂拥的自主体占整个群体的比例随着领导者自主体可被感知区域范围的增大而增加。

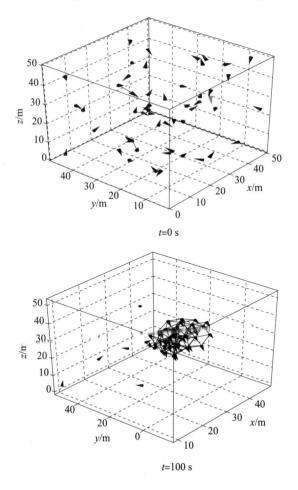

$t=0$ s

$t=100$ s

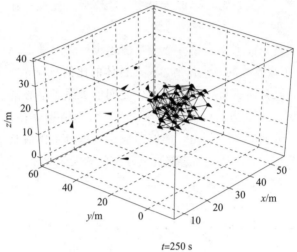

$t=250$ s

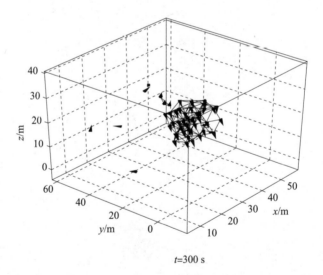

$t=300$ s

图 8-5　算法 3 的仿真结果（$n=50$）

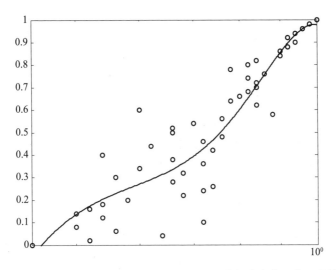

图 8 - 6　具有引导信息的自主体百分比与形成蜂拥自主体百分比的关系

8.4　航天器集群飞行的初始条件与蜂拥控制算法

从 8.2 节的分析可知，若将航天器看成一个自主体，航天器集群飞行可认为是一种蜂拥运动。因而可借鉴蜂拥控制的方法和思路研究航天器集群飞行的协调控制。本节从两个方面来研究航天器集群飞行：基于能量匹配原理来确定集群飞行的初始条件；再基于蜂拥控制算法，分析和设计多航天器保持相对运动周期有界性的航天器集群飞行控制算法。

8.4.1　初始条件要求与配置

8.4.1.1　初始条件要求

航天器集群从本质上来说是一种受自然界中蜂拥涌现现象启发而抽象出的仿生学方法的应用。自然界中的蜂拥包括鸟群、鱼群、蚁群等群体行为，这些生物群体在满足种群同一性的基础上，集群中的个体仅需要根据其邻居信息调整自己的个体行为，就可以使集群整体自组织地涌现出全局协调一致的行为，并以一种松散、协调、稳定的形态长期保持，快速灵活的实现聚集、分散、躲避天敌等活动。从内在机制上来看，这种蜂拥集群全局协调的行为是内在种群同一性机制与外在行为机制共同作用的结果。因此，为了实现航天器集群飞行，各成员航天器不仅要能模仿个体行为特征，而且要能够在运动特征上模拟航天器集群的种群同一性。

对于自然界中的生物集群来说，种群同一性机制表现为个体都是同一物种，具有相同的基因，这样，由基因决定的个体行为相互影响才能促使集群整体涌现出全局协调的行为。与此对应，航天器集群的种群同一性机制则表现为各成员航天器运动能量特征的一致性，即各成员航天器的轨道机械能匹配。一旦它们的能量匹配后，就可以消除航天器的长期漂移，在此基础上模拟个体行为，航天器集群就可以涌现出全局协调的整体行为。因此，能量匹配是航天器集群实现整体协调行为和稳定的集群飞行的基本条件。

综上所述，航天器集群飞行需满足能量匹配的基本条件，只有满足能量匹配的基本条件，才可以将航天器配置到更加合理的相对运动初始状态，实现航天器集群飞行的构建并且有利于轨道的长期保持与控制。因此，本节借鉴参考文献 [19]，基于能量匹配原理，求解航天器集群飞行的初始状态条件，使成员航天器与参考航天器具有相同的轨道机械能，为后续的轨道保持与控制奠定基础。

8.4.1.2　不考虑摄动影响的初始条件配置

当不考虑摄动影响时，为了消除轨道长期漂移，实现航天器集群的能量匹配，可以通过对动力学方程求解解析解得到的周期性初始条件与能量匹配初始条件的关系，得到满足能量匹配的初始条件。

应用能量匹配原理，使成员航天器 S_i 与参考航天器 S_0 具有相同的轨道机械能，需满足如下能量匹配条件

$$\frac{\|\boldsymbol{V}_0\|^2}{2} - \frac{\mu}{R_0} = \frac{\|\boldsymbol{V}_i\|^2}{2} - \frac{\mu}{R_i} \qquad (8-29)$$

式中 $\boldsymbol{V}_i$ 为航天器 S_i 满足能量匹配所需的轨道速度，由式（8-29）可得

$$\|\boldsymbol{V}_i\| = \sqrt{\|\boldsymbol{V}_0\|^2 + 2\mu\left(\frac{1}{R_i} - \frac{1}{R_0}\right)} \qquad (8-30)$$

参考航天器 S_0 的速度 $\boldsymbol{V}_0$ 和航天器 S_i 的速度 $\boldsymbol{V}_i$ 分别为

$$\boldsymbol{V}_0 = V_{0x}\hat{\boldsymbol{x}} + \frac{h}{R_0}\hat{\boldsymbol{y}} \qquad (8-31)$$

$$\boldsymbol{V}_i = (V_{0x} + \dot{x} - y\omega_z)\hat{\boldsymbol{x}} + \left(\frac{h}{R_0} + \dot{y} + x\omega_z - z\omega_x\right)\hat{\boldsymbol{y}} + (\dot{z} + y\omega_x)\hat{\boldsymbol{z}}$$
$$(8-32)$$

其中，对于开普勒轨道来说，角速度 $\omega_x = 0$，$\omega_z = \dot{f}_0 = \sqrt{\dfrac{\mu}{a_0^3}}$ $\dfrac{(1 + e_0\cos f_0)^2}{(1 - e_0^2)^{3/2}}$。

将能量匹配条件应用于周期匹配条件的速度方向，可以减少所需推进剂消耗

$$\boldsymbol{V}_{EM} = \frac{\|\boldsymbol{V}_r\|}{\|\boldsymbol{V}_{PM}\|}\boldsymbol{V}_{PM} \qquad (8-33)$$

式中，$\boldsymbol{V}_{PM}$ 为满足周期匹配的初始条件，由式（8-32）可得

$$\boldsymbol{V}_{PM} = (V_{0x} + \dot{x}_{0,PM} - y_0\omega_z)\hat{\boldsymbol{x}} + \left(\frac{h}{R_0} + \dot{y}_{0,PM} + x_0\omega_z\right)\hat{\boldsymbol{y}} + \dot{z}_{0,PM}\hat{\boldsymbol{z}}$$
$$(8-34)$$

将式（8-34）代入式（8-33），可得满足能量匹配的初始条件为

$$\begin{cases} \dot{x}_{0,EM} = \dfrac{\|\boldsymbol{V}_i\|}{\|\boldsymbol{V}_{PM}\|}\dot{x}_{0,PM} + \left(\dfrac{\|\boldsymbol{V}_i\|}{\|\boldsymbol{V}_{PM}\|} - 1\right)(V_{0x} - y_0\omega_z) \\[3mm] \dot{y}_{0,EM} = \dfrac{\|\boldsymbol{V}_i\|}{\|\boldsymbol{V}_{PM}\|}\dot{y}_{0,PM} + \left(\dfrac{\|\boldsymbol{V}_i\|}{\|\boldsymbol{V}_{PM}\|} - 1\right)\left(\dfrac{h}{R_0} + x_0\omega_z\right) \\[3mm] \dot{z}_{0,EM} = \dfrac{\|\boldsymbol{V}_i\|}{\|\boldsymbol{V}_{PM}\|}\dot{z}_{0,PM} \end{cases}$$
$$(8-35)$$

其中，周期匹配的初始条件为

$$\dot{x}_{0,PM} = 0 \qquad \dot{y}_{0,PM} = -\frac{n(2+e)}{(1+e)^{1/2}(1-e)^{3/2}}x_0 \qquad \dot{z}_{0,PM} = 0$$

$$(8-36)$$

将式（8-36）代入式（8-35），可化简为

$$\begin{cases} \dot{x}_{0,EM} = \left(\frac{\parallel \boldsymbol{V}_i \parallel}{\parallel \boldsymbol{V}_{PM} \parallel} - 1 \right)(V_{0x} - y_0\omega_z) \\[2mm] \dot{y}_{0,EM} = \frac{\parallel \boldsymbol{V}_i \parallel}{\parallel \boldsymbol{V}_{PM} \parallel}\left(-\frac{n(2+e)}{(1+e)^{1/2}(1-e)^{3/2}}x_0 \right) + \\[2mm] \qquad\qquad \left(\frac{\parallel \boldsymbol{V}_i \parallel}{\parallel \boldsymbol{V}_{PM} \parallel} - 1 \right)\left(\frac{h}{R_0} + x_0\omega_z \right) \\[2mm] \dot{z}_{0,EM} = 0 \end{cases}$$

$$(8-37)$$

式（8-37）即为不考虑摄动影响下，航天器集群飞行能量匹配的初始条件。

8.4.1.3　考虑 J_2 项摄动影响的初始条件配置

当考虑 J_2 项摄动影响时，J_2 项摄动会对相对运动有两方面的影响：法向运动与轨道面内运动发生耦合，引力梯度的方向与幅值也不再是常值[18-19]。因此，首先需要分析 J_2 项摄动对轨道法向运动和引力梯度方向的影响，根据 C-W 方程的解析解，建立 J_2 项摄动下线性化的初始条件，然后，通过线性化初始条件推导出能量匹配的初始条件。

8.4.1.3.1　线性化初始条件

在 J_2 摄动影响下，引力梯度势能不再为常量。根据第 2 章 2.2.2 节，考虑 J_2 摄动影响的引力势能梯度的表达式为

$$\nabla U_{J_2} = \frac{\mu}{R^2}\hat{\boldsymbol{x}} + \frac{k_{J_2}}{R^4}(1 - 3\sin^2 i \sin^2 u)\hat{\boldsymbol{x}} + \frac{k_{J_2}}{R^4}\frac{\sin^2 i \sin 2u}{R^4}\hat{\boldsymbol{y}} + \frac{k_{J_2}\sin 2i \sin u}{R^4}\hat{\boldsymbol{z}}$$

$$(8-38)$$

由于引力梯度 ∇U_{J_2} 不再沿着径向方向，因此，需要引入一个新的坐标系 $(\hat{x}'',\hat{y}'',\hat{z}'')$，使得 ∇U_{J_2} 沿着 $\hat{x}''$ 方向时 $\hat{y}''$ 依然位于轨道面内，从而求出新坐标系中的线性化初始条件。新坐标系 $(\hat{x}'',\hat{y}'',\hat{z}'')$ 可通过 LVLH 坐标系经过两次旋转得到，首先，绕着 z 轴逆时针旋转 α 角，得到坐标系 $(\hat{x}',\hat{y}',\hat{z}')$，然后，将此坐标系绕着 $\hat{y}'$ 轴顺时针旋转 β 角，即可得到所需的坐标系 $(\hat{x}'',\hat{y}'',\hat{z}'')$。其中，旋转角 α 和 β 分别为

$$\alpha = \arctan\left(\frac{\nabla U_{J_2} \cdot \hat{y}}{\nabla U_{J_2} \cdot \hat{x}}\right) \tag{8-39}$$

$$\beta = \arctan\left(\frac{\nabla U_{J_2} \cdot \hat{z}}{\sqrt{(\nabla U_{J_2} \cdot \hat{x})^2 + (\nabla U_{J_2} \cdot \hat{y})^2}}\right) \tag{8-40}$$

坐标系之间的旋转变换，由如下两式给出

$$\begin{bmatrix} x' \\ y' \\ z' \end{bmatrix} = \begin{bmatrix} \cos\alpha & \sin\alpha & 0 \\ -\sin\alpha & \cos\alpha & 0 \\ 0 & 0 & 1 \end{bmatrix} \begin{bmatrix} x \\ y \\ z \end{bmatrix} \tag{8-41}$$

$$\begin{bmatrix} x'' \\ y'' \\ z'' \end{bmatrix} = \begin{bmatrix} \cos\beta & 0 & \sin\beta \\ 0 & 1 & 0 \\ -\sin\beta & 0 & \cos\beta \end{bmatrix} \begin{bmatrix} x' \\ y' \\ z' \end{bmatrix} \tag{8-42}$$

对于开普勒轨道动力学来说，法向运动（或者面外运动）与轨道面内运动是解耦的。然而，对于 J_2 摄动影响下的相对运动来说，轨道 3 个方向的运动是相互耦合的，这将引起法向运动的振动，从而引起迹向漂移。为了消除这一影响，根据 C-W 方程的解析解，并且考虑 J_2 摄动对法向运动的影响，使长期项为零，可得在 $(\hat{x}'',\hat{y}'',\hat{z}'')$ 坐标系中的线性化初始条件为[19]

$$\begin{bmatrix} x''_{0,L,J_2} \\ y''_{0,L,J_2} \\ z''_{0,L,J_2} \end{bmatrix} = \begin{bmatrix} 0 & \frac{1}{2}\omega''_z & 0 \\ -2\omega''_z & 0 & 0 \\ 0 & 0 & -\omega''_z\tan u_0 \end{bmatrix} \begin{bmatrix} x''_0 \\ y''_0 \\ z''_0 \end{bmatrix} \tag{8-43}$$

其中，轨道角速度 $\omega_z'' = \sqrt{\parallel \nabla U_{J_2} \parallel / R_0}$，$u_0$ 为参考航天器初始纬度幅角。

下面，将式（8-43）转换到 LVLH 坐标系中，即可得到线性化的初始条件。

将式（8-42）代入式（8-43），可得

$$
\begin{bmatrix} x_{0,L,J_2}'' \\ y_{0,L,J_2}'' \\ z_{0,L,J_2}'' \end{bmatrix} = \begin{bmatrix} 0 & \dfrac{1}{2}\omega_z'' & 0 \\ -2\omega_z''\cos\beta & 0 & -2\omega_z''\sin\beta \\ \omega_z''\sin\beta\tan u_0 & 0 & -\omega_z''\cos\beta\tan u_0 \end{bmatrix} \begin{bmatrix} x_0' \\ y_0' \\ z_0' \end{bmatrix}
$$

$$(8-44)$$

将式（8-41）代入式（8-44），可得

$$
\begin{bmatrix} x_{0,L,J_2}'' \\ y_{0,L,J_2}'' \\ z_{0,L,J_2}'' \end{bmatrix} = \begin{bmatrix} -\dfrac{1}{2}\omega_z''\sin\alpha & \dfrac{1}{2}\omega_z''\cos\alpha & 0 \\ -2\omega_z''\cos\alpha\cos\beta & -2\omega_z''\sin\alpha\cos\beta & -2\omega_z''\sin\beta \\ \omega_z''\cos\alpha\sin\beta\tan u_0 & \omega_z''\sin\alpha\sin\beta\tan u_0 & -\omega_z''\cos\beta\tan u_0 \end{bmatrix} \begin{bmatrix} x_0 \\ y_0 \\ z_0 \end{bmatrix}
$$

$$(8-45)$$

为了求解以 $(\dot{x}_{0,L}'', \dot{y}_{0,L}'', \dot{z}_{0,L}'')$ 表示的 $(\dot{x}_{0,L}, \dot{y}_{0,L}, \dot{z}_{0,L})$，可通过对式（8-42）求逆代入式（8-41）的逆中，由此可得

$$
\begin{bmatrix} \dot{x}_{0,L,J_2} \\ \dot{y}_{0,L,J_2} \\ \dot{z}_{0,L,J_2} \end{bmatrix} = \begin{bmatrix} \cos\alpha\cos\beta & -\sin\alpha & -\cos\alpha\sin\beta \\ \sin\alpha\cos\beta & \cos\alpha & -\sin\alpha\sin\beta \\ \sin\beta & 0 & \cos\beta \end{bmatrix} \begin{bmatrix} \dot{x}_{0,L,J_2}'' \\ \dot{y}_{0,L,J_2}'' \\ \dot{z}_{0,L,J_2}'' \end{bmatrix}
$$

$$(8-46)$$

将式（8-45）代入式（8-46）中，得到 J_2 摄动影响下的线性化初始条件为

$$
\begin{cases}
\dot{x}_{0,L,J_2} = \omega_z''\Big[\Big(\dfrac{3}{2}\cos\alpha\sin\alpha\cos\beta - \cos^2\alpha\,\sin^2\beta\tan u_0\Big)x_0 + \\
\qquad\qquad \Big(\dfrac{1}{2}\cos^2\alpha\cos\beta + 2\sin^2\alpha\cos\beta - \cos\alpha\sin\alpha\,\sin^2\beta\tan u_0\Big)y_0 + \\
\qquad\qquad (2\sin\alpha\sin\beta + \cos\alpha\cos\beta\sin\beta\tan u_0)z_0\Big] \\[4pt]
\dot{y}_{0,L,J_2} = \omega_z''\Big[\Big(-2\cos^2\alpha\cos\beta - \dfrac{1}{2}\sin^2\alpha\cos\beta - \cos\alpha\sin\alpha\,\sin^2\beta\tan u_0\Big)x_0 + \\
\qquad\qquad \Big(-\dfrac{3}{2}\cos\alpha\sin\alpha\cos\beta - \sin^2\alpha\,\sin^2\beta\tan u_0\Big)y_0 + \\
\qquad\qquad (-2\cos\alpha\sin\beta + \sin\alpha\cos\beta\sin\beta\tan u_0)z_0\Big] \\[4pt]
\dot{z}_{0,L,J_2} = \omega_z''\Big[\Big(-\dfrac{1}{2}\sin\alpha\sin\beta + \cos\alpha\cos\beta\sin\beta\tan u_0\Big)x_0 + \\
\qquad\qquad \Big(\dfrac{1}{2}\cos\alpha\sin\beta + \sin\alpha\cos\beta\sin\beta\tan u_0\Big)y_0 - z_0\cos^2\beta\tan u_0\Big]
\end{cases}
$$

$$(8-47)$$

8.4.1.3.2　基于能量匹配的初始条件

在 J_2 摄动影响下，同样应用能量匹配原理，需满足如下条件

$$\frac{\|\boldsymbol{V}_0\|^2}{2} + U_0 = \frac{\|\boldsymbol{V}_{i,J_2}\|^2}{2} + U_i \qquad (8-48)$$

式中，参考航天器 S_0 的势能 U 和航天器 S_i 的势能 U_i 分别为

$$U_0 = -\frac{\mu}{R_0} - \frac{k_{J_2}}{R_0^3}\Big(\frac{1}{3} - \sin^2 i\,\sin^2 u\Big) \qquad (8-49)$$

$$U_i = -\frac{\mu}{R_i} - \frac{k_{J_2}}{R_i^3}\Big(\frac{1}{3} - \frac{z_i^2}{R_i^2}\Big) \qquad (8-50)$$

参考航天器速度 $\boldsymbol{V}_0$ 同式（8-31），$\boldsymbol{V}_{i,J_2}$ 为 J_2 摄动影响下航天器 S_i 满足能量匹配所需的轨道速度，由式（8-48）可改写为

$$\|\boldsymbol{V}_{i,J_2}\| = \sqrt{\|\boldsymbol{V}_0\|^2 + 2(U_0 - U_i)} \qquad (8-51)$$

航天器 S_i 的速度 $\boldsymbol{V}_i$ 为

$$\boldsymbol{V}_i = (V_{0x} + \dot{x} - y\omega_z)\hat{\boldsymbol{x}} + \Big(\frac{h}{R_0} + \dot{y} + x\omega_z - z\omega_x\Big)\hat{\boldsymbol{y}} + (\dot{z} + y\omega_x)\hat{\boldsymbol{z}}$$

$$(8-52)$$

其中，角速度 ω_x，ω_z 分别为

$$\omega_x = -\frac{k_{J_2}\sin 2i\sin u}{hR_0^3} \tag{8-53}$$

$$\omega_z = \dot{u} + \dot{\Omega}\cos i = h/R_0^2 \tag{8-54}$$

将能量匹配条件应用于线性化条件的速度方向，可以减少所需推进剂消耗

$$\boldsymbol{V}_{N,J_2} = \frac{\|\boldsymbol{V}_i\|}{\|\boldsymbol{V}_{L,J_2}\|}\boldsymbol{V}_{L,J_2} \tag{8-55}$$

式中，$\boldsymbol{V}_{L,J_2}$ 为满足线性化的初始条件，由式（8-52）可得

$$\boldsymbol{V}_{L,J_2} = (V_{x0} + \dot{x}_{0,L,J_2} - y_0\omega_z)\hat{\boldsymbol{x}} + \left(\frac{h}{R_0} + \dot{y}_{0,L,J_2} + x_0\omega_z - z_0\omega_x\right)\hat{\boldsymbol{y}} +$$

$$(\dot{z}_{0,L,J_2} + y_0\omega_x)\hat{\boldsymbol{z}}$$

$$\tag{8-56}$$

将式（8-56）代入式（8-55），可得满足能量匹配的初始条件为

$$\begin{cases} \dot{x}_{0,N,J_2} = \dfrac{\|\boldsymbol{V}_{i,J_2}\|}{\|\boldsymbol{V}_{L,J_2}\|}\dot{x}_{0,L,J_2} + \left(\dfrac{\|\boldsymbol{V}_{i,J_2}\|}{\|\boldsymbol{V}_{L,J_2}\|} - 1\right)(V_{0x} - y_0\omega_z) \\[4mm] \dot{y}_{0,N,J_2} = \dfrac{\|\boldsymbol{V}_{i,J_2}\|}{\|\boldsymbol{V}_{L,J_2}\|}\dot{y}_{0,L,J_2} + \left(\dfrac{\|\boldsymbol{V}_{i,J_2}\|}{\|\boldsymbol{V}_{L,J_2}\|} - 1\right)\left(\dfrac{h}{R_0} + x_0\omega_z - z_0\omega_x\right) \\[4mm] \dot{z}_{0,N,J_2} = \dfrac{\|\boldsymbol{V}_{i,J_2}\|}{\|\boldsymbol{V}_{L,J_2}\|}\dot{z}_{0,L,J_2} + \left(\dfrac{\|\boldsymbol{V}_{i,J_2}\|}{\|\boldsymbol{V}_{L,J_2}\|} - 1\right)y_0\omega_x \end{cases}$$

$$\tag{8-57}$$

将上一节得到的线性化初始条件式（8-47）代入式（8-57），整理可得 J_2 摄动影响下航天器集群满足能量匹配的初始条件

$$\begin{cases}
\dot{x}_{0,N,J_2} = \dfrac{\parallel \boldsymbol{V}_{i,J_2} \parallel}{\parallel \boldsymbol{V}_{L,J_2} \parallel} \Big[\Big(\dfrac{3}{2} \cos\alpha\sin\alpha\cos\beta - \cos^2\alpha \, \sin^2\beta \tan u_0 \Big) x_0 + \\
\qquad\quad \Big(\dfrac{1}{2} \cos^2\alpha\cos\beta + 2 \sin^2\alpha\cos\beta - \cos\alpha\sin\alpha \, \sin^2\beta \tan u_0 \Big) y_0 + \\
\qquad\quad (2\sin\alpha\sin\beta + \cos\alpha\cos\beta\sin\beta\tan u_0) z_0 \,] \omega''_z + \\
\qquad\quad \Big(\dfrac{\parallel \boldsymbol{V}_{i,J_2} \parallel}{\parallel \boldsymbol{V}_{L,J_2} \parallel} - 1 \Big) (V_{0x} - y_0 \omega_z) \\[4pt]
\dot{y}_{0,N,J_2} = \dfrac{\parallel \boldsymbol{V}_{i,J_2} \parallel}{\parallel \boldsymbol{V}_{L,J_2} \parallel} \Big[\Big(-2 \cos^2\alpha\cos\beta - \dfrac{1}{2} \sin^2\alpha\cos\beta - \\
\qquad\quad \cos\alpha\sin\alpha \, \sin^2\beta \tan u_0 \big) x_0 + \\
\qquad\quad \Big(-\dfrac{3}{2} \cos\alpha\sin\alpha\cos\beta - \sin^2\alpha \, \sin^2\beta \tan u_0 \Big) y_0 + \\
\qquad\quad (-2\cos\alpha\sin\beta + \sin\alpha\cos\beta\sin\beta\tan u_0) z_0 \,] \omega''_z + \\
\qquad\quad \Big(\dfrac{\parallel \boldsymbol{V}_{i,J_2} \parallel}{\parallel \boldsymbol{V}_{L,J_2} \parallel} - 1 \Big) \Big(\dfrac{h}{R_0} + x_0 \omega_z - z_0 \omega_x \Big) \\[4pt]
\dot{z}_{0,N,J_2} = \dfrac{\parallel \boldsymbol{V}_{i,J_2} \parallel}{\parallel \boldsymbol{V}_{L,J_2} \parallel} \Big[\Big(-\dfrac{1}{2} \sin\alpha\sin\beta + \cos\alpha\cos\beta\sin\beta\tan u_0 \Big) x_0 + \\
\qquad\quad \Big(\dfrac{1}{2} \cos\alpha\sin\beta + \sin\alpha\cos\beta\sin\beta\tan u_0 \Big) y_0 - z_0 \, \cos^2\beta \tan u_0 \,] \omega''_z + \\
\qquad\quad \Big(\dfrac{\parallel \boldsymbol{V}_{i,J_2} \parallel}{\parallel \boldsymbol{V}_{L,J_2} \parallel} - 1 \Big) y_0 \omega_x
\end{cases}$$

$$(8-58)$$

对于以上所得的不同初始条件进行配置，平均所需脉冲可以表示为 $\Delta \overline{V} = \dfrac{1}{n} \sum\limits_{i=1}^{n} \parallel \Delta \boldsymbol{V} \parallel$。

8.4.1.4　仿真算例与分析

为了验证上文中基于能量匹配原理得到的航天器集群初始条件的有效性和可行性，本节中将以 5 个航天器为例，对 500 个轨道周期内的轨道漂移进行如下仿真验证，并且对其结果进行分析比较。

8.4.1.4.1　仿真任务设计及参数设置

参考航天器的参数设置选择如表 8－1 所示。

表 8－1　参考航天器参数设置

轨道要素	a/km	e	$i/(°)$	$u_0/(°)$
取值	7 000	0	45	45

各航天器成员在轨道坐标系中的初始位置在 3 个轴方向均为一标准正态分布，其表达式为 $(x_0, y_0, z_0) = [N(0,\sigma), N(0,\sigma), N(0,\sigma)]$，其中，标准偏差 $\sigma = 500\ \text{m}$。

仿真验证中的 3 个参数分别为航天器轨道漂移 D_i、平均轨道漂移 $\overline{D}$ 和平均所需脉冲 $\Delta \overline{V}$。其中，航天器轨道漂移 D_i 定义为轨道坐标系中各轨道周期的 y 向最大值与第一个轨道周期的 y 向最大值之差，如图 8－7 所示。平均轨道漂移 $\overline{D} = \dfrac{1}{n} \sum_{i=1}^{n} D_i$。

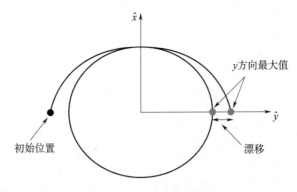

图 8－7　航天器轨道漂移

算例 1：不考虑摄动影响的航天器集群初始条件验证。采用不考虑摄动影响的非线性精确相对运动方程为动力学模型，式（8－36）、式（8－37）为初始条件，进行对比验证。

算例 2：J_2 摄动影响下航天器集群初始条件验证。采用仅考虑 J_2 摄动的非线性精确相对运动方程为动力学模型，式（8－47）、式（8－58）为初始条件，进行对比验证。

8.4.1.4.2　仿真结果与分析

算例 1：不考虑 J_2 摄动影响的航天器集群初始条件，仿真结果如图 8-8、图 8-9 所示。

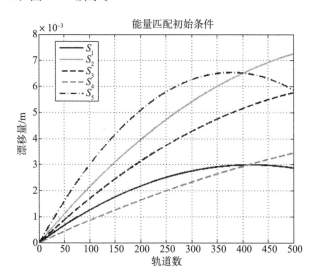

图 8-8　5 个航天器随轨道周期的轨道漂移

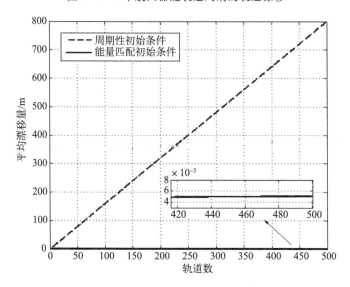

图 8-9　5 个航天器随轨道周期的平均轨道漂移

如图 8-8 所示，5 个航天器在能量匹配初始条件下，无控飞行 500 个轨道周期，航天器的最大漂移不超过 0.008 m。

图 8-9 为 5 个航天器在周期性初始条件和能量匹配条件下，平均轨道漂移随轨道周期的变化对比图。可以看出，经过 500 个轨道周期，周期性初始条件平均轨道漂移达到 799 m，约 1.59 m/周期，而能量匹配初始条件下的平均轨道漂移为 0.005 m，约 0.000 01 m/周期，明显降低了轨道漂移，提高了航天器集群飞行的稳定性。

此外，将 5 个航天器配置到周期性初始条件，平均所需脉冲为 1.047 056 m/s，而配置到能量匹配初始条件所需为 1.047 030 m/s，较周期性初始条件所耗推进剂要小，并且明显改善了轨道漂移率。由此可见，对于不考虑摄动时的动力学模型，基于能量匹配原理所得初始条件是具有可行性和有效性的。

算例 2：J_2 摄动影响下的航天器集群初始条件，仿真结果如图 8-10、图 8-11 所示。

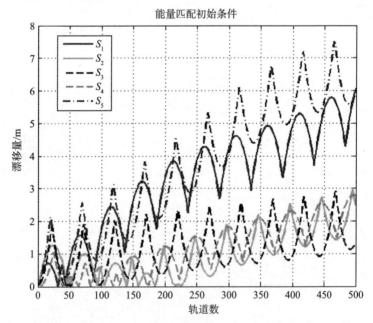

图 8-10　5 个航天器随轨道周期的轨道漂移

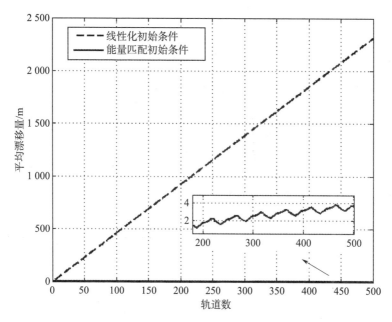

图 8-11　5 个航天器随轨道周期的平均轨道漂移

如图 8-10 所示，5 个航天器在能量匹配初始条件下，无控飞行 500 个轨道周期，航天器的最大漂移不超过 8 m。

图 8-11 为 5 个航天器在线性化初始条件和能量匹配条件下，平均轨道漂移随轨道周期的变化对比图。可以看出，经过 500 个轨道周期，线性化初始条件平均轨道漂移达到 2 300 m，约 4.61 m/周期，而能量匹配初始条件下的平均轨道漂移为 3.72 m，约 0.007 m/周期，漂移呈现缓慢增长的趋势，明显降低了轨道漂移，提高了航天器集群飞行的稳定性。

此外，将 5 个航天器配置到线性化初始条件，平均所需脉冲为 1.219 465 m/s，而配置到能量匹配初始条件所需为 1.219 443 m/s，较线性化初始条件所耗推进剂要少，并且明显改善了轨道漂移率。由此可见，对于 J_2 摄动影响下的动力学模型，基于能量匹配原理所得初始条件是具有可行性和有效性的。

8.4.2　蜂拥控制算法设计与仿真

　　根据航天器集群飞行的特点，要求其在任务周期中各航天器之间的相对距离保持在一定的范围内，形成全局协调一致，周期有界的协同运动，这与自然界中生物集群聚集、分散、躲避天敌、觅食等蜂拥涌现行为相似，集群中的个体仅需要根据其邻居信息调整自己的个体行为，就可以使集群整体自组织地涌现出全局协调一致的行为，并以一种松散、协调、稳定的形态长期保持。因此，可以借助这种蜂拥涌现的控制机制来实现航天器集群的在轨机动，形成全局协调一致的行为。

8.4.2.1　控制算法

　　由 8.1 节可知，航天器集群飞行可以看作为更一般的蜂拥涌现行为，能量匹配的初始条件可以看作为蜂拥涌现的种群同一性，相应地，航天器集群在轨机动时可以看作为个体行为的模拟。因此，结合 Boids 蜂拥控制模型，航天器集群飞行的蜂拥控制目标可描述为

$$\begin{cases} \lim\limits_{t \to \infty} \| \boldsymbol{x}_i(t) - \boldsymbol{x}_j(t) \| \in \left[x_{\min}^d, x_{\max}^d \right] \\ \lim\limits_{t \to \infty} \| a_i(t) - a_j(t) \| = 0, \quad i,j = 1,\cdots,N \end{cases} \tag{8-59}$$

式中 $\boldsymbol{x}_i(t)$ 表示 t 时刻航天器 S_i 的运动状态，$\left[x_{\min}^d, x_{\max}^d \right]$ 表示航天器 S_i 与其邻域内的航天器 S_j 之间的相对距离约束，$a_i(t)$ 表示 t 时刻航天器 S_i 的半长轴。

　　对于开普勒轨道而言，航天器总机械能由其运行轨道半长轴 a 与质量 m 决定，如果假设集群内航天器同质（下文均作此假设），则半长轴 a 决定航天器轨道机械能。因此，不考虑 J_2 项等摄动因素的前提下，集群内航天器半长轴 a 相同，则满足周期相对运动的能量匹配条件，航天器满足轨道约束，长期项被消除，形成周期有界的相对运动。当考虑 J_2 项等摄动因素时，有界周期的相对运动则要求集群内航天器半长轴 a 同步变化。

但是由于轨道半长轴 a 在测量和控制方面都存在困难，直接以半长轴 a 为状态设计控制律，工程实现性差。因此通过对其他间接控制状态来设计控制律，例如通过对相对位置、速度的控制实现半长轴的一致。

假设总共有 N 个航天器，以 C - W 方程为航天器集群的相对运动模型，为了实现集群飞行的协调一致运动，选取基于 Olfati 多智能体蜂拥控制算法 2 进行控制律的设计，实现航天器集群飞行的协调一致运动。

航天器 S_i 的控制输入设计为如下形式

$$\boldsymbol{u}_i = \sum_{j \in N_i} \phi_a (\parallel \boldsymbol{r}_j - \boldsymbol{r}_i \parallel_\sigma) \boldsymbol{n}_{ij} + \sum_{j \in N_i} a_{ij}(q)(\boldsymbol{v}_j - \boldsymbol{v}_i) + f_i^\gamma(\boldsymbol{r}_i, \boldsymbol{v}_i, \boldsymbol{r}_r, \boldsymbol{v}_r)$$

$$(8 - 60)$$

式中第 1 项和第 2 项分别为第 i 个航天器和其邻域内的第 j 个航天器间的位置、速度反馈，代表航天器集群飞行的一致性控制项，目的是使航天器集群飞行实现蜂拥涌现的聚合、分离与半长轴匹配；第 3 项用于调整航天器 S_i 的状态量以跟随领导者，避免整个集群发生分裂现象。在航天器集群飞行中领导者可以根据任务需要或约束来选择航天器中的某一颗或某几颗作为领导者，或者以虚拟点来作为领导者，从而实现整体机动。下面给出各项的具体表达式。

对于式（8 - 60）中的第一项，为了构造光滑的势能函数，定义一个非负映射，σ 范数，其数学定义为

$$\parallel z \parallel_\sigma = \frac{1}{\epsilon} \left[\sqrt{1 + \epsilon \parallel z \parallel^2} - 1 \right], \epsilon > 0 \qquad (8 - 61)$$

假设航天器间的邻接关系依赖于相互间的位置关系，设 $r > 0$ 为航天器间的最大通信距离，即相互间的感知范围，以此为半径的球面内决定了 t 时刻能够传递信息给航天器 S_i 的邻居集

$$N_i = \{i, j \in \mathcal{V} : \rho_{ij} < r_a\}(r_a = \parallel r \parallel_\sigma) \qquad (8 - 62)$$

$\mathscr{A} = [a_{ij}]$ 为关于航天器集群内部信息网络图的邻接矩阵，各元素定义为

$$a_{ij}(q) = \begin{cases} \rho_h(\|r_j - r_i\|_\sigma / r_a) & (j \neq i) \\ 0 & (j = i) \end{cases} \tag{8-63}$$

式中，ρ_h 为 0 到 1 之间的光滑函数

$$\rho_h(z) = \begin{cases} 1, z \in [0, h) \\ \dfrac{1}{2}[1 + \cos(\pi\dfrac{(z-h)}{(1-h)})], z \in [h, 1] \\ 0, \text{其他} \end{cases} \tag{8-64}$$

其中，$h \in (0,1)$。当航天器间的相对距离连续变化时，邻接矩阵的元素 $a_{ij}(q)$ 在 $[0,1]$ 区间连续变化，航天器 S_i 的邻居集 N_i 也在动态变化，因此，航天器集群的拓扑结构是动态变化的切换拓扑。

涌现势能函数

$$\phi_a(z) = \rho_h(z/r_a)\phi(z - d_a) \tag{8-65}$$

$$\phi(z) = \frac{1}{2}[(a+b)\sigma_1(z+c) + (a-b)] \tag{8-66}$$

其中，$\sigma_1(z) = \dfrac{z}{\sqrt{1+z^2}}$，参数 $0 < a \leqslant b$，$c = |a - b| / \sqrt{4ab}$。d 为航天器间期望的相对距离上限，$d_a = \|d\|_\sigma$。式（8-60）中，

$$\boldsymbol{n}_{ij} = \frac{\boldsymbol{r}_j - \boldsymbol{r}_i}{\sqrt{1 + \varepsilon\|\boldsymbol{r}_j - \boldsymbol{r}_i\|^2}} \tag{8-67}$$

领导者航天器的影响

$$\boldsymbol{u}_i^r = f_i^r(\boldsymbol{r}_i, \boldsymbol{v}_i, \boldsymbol{r}_r, \boldsymbol{v}_r) = -c_1(\boldsymbol{r}_i - \boldsymbol{r}_r) - c_2(\boldsymbol{v}_i - \boldsymbol{v}_r) \tag{8-68}$$

其中，$c_1 > 0, c_2 > 0$。$(\boldsymbol{r}_r, \boldsymbol{v}_r)$ 为领导者航天器的状态量。

8.4.2.2　仿真算例与结果分析

8.4.2.2.1　仿真任务设计及参数设置

为了验证本章设计的航天器集群飞行蜂拥涌现控制算法的有效性，选择 5 个航天器组成的集群从不稳定初始状态开始，以控制律式（8-60）作为协同控制方法，形成协调一致的机动行为，保持周期有界的相对运动作为仿真算例进行验证。5 个航天器的初始位置与初始速度如表 8-2 所示。

表 8-2　初始状态设置

航天器	初始位置/m			初始速度/（m/s）		
	x_0	y_0	z_0	$\dot{x}_0$	$\dot{y}_0$	$\dot{z}_0$
S_1	351.88	0	510.65	0	−0.778 89	0
S_2	45.48	404.64	616.54	0.290 8	−0.327 0	0.365 7
S_3	161.35	665.54	303.27	0.303 3	−0.455 8	0.245 5
S_4	−445.52	−357.28	656.22	0.268 4	0.543 9	0.615 9
S_5	−593.89	−175.89	−47.94	0.325 4	0.587 6	0.248 2

算例中参考轨道为 500 km 高度的圆参考轨道，以航天器 1 为控制律中的领导者航天器，该航天器机动时，其余航天器跟随领导者航天器实现协调一致的整体机动和集群飞行，分为如下两种算例仿真。

算例 1：领导者航天器无控制，做自然的周期轨道运动，其余航天器跟随领导者航天器一起协调机动，如图 8-12 所示。

算例 2：给领导者航天器沿 x 轴、y 轴施加恒定的控制，其余航天器跟随领导者航天器一起协调机动，如图 8-13 所示。

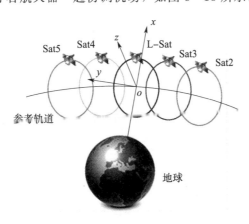

图 8-12　算例 1 空间示意图

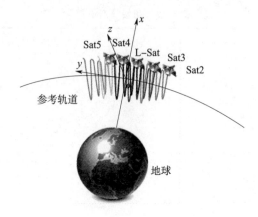

图 8-13　算例 2 空间示意图

　　针对上述算例，取仿真步长为 1 s，仿真时间为 5 个轨道周期，航天器间通信距离 $r = 1\,200$ m，航天器间期望的相对距离上限 $d = 1\,000$ m，控制器中的参数取值为 $c = 0.1$，$h = 0.2$，$a = b = 0.5$，$c_1 = 0.001$，$c_2 = 0.002$。

8.4.2.2.2　仿真结果与分析

　　算例 1：领导者航天器无控制，做自然的周期轨道运动，其余航天器跟随领导者航天器一起协调机动。

　　算例 2：给领导者航天器沿 x 轴、y 轴施加恒定的控制，其余航天器跟随领导者航天器一起协同运动。

　　对于算例 1，当领导者航天器不受控制，满足自然周期轨道运动时，仿真结果如图 8-14 ～图 8-19 所示。由图 8-14 和图 8-15 可以看出，在蜂拥涌现控制律的作用下，各航天器可以跟随领导者航天器由初始不稳定状态实现周期运动，并且半长轴由不同的初始值趋于一致。图 8-16 和图 8-17 分别为各航天器在三个轴方向的位置、速度变化曲线，可以看出经过较短时间各航天器能够较好的实现蜂拥涌现行为，位置、速度趋于协调一致状态。由图 8-18 可以看出各航天器所需控制加速度是合理的。由图 8-19 可以看出，各航天器间相对距离均随时间收敛到期望的相对距离上限以内并且保持稳定。

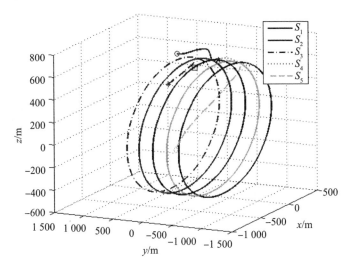

图 8 - 14　三维轨迹

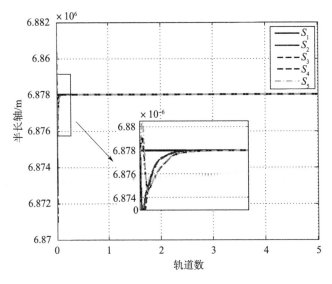

图 8 - 15　各航天器半长轴变化

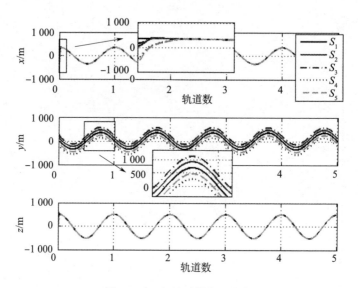

图 8-16　各航天器位置变化

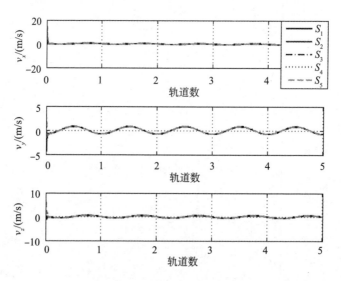

图 8-17　各航天器速度变化

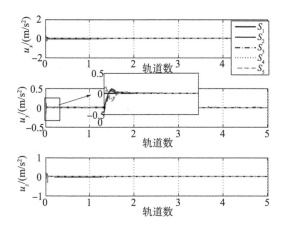

图 8-18　各航天器控制加速度变化

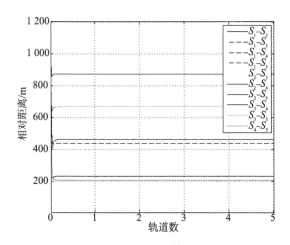

图 8-19　各航天器相对距离变化

对于算例 2，当领导者航天器沿 x 轴和 y 轴施加恒定的控制时，仿真结果如图 8-20～图 8-25 所示。由图 8-20 和图 8-21 可以看出其余航天器能够跟随领导者航天器一起机动，并且半长轴由不同初始值趋于一致。由图 8-22 和图 8-23 可以看出，尽管领导者航天器沿 x 轴和 y 轴施加了控制，其余各航天器依然能够跟随领导者航天器实现协调运动，位置、速度趋于协调一致状态。由图 8 - 24 可以看出，各航天器所需控制加速度是合理的。由图 8 - 25 可以看出，各航天器间相对距离均随时间收敛到期望的相对距离上限以内并且保持稳定。

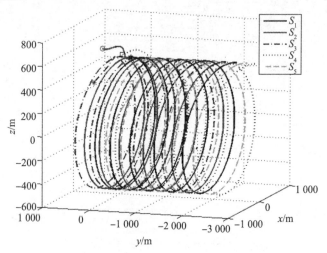

图 8 - 20　三维轨迹

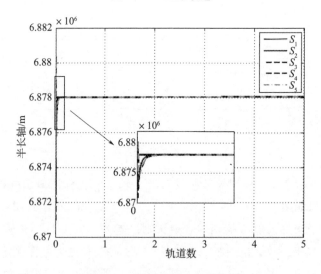

图 8 - 21　各航天器半长轴变化

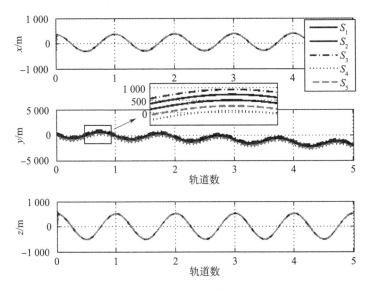

图 8 - 22 各航天器位置变化

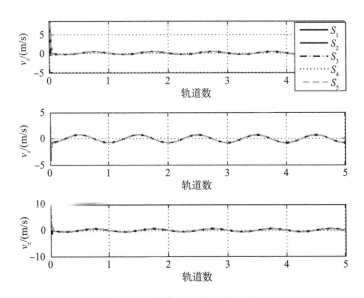

图 8 - 23 各航天器速度变化

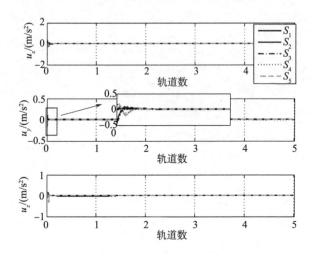

图 8 - 24　各航天器控制加速度变化

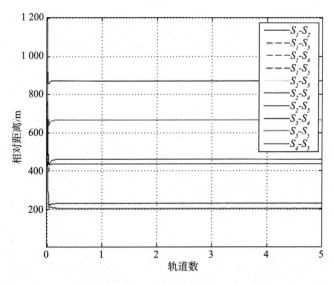

图 8 - 25　各航天器相对距离变化

　　综上所述，针对不同的仿真算例，在本节所设计的航天器集群飞行的蜂拥涌现控制律作用下，各航天器能够跟随领导者自主实现全局协调一致的集群飞行，并且保持有界的相对运动，说明控制律是可行的和有效的。

8.5　基于周期延迟误差同步的航天器集群蜂拥控制

本节基于蜂拥控制思想研究航天器集群飞行协同控制问题，建立一种基于周期延迟误差同步的航天器集群飞行协同控制方法。首先借鉴周期系统时间延迟反馈控制中周期时间延迟的思想[20]，以集群航天器周期延迟误差作为协同控制的状态量，建立航天器集群的周期延迟误差动力学模型。在协同控制律的作用下，使集群航天器运动轨迹在庞加莱截面上投影同步静止（不考虑摄动影响）或同步运动（考虑摄动影响），最终目的是使集群航天器间获得周期有界相对运动。其次，在分布式最优协同控制律的设计中，通过选择合适的耦合增益标量，确保 Laplacian 矩阵特征值与耦合增益标量构成的复参数在复平面的可同步区域内[21]，从而使反馈增益矩阵的设计与信息拓扑结构特征相互解耦，这样采用经典的线性二次调节器（LQR）设计分布式最优协同反馈控制律，即能保证集群闭环系统的稳定。

8.5.1　周期延迟误差状态方程

8.5.1.1　航天器相对运动的状态空间模型

选择空间中一个参考点作为参考航天器 S_0，假设参考航天器 S_0 运行在不受摄动影响的圆参考轨道上。在参考相对系 s_R 下，以 2.2.5.1 节式（2-42）作为相对运动模型。为了便于下文推导，将航天器 S_i 的动力学模型记为以下状态空间形式

$$\begin{bmatrix} \dot{\boldsymbol{r}}_i \\ \ddot{\boldsymbol{r}}_i \end{bmatrix} = \begin{bmatrix} \boldsymbol{0}_{3\times3} & \boldsymbol{I}_3 \\ \boldsymbol{A}_{s1} & \boldsymbol{A}_{s2} \end{bmatrix} \begin{bmatrix} \boldsymbol{r}_i \\ \dot{\boldsymbol{r}}_i \end{bmatrix} + \begin{bmatrix} \boldsymbol{0}_{3\times3} \\ \boldsymbol{I}_3 \end{bmatrix} \boldsymbol{u}_i \tag{8-69}$$

其中，$\boldsymbol{r}_i, \dot{\boldsymbol{r}}_i$ 分别为航天器 S_i 相对于参考航天器 S_0 的相对位置和速度

状态，$\boldsymbol{A}_{s1} = \begin{bmatrix} (5c^2 - 2)n^2 & 0 & 0 \\ 0 & 0 & 0 \\ 0 & 0 & -q^2 \end{bmatrix}$，$\boldsymbol{A}_{s2} = \begin{bmatrix} 0 & 2nc & 0 \\ -2nc & 0 & 0 \\ 0 & 0 & 0 \end{bmatrix}$，$\boldsymbol{u}_i =$

$\boldsymbol{f}_i + \boldsymbol{f}_{J_2,i}$，$\boldsymbol{0}_{3\times3}$ 为 3×3 的全零矩阵，$\boldsymbol{I}_3$ 为 3 阶单位阵。这里，$\boldsymbol{f}_i = [f_{x,i}, f_{y,i}, f_{z,i}]^{\mathrm{T}}$ 为作用于航天器 S_i 径向、横向与法向的控制力产生加速度，$\boldsymbol{f}_{J_2,i}$ 为 J_2 项摄动产生的摄动加速度

$$\boldsymbol{f}_{J_2,i} = \begin{bmatrix} -\dfrac{3}{4} K_{J_2} \cos(2kt) \\ -\dfrac{1}{2} K_{J_2} \sin(2kt) \\ -2lq \cos(qt + \phi) \end{bmatrix} \tag{8-70}$$

其中

$$\begin{cases} k = nc + \dfrac{3nJ_2 R_e^2}{2R_0^2} \cos^2 i_0 \\ K_{J_2} = 3n^2 J_2 (R_e^2/r_0) \sin^2 i_0 \\ \qquad c = \sqrt{1+s} \\ s = \dfrac{3J_2 R_e^2}{8R_0^2} (1 + 3\cos 2i_0) \end{cases}$$

另外，q, l, ϕ 的计算过程，详见第 2 章。

8.5.1.2　航天器周期延迟误差状态空间模型

假设集群飞行的所有航天器相同，为了便于控制律推导，将式（8-69）表示为 $\dot{\boldsymbol{x}}_i(t) = \boldsymbol{A}\boldsymbol{x}_i(t) + \boldsymbol{B}\boldsymbol{u}_i(t)$，则延迟周期 T 的无控制自治状态为 $\boldsymbol{x}_i(t-T) = \boldsymbol{A}\boldsymbol{x}_i(t-T)$，记 $\delta\boldsymbol{x}_i(t) = \boldsymbol{x}_i(t) - \boldsymbol{x}_i(t-T)$。对 $\delta\boldsymbol{x}_i(t)$ 取微分并整理，有

$$\begin{aligned} \delta\dot{\boldsymbol{x}}_i &= \dot{\boldsymbol{x}}_i(t) - \dot{\boldsymbol{x}}_i(t-T) \\ &= \boldsymbol{A}\boldsymbol{x}_i(t) - \boldsymbol{A}\boldsymbol{x}_i(t-T) + \boldsymbol{B}\boldsymbol{u}_i(t) \end{aligned} \tag{8-71}$$

$$\begin{cases} \dot{\boldsymbol{x}}_i = \boldsymbol{A}\boldsymbol{x}_i(t) & t \leqslant T \\ \delta\dot{\boldsymbol{x}}_i = \boldsymbol{A}\delta\boldsymbol{x}_i(t) + \boldsymbol{B}\boldsymbol{u}_i(t) & t > T \end{cases} \tag{8-72}$$

$$\delta\boldsymbol{x}_{i0} = \delta\boldsymbol{x}_i(0) = \boldsymbol{x}_i(T) - \boldsymbol{x}_i(0) \tag{8-73}$$

式（8-72）即为集群中任意航天器 S_i 的周期延迟误差状态方程，这是一个线性系统。需要指出的是，式（8-72）的初始状态定义为 T 时刻的状态。

8.5.1.3　集群系统周期延迟误差状态开环动力学模型

集群系统周期延迟误差 δx 由集群中 N 个航天器的状态构成，即 $\delta x = [\delta x_1^T \delta x_2^T \cdots \delta x_N^T]^T$，这样集群系统动力学模型为

$$\begin{cases} \dot{x}(t) = \bar{A}x(t) & t \leqslant T \\ \delta \dot{x}(t) = \bar{A}\delta x(t) + \bar{B}u(t) & t > T \end{cases} \quad (8-74)$$

式（8-74）中 $u(t)$ 为集群系统的控制输入，由集群中 N 个航天器的控制输入组成，即 $u = [u_1^T u_2^T \cdots u_N^T]^T$。其中 $\bar{A} = I_N \otimes A$，$\bar{B} = I_N \otimes B$，I_N 为 N 阶单位矩阵，符号 $\otimes$ 表示 Kronecker 直积。在后文中，在不引起混淆的情况下，忽略式（8-72）与式（8-74）中的 δ，将航天器 S_i 与集群系统周期延迟误差状态项分别表示为 $\tilde{x}_i, \tilde{x}$。其中位置项和速度项分别表示为 $\tilde{r}_i, \tilde{r}, \dot{\tilde{r}}_i, \dot{\tilde{r}}$。

8.5.2　最优协同控制律设计

8.5.2.1　协同控制律的结构

为实现多航天器集群飞行，以式（8-72）为动力学模型，依据线性二阶系统一致性算法式（4-13）设计如下结构的协同控制律

$$u_i = \begin{cases} 0 & t \leqslant T \\ -c \sum_{j=1}^{N} a_{ij} \{K_1 [\tilde{r}_j(t) - \tilde{r}_i(t)] + K_2 [\dot{\tilde{r}}_j(t) - \dot{\tilde{r}}_i(t)]\} & t > T \end{cases}$$

$$(8-75)$$

式（8-75）中 c 为反馈标量耦合增益，a_{ij} 为信息拓扑图的邻接矩阵 $\mathscr{A}$ 的元素，K_1, K_2 分别为位置和速度延迟误差状态项的增益矩阵。

设计协同控制律式（8-75）的目的是使集群飞行的所有航天器的运动轨道在其每个时刻的庞加莱截面上的投影运动同步，从而实

现航天器运动的能量匹配与周期性约束，如图 8 - 26 所示。

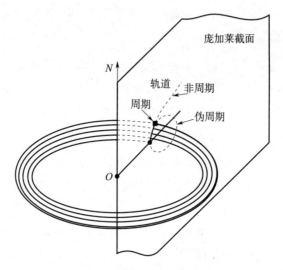

图 8 - 26　庞加莱截面上周期延迟误差示意

这样航天器 $S_i, i = 1, \cdots, N$ 在一个轨道周期之后的周期延迟误差闭环动力学方程为

$$\begin{bmatrix} \dot{\tilde{\boldsymbol{r}}}_i \\ \ddot{\tilde{\boldsymbol{r}}}_i \end{bmatrix} = \begin{bmatrix} \boldsymbol{0}_{3\times 3} & \boldsymbol{I}_3 \\ \boldsymbol{A}_{s1} & \boldsymbol{A}_{s2} \end{bmatrix} \begin{bmatrix} \tilde{\boldsymbol{r}}_i \\ \dot{\tilde{\boldsymbol{r}}}_i \end{bmatrix} - c \sum_{j=1}^{N} a_{ij} \begin{bmatrix} \boldsymbol{0}_{3\times 3} & \boldsymbol{0}_{3\times 3} \\ \boldsymbol{K}_1 & \boldsymbol{K}_2 \end{bmatrix} \begin{bmatrix} \tilde{\boldsymbol{r}}_j(t) - \tilde{\boldsymbol{r}}_i(t) \\ \dot{\tilde{\boldsymbol{r}}}_j(t) - \dot{\tilde{\boldsymbol{r}}}_i(t) \end{bmatrix}$$

$$(8 - 76)$$

根据式（8 - 76），航天器集群系统周期延迟误差闭环动力学方程为

$$\dot{\tilde{\boldsymbol{x}}} = (\boldsymbol{I}_N \otimes \boldsymbol{A} + c \mathscr{L} \otimes \boldsymbol{B} \boldsymbol{K}) \tilde{\boldsymbol{x}} \qquad (8 - 77)$$

其中，$\boldsymbol{K} = \begin{bmatrix} \boldsymbol{K}_1 & \boldsymbol{K}_2 \end{bmatrix}$。

下面分析在分布式协同控制律式（8 - 75）作用下，航天器闭环系统式（8 - 76）与集群整体系统式（8 - 77）的稳定性。

定理 8.1：当集群内航天器之间信息拓扑中存在一个最大生成树时，当且仅当 $\boldsymbol{A} + c\lambda_i \boldsymbol{B} \boldsymbol{K}, i = 2, \cdots, N$ 是胡尔维茨（Hurwitz）矩阵时

（也就是说 $A + c\lambda_i BK$ 每一个特征值实部严格为负），其中 $\lambda_i, i = 2,$ $\cdots, N$ 是信息拓扑图 $\mathscr{G}$ 的 Laplacian 矩阵 $\mathscr{L}$ 的非零特征值，集群飞行的航天器 S_i 的闭环系统式（8-76）能够收敛，其周期延迟误差收敛到

$$\tilde{\boldsymbol{x}}_i(t) = (\boldsymbol{v}^{\mathrm{T}}) \bigotimes e^{At} \begin{bmatrix} \tilde{\boldsymbol{x}}_1(0) \\ \vdots \\ \tilde{\boldsymbol{x}}_N(0) \end{bmatrix}, t \to \infty \qquad (8-78)$$

式中 $i = 1, \cdots, N, \boldsymbol{v}^{\mathrm{T}} = [v_1, \cdots, v_N] \in \mathbb{R}^{1 \times N}$ 为图 $\mathscr{G}$ 的 Laplacian 矩阵 $\mathscr{L}$ 的零特征值所对应的左特征矢量。

证明：根据参考文献［22］，定义如下分歧矢量（disagreement vector）

$$\boldsymbol{\delta} = [\boldsymbol{I}_{6N} - (\boldsymbol{1}_N \boldsymbol{v}^{\mathrm{T}}) \bigotimes \boldsymbol{I}_6] \tilde{\boldsymbol{x}} \qquad (8-79)$$

其中 $\boldsymbol{1}_N$ 表示 $N \times 1$ 全 1 列矢量。式（8-79）两端乘以 $(\boldsymbol{v}^{\mathrm{T}} \bigotimes \boldsymbol{I}_6)$，可得

$$(\boldsymbol{v}^{\mathrm{T}} \bigotimes \boldsymbol{I}_6)\boldsymbol{\delta}(t) = (\boldsymbol{v}^{\mathrm{T}} \bigotimes \boldsymbol{I}_6)\tilde{\boldsymbol{x}} - (\boldsymbol{v}^{\mathrm{T}} \boldsymbol{1}_N \boldsymbol{v}^{\mathrm{T}}) \bigotimes \boldsymbol{I}_6)\tilde{\boldsymbol{x}} \quad (8-80)$$

根据引理 4.3 可知 $\boldsymbol{v}^{\mathrm{T}} \boldsymbol{1}_N = 1$，代入式（8-80）可得 $(\boldsymbol{v}^{\mathrm{T}} \bigotimes \boldsymbol{I}_6)\boldsymbol{\delta} = 0$。根据式（8-79）与式（8-77），易得

$$\dot{\boldsymbol{\delta}} = (\boldsymbol{I}_N \bigotimes \boldsymbol{A} + c\mathscr{L} \bigotimes \boldsymbol{BK})\boldsymbol{\delta} \qquad (8-81)$$

式（8-81）称为分歧动力学。

将式（8-79）可进一步写为

$$\boldsymbol{\delta} = [(\boldsymbol{I}_N - \boldsymbol{1}_N \boldsymbol{v}^{\mathrm{T}}) \bigotimes \boldsymbol{I}_6] \tilde{\boldsymbol{x}} \qquad (8-82)$$

其中

$$\boldsymbol{I}_N - \boldsymbol{1}_N \boldsymbol{v}^{\mathrm{T}} = \begin{bmatrix} 1 - v_1 & -v_2 & \cdots & -v_N \\ -v_1 & 1 - v_2 & \cdots & -v_N \\ \vdots & \vdots & \ddots & \vdots \\ -v_1 & -v_2 & \cdots & 1 - v_N \end{bmatrix}$$

由 $\boldsymbol{v}$ 的定义可知，$\boldsymbol{I}_N - \boldsymbol{1}_N \boldsymbol{v}^{\mathrm{T}}$ 有一个唯一的 0 特征值，且对应的右特征矢量为 $\boldsymbol{1}$，其他 $N - 1$ 个重特征值为 1。因此，由式（8-82）可知，

当且仅当 $\widetilde{\boldsymbol{x}}_1 = \cdots = \widetilde{\boldsymbol{x}}_N, \delta = 0$ 。因此，可得出结论，航天器 S_i 的闭环系统式（8-76）与式（8-81）的稳定性问题是等价的。另外由于式（8-77）与式（8-81）具有相同的状态矩阵，因此集群系统式（8-77）所代表一致性问题与式（8-81）的稳定性问题也是等价的。也就是说，当且仅当 $t \to \infty, \delta(t) \to 0$，集群系统中式（8-77）所有航天器的协同状态可一致。这样就可将航天器闭环系统式（8-76）与集群系统式（8-77）的稳定性问题转化为分歧动力学的稳定性问题。

假设 $\boldsymbol{\Theta} \in R^{N \times (N-1)}$，$\boldsymbol{\Psi} \in R^{(N-1) \times N}$，$\boldsymbol{T} \in R^{N \times N}$，以及上三角阵 $\boldsymbol{\Delta} \in R^{(N-1) \times (N-1)}$，于是有

$$\boldsymbol{T} = \begin{bmatrix} 1 & \boldsymbol{\Theta} \end{bmatrix}, \boldsymbol{T}^{-1} = \begin{bmatrix} \boldsymbol{v}^{\mathrm{T}} \\ \boldsymbol{\Psi} \end{bmatrix}, \boldsymbol{T}^{-1} \boldsymbol{L} \boldsymbol{T} = \boldsymbol{J} = \begin{bmatrix} 0 & \boldsymbol{0} \\ \boldsymbol{0} & \boldsymbol{\Delta} \end{bmatrix} \quad (8-83)$$

其中 $\boldsymbol{\Delta}$ 的对角元素为 $\mathscr{L}$ 的非零特征值。

引入状态变换 $\boldsymbol{\epsilon} = (\boldsymbol{T}^{-1} \otimes \boldsymbol{I}_6) \boldsymbol{\delta}, \boldsymbol{\epsilon} = \begin{bmatrix} \epsilon_1^{\mathrm{T}}, \cdots, \epsilon_N^{\mathrm{T}} \end{bmatrix}$。这样式（8-81）可变换为

$$\dot{\boldsymbol{\epsilon}} = (\boldsymbol{I}_N \otimes \boldsymbol{A} + c \boldsymbol{J} \otimes \boldsymbol{B} \boldsymbol{K}) \boldsymbol{\epsilon} \quad (8-84)$$

由 $\boldsymbol{\delta} \to \boldsymbol{\epsilon}$ 的转换关系及 $(\boldsymbol{v}^{\mathrm{T}} \otimes \boldsymbol{I}_6) \boldsymbol{\delta} = 0$，可知

$$\epsilon_1 = (\boldsymbol{v}^{\mathrm{T}} \otimes \boldsymbol{I}_6) \boldsymbol{\delta} = 0 \quad (8-85)$$

由于式（8-84）的状态矩阵 $\boldsymbol{I}_N \otimes \boldsymbol{A} + c \boldsymbol{J} \otimes \boldsymbol{B} \boldsymbol{K}$ 为块对角阵。因此，若沿对角线其他 $N-1$ 个子系统 $\dot{\epsilon}_i = (\boldsymbol{A} + c \lambda_i \boldsymbol{B} \boldsymbol{K}) \epsilon_i, i = 2, \cdots, N$ 稳定，则 $\epsilon_i, i = 2, \cdots, N$ 均收敛到 0。因此，当且仅当 $\boldsymbol{A} + c \lambda_i \boldsymbol{B} \boldsymbol{K}, i = 2, \cdots, N$ 是 Hurwitz 矩阵时，集群飞行的航天器 S_i 闭环系统式（8-76）以及集群系统式（8-77）能够收敛，即周期延迟误差能够同步。

下面证明定理 8.1 后半部分结论

$$\widetilde{\boldsymbol{x}}(t) = e^{(\boldsymbol{I}_N \otimes \boldsymbol{A} + c \mathscr{L} \otimes \boldsymbol{B} \boldsymbol{K})t} \widetilde{\boldsymbol{x}}(0)$$

$$= (\boldsymbol{T} \otimes \boldsymbol{I}_6) e^{(\boldsymbol{I}_N \otimes \boldsymbol{A} + c \boldsymbol{J} \otimes \boldsymbol{B} \boldsymbol{K})t} (\boldsymbol{T}^{-1} \otimes \boldsymbol{I}_6) \widetilde{\boldsymbol{x}}(0)$$

$$= (\boldsymbol{T} \otimes \boldsymbol{I}_6) \begin{bmatrix} e^{\boldsymbol{A}t} & 0 \\ 0 & e^{(\boldsymbol{I}_{N-1} \otimes \boldsymbol{A} + c \boldsymbol{\Delta} \otimes \boldsymbol{B} \boldsymbol{K})t} \end{bmatrix} (\boldsymbol{T}^{-1} \otimes \boldsymbol{I}_6) \widetilde{\boldsymbol{x}}(0)$$

$$(8-86)$$

其中 $\boldsymbol{T}, \boldsymbol{J}, \boldsymbol{\Delta}$ 的定义与式（8-83）相同。

假设 $\boldsymbol{I}_{N-1} \otimes \boldsymbol{A} + c\boldsymbol{\Delta} \otimes \boldsymbol{BK}$ 是 Hurwitz 矩阵，则

$$e^{(\boldsymbol{I}_N \otimes \boldsymbol{A} + c\boldsymbol{\mathscr{L}} \otimes \boldsymbol{BK})t} \rightarrow (\boldsymbol{1}_N \otimes \boldsymbol{I}_6)e^{\boldsymbol{A}t}(\boldsymbol{v}^{\mathrm{T}} \otimes \boldsymbol{I}_6) = (\boldsymbol{1}_N\boldsymbol{v}^{\mathrm{T}}) \otimes e^{\boldsymbol{A}t}, \ t \rightarrow \infty$$

根据式（8-86）

$$\widetilde{\boldsymbol{x}}(t) = (\boldsymbol{1}_N\boldsymbol{v}^{\mathrm{T}}) \otimes e^{\boldsymbol{A}t}\widetilde{\boldsymbol{x}}(0), \ t \rightarrow \infty$$

因而，可得出以下结论：

当 $\boldsymbol{A} + c\lambda_i\boldsymbol{BK}, i = 2, \cdots, N$ 是 Hurwitz 矩阵时

$$\widetilde{\boldsymbol{x}}_i(t) = (\boldsymbol{v}^{\mathrm{T}}) \otimes e^{\boldsymbol{A}t}\begin{bmatrix} \widetilde{\boldsymbol{x}}_i(0) \\ \vdots \\ \widetilde{\boldsymbol{x}}_N(0) \end{bmatrix}, t \rightarrow \infty \qquad (8-87)$$

式（8-87）中 $i = 1, \cdots, N$，证毕。

通过定理 8.1，将航天器集群的协同控制问题转换为一个同维矩阵集的稳定性问题，很大程度上降低了稳定性分析的复杂性。

8.5.2.2　可一致域分析

根据定理 8.1，航天器 S_i 的闭环系统式（8-76）收敛的充要条件为 $\boldsymbol{A} + c\lambda_k\boldsymbol{BK}, k = 2, \cdots, N$ 是 Hurwitz 矩阵。该系统的稳定条件融合了控制律的设计要求（反馈增益矩阵 $\boldsymbol{K}$ 和耦合增益 c）以及信息拓扑图 $\mathscr{G}$ 结构特性的需求（Laplacian 矩阵 $\mathscr{L}$ 的非零特征值 $\lambda_k, k = 2, \cdots, N$）。因而，闭环系统稳定是由反馈增益矩阵 $\boldsymbol{K}$ 和耦合增益 c，以及信息拓扑图 $\mathscr{G}$ 特性三者共同决定的。显然，针对于某信息拓扑图 $\mathscr{G}$ 设计的反馈增益矩阵 $\boldsymbol{K}$，若信息拓扑图 $\mathscr{G}$ 变化，则系统无法保证稳定。也就是说控制增益矩阵 $\boldsymbol{K}$ 设计依赖于特定的信息拓扑，对于信息拓扑的变化没有鲁棒性。为了在控制律设计中，解决控制增益矩阵 $\boldsymbol{K}$ 与信息拓扑图 $\mathscr{G}$ 的耦合问题，需要借助可一致域的概念，在设计确定控制增益矩阵 $\boldsymbol{K}$ 的前提下对 $c\lambda_k$ 的选取范围进行分析，实现 $\boldsymbol{K}$ 与 $c\lambda_k$ 的解耦。

为了便于控制律的设计和闭环系统式（8-76）稳定性的分析，假设以下辅助系统

$$\dot{\zeta} = (\boldsymbol{A} + \sigma \boldsymbol{H})\zeta \qquad\qquad (8-88)$$

其中 $\sigma = c\lambda_k \in \mathbb{C}$，$\boldsymbol{H} = \boldsymbol{BK}$。矩阵 $\boldsymbol{A}, \boldsymbol{B}$ 为式（8-72）的系统矩阵与输入矩阵，矩阵 $\boldsymbol{K}$ 为式（8-76）的反馈增益矩阵。

系统式（8-88）的稳定性依赖于复参数 σ。在复平面内，能够保证闭环系统式（8-88）稳定的复参数 σ 所在区域 $\mathscr{S}$ 称为闭环系统式（8-76）的可一致域。

由定理 8.1 可知当且仅当

$$c(\alpha_k + j\beta_k) \in \mathscr{S}, \; k = 2, 3, \cdots, N \qquad\qquad (8-89)$$

式（8-89）中 $j = \sqrt{-1}$，$\alpha_k = \mathrm{Re}(\lambda_k)$，$\beta_k = \mathrm{Im}(\lambda_k)$，闭环系统式（8-76）稳定，也就是说集群系统中所有航天器的周期延迟误差可一致。

对于无向图 $\mathscr{G}$，Laplacian 矩阵 $\mathscr{L}$ 的特征值 λ_k 为实数，可一致域 $\mathscr{S}$ 是实轴上的区间或是若干个区间的并集。然而，对于有向图 $\mathscr{G}$ 来说，Laplacian 矩阵 $\mathscr{L}$ 的特征值 λ_k 一般为复数，因此可一致域 $\mathscr{S}$ 是复平面上的区域或是若干个区域的并集。因此在协调控制律设计中，需要找到无界的可一致域。对于协同控制律式（8-75）来说，可一致域 $\mathscr{S}$ 的范围越大，控制律的鲁棒性越好，系统越容易达到一致。可一致域实际上反映了一致性控制律的鲁棒性。一个无界的可一致域显然要比有界的可一致域，更便于协同控制律的设计。

由于式（8-88）中的矩阵 $\boldsymbol{A}, \boldsymbol{B}$ 为航天器 S_i 的周期延迟误差状态方程式（8-72）的系统矩阵与输入矩阵，由相对运动动力学方程所决定。因此在协同控制律的设计中，可一致域 $\mathscr{S}$ 实际上是由控制增益矩阵 $\boldsymbol{K}$ 所决定。通过以上可一致域 $\mathscr{S}$ 的分析可知，当控制增益矩阵 $\boldsymbol{K}$ 设计确定之后，可根据 $\boldsymbol{K}$ 所对应可一致域 $\mathscr{S}$ 来确定复参数 σ 能够保证系统式（8-76）稳定。这样，就实现了控制增益矩阵 $\boldsymbol{K}$ 与 $c\lambda_k$ 的解耦。下面进一步研究通过选择合适的耦合增益 c，实现 c 与 $\lambda_k, k = 2, \cdots, N$（信息拓扑图 $\mathscr{G}$）的解耦。

8.5.2.3　基于 LQR 的分布式最优协同控制律设计

假设航天器集群内信息拓扑图 $\mathscr{G}$ 包含一个生成树，在式（8-

75）基础上，通过以下定理设计反馈增益矩阵 K，并且通过选择合适的耦合增益 c，既能保证闭环系统式（8-76）稳定，又能得到无界的可一致域 $\mathscr{S}$。

定理 8.2：选择正定的状态变量加权矩阵 $Q = Q^T \in \mathbb{R}^{n \times n}$ 与输入变量加权矩阵 $R = R^T \in \mathbb{R}^{m \times m}$。设计反馈控制增益矩阵 K 为

$$K = R^{-1} B^T P \tag{8-90}$$

矩阵 P 为对称正定矩阵，该矩阵满足黎卡提（Riccati）代数方程

$$PA + A^T P + Q - PBR^{-1}B^T P = 0 \tag{8-91}$$

假设航天器集群内信息拓扑图 $\mathscr{G}$ 包含一个生成树 $\mathscr{T}$，如果耦合增益

$$c \geqslant \frac{1}{2\min[\mathrm{Re}(\lambda_k)]}, \ k = 2, \cdots, N \tag{8-92}$$

则航天器 S_i 闭环系统式（8-76）渐近稳定，其中 $\lambda_k = \alpha_k + j\beta_k$ 为 Laplacian 矩阵 $\mathscr{L}$ 的特征值。

证明：选取 Lyapunov 代数方程并利用式（8-90）与式（8-91）进行变换，有

$$
\begin{aligned}
&(A + c\lambda_k BK)^* P + P(A - c\lambda_k BK) \\
={}& (A + c\lambda_k BR^{-1}B^T P)^* P + P(A - c\lambda_k BR^{-1}B^T P) \\
={}& A^T P - c\alpha_k P^T BR^{-1}B^T P + PA - c\alpha_k PBR^{-1}B^T P \\
={}& -Q - (2c\alpha_k - 1)(PBR^{-1})R(R^{-1}B^T P) \\
={}& -Q - (2c\alpha_k - 1)K^T RK
\end{aligned} \tag{8-93}
$$

这里的 $(\cdot)^*$ 表示共轭。由于 $P > 0$，$Q > 0$ 且 $R > 0$，根据 Lyapunov 定理，当且仅当 $-Q - (2\alpha_k - 1)K^T RK \leqslant 0$，闭环系统式（8-76）的状态矩阵 $A + c\lambda_k BK$ 稳定，易得 $c \geqslant \dfrac{1}{2\alpha_k} = \dfrac{1}{2\mathrm{Re}(\lambda_K)}$，由定理 8.1 可得，系统渐近一致，定理 8.2 得证。

推论 8.1：在控制律式（8-75）和控制增益式（8-90）条件下，可一致域 $\mathscr{S}$ 无界。并且该条件存在一个保守的可一致域 $\mathscr{S}$，满足

$$\mathscr{S} = \{c\alpha_k + jc\beta_k \mid c\alpha_k \in [1/2,\infty), c\beta_k \in (-\infty,\infty)\}$$

证明：根据式（8-93）可知，当且仅当

$$-\boldsymbol{Q} - (2c\alpha_k - 1)\boldsymbol{K}^{\mathrm{T}}\boldsymbol{R}\boldsymbol{K} \leqslant 0 \qquad\qquad (8-94)$$

$\boldsymbol{A} + c\lambda_k\boldsymbol{B}\boldsymbol{K}$ 是 Hurwitz 矩阵。又因为 $\boldsymbol{P} > 0, \boldsymbol{Q} > 0$ 且 $\boldsymbol{R} > 0$，因此，式（8-94）成立的充分条件是 $\alpha_k \geqslant 1/2$，得证。

通过定理 8.2 设计反馈增益矩阵 $\boldsymbol{K}$ 并选择合适的耦合增益 c，则根据推论 8.1 可知可一致域 $\mathscr{S}$ 无界。再由于式（8-92）及 $\alpha_k > 0$，$k = 2, \cdots, N$ 可知，任意包含一个生成树 $\mathscr{T}$ 的信息拓扑图 $\mathscr{G}$ 均能保证 $c\lambda_k > 0, k = 2, \cdots, N$ 在可一致域 $\mathscr{S}$ 范围内。这样就完全实现了反馈增益矩阵 $\boldsymbol{K}$、耦合增益 c 与 $\lambda_k, k = 2, \cdots, N$（信息拓扑图 $\mathscr{G}$）的解耦。

综上所述，定理 8.2 确定了一种用经典 LQR 构建最优分布式协同控制律的设计方法。其基本思想可以表述为：

首先借鉴周期系统时间延迟反馈控制研究中时间延迟的思想，以集群航天器周期延迟误差作为协同控制的状态量，结合航天器集群飞行系统动力学，建立航天器集群的周期延迟误差动力学模型。其次，在分布式最优协同控制律的设计中，进行可一致域的分析，通过合适的选择耦合增益标量，确保信息拓扑 Laplacian 矩阵特征值与耦合增益标量构成的复参数在复平面的可一致域内。从而，使反馈增益矩阵的设计与信息拓扑结构特征相互解耦，这样只需采用经典的线性二次调节器（LQR）设计反馈控制增益矩阵，就能得到分布式最优协同反馈控制律，从而保证闭环系统的稳定。多航天器在不要求遵循确定几何构型的情况下，涌现出一种稳定的蜂拥状态的集群飞行。这种设计方法的优点在于，其解耦了反馈增益矩阵 $\boldsymbol{K}$ 与信息拓扑图 $\mathscr{G}$ 结构特征对闭环系统稳定性的耦合影响，通过反馈增益矩阵 $\boldsymbol{K}$ 的设计以及耦合增益 c 的合适选择，在保证闭环系统稳定的同时，获得无界的可一致域。

8.5.3　周期延迟误差同步与能量匹配的关系

本节分析式（8-72）中周期延迟误差相对运动与能量匹配条件

之间的关系。设 $t > T$ 时刻，航天器 S_i 与航天器 S_j 的周期延迟误差之差为

$$\widehat{\boldsymbol{x}}(t, a_j, a_i) = \widetilde{\boldsymbol{x}}_j(t, a_j) - \widetilde{\boldsymbol{x}}_i(t, a_i) \qquad (8-95)$$

将式（8-95）在虚拟参考航天器 S_0 的半长轴 a_0 处进行线性化

$$\begin{aligned}
\widehat{\boldsymbol{x}}_i(t, a_j, a_i) &\approx \widetilde{\boldsymbol{x}}_j(t, a_0) + \frac{\partial \widetilde{\boldsymbol{x}}_j(t, a_0)}{\partial a} \Delta a_j - \\
&\quad \left[\widetilde{\boldsymbol{x}}_i(t, a_0) + \frac{\partial \widetilde{\boldsymbol{x}}_i(t, a_0)}{\partial a} \Delta a_i \right] \\
&= \left[\widetilde{\boldsymbol{x}}_j(t, a_0) - \widetilde{\boldsymbol{x}}_i(t, a_0) \right] + \\
&\quad \left[\frac{\partial \widetilde{\boldsymbol{x}}_j(t, a_0)}{\partial a} \Delta a_j - \frac{\partial \widetilde{\boldsymbol{x}}_i(t, a_0)}{\partial a} \Delta a_i \right]
\end{aligned} \qquad (8-96)$$

式（8-96）中 $\Delta a_i = a_i - a_0$，$\Delta a_j = a_j - a_0$。

式（8-96）在参考系 s_R 的 y 方向的分量为

$$\begin{aligned}
\widehat{\boldsymbol{x}}_{y,i}(t, a_j, a_i) &\approx \left[\widetilde{\boldsymbol{x}}_{y,j}(t, a_0) - \widetilde{\boldsymbol{x}}_{y,i}(t, a_0) \right] + \\
&\quad \left[\frac{\partial \widetilde{\boldsymbol{x}}_{y,j}(t, a_0)}{\partial a} \Delta a_j - \frac{\partial \widetilde{\boldsymbol{x}}_{y,i}(t, a_0)}{\partial a} \Delta a_i \right]
\end{aligned}$$
$$(8-97)$$

取高斯变分方程 GVEs 中航天器半长轴动力学为

$$\dot{a}_i = \frac{2a_i^2}{\mu} V_i u_{t_i} \qquad (8-98)$$

u_{t_i} 为控制力加速度沿速度 $\boldsymbol{V}_i$ 的切向分量，即，$u_{t_i} = \boldsymbol{u}_i \cdot \widehat{\boldsymbol{V}}_i$，$V_i = \| \boldsymbol{V}_i \|$。

根据活力方程，可以得到[23]

$$V_i = \sqrt{\frac{\mu}{a_i}} [1 + O(e_i)] \qquad (8-99)$$

将式（8-99）代入式（8-98），得到

$$\dot{a}_i = \Delta \dot{a}_i = \frac{2}{\sqrt{\mu}} a_2^{3/2} \left(1 + \frac{\Delta a_i}{a_0} \right)^{3/2} [1 + O(e_i)] u_{t_i} \qquad (8-100)$$

保留式（8-100）的一阶项，可得如下线性方程

$$\Delta \dot{a}_i = \frac{2}{n_0} u_{t_i} \qquad (8-101)$$

其中 $n_0 = \sqrt{\mu/a_0^3}$ 为参考轨道的平均运动。

对于近圆轨道，控制加速度的切向分量与参考系 s_R 的 y 方向的分量近似一致，即有

$$u_{t_i} = \boldsymbol{u}_i \cdot \hat{\boldsymbol{V}} \approx \boldsymbol{u}_{y,i} \qquad (8-102)$$

将式 (8-96) 代入式 (8-75)，这样控制律式 (8-75) 变为

$$\boldsymbol{u}_i = -c\boldsymbol{K}\hat{\boldsymbol{x}}_i \qquad (8-103)$$

式 (8-103) 在参考系 s_R 的 y 方向的分量为

$$\boldsymbol{u}_{y,i} = -c\boldsymbol{K}\hat{\boldsymbol{x}}_{y,i} \qquad (8-104)$$

根据式 (8-102)，将式 (8-104) 代入式 (8-98)，可得

$$\Delta \dot{a}_i \approx -\frac{2c}{n_0} \boldsymbol{K} \{ [\tilde{\boldsymbol{x}}_{y,j}(t,a_0) - \tilde{\boldsymbol{x}}_{y,i}(t,a_0)] + $$
$$\left[\frac{\partial \tilde{\boldsymbol{x}}_{y,j}(t,a_0)}{\partial a} \Delta a_j - \frac{\partial \tilde{\boldsymbol{x}}_{y,i}(t,a_0)}{\partial a} \Delta a_i \right] \} \qquad (8-105)$$

式 (8-105) 描述了控制律式 (8-75) 作用下，集群航天器 S_i 的半长轴 a_i 的动态变化。式 (8-105) 的系数将相对系 s_R 下周期延迟误差的变化映射到轨道要素空间中的半长轴变化。由于 Δa 是一个缓变量，因此通过在一个轨道周期内对式 (8-97) 右侧进行平均化，隔离出 Δa 的动态变化。

由于集群所有航天器都是在参考轨道半长轴 a_0 展开，且先假设虚拟参考航天器 S_0 的轨道是不受摄动影响的开普勒轨道，因而式 (8-97) 右侧第一部分

$$\int_{t-T}^{t} [\tilde{\boldsymbol{x}}_j(t,a_0) - \tilde{\boldsymbol{x}}_i(t,a_0)] \cdot \boldsymbol{y} \mathrm{d}t = 0 \qquad (8-106)$$

式 (8-97) 右侧第二部分

$$\frac{1}{T} \int_{t-T}^{t} \frac{\partial \tilde{\boldsymbol{x}}_{y,j}(t,a_0)}{\partial a} \mathrm{d}t = \frac{1}{T} \int_{t-T}^{t} \frac{\partial \tilde{\boldsymbol{x}}_{y,j}(t,a_0)}{\partial a} \mathrm{d}t = \boldsymbol{D} \qquad (8-107)$$

将式 (8-106)、式 (8-107) 代入式 (8-105)，可得

$$\dot{\Delta a_i} = -\frac{2c}{n_0} \boldsymbol{KD} \left(\Delta a_j - \Delta a_i \right) \tag{8-108}$$

式（8-108）为在一个轨道周期内，集群内任意航天器 S_i 相对参考轨道半长轴 a_0 的增量 Δa 的闭环动力学方程。

由式（8-108），易得集群整体系统在控制律式（8-75）作用下，半长轴增量 Δa 的闭环动力学为

$$\begin{bmatrix} \dot{\Delta a_1} \\ \dot{\Delta a_2} \\ \vdots \\ \dot{\Delta a_N} \end{bmatrix} = -\frac{2c}{n_0} \boldsymbol{KDL} \begin{bmatrix} \Delta a_1 \\ \Delta a_2 \\ \vdots \\ \Delta a_N \end{bmatrix} \tag{8-109}$$

式（8-109）是一个一阶系统一致性控制的闭环方程。根据定理 4.1 可知 $\mathscr{S}$ 所代表的信息拓扑图 $\mathscr{G}$ 中存在一个最大生成树 $\mathscr{T}$ 时，闭环系统式（8-109）稳定，编队中所有航天器半长轴增量 Δa 趋于一致。这说明控制律式（8-75）使集群中所有航天器半长轴趋于一致，实现了航天器集群系统的能量匹配。

8.5.4　仿真研究

8.5.4.1　仿真任务设计及参数设置

以 5 个模块航天器组成的集群形成周期有界的相对运动作为仿真算例，5 个航天器从不稳定初始状态开始，采用 8.5.2 节设计的控制律式（8-75）及式（8-90）进行航天器集群飞行协同控制仿真。5 个航天器的初始位置与初始速度如表 8-3 所示。

表 8-3　仿真参数设置

航天器	初始位置/m			初始速度/（m/s）		
	x	y	z	$\dot{x}$	$\dot{y}$	$\dot{z}$
S_1	352.906 8	0	611.234 6	0	−0.759 0	0
S_2	−176.453 4	−611.234 6	−305.617 3	−0.325 4	0.379 5	−0.563 6

续表

航天器	初始位置/m			初始速度/（m/s）		
	x	y	z	$\dot{x}$	$\dot{y}$	$\dot{z}$
S_3	−176.453 4	611.234 6	−305.617 3	0.325 4	0.375 7	0.563 6
S_4	−176.453 4	−564.650 9	−305.617 3	−0.325 4	0.375 7	−0.563 6
S_5	−176.453 4	564.650 9	−305.617 3	0.325 4	0.379 5	0.563 6

图 8 - 27 为仿真采用的航天器集群内部信息拓扑图 G，包括有向环型和蝌蚪型两种。

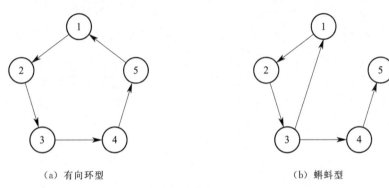

（a）有向环型　　　　　　　　　　　　　（b）蝌蚪型

图 8 - 27　多航天器集群内部信息拓扑的图模型

参考轨道高度为 679.971 8 km 的圆轨道，轨道倾角 π/4，升交点赤经 π/6。集群中 5 个航天器均选择不稳定的初始条件［即不符合稳定的初始条件式（2 - 48）］，如表 8 - 3 所示，也就是说集群在该初值条件下，若不对相对运动状态进行控制，5 个航天器将无法获得稳定有界的相对运动，从而不能形成协同的集群飞行。

为了仿真比较，首先仿真 5 个航天器从表 8 - 3 所示的初始状态开始，不施加控制，运行时间为 1 天（约 14.6 个参考轨道周期，以下简称轨道周期）的相对运动。进行了 4 种情况的仿真。

算例 1：不考虑大气阻力和 J_2 项摄动影响，在所有集群航天器运行 1 个轨道周期后，采用有向环型信息拓扑，施加控制，仿真时间为 2 天 (约为 29.3 个轨道周期)。

算例 2：考虑大气阻力和 J_2 项摄动影响，采用有向环型信息拓扑，施加控制，仿真时间为 3 天 (约为 43.9 个轨道周期)。

算例 3：考虑大气阻力和 J_2 项摄动影响，采用蝌蚪型信息拓扑，施加控制，仿真时间为 3 天 (约为 43.9 个轨道周期)。

为了便于分析比较，对仿真结果中的一些状态进行了相应的处理，除了半长轴 a 以外，位置状态相关量表示为 $\cdot / a_0$，速度状态相关量表示为 $\cdot / n a_0$，加速度与力相关量表示为 $\cdot / n^2 a_0$，能量相关状态表示为 $\cdot / E_0$。

根据式 (8 - 92)，计算可得，有向环型信息拓扑 [图 8 - 27 (a)] 标量耦合增益需满足 $c \geqslant 0.7236$，蝌蚪型信息拓扑 [图 8 - 27 (b)] 标量耦合增益需满足 $c \geqslant 0.5$。不失一般性，本文取 $c = 1$。

8.5.4.2　仿真结果及分析

首先，仿真计算了 5 个航天器由初始条件开始，在无控条件下，自由运行一天的相对运动情况，计算结果如图 8 - 28 所示。可以看出，5 个航天器之间半长轴不同、轨道能量不匹配，导致 5 个航天器之间的相对距离不断扩大，无法形成稳定的集群飞行。

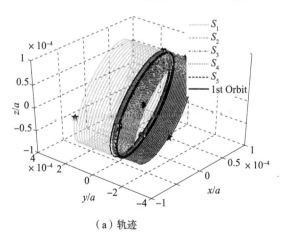

（a）轨迹

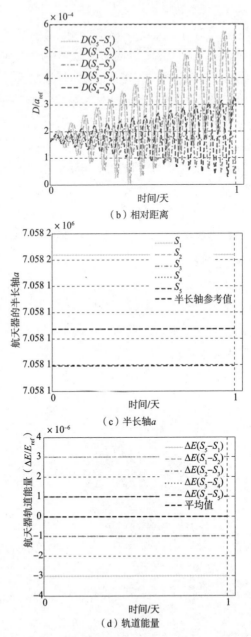

图 8 - 28　5 个航天器不受控的运动轨迹、相对距离变化及半长轴与轨道能量

算例 1：不考虑大气阻力和 J_2 项摄动影响，在所有集群航天器运行 1 个轨道周期后，采用有向环型信息拓扑，对航天器集群进行周期延迟误差同步控制，仿真时间为 2 天，仿真计算结果如图 8-29 和图 8-30 所示。图 8-29 是 5 个航天器的运动轨迹、相对距离及半长轴与轨道能量的变化曲线，图 8-30 为 5 个航天器的控制力变化曲线。

根据式（8-90）计算得到反馈控制增益矩阵为 $\boldsymbol{K}=\begin{bmatrix}\boldsymbol{K}_1 & \boldsymbol{K}_2\end{bmatrix}$，其中

$$
\begin{cases}
\boldsymbol{K}_1 = \begin{bmatrix} 1.000\ 0 & -0.001\ 2 & -1.763\ 3\times10^{-16} \\ 0.001\ 2 & 1.000\ 0 & 8.732\ 1\times10^{-17} \\ 2.848\ 3\times10^{-16} & 1.222\ 1\times10^{-16} & 1.000\ 0 \end{bmatrix} \\
\boldsymbol{K}_2 = \begin{bmatrix} 1.732\ 1 & 1.207\ 0\times10^{-9} & 8.272\ 1\times10^{-17} \\ 1.207\ 0\times10^{-9} & 1.732\ 1 & 1.216\ 9\times10^{-16} \\ 8.272\ 1\times10^{-17} & 1.216\ 9\times10^{-16} & 1.732\ 1 \end{bmatrix}
\end{cases}
$$

$$(8-110)$$

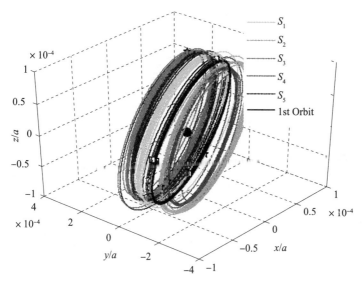

（a）轨迹

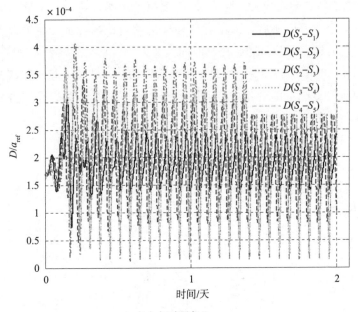

（b）相对距离

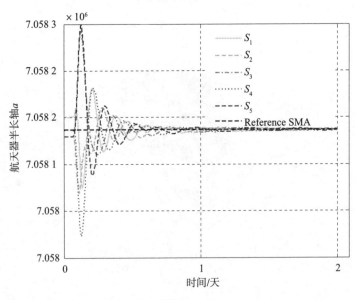

（c）半长轴

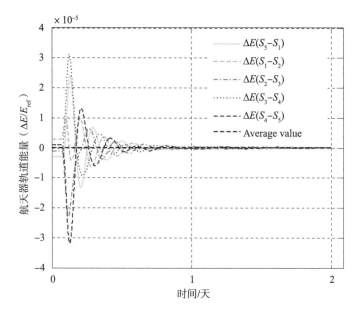

（d）轨道能量

图 8-29　5 个航天器受控的运动轨迹、
相对距离变化及半长轴与轨道能量（算例 1）

可以看出，在协同控制律的控制下，半长轴趋于一致，5 个航天器的轨道能量一致，满足航天器集群飞行和蜂拥控制所需的能量匹配条件；5 个航天器虽然没有确定的编队构型，但是航天器之间的相对运动有界周期变化，相对运动中的长期漂移项被抑制，5 个航天器涌现出全局协同的蜂拥行为。

算例 2：考虑近地环境中的最主要两个摄动因素，J_2 项摄动和大气阻力，采用有向环型信息拓扑，对航天器集群进行周期延迟误差同步控制，仿真时间为 3 天，仿真计算结果如图 8-31 和图 8-32 所示。图 8-31 是 5 个航天器的运动轨迹、相对距离及半长轴与轨道能量的变化曲线，图 8-32 为 5 个航天器的控制力变化曲线。

根据式（8-90）计算得到反馈控制增益矩阵为 $\boldsymbol{K} = \begin{bmatrix} \boldsymbol{K}_1 & \boldsymbol{K}_2 \end{bmatrix}$，其中

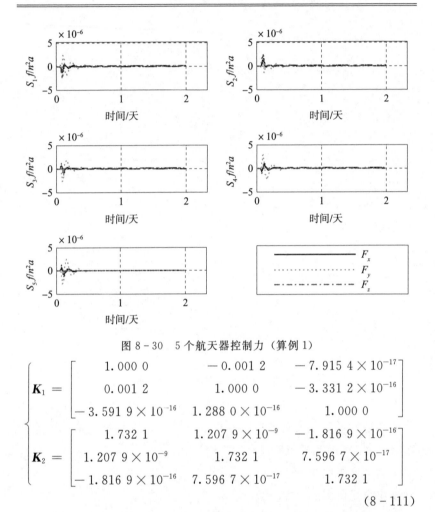

图 8-30　5个航天器控制力（算例 1）

$$\begin{cases} \boldsymbol{K}_1 = \begin{bmatrix} 1.000\ 0 & -0.001\ 2 & -7.915\ 4 \times 10^{-17} \\ 0.001\ 2 & 1.000\ 0 & -3.331\ 2 \times 10^{-16} \\ -3.591\ 9 \times 10^{-16} & 1.288\ 0 \times 10^{-16} & 1.000\ 0 \end{bmatrix} \\[4mm] \boldsymbol{K}_2 = \begin{bmatrix} 1.732\ 1 & 1.207\ 9 \times 10^{-9} & -1.816\ 9 \times 10^{-16} \\ 1.207\ 9 \times 10^{-9} & 1.732\ 1 & 7.596\ 7 \times 10^{-17} \\ -1.816\ 9 \times 10^{-16} & 7.596\ 7 \times 10^{-17} & 1.732\ 1 \end{bmatrix} \end{cases}$$

$$(8-111)$$

可以看出，5个航天器在协同控制律的作用下，半长轴趋于一致，轨道能量相匹配，并且在 J_2 项摄动和大气阻力影响下同步变化，满足航天器集群飞行和蜂拥控制所需的能量匹配条件。5个航天器虽然在 J_2 项摄动和大气阻力的影响下，整体不断漂移，但是依然涌现出全局协同的蜂拥行为，5个航天器虽然没有确定的编队构型，但是航天器之间的相对运动有界周期变化，相对运动中的长期漂移项被消除。

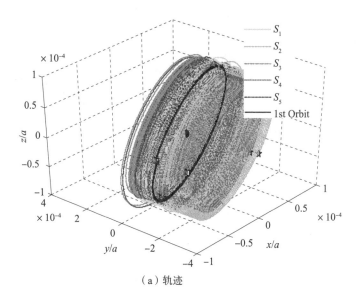

（a）轨迹

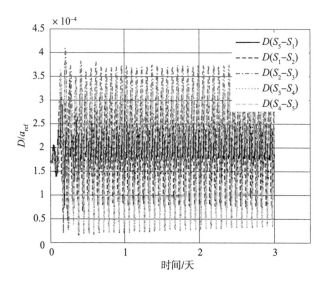

（b）相对距离

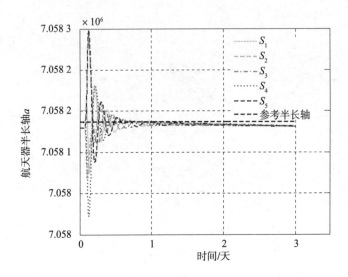

（c）半长轴

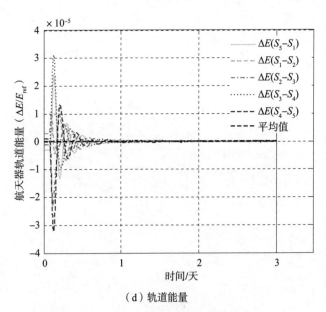

（d）轨道能量

图 8 - 31　5 个航天器受控的运动轨迹、
相对距离变化及半长轴与轨道能量（算例 2）

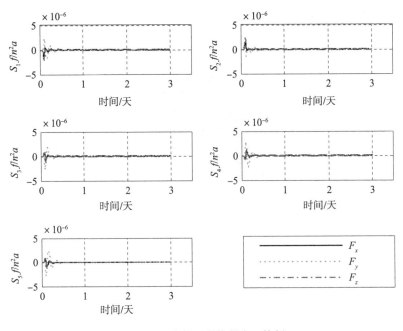

图 8-32　5 个航天器控制力（算例 2）

算例 3：算例 3 采用蝌蚪型信息拓扑，考察更一般的信息拓扑情况下的航天器集群的蜂拥控制结果，其他仿真参数设置以及反馈控制增益矩阵 **K** 与算例 2 相同。仿真结果如图 8-33 和图 8-34 所示，图 8-33 是 5 个航天器的运动轨迹、相对距离及半长轴与轨道能量的变化曲线，图 8-34 为 5 个航天器的控制力变化曲线。可以看到，在蝌蚪型信息拓扑情况下，5 个航天器在协同控制律的控制下，实现了能量匹配条件，能克服 J_2 项摄动和大气阻力的影响，涌现出全局协调的集群行为，5 个航天器之间的相对运动有界周期变化，相对运动中的长期漂移项被消除。图 8-34 为 5 个航天器的控制力变化。

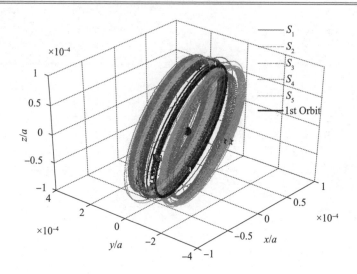

(a) 轨迹

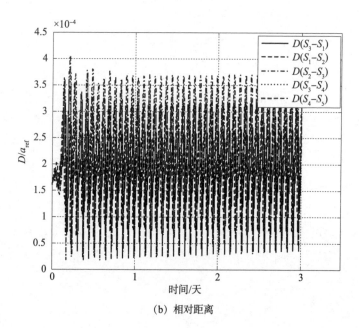

(b) 相对距离

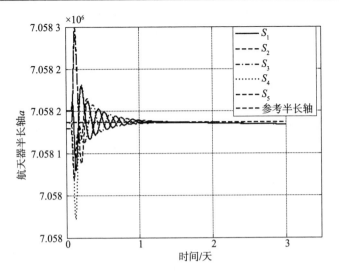

（c）半长轴

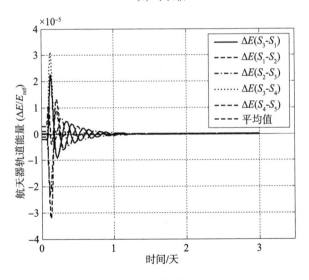

（d）轨道能量

图 8-33 5 个航天器受控的运动轨迹、
相对距离变化及半长轴与轨道能量（算例 3）

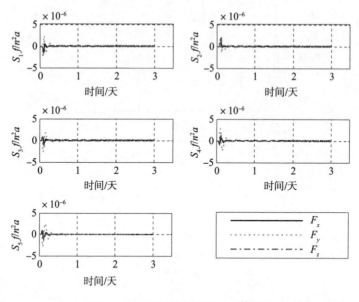

图 8-34　5 个航天器控制力（算例 3）

　　三个仿真算例中，5 个航天器的推进剂消耗如表 8-4 所示。可以看出，5 个航天器在涌现出全局协调的蜂拥行为的控制过程中，推进剂消耗水平正常且合理。

表 8-4　控制能量消耗

	S_1	S_2	S_3	S_4	S_5
算例 1 能耗（m/s）	0.246 1	0.193 5	0.214 2	0.253 9	0.271 3
算例 2 能耗（m/s）	0.252 6	0.199 8	0.221 0	0.260 2	0.277 7
算例 3 能耗（m/s）	0.241 9	0.206 9	0.221 0	0.270 8	0.286 8

8.6　本章小结

　　本章采用蜂拥控制思想实现航天器集群飞行的协同控制，重点研究了基于蜂拥涌现控制机制的航天器集群飞行控制方法和算法。

首先，分析了蜂拥与航天器集群飞行的概念与特点，介绍了 Boids 模型的基本规则，给出了 Olfati-Saber 提出的 3 种蜂拥控制算法，即基于 Boids 模型的基本蜂拥控制算法、全局可感知虚拟领队的蜂拥控制算法和局部可感知虚拟领队的蜂拥控制算法，并对 3 种算法进行了仿真分析。

然后，结合航天器集群飞行的需求与蜂拥涌现的控制机制，研究了基于能量匹配原理的航天器集群飞行初始条件，将航天器相对运动动力学与 Olfati-Saber 算法融合分析了航天器集群飞行的蜂拥控制算法，并进行了相关仿真。

最后，以航天器周期延迟误差作为协同控制的状态量，建立了航天器集群飞行的周期延迟误差动力学模型，设计了基于周期延迟误差同步的协同控制律，形成了一种航天器集群飞行协同控制的新方法——基于周期延迟误差同步的航天器集群飞行的蜂拥控制。通过理论分析得出，闭环系统稳定是由控制律标量耦合增益 c，信息拓扑图特性（即特征值 λ_i），以及反馈增益矩阵 K 共同决定的。针对控制增益矩阵 K 设计依赖于特定的信息拓扑情况，采用可一致域分析的方法使反馈增益矩阵 K 与信息拓扑图特性（即特征值 λ_i）相互解耦。并在保证信息拓扑中有一个最大生成树的前提下，通过选择合适的标量耦合增益 c，将反馈增益矩阵 K 的设计转化为经典 LQR 控制问题。这样，通过同步多航天器周期延迟误差，使各航天器运动轨迹在其庞加莱截面上的投影同步静止（不考虑摄动影响）或同步运动（考虑摄动影响），实现了集群中所有航天器的半长轴趋于一致，轨道能量相匹配，并且相对距离有界周期性变化，形成了稳定的相对运动关系，涌现出了一种集群状态的全局协调运动。

参 考 文 献

［1］ I BEIGELMAN, P GURFIL. Optimal Fuel - Balanced Impulsive Forma-
tionkeeping for Perturbed Spacecraft Orbits. Journal of Guidance, Control,
and Dynamics, 2008, 31 (5): 1266 - 1283.

［2］ L MAZAL, P GURFIL. Cluster Flight Algorithms for Disaggregated Sat-
ellites. Journal of Guidance, Control, and Dynamics, 2013, 36 (1): 124 -
135.

［3］ K SHAHID, P GURFIL. Top - Level Control of Disaggregated Satellites:
Cluster Maintenance and Scatter/Re - gather Maneuvers. AIAA Guidance,
Navigation, and Control Conference, Minneapolis, Minnesota,
August 2012.

［4］ 汪小帆, 苏厚胜. 复杂动态网络控制研究进展 ［J］. 力学进展, 2008,
38 (6): 751 - 765.

［5］ P K VISSCHER. Animal Behaviour - How Self - Organization Evolves. Nature,
2003, 421 (6925): 799 - 800.

［6］ J TONER, Y H TU. Flocks, Herds, and Schools: A Quantitative Theory
of Flocking. Physical Review E, 1998, 58 (4): 4828 - 4858.

［7］ N SHIMOYAMA, K SUGAWARA, T MIZUGUCHI, Y HAYAKAWA,
M SANO. Collective Motion in a System of Motile Elements. Physical Re-
view Letters, 1996, 76 (20): 3870 - 3873.

［8］ H LEVINE H, W J RAPPEL, I COHEN. Self - Organization in Systems
of Self - Propelled Particles. Physical Review E, 2001, 63 (1): 97 - 101.

［9］ N E LEONARD, E FIORELLI. Virtual Leaders, Artificial Potentials and
Coordinated Control of Groups. Proceedings of the 40th Conference on Deci-
sion and Control, Orlando, IEEE, 2001: 2968 -2973.

［10］ R OLFATI - SABER. Flocking for Multi - Agent Dynamic Systems: Algo-
rithms and Theory. IEEE Transactions on Automatic Control, 2006, 51

(3): 401 – 420.

[11] R O SABER, R M MURRAY. Flocking with Obstacle Avoidance: Cooperation with Limited Communication in Mobile Networks. Proceedings of the 42nd IEEE Conference on Decision and Control, 2003 (2): 2022 – 2028.

[12] T ZOHDI. Mechanistic Modeling of Swarms. Comput. Methods in Applied Mechanics and Engineering. 2009 (198): 2039 – 2051.

[13] M SWEETING. UoSAT Microsatellite Missions, Electronics & communication engineering journal, 1992 (4): 141 – 150.

[14] L MAZAL, G MINGOTTI, P GURFIL. Continuous – Thrust Cooperative Guidance Law for Disaggregated Satellites. AIAA Guidance, Navigation, and Control Conference, Minneapolis, Minnesota, 13 – 16 August 2012.

[15] C W REYNOLDS. Flocks, Herds, and Schools: a Distributed Behavioral Model. Proceedings of the 14th Annual Conference on Computer Graphics and Interactive Techniques. New York, USA: ACM, 1987: 25 – 34.

[16] I D COUZIN, J KRAUSE, N R FRANKS, S A LEVIN. Effective Leadership and Decision Making in Animal Groups on the Move. Nature, 2005, 433 (7025): 513 – 516.

[17] H SU, X WANG, Z LIN. Flocking of Multi – Agents with a Virtual Leader, part I: with Minority of Informed Agents. IEEE Conference on Decision and Control, 2007: 2937 – 2942.

[18] G XU, D WANG. Nonlinear Dynamic Equations of Satellite Relative Motion Around an Oblate Earth [J]. Journal of Guidance, Control, and Dynamics, 2008, 31 (5): 1521 –1524.

[19] D MORGAN, S - J CHUNG, L BLACKMORE, D BAYARD, F Y HADAEGH. Swarm – Keeping Strategies for Spacecraft Under J2 and Atmospheric Drag Perturbations. Journal of Guidance, Control, and Dynamics, 2012 (35): 1492 – 1506.

[20] J D BIGGS, C R MCINNES. Time – Delayed Feedback Control in Astrodynamics. Journal of Guidance, Control and Dynamics, 2009, 32 (6): 1804 – 1811.

[21] Z LI, Z DUAN, G CHEN, L HUANG. Consensus of Multiagent Systems and Synchronization of Complex Networks: a Unified Viewpoint. IEEE

Transactions on Circuits and Systems I: Regular Papers, 2007, 57 (1):
213 - 224.

[22]　R OLFATI - SABER, J A FAX, R M MURRAY. Consensus and Coopera-
tion in Networked Multi - agent Systems. Proceedings of the IEEE, 2007,
95 (1): 215 - 233.

[23]　P GURFIL, D MISHNE. Cyclic Spacecraft Formations: Relative Motion
Control Using Line - of - Sight Measurements Only. Journal of Guidance,
Control, and Dynamics, 2007, 30 (1): 214 - 226.

第9章 基于多 Lagrangian 系统一致性算法的航天器协同飞行 6 自由度控制

9.1 引言

Lagrangian 系统（或称网络化 Lagrangian 系统）一致性问题近年来已成为分布式一致性研究领域的热点问题。航天器、机械臂、轮式机器人等诸多自主体系统的动力学特征均可以描述为 Lagrangian 方程形式。采用 Lagrangian 方程的优势在于可进行姿态和轨道的统一建模，便于 6 自由度（6 DOF）控制系统设计。

本章以多 Lagrangian 系统一致性算法为理论基础，研究航天器协同飞行姿态和相对运动轨道的 6 自由度联合控制。首先建立航天器协同飞行的 Lagrangian 模型并确定航天器姿轨控制推力器配置与控制分配算法；之后介绍和分析了多 Lagrangian 系统的一致性算法，并仿真验证了多 Lagrangian 系统一致性算法分别作为航天器协同飞行姿态和轨道控制算法的有效性；最后设计航天器协同飞行的姿轨联合控制律，实现航天器协同飞行的姿轨 6 自由度联合控制；此外，应用第 7 章研究的循环追踪算法，设计了基于循环追踪算法的航天器协同飞行的姿轨 6 自由度联合控制律，并通过仿真验证其有效性。

9.2 航天器 6 自由度相对运动的 Lagrangian 模型

9.2.1 Lagrangian 方程

在轨协同飞行的航天器 $S_i, i = 1, \cdots, N$ 的运动可采用拉格朗日（Lagrangian）方程来描述[1]

$$\begin{cases} L_i(\boldsymbol{q}_i, \dot{\boldsymbol{q}}_i) = \dfrac{1}{2}\dot{\boldsymbol{q}}_i^{\mathrm{T}}\boldsymbol{M}_i^q(\boldsymbol{q}_i)\dot{\boldsymbol{q}}_i - U_i(\boldsymbol{q}_i) \\[3mm] \boldsymbol{u}_i = \dfrac{\mathrm{d}}{\mathrm{d}t}\dfrac{\partial L_i(\boldsymbol{q}_i, \dot{\boldsymbol{q}}_i)}{\partial \dot{\boldsymbol{q}}_i} - \dfrac{\partial L_i(\boldsymbol{q}_i, \dot{\boldsymbol{q}}_i)}{\partial \boldsymbol{q}_i} \end{cases} \qquad (9-1)$$

式（9-1）中 $L_i(\boldsymbol{q}_i, \dot{\boldsymbol{q}}_i)$ 为拉格朗日函数，$\boldsymbol{M}_i^q(\boldsymbol{q}_i) \in \mathbb{R}^{m \times m}$ 为对称正定的惯性矩阵，$U_i(\boldsymbol{q}_i)$ 为势能函数，$\boldsymbol{q}_i \in \mathbb{R}^m$ 为系统状态，$\boldsymbol{u}_i$ 为作用力（力矩）

$$\boldsymbol{M}_i^q(\boldsymbol{q}_i)\ddot{\boldsymbol{q}}_i + \boldsymbol{C}_i^q(\boldsymbol{q}_i, \dot{\boldsymbol{q}}_i)\dot{\boldsymbol{q}}_i + \boldsymbol{g}_i(\boldsymbol{q}_i) = \boldsymbol{u}_i \qquad (9-2)$$

式（9-2）中，$\boldsymbol{C}_i^q(\boldsymbol{q}_i, \dot{\boldsymbol{q}}_i)\dot{\boldsymbol{q}}_i$ 为科里奥利力（力矩）与向心力（力矩），$\boldsymbol{g}_i(\boldsymbol{q}_i)$ 为重力（力矩）。另外式（9-2）中

$$\boldsymbol{g}_i(\boldsymbol{q}_i) = \frac{\mathrm{d}U_i(\boldsymbol{q}_i)}{\mathrm{d}\boldsymbol{q}_i} \qquad (9-3)$$

Lagrangian 方程式（9-2）具有如下性质

性质 1：反对称性，$\dot{\boldsymbol{M}}_i^q(\boldsymbol{q}_i) - 2\boldsymbol{C}_i^q(\boldsymbol{q}_i, \dot{\boldsymbol{q}}_i)$ 为反对称矩阵，即

$$\boldsymbol{\xi}^{\mathrm{T}}[\dot{\boldsymbol{M}}_i^q(\boldsymbol{q}_i) - 2\boldsymbol{C}_i^q(\boldsymbol{q}_i, \dot{\boldsymbol{q}}_i)]\boldsymbol{\xi} = 0$$

其中 $\boldsymbol{\xi} \in \mathbb{R}^m$，这种对称性也是拉格朗日系统能量保守性的矩阵表示。

性质 2：参数线性，式（9-2）可线性化为

$$\boldsymbol{M}_i^q(\boldsymbol{q}_i)\ddot{\boldsymbol{q}}_i + \boldsymbol{C}_i^q(\boldsymbol{q}_i, \dot{\boldsymbol{q}}_i)\dot{\boldsymbol{q}}_i + \boldsymbol{g}_i(\boldsymbol{q}_i) = \boldsymbol{Y}(\boldsymbol{q}_i, \dot{\boldsymbol{q}}_i, \ddot{\boldsymbol{q}}_i)\boldsymbol{\zeta}_i \qquad (9-4)$$

其中 $\boldsymbol{Y}(\boldsymbol{q}_i, \dot{\boldsymbol{q}}_i, \ddot{\boldsymbol{q}}_i)$ 为包含系统状态及其高阶导数的函数矩阵，$\boldsymbol{\zeta}_i \in \mathbb{R}^m$ 为航天器 $S_i, i = 1, \cdots, N$ 的常参数矢量。

性质 3：有界性，存在参数 $k_{M_1}, k_{M_2}, k_C, k_{C_1}, k_{C_2}, k_G$，满足 $\boldsymbol{M}_i^q(\boldsymbol{q}_i) - k_{M_1}\boldsymbol{I}_m$ 为半正定，$\boldsymbol{M}_i^q(\boldsymbol{q}_i) - k_{M_2}\boldsymbol{I}_m$ 为半负定，并对所有矢量 $\boldsymbol{x}, \boldsymbol{y}, \boldsymbol{z}, \boldsymbol{v}, \boldsymbol{w} \in \mathbb{R}^m$，满足

$$\| \boldsymbol{g}_i(\boldsymbol{q}_i) \| \leqslant k_G$$

$$\| \boldsymbol{C}_i^q(\boldsymbol{x}, \boldsymbol{y}) \| \leqslant k_C \| \boldsymbol{y} \|$$

$$\| \boldsymbol{C}_i^q(\boldsymbol{x}, \boldsymbol{z})\boldsymbol{w} - \boldsymbol{C}_i^q(\boldsymbol{y}, \boldsymbol{v})\boldsymbol{w} \| \leqslant k_{C_1} \| \boldsymbol{z} - \boldsymbol{v} \| \| \boldsymbol{w} \| + k_{C_2} \| \boldsymbol{x} - \boldsymbol{y} \| \| \boldsymbol{w} \| \| \boldsymbol{z} \|$$

假设 N 个 Lagrangian 系统构成的多 Lagrangian 自主体系统（下文简称为多 Lagrangian 系统），其状态为 $\boldsymbol{q} = [\boldsymbol{q}_1^{\mathrm{T}}, \cdots, \boldsymbol{q}_N^{\mathrm{T}}]^{\mathrm{T}}$，则

该自主体系统的开环动力学方程为

$$\boldsymbol{M}^q(\boldsymbol{q})\ddot{\boldsymbol{q}} + \boldsymbol{C}^q(\boldsymbol{q},\dot{\boldsymbol{q}})\dot{\boldsymbol{q}} + \boldsymbol{g}(\boldsymbol{q}) = \boldsymbol{u} \tag{9-5}$$

其中，式（9-5）的系数矩阵分别为

$$\boldsymbol{M}^q(\boldsymbol{q}) = \mathrm{diag}[\boldsymbol{M}_1^q(\boldsymbol{q}_1),\cdots,\boldsymbol{M}_N^q(\boldsymbol{q}_N)]$$

$$\boldsymbol{C}^q(\boldsymbol{q},\dot{\boldsymbol{q}}) = \mathrm{diag}[\boldsymbol{C}_1^q(\boldsymbol{q}_1,\dot{\boldsymbol{q}}_1),\cdots,\boldsymbol{C}_N^q(\boldsymbol{q}_N,\dot{\boldsymbol{q}}_N)], \boldsymbol{g}(\boldsymbol{q}) = [\boldsymbol{g}_1^\mathrm{T}(\boldsymbol{q}_1),\cdots,\boldsymbol{g}_N^\mathrm{T}(\boldsymbol{q}_N)]^\mathrm{T}$$

9.2.2　航天器相对姿态运动的 Lagrangian 方程

9.2.2.1　姿态运动学方程

假设航天器为理想刚体，采用刚体姿态运动学来描述航天器的相对姿态运动。为了便于设计姿态控制律，刚体姿态描述方法应该具有简单的数学形式，同时还应该避免数学和几何奇异以及高度非线性的微分方程。常用的描述刚体姿态的方法有方向余弦矩阵、欧拉角、主旋转矢量、四元数、罗德里格斯参数等，这些方法各有优缺。修正罗德里格斯参数（MRPs）相较其他航天器姿态运动的描述方法，既可以避免求解复杂的约束方程，又能够减小奇异性影响，而且没有冗余参数。因此本章采用 MRPs 来描述航天器的姿态运动[2]。

航天器的姿态用修正罗德里格斯参数（MRPs）表示，可写为

$$\boldsymbol{\sigma} = (\sigma_1,\sigma_2,\sigma_3)^\mathrm{T} = \boldsymbol{e}\tan\frac{\varphi}{4} \tag{9-6}$$

其中，$\boldsymbol{e} = (e_1,e_2,e_3)^\mathrm{T}$ 为欧拉轴，φ 为绕 $\boldsymbol{e}$ 轴的旋转角。

由式（9-6）看到，MRPs 在 $\varphi = +360°$ 存在几何奇异，因此除了一个整周的姿态转动，MRPs 可以描述任意姿态转动，比经典的罗德里格斯参数（CRPs）奇异性影响更小。当转动角很小时，MRPs 可以线性化为 $\boldsymbol{\sigma} \approx (\varphi/4)\boldsymbol{e}$。

航天器的姿态用四元数表示，可写为

$$\rho_0 = \cos\frac{\varphi}{2}, \rho_1 = e_1\sin\frac{\varphi}{2}, \rho_2 = e_2\sin\frac{\varphi}{2}, \rho_3 = e_3\sin\frac{\varphi}{2}$$

$$\tag{9-7}$$

根据式（9-6）和式（9-7），从 MRPs 到四元数的转换为

$$\rho_0 = \frac{1 - \boldsymbol{\sigma}^{\mathrm{T}}\boldsymbol{\sigma}}{1 + \boldsymbol{\sigma}^{\mathrm{T}}\boldsymbol{\sigma}}, \ \rho_i = \frac{2\sigma_i}{1 + \boldsymbol{\sigma}^{\mathrm{T}}\boldsymbol{\sigma}}, \ i = 1,2,3 \qquad (9-8)$$

相反，从四元数到 MRPs 的转换为

$$\sigma_i = \frac{\rho_i}{1 + \rho_0}, \ i = 1,2,3 \qquad (9-9)$$

航天器 S_i 本体坐标系 $S_{B,i}$ 到参考航天器 S_0 参考坐标系 s_R 的坐标转换矩阵为

$$\boldsymbol{C}_{BR,i} = \boldsymbol{I}_3 + \frac{8\boldsymbol{S}(\boldsymbol{\sigma})^2 - 4(1 - \boldsymbol{\sigma}^{\mathrm{T}}\boldsymbol{\sigma})\boldsymbol{S}(\boldsymbol{\sigma})}{(1 + \boldsymbol{\sigma}^{\mathrm{T}}\boldsymbol{\sigma})^2} \qquad (9-10)$$

其中，$\boldsymbol{S}(\boldsymbol{\sigma})$ 为以 $\boldsymbol{\sigma}$ 为变量的 3×3 反对称矩阵，具体形式如下

$$\boldsymbol{S}(\boldsymbol{\sigma}) = \begin{bmatrix} 0 & -\sigma_3 & \sigma_2 \\ \sigma_3 & 0 & -\sigma_1 \\ -\sigma_2 & \sigma_1 & 0 \end{bmatrix} \qquad (9-11)$$

用 MRPs 表示的姿态运动学方程为

$$\dot{\boldsymbol{\sigma}} = \boldsymbol{Z}(\boldsymbol{\sigma})\boldsymbol{\omega} \qquad (9-12)$$

式（9-12）中 $\boldsymbol{\omega} = (\omega_1, \omega_2, \omega_3)^{\mathrm{T}}$ 为航天器本体坐标系 s_B 相对于参考坐标系 s_R 的角速度在本体系中的投影，且

$$\boldsymbol{Z}(\boldsymbol{\sigma}) = \frac{1}{4}\left[(1 - \boldsymbol{\sigma}^{\mathrm{T}}\boldsymbol{\sigma})\boldsymbol{I}_3 + 2\boldsymbol{\sigma}\boldsymbol{\sigma}^{\mathrm{T}} + 2\boldsymbol{S}(\boldsymbol{\sigma})\right]$$

$$= \frac{1}{4}\begin{bmatrix} 1 - \sigma^2 + 2\sigma_1^2 & 2(\sigma_1\sigma_2 - \sigma_3) & 2(\sigma_1\sigma_3 + \sigma_2) \\ 2(\sigma_1\sigma_2 + \sigma_3) & 1 - \sigma^2 + 2\sigma_2^2 & 2(\sigma_2\sigma_3 - \sigma_1) \\ 2(\sigma_1\sigma_3 - \sigma_2) & 2(\sigma_2\sigma_3 + \sigma_1) & 1 - \sigma^2 + 2\sigma_3^2 \end{bmatrix}$$

$$(9-13)$$

式（9-13）中 $\sigma = \sqrt{\sigma_1^2 + \sigma_2^2 + \sigma_3^2}$

根据式（9-12）可得

$$\boldsymbol{\omega} = \boldsymbol{Z}^{-1}(\boldsymbol{\sigma})\dot{\boldsymbol{\sigma}} \qquad (9-14)$$

为了计算 $\boldsymbol{Z}^{-1}(\boldsymbol{\sigma})$，进行如下推导。

矩阵 $\boldsymbol{Z}(\boldsymbol{\sigma})$ 的转置

$$\boldsymbol{Z}^{\mathrm{T}}(\boldsymbol{\sigma}) = \frac{1}{4}\big[(1-\boldsymbol{\sigma}^{\mathrm{T}}\boldsymbol{\sigma})\boldsymbol{I}_3 + 2\boldsymbol{\sigma}\boldsymbol{\sigma}^{\mathrm{T}} - 2\boldsymbol{S}(\boldsymbol{\sigma})\big] \qquad (9-15)$$

根据式（9-13）与式（9-15），矩阵 $\boldsymbol{Z}(\boldsymbol{\sigma})$ 与其转置矩阵 $\boldsymbol{Z}^{\mathrm{T}}(\boldsymbol{\sigma})$ 相乘可得

$$\boldsymbol{Z}^{\mathrm{T}}(\boldsymbol{\sigma})\boldsymbol{Z}(\boldsymbol{\sigma}) = \frac{1}{16}\big[(1-\boldsymbol{\sigma}^{\mathrm{T}}\boldsymbol{\sigma})\boldsymbol{I}_3 + 2\boldsymbol{\sigma}\boldsymbol{\sigma}^{\mathrm{T}} - 2\boldsymbol{S}(\boldsymbol{\sigma})\big]\big[(1-\boldsymbol{\sigma}^{\mathrm{T}}\boldsymbol{\sigma})\boldsymbol{I}_3 + 2\boldsymbol{\sigma}\boldsymbol{\sigma}^{\mathrm{T}} + 2\boldsymbol{S}(\boldsymbol{\sigma})\big]$$

$$= \frac{1}{16}\big[(1-\boldsymbol{\sigma}^{\mathrm{T}}\boldsymbol{\sigma})^2\boldsymbol{I}_3 - 4\boldsymbol{S}^2(\boldsymbol{\sigma}) + 4\boldsymbol{\sigma}\boldsymbol{\sigma}^{\mathrm{T}}\big]$$

再由于 $\boldsymbol{S}^2(\boldsymbol{\sigma}) = \boldsymbol{\sigma}\boldsymbol{\sigma}^{\mathrm{T}} - \boldsymbol{\sigma}^{\mathrm{T}}\boldsymbol{\sigma}\boldsymbol{I}_3$ ，将其代入上式，可得

$$\boldsymbol{Z}^{\mathrm{T}}(\boldsymbol{\sigma})\boldsymbol{Z}(\boldsymbol{\sigma}) = \frac{1}{16}\big[(1-\boldsymbol{\sigma}^{\mathrm{T}}\boldsymbol{\sigma})^2\boldsymbol{I}_3 + 4\boldsymbol{\sigma}^{\mathrm{T}}\boldsymbol{\sigma}\boldsymbol{I}_3\big]$$

$$= \frac{1}{16}(1+\boldsymbol{\sigma}^{\mathrm{T}}\boldsymbol{\sigma})^2\boldsymbol{I}_3 \qquad (9-16)$$

通过式（9-16）可得，$\boldsymbol{Z}^{-1}(\boldsymbol{\sigma}) = 16(1+\sigma^2)^{-2}\boldsymbol{Z}^{\mathrm{T}}(\boldsymbol{\sigma})$，代入式（9-14），可得

$$\boldsymbol{\omega} = \frac{16}{(1+\sigma^2)^2}\boldsymbol{Z}^{\mathrm{T}}(\boldsymbol{\sigma})\dot{\boldsymbol{\sigma}} \qquad (9-17)$$

式（9-12）与式（9-17）即为航天器 $S_i, i = 1, \cdots, N$，本体系 $S_{\mathrm{B},i}$ 相对于参考系 s_R 的姿态运动学 Lagrangian 方程。

9.2.2.2　姿态动力学方程

航天器姿态动力学模型为

$$\boldsymbol{J}\dot{\boldsymbol{\omega}} - \boldsymbol{J}\boldsymbol{\omega} \times \boldsymbol{\omega} = \boldsymbol{\tau} \qquad (9-18)$$

式（9-18）中 $\boldsymbol{J}$ 为正定对称的航天器转动惯量阵，$\boldsymbol{\tau} = (\tau_1, \tau_0, \tau_0)^{\mathrm{T}}$ 是作用于航天器上的控制力矩和干扰力矩。

对式（9-12）两边求导，并乘以 $\boldsymbol{Z}^{-\mathrm{T}}\boldsymbol{J}\boldsymbol{Z}^{-1}$，可得

$$\boldsymbol{Z}^{-\mathrm{T}}\boldsymbol{J}\boldsymbol{Z}^{-1}\ddot{\boldsymbol{\sigma}} = \boldsymbol{Z}^{-\mathrm{T}}\boldsymbol{J}\boldsymbol{Z}^{-1}\dot{\boldsymbol{Z}}\boldsymbol{\omega} + \boldsymbol{Z}^{-\mathrm{T}}\boldsymbol{J}\dot{\boldsymbol{\omega}} \qquad (9-19)$$

将式（9-18）及式（9-14）代入式（9-19），整理可得

$$\boldsymbol{Z}^{-\mathrm{T}}\boldsymbol{J}\boldsymbol{Z}^{-1}\ddot{\boldsymbol{\sigma}} - \boldsymbol{Z}^{-\mathrm{T}}\boldsymbol{J}\boldsymbol{Z}^{-1}\dot{\boldsymbol{Z}}\boldsymbol{Z}^{-1}\dot{\boldsymbol{\sigma}} - \boldsymbol{Z}^{-\mathrm{T}}\boldsymbol{S}(\boldsymbol{J}\boldsymbol{Z}^{-1}(\boldsymbol{\sigma})\dot{\boldsymbol{\sigma}})\boldsymbol{Z}^{-1}\dot{\boldsymbol{\sigma}} = \boldsymbol{Z}^{-\mathrm{T}}\boldsymbol{\tau}$$

$$(9-20)$$

对航天器 $S_i, i = 1, \cdots, N$，记

$$M_i^q(\boldsymbol{\sigma}_i) = Z^{-\mathrm{T}}(\boldsymbol{\sigma}_i) J_i Z^{-1}(\boldsymbol{\sigma}_i)$$

$$C_i^q(\boldsymbol{\sigma}_i, \dot{\boldsymbol{\sigma}}_i) = -Z^{-\mathrm{T}}(\boldsymbol{\sigma}_i) J_i Z^{-1}(\boldsymbol{\sigma}_i) \dot{Z}(\boldsymbol{\sigma}_i) Z^{-1}(\boldsymbol{\sigma}_i) -$$

$$Z^{-\mathrm{T}}(\boldsymbol{\sigma}_i) S(J_i Z^{-1}(\boldsymbol{\sigma}_i) \dot{\boldsymbol{\sigma}}_i) Z^{-1}(\boldsymbol{\sigma}_i)$$

则式（9-20）变为

$$M_i^q(\boldsymbol{\sigma}_i) \ddot{\boldsymbol{\sigma}}_i + C_i^q(\boldsymbol{\sigma}_i, \dot{\boldsymbol{\sigma}}_i) \dot{\boldsymbol{\sigma}}_i = Z^{-\mathrm{T}}(\boldsymbol{\sigma}_i) \boldsymbol{\tau}_i \qquad (9-21)$$

式（9-21）即为航天器 S_i，$i = 1, \cdots, N$，在本体系下的姿态动力学模型。注意到 $M_i^q(\boldsymbol{\sigma}_i)$ 为对称正定矩阵，且 $\dot{M}_i^q - 2C_i^q$ 为反对称矩阵。

9.2.3　航天器相对轨道运动的 Lagrangian 方程

假设虚拟的参考航天器 S_0 运行在不受摄动影响的圆参考轨道上，航天器 S_i，$i = 1, \cdots, N$ 的质量为 m_i，则根据第 2 章式（2-42），在参考轨道坐标系 s_R 下，航天器 S_i 的相对运动动力学方程[3]为

$$\begin{cases} \ddot{x} - 2(nc)\dot{y} - (5c^2 - 2)n^2 x + \dfrac{3}{4} K_{J2} \cos(2kt) = f_{x,i} \\[2mm] \ddot{y} + 2(nc)\dot{x} + \dfrac{1}{2} K_{J2} \sin(2kt) = f_{y,i} \\[2mm] \ddot{z} + q^2 z + 2lq \cos(qt + \phi) = f_{z,i} \end{cases}$$

$$(9-22)$$

其中

$$k = nc + \frac{3nJ_2 R_e^2}{2R_0^2} \cos^2 i_0$$

$$K_{J2} = 3n^2 J_2 (R_e^2 / R_0) \sin^2 i_0$$

$$c = \sqrt{1 + s}$$

$$s = \frac{3J_2 R_e^2}{8R_0^2} (1 + 3\cos 2i_0)$$

式（9-22）中 $n = \sqrt{\mu / R_0^3}$，μ 为地球引力常数，$\boldsymbol{f}_i = [f_{x,i}, f_{y,i}, f_{z,i}]^{\mathrm{T}}$ 为作用于航天器 S_i 径向、横向与法向的控制加速度和各种摄动加速

度分量。q, l, ϕ 的计算过程详见第 2 章。

　　假设所有航天器相同（质量统一记为 m），整理后，式 (9-22) 可写为 Lagrangian 形式的动力学方程

$$\boldsymbol{M}_i^x \ddot{\boldsymbol{x}}_i + \boldsymbol{C}_i^x \dot{\boldsymbol{x}}_i + \boldsymbol{g}(\boldsymbol{x}_i) = m\boldsymbol{f}_i \qquad (9-23)$$

式 (9-23) 中　　　　　　　　　　$\boldsymbol{M}_i^x = m\boldsymbol{I}_3$

$$\boldsymbol{x}_i = \begin{bmatrix} x_i \\ y_i \\ z_i \end{bmatrix}$$

$$\boldsymbol{C}_i^x = m \begin{bmatrix} 0 & -2(nc) & 0 \\ 2(nc) & 0 & 0 \\ 0 & 0 & 0 \end{bmatrix}$$

$$\boldsymbol{g}(\boldsymbol{x}_i) = m \begin{bmatrix} -(5c^2-2)n^2 x + 3K_{J2}\cos(2kt)/4 \\ K_{J2}\sin(2kt)/2 \\ q^2 z + 2lq\cos(qt+\phi) \end{bmatrix}$$

显然，$\dot{\boldsymbol{M}}_i^x - 2\boldsymbol{C}_i^x$ 为反对称矩阵。

9.2.4　姿轨控制推力器配置与控制分配

9.2.4.1　推力器配置

　　假设各航天器的轨道和姿态均由航天器上安装的 12 个推力器控制，推力器配置如图 9-1 所示[4]，对于此推力器安装结构，推力器的配置矩阵为 $\boldsymbol{H}_T$，如下式

$$\boldsymbol{H}_T = \begin{bmatrix} \boldsymbol{H}_M \\ \boldsymbol{H}_F \end{bmatrix} \qquad (9-24)$$

式 (9-24) 中 $\boldsymbol{H}_M$ 和 $\boldsymbol{H}_F$ 为

$$\boldsymbol{H}_M = \begin{bmatrix} 0 & -d_z & d_y & 0 & -d_z & d_y & 0 & d_z & -d_y & 0 & d_z & -d_y \\ -d_z & 0 & d_x & d_z & 0 & -d_x & -d_z & 0 & d_x & d_z & 0 & -d_x \\ -d_y & d_x & 0 & d_y & -d_x & 0 & d_y & -d_x & 0 & -d_y & d_x & 0 \end{bmatrix}$$

$$\boldsymbol{H}_F = \begin{bmatrix} -1 & 0 & 0 & -1 & 0 & 0 & 1 & 0 & 0 & 1 & 0 & 0 \\ 0 & 1 & 0 & 0 & -1 & 0 & 0 & 1 & 0 & 0 & -1 & 0 \\ 0 & 0 & -1 & 0 & 0 & 1 & 0 & 0 & 1 & 0 & 0 & -1 \end{bmatrix}$$

其中 d_x，d_y，d_z 是推力器相对于航天器质心的力臂。

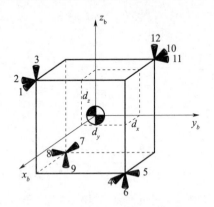

图 9-1　航天器推力器配置示意

可以看到矩阵 $\boldsymbol{H}_T$ 能够保证在航天器的本体坐标系三个方向提供控制力和力矩，并且容易验证矩阵 $\boldsymbol{H}_T$ 满秩，这避免了推力器配置方案 $\mathbf{u}_0 \neq 0$，而控制力和力矩 $\boldsymbol{H}_T \mathbf{u}_0$ 的情况，这里 $\mathbf{u}_0 = [f_{0,1}, f_{0,2}, \cdots, f_{0,12}]^T$。另外，矩阵 $\boldsymbol{H}_T$ 还满足以下两个重要性质：

性质 1：存在一组推力器控制力的配置方案 $\mathbf{u}_F$，满足 $\boldsymbol{H}_F \mathbf{u}_F \neq 0$，且 $\boldsymbol{H}_M \mathbf{u}_F = 0$；

性质 2：存在一组推力器控制力矩的配置方案 $\mathbf{u}_M$，满足 $\boldsymbol{H}_M \mathbf{u}_M \neq 0$，且 $\boldsymbol{H}_F \mathbf{u}_M = 0$。

矩阵 $\boldsymbol{H}_T$ 的以上两个性质保证了推力器可以根据需要分别产生控制力和力矩。这两个性质也是由图 9-1 的推力器配置安装方案决定的。

采用相对轨道动力学方程对航天器相对运动进行控制，需要控制力沿参考坐标系 s_R 方向，因此需要将推力器推力矢量 $\mathbf{u}$ 转换到参考坐标系 s_R。对于航天器 S_i，$i=1, \cdots, N$，其控制力和力矩通过

下式计算

$$u_i = \begin{bmatrix} \boldsymbol{\tau}_i \\ \boldsymbol{f}_i \end{bmatrix} = \begin{bmatrix} \boldsymbol{I}_3 & \boldsymbol{0}_{3\times3} \\ \boldsymbol{0}_{3\times3} & \boldsymbol{C}_{RB,i} \end{bmatrix} \boldsymbol{H}_{T,i} \mathbf{u}_i = \boldsymbol{H}_{C,i} \boldsymbol{H}_{T,i} \mathbf{u}_i \qquad (9-25)$$

其中 $\boldsymbol{C}_{RB,i} = \boldsymbol{C}_{BR,i}^{\mathrm{T}}$ 表示航天器 S_i 的本体坐标系 $s_{B,i}$ 相对于参考轨道坐标系 s_R 的转换矩阵，$\boldsymbol{0}_{3\times3}$ 表示 3×3 全零矩阵，$\boldsymbol{H}_{T,i}$，$\mathbf{u}_i$ 分别为航天器 S_i 的推力器配置矩阵和推力器配置方案。

9.2.4.2　控制分配算法

根据式（9-25），航天器 S_i，$i=1$，$\cdots$，N 轨道和姿态联合控制系统的期望控制指令为 $\boldsymbol{u}_i = [\boldsymbol{\tau}_i, \boldsymbol{f}_i]^{\mathrm{T}}$。设式（9-25）中 $\boldsymbol{H}_{I,i} = \boldsymbol{H}_{C,i}\boldsymbol{H}_{T,i}$，则有

$$\mathbf{u}_i = \boldsymbol{H}_{I,i}^{\mathrm{T}}(\boldsymbol{H}_{I,i}\boldsymbol{H}_{I,i}^{\mathrm{T}})^{-1}\boldsymbol{u}_i = \boldsymbol{H}_{I,i}^{+}\boldsymbol{u}_i \qquad (9-26)$$

式（9-26）中 $\boldsymbol{H}_{I,i}^{+} = \boldsymbol{H}_{I,i}^{\mathrm{T}}(\boldsymbol{H}_{I,i}\boldsymbol{H}_{I,i}^{\mathrm{T}})^{-1}$ 为 $\boldsymbol{H}_{I,i}$ 的伪逆。为了便于推导，下文在没有混淆的情况下，略去表示航天器 S_i 的下标 i。

利用上述方法求取的推力仅能够满足航天器轨道和姿态控制要求，但不能保证求得的推力在推力器所能提供的推力大小范围内，因此有必要采用分配算法对其进行修正。下面采用线性规划方法在式（9-26）基础上，进行控制分配[5]。

首先令

$$\mathbf{u} = \boldsymbol{H}_I^{+}\boldsymbol{u} + \tilde{\omega} \qquad (9-27)$$

其中 $\tilde{\omega}$ 满足齐次线性方程

$$\boldsymbol{H}_I\tilde{\omega} = 0 \qquad (9-28)$$

将式（9-27）两端同时左乘 $\boldsymbol{H}_I$，在式（9-28）的约束条件下，可以得到式（9-25）。因此，在满足航天器轨道与姿态控制要求的前提下，选取适当的 $\tilde{\omega}$，可以将 $\boldsymbol{u}$ 调节到推力器所能提供的推力范围内。

方程式（9-28）的解可以表示为

$$\tilde{\omega} = c_1\boldsymbol{\xi}_1 + c_2\boldsymbol{\xi}_2 + \cdots + c_{M-6}\boldsymbol{\xi}_{M-6} = \boldsymbol{\xi}\boldsymbol{c} \qquad (9-29)$$

其中，$\boldsymbol{\xi} = [\boldsymbol{\xi}_1, \boldsymbol{\xi}_2, \cdots, \boldsymbol{\xi}_{M-6}]$ 为方程组的一个基础解系，M 为航天器上推力器数目，$\boldsymbol{c} = [c_1, c_2, \cdots c_{M-6}]^{\mathrm{T}}$，$c_k$ 为任意实数（$1 \leqslant k \leqslant M-6$）。

以下优化算法的目的是选取适当的系数 c。

取如下优化指标，优化目标为控制过程推进剂消耗最小，即

$$\min J(\mathbf{u}) = \sum_{k=1}^{M} \mathbf{u}_k = \sum_{k=1}^{M} \{ [\boldsymbol{H}_I^+ \boldsymbol{u}]_k + \tilde{\omega}_k \} = \sum_{k=1}^{M} [\boldsymbol{H}_I^+ \boldsymbol{u}]_k + \sum_{k=1}^{M} \tilde{\omega}_k$$

$$(9-30)$$

显然，式（9-30）中 $\sum_{k=1}^{M} [\boldsymbol{H}_I^+ \boldsymbol{u}]_k$ 为固定值，不能进行优化，则优化指标函数式（9-30）变为

$$\min J(\tilde{\omega}) = \sum_{k=1}^{M} \tilde{\omega}_k = \iota^{\mathrm{T}} \boldsymbol{c} \qquad (9-31)$$

式（9-31）中 $\iota = [\iota_1, \iota_2, \cdots, \iota_{M-6}]^{\mathrm{T}}, \iota_j = \sum_{k=1}^{M} \xi_{kj}, j = 1, 2, \cdots, M-6$。

设每个推力器的推力范围为

$$\mathbf{u}_k^{\min} \leqslant \mathbf{u}_k \leqslant \mathbf{u}_k^{\max}, k = 1, \cdots, M$$

定义 $\mathbf{u}^{\max} = [\mathbf{u}_1^{\max}, \mathbf{u}_2^{\max}, \cdots, \mathbf{u}_M^{\max}]^{\mathrm{T}}, \mathbf{u}^{\min} = [\mathbf{u}_1^{\min}, \mathbf{u}_2^{\min}, \cdots, \mathbf{u}_M^{\min}]^{\mathrm{T}}$，考虑式（9-27）则得

$$\tilde{\omega} = \xi c \leqslant \mathbf{u}^{\max} - \boldsymbol{H}_I^+ \boldsymbol{u}$$

$$-\tilde{\omega} = -\xi c \leqslant \boldsymbol{H}_I^+ \boldsymbol{u} - \mathbf{u}^{\min} \qquad (9-32)$$

定义 $\mathbf{A}_I = [\xi \quad -\xi]^{\mathrm{T}}, \mathbf{b}_I = [\mathbf{u}^{\max} - \boldsymbol{H}_I^+ \boldsymbol{u}, \boldsymbol{H}_I^+ \boldsymbol{u} - \mathbf{u}^{\min}]^{\mathrm{T}}$，则约束条件为

$$\mathbf{A}_I c \leqslant \mathbf{b}_I \qquad (9-33)$$

式（9-31）和式（9-33）构成线性规划问题的一般形式，求解此线性规划问题，可以得到最优解 c^*，即得到符合控制系统性能要求的 $\mathbf{u}$，实现航天器 S_i 的控制指令 $\boldsymbol{u}_i = [\boldsymbol{\tau}_i, \boldsymbol{f}_i]^{\mathrm{T}}$ 到 12 个推力器的分配。

9.2.5　航天器协同飞行的 6 自由度控制方程

9.2.5.1　单个航天器的 6 自由度控制方程

假设航天器 $S_i; i = 1, \cdots, N$ 的 6 自由度状态变量为 $\boldsymbol{q}_i =$

$[\boldsymbol{\sigma}_i^{\mathrm{T}}, \boldsymbol{x}_i^{\mathrm{T}}]^{\mathrm{T}}$，结合式（9-21）和式（9-23），可得

$$\boldsymbol{M}_i \ddot{\boldsymbol{q}}_i + \boldsymbol{C}_i \dot{\boldsymbol{q}}_i + \boldsymbol{G}_i = \boldsymbol{H}_i \boldsymbol{u}_i \qquad (9-34)$$

其中

$$\boldsymbol{M}_i = \begin{bmatrix} \boldsymbol{M}_i^{\sigma}(\boldsymbol{\sigma}_i) & \boldsymbol{0}_{3\times3} \\ \boldsymbol{0}_{3\times3} & \boldsymbol{M}_i^x \end{bmatrix} \quad \boldsymbol{C}_i = \begin{bmatrix} \boldsymbol{C}_i^{\sigma}(\sigma_i, \dot{\sigma}_i) & \boldsymbol{0}_{3\times3} \\ \boldsymbol{0}_{3\times3} & \boldsymbol{C}_i^x \end{bmatrix}$$

$$\boldsymbol{G}_i = \begin{bmatrix} \boldsymbol{0}_{3\times1} \\ \boldsymbol{g}(x_i) \end{bmatrix} \quad \boldsymbol{u}_i = \begin{bmatrix} \boldsymbol{\tau}_i \\ \boldsymbol{f}_i \end{bmatrix}$$

$$\boldsymbol{H}_i = \begin{bmatrix} \boldsymbol{Z}^{-\mathrm{T}}(\boldsymbol{\sigma}_i) & \boldsymbol{0}_{3\times3} \\ \boldsymbol{0}_{3\times3} & \boldsymbol{I}_3 \end{bmatrix}$$

将式（9-25）代入式（9-34），可得

$$\boldsymbol{M}_i \ddot{\boldsymbol{q}}_i + \boldsymbol{C}_i \dot{\boldsymbol{q}}_i + \boldsymbol{G}_i = \bar{\boldsymbol{H}}_i \boldsymbol{u}_i \qquad (9-35)$$

其中 $\bar{\boldsymbol{H}}_i = \boldsymbol{H}_i \boldsymbol{H}_{C,i} \boldsymbol{H}_{T,i}$。

9.2.5.2　多航天器系统的 6 自由度控制方程

假设 N 个航天器组成多航天器系统，其状态 $\boldsymbol{q} = [\boldsymbol{q}_1^{\mathrm{T}}, \cdots, \boldsymbol{q}_N^{\mathrm{T}}]^{\mathrm{T}}$，则多航天器系统的 6 自由度动力学模型为

$$\boldsymbol{M}\ddot{\boldsymbol{q}} + \boldsymbol{C}\dot{\boldsymbol{q}} + \boldsymbol{G} = \bar{\boldsymbol{H}}\mathbf{u} \qquad (9-36)$$

其中

$$\boldsymbol{M} = \mathrm{diag}[\boldsymbol{M}_1, \cdots, \boldsymbol{M}_N]$$
$$\boldsymbol{C} = \mathrm{diag}[\boldsymbol{C}_1, \cdots, \boldsymbol{C}_N]$$
$$\boldsymbol{G} = [\boldsymbol{G}_1^{\mathrm{T}}, \cdots, \boldsymbol{G}_N^{\mathrm{T}}]^{\mathrm{T}}$$
$$\bar{\boldsymbol{H}} = \mathrm{diag}[\bar{\boldsymbol{H}}_1, \cdots, \bar{\boldsymbol{H}}_N]$$
$$\mathbf{u} = [\mathbf{u}_1^{\mathrm{T}}, \cdots, \mathbf{u}_N^{\mathrm{T}}]^{\mathrm{T}}$$

9.3　多 Lagrangian 系统的分布式一致性算法

协同飞行的多航天器系统可以看作一个多 Lagrangian 系统。本节以 9.2.1 节 Lagrangian 方程为动力学方程，分为线性和非线性两种情况，研究多 Lagrangian 系统的分布式一致性算法[6]，作为多航天器协同飞行姿轨联合控制律设计的理论基础。

9.3.1　线性一致性算法

对于多 Lagrangian 系统构成式（9-5）中的第 i 个 Lagrangian 系统式（9-2）, $i = 1, \cdots, N$, 参考文献［6］设计了如下基本的分布式线性一致性算法

$$\boldsymbol{u}_i = \boldsymbol{g}_i(\boldsymbol{q}_i) - \sum_{j=1}^N a_{ij}\big[(\boldsymbol{q}_i - \boldsymbol{q}_j - \delta\boldsymbol{q}_{ij}) + (\dot{\boldsymbol{q}}_i - \dot{\boldsymbol{q}}_j)\big] - \boldsymbol{K}_i\dot{\boldsymbol{q}}_i$$

$$(9-37)$$

其中, a_{ij} 为无向图 $\mathscr{G}$ 相应的邻接矩阵 $\mathscr{A} \in \mathbb{R}^{N\times N}$ 的第 (i,j) 个元素, $\boldsymbol{K}_i \in \mathbb{R}^{p\times p}$ 为对称正定矩阵, $\delta\boldsymbol{q}_{ij} = \boldsymbol{q}_i^* - \boldsymbol{q}_j^*$ 为常值期望相对状态差, $\boldsymbol{q}_i^*, \boldsymbol{q}_j^*$ 分别为自主体 i, j 的常值期望状态。

定理 9.1：若信息拓扑图 $\mathscr{G}$ 为无向连通, 则 Lagrangian 系统式（9-2）在线性一致性算法式（9-37）的作用下, 当 $t \to \infty$ 时, $\boldsymbol{q}_i(t) - \boldsymbol{q}_j(t) \to \delta\boldsymbol{q}_{ij}$, 且 $\dot{\boldsymbol{q}}_i(t) \to \dot{\boldsymbol{q}}_j(t) \to \boldsymbol{0}_p$, $i, j = 1, \cdots, N$ 。

为了证明以上定理, 需要用到以下定义和引理。

定义 9.1：若连续函数 $\alpha: [0,a) \to [0,\infty)$ 严格递增且 $\alpha(0) = 0$, 则函数 α 称为类 k 函数。若 $a = \infty$, 且 $r \to \infty$ 时, $\alpha(r) \to \infty$, 则函数 α 称为类 k_∞ 函数。

引理 9.1：设 $V(x): D \to R$ 为定义在包含原点 $x = \boldsymbol{0}_N$ 的域 $D \subset \mathbb{R}^N$ 内的连续正定函数。设 $B(\boldsymbol{0}_N, r) \subset D, \forall r > 0$ 。则存在类 k 函数 α_1, α_2 , 其定义在区间 $[0,r]$, 对于所有 $x \in B(\boldsymbol{0}_N, r)$, 满足: $\alpha_1(\|x\|) \leqslant V(x) \leqslant \alpha_2(\|x\|)$ 。而且, 若 $D \subset \mathbb{R}^N$ 和 $V(x)$ 径向无界, 则选择 α_1, α_2 为类 k_∞ 函数, 上式对于 $x \in \mathbb{R}^N$ 依然成立。

引理 9.2：对于非自治系统 $\dot{x} = f(t,x)$, 其满足 $f(t,\boldsymbol{0}_N) \equiv \boldsymbol{0}_N$, 并且存在唯一解。设 $V(t,x)$, $W(t,x)$ 为定义在域 $[0,\infty) \times D$ 内的连续函数, 且满足以下四个条件:

1）$V(t,x)$ 为正定且递减;

2）$\dot{V}(t,x) \leqslant U(x) \leqslant 0, U(x)$ 为连续函数;

3）$|W(t,x)|$ 有界;

4）$\max[d(x,M),|W(t,x)|] \geqslant \gamma(\|x\|)$，这里 $M = \{x \mid U(x) = 0\}$，$d(x,M)$ 表示从 x 到集合 M 的距离，$\gamma(\cdot)$ 是一个类 k 函数。则系统 $\dot{x} = f(t,x)$，$x = \boldsymbol{0}_N$，在域 D 内统一渐近稳定。

引理 9.3：若以下两个条件满足，则引理 9.2 的条件 4 满足：

1）函数 $\dot{W}(t,x)$ 对于所有自变量均连续，且可表示为 $\dot{W}(t,x) = h[\beta(t),x]$，这里 h 对于所有自变量均连续，且 $\beta(t)$ 连续有界；

2）存在一个类 k 函数 α，对于所有 $x \in M$，满足 $|\dot{W}(t,x)| \geqslant \alpha(\|x\|)$，$M$ 为引理 9.2 定义的集合。

以下是定理 9.1 的证明过程。

证明：根据式（9-37）和式（9-2），可得到下式

$$\begin{cases} \dfrac{\mathrm{d}}{\mathrm{d}t}(\boldsymbol{q}_i - \boldsymbol{q}_j - \delta\boldsymbol{q}_{ij}) = \dot{\boldsymbol{q}}_i - \dot{\boldsymbol{q}}_j \\ \dfrac{\mathrm{d}}{\mathrm{d}t}\dot{\boldsymbol{q}}_i = -\boldsymbol{M}_i^{q-1}(\boldsymbol{q}_i)\Big\{\boldsymbol{C}_i^q(\boldsymbol{q}_i,\dot{\boldsymbol{q}}_i)\dot{\boldsymbol{q}}_i + \sum_{j=1}^N a_{ij} \\ \qquad [(\boldsymbol{q}_i - \boldsymbol{q}_j - \delta\boldsymbol{q}_{ij}) + (\dot{\boldsymbol{q}}_i - \dot{\boldsymbol{q}}_j)] + \boldsymbol{K}_i\dot{\boldsymbol{q}}_i\Big\} \end{cases} \qquad (9-38)$$

设 $\delta\boldsymbol{q} = [\delta\boldsymbol{q}_1^{\mathrm{T}},\cdots,\delta\boldsymbol{q}_N^{\mathrm{T}}]^{\mathrm{T}}$，这里 $\delta\boldsymbol{q}_i = \boldsymbol{q}_i - \boldsymbol{q}_i^*$，$\boldsymbol{K} = \mathrm{diag}(\boldsymbol{K}_1,\cdots,\boldsymbol{K}_N)$。$\mathscr{L}$ 为信息拓扑图 $\mathscr{G}$ 对应的 Laplacian 矩阵。由于图 $\mathscr{G}$ 为无向图，$\mathscr{L}$ 为对称半正定。

设 $\tilde{\boldsymbol{q}}$ 为 $\boldsymbol{q}_i - \boldsymbol{q}_j - \delta\boldsymbol{q}_{ij}$ 构成的列矢量，这里 $i < j, a_{ij} > 0$，并定义 $\hat{\boldsymbol{q}} = [\tilde{\boldsymbol{q}}^{\mathrm{T}}, \boldsymbol{q}^{\mathrm{T}}]^{\mathrm{T}}$。选择如下 Lyapunov 函数

$$V(t,\hat{\boldsymbol{q}}) = \frac{1}{2}\delta\boldsymbol{q}^{\mathrm{T}}(\mathscr{L} \otimes \boldsymbol{I}_n)\delta\boldsymbol{q} + \frac{1}{2}\dot{\boldsymbol{q}}^{\mathrm{T}}\boldsymbol{M}^q(\boldsymbol{q})\dot{\boldsymbol{q}} \qquad (0-39)$$

由于 $\mathscr{L}$ 为对称半正定矩阵，因此

$$\delta\boldsymbol{q}^{\mathrm{T}}(\mathscr{L} \otimes \boldsymbol{I}_p)\delta\boldsymbol{q} = \frac{1}{2}\sum_{i=1}^N \sum_{j=1}^N a_{ij} \|\boldsymbol{q}_i - \boldsymbol{q}_j - \delta\boldsymbol{q}_{ij}\|^2$$

且 $\boldsymbol{M}^q(\boldsymbol{q})$ 为对称正定矩阵，因而 $V(t,\hat{\boldsymbol{q}})$ 关于 $\hat{\boldsymbol{q}}$ 正定递减，引理 9.2 条件 1）满足。

对式（9-39）求导，由于 $\mathscr{L}$ 和 $\boldsymbol{M}^q(\boldsymbol{q})$ 是对称矩阵，可得到

$$\dot{V}(t,\widehat{q}) = \dot{q}^{\mathrm{T}}(\mathscr{L}\otimes I_p)\delta q + \frac{1}{2}\dot{q}^{\mathrm{T}}\dot{M}^q(q)\dot{q} + \dot{q}^{T}M^q(q)\ddot{q} \quad (9-40)$$

将式（9-37）代入式（9-2），整理可得多 Lagrangian 系统闭环动力学方程

$$M^q(q)\ddot{q} = -C^q(q,\dot{q})\dot{q} - (\mathscr{L}\otimes I_p)\delta q - (\mathscr{L}\otimes I_p)\dot{q} - K\dot{q}$$
$$(9-41)$$

由于 $\dot{M}^q_i(q_i) - 2C^q_i(q_i,\dot{q}_i)$ 为反对称矩阵，式（9-41）代入式（9-40），整理可得

$$\dot{V}(t,\widehat{q}) = -\dot{q}^{\mathrm{T}}(\mathscr{L}\otimes I_p)\dot{q} - \dot{q}^{T}K\dot{q} \quad (9-42)$$

显然 $\dot{V}(t,\widehat{q}) \leqslant 0$，因而满足引理 9.2 条件（2）。

设 $W(t,\widehat{q}) = \dot{q}^{\mathrm{T}}(\mathscr{L}\otimes I_p)\delta q$，其满足 $|W(t,\widehat{q})| \leqslant \|\dot{q}^{\mathrm{T}}\| \|(\mathscr{L}\otimes I_p)\delta q\|$。式（9-42）显然满足 $V[t,\widehat{q}(t)] \leqslant V[0,\widehat{q}(0)]$，$\forall t \geqslant 0$，这意味着 $\|\dot{q}\|$ 和 $\|\widehat{q}\|$ 有界。由于 $(\mathscr{L}\otimes I_p)\delta q$ 是所有 $\sum_{j=1}^{N} a_{ij}(q_i - q_j - \delta q_{ij})$，$i = 1,\cdots,N$ 组成形成列矢量，因此 $\|(\mathscr{L}\otimes I_p)\delta q\|$ 有界。这样，可知 $|W(t,\widehat{q})|$ 沿解的轨迹是有界的，则引理 9.2 条件 3）满足。

沿式（9-41）解的轨迹，对 $W(t,\widehat{q})$ 求导数为

$$\begin{aligned}
\dot{W}(t,\widehat{q}) &= \ddot{q}^{\mathrm{T}}(\mathscr{L}\otimes I_p)\delta q + \dot{q}^{\mathrm{T}}(\mathscr{L}\otimes I_p)\dot{q} \\
&= -\dot{q}^{\mathrm{T}}C^{q\mathrm{T}}(q,\dot{q})M^{q-1}(q)(\mathscr{L}\otimes I_p)\delta q \\
&\quad -\delta q^{\mathrm{T}}(\mathscr{L}\otimes I_p)M^{q-1}(q)(\mathscr{L}\otimes I_p)\delta q \\
&\quad -\dot{q}^{\mathrm{T}}(\mathscr{L}\otimes I_p)M^{q-1}(q)(\mathscr{L}\otimes I_p)\delta q \\
&\quad -\dot{q}^{\mathrm{T}}KM^{q-1}(q)(\mathscr{L}\otimes I_p)\delta q + \dot{q}^{\mathrm{T}}(\mathscr{L}\otimes I_p)\dot{q}
\end{aligned}$$
$$(9-43)$$

由于 $\|\dot{q}\|$ 有界，根据 Lagrangian 方程性质 3 推断 $M^{q-1}(q)$ 和 $C^{q\mathrm{T}}(q,\dot{q})\dot{q}$ 有界。因此 $\dot{W}(t,\widehat{q})$ 可写为 $\dot{W}(t,\widehat{q}) = h[\beta(t),\widehat{q}]$，其中 h 对于所有自变量连续，且 $\beta(t)$ 也连续有界 [引理 9.3 条件 1）成立]。在集合 $\Omega = \{(\widetilde{q},\dot{q}) | \dot{V} = 0\}$，$\dot{q} = 0_{Np}$，式（9-43）可简化为

$$\dot{W}(t,\hat{q}) = -\delta\boldsymbol{q}^{\mathrm{T}}(\mathscr{L}\otimes\boldsymbol{I}_p)\boldsymbol{M}^{q-1}(\boldsymbol{q})(\mathscr{L}\otimes\boldsymbol{I}_p)\delta\boldsymbol{q} \qquad (9-44)$$

由于 $\boldsymbol{M}^{q-1}(\boldsymbol{q})$ 是对称正定矩阵。根据性质 3，下式成立

$$\delta\boldsymbol{q}^{\mathrm{T}}(\mathscr{L}\otimes\boldsymbol{I}_p)\boldsymbol{M}^{q-1}(\boldsymbol{q})(\mathscr{L}\otimes\boldsymbol{I}_p)\delta\boldsymbol{q} \geqslant \frac{1}{k_{M_2}}\parallel(\mathscr{L}\otimes\boldsymbol{I}_p)\delta\boldsymbol{q}\parallel^2$$

$$(9-45)$$

由于 $\parallel\mathscr{L}\otimes\boldsymbol{I}_p\parallel^2$ 正定，根据引理 9.1，在集合 Ω 内，存在一类 k 函数 α，满足 $\parallel(\mathscr{L}\otimes\boldsymbol{I}_p)\delta\boldsymbol{q}\parallel^2\geqslant\alpha(\parallel\tilde{\boldsymbol{q}}\parallel)$。因此，对于所有 $\hat{\boldsymbol{q}}\in\Omega$，$|\dot{W}(t,\hat{\boldsymbol{q}})|\geqslant1/k_{M_2}\alpha(\parallel\tilde{\boldsymbol{q}}\parallel)$，引理 9.3 条件 2)成立。这样根据引理 9.3，则满足引理 9.2 的条件 4)。因此，可以从引理 9.2 推断系统（9-38）的平衡点（即 $\parallel\tilde{\boldsymbol{q}}\parallel=0,\parallel\dot{\boldsymbol{q}}\parallel=0$）一致渐近稳定，这意味着若图 $\mathscr{G}$ 为无向连通，当 $t\to\infty$ 时，$\boldsymbol{q}_i(t)-\boldsymbol{q}_j(t)\to\delta\boldsymbol{q}_{ij}$，且 $\dot{\boldsymbol{q}}_i(t)\to\dot{\boldsymbol{q}}_j(t)\to\boldsymbol{0}_p$，定理 9.1 证毕。

9.3.2　非线性一致性算法

针对多 Lagrangian 系统式（9-5）中的第 i 个 Lagrangian 系统式（9-2），$i=1,\cdots,N$，参考文献 [6] 设计了如下分布式非线性一致性算法

$$\boldsymbol{u}_i = \boldsymbol{g}_i(\boldsymbol{q}_i)-\boldsymbol{K}_{1,i}\vartheta(\boldsymbol{K}_{2,i}\dot{\boldsymbol{q}}_i)-\sum_{j=1}^{N}a_{ij}\vartheta[\boldsymbol{K}_q(\boldsymbol{q}_i-\boldsymbol{q}_j-\delta\boldsymbol{q}_{ij})]-$$

$$\sum_{j=1}^{N}a_{ij}\vartheta[\boldsymbol{K}_{\dot{q}}(\dot{\boldsymbol{q}}_i-\dot{\boldsymbol{q}}_j)]$$

$$(9-46)$$

其中，a_{ij} 的意义与式（9-37）相同，$\boldsymbol{K}_q,\boldsymbol{K}_{\dot{q}},\boldsymbol{K}_{1,i}$ 与 $\boldsymbol{K}_{2,i}$ 均为 $p\times p$ 对角增益矩阵。$\vartheta(\cdot)$ 定义如引理 9.4，另外假设 $\vartheta(\cdot)$ 连续可微。

定理 9.2：若信息拓扑图 $\mathscr{G}$ 为无向连通，则 Lagrangian 系统式（9-2）在非线性一致性算法式（9-46）的作用下，当 $t\to\infty$ 时，$\boldsymbol{q}_i(t)-\boldsymbol{q}_j(t)\to\delta\boldsymbol{q}_{ij}$，且 $\dot{\boldsymbol{q}}_i(t)\to\dot{\boldsymbol{q}}_j(t)\to\boldsymbol{0}_p$，$i,j=1,\cdots,N$。

定理 9.2 的证明过程需要用到以下引理。

引理 9.4：设 $\vartheta:\mathbb{R}\to\mathbb{R}$ 是连续奇函数，其满足若 $x>0,\vartheta(x)>$

0。设 $\zeta_i \in \mathbb{R}^p$，$\boldsymbol{K} \in \mathbb{R}^{p \times p}$，$\boldsymbol{D} = [d_{ij}] \in \mathbb{R}^{N \times N}$。若 $\boldsymbol{D}$ 为对称矩阵，则

$$\frac{1}{2} \sum_{i=1}^{N} \sum_{j=1}^{N} d_{ij} (\zeta_i - \zeta_j)^{\mathrm{T}} \vartheta [\boldsymbol{K} (\varphi_i - \varphi_j)] = \sum_{i=1}^{N} \zeta_{Ti} \left\{ \sum_{j=1}^{N} d_{ij} \vartheta [\boldsymbol{K} (\varphi_i - \varphi_j)] \right\}$$

$$(9-47)$$

以下是定理 9.2 的证明过程。

证明：类似于定理 9.1 的证明过程。以式（9-46）作为协同控制律，式（9-2）能够转换为以 $\boldsymbol{q}_i - \boldsymbol{q}_j - \delta \boldsymbol{q}_{ij}$ 和 $\dot{\boldsymbol{q}}_i$ 为状态的非自治系统。依然采用引理 9.2 证明定理 9.2。同样，设 $\tilde{\boldsymbol{q}}$ 为 $\boldsymbol{q}_i - \boldsymbol{q}_j - \delta \boldsymbol{q}_{ij}$ 构成的列矢量，并定义 $\hat{\boldsymbol{q}} = [\tilde{\boldsymbol{q}}^{\mathrm{T}}, \dot{\boldsymbol{q}}^{\mathrm{T}}]^{\mathrm{T}}$。考虑如下 Lyapunov 函数

$$V(t, \hat{\boldsymbol{q}}) = \frac{1}{2} \sum_{i=1}^{N} \sum_{j=1}^{N} a_{ij} \sum_{k=1}^{p} \int^{q_{i(k)}{}^{(t)} - q_{j(k)}{}^{(t)} - \delta q_{ij(k)}} \vartheta [\boldsymbol{K}_{q(k)} \tau] \mathrm{d}\tau + \frac{1}{2} \sum_{i=1}^{N} \dot{\boldsymbol{q}}_i^{\mathrm{T}} M_i^q(\boldsymbol{q}) \dot{\boldsymbol{q}}_i$$

$$(9-48)$$

由于 $V(t, \hat{\boldsymbol{q}})$ 关于 $\hat{\boldsymbol{q}}$ 正定递减。因此，满足引理 9.2 条件（1）。

对式（9-48）两端求导

$$\dot{V}(t, \hat{\boldsymbol{q}}) = \frac{1}{2} \sum_{i=1}^{N} \sum_{j=1}^{N} a_{ij} (\dot{\boldsymbol{q}}_i - \dot{\boldsymbol{q}}_j)^{\mathrm{T}} \vartheta [\boldsymbol{K} (\boldsymbol{q}_i - \boldsymbol{q}_j - \delta \boldsymbol{q}_{ij})] +$$

$$\frac{1}{2} \sum_{i=1}^{N} [\ddot{\boldsymbol{q}}_i^{\mathrm{T}} M_i^q(\boldsymbol{q}) \dot{\boldsymbol{q}}_i + \dot{\boldsymbol{q}}_i^{\mathrm{T}} \dot{M}_i^q(\boldsymbol{q}) \dot{\boldsymbol{q}}_i + \dot{\boldsymbol{q}}_i^{\mathrm{T}} M_i^q(\boldsymbol{q}) \ddot{\boldsymbol{q}}_i] \quad (9-49)$$

将式（9-46）代入式（9-2），得

$$M_i^q(\boldsymbol{q}_i) \ddot{\boldsymbol{q}}_i = -\boldsymbol{C}_i^q(\boldsymbol{q}_i, \dot{\boldsymbol{q}}_i) \dot{\boldsymbol{q}}_i - \sum_{j=1}^{N} a_{ij} \vartheta [\boldsymbol{K}_q (\boldsymbol{q}_i - \boldsymbol{q}_j - \delta \boldsymbol{q}_{ij})] -$$

$$\sum_{j=1}^{N} a_{ij} \vartheta [\boldsymbol{K}_{\dot{q}} (\dot{\boldsymbol{q}}_i - \dot{\boldsymbol{q}}_j)] - \boldsymbol{K}_{1,i} \vartheta (\boldsymbol{K}_2, \dot{\boldsymbol{q}}_i) \quad (9-50)$$

因为信息拓扑图 $\mathscr{G}$ 为无向图，所以邻接矩阵 $\mathscr{A}$ 为对称矩阵。根据引理 9.4，可得

$$\frac{1}{2} \sum_{i=1}^{N} \sum_{j=1}^{N} a_{ij} (\dot{\boldsymbol{q}}_i - \dot{\boldsymbol{q}}_j)^{\mathrm{T}} \vartheta [\boldsymbol{K}_q (\boldsymbol{q}_i - \boldsymbol{q}_j - \delta \boldsymbol{q}_{ij})]$$

$$(9-51)$$

$$= \sum_{i=1}^{N} \dot{\boldsymbol{q}}_i^{\mathrm{T}} \left\{ \sum_{j=1}^{N} a_{ij} \vartheta [\boldsymbol{K}_q (\boldsymbol{q}_i - \boldsymbol{q}_j - \delta \boldsymbol{q}_{ij})] \right.$$

由于 $M_i^q(\boldsymbol{q}_i)$ 是对称矩阵，且 $\dot{M}_i^q(\boldsymbol{q}_i) - 2\boldsymbol{C}_i^q(\boldsymbol{q}_i, \dot{\boldsymbol{q}}_i)$ 为反对称矩阵。根

据式 (9 - 50), 可知

$$\dot{V}(t,\hat{\boldsymbol{q}}) = -\sum_{i=1}^{N} \dot{\boldsymbol{q}}_i^{\mathrm{T}} \left\{ \sum_{j=1}^{N} a_{ij}\vartheta\big[\boldsymbol{K}_{\dot{\boldsymbol{q}}}(\dot{\boldsymbol{q}}_i - \dot{\boldsymbol{q}}_j)\big] + \boldsymbol{K}_{1,i}\vartheta(\boldsymbol{K}_{2,i}\dot{\boldsymbol{q}}_i) \right\}$$

$$(9 - 52)$$

根据引理 9.4, 式 (9 - 52) 变为

$$\dot{V}(t,\hat{\boldsymbol{q}}) = -\frac{1}{2}\sum_{i=1}^{N}\sum_{j=1}^{N} a_{ij}(\dot{\boldsymbol{q}}_i - \dot{\boldsymbol{q}}_j)^{\mathrm{T}}\vartheta\big[\boldsymbol{K}(\dot{\boldsymbol{q}}_i - \dot{\boldsymbol{q}}_j)\big] - \sum_{i=1}^{N}\dot{\boldsymbol{q}}_i^{\mathrm{T}}\boldsymbol{K}_{1,i}\vartheta(\boldsymbol{K}_{2,i}\dot{\boldsymbol{q}}_i)$$

$$(9 - 53)$$

取矢量 z 和正定对角矩阵 $\boldsymbol{K}_1, \boldsymbol{K}_2$, 根据奇函数性质可知, $\boldsymbol{K}_1\vartheta(\boldsymbol{K}_2 z)$ 与 z 每个分量符号相同。因此, $\dot{V}(t,\hat{\boldsymbol{q}}) \leqslant 0$, 满足引理 9.2 条件 2)。

定义以下函数

$$W(t,\hat{\boldsymbol{q}}) = \sum_{i=1}^{N} \dot{\boldsymbol{q}}_i^{\mathrm{T}} l_i$$

$$l_i = \sum_{j=1}^{N} a_{ij}\vartheta\big[\boldsymbol{K}_q(\boldsymbol{q}_i - \boldsymbol{q}_j - \delta \boldsymbol{q}_{ij})\big] \qquad (9 - 54)$$

由于 $\dot{V}(t,\hat{\boldsymbol{q}}) \leqslant 0$ 意味着 $V[t,\hat{\boldsymbol{q}}(t)] \leqslant V[0,\hat{\boldsymbol{q}}(0)]$, $\forall t \geqslant 0$, 进一步又说明 $\dot{\boldsymbol{q}}$ 和 $\tilde{\boldsymbol{q}}$ 有界, 因此 $\|l_i\|$ 也是有界的。类似于定理 9.1 的证明过程, $|W(t,\hat{\boldsymbol{q}})|$ 沿式 (9 - 50) 的解轨迹也有界, 满足引理 9.2 条件 3)。

沿式 (9 - 50) 的解轨迹对 $W(t,\hat{\boldsymbol{q}})$ 求导, 整理得

$$\dot{W}(t,\hat{\boldsymbol{q}}) = \sum_{i=1}^{N}\dot{\boldsymbol{q}}_i^{\mathrm{T}} \dot{l}_i - \sum_{i=1}^{N}\dot{\boldsymbol{q}}_i^{\mathrm{T}}\boldsymbol{C}_i^{q\mathrm{T}}(\boldsymbol{q}_i,\dot{\boldsymbol{q}}_i)\boldsymbol{M}_i^{q-1}(\boldsymbol{q}_i)l_i - \sum_{i=1}^{N} l_i^{\mathrm{T}}\boldsymbol{M}_i^{q-1}(\boldsymbol{q}_i)l_i -$$

$$\sum_{i=1}^{N}\left\{ \sum_{j=1}^{N} a_{ij}\vartheta\big[\boldsymbol{K}_{\dot{\boldsymbol{q}}}(\dot{\boldsymbol{q}}_i - \dot{\boldsymbol{q}}_j)\big] \right\}^{\mathrm{T}}\boldsymbol{M}_i^{q-1}(\boldsymbol{q}_i)l_i -$$

$$\sum_{i=1}^{N}\left\{ \boldsymbol{K}_{1,i}\vartheta(\boldsymbol{K}_{2,i}\dot{\boldsymbol{q}}_i) \right\}^{\mathrm{T}}\boldsymbol{M}_i^{q-1}(\boldsymbol{q}_i)l_i$$

$$(9 - 55)$$

类似于定理 9.1 的证明过程。$\dot{W}(t,\hat{\boldsymbol{q}})$ 可写为 $\dot{W}(t,\hat{\boldsymbol{q}}) = h[\beta(t),$

$\hat{q}$]，其中 h 对于所有自变量连续，且 $\beta(t)$ 也连续有界［引理 9.3 条件（1）成立］。在集合 $\Omega = \{(\tilde{q}, \dot{q}) \,|\, \dot{V} = 0\}$，$\dot{q} = \boldsymbol{0}_{Np}$，式（9−55）可简化为

$$\dot{W}(t, \hat{q}) = -\sum_{i=1}^{N} \ell_i^{\mathrm{T}} \boldsymbol{M}_i^{q-1}(\boldsymbol{q}_i) \ell_i \qquad (9-56)$$

若 $\sum_{i=1}^{N} \ell_i^{\mathrm{T}} \ell_i$ 关于 $\tilde{q}$ 正定，类似于定理 9.1 的证明过程可知，满足引理 9.2 条件 4）。由于 $\sum_{i=1}^{N} \ell_i^{\mathrm{T}} \ell_i \leqslant 0$，因此等价于只需证明若 $\sum_{i=1}^{N} \ell_i^{\mathrm{T}} \ell_i = 0$，则对于所有 $a_{ij} > 0$，$\boldsymbol{q}_i - \boldsymbol{q}_j - \delta \boldsymbol{q}_{ij} = \boldsymbol{0}_p$ 成立。假如 $\sum_{i=1}^{N} \ell_i^{\mathrm{T}} \ell_i = 0$，则

$$\ell_i = \sum_{i=1}^{N} a_{ij} \vartheta \left[\boldsymbol{K}_q (\boldsymbol{q}_i - \boldsymbol{q}_j - \delta \boldsymbol{q}_{ij}) \right] = \boldsymbol{0}_p$$

同样可知

$$\sum_{i=1}^{N} \boldsymbol{q}_i^{\mathrm{T}} \sum_{j=1}^{N} a_{ij} \vartheta \left[\boldsymbol{K}_q (\boldsymbol{q}_i - \boldsymbol{q}_j - \delta \boldsymbol{q}_{ij}) \right] = 0$$

根据引理 9.4 可得

$$\sum_{i=1}^{N} \sum_{j=1}^{N} a_{ij} (\boldsymbol{q}_i - \boldsymbol{q}_j - \delta \boldsymbol{q}_{ij})^{\mathrm{T}} \vartheta \left[\boldsymbol{K}_q (\boldsymbol{q}_i - \boldsymbol{q}_j - \delta \boldsymbol{q}_{ij}) \right] = 0$$

由于若图 $\mathscr{G}$ 为无向连通且 $\boldsymbol{q}_i - \boldsymbol{q}_j - \delta \boldsymbol{q}_{ij}$ 与 $\vartheta \left[\boldsymbol{K}_q (\boldsymbol{q}_i - \boldsymbol{q}_j - \delta \boldsymbol{q}_{ij}) \right]$ 同符号。因此当 $\sum_{i=1}^{N} \ell_i^{\mathrm{T}} \ell_i = 0$ 时，对于所有 $a_{ij} > 0$，有 $\boldsymbol{q}_i - \boldsymbol{q}_j - \delta \boldsymbol{q}_{ij} = \boldsymbol{0}_p$。

综合以上分析，由引理 9.2 可知，平衡点（即 $\| \tilde{q} \| = 0$，$\| \dot{q} \| = 0$）一致渐近稳定，即得出结论：若信息拓扑图 $\mathscr{G}$ 为无向连通，当 $t \to \infty$ 时，$q_i(t) - q_j(t) \to \delta q_{ij}$，且 $\dot{\boldsymbol{q}}_i(t) \to \dot{\boldsymbol{q}}_j(t) \to \boldsymbol{0}_p$，定理 9.2 证毕。

9.4　多航天器协同飞行 6 自由度控制律设计与仿真

本节综合利用前面建立的航天器协同飞行 6 自由度 Lagrangian 模型和多 Lagrangian 系统的一致性算法，分别针对交会对接和编队

飞行控制两类多航天器协同飞行任务，设计航天器协同飞行的 6 自由度控制律，并对控制律的有效性进行仿真验证。此外，还利用一种特殊的一致性算法——循环追踪算法设计航天器协同飞行的 6 自由度控制律，实现多航天器的交会对接和编队飞行控制，并对控制律的有效性进行仿真验证。

9.4.1　交会对接任务的非线性控制律设计与仿真

基于多 Lagrangian 系统的非线性一致性算法式（9 - 46），选择双曲正切函数 $\tanh(\cdot)$ 作为控制律的连续奇函数 $\vartheta(\cdot)$，这样多航天器协同飞行姿轨联合控制律为

$$u_i = \boldsymbol{g}_i(\boldsymbol{q}_i) - \sum_{j=1}^{N} a_{ij} \tanh[\boldsymbol{K}_q(\boldsymbol{q}_i - \boldsymbol{q}_j - \delta\boldsymbol{q}_{ij})] -$$

$$\sum_{j=1}^{N} a_{ij} \tanh[\boldsymbol{K}_{\dot{q}}(\boldsymbol{q}_i - \boldsymbol{q}_j)] - \boldsymbol{K}_{1,i}\vartheta(\boldsymbol{K}_{2,i}\dot{\boldsymbol{q}}_i) \tag{9 - 57}$$

式（9 - 57）对角增益矩阵

$$\boldsymbol{K}_q = \boldsymbol{K}_{\dot{q}} = 2\boldsymbol{K}_{1,i} = 2\boldsymbol{K}_{2,i} = \begin{bmatrix} k_a\boldsymbol{I}_3 & \boldsymbol{0}_{3\times3} \\ \boldsymbol{0}_{3\times3} & k_r\boldsymbol{I}_3 \end{bmatrix}$$

其中 k_a, k_r 为标量因子，$\boldsymbol{I}_3, \boldsymbol{0}_{3\times3}$ 分别为 3 阶单位阵和零矩阵。

在控制律式（9 - 57）作用下，闭环系统的稳定性分析过程类似于 9.3.2 节定理 9.2 的证明过程，不再详细分析。

9.4.1.1　仿真参数设置

应用上面设计的多航天器协同飞行姿轨联合控制律式（9 - 57），选取 $k_a = 10^0, k_r = 10^{-2}$，实现 5 个在近地空间环境飞行的航天器姿态同步与空间交会。

设 5 个航天器相同，质量均为 50 kg，转动惯量均为

$$\boldsymbol{J} = \begin{bmatrix} 15 & 0 & -10 \\ 0 & 27 & 0 \\ -10 & 0 & 30 \end{bmatrix}$$

5 个航天器的初始姿态 MRPs 参数与初始角速度如表 9 - 1 所示。

表 9 - 1　初始姿态和初始角速度

航天器	初始姿态/rad			初始角速度/（rad/s）		
	σ_1	σ_2	σ_3	ω_1	ω_2	ω_3
S_1	0.376	0.183	−0.207	0.01	−0.24	0.20
S_2	−0.185	−0.237	0.148	−0.12	0.02	−0.28
S_3	0.186	−0.357	0.329	0.01	−0.19	0.015
S_4	−0.478	0.174	0.130	0.13	−0.12	−0.11
S_5	−0.486	0.400	−0.714	−0.01	0.13	0.03

设参考轨道高度为 679.971 8 km 圆轨道，轨道倾角 75°，5 个航天器相对于参考航天器 S_0 的初始位置与初始速度如表 9 - 2 所示。

表 9 - 2　初始位置和初始速度

航天器	初始位置/m			初始速度/（m/s）		
	x	y	z	$\dot{x}$	$\dot{y}$	$\dot{z}$
S_1	−105.872 1	0	611.234 6	0	−0.233 0	0
S_2	−162.337 1	−611.234 6	−304.205 7	−0.323 9	0.379 5	−0.563 6
S_3	−176.453 4	611.234 6	−304.911 5	0.324 6	0.375 7	0.563 6
S_4	−148.220 8	−564.650 9	−305.617 3	−0.325 4	0.375 7	−0.563 6
S_5	−190.569 7	564.650 9	−306.323 1	0.326 1	0.379 5	0.563 6

设多航天器系统内信息拓扑图 $\mathscr{G}$ 为双向环，如图 9 - 2 所示。每个航天器的推力器配置如图 9 - 1 所示，12 个推力器最大推力为 60 N，推力器相对于航天器质量中心的力臂 $d_x = d_y = d_z = 0.5$ m。

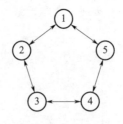

图 9 - 2　多航天器系统的双向环信息拓扑图

9.4.1.2　仿真结果分析

在 Matlab 环境下仿真 5 个航天器的姿态和位置从初始条件开始，在姿轨联合控制律式（9-57）的作用下，实现多航天器的空间交会，仿真时间为一个轨道周期 T（5 900 s）。仿真结果如图 9-3 到图 9-7 所示。

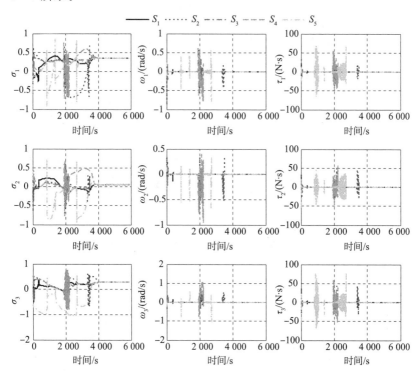

图 9-3　5 个航天器的姿态 MRPs、角速度的同步过程及控制力矩变化曲线

图 9-3 是 5 个航天器的姿态 MRPs、角速度的同步过程及控制力矩变化曲线。由图 9-3 可以看到，在控制律式（9-57）的作用下，约在 4 000 s 时，5 个航天器姿态 MRPs 同步为 $\sigma_1 = 0.354\ 7$，$\sigma_2 = 0.056\ 4$，$\sigma_2 = 0.287\ 0$，角速度同步为 $\omega_1 = \omega_2 = \omega_3 = 0$，控制力矩也趋向 0，说明姿态同步已经完成。由此可见，5 个航天器的姿态在控制律式（9-57）的作用下实现了同步。

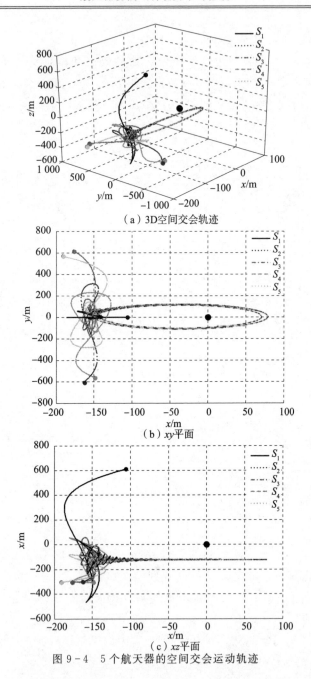

（a）3D空间交会轨迹

（b）xy平面

（c）xz平面

图 9-4   5 个航天器的空间交会运动轨迹

图 9-4 是 5 个航天器空间交会的轨迹，可见 5 个航天器由初始的分离状态到达交会状态，并且在交会后进入一个周期性的相对运动轨道。

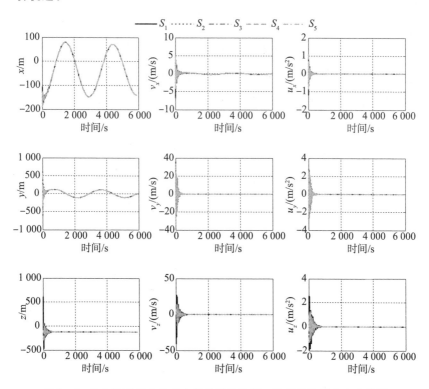

图 9-5　5 个航天器在参考坐标系下的位置、速度及控制力变化曲线

图 9-5 是 5 个航天器相对参考航天器的位置、速度及控制力变化曲线。由图 9-5 可见，在约 400 s 后，5 个航天器相对于参考航天器 S_0 位置状态实现一致，x，y 方向形成同步的周期运动，z 方向则同步到常值 -121.94 m，相对参考航天器 S_0 的速度状态也同样达到一致，x，y 方向形成同步的周期运动，z 方向则同步到 0，控制力趋向 0，说明空间交会已经完成。

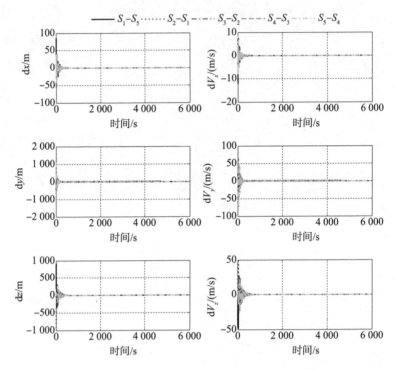

图 9-6 5 个航天器的相对位置和速度变化曲线

图 9-6 是 5 个航天器的相对位置和速度变化过程。由图 9-6 可见，在控制律式（9-57）的作用下，在约 400 s 后，5 个航天器之间的相对距离和相对速度变化为 0，空间交会已经完成。

图 9-7 是各航天器上 12 个推力器执行姿轨联合控制指令的推力变化曲线，可见 5 个航天器推力器的推力执行范围均在推力器的约束之内，说明控制分配算法是可行的。

综合分析仿真结果可知，基于 9.3.2 节的分布式非线性一致性算法，设计多航天器协同飞行的姿轨联合一致性控制律，可以同时控制多航天器的姿态和相对运动，实现多航天器的 6 自由度协同飞行。但该算法的局限性在于要求期望状态差为常值。

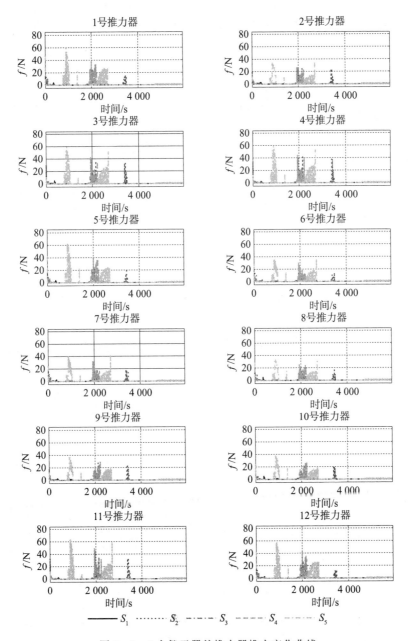

图 9-7　5 个航天器的推力器推力变化曲线

9.4.2　编队飞行任务的非线性控制律设计与仿真

9.4.2.1　控制律设计

9.4.1 节研究的控制律式（9-57）的局限性在于其要求各航天器的期望状态差为常值，因此无法跟踪时变的制导指令。这样的约束条件使其仅适用于交会对接任务，而无法用于航天器协同飞行的编队自然构型控制等任务。本节将针对航天器协同飞行的姿态和相对运动自然构型的 6 自由度控制问题，设计基于多 Lagrangian 系统一致性算法的非线性控制律，并对其进行仿真验证。

根据参考文献 [7]，首先设计如下的线性二阶系统一致性算法

$$\boldsymbol{u}_{i,l} = -\left[\dot{\boldsymbol{q}}_i(t) - \dot{\boldsymbol{q}}_i^d(t)\right] - \sum_{j=1}^{N} a_{ij} \left\{\left[\dot{\boldsymbol{q}}_i(t) - \dot{\boldsymbol{q}}_i^d(t)\right] - \left[\dot{\boldsymbol{q}}_j(t) - \dot{\boldsymbol{q}}_j^d(t)\right]\right\} +$$

$$\boldsymbol{\Lambda} \left\{-\left[\boldsymbol{q}_i(t) - \boldsymbol{q}_i^d(t)\right] - \sum_{j=1}^{N} a_{ij} \left\{\left[\boldsymbol{q}_i(t) - \boldsymbol{q}_i^d(t)\right] - \left[\boldsymbol{q}_j(t) - \boldsymbol{q}_j^d(t)\right]\right\}\right\}$$

$$(9-58)$$

其中 $\boldsymbol{\Lambda}$ 为正定对角增益阵，$\boldsymbol{q}_i^d$ 和 $\dot{\boldsymbol{q}}_i^d$ 为航天器的期望的相对位置、姿态和期望的相对位置变化率、姿态变化率。

考虑到 6 自由度航天器动力学的非线性，为了提高跟踪时变期望轨迹的控制效果，需要将线性控制律式（9-58）改进为非线性控制律。为此，定义以下辅助变量

$$\begin{cases} \boldsymbol{s}_i = \dot{\boldsymbol{q}}_i - \dot{\boldsymbol{q}}_{r,i} = \dot{\boldsymbol{q}}_i - \dot{\boldsymbol{q}}_i^d + \boldsymbol{\Lambda}(\boldsymbol{q}_i - \boldsymbol{q}_i^d), i = 0,1,\cdots,N \\ \dot{\boldsymbol{q}}_{r,i} = \dot{\boldsymbol{q}}_i^d + \boldsymbol{\Lambda}(\boldsymbol{q}_i^d - \boldsymbol{q}_i) \end{cases} \quad (9-59)$$

将式（9-59）代入（9-58），并在线性控制律式（9-58）基础上，再设计如下的非线性航天器编队飞行协同控制律

$$\boldsymbol{u}_{i,n} = \boldsymbol{M}_i \ddot{\boldsymbol{q}}_{i,r} + \boldsymbol{C}_i \dot{\boldsymbol{q}}_{i,r} + \boldsymbol{G}_i - \boldsymbol{K}_i \left[\boldsymbol{s}_i + \sum_{j=1}^{N} a_{ij}(\boldsymbol{s}_i - \boldsymbol{s}_j)\right] \quad (9-60)$$

式中 $\boldsymbol{K}_i$ 为正定增益阵。

不考虑扰动因素，将式（9-60）代入动力学方程式（9-34）中，可得航天器 $S_i, i = 1,\cdots,N$ 的闭环系统动力学方程为

$$M_i\dot{s}_i + C_is_i + K_i\Big[s_i + \sum_{j=1}^{N} a_{ij}(s_i - s_j)\Big] = 0 \qquad (9-61)$$

进而多航天器协同飞行整体系统的闭环动力学方程可写为

$$M\dot{s} + Cs + K(I_N + \mathscr{L})s = 0 \qquad\qquad (9-62)$$

其中

$$M = \mathrm{diag}[M_1, \cdots, M_N]$$
$$C = \mathrm{diag}[C_1, \cdots, C_N]$$
$$K = \mathrm{diag}[K_1, \cdots, K_N]$$
$$s = [s_1, \cdots, s_N]^{\mathrm{T}}$$

式中　I_N——单位矩阵;

　　$\mathscr{L}$——信息拓扑图 G 对应的 Laplacian 矩阵。

为了分析方便,下文以 L_K 表示 $K(I_N + L)$。

假设航天器之间信息拓扑图 $\mathscr{G}$ 为强连通无向图,则 $\mathscr{L}$ 为半正定矩阵,由于 K 为正定矩阵,因此 L_K 为正定矩阵。

设计如下 Lyapunov 函数

$$V = \frac{1}{2}s^{\mathrm{T}}Ms \qquad\qquad (9-63)$$

对式 (9-63) 两端求导,并利用 Lyapunov 方程性质 1,可得

$$\dot{V} = s^{\mathrm{T}}M\dot{s} + \frac{1}{2}s^{\mathrm{T}}\dot{M}s$$
$$= -s^{\mathrm{T}}[Cs + L_Ks] + \frac{1}{2}s^{\mathrm{T}}\dot{M}s \qquad (9-64)$$
$$= -s^{\mathrm{T}}L_Ks$$

由于 I_N 为正定矩阵,可得 $\dot{V}$ 为负定,从而当 $t \to \infty$ 时,s 全局渐近收敛于零。进而可得: $t \to \infty$ 时,$q_i \to q_i^d, \dot{q}_i \to \dot{q}_i^d$。

9.4.2.2　仿真参数设置

应用上节设计的多航天器协同飞行姿轨联合控制律式 (9-60),实现 5 个在近地空间环境飞行的航天器的姿态同步、编队构型初始化以及编队构型的保持控制。仿真结果如图 9-8 到图 9-12 所示。

5 个航天器协同飞行的期望相对运动为等相位分布在半径为

4 000 m的空间圆构型，并且期望姿态运动为 $\sigma_1^d = 0.3\sin(2\pi 0.01t)$，$\sigma_2^d = 0.2\sin(2\pi 0.01t + \pi/6)$，$\sigma_3^d = -0.6$。每个航天器上 12 个推力器的最大推力为 500 N，推力器配置如图 9-1 所示。

控制增益 $\boldsymbol{K}_i = \mathrm{diag}(100\boldsymbol{I}_3, 0.1\boldsymbol{I}_3)$，$i = 1, \cdots, 5$，$\boldsymbol{\Lambda} = \mathrm{diag}(20\boldsymbol{I}_3, 0.2\boldsymbol{I}_3)$，多航天器系统内的信息拓扑图 $\mathscr{G}$ 为双向环，如图 9-2 所示。其他参数设置及各航天器初始状态与 9.4.1.1 节的设置相同。

9.4.2.3　仿真结果与分析

在 Matlab 环境下仿真 5 个航天器的姿态和位置从初始条件开始，在姿轨联合控制律式（9-60）的作用下，实现 5 个航天器姿态的同步、编队构型的初始化与保持，仿真时间为一个轨道周期 T（5 900s）。仿真结果如图 9-8～图 9-12 所示。

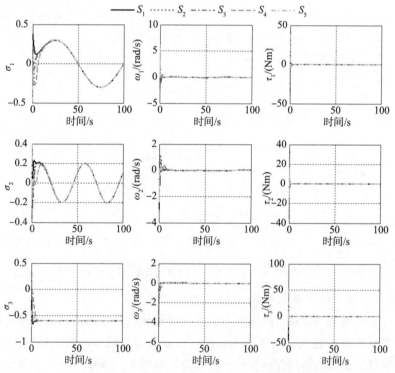

图 9-8　5 个航天器的姿态 MRPs、角速度的同步过程及控制力矩变化

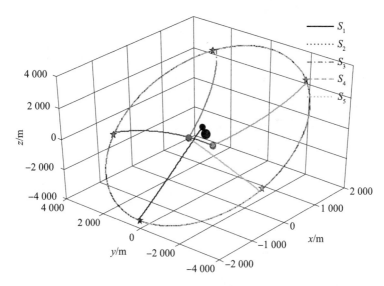

图 9-9　5 个航天器协同飞行的编队构型建立

图 9-8 是 5 个航天器的姿态 MRPs、角速度的同步过程及控制力矩变化曲线。由图 9-8 可看到，在控制律式（9-60）的作用下，约在 15 s 时，5 个航天器的姿态 MRPs 同步到期望姿态 $\sigma_1^d, \sigma_2^d, \sigma_3^d$，角速度趋于 $\omega_1 = \omega_2 = \omega_3 = 0$，控制力矩也趋于 0，说明姿态同步已完成。由此可见，5 个航天器的姿态在控制律式（9-60）实现了同步。

图 9-9 是 5 个航天器协同飞行的构型建立过程，可见 5 个航天器由初始的状态在控制律（9-60）的控制作用下等相位分布在空间圆构型上。

图 9-10 为开始 100 s 内，5 个航天器在控制律式（9-60）的控制作用下的相对位置、速度及控制力变化曲线。可见约 40 s 时构型建立过程完成，5 个航天器进入期望的相对运动状态。由图 9-11 可见，在控制律式（9-60）的作用下，5 个航天器之间的相对距离和相对速度呈周期变化，说明达到了稳定的相对运动状态。

图 9-12 是各航天器上 12 个推力器执行姿轨联合控制指令前

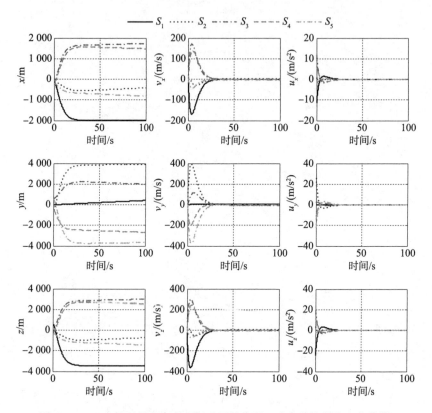

图 9-10　5 个航天器在参考坐标系下的位置、速度及控制力变化曲线

10s 的推力变化曲线，可见 5 个航天器推力器的推力执行范围均在推力器的约束之内。

综合分析以上仿真结果可知，采用非线性协同控制算法式（9-60）作为航天器编队飞行的姿轨联合控制律，可以同时控制多航天器跟踪动态的期望姿态和相对运动指令。不足之处在于该控制律在控制初期以较大的控制量使航天器的姿态和相对运动快速收敛到期望状态，因此在控制初期推力器需要输出较大的推力。

9.4.3　编队飞行任务的循环追踪控制律设计与仿真

9.4.2 节研究的控制律式（9-60）在控制初期推力器需要较大

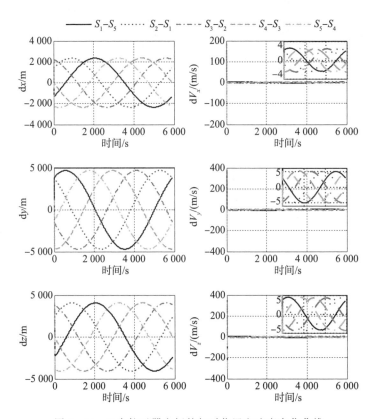

图 9-11　5 个航天器之间的相对位置和速度变化曲线

的推力，可以看做类脉冲控制。本节将利用一种特殊的一致性算法
——循环追踪算法设计 6 自由度连续小推力控制律，并对其进行仿
真验证。

9.4.3.1　控制律设计

循环追踪算法本质上是一种特殊的一致性算法。第 7 章研究了
基于循环追踪的航天器协同飞行控制，但是设计的控制律仅用于轨
道控制。我们注意到随参数选择的不同，循环追踪可实现三种运动
模式：共点模式、圆形编队模式、对数螺旋线模式。综合利用共点
模式和圆形编队模式，设计航天器协同飞行姿轨联合控制律如下

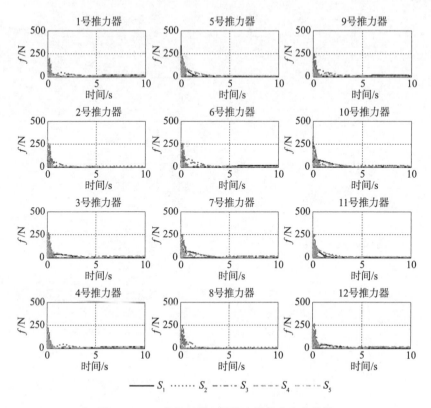

图 9 - 12 5 个航天器上的推力器推力变化曲线

$$u_i = H_i^{-1}(C_i \dot{q}_i + G_i + \tilde{u}_i) \qquad (9 - 65)$$

式中

$$\tilde{u}_i = M_i \{ K_1 [(q_{i+1} - q_{i+1}^d) - (q_i - q_i^d)] - K_2 [(\dot{q}_{i+1} - \dot{q}_{i+1}^d) - (\dot{q}_i - \dot{q}_i^d)] - K_3 (q_i - q_i^d) - K_4 (\dot{q}_i - \dot{q}_i^d) + \ddot{q}_i^d \}$$

$$K_1 = \begin{bmatrix} k_{d1} R(\alpha) & 0_{3 \times 3} \\ 0_{3 \times 3} & k_g k_{d2} T_c R(\alpha) T_c^{-1} \end{bmatrix}$$

$$K_2 = \begin{bmatrix} R(\alpha) & 0_{3 \times 3} \\ 0_{3 \times 3} & T_c R(\alpha) T_c^{-1} \end{bmatrix}$$

$$\boldsymbol{K}_3 = \begin{bmatrix} k_{d1} k_{c1} \boldsymbol{I}_3 & \boldsymbol{0}_{3\times 3} \\ \boldsymbol{0}_{3\times 3} & k_{d2} k_{c2} \boldsymbol{I}_3 \end{bmatrix}$$

$$\boldsymbol{K}_4 = \begin{bmatrix} (k_{d1} + k_{c1}) \boldsymbol{I}_3 & \boldsymbol{0}_{3\times 3} \\ \boldsymbol{0}_{3\times 3} & (k_{d2} + k_{c2}/k_g) \boldsymbol{I}_3 \end{bmatrix}$$

其中，k_{d1}，k_{c1} 的定义分别同式（7 − 21）中 k_m 和 k_n，此外，k_{d2}，k_{c2}，k_g 定义同式（7 − 32）中的 k_d，k_c，k_g。另外

$$\boldsymbol{T}_c = \begin{bmatrix} 1/2 & 0 & 0 \\ 0 & 1 & 0 \\ z_0 \cos(\phi_z) & z_0 \sin(\phi_z) & 1 \end{bmatrix}, \boldsymbol{R}_a = \begin{bmatrix} \cos(\alpha) & \sin(\alpha) & 0 \\ -\sin(\alpha) & \cos(\alpha) & 0 \\ 0 & 0 & 1 \end{bmatrix}$$

$\boldsymbol{T}_c$ 为转换矩阵，其定义见式（7 − 31），$\boldsymbol{R}_a$ 为旋转矩阵。

根据参数选择的不同，该控制律既可实现 6 自由度交会对接任务，也可实现 6 自由度圆形编队任务。

将式（9 − 65）代入动力学方程式（9 − 34），得

$$\ddot{\boldsymbol{q}}_i = \boldsymbol{K}_1 \big[(\boldsymbol{q}_{i+1} - \boldsymbol{q}_{i+1}^d) - (\boldsymbol{q}_i - \boldsymbol{q}_i^d) \big] - \boldsymbol{K}_2 \big[(\dot{\boldsymbol{q}}_{i+1} - \dot{\boldsymbol{q}}_{i+1}^d) - (\dot{\boldsymbol{q}}_i - \dot{\boldsymbol{q}}_i^d) \big] -$$
$$\boldsymbol{K}_3 (\boldsymbol{q}_i - \boldsymbol{q}_i^d) - \boldsymbol{K}_4 (\dot{\boldsymbol{q}}_i - \dot{\boldsymbol{q}}_i^d) + \ddot{\boldsymbol{q}}_i^d$$

$$(9 - 66)$$

9.4.3.2　仿真参数设置

应用上面设计的多航天器协同飞行姿轨联合控制律式（9 − 65），实现 5 个在近地空间环境飞行的航天器的姿态同步、编队构型初始化以及编队构型的保持控制。

追踪角 $\alpha = 1.5\pi/N$，$N = 5$ 为航天器数目。

控制参数

$$k_{d1} = 0.01$$

$$k_{d2} = 0.01$$

$$k_{c1} = 2\sin(\pi/N)\sin(\alpha - \pi/N) + 0.2$$

$$k_{c2} = 2\sin(\pi/N)\sin(\alpha - \pi/N)$$

$$k_g = n/[2\sin(\pi/N)\cos(\alpha - \pi/N)]$$

其中自然周期频率 $n = \sqrt{u/R_0^3}$。

转换矩阵 $\boldsymbol{T}_c$ 中可调参数 z_0、ϕ_z 决定圆参考轨道周期构型的法向振幅和相位角，选择 $z_0 = \sqrt{3}/2$（空间圆构型），$\phi_z = 0°$。

5 个航天器协同飞行的期望相对运动为等相位分布在半径为 1 000 m 的空间圆构型，并且期望姿态运动为：$\sigma_1^d = 0.354\ 7$，$\sigma_2^d = 0.056\ 4$，$\sigma_3^d = 0.287\ 0$。

每个航天器上 12 个推力器，每个推力器的最大推力为 1 N，推力器配置如图 9-1 所示。

多航天器系统内的信息拓扑图 $\mathscr{G}$ 为单向环，如图 9-13 所示。其他参数设置及各航天器初始状态与 9.4.1.1 节的设置相同。

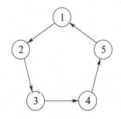

图 9-13　多航天器系统的单向环信息拓扑图

9.4.3.3　仿真结果与分析

在 Matlab 环境下仿真 5 个航天器的姿态和位置从初始条件开始，在姿轨联合控制律式（9-65）的作用下，实现 5 个航天器姿态的同步、编队构型的初始化与编队保持，仿真时间为三个轨道周期 $3T(17\ 700\ s)$。仿真结果如图 9-14～图 9-18 所示。

图 9-14 是 5 个航天器的姿态 MRPs、角速度的同步过程及控制力矩变化曲线，图中用黑实线表示期望姿态。由图 9-14 可以看出，在控制律式（9-65）的作用下，约在 500 s 时，5 个航天器姿态 MRPs 同步到期望姿态 $\sigma_1^d, \sigma_2^d, \sigma_3^d$，角速度趋向于 $\omega_1 = \omega_2 = \omega_3 = 0$，控制力矩也趋向于 0，说明姿态同步已完成。由此可见，5 个航天器的姿态在控制律式（9-65）下实现了同步。

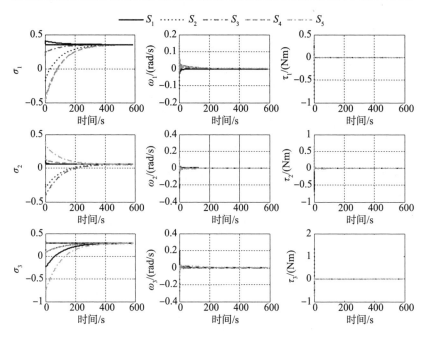

图 9-14　5 个航天器的姿态 MRPs、角速度的同步过程及控制力矩变化

图 9-15 是 5 个航天器协同飞行的构型建立过程，可见 5 个航天器由初始的状态在控制律式（9-65）的控制作用下等相位分布在空间圆构型上。

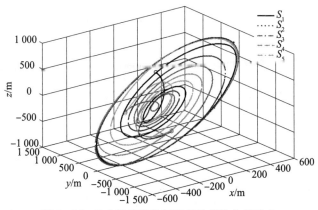

图 9-15　5 个航天器协同飞行的编队构型建立

　　图 9-16 为整个任务周期内，5 个航天器在控制律式（9-65）的控制作用下的相对位置、相对速度和控制力变化曲线。可见经过两个周期（2T），初始化构型建立过程完成，5 个航天器进入期望的相对运动状态。注意到在两个周期（11 800 s）时控制力发生了跳变，这是由于控制律由共点模式转换到圆构型模式导致的。由图 9-17 可见，在控制律式（9-65）的作用下，5 个航天器之间的相对距离和相对速度呈周期变化，说明达到了稳定的相对运动状态。

　　图 9-18 是各航天器上 12 个推力器执行姿轨联合控制指令整个任务周期内的推力变化曲线，可见 5 个航天器推力器的推力执行范围均在推力器的约束之内。

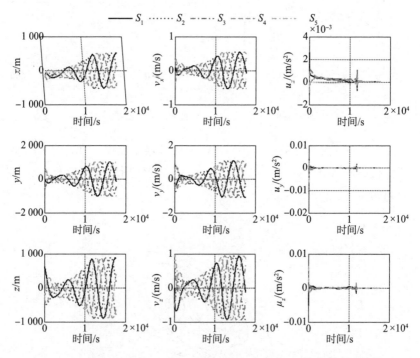

图 9-16　5 个航天器在参考坐标系下的位置、速度及控制力变化曲线

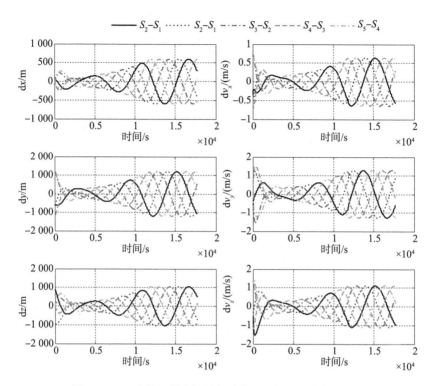

图 9-17　5 个航天器之间的相对位置和相对速度变化曲线

综合分析以上仿真结果可知，采用非线性协同控制律式（9-65）作为航天器编队飞行的姿轨联合控制律，使用小推力可以同时控制多航天器跟踪动态的期望姿态和相对运动指令。不足之处在于该控制律的跟踪能力有限，仅能跟踪常值或变化较小的期望姿态。

从控制律式（9-60）和控制律式（9-65）的对比，以及上述仿真结果可以看出，采用多 Lagrangian 系统的分布式一致性算法设计的非线性控制律近似于脉冲控制，控制收敛时间短，但需要的控制力较大；而基于循环追踪算法的控制律适用于连续小推力控制，但控制收敛时间较长。

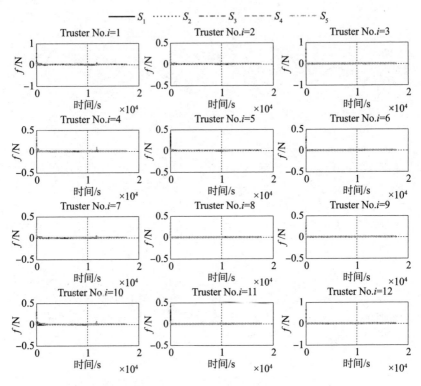

图 9-18　5 个航天器上的推力器推力变化曲线

9.5　本章小结

多 Lagrangian 系统一致性问题近年来成为分布式一致性研究领域的热点问题。本章以多 Lagrangian 系统一致性算法为理论基础，研究多航天器协同飞行的 6 自由度控制。主要研究内容和工作有：

1）航天器相对运动的 Lagrangian 模型建立。采用修正罗德里格斯参数（MRPs）描述航天器的姿态运动，建立了 Lagrangian 形式的航天器姿态相对运动动力学模型；考虑 J_2 项摄动，基于 Schweighart 相对运动模型，建立了 Lagrangian 形式的航天器轨道相对运动模型。

2）基于一种由 12 个推力器构成的航天器 6 自由度运动控制推力器配置构型，以控制推进剂消耗最少作为优化指标，应用伪逆和线性规划相结合的二次分步优化方法进行求解，实现由控制量到推力器的最优分配。

3）多 Lagrangian 系统的一致性控制算法及其在多航天器 6 自由度协同飞行控制中的应用研究。分为线性和非线性两种情况，分别研究了多 Lagrangian 系统的一致性控制算法，并采用 Lyapunov 方法证明了系统的稳定性。针对多航天器交会对接以及编队构型控制两个协同飞行任务，设计了两个 6 自由度姿轨联合协同控制算法，并分别设计了仿真算例验证控制算法的有效性。此外，还基于一种特殊的一致性算法——循环追踪算法设计了多航天器协同飞行的 6 自由度连续小推力控制律，并对其有效性进行了仿真验证。仿真结果表明，基于多 Lagrangian 系统分布式一致性算法设计的控制律收敛较快，但是能耗较大，基于循环追踪算法设计的控制律能耗较小，但是收敛时间较长。

参 考 文 献

[1]　S - J CHUNG. Application of Synchronization to Formation Flying Spacecraft: Lagrangian Approach. Journal of Guidance, Control, and Dynamics, 2009, 32 (2): 512 - 526.

[2]　H SCHAUB, J L JUNKINS. Analytical Mechanics of Space Systems. AIAA Education Series, 2003.

[3]　S A SCHWEIGHART, R J SEDWICK. High - Fidelity Linearized J_2 Model for Satellite Formation Flight. Journal of Guidance, Control, and Dynamics, 2002, 25 (6): 1073 - 1080.

[4]　F CURTI, M ROMANO, R BEVILACQUA. Lyapunov - Based Thrusters' Selection for Spacecraft Control: Analysis and Experimentation. Journal of Guidance, Control, and Dynamics, 2010, 33 (4): 1143 - 1160.

[5]　唐生勇, 张世杰, 陈闽, 张育林. 交会对接航天器推力器分配算法研究 [J]. 宇航学报, 2008, 29 (4): 1120 - 1125.

[6]　W REN, Y CAO. Distributed Coordination of Multi - Agent Networks. London, U K, Springer - Verlag, 2011.

[7]　W REN. Multi - Vehicle Consensus with a Time - Varying Reference State. Systems & Control Letters, 2007, 56 (7): 474 - 483.

第 10 章　基于动力学分解的多航天器协同飞行 6 自由度控制

10.1　引言

多航天器协同飞行涉及队形的初始化与队形建立、队形保持和队形重构等多种不同的控制任务，这就要求航天器之间要保持某种确定的相对位置和相对姿态（以便有确定的天线指向、信号锁定、针对性服务、保持某种动态排列等），使整个航天器保持稳定的构型，或按要求进行队形的变化和重构。因此，协同控制是多航天器协同飞行与应用的关键技术之一。

自航天器编队飞行概念提出以来，已有不少学者提出和研究了多种协同飞行控制方法，如主从控制、基于行为的控制、虚拟结构控制、动力学分解控制等[1-3]。主从控制中，协同飞行的多个航天器中的某个航天器被指定为主航天器，其余被指定为从航天器。其基本思想是：对主航天器进行控制，使得主航天器沿着期望指令运动，从航天器按照设计好的控制程序去跟随主航天器，当主航天器达到期望运动而从航天器又跟踪上主航天器的运动时，即实现了协同飞行任务。主从式控制方法的优点是控制指令由期望状态和主航天器的信息确定，实现起来比较简单。然而这种方法的一个明显缺点就是主航天器没有从航天器的反馈，容易出现由于主航天器运动太快导致从航天器难以跟踪的情况。另外一个缺点就是由于主航天器是编队中的一个关键节点，如果主航天器出现故障，那么协同飞行任务就会失败。行为控制的基本思想是多个成员航天器根据需要满足的期望状态和邻近成员的状态等约束条件，按照执行任务期间的重要性加权平均得到协同飞行的控制策略。这种控制方法中队形控制需要知道相邻航天器的状态，克服了主从控制方式的缺陷，但是这种方法很难用数学语言来描述，而且控制策略受初始状态的约束较大。虚拟结构控制中，用一个虚拟的动力学系统（虚拟结构）来描述协同飞行的多个航天器的整体机动，并将虚拟结构的信息反馈给各个成员航天器，采用主从控制方式，控制虚拟结构和成员航天器以达到协同控制的目的。这种方法主要通过虚拟系统的内部结构来反映协同飞行的构型，但是为了便于虚拟结构的描述，其内部结构的变化就需要有一定的限制。因此，当编队构型复杂或编队重构的频率较高时，这种控制模式的应用便受到了限制，而且虚拟结构未必能够全面反映出真实系统的状态。参考文献 [3-5] 研究了一种基于动力学无源分解的多刚体协同控制方法，该方法的显著优点在于分解方法的无源性，以及可以保证多刚体控制系统具有较强的抗干扰能力。该方法最初是针对机器人的遥操作控制[5]、机器人协同作业[6]提出的，也尝试将它应用于编队飞行控制[3]，但是由于其动力学模型的简单化，即没有考虑地球中心引力场的作用以及各种摄动因素，因此在很大程度上还是局限于一般地面机械系统。

　　本章借鉴参考文献 [3-5] 提出的有关多刚体系统的无源分解法，介绍并研究了一种基于动力学分解的多航天器协同飞行控制方法。这是一种既适用于轨道又适用于姿态的协同控制方法，其主旨思想是将物理上独立、有信息联系的多个航天器从"宏观"上作为整体处理，从"微观"上作为个体处理，将涉及复杂轨道和姿态运动的多航天器协同飞行运动划分为两种运动，即描述多个航天器作为整体机动飞行的整体运动和描述航天器内部队形变化的队形运动，进而通过设计一定的分解算法，将航天器协同飞行的轨道与姿态动力学模型集分解为反映上述两种运动的整体系统与队形系统，在此基础上，通过分别控制整体系统和队形系统，即可实现既定的多航天器协同飞行任务要求的整体机动和队形变化运动，为多航天器协同飞行控制提供了一种新思路。

10.2　多航天器协同飞行动力学建模

建立多航天器协同飞行的动力学模型，实质就是将物理上独立的单航天器通过某种方式联系起来，以达到彼此协同的目的。考虑到多航天器在轨协同飞行不仅要求不同的航天器之间满足一定的位置或姿态关系，而且还要求航天器整体在轨的状态满足一定的需求，这就要求对协同飞行的多个航天器作为整体的运动（或机动）与内部的相对运动（编队队形）同时进行控制。本节通过航天器之间的通信拓扑结构以及协同飞行的多个航天器的重要性加权建立动力学分解算法，进而将各成员航天器的轨道动力学模型和姿态动力学模型集合分解为分别描述航天器协同飞行整体轨道和姿态的整体系统及描述航天器内部队形变化和相对姿态的队形系统。

10.2.1　坐标系定义

空间参考系的选择是描述航天器空间位置和姿态的数学物理基础。下面定义本章用到的三个坐标系。

（1）地心赤道惯性坐标系

地心赤道惯性坐标系简称惯性坐标系，用 $o_i x_i y_i z_i$（符号为 s_i）表示：原点 o_i 在地球中心，x_i 轴在赤道面内，指向春分点；z_i 轴沿地球旋转轴，指向北极；y_i 轴与 x_i、z_i 轴构成右手正交坐标系。

（2）参考轨道坐标系

用 $o_o x_o y_o z_o$（s_o）表示，原点在目标航天器的质心，x_o 轴为由地心指向目标航天器的方向，z_o 轴沿目标航天器轨道平面法线方向，y_o 轴由右手法则确定。

（3）航天器本体坐标系

用 $o_b x_b y_b z_b$（s_b）表示，原点 o_b 在航天器的质心，x_b, y_b, z_b 分别与航天器的惯性主轴一致，相对于 x_b, y_b, z_b 的旋转分别表示滚转、俯仰和偏航。

10.2.2　单航天器动力学模型

在建立多航天器协同飞行轨道与姿态动力学模型之前，首先需要给出单航天器的轨道与姿态动力学模型。为了满足不同的任务和控制需求，在轨道动力学部分分别给出了惯性坐标系下的轨道动力学模型和参考轨道坐标系下的轨道动力学模型。

10.2.2.1　单航天器轨道动力学

（1）惯性坐标系下的轨道动力学模型

根据二体动力学模型，可将单航天器 i 的轨道动力学模型建立如下

$$\ddot{\boldsymbol{r}}_i^i + \frac{\mu}{r_i^{i3}} \boldsymbol{r}_i^i = \boldsymbol{t}_i^i + \boldsymbol{f}_i^i \qquad (10-1)$$

其中，$\boldsymbol{r}_i^i = [x_i^i, y_i^i, z_i^i]^{\mathrm{T}} \in \mathbb{R}^{3\times1}$，$\boldsymbol{t}_i^i \in \mathbb{R}^{3\times1}$ 和 $\boldsymbol{f}_i^i \in \mathbb{R}^{3\times1}$ 分别是航天器 i 在坐标系 s_i 中的位置、控制加速度以及环境干扰力引起的加速度矢量，矢量上标表示该坐标系下的分量，下标表示航天器的序号（以下相同），μ 为地心引力常数。式（10-1）的矩阵形式如下

$$\boldsymbol{M}_i^i \ddot{\boldsymbol{r}}_i^i + \boldsymbol{D}_i^i \boldsymbol{r}_i^i = \boldsymbol{t}_i^i + \boldsymbol{f}_i^i \qquad (10-2)$$

其中，$\boldsymbol{M}_i^i = \boldsymbol{I}_3$，$\boldsymbol{D}_i^i = \frac{\mu}{r_i^{i3}} \boldsymbol{I}_3$，二者均为对称矩阵。

（2）参考轨道坐标系下的轨道动力学模型

设参考轨道为圆轨道，则当航天器与目标距离较近时，可采用 C-W 方程描述航天器相对于参考坐标系 s_o 的轨道运动，动力学模型如下

$$\begin{cases} \ddot{x}_i^o - 2\omega_o \dot{y}_i^o - 3\omega_o^2 x_i^o = t_{ix}^o + f_{ix}^o \\ \ddot{y}_i^o + 2\omega_o \dot{x}_i^o = t_{iy}^o + f_{iy}^o \\ \ddot{z}_i^o + \omega_o^2 z_i^o = t_{iz}^o + f_{iz}^o \end{cases} \qquad (10-3)$$

其中，ω_o 为参考轨道角速度，$\boldsymbol{r}_i^o = [x_i^o, y_i^o, z_i^o]^{\mathrm{T}} \in \mathbb{R}^{3\times1}$，$\boldsymbol{t}_i^o = [t_{ix}^o, t_{iy}^o, t_{iz}^o]^{\mathrm{T}} \in \mathbb{R}^{3\times1}$ 和 $\boldsymbol{f}_i^o = [f_{ix}^o, f_{iy}^o, f_{iz}^o]^{\mathrm{T}} \in \mathbb{R}^{3\times1}$ 分别为航天器 i 在坐标系 s_o 中的位置、控制加速度以及环境干扰力引起的加速度矢

量。式（10 - 3）的矩阵形式如下

$$\boldsymbol{M}_i^o \ddot{\boldsymbol{r}}_i^o + \boldsymbol{C}_i^o \dot{\boldsymbol{r}}_i^o + \boldsymbol{D}_i^o \boldsymbol{r}_i^o = \boldsymbol{t}_i^o + \boldsymbol{f}_i^o \qquad (10-4)$$

其中，$\boldsymbol{M}_i^o = \boldsymbol{I}_3$，$\boldsymbol{C}_i^o = \begin{bmatrix} 0 & -2\omega_o & 0 \\ 2\omega_o & 0 & 0 \\ 0 & 0 & 0 \end{bmatrix}$，$\boldsymbol{D}_i^o = \begin{bmatrix} -3\omega_o^2 & 0 & 0 \\ 0 & 0 & 0 \\ 0 & 0 & \omega_o^2 \end{bmatrix}$。易

知 $\boldsymbol{M}_i^o$ 和 $\boldsymbol{D}_i^o$ 均为对称矩阵，$\boldsymbol{C}_i^o$ 为反对称矩阵。

10.2.2.2　单航天器姿态动力学

描述航天器空间姿态通常需要两个坐标系，即航天器本体坐标系和参考坐标系。空间航天器本体坐标系与航天器本身固连，参考坐标系是描述航天器姿态的基准，若研究航天器对惯性空间定向，则一般选择地心惯性坐标系作为参考系，若研究航天器对地定向，则选择质心轨道坐标系（航天器的质心作为原点的轨道坐标系）为参考系。航天器的姿态描述即为航天器相对于参考坐标系的方位关系，可以采用方向余弦、Euler 角和四元数等来描述。本章选择地心赤道惯性坐标系为参考，采用 Euler 角描述姿态，将坐标系 s_i 按 321 的顺序旋转到坐标系 s_b，对应的 Euler 角分别为偏航角 ψ，俯仰角 θ 与滚转角 φ。矩阵变换过程如下

$$s_i \xrightarrow{C_z(\psi)} s_i' \xrightarrow{C_y(\theta)} s_i'' \xrightarrow{C_x(\varphi)} s_b$$

其中

$$\boldsymbol{C}_z(\psi) = \begin{bmatrix} \cos\psi & -\sin\psi & 0 \\ \sin\psi & \cos\psi & 0 \\ 0 & 0 & 1 \end{bmatrix}$$

$$\boldsymbol{C}_y(\theta) = \begin{bmatrix} \cos\theta & 0 & \sin\theta \\ 0 & 1 & 0 \\ -\sin\theta & 0 & \cos\theta \end{bmatrix}$$

$$\boldsymbol{C}_x(\varphi) = \begin{bmatrix} 1 & 0 & 0 \\ 0 & \cos\varphi & -\sin\varphi \\ 0 & \sin\varphi & \cos\varphi \end{bmatrix}$$

相应的 Euler 运动学方程如下

$$\boldsymbol{\omega} = \begin{bmatrix} \dot{\varphi} \\ 0 \\ 0 \end{bmatrix} + \boldsymbol{C}_x(\varphi) \begin{bmatrix} 0 \\ \dot{\theta} \\ 0 \end{bmatrix} + \boldsymbol{C}_x(\varphi)\boldsymbol{C}_y(\theta) \begin{bmatrix} 0 \\ 0 \\ \dot{\psi} \end{bmatrix}$$

$$= \begin{bmatrix} 1 & 0 & -\sin\theta \\ 0 & \cos\varphi & \sin\varphi\cos\theta \\ 0 & -\sin\varphi & \cos\varphi\cos\theta \end{bmatrix} \begin{bmatrix} \dot{\varphi} \\ \dot{\theta} \\ \dot{\psi} \end{bmatrix} = \boldsymbol{J}_a^{-1} \begin{bmatrix} \dot{\varphi} \\ \dot{\theta} \\ \dot{\psi} \end{bmatrix}$$

即

$$\dot{\boldsymbol{\zeta}} = \boldsymbol{J}_a\boldsymbol{\omega} \qquad\qquad (10-5)$$

其中，$\boldsymbol{\zeta} = [\varphi, \theta, \psi]^{\mathrm{T}} \in \mathbb{R}_{3\times1}$ 分别为滚转角、俯仰角和偏航角，且有 $-\dfrac{\pi}{2} < \theta < \dfrac{\pi}{2}$，$\boldsymbol{J}_a$ 为雅可比矩阵，且满足

$$\boldsymbol{J}_a = \begin{bmatrix} 1 & \sin\varphi\tan\theta & \cos\varphi\tan\theta \\ 0 & \cos\varphi & -\sin\varphi \\ 0 & \dfrac{\sin\varphi}{\cos\theta} & \dfrac{\cos\varphi}{\cos\theta} \end{bmatrix}$$

根据一般刚体的姿态动力学模型[7]

$$\boldsymbol{J}\dot{\boldsymbol{\omega}} + \boldsymbol{\omega} \times \boldsymbol{P} = \boldsymbol{\tau}_0 + \boldsymbol{\delta}_0 \qquad\qquad (10-6)$$

其中，$\boldsymbol{J} \in \mathbb{R}^{3\times3}$ 为转动惯量，$\boldsymbol{\omega} \in \mathbb{R}^{3\times1}$ 为刚体相对于惯性系的转动角速度，$\boldsymbol{P} = \boldsymbol{J}\boldsymbol{\omega} = [p_x, p_y, p_z]^{\mathrm{T}}$ 为角动量，$\boldsymbol{\tau}_0$ 和 $\boldsymbol{\delta}_0$ 分别为刚体所受的控制力矩和干扰力矩。根据矩阵叉乘的性质，式（10-6）可记为如下形式

$$\boldsymbol{J}\dot{\boldsymbol{\omega}} - \tilde{\boldsymbol{P}}\boldsymbol{\omega} = \boldsymbol{\tau}_0 + \boldsymbol{\delta}_0 \qquad\qquad (10-7)$$

其中，$\tilde{\boldsymbol{P}}$ 为反对称矩阵。

联立姿态运动学方程（10-5）和姿态动力学方程（10-7），可以得到如下形式的姿态动力学模型

$$\boldsymbol{J}_a^{-\mathrm{T}}\boldsymbol{J}\boldsymbol{J}_a^{-1}\ddot{\boldsymbol{\zeta}} + (-\boldsymbol{J}_a^{-\mathrm{T}}\boldsymbol{J}\dot{\boldsymbol{J}}_a^{-1} - \boldsymbol{J}_a^{-\mathrm{T}}\tilde{\boldsymbol{P}}\boldsymbol{J}_a^{-1})\dot{\boldsymbol{\zeta}} = \boldsymbol{J}_a^{-\mathrm{T}}\boldsymbol{\tau}_0 + \boldsymbol{J}_a^{-\mathrm{T}}\boldsymbol{\delta}_0$$

引入如下定义

$$\boldsymbol{H}(\boldsymbol{\zeta}) = \boldsymbol{J}_a^{-\mathrm{T}}\boldsymbol{J}\boldsymbol{J}_a^{-1}$$

$$Q(\boldsymbol{\zeta}, \dot{\boldsymbol{\zeta}}) = -\boldsymbol{J}_a^{-\mathrm{T}} \boldsymbol{J} \dot{\boldsymbol{J}}_a^{-1} - \boldsymbol{J}_a^{-\mathrm{T}} \widetilde{\boldsymbol{P}} \boldsymbol{J}_a^{-1}$$

$$\boldsymbol{\tau} = \boldsymbol{J}_a^{-\mathrm{T}} \boldsymbol{\tau}_0$$

$$\boldsymbol{\delta} = \boldsymbol{J}_a^{-\mathrm{T}} \boldsymbol{\delta}_0$$

则有

$$\boldsymbol{H}(\boldsymbol{\zeta})\ddot{\boldsymbol{\zeta}} + \boldsymbol{Q}(\boldsymbol{\zeta}, \dot{\boldsymbol{\zeta}})\dot{\boldsymbol{\zeta}} = \boldsymbol{\tau} + \boldsymbol{\delta} \qquad (10-8)$$

且根据 $\boldsymbol{H}(\boldsymbol{\zeta})$ 和 $\boldsymbol{Q}(\boldsymbol{\zeta}, \dot{\boldsymbol{\zeta}})$ 的表达式，可以证明 $\dot{\boldsymbol{H}}(\boldsymbol{\zeta}) = \boldsymbol{Q}(\boldsymbol{\zeta}, \dot{\boldsymbol{\zeta}}) + \boldsymbol{Q}^{\mathrm{T}}(\boldsymbol{\zeta}, \dot{\boldsymbol{\zeta}})$，即 $\dot{\boldsymbol{H}}(\boldsymbol{\zeta}) - 2\boldsymbol{Q}(\boldsymbol{\zeta}, \dot{\boldsymbol{\zeta}})$ 为反对称矩阵。

根据上述一般刚体的姿态动力学模型，记航天器 i 的姿态动力学模型如下

$$\boldsymbol{H}_i(\boldsymbol{\zeta}_i)\ddot{\boldsymbol{\zeta}}_i + \boldsymbol{Q}_i(\boldsymbol{\zeta}_i, \dot{\boldsymbol{\zeta}}_i)\dot{\boldsymbol{\zeta}}_i = \boldsymbol{\tau}_i + \boldsymbol{\delta}_i \qquad (10-9)$$

其中，$\boldsymbol{H}_i(\boldsymbol{\zeta}_i) \in \mathbb{R}^{3\times3}$ 与 $\boldsymbol{Q}_i(\boldsymbol{\zeta}_i, \dot{\boldsymbol{\zeta}}_i) \in \mathbb{R}^{3\times3}$ 分别为航天器 i 的惯量矩阵和科氏矩阵，且满足 $\dot{\boldsymbol{H}}_i(\boldsymbol{\zeta}_i) - 2\boldsymbol{Q}_i(\boldsymbol{\zeta}_i, \dot{\boldsymbol{\zeta}}_i)$ 为反对称矩阵，$\boldsymbol{\tau}_i$ 和 $\boldsymbol{\delta}_i$ 分别为航天器 i 所受的准控制力矩和准干扰力矩（区别于原控制力矩 $\boldsymbol{\tau}_0$ 与干扰力矩 $\boldsymbol{\delta}_0$）。

10.2.3　多航天器协同飞行的动力学分解模型

10.2.3.1　动力学分解算法

多航天器在轨协同飞行不仅要求不同的航天器之间满足一定的位置关系和姿态指向，而且还要求多个航天器作为整体的在轨状态满足一定的需求，这就要求对航天器整体机动与内部编队队形同时进行控制。为此，下面提出进行整体和队形描述与建模的动力学分解算法。

首先，以二维平面内两个刚体的协同运动为例引出整体运动、队形运动的概念。假设 x-y 平面内有两个 3 自由度的刚体（如图 10-1所示，x-y 平面内的平动和偏航，图中箭头表示偏航方向），要实现某协同任务只需下列两组状态变量满足一定要求即可。

描述两个刚体整体运动的状态变量

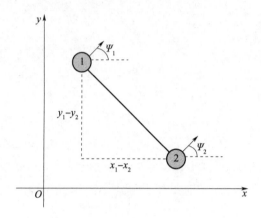

图 10 - 1　x - y 平面内，两个刚体的协同运动

$$p_{\mathrm{G}}(t) = \begin{bmatrix} \dfrac{1}{2}(x_1 + x_2) \\[2mm] \dfrac{1}{2}(y_1 + y_2) \\[2mm] \dfrac{1}{2}(\psi_1 + \psi_2) \end{bmatrix} \qquad (10 - 10)$$

描述两刚体之间相对位置和相对姿态，即队形运动的状态变量

$$p_{\mathrm{F}}(t) = \begin{bmatrix} x_1 - x_2 \\ y_1 - y_2 \\ \psi_1 - \psi_2 \end{bmatrix} \qquad (10 - 11)$$

其中，(x_i, y_i) 为刚体 i $(i = 1, 2)$ 在 x - y 平面内的位置，ψ_i 为刚体 i 在 x - y 平面内的偏航角，下标 G（Group）表示整体，F（Formation）表示队形，下文相同。由此只需控制 $p_{\mathrm{G}}(t) \to p_{\mathrm{G}}^{d}(t)$ 和 $p_{\mathrm{F}}(t) \to p_{\mathrm{F}}^{d}(t)$（$p_{\mathrm{G}}^{d}(t)$ 和 $p_{\mathrm{F}}^{d}(t)$ 均为理想轨迹），即可实现两刚体在二维平面内的协同运动，为了达到这一要求，需将动力学模型集进行分解。

　　下面针对多航天器协同飞行，通过定义两种运动，进行动力学分解。为了便于研究，根据轨道动力学模型式（10 - 2）式（10 - 4）与姿态动力学模型式（10 - 9）的形式，设单航天器 i 的动力学模

型为

$$M_i(q_i)\ddot{q}_i + C_i(q_i,\dot{q}_i)\dot{q}_i + D_i(q_i)q_i = T_i + F_i \qquad (10-12)$$

则 m 个航天器的动力学模型集可记为如下的矩阵形式

$$
\begin{bmatrix} M_1 & \cdots & 0 \\ \vdots & & \vdots \\ 0 & \cdots & M_m \end{bmatrix}
\begin{bmatrix} \ddot{q}_1 \\ \vdots \\ \ddot{q}_m \end{bmatrix} +
\begin{bmatrix} C_1 & \cdots & 0 \\ \vdots & & \vdots \\ 0 & \cdots & C_m \end{bmatrix}
\begin{bmatrix} \dot{q}_1 \\ \vdots \\ \dot{q}_m \end{bmatrix} +
\begin{bmatrix} D_1 & \cdots & 0 \\ \vdots & & \vdots \\ 0 & \cdots & D_m \end{bmatrix}
\begin{bmatrix} q_1 \\ \vdots \\ q_m \end{bmatrix}
$$

$$
= \begin{bmatrix} T_1 \\ \vdots \\ T_m \end{bmatrix} +
\begin{bmatrix} F_1 \\ \vdots \\ F_m \end{bmatrix} \qquad (10-13)
$$

其中，$i = 1, \cdots, m$，$q_i \in \mathbb{R}^{n \times 1}$ 和 $\dot{q}_i \in \mathbb{R}^{n \times 1}$ 分别为位置变量和速度变量，$T_i \in \mathbb{R}^{n \times 1}$ 和 $F_i \in \mathbb{R}^{n \times 1}$ 分别为控制变量和扰动量，$M_i(q_i) \in \mathbb{R}^{n \times n}$、$C_i(q_i,\dot{q}_i) \in \mathbb{R}^{n \times n}$ 和 $D_i(q_i) \in \mathbb{R}^{n \times n}$ 矩阵与 10.2.2.1 和 10.2.2.2 节所述动力学模型矩阵有类似的性质。

根据引例中对整体机动状态变量和相对状态变量的描述，以图 10-2 所示的一种典型通信拓扑结构描述队形系统和多航天器之间的信息拓扑。

图 10-2　航天器之间的通信拓扑结构

这样，可以采用下面的状态变量来描述多航天器内部的队形

$$q_F = [q_1^T - q_2^T, q_2^T - q_3^T, \cdots, q_{m-1}^T - q_m^T]^T \in \mathbb{R}^{(m-1)n \times 1} \qquad (10-14)$$

若以多航天器运动状态的加权平均描述多航天器的整体机动，则速度状态变量 $\dot{q} = [\dot{q}_1^T, \dot{q}_2^T, \cdots, \dot{q}_m^T]^T \in \mathbb{R}^{mn \times 1}$ 可以分解为整体系统的速度 $v_G \in \mathbb{R}^{n \times 1}$ 和队形系统的速度 $v_F \in \mathbb{R}^{(m-1)n \times 1}$，即

$$
\begin{bmatrix} \boldsymbol{v}_G \\ \\ \\ \boldsymbol{v}_F \\ \\ \\ \end{bmatrix} = \underbrace{\begin{bmatrix} \boldsymbol{\Phi}_1(\boldsymbol{q}) & \boldsymbol{\Phi}_2(\boldsymbol{q}) & \boldsymbol{\Phi}_3(\boldsymbol{q}) & \cdots & \boldsymbol{\Phi}_{m-1}(\boldsymbol{q}) & \boldsymbol{\Phi}_m(\boldsymbol{q}) \\ \boldsymbol{I}_n & -\boldsymbol{I}_n & \boldsymbol{0}_{n\times n} & \cdots & \boldsymbol{0}_{n\times n} & \boldsymbol{0}_{n\times n} \\ \boldsymbol{0}_n & \boldsymbol{I}_n & -\boldsymbol{I}_n & \cdots & \boldsymbol{0}_{n\times n} & \boldsymbol{0}_{n\times n} \\ \vdots & \vdots & \vdots & & \vdots & \vdots \\ \boldsymbol{0}_{n\times n} & \boldsymbol{0}_{n\times n} & \cdots & \cdots & -\boldsymbol{I}_n & \boldsymbol{0}_{n\times n} \\ \boldsymbol{0}_{n\times n} & \boldsymbol{0}_{n\times n} & \cdots & \cdots & \boldsymbol{I}_n & -\boldsymbol{I}_n \end{bmatrix}}_{\boldsymbol{S}(\boldsymbol{q})\in R^{mn\times mn}} \begin{bmatrix} \dot{\boldsymbol{q}}_1 \\ \dot{\boldsymbol{q}}_2 \\ \dot{\boldsymbol{q}}_3 \\ \vdots \\ \dot{\boldsymbol{q}}_{m-1} \\ \dot{\boldsymbol{q}}_m \end{bmatrix}
$$

$$(10-15)$$

其中，$\boldsymbol{q} = [\boldsymbol{q}_1^T, \boldsymbol{q}_2^T, \cdots, \boldsymbol{q}_m^T]^T \in \mathbb{R}^{mn\times 1}$，且 $\boldsymbol{\Phi}_i(\boldsymbol{q}) \in \mathbb{R}^{n\times n}(i=1,\cdots,m)$，其定义如下

$$\boldsymbol{\Phi}_i(\boldsymbol{q}) = [\boldsymbol{M}_1(\boldsymbol{q}_1) + \boldsymbol{M}_2(\boldsymbol{q}_2) + \cdots + \boldsymbol{M}_m(\boldsymbol{q}_m)]^{-1} \boldsymbol{M}_i(\boldsymbol{q}_i)$$

$$(10-16)$$

由其定义式可知，$\boldsymbol{\Phi}_i(\boldsymbol{q})$ 是非奇异的，且满足下面关系式

$$\boldsymbol{\Phi}_1(\boldsymbol{q}_1) + \boldsymbol{\Phi}_2(\boldsymbol{q}_2) + \cdots + \boldsymbol{\Phi}_m(\boldsymbol{q}_m) = \boldsymbol{I}_n \qquad (10-17)$$

则式（10-15）中的 $\boldsymbol{S}(\boldsymbol{q})$ 亦为非奇异的矩阵。由式（10-15）可得出队形系统的速度 $\boldsymbol{v}_F \in \mathbb{R}^{(m-1)n\times 1}$

$$\boldsymbol{v}_F(t) = \frac{\mathrm{d}}{\mathrm{d}t} \boldsymbol{q}_F[\boldsymbol{q}_1(t), \boldsymbol{q}_2(t), \cdots, \boldsymbol{q}_m(t)] \qquad (10-18)$$

即为式（10-14）中编队状态变量对时间的导数。再由式（10-15）~式（10-16），可以得出整体系统的速度变量为

$$\boldsymbol{v}_G = \Big[\sum_{i=1}^m \boldsymbol{M}_i(\boldsymbol{q}_i)\Big]^{-1} [\boldsymbol{M}_1(\boldsymbol{q}_1)\dot{\boldsymbol{q}}_1 + \boldsymbol{M}_2(\boldsymbol{q}_2)\dot{\boldsymbol{q}}_2 + \cdots + \boldsymbol{M}_m(\boldsymbol{q}_m)\dot{\boldsymbol{q}}_m]$$

$$(10-19)$$

也就是单个航天器速度的加权平均，权重为各自的惯量矩阵。若这些惯量矩阵均保持常值，则易知式（10-19）中的 $\boldsymbol{v}_G$ 就是整个系统质心的速度（即 $\boldsymbol{v}_G = \frac{\mathrm{d}}{\mathrm{d}t}[(\boldsymbol{M}_1 + \boldsymbol{M}_2 + \cdots + \boldsymbol{M}_m)^{-1}(\boldsymbol{M}_1 \boldsymbol{q}_1 + \boldsymbol{M}_2 \boldsymbol{q}_2 + \cdots + \boldsymbol{M}_m \boldsymbol{q}_m)]$）。因此，用 $\boldsymbol{v}_G$ 作为整体系统的速度，就可以反映出整个系统的机动状况，进一步对式（10-19）积分便可得到描述整

体系统的状态变量 $\boldsymbol{q}_{\mathrm{G}}$ 。

同理，还可以得出相匹配的力和力矩的分解形式，如下

$$
\begin{pmatrix}
\boldsymbol{T}_{\mathrm{G}} \\
\uparrow \\
\boldsymbol{T}_{\mathrm{F}} \\
\downarrow
\end{pmatrix}
= \boldsymbol{S}^{-\mathrm{T}}(\boldsymbol{q})
\begin{pmatrix}
\boldsymbol{T}_1 \\
\boldsymbol{T}_2 \\
\vdots \\
\boldsymbol{T}_m
\end{pmatrix}
\tag{10-20}
$$

$$
\begin{pmatrix}
\boldsymbol{F}_{\mathrm{G}} \\
\uparrow \\
\boldsymbol{F}_{\mathrm{F}} \\
\downarrow
\end{pmatrix}
= \boldsymbol{S}^{-\mathrm{T}}(\boldsymbol{q})
\begin{pmatrix}
\boldsymbol{F}_1 \\
\boldsymbol{F}_2 \\
\vdots \\
\boldsymbol{F}_m
\end{pmatrix}
\tag{10-21}
$$

其中，$\boldsymbol{S}^{-\mathrm{T}}(\boldsymbol{q}) = \left[\boldsymbol{S}^{-1}(\boldsymbol{q})\right]^{\mathrm{T}}$，$\boldsymbol{T}_{\mathrm{G}}, \boldsymbol{F}_{\mathrm{G}} \in \mathbb{R}^{n \times 1}$ 和 $\boldsymbol{T}_{\mathrm{F}}, \boldsymbol{F}_{\mathrm{F}} \in \mathbb{R}^{(m-1)n \times 1}$ 分别是整体系统和队形系统的控制力（力矩）与环境干扰力（力矩）。在式（10-20）～式（10-21）的定义中，矩阵 $\boldsymbol{S}^{-1}(\boldsymbol{q}) \in \boldsymbol{R}^{mn \times mn}$ 为

$$
\boldsymbol{S}^{-1}(\boldsymbol{q}) =
\begin{bmatrix}
\boldsymbol{I}_n & \sum_2(\boldsymbol{q}) & \sum_3(\boldsymbol{q}) & \cdots & \sum_m(\boldsymbol{q}) \\
\boldsymbol{I}_n & \sum_2(\boldsymbol{q})-\boldsymbol{I}_n & \sum_3(\boldsymbol{q}) & \cdots & \sum_m(\boldsymbol{q}) \\
\boldsymbol{I}_n & \sum_2(\boldsymbol{q})-\boldsymbol{I}_n & \sum_3(\boldsymbol{q})-\boldsymbol{I}_n & \cdots & \sum_m(\boldsymbol{q}) \\
\vdots & \vdots & \vdots & \cdots & \vdots \\
\boldsymbol{I}_n & \sum_2(\boldsymbol{q})-\boldsymbol{I}_n & \sum_3(\boldsymbol{q})-\boldsymbol{I}_n & \cdots & \sum_m(\boldsymbol{q})-\boldsymbol{I}_n
\end{bmatrix}
\tag{10-22}
$$

其中

$$
\sum_i(\boldsymbol{q}) = \boldsymbol{\Phi}_i(\boldsymbol{q}) + \boldsymbol{\Phi}_{i+1}(\boldsymbol{q}) + \cdots + \boldsymbol{\Phi}_m(\boldsymbol{q}) \in \mathbb{R}^{n \times n} \tag{10-23}
$$

综上所述，对动力学模型集式（10-13）进行如下处理

$$
\boldsymbol{S}^{-\mathrm{T}}
\begin{bmatrix}
\boldsymbol{M}_1 & \cdots & \boldsymbol{0} \\
\vdots & & \vdots \\
\boldsymbol{0} & \cdots & \boldsymbol{M}_m
\end{bmatrix}
\left(
\boldsymbol{S}^{-1}\boldsymbol{S}
\begin{pmatrix}
\ddot{\boldsymbol{q}}_1 \\
\vdots \\
\ddot{\boldsymbol{q}}_m
\end{pmatrix}
+ \frac{\mathrm{d}}{\mathrm{d}t}(\boldsymbol{S}^{-1})\boldsymbol{S}
\begin{pmatrix}
\dot{\boldsymbol{q}}_1 \\
\vdots \\
\dot{\boldsymbol{q}}_m
\end{pmatrix}
\right) +
$$

$$S^{-\mathrm{T}}\begin{bmatrix} C_1 & \cdots & 0 \\ \vdots & & \vdots \\ 0 & \cdots & C_m \end{bmatrix} S^{-1} S \begin{Bmatrix} \dot{q}_1 \\ \vdots \\ \dot{q}_m \end{Bmatrix} +$$

$$S^{-\mathrm{T}}\begin{bmatrix} D_1 & \cdots & 0 \\ \vdots & & \vdots \\ 0 & \cdots & D_m \end{bmatrix} S^{-1} S \begin{Bmatrix} q_1 \\ \vdots \\ q_m \end{Bmatrix} = S^{-\mathrm{T}}\begin{Bmatrix} T_1 \\ \vdots \\ T_m \end{Bmatrix} + S^{-\mathrm{T}}\begin{Bmatrix} F_1 \\ \vdots \\ F_m \end{Bmatrix}$$

$$(10-24)$$

若将系统各矩阵描述为分块对角阵的形式，即

$$\begin{bmatrix} M_G & 0 \\ 0 & M_F \end{bmatrix} = S^{-\mathrm{T}} \mathrm{diag}[M_1, M_2, \cdots, M_m] S^{-1} \qquad (10-25)$$

$$\begin{bmatrix} D_G & D_{GF} \\ D_{FG} & D_F \end{bmatrix} = S^{-\mathrm{T}} \mathrm{diag}[D_1, D_2, \cdots, D_m] S^{-1} \qquad (10-26)$$

$$\begin{bmatrix} C_G & C_{GF} \\ C_{FG} & C_F \end{bmatrix} = S^{-\mathrm{T}} \mathrm{diag}[M_1, M_2, \cdots, M_m] \frac{\mathrm{d}}{\mathrm{d}t}(S^{-1}) + S^{-\mathrm{T}} \mathrm{diag}[C_1, C_2, \cdots, C_m] S^{-1}$$

$$(10-27)$$

则有如下的动力学分解模型

$$\underbrace{M_G(q)\,\ddot{q}_G + C_G(q,\dot{q})\,\dot{q}_G + D_G(q)\,q_G}_{\text{Group}} + \underbrace{C_{GF}(q,\dot{q})\,\dot{q}_F + D_{GF}(q)\,q_F}_{\text{Coupling}} = T_G + F_G$$

$$(10-28)$$

$$\underbrace{M_F(q)\,\ddot{q}_F + C_F(q,\dot{q})\,\dot{q}_F + D_F(q)\,q_F}_{\text{Formation}} + \underbrace{C_{FG}(q,\dot{q})\,\dot{q}_G + D_{FG}(q)\,q_G}_{\text{Coupling}} = T_F + F_F$$

$$(10-29)$$

事实上，上述分解模型描述的是两个虚拟的系统。其中，式 (10-28) 表示的 n 自由度动力学系统称为描述多航天器整体机动的整体系统；式 (10-29) 表示的 $(m-1)n$ 自由度的动力学系统称为描述多航天器内部队形变化运动的队形系统，分解模型中的系统矩阵具有如下性质。

1) M_G 和 M_F 是正定对称的，且有：

$$M_G(q) = M_1(q_1) + M_2(q_2) + \cdots + M_m(q_m) \in \mathbb{R}^{n \times n};$$

2) $C_G(q,\dot{q})$ 和 $C_F(q,\dot{q})$ 是反对称的，且有：

$$C_{\text{G}}(q,\dot{q}) = C_1(q,\dot{q}) + C_2(q,\dot{q}) + \cdots + C_m(q,\dot{q}) \in \mathbb{R}^{n\times n} ;$$

3）D_{G} 和 D_{F} 是对称的，且有：

$$D_{\text{G}}(q) = D_1(q_1) + D_2(q_2) + \cdots + D_m(q_m) \in \mathbb{R}^{n\times n} ;$$

4）分解后的两个系统仍然具有和一般力学系统相同的性质，即 $\dot{M}_{\text{G}}(q) - 2C_{\text{G}}(q,\dot{q})$ 和 $\dot{M}_{\text{F}}(q) - 2C_{\text{F}}(q,\dot{q})$ 为反对称的；

5）耦合项 $C_{\text{GF}}(q,\dot{q})$ 和 $C_{\text{FG}}(q,\dot{q})$ 互为反对称矩阵，$D_{\text{GF}}(q)$ 和 $D_{\text{FG}}(q)$ 互为对称矩阵，即

$$C_{\text{GF}}(q,\dot{q}) = -C_{\text{FG}}^{\text{T}}(q,\dot{q}) , \quad D_{\text{GF}}(q) = D_{\text{FG}}^{\text{T}}(q) ;$$

6）系统的总动能为整体系统和队形变化系统的动能之和，即

$$\kappa(t) = \sum_{i=1}^{m} \frac{1}{2}\dot{q}_i^{\text{T}} M_i \dot{q}_i = \frac{1}{2} v_{\text{G}}^{\text{T}} M_{\text{G}} v_{\text{G}} + \frac{1}{2}\dot{q}_{\text{F}}^{\text{T}} M_{\text{F}} \dot{q}_{\text{F}} ;$$

7）作用在整体系统上的控制量、外界扰动量相当于作用于单个航天器上的控制量、外界扰动量的和，即

$$T_{\text{G}} = T_1 + T_2 + \cdots + T_m , \quad F_{\text{G}} = F_1 + F_2 + \cdots + F_m ;$$

由于整体系统与队形系统的耦合项为式（10 - 28）～式（10 - 29）中的 $C_{\text{GF}}(q,\dot{q})\dot{q}_{\text{F}}$、$C_{\text{FG}}(q,\dot{q})\dot{q}_{\text{G}}$、$D_{\text{GF}}(q)q_{\text{F}}$ 和 $D_{\text{FG}}(q)q_{\text{G}}$，它们是 q 与 $\dot{q}$ 的函数。这就意味着，整体系统与队形系统的解耦只需位置和速度变量，而不需要加速度反馈，这为控制律的设计带来了很大的方便。

10.2.3.2　轨道动力学分解模型

根据描述单航天器轨道运动的动力学模型集式（10 - 2）和式（10 - 4），利用上述动力学分解算法，下面建立多航天器协同飞行的轨道动力学分解模型。

若采用多航天器运动状态的加权平均描述多航天器的整体机动，相对位置描述编队队形，则分解矩阵如下

$$\begin{pmatrix} \dot{\boldsymbol{r}}_{G} \\ \uparrow \\ \\ \dot{\boldsymbol{r}}_{F} \\ \downarrow \end{pmatrix} = \underbrace{\begin{bmatrix} \boldsymbol{\Phi}_{1}^{o} & \boldsymbol{\Phi}_{2}^{o} & \boldsymbol{\Phi}_{3}^{o} & \cdots & \boldsymbol{\Phi}_{m-1}^{o} & \boldsymbol{\Phi}_{m}^{o} \\ \boldsymbol{I}_{3} & -\boldsymbol{I}_{3} & \boldsymbol{0}_{3\times3} & \cdots & \boldsymbol{0}_{3\times3} & \boldsymbol{0}_{3\times3} \\ \boldsymbol{0}_{3\times3} & \boldsymbol{I}_{3} & -\boldsymbol{I}_{3} & \cdots & \boldsymbol{0}_{3\times3} & \boldsymbol{0}_{3\times3} \\ \vdots & \vdots & \vdots & & \vdots & \vdots \\ \boldsymbol{0}_{3\times3} & \boldsymbol{0}_{3\times3} & \cdots & \cdots & -\boldsymbol{I}_{3} & \boldsymbol{0}_{3\times3} \\ \boldsymbol{0}_{3\times3} & \boldsymbol{0}_{3\times3} & \cdots & \cdots & \boldsymbol{I}_{3} & -\boldsymbol{I}_{3} \end{bmatrix}}_{\boldsymbol{S}^{o}\,\in\,\mathbb{R}^{3m\times3m}} \begin{pmatrix} \dot{\boldsymbol{r}}_{1} \\ \dot{\boldsymbol{r}}_{2} \\ \dot{\boldsymbol{r}}_{3} \\ \vdots \\ \dot{\boldsymbol{r}}_{m-1} \\ \dot{\boldsymbol{r}}_{m} \end{pmatrix}$$

$$(10-30)$$

其中，$\boldsymbol{\Phi}_{i}^{o} = [\boldsymbol{M}_{1} + \boldsymbol{M}_{2} + \cdots + \boldsymbol{M}_{m}]^{-1}\boldsymbol{M}_{i}$。易知轨道动力学模型的分解矩阵 $\boldsymbol{S}^{o}$ 为常值矩阵，根据分解模型式（10-28）和式（10-29），得到如下基于惯性坐标系和参考轨道坐标系的多航天器协同飞行轨道动力学分解模型。

1) 惯性系下的轨道动力学分解模型

$$\boldsymbol{M}_{G}^{i}\,\ddot{\boldsymbol{r}}_{G} + \boldsymbol{D}_{G}^{i}\,\boldsymbol{r}_{G} + \boldsymbol{D}_{GF}^{i}\,\boldsymbol{r}_{F} = \boldsymbol{t}_{G}^{i} + \boldsymbol{f}_{G}^{i} \tag{10-31}$$

$$\boldsymbol{M}_{F}^{i}\,\ddot{\boldsymbol{r}}_{F} + \boldsymbol{D}_{F}^{i}\,\boldsymbol{r}_{F} + \boldsymbol{D}_{FG}^{i}\,\boldsymbol{r}_{G} = \boldsymbol{t}_{F}^{i} + \boldsymbol{f}_{F}^{i} \tag{10-32}$$

2) 参考轨道系下的轨道动力学分解模型

$$\boldsymbol{M}_{G}^{o}\,\ddot{\boldsymbol{r}}_{G} + \boldsymbol{C}_{G}^{o}\,\dot{\boldsymbol{r}}_{G} + \boldsymbol{C}_{GF}^{o}\,\dot{\boldsymbol{r}}_{F} + \boldsymbol{D}_{G}^{o}\,\boldsymbol{r}_{G} + \boldsymbol{D}_{GF}^{o}\,\boldsymbol{r}_{F} = \boldsymbol{t}_{G}^{o} + \boldsymbol{f}_{G}^{o}$$

$$(10-33)$$

$$\boldsymbol{M}_{F}^{o}\,\ddot{\boldsymbol{r}}_{F} + \boldsymbol{C}_{F}^{o}\,\dot{\boldsymbol{r}}_{F} + \boldsymbol{C}_{FG}^{o}\,\dot{\boldsymbol{r}}_{G} + \boldsymbol{D}_{F}^{o}\,\boldsymbol{r}_{F} + \boldsymbol{D}_{FG}^{o}\,\boldsymbol{r}_{G} = \boldsymbol{t}_{F}^{o} + \boldsymbol{f}_{F}^{o}$$

$$(10-34)$$

其中，$\boldsymbol{M}_{G}^{*} \in \mathbb{R}^{3\times3}$ 和 $\boldsymbol{M}_{F}^{*} \in \mathbb{R}^{3(m-1)\times3(m-1)}$ 均为正定对称矩阵，$\boldsymbol{C}_{G}^{*} \in \mathbb{R}^{3\times3}$ 和 $\boldsymbol{C}_{F}^{*} \in \mathbb{R}^{3(m-1)}\times3(m-1)$ 均为反对称矩阵，$\boldsymbol{D}_{G}^{*} \in \mathbb{R}^{3\times3}$ 和 $\boldsymbol{D}_{F}^{*} \in \mathbb{R}^{3(m-1)\times3(m-1)}$ 均为对称矩阵，$\boldsymbol{C}_{GF}^{*} \in \mathbb{R}^{3\times3(m-1)}$、$\boldsymbol{C}_{FG}^{*} \in \mathbb{R}^{3(m-1)\times3}$、$\boldsymbol{D}_{GF}^{*} \in \mathbb{R}^{3\times3(m-1)}$ 和 $\boldsymbol{D}_{FG}^{*} \in \mathbb{R}^{3(m-1)\times3}$ 为耦合部分，$\boldsymbol{r}_{G}^{*} \in \mathbb{R}^{3}$ 和 $\boldsymbol{r}_{F}^{*} \in \mathbb{R}^{3(m-1)\times1}$ 分别是整体系统和队形系统的位置状态变量，即如前面所述的 $\boldsymbol{q}_{G}$ 和 $\boldsymbol{q}_{F}$，$\boldsymbol{t}_{G}^{*} \in \mathbb{R}^{3\times1}$ 和 $\boldsymbol{t}_{F}^{*} \in \mathbb{R}^{3(m-1)\times1}$ 是整体系统和队形系统的控制加速度（待设计，详见 10.3 节），$\boldsymbol{f}_{G}^{*} \in \mathbb{R}^{3\times1}$ 和 $\boldsymbol{f}_{F}^{*} \in \mathbb{R}^{3(m-1)\times1}$ 为相应系统的环境干扰力引起的加速度，上述 $* \in \{i,o\}$。

与描述单航天器质心动力学的模型集式（10-2）、式（10-4）相比较，多航天器的轨道动力学分解模型式（10-31）～式（10-32）与式（10-33）～式（10-34），不但能够反映多航天器整体机动的动力学规律，而且还能够反映多航天器内部队形变化的动力学规律。当给定协同飞行任务时，通过设计整体系统和队形系统的轨道控制律，便可同时实现多航天器整体机动和队形变化的协同控制。

10.2.3.3　姿态动力学分解模型

类似于轨道动力学部分，根据单航天器的姿态动力学模型集，定义如下的动力学分解矩阵

$$\begin{bmatrix} \boldsymbol{\zeta}_{\mathrm{G}} \\ \uparrow \\ \boldsymbol{\zeta}_{\mathrm{F}} \\ \downarrow \end{bmatrix} = \underbrace{\begin{bmatrix} \boldsymbol{\Phi}_1^a(\boldsymbol{\zeta}) & \boldsymbol{\Phi}_2^a(\boldsymbol{\zeta}) & \boldsymbol{\Phi}_3^a(\boldsymbol{\zeta}) & \cdots & \boldsymbol{\Phi}_{m-1}^a(\boldsymbol{\zeta}) & \boldsymbol{\Phi}_m^a(\boldsymbol{\zeta}) \\ \boldsymbol{I}_3 & -\boldsymbol{I}_3 & \boldsymbol{0}_{3\times3} & \cdots & \boldsymbol{0}_{3\times3} & \boldsymbol{0}_{3\times3} \\ \boldsymbol{0}_{3\times3} & \boldsymbol{I}_3 & -\boldsymbol{I}_3 & \cdots & \boldsymbol{0}_{3\times3} & \boldsymbol{0}_{3\times3} \\ \vdots & \vdots & \vdots & & \vdots & \vdots \\ \boldsymbol{0}_{3\times3} & \boldsymbol{0}_{3\times3} & \boldsymbol{0}_{3\times3} & \cdots & -\boldsymbol{I}_3 & \boldsymbol{0}_{3\times3} \\ \boldsymbol{0}_{3\times3} & \boldsymbol{0}_{3\times3} & \cdots & \cdots & \boldsymbol{I}_3 & -\boldsymbol{I}_3 \end{bmatrix}}_{S^a \in \boldsymbol{R}^{3m\times3m}} \begin{bmatrix} \boldsymbol{\zeta}_1 \\ \boldsymbol{\zeta}_2 \\ \boldsymbol{\zeta}_3 \\ \vdots \\ \boldsymbol{\zeta}_{m-1} \\ \boldsymbol{\zeta}_m \end{bmatrix}$$

$$(10-35)$$

其中，$\boldsymbol{\Phi}_i^a(\boldsymbol{\zeta}) = \left[\boldsymbol{H}_1(\boldsymbol{\zeta}_1) + \boldsymbol{H}_2(\boldsymbol{\zeta}_2) + \cdots + \boldsymbol{H}_m(\boldsymbol{\zeta}_m) \right]^{-1} \boldsymbol{H}_i(\boldsymbol{\zeta}_i)$。易知姿态动力学分解矩阵 $\boldsymbol{S}^a$ 与 $\boldsymbol{\zeta}$ 有关，根据分解模型式（10-28）和式（10-29）得到如下的多航天器协同飞行姿态动力学分解模型

$$\boldsymbol{H}_{\mathrm{G}}(\boldsymbol{\zeta})\ddot{\boldsymbol{\zeta}}_{\mathrm{G}} + \boldsymbol{Q}_{\mathrm{G}}(\boldsymbol{\zeta},\dot{\boldsymbol{\zeta}})\dot{\boldsymbol{\zeta}}_{\mathrm{G}} + \boldsymbol{Q}_{\mathrm{GF}}(\boldsymbol{\zeta},\dot{\boldsymbol{\zeta}})\dot{\boldsymbol{\zeta}}_{\mathrm{F}} = \boldsymbol{\tau}_{\mathrm{G}} + \boldsymbol{\delta}_{\mathrm{G}} \quad (10-36)$$

$$\boldsymbol{H}_{\mathrm{F}}(\boldsymbol{\zeta})\ddot{\boldsymbol{\zeta}}_{\mathrm{F}} + \boldsymbol{Q}_{\mathrm{F}}(\boldsymbol{\zeta},\dot{\boldsymbol{\zeta}})\dot{\boldsymbol{\zeta}}_{\mathrm{F}} + \boldsymbol{Q}_{\mathrm{FG}}(\boldsymbol{\zeta},\dot{\boldsymbol{\zeta}})\dot{\boldsymbol{\zeta}}_{\mathrm{G}} = \boldsymbol{\tau}_{\mathrm{F}} + \boldsymbol{\delta}_{\mathrm{F}} \quad (10-37)$$

则整体系统的姿态变化量为

$$\boldsymbol{\zeta}_{\mathrm{G}} = \boldsymbol{\Phi}_1^a(\boldsymbol{\zeta})\dot{\boldsymbol{\zeta}}_1 + \boldsymbol{\Phi}_2^a(\boldsymbol{\zeta})\dot{\boldsymbol{\zeta}}_2 + \cdots + \boldsymbol{\Phi}_m^a(\boldsymbol{\zeta})\dot{\boldsymbol{\zeta}}_m$$

$$= \left[\sum_{i=1}^m \boldsymbol{H}_i(\boldsymbol{\zeta}_i) \right]^{-1} \left[\boldsymbol{H}_1(\boldsymbol{\zeta}_1)\dot{\boldsymbol{\zeta}}_1 + \boldsymbol{H}_2(\boldsymbol{\zeta}_2)\dot{\boldsymbol{\zeta}}_2 + \cdots + \boldsymbol{H}_m(\boldsymbol{\zeta}_m)\dot{\boldsymbol{\zeta}}_m \right]$$

$$(10-38)$$

与轨道动力学模型相比较，$\boldsymbol{H}_i(\boldsymbol{\zeta}_i)$ 并非常值，而且 $\boldsymbol{\zeta}_i$ 变化规律未知，

故而 ζ_G 不可积分，即无法得到 ζ_G 的准确解析表达式，这样实现 $\zeta_G \to \zeta_G^d$ 这一跟踪控制就有一定的困难。

为了解决这一问题，这里定义一个特征平面：$\zeta_F = \mathrm{const}$。在此特征平面上，根据 ζ_G 的定义，有：$\dot{\zeta}_G = \zeta_i \triangleq \dot{\tilde{\zeta}}_G\,(i = 1,2,\cdots,m)$，则对 ζ_G 的控制便转化为对 $\tilde{\zeta}_G$ 的控制，即控制目标转化为

$$\tilde{\zeta}_G \to \zeta_G^d \tag{10-39}$$

但是，当 ζ_F 还没有到达特征平面时，$\dot{\zeta}_G$ 与 $\dot{\tilde{\zeta}}_G$，$\ddot{\zeta}_G$ 与 $\ddot{\tilde{\zeta}}_G$ 之间还相差一个负指数项，有关证明如下。

设 ζ_F 以指数型的速率趋于 0，则有

$$\left| \zeta_i^k(t) - \zeta_j^k(t) \right| \leqslant \alpha \mathrm{e}^{-\gamma t} \tag{10-40}$$

其中，$i,j = 1,\cdots,m$，$\zeta_i^k(t)$ 是 $\zeta_i(t) \in \mathbb{R}^{3\times 1}$ 的第 $k\,(k = 1,2,3)$ 个分量。这样，若 $H_i(\zeta_i)$ 有界，可以得出下式

$$\left| \dot{\tilde{\zeta}}_G^k - \dot{\zeta}_G^k \right| = \left| \zeta_i^k - \sum_{i=1}^m \boldsymbol{\Phi}_i^{a(k)} \zeta_i \right| \tag{10-41}$$

其中

$$\sum_{i=1}^m \boldsymbol{\Phi}_i^{a(k)} \dot{\zeta}_i$$

$$= \boldsymbol{\Phi}_1^{a(k)} \dot{\zeta}_1 + \boldsymbol{\Phi}_2^{a(k)} \dot{\zeta}_2 + \cdots + \boldsymbol{\Phi}_m^{a(k)} \dot{\zeta}_m$$

$$= \boldsymbol{\Phi}_1^{a(k)} (\zeta_i + \alpha_1 \mathrm{e}^{-\gamma t}) + \boldsymbol{\Phi}_2^{a(k)} (\zeta_i + \alpha_2 \mathrm{e}^{-\gamma t}) + \cdots + \boldsymbol{\Phi}_m^{a(k)} (\zeta_i + \alpha_m \mathrm{e}^{-\gamma t})$$

$$= (\boldsymbol{\Phi}_1^{a(k)} + \boldsymbol{\Phi}_2^{a(k)} + \cdots + \boldsymbol{\Phi}_m^{a(k)}) \zeta_i +$$

$$\underbrace{(\boldsymbol{\Phi}_1^{a(k)} \alpha_1 + \boldsymbol{\Phi}_2^{a(k)} \alpha_2 + \cdots + \boldsymbol{\Phi}_m^{a(k)} \alpha_m)}_{K} \mathrm{e}^{-\gamma t}$$

$$= \zeta_i^k + K \mathrm{e}^{-\gamma t} \tag{10-42}$$

则

$$\left| \dot{\tilde{\zeta}}_G^k - \dot{\zeta}_G^k \right| = K \mathrm{e}^{-\gamma t} \tag{10-43}$$

因此有

$$\lim_{t\to\infty}|\dot{\tilde{\boldsymbol{\zeta}}}_G^k - \dot{\boldsymbol{\zeta}}_G^k| = \lim_{t\to\infty}K\mathrm{e}^{-\eta t} = 0 \qquad (10-44)$$

根据 $\lim\limits_{t\to\infty}\dot{\boldsymbol{\zeta}}_F(t)\to 0$，$\lim\limits_{t\to\infty}|\boldsymbol{\zeta}_F(t)-\boldsymbol{\zeta}_F^d(t)|\to 0$，由式（10-37）可以

得出 $\lim\limits_{t\to\infty}\ddot{\boldsymbol{\zeta}}_F(t)\to 0$。类似于式（10-40）存在一个有限值 $\bar{\alpha}>0$，对

于任意的 $i,j=1,\cdots,m$，使得 $|\ddot{\boldsymbol{\zeta}}_i^k(t)-\ddot{\boldsymbol{\zeta}}_j^k(t)|\leqslant\bar{\alpha}\mathrm{e}^{-\eta t}$ 成立。因此，

与式（10-43）类似，可以找到另外一个有限值 $\overline{K}>0$，使下式

成立

$$|\ddot{\tilde{\boldsymbol{\zeta}}}_G^k - \ddot{\boldsymbol{\zeta}}_G^k| = \overline{K}\mathrm{e}^{-\eta t} \qquad (10-45)$$

则根据式（10-36）～式（10-37）可得，当 $t\to\infty$时，$\dot{\boldsymbol{\zeta}}_G\to\dot{\tilde{\boldsymbol{\zeta}}}_G$，$\ddot{\boldsymbol{\zeta}}_G$

$\to\ddot{\tilde{\boldsymbol{\zeta}}}_G$ 成立，所以用虚拟的整体系统姿态角 $\tilde{\boldsymbol{\zeta}}_G$ 代替 $\boldsymbol{\zeta}_G$，是可以实现

的。因此，姿态动力学模型的分解模型可变换为

$$\boldsymbol{H}_G(\boldsymbol{\zeta})\ddot{\tilde{\boldsymbol{\zeta}}}_G + \boldsymbol{Q}_G(\boldsymbol{\zeta},\dot{\boldsymbol{\zeta}})\dot{\tilde{\boldsymbol{\zeta}}}_G + \boldsymbol{Q}_{GF}(\boldsymbol{\zeta},\dot{\boldsymbol{\zeta}})\dot{\boldsymbol{\zeta}}_F = \boldsymbol{\tau}_G + \tilde{\boldsymbol{\delta}}_G \quad (10-46)$$

$$\boldsymbol{H}_F(\boldsymbol{\zeta})\ddot{\boldsymbol{\zeta}}_F + \boldsymbol{Q}_F(\boldsymbol{\zeta},\dot{\boldsymbol{\zeta}})\dot{\boldsymbol{\zeta}}_F + \boldsymbol{Q}_{FG}(\boldsymbol{\zeta},\dot{\boldsymbol{\zeta}})\dot{\tilde{\boldsymbol{\zeta}}}_G = \boldsymbol{\tau}_F + \boldsymbol{\delta}_F \quad (10-47)$$

其中，$\tilde{\boldsymbol{\zeta}}_G\in\mathbb{R}^{3\times1}$ 和 $\boldsymbol{\zeta}_F\in\mathbb{R}^{3(m-1)\times1}$ 分别是描述整体系统和队形系统

姿态的状态变量；$\boldsymbol{H}_G(\boldsymbol{\zeta})=\boldsymbol{H}_1(\boldsymbol{\zeta}_1)+\boldsymbol{H}_2(\boldsymbol{\zeta}_2)+\cdots+\boldsymbol{H}_m(\boldsymbol{\zeta}_m)$ 和

$\boldsymbol{H}_F(\boldsymbol{\zeta})\in\mathbb{R}^{3(m-1)\times3(m-1)}$ 分别为整体系统和队形系统的惯量矩阵，

且均为正定对称的；$\boldsymbol{Q}_G(\boldsymbol{\zeta},\dot{\boldsymbol{\zeta}})\in\mathbb{R}^{3\times3}$ 和 $\boldsymbol{Q}_F(\boldsymbol{\zeta},\dot{\boldsymbol{\zeta}})\in\mathbb{R}^{3(m-1)\times3(m-1)}$ 分

别为相应系统的科氏矩阵，且 $\dot{\boldsymbol{H}}_G-2\boldsymbol{Q}_G(\boldsymbol{\zeta},\dot{\boldsymbol{\zeta}})$ 和 $\dot{\boldsymbol{H}}_F-2\boldsymbol{Q}_F(\boldsymbol{\zeta},\dot{\boldsymbol{\zeta}})$ 仍

为反对称矩阵；$\boldsymbol{Q}_{GF}(\boldsymbol{\zeta},\dot{\boldsymbol{\zeta}})\dot{\boldsymbol{\zeta}}_F$ 和 $\boldsymbol{Q}_{FG}(\boldsymbol{\zeta},\dot{\boldsymbol{\zeta}})\dot{\tilde{\boldsymbol{\zeta}}}_G$ 为整体系统和队形系统姿

态动力学的耦合部分，且满足 $\boldsymbol{Q}_{GF}(\boldsymbol{\zeta},\dot{\boldsymbol{\zeta}})\dot{\boldsymbol{\zeta}}_F=-\boldsymbol{Q}_{FG}^{\mathrm{T}}(\boldsymbol{\zeta},\dot{\boldsymbol{\zeta}})\dot{\tilde{\boldsymbol{\zeta}}}_G$；$\boldsymbol{\tau}_G\in$

$\mathbb{R}^{3\times1}$ 和 $\boldsymbol{\tau}_F\in\mathbb{R}^{3(m-1)\times1}$ 是整体系统和队形系统的控制力矩，$\tilde{\boldsymbol{\delta}}_G=\boldsymbol{\delta}_G$

$+\boldsymbol{\alpha}\mathrm{e}^{-\eta t}=\boldsymbol{\delta}_1+\boldsymbol{\delta}_2+\cdots+\boldsymbol{\delta}_m+\boldsymbol{\alpha}\mathrm{e}^{-\eta t}\in\mathbb{R}^3$ 和 $\boldsymbol{\delta}_F\in\mathbb{R}^{3(m-1)\times1}$ 为相应

系统的环境干扰力矩，这里的 $\alpha \mathrm{e}^{-n}$ 是用 $\tilde{\zeta}_\mathrm{G}$ 代替 ζ_G 引起的动力学模型偏差。

与描述单航天器的姿态动力学集式（10 - 9）相比较，分解模型式（10 - 46）和式（10 - 47）在反映所有单个航天器姿态变化规律基础上，还能够反映出多航天器之间相对姿态的变化规律。如此一来，便可以通过设计整体系统和队形系统的控制力矩 $\tau_\mathrm{G}, \tau_\mathrm{F}$，实现给定协同飞行任务的姿态协同控制。

10.2.3.4　动力学分解模型适用范围分析

关于轨道动力学部分，基于惯性坐标系的动力学分解模型式（10 - 31）～式（10 - 32），具有普遍适用性，因为它是基于二体动力学方程分解的，因此没有近距离约束，适用于任何轨道和任何相对距离的多航天器协同飞行。但是这种模型存在一个很大的缺点，就是对期望轨迹的规划不易得到，因为在惯性空间描述卫星的相对状态变化较为困难。基于参考轨道坐标系的动力学分解模型式（10 - 33）～式（10 - 34），是通过近距离相对运动的 C - W 方程得到的，使用 C - W 方程的限制和条件，本模型同样存在，即需满足编队成员与目标为近距离，且参考轨道为圆轨道，但是这种模型的期望轨迹容易设计，即通过相对运动学方程即可确定。

关于姿态动力学部分，式（10 - 36）～式（10 - 37）是原始的分解模型，但是由于整体系统姿态描述的不确定性，所以为姿态控制提出了难题，即导致整体系统的期望姿态设计不易实现。为了解决这一问题，采用 $\zeta_\mathrm{F} = \mathrm{const}$ 的约束条件，可得到新的姿态动力学分解模型式（10 - 46）～式（10 - 47），此模型能够明确地描述整体系统的姿态，但是一个约束条件，即相对姿态变化率为 0（$\dot{\zeta}_\mathrm{F} = 0$），这对姿态运动的可达空间是一个很大的约束。不过，如果对整体系统的姿态运动没有明确要求，即只需满足 $\omega_\mathrm{G} \to \omega_\mathrm{G}^d(t)$，则不需对整体系统角速度进行积分，于是便可以取消这一约束条件。

10.3　基于动力学分解模型的控制律设计与分析

基于 10.2 节得到的动力学分解模型，本节设计了相应分解模型的跟踪控制律。通过分析控制律，采用集中控制结构和分散控制结构两种实现方式，并且基于 Lyapunov 稳定性定理分析了这些控制律的稳定性。最后对集中控制和分散控制两种结构进行了比较分析。

10.3.1　控制律设计

10.3.1.1　整体系统和队形系统的轨道控制律设计

根据 10.2 节建立的多航天器协同飞行的轨道动力学分解模型式（10-31）～式（10-32）与式（10-33）～式（10-34），分别设计如下控制律。

1）基于地心惯性坐标系下轨道动力学分解模型的控制律设计

$$\boldsymbol{t}_{\mathrm{G}}^{i} = \boldsymbol{D}_{\mathrm{G}}^{i}\,\boldsymbol{r}_{\mathrm{G}}^{i} + \boldsymbol{D}_{\mathrm{GF}}^{i}\,\boldsymbol{r}_{\mathrm{F}}^{i} + \boldsymbol{M}_{\mathrm{G}}^{i}\,\ddot{\boldsymbol{r}}_{\mathrm{G}}^{id} - \boldsymbol{K}_{v}^{i\mathrm{G}}(\dot{\boldsymbol{r}}_{\mathrm{G}}^{i} - \dot{\boldsymbol{r}}_{\mathrm{G}}^{id}) - \boldsymbol{K}_{p}^{i\mathrm{G}}(\boldsymbol{r}_{\mathrm{G}}^{i} - \boldsymbol{r}_{\mathrm{G}}^{id})$$

$$(10-48)$$

$$\boldsymbol{t}_{\mathrm{F}}^{i} = \boldsymbol{D}_{\mathrm{F}}^{i}\,\boldsymbol{r}_{\mathrm{F}}^{i} + \boldsymbol{D}_{\mathrm{FG}}^{i}\,\boldsymbol{r}_{\mathrm{G}}^{i} + \boldsymbol{M}_{\mathrm{F}}^{i}\,\ddot{\boldsymbol{r}}_{\mathrm{F}}^{id} - \boldsymbol{K}_{v}^{i\mathrm{F}}(\dot{\boldsymbol{r}}_{\mathrm{F}}^{i} - \dot{\boldsymbol{r}}_{\mathrm{F}}^{id}) - \boldsymbol{K}_{p}^{i\mathrm{F}}(\boldsymbol{r}_{\mathrm{F}}^{i} - \boldsymbol{r}_{\mathrm{F}}^{id})$$

$$(10-49)$$

2）基于参考轨道坐标系下轨道动力学分解模型的控制律设计

$$\boldsymbol{t}_{\mathrm{G}}^{o} = \boldsymbol{C}_{\mathrm{GF}}^{o}\,\dot{\boldsymbol{r}}_{\mathrm{F}}^{o} + \boldsymbol{D}_{\mathrm{GF}}^{o}\,\boldsymbol{r}_{\mathrm{F}}^{o} + \boldsymbol{D}_{\mathrm{G}}^{o}\,\boldsymbol{r}_{\mathrm{G}}^{o} + \boldsymbol{M}_{\mathrm{G}}^{o}\,\ddot{\boldsymbol{r}}_{\mathrm{G}}^{od} + \boldsymbol{C}_{\mathrm{G}}\,\dot{\boldsymbol{r}}_{\mathrm{G}}^{od} -$$
$$\boldsymbol{K}_{v}^{o\mathrm{G}}(\dot{\boldsymbol{r}}_{\mathrm{G}}^{o} - \dot{\boldsymbol{r}}_{\mathrm{G}}^{od}) - \boldsymbol{K}_{p}^{o\mathrm{G}}(\boldsymbol{r}_{\mathrm{G}}^{o} - \boldsymbol{r}_{\mathrm{G}}^{od}) \qquad (10-50)$$

$$\boldsymbol{t}_{\mathrm{F}}^{o} = \boldsymbol{C}_{\mathrm{FG}}^{o}\,\dot{\boldsymbol{r}}_{\mathrm{G}}^{o} + \boldsymbol{D}_{\mathrm{FG}}^{o}\,\boldsymbol{r}_{\mathrm{G}}^{o} + \boldsymbol{D}_{\mathrm{F}}^{o}\,\boldsymbol{r}_{\mathrm{F}}^{o} + \boldsymbol{M}_{\mathrm{F}}^{o}\,\ddot{\boldsymbol{r}}_{\mathrm{F}}^{od} + \boldsymbol{C}_{\mathrm{F}}\,\dot{\boldsymbol{r}}_{\mathrm{F}}^{od} -$$
$$\boldsymbol{K}_{v}^{o\mathrm{F}}(\dot{\boldsymbol{r}}_{\mathrm{F}}^{o} - \dot{\boldsymbol{r}}_{\mathrm{F}}^{od}) - \boldsymbol{K}_{p}^{o\mathrm{F}}(\boldsymbol{r}_{\mathrm{F}}^{o} - \boldsymbol{r}_{\mathrm{F}}^{od}) \qquad (10-51)$$

其中，$\boldsymbol{M}_{\mathrm{G}}^{*}\,\ddot{\boldsymbol{r}}_{\mathrm{G}}^{*d}(t)$ 和 $\boldsymbol{M}_{\mathrm{F}}^{*}\,\ddot{\boldsymbol{r}}_{\mathrm{F}}^{*d}(t)$ 是为了实现跟踪任务指令 $\boldsymbol{r}_{\mathrm{G}}^{*d}(t) \in \mathbb{R}^{3\times1}$（整体系统质心运动的理想轨迹）和 $\boldsymbol{r}_{\mathrm{F}}^{*d}(t) \in \mathbb{R}^{3(m-1)\times1}$（成员之间相对运动的理想轨迹），$\boldsymbol{K}_{v}^{*\mathrm{G}}, \boldsymbol{K}_{p}^{*\mathrm{G}} \in \mathbb{R}^{3\times3}$ 和 $\boldsymbol{K}_{v}^{*\mathrm{F}}, \boldsymbol{K}_{p}^{*\mathrm{F}} \in \mathbb{R}^{3(m-1)\times3(m-1)}$ 均为正定对称的 PD 控制增益。

10.3.1.2 整体系统和队形系统的姿态控制律设计

根据10.2节建立的多航天器协同飞行的姿态动力学分解模型式（10-46）～式（10-47），分别设计整体系统和队形系统的姿态控制律如下

$$\boldsymbol{\tau}_{G} = \boldsymbol{Q}_{GF}(\boldsymbol{\zeta}, \dot{\boldsymbol{\zeta}}) \dot{\boldsymbol{\zeta}}_{F}(t) + \boldsymbol{H}_{G}(\boldsymbol{\zeta}) \ddot{\tilde{\boldsymbol{\zeta}}}_{G}^{d}(t) + \boldsymbol{Q}_{G}(\boldsymbol{\zeta}, \dot{\boldsymbol{\zeta}}) \dot{\tilde{\boldsymbol{\zeta}}}_{G}^{d}(t) -$$

$$\boldsymbol{\lambda}_{v}^{G} [\dot{\tilde{\boldsymbol{\zeta}}}_{G}(t) - \dot{\boldsymbol{\zeta}}_{G}^{d}(t)] - \boldsymbol{\lambda}_{p}^{G} [\tilde{\boldsymbol{\zeta}}_{G}(t) - \boldsymbol{\zeta}_{G}^{d}(t)] \qquad (10-52)$$

$$\boldsymbol{\tau}_{F} = \boldsymbol{Q}_{FG}(\boldsymbol{\zeta}, \dot{\boldsymbol{\zeta}}) \dot{\tilde{\boldsymbol{\zeta}}}_{G}(t) + \boldsymbol{H}_{F}(\boldsymbol{\zeta}) \ddot{\boldsymbol{\zeta}}_{F}^{d}(t) + \boldsymbol{Q}_{F}(\boldsymbol{\zeta}, \dot{\boldsymbol{\zeta}}) \dot{\boldsymbol{\zeta}}_{F}^{d}(t) -$$

$$\boldsymbol{\lambda}_{v}^{F} [\dot{\boldsymbol{\zeta}}_{F}(t) - \dot{\boldsymbol{\zeta}}_{F}^{d}(t)] - \boldsymbol{\lambda}_{p}^{F} [\boldsymbol{\zeta}_{F}(t) - \boldsymbol{\zeta}_{F}^{d}(t)] \qquad (10-53)$$

其中，$\boldsymbol{H}_{G}(\boldsymbol{\zeta}) \ddot{\tilde{\boldsymbol{\zeta}}}_{G}^{d}(t) + \boldsymbol{Q}_{G}(\boldsymbol{\zeta}, \dot{\boldsymbol{\zeta}}) \dot{\tilde{\boldsymbol{\zeta}}}_{G}^{d}(t)$ 和 $\boldsymbol{H}_{F}(\boldsymbol{\zeta}) \ddot{\boldsymbol{\zeta}}_{F}^{d}(t) + \boldsymbol{Q}_{F}(\boldsymbol{\zeta}, \dot{\boldsymbol{\zeta}}) \dot{\boldsymbol{\zeta}}_{F}^{d}(t)$ 是为了实现跟踪任务指令 $\boldsymbol{\zeta}_{G}^{d}(t) \in \mathbb{R}^{3 \times 1}$（反映整体系统的姿态）和 $\boldsymbol{\zeta}_{F}^{d}(t) \in \mathbb{R}^{3(m-1) \times 1}$（反映队形系统的相对姿态），$\boldsymbol{\lambda}_{v}^{G}, \boldsymbol{\lambda}_{p}^{G} \in \mathbb{R}^{3 \times 3}$ 和 $\boldsymbol{\lambda}_{v}^{F}, \boldsymbol{\lambda}_{p}^{F} \in \mathbb{R}^{3(m-1) \times 3(m-1)}$ 是正定对称的 PD 控制增益。

10.3.2 实现方式与性能分析

基于分解模型设计的整体系统和队形系统轨道与姿态控制律，含所有成员的轨道信息和姿态信息，因此要求集中式的控制结构。但是，在实际应用场合，集中控制会给通信系统带来较大的负担。为了解决这一问题，通常在满足任务需求的情况下，采用分散控制结构。基于分解模型设计的控制律是集中控制律，下面首先分析其稳定性，然后对其进行分散化，进而分析了分散控制的性能。

10.3.2.1 集中控制律的稳定性分析

首先对两种轨道动力学分解模型以及相应的控制律进行稳定性分析。

1）将控制律式（10-48）～式（10-49）代入动力学模型式（10-31）～式（10-32），可以得到如下的闭环动力学方程

$$\boldsymbol{M}_{G}^{i} \delta \ddot{\boldsymbol{r}}_{G}^{i} + \boldsymbol{K}_{v}^{iG} \delta \dot{\boldsymbol{r}}_{G}^{i} + \boldsymbol{K}_{p}^{iG} \delta \boldsymbol{r}_{G}^{i} = \boldsymbol{f}_{G}^{i} \qquad (10-54)$$

$$\boldsymbol{M}_{\mathrm{F}}^i \delta \ddot{\boldsymbol{r}}_{\mathrm{F}}^i + \boldsymbol{K}_v^{i\mathrm{F}} \delta \dot{\boldsymbol{r}}_{\mathrm{F}}^i + \boldsymbol{K}_p^{i\mathrm{F}} \delta \boldsymbol{r}_{\mathrm{F}}^i = \boldsymbol{f}_{\mathrm{F}}^i \qquad (10-55)$$

对于整体系统式（10-54），设 Lyapunov 函数为

$$V_o^i = \frac{1}{2} \delta \dot{\boldsymbol{r}}_{\mathrm{G}}^{i\mathrm{T}} \boldsymbol{M}_{\mathrm{G}}^i \delta \dot{\boldsymbol{r}}_{\mathrm{G}}^i + \frac{1}{2} \delta \boldsymbol{r}_{\mathrm{G}}^{i\mathrm{T}} \boldsymbol{K}_p^{i\mathrm{G}} \delta \boldsymbol{r}_{\mathrm{G}}^i \qquad (10-56)$$

对其进行求导得

$$
\begin{aligned}
\dot{V}_o^i &= \delta \dot{\boldsymbol{r}}_{\mathrm{G}}^{i\mathrm{T}} \boldsymbol{M}_{\mathrm{G}}^i \delta \ddot{\boldsymbol{r}}_{\mathrm{G}}^i + \delta \boldsymbol{r}_{\mathrm{G}}^{i\mathrm{T}} \boldsymbol{K}_p^{i\mathrm{G}} \delta \dot{\boldsymbol{r}}_{\mathrm{G}}^i \\
&= \delta \dot{\boldsymbol{r}}_{\mathrm{G}}^{i\mathrm{T}} (- \boldsymbol{K}_v^{i\mathrm{G}} \delta \dot{\boldsymbol{r}}_{\mathrm{G}}^i - \boldsymbol{K}_p^{i\mathrm{G}} \delta \boldsymbol{r}_{\mathrm{G}}^i) + \delta \boldsymbol{r}_{\mathrm{G}}^{i\mathrm{T}} \boldsymbol{K}_p^{i\mathrm{G}} \delta \dot{\boldsymbol{r}}_{\mathrm{G}}^i \\
&= - \delta \dot{\boldsymbol{r}}_{\mathrm{G}}^{i\mathrm{T}} \boldsymbol{K}_v^{i\mathrm{G}} \delta \dot{\boldsymbol{r}}_{\mathrm{G}}^i
\end{aligned}
$$

$$(10-57)$$

显然，$\dot{V}_o^i$ 是负定的，根据 Lyapunov 稳定性定理，可以得出 $t \to \infty$ 时，$\delta \dot{\boldsymbol{r}}_{\mathrm{G}}^i \to \boldsymbol{0}, \delta \boldsymbol{r}_{\mathrm{G}}^i \to \boldsymbol{0}$ 的结论。同理，可以证明队形系统也有类似的结论。

2）将控制律式（10-50）～式（10-51）代入动力学模型式（10-33）～式（10-34），可以得到如下的闭环动力学方程

$$\boldsymbol{M}_{\mathrm{G}}^o \delta \ddot{\boldsymbol{r}}_{\mathrm{G}} + \boldsymbol{C}_{\mathrm{G}}^o \delta \dot{\boldsymbol{r}}_{\mathrm{G}} + \boldsymbol{K}_v^{o\mathrm{G}} \delta \dot{\boldsymbol{r}}_{\mathrm{G}} + \boldsymbol{K}_p^{o\mathrm{G}} \delta \boldsymbol{r}_{\mathrm{G}} = \boldsymbol{f}_{\mathrm{G}}^o \qquad (10-58)$$

$$\boldsymbol{M}_{\mathrm{F}}^o \delta \ddot{\boldsymbol{r}}_{\mathrm{F}}^o + \boldsymbol{C}_{\mathrm{F}}^o \delta \dot{\boldsymbol{r}}_{\mathrm{F}}^o + \boldsymbol{K}_v^{o\mathrm{F}} \delta \dot{\boldsymbol{r}}_{\mathrm{F}}^o + \boldsymbol{K}_p^{o\mathrm{F}} \delta \boldsymbol{r}_{\mathrm{F}}^o = \boldsymbol{f}_{\mathrm{F}}^o \qquad (10-59)$$

设 Lyapunov 函数为

$$V_o^o = \frac{1}{2} \delta \dot{\boldsymbol{r}}_{\mathrm{G}}^{o\mathrm{T}} \boldsymbol{M}_{\mathrm{G}}^o \delta \dot{\boldsymbol{r}}_{\mathrm{G}} + \frac{1}{2} \delta \boldsymbol{r}_{\mathrm{G}}^{o\mathrm{T}} \boldsymbol{K}_p^{o\mathrm{G}} \delta \boldsymbol{r}_{\mathrm{G}} \qquad (10-60)$$

对其进行求导得

$$
\begin{aligned}
\dot{V}_o^o &= \delta \dot{\boldsymbol{r}}_{\mathrm{G}}^{o\mathrm{T}} \boldsymbol{M}_{\mathrm{G}}^o \delta \ddot{\boldsymbol{r}}_{\mathrm{G}} + \delta \boldsymbol{r}_{\mathrm{G}}^{o\mathrm{T}} \boldsymbol{K}_p^{o\mathrm{G}} \delta \dot{\boldsymbol{r}}_{\mathrm{G}} \\
&= \delta \dot{\boldsymbol{r}}_{\mathrm{G}}^{o\mathrm{T}} (- \boldsymbol{C}_{\mathrm{G}}^o \delta \dot{\boldsymbol{r}}_{\mathrm{G}} - \boldsymbol{K}_v^{o\mathrm{G}} \delta \dot{\boldsymbol{r}}_{\mathrm{G}} - \boldsymbol{K}_p^{o\mathrm{G}} \delta \boldsymbol{r}_{\mathrm{G}}) + \delta \boldsymbol{r}_{\mathrm{G}}^{o\mathrm{T}} \boldsymbol{K}_p^{o\mathrm{G}} \delta \dot{\boldsymbol{r}}_{\mathrm{G}} \\
&= - \underbrace{\delta \dot{\boldsymbol{r}}_{\mathrm{G}}^{o\mathrm{T}} \boldsymbol{C}_{\mathrm{G}}^o \delta \dot{\boldsymbol{r}}_{\mathrm{G}}}_{=0} - \delta \dot{\boldsymbol{r}}_{\mathrm{G}}^{o\mathrm{T}} \boldsymbol{K}_v^{o\mathrm{G}} \delta \dot{\boldsymbol{r}}_{\mathrm{G}} \\
&= - \delta \dot{\boldsymbol{r}}_{\mathrm{G}}^{o\mathrm{T}} \boldsymbol{K}_v^{o\mathrm{G}} \delta \dot{\boldsymbol{r}}_{\mathrm{G}}
\end{aligned}
$$

$$(10-61)$$

显然，$\dot{V}_o^o$ 是负定的，根据 Lyapunov 稳定性定理，亦可以得出 $t \to \infty$ 时，$\delta \dot{\boldsymbol{r}}_{\mathrm{G}}^o \to \boldsymbol{0}, \delta \boldsymbol{r}_{\mathrm{G}}^o \to \boldsymbol{0}$ 的结论。同理可以证明队形系统也有类似的结

论。

下面对姿态动力学分解系统的稳定性进行分析。将控制律式（10-52）～式（10-53）代入动力学模型式（10-46）～式（10-47），可以得到如下的闭环动力学方程

$$\boldsymbol{H}_G(\boldsymbol{\zeta})\delta\ddot{\boldsymbol{\zeta}}_G + \boldsymbol{Q}_G(\boldsymbol{\zeta},\dot{\boldsymbol{\zeta}})\delta\dot{\boldsymbol{\zeta}}_G + \boldsymbol{\lambda}_v^G\delta\dot{\boldsymbol{\zeta}}_G + \boldsymbol{\lambda}_p^G\delta\boldsymbol{\zeta}_G = 0 \quad (10-62)$$

$$\boldsymbol{H}_F(\boldsymbol{\zeta})\delta\ddot{\boldsymbol{\zeta}}_F + \boldsymbol{Q}_F(\boldsymbol{\zeta},\dot{\boldsymbol{\zeta}})\delta\dot{\boldsymbol{\zeta}}_F + \boldsymbol{\lambda}_v^F\delta\dot{\boldsymbol{\zeta}}_F + \boldsymbol{\lambda}_p^F\delta\boldsymbol{\zeta}_F = 0 \quad (10-63)$$

设 Lyapunov 函数为

$$V_a(t) = \frac{1}{2}\delta\dot{\boldsymbol{\zeta}}_G^{\mathrm{T}}\boldsymbol{H}_G\delta\dot{\boldsymbol{\zeta}}_G + \frac{1}{2}\delta\boldsymbol{\zeta}_G^{\mathrm{T}}\boldsymbol{\lambda}_p^G\delta\boldsymbol{\zeta}_G \quad (10-64)$$

对其进行求导得

$$\dot{V}_a(t) = \delta\dot{\boldsymbol{\zeta}}_G^{\mathrm{T}}\boldsymbol{H}_G\delta\ddot{\boldsymbol{\zeta}}_G + \delta\dot{\boldsymbol{\zeta}}_G^{\mathrm{T}}\boldsymbol{\lambda}_p^G\delta\boldsymbol{\zeta}_G$$

$$= -\delta\dot{\boldsymbol{\zeta}}_G^{\mathrm{T}}[\boldsymbol{Q}_G(\boldsymbol{\zeta},\dot{\boldsymbol{\zeta}})\delta\dot{\boldsymbol{\zeta}}_G + \boldsymbol{\lambda}_v^G\delta\dot{\boldsymbol{\zeta}}_G + \boldsymbol{\lambda}_p^G\delta\boldsymbol{\zeta}_G] + \delta\dot{\boldsymbol{\zeta}}_G^{\mathrm{T}}\boldsymbol{\lambda}_p^G\delta\boldsymbol{\zeta}_G$$

$$= \underbrace{-\delta\dot{\boldsymbol{\zeta}}_G^{\mathrm{T}}\boldsymbol{Q}_G(\boldsymbol{\zeta},\dot{\boldsymbol{\zeta}})\delta\dot{\boldsymbol{\zeta}}_G}_{=0} - \delta\dot{\boldsymbol{\zeta}}_G^{\mathrm{T}}\boldsymbol{\lambda}_v^G\delta\dot{\boldsymbol{\zeta}}_G$$

$$= -\delta\dot{\boldsymbol{\zeta}}_G^{\mathrm{T}}\boldsymbol{\lambda}_v^G\delta\dot{\boldsymbol{\zeta}}_G$$

$$(10-65)$$

则由 $\boldsymbol{\lambda}_v^G$ 的正定性可以得出 $\dot{V}_a(t)$ 为负定的，根据李亚普诺夫稳定性定理，即可证明 $t\to\infty$ 时，$\delta\dot{\boldsymbol{\zeta}}_G(t)\to\boldsymbol{0}$，$\delta\boldsymbol{\zeta}_G(t)\to\boldsymbol{0}$。同理，可以证明队形系统也有类似的结论。

10.3.2.2 集中控制律的分散化及其性能分析

考虑到集中控制需要所有成员的状态信息，这对通信系统的要求较高。因此，为了降低对通信系统和信息测量的要求，在满足任务精度要求的情况下，可采用分散控制结构。

考虑到控制律式（10-48）～式（10-49）与式（10-50）～式（10-51）的相似性，故此处仅对基于参考轨道坐标系的轨道控制律式（10-50）～式（10-51）进行分散化。假设控制律中的 PD 增益矩阵 $\boldsymbol{K}_v^{oF}$ 和 $\boldsymbol{K}_p^{oF}$ 均为分块对角矩阵，即 $\boldsymbol{K}_*^{oF} = \mathrm{diag}[\boldsymbol{K}_*^{oF1},\boldsymbol{K}_*^{oF2},\cdots,\boldsymbol{K}_*^{oF(m-1)}]$，

其中 $[\, * \in \{v, p\}\,]$，且 $\boldsymbol{K}_{*}^{oFi} \in \mathbb{R}^{3 \times 3}$ $(i = 1, \cdots, m-1)$ 为对称正定的。根据式（10 - 20）及 $\boldsymbol{S}^o$ 的定义式（10 - 30），集中控制律式（10 - 48）～式（10 - 49）可以分解为对单独成员 i 的控制律 $\boldsymbol{t}_i^o \in \mathbb{R}^{3 \times 1}$，其中 $i = 1, 2, \cdots, m$，即

$$\boldsymbol{t}_i^o = \boldsymbol{\Phi}_i^{oT} \boldsymbol{t}_G^o - \boldsymbol{t}_{F(i-1)}^o + \boldsymbol{t}_{F(i)}^o \tag{10-66}$$

将 $\boldsymbol{t}_G^o$ 和 $\boldsymbol{t}_F^o$ 的表达式代入得

$$\begin{aligned}
\boldsymbol{t}_i^o =\ & \boldsymbol{M}_i^o (\boldsymbol{M}_G^o)^{-1} \boldsymbol{C}_{GF} \dot{\boldsymbol{r}}_F^o + \boldsymbol{M}_i^o (\boldsymbol{M}_G^o)^{-1} \boldsymbol{D}_{GF}^o \boldsymbol{r}_F^o + \boldsymbol{M}_i^o (\boldsymbol{M}_G^o)^{-1} \boldsymbol{D}_G^o \boldsymbol{r}_G^o + \\
& \boldsymbol{M}_i^o (\boldsymbol{M}_G^o)^{-1} \boldsymbol{M}_G^o \ddot{\boldsymbol{r}}_G^{od} + \boldsymbol{M}_i^o (\boldsymbol{M}_G^o)^{-1} \boldsymbol{C}_G^o \dot{\boldsymbol{r}}_G^{od} - \boldsymbol{M}_i^o (\boldsymbol{M}_G^o)^{-1} \boldsymbol{K}_v^{oG} (\dot{\boldsymbol{r}}_G^o - \dot{\boldsymbol{r}}_G^{od}) - \\
& \boldsymbol{M}_i^o (\boldsymbol{M}_G^o)^{-1} \boldsymbol{K}_p^{oG} (\boldsymbol{r}_G^o - \boldsymbol{r}_G^{od}) - \boldsymbol{C}_{FG}^{o(i-1)} \dot{\boldsymbol{r}}_G^o - \boldsymbol{D}_{FG}^{o(i-1)} \boldsymbol{r}_G^o + \boldsymbol{C}_{FG}^{o(i)} \dot{\boldsymbol{r}}_G^o + \\
& \boldsymbol{D}_{FG}^{o(i)} \boldsymbol{r}_G^o - \boldsymbol{D}_F^{o(i-1)} \boldsymbol{r}_F^o - \boldsymbol{M}_F^{o(i-1)} \ddot{\boldsymbol{r}}_F^{od} - \boldsymbol{C}_F^{o(i-1)} \dot{\boldsymbol{r}}_F^{od} + \boldsymbol{D}_F^{o(i)} \boldsymbol{r}_F^o + \\
& \boldsymbol{M}_F^{o(i)} \ddot{\boldsymbol{r}}_F^{od} + \boldsymbol{C}_F^{o(i)} \dot{\boldsymbol{r}}_F^{od} + \boldsymbol{K}_v^{oF(i-1)} (\dot{\boldsymbol{r}}_F^o - \dot{\boldsymbol{r}}_F^{od}) + \boldsymbol{K}_p^{oF(i-1)} (\boldsymbol{r}_F^o - \boldsymbol{r}_F^{od}) - \\
& \boldsymbol{K}_v^{oF(i)} (\dot{\boldsymbol{r}}_F^o - \dot{\boldsymbol{r}}_F^{od}) - \boldsymbol{K}_p^{oF(i)} (\boldsymbol{r}_F^o - \boldsymbol{r}_F^{od})
\end{aligned}$$

$$\tag{10-67}$$

其中，$*_F^{o(i)} \in \mathbb{R}^{3 \times 3(m-1)}$（$* \in \{\boldsymbol{M}, \boldsymbol{C}, \boldsymbol{D}\}$）是队形系统矩阵 $*_F^o \in \mathbb{R}^{3(m-1) \times 3(m-1)}$（$*_F^o = [\,*_F^{o1T}, *_F^{o2T}, \cdots, *_F^{o(m-1)T}\,]$）的第 i 个分量，$*_{FG}^{o(i)} \in \mathbb{R}^{3 \times 3}$（$* \in \{\boldsymbol{C}, \boldsymbol{D}\}$）是队形系统耦合矩阵 $*_{FG}^o \in \mathbb{R}^{3(m-1) \times 3}$（$*_{FG}^o = [\,*_{FG}^{o1T}, *_{FG}^{o2T}, \cdots, *_{FG}^{o(m-1)T}\,]$）的第 i 个分量，角标小于 1 或大于 m 的项均为 0。通过 $\boldsymbol{r}_G^o, \boldsymbol{r}_F^o$ 的定义可知，当 $\boldsymbol{r}_G^{od}, \boldsymbol{r}_F^{od}$ 已知时，可以得知每个成员质心运动的理想轨迹 $\boldsymbol{r}_i^{od}(t) \in \mathbb{R}^{3 \times 1}$，即通过下面两式唯一 确定：

$$(\boldsymbol{M}_1^o + \boldsymbol{M}_2^o + \cdots + \boldsymbol{M}_m^o)^{-1} (\boldsymbol{M}_1^o \boldsymbol{r}_1^{od} + \boldsymbol{M}_2^o \boldsymbol{r}_2^{od} + \cdots + \boldsymbol{M}_m^o \boldsymbol{r}_m^{od}) = \boldsymbol{r}_G^{od}$$

$$\tag{10-68}$$

$$\boldsymbol{r}_i^{od} - \boldsymbol{r}_{i+1}^{od} = \boldsymbol{r}_{F(i)}^{od} \tag{10-69}$$

设每个成员航天器的理想轨迹均已存储在系统中，根据分散控制"只需从自身或邻近成员获取信息"的要求，对式（10 - 67）进行分散化处理得

$$t_i^o = \boldsymbol{D}_i^o\, \boldsymbol{r}_i^o + \boldsymbol{M}_i^o\, \ddot{\boldsymbol{r}}_i^{od} + \boldsymbol{C}_i^o\, \dot{\boldsymbol{r}}_i^{od} - \boldsymbol{M}_i^o\, (\boldsymbol{M}_G^o)^{-1}\, \boldsymbol{K}_v^{oG}\, (\dot{\boldsymbol{r}}_i^o - \dot{\boldsymbol{r}}_i^{od}) - \boldsymbol{M}_i^o\, (\boldsymbol{M}_G^o)^{-1}$$

$$\boldsymbol{K}_p^{oG}\, (\boldsymbol{r}_i^o - \boldsymbol{r}_i^{od}) - \boldsymbol{D}_F^{o(i-1)}\, \boldsymbol{r}_F^{od} - \boldsymbol{M}_F^{o(i-1)}\, \ddot{\boldsymbol{r}}_F^{od} - \boldsymbol{C}_F^{o(i-1)}\, \dot{\boldsymbol{r}}_F^{od} + \boldsymbol{K}_v^{oF(i-1)}$$

$$(\dot{\boldsymbol{r}}_F^o - \dot{\boldsymbol{r}}_F^{od}) + \boldsymbol{K}_p^{oF(i-1)}\, (\boldsymbol{r}_F^o - \boldsymbol{r}_F^{od}) + \boldsymbol{D}_F^{o(i)}\, \boldsymbol{r}_F^{od} + \boldsymbol{M}_F^{o(i)}\, \ddot{\boldsymbol{r}}_F^{od} + \boldsymbol{C}_F^{o(i)}$$

$$\dot{\boldsymbol{r}}_F^{od} - \boldsymbol{K}_v^{oF(i)}\, (\dot{\boldsymbol{r}}_F^o - \dot{\boldsymbol{r}}_F^{od}) - \boldsymbol{K}_p^{oF(i)}\, (\boldsymbol{r}_F^o - \boldsymbol{r}_F^{od})$$

$$(10 - 70)$$

代入动力学模型（10-4）中得到闭环方程

$$\boldsymbol{M}_i^o \delta \ddot{\boldsymbol{r}}_i^o + \boldsymbol{C}_i^o \delta \dot{\boldsymbol{r}}_i^o + \boldsymbol{M}_i^o (\boldsymbol{M}_G^o)^{-1} \boldsymbol{K}_v^{oG} \delta \dot{\boldsymbol{r}}_i^o + \boldsymbol{M}_i^o (\boldsymbol{M}_G^o)^{-1} \boldsymbol{K}_p^{oG} \delta \boldsymbol{r}_i^o +$$

$$\boldsymbol{D}_F^{o(i-1)}\, \boldsymbol{r}_F^{od} + \boldsymbol{M}_F^{o(i-1)}\, \ddot{\boldsymbol{r}}_F^{od} + \boldsymbol{C}_F^{o(i-1)}\, \dot{\boldsymbol{r}}_F^{od} - \boldsymbol{K}_v^{oF(i-1)}\, (\delta \dot{\boldsymbol{r}}_{i-1}^o - \delta \dot{\boldsymbol{r}}_i^o) -$$

$$\boldsymbol{K}_p^{oF(i-1)}\, (\delta \boldsymbol{r}_{i-1}^o - \delta \boldsymbol{r}_i^o) - \boldsymbol{D}_F^{o(i)}\, \boldsymbol{r}_F^{od} - \boldsymbol{M}_F^{o(i)}\, \ddot{\boldsymbol{r}}_F^{od} - \boldsymbol{C}_F^{o(i)}\, \dot{\boldsymbol{r}}_F^{od} +$$

$$\boldsymbol{K}_v^{oF(i)}\, (\delta \dot{\boldsymbol{r}}_i^o - \delta \dot{\boldsymbol{r}}_{i+1}^o) + \boldsymbol{K}_p^{oF(i)}\, (\delta \boldsymbol{r}_i^o - \delta \boldsymbol{r}_{i+1}^o) = 0$$

$$(10 - 71)$$

设 Lyapunov 函数为

$$V_o^{o\,'}(t) = \sum_{i=1}^m \left(\frac{1}{2} \delta \dot{\boldsymbol{r}}_i^{oT} \boldsymbol{M}_i^o \delta \dot{\boldsymbol{r}}_i^o + \frac{1}{2} \boldsymbol{\Phi}_i^o \delta \boldsymbol{r}_i^{oT} \boldsymbol{K}_p^{oG} \delta \boldsymbol{r}_i^o \right) +$$

$$\frac{1}{2} (\boldsymbol{r}_F^o - \boldsymbol{r}_F^{od})^T \boldsymbol{K}_p^{oF} (\boldsymbol{r}_F^o - \boldsymbol{r}_F^{od}) \qquad (10 - 72)$$

求导得到

$$\dot{V}_o^{o\,'}(t) = \sum_{i=1}^m (\delta \dot{\boldsymbol{r}}_i^{oT} \boldsymbol{M}_i^o \delta \ddot{\boldsymbol{r}}_i^o + \boldsymbol{\Phi}_i^o \delta \dot{\boldsymbol{r}}_i^{oT} \boldsymbol{K}_p^{oG} \delta \boldsymbol{r}_i^o) + \delta \dot{\boldsymbol{r}}_F^{oT} \boldsymbol{K}_p^{oF} \delta \boldsymbol{r}_F^o$$

$$= \sum_{i=1}^m \left[- \delta \dot{\boldsymbol{r}}_i^{oT} \boldsymbol{C}_i^o \delta \dot{\boldsymbol{r}}_i^o - \delta \dot{\boldsymbol{r}}_i^{oT} \boldsymbol{M}_i^o (\boldsymbol{M}_G^o)^{-1} \boldsymbol{K}_v^{oG} \delta \dot{\boldsymbol{r}}_i^o - \right.$$

$$\delta \dot{\boldsymbol{r}}_i^{oT} \boldsymbol{M}_i^o (\boldsymbol{M}_G^o)^{-1} \boldsymbol{K}_p^{oG} \delta \boldsymbol{r}_i^o - \delta \dot{\boldsymbol{r}}_i^{oT} (\boldsymbol{M}_F^{o(i-1)} - \boldsymbol{M}_F^{o(i)}) \ddot{\boldsymbol{r}}_F^{od} -$$

$$\delta \dot{\boldsymbol{r}}_i^{oT} (\boldsymbol{C}_F^{o(i-1)} - \boldsymbol{C}_F^{o(i)}) \dot{\boldsymbol{r}}_F^{od} - \delta \dot{\boldsymbol{r}}_i^{oT} (\boldsymbol{D}_F^{o(i-1)} - \boldsymbol{D}_F^{o(i)}) \boldsymbol{r}_F^{od} +$$

$$\delta \dot{\boldsymbol{r}}_i^{oT} \boldsymbol{K}_v^{oF(i-1)} (\delta \dot{\boldsymbol{r}}_{i-1}^o - \delta \dot{\boldsymbol{r}}_i^o) + \delta \dot{\boldsymbol{r}}_i^{oT} \boldsymbol{K}_p^{oF(i-1)} (\delta \boldsymbol{r}_{i-1}^o - \delta \boldsymbol{r}_i^o) -$$

$$\delta \dot{\boldsymbol{r}}_i^{oT} \boldsymbol{K}_v^{oF(i)} (\delta \dot{\boldsymbol{r}}_i^o - \delta \dot{\boldsymbol{r}}_{i+1}^o) - \delta \dot{\boldsymbol{r}}_i^{oT} \boldsymbol{K}_p^{oF(i)} (\delta \boldsymbol{r}_i^o - \delta \boldsymbol{r}_{i+1}^o) +$$

$$\left. \boldsymbol{\Phi}_i^o \delta \dot{\boldsymbol{r}}_i^{oT} \boldsymbol{K}_p^{oG} \delta \boldsymbol{r}_i^o \right] + \delta \dot{\boldsymbol{r}}_F^{oT} \boldsymbol{K}_p^{oF} \delta \boldsymbol{r}_F^o$$

$$= \sum_{i=1}^{m} \{ -\delta \dot{r}_i^{o\mathrm{T}} M_i^o (M_\mathrm{G}^o)^{-1} K_v^{o\mathrm{G}} \delta \dot{r}_i^o - \delta \dot{r}_i^{o\mathrm{T}} [M_\mathrm{F}^{o(i-1)} - M_\mathrm{F}^{o(i)}]$$

$$\ddot{r}_\mathrm{F}^{od} - \delta \dot{r}_i^{o\mathrm{T}} [C_\mathrm{F}^{o(i-1)} - C_\mathrm{F}^{o(i)}] \dot{r}_\mathrm{F}^{od} - \delta \dot{r}_i^{o\mathrm{T}} (D_\mathrm{F}^{o(i-1)} - D_\mathrm{F}^{o(i)}) r_\mathrm{F}^{od} \} -$$

$$\delta \dot{r}_\mathrm{F}^{o\mathrm{T}} K_v^{o\mathrm{F}} \delta \dot{r}_\mathrm{F}^o$$

$$= - \sum_{i=1}^{m} \delta \dot{r}_i^{o\mathrm{T}} M_i^o (M_\mathrm{G}^o)^{-1} K_v^{o\mathrm{G}} \delta \dot{r}_i^o - \delta \dot{r}_\mathrm{F}^{o\mathrm{T}} K_v^{o\mathrm{F}} \delta \dot{r}_\mathrm{F}^o$$

$$(10-73)$$

则根据 $K_v^{o\mathrm{G}}$、$K_v^{o\mathrm{F}}$ 的正定性可知，$\dot{V}_o'(t)$ 为负定的，根据 Lyapunov 稳定性定理，当 $t \to \infty$ 时，$\delta \dot{r}_i^o(t) \to 0$ 和 $\delta r_i^o(t) \to 0$，即实现了 Lyapunov 意义下的稳定性，上述证明过程利用了附录中的递推关系式。

为了比较集中控制和经分散化处理的分散控制的控制效果，对闭环动力学模型（10-71）进行动力学分解可以得到分散控制下整体系统和队形系统的闭环方程

$$M_\mathrm{G}^o \delta \ddot{r}_\mathrm{G}^o + C_\mathrm{G}^o \delta \dot{r}_\mathrm{G}^o + K_v^{o\mathrm{G}} \delta \dot{r}_\mathrm{G}^o + K_p^{o\mathrm{G}} \delta r_\mathrm{G}^o = f_\mathrm{G}^o \qquad (10-74)$$

$$M_\mathrm{F}^o \delta \ddot{r}_\mathrm{F}^o + C_\mathrm{F}^o \delta \dot{r}_\mathrm{F}^o + K_v^{o\mathrm{F}} \delta \dot{r}_\mathrm{F}^o + K_p^{o\mathrm{F}} \delta r_\mathrm{F}^o = f_\mathrm{F}^o + \sum_{i=1}^{m} g_i(\ddot{r}_i^d, \delta \dot{r}_i, \delta r_i)$$

$$(10-75)$$

经过分析比较，即对比式（10-74）～式（10-75），与式（10-58）～式（10-59），两种实现方式的差别仅在于分散化处理后队形系统动力学模型中增加了一个有界的干扰力 $\sum_{i=1}^{m} g_i(\ddot{r}_i^d, \delta \dot{r}_i, \delta r_i)$，且与期望轨迹的加速度有关，而对整体系统则无影响。从而有，$t \to \infty$ 时，$\delta \dot{r}_\mathrm{G}^o(t) \to 0$，$\delta r_\mathrm{G}^o(t) \to 0$，$\delta \dot{r}_\mathrm{F}^o(t)$ 和 $\delta r_\mathrm{F}^o(t)$ 有界。

下面对基于分解模型的姿态控制律式（10-52）～式（10-53）进行分散化。

与式（10-66）类似，根据式（10-20）及 S^a 的定义式（10-35），集中控制结构下的姿态控制律式（10-52）～式（10-53）可分解为单个成员的控制律，即有

$$\boldsymbol{\tau}_i = \boldsymbol{H}_i \, \boldsymbol{H}_{\mathrm{G}}^{-1} \, \boldsymbol{Q}_{\mathrm{GF}} \, \dot{\boldsymbol{\zeta}}_{\mathrm{F}} + \boldsymbol{H}_i \, \ddot{\boldsymbol{\zeta}}_{\mathrm{G}}^{d} + \boldsymbol{H}_i \, \boldsymbol{H}_{\mathrm{G}}^{-1} \big[\boldsymbol{Q}_{\mathrm{G}} \, \dot{\boldsymbol{\zeta}}_{\mathrm{G}}^{d} - \boldsymbol{\lambda}_v^{\mathrm{G}} (\dot{\boldsymbol{\zeta}}_{\mathrm{G}} - \dot{\boldsymbol{\zeta}}_{\mathrm{G}}^{d}) -$$

$$\boldsymbol{\lambda}_p^{\mathrm{G}} (\boldsymbol{\zeta}_{\mathrm{G}} - \boldsymbol{\zeta}_{\mathrm{G}}^{d}) \big] - \boldsymbol{Q}_{\mathrm{FG}}^{i-1} \, \dot{\boldsymbol{\zeta}}_{\mathrm{G}} - \boldsymbol{H}_{\mathrm{F}}^{i-1} \, \ddot{\boldsymbol{\zeta}}_{\mathrm{F}}^{d} - \boldsymbol{Q}_{\mathrm{F}}^{i-1} \, \dot{\boldsymbol{\zeta}}_{\mathrm{F}}^{d} + \boldsymbol{\lambda}_v^{\mathrm{F}(i-1)}$$

$$\big[\dot{\boldsymbol{\zeta}}_{i-1} - \dot{\boldsymbol{\zeta}}_i - \dot{\boldsymbol{\zeta}}_{\mathrm{F}(i-1)}^{d} \big] + \boldsymbol{\lambda}_p^{\mathrm{F}(i-1)} \big[\boldsymbol{\zeta}_{i-1} - \boldsymbol{\zeta}_i - \boldsymbol{\zeta}_{\mathrm{F}(i-1)}^{d} \big] +$$

$$\boldsymbol{Q}_{\mathrm{FG}}^{i} \, \dot{\boldsymbol{\zeta}}_{\mathrm{G}} + \boldsymbol{H}_{\mathrm{F}}^{i} \, \ddot{\boldsymbol{\zeta}}_{\mathrm{F}}^{d} + \boldsymbol{Q}_{\mathrm{F}}^{i} \, \dot{\boldsymbol{\zeta}}_{\mathrm{F}}^{d} - \boldsymbol{\lambda}_v^{\mathrm{F}(i)} \big[\dot{\boldsymbol{\zeta}}_i - \dot{\boldsymbol{\zeta}}_{i+1} - \dot{\boldsymbol{\zeta}}_{\mathrm{F}(i)}^{d} \big] -$$

$$\boldsymbol{\lambda}_p^{\mathrm{F}(i)} \big[\boldsymbol{\zeta}_i - \boldsymbol{\zeta}_{i+1} - \boldsymbol{\zeta}_{\mathrm{F}(i)}^{d} \big] \qquad\qquad (10-76)$$

同理，由于每个成员的期望姿态可根据下面两式唯一确定

$$\tilde{\boldsymbol{\zeta}}_i^{d} = \boldsymbol{\zeta}_{\mathrm{G}}^{d} \qquad\qquad (10-77)$$

$$\boldsymbol{\zeta}_i^{d} - \boldsymbol{\zeta}_{i+1}^{d} = \boldsymbol{\zeta}_{\mathrm{F}(i)}^{d} \qquad\qquad (10-78)$$

其中，$i = 1, \cdots, m$，$\boldsymbol{\zeta}_{\mathrm{F}(i)}^{d}$ 为 $\boldsymbol{\zeta}_{\mathrm{F}}^{d} = \big[\boldsymbol{\zeta}_{\mathrm{F}(1)}^{d\mathrm{T}}, \boldsymbol{\zeta}_{\mathrm{F}(2)}^{d\mathrm{T}}, \cdots, \boldsymbol{\zeta}_{\mathrm{F}(m-1)}^{d\mathrm{T}} \big]^{\mathrm{T}}$ 的第 i 个分量，角标小于 1 或大于 m 的项均为 0，此处同样假设每个成员的理想姿态均存储在系统中备用。由于动力学模型中的惯量矩阵和科氏矩阵，即 $\boldsymbol{H}_{\mathrm{G}}(\boldsymbol{\zeta})$，$\boldsymbol{H}_{\mathrm{F}}(\boldsymbol{\zeta})$，$\boldsymbol{Q}_{\mathrm{G}}(\boldsymbol{\zeta}, \dot{\boldsymbol{\zeta}})$，$\boldsymbol{Q}_{\mathrm{F}}(\boldsymbol{\zeta}, \dot{\boldsymbol{\zeta}})$，$\boldsymbol{Q}_{\mathrm{GF}}(\boldsymbol{\zeta}, \dot{\boldsymbol{\zeta}})$ 和 $\boldsymbol{Q}_{\mathrm{FG}}(\boldsymbol{\zeta}, \dot{\boldsymbol{\zeta}})$ 均为所有成员状态变量或其导数的函数，因此跟踪控制无法通过分散控制实现，即式（10-76）中某些项无法分散化。

　　为了实现分散控制，引入如下约束条件

$$\dot{\boldsymbol{\zeta}}_{\mathrm{G}}^{d} = 0 \qquad\qquad (10-79)$$

$$\dot{\boldsymbol{\zeta}}_{\mathrm{F}}^{d} = 0 \qquad\qquad (10-80)$$

此时分散控制律（10-76）可以变换为如下形式

$$\boldsymbol{\tau}_i = -\boldsymbol{\lambda}_v^{\mathrm{G}} \dot{\boldsymbol{\zeta}}_i - \boldsymbol{\lambda}_p^{\mathrm{G}} (\boldsymbol{\zeta}_i - \boldsymbol{\zeta}_i^{d}) + \boldsymbol{\lambda}_v^{\mathrm{F}(i-1)} (\dot{\boldsymbol{\zeta}}_{i-1} - \dot{\boldsymbol{\zeta}}_i) + \boldsymbol{\lambda}_p^{\mathrm{F}(i-1)}$$

$$\big[\boldsymbol{\zeta}_{i-1} - \boldsymbol{\zeta}_i - \boldsymbol{\zeta}_{\mathrm{F}(i-1)}^{d} \big] - \boldsymbol{\lambda}_v^{\mathrm{F}(i)} (\dot{\boldsymbol{\zeta}}_i - \dot{\boldsymbol{\zeta}}_{i+1}) - \boldsymbol{\lambda}_p^{\mathrm{F}(i)} \big[\boldsymbol{\zeta}_i - \boldsymbol{\zeta}_{i+1} - \boldsymbol{\zeta}_{\mathrm{F}(i)}^{d} \big]$$

$$(10-81)$$

将式（10-81）代入动力学模型式（10-9），可得到如下的闭环动力学方程

$$\boldsymbol{H}_i \delta \ddot{\boldsymbol{\zeta}}_i + \boldsymbol{Q}_i \delta \dot{\boldsymbol{\zeta}}_i + \boldsymbol{\lambda}_v^{\mathrm{G}} \delta \dot{\boldsymbol{\zeta}}_i + \boldsymbol{\lambda}_p^{\mathrm{G}} \delta \boldsymbol{\zeta}_i - \boldsymbol{\lambda}_v^{\mathrm{F}(i-1)} (\delta \dot{\boldsymbol{\zeta}}_{i-1} - \delta \dot{\boldsymbol{\zeta}}_i) -$$

$$\boldsymbol{\lambda}_p^{\mathrm{F}(i-1)} (\delta \boldsymbol{\zeta}_{i-1} - \delta \boldsymbol{\zeta}_i) + \boldsymbol{\lambda}_v^{\mathrm{F}(i)} (\delta \dot{\boldsymbol{\zeta}}_i - \delta \dot{\boldsymbol{\zeta}}_{i+1}) + \boldsymbol{\lambda}_p^{\mathrm{F}(i)} (\delta \boldsymbol{\zeta}_i - \delta \boldsymbol{\zeta}_{i+1}) = 0$$

$$(10-82)$$

定义如下的 Lyapunov 函数

$$V_a'(t) = \sum_{i=1}^{m} \left[\frac{1}{2} \delta \boldsymbol{\zeta}_i^{\mathrm{T}} \boldsymbol{H}_i \delta \boldsymbol{\zeta}_i + \frac{1}{2} \delta \boldsymbol{\zeta}_i^{\mathrm{T}} \boldsymbol{\lambda}_p^{\mathrm{G}} \delta \boldsymbol{\zeta}_i \right] + \frac{1}{2} \delta \boldsymbol{\zeta}_{\mathrm{F}}^{\mathrm{T}} \boldsymbol{\lambda}_p^{\mathrm{F}} \delta \boldsymbol{\zeta}_{\mathrm{F}}$$

$$(10 - 83)$$

对 $V_a'(t)$ 求导，得到

$$
\begin{aligned}
\dot{V}_a'(t) &= \sum_{i=1}^{m} \left[\frac{1}{2} \delta \boldsymbol{\zeta}_i^{\mathrm{T}} \dot{\boldsymbol{H}}_i \delta \boldsymbol{\zeta}_i + \delta \boldsymbol{\zeta}_i^{\mathrm{T}} \boldsymbol{H}_i \delta \ddot{\boldsymbol{\zeta}}_i + \delta \boldsymbol{\zeta}_i^{\mathrm{T}} \boldsymbol{\lambda}_p^{\mathrm{G}} \delta \dot{\boldsymbol{\zeta}}_i \right] + \delta \boldsymbol{\zeta}_{\mathrm{F}}^{\mathrm{T}} \boldsymbol{\lambda}_p^{\mathrm{F}} \delta \dot{\boldsymbol{\zeta}}_{\mathrm{F}} \\
&= \sum_{i=1}^{m} \left[\frac{1}{2} \delta \boldsymbol{\zeta}_i^{\mathrm{T}} (\boldsymbol{Q}_i + \boldsymbol{Q}_i^{\mathrm{T}}) \delta \boldsymbol{\zeta}_i - \delta \boldsymbol{\zeta}_i^{\mathrm{T}} \boldsymbol{Q}_i \delta \boldsymbol{\zeta}_i - \delta \boldsymbol{\zeta}_i^{\mathrm{T}} \boldsymbol{\lambda}_v^{\mathrm{G}} \delta \boldsymbol{\zeta}_i - \delta \boldsymbol{\zeta}_i^{\mathrm{T}} \boldsymbol{\lambda}_p^{\mathrm{G}} \delta \boldsymbol{\zeta}_i + \right. \\
&\quad \delta \boldsymbol{\zeta}_i^{\mathrm{T}} \boldsymbol{\lambda}_v^{\mathrm{F}(i-1)} (\delta \boldsymbol{\zeta}_{i-1} - \delta \boldsymbol{\zeta}_i) - \delta \boldsymbol{\zeta}_i^{\mathrm{T}} \boldsymbol{\lambda}_v^{\mathrm{F}(i)} (\delta \boldsymbol{\zeta}_i - \delta \boldsymbol{\zeta}_{i+1}) + \\
&\quad \delta \boldsymbol{\zeta}_i^{\mathrm{T}} \boldsymbol{\lambda}_p^{\mathrm{F}(i-1)} (\delta \boldsymbol{\zeta}_{i-1} - \delta \boldsymbol{\zeta}_i) - \delta \boldsymbol{\zeta}_i^{\mathrm{T}} \boldsymbol{\lambda}_p^{\mathrm{F}(i)} (\delta \boldsymbol{\zeta}_i - \delta \boldsymbol{\zeta}_{i+1}) + \\
&\quad \left. \delta \boldsymbol{\zeta}_i^{\mathrm{T}} \boldsymbol{\lambda}_p^{\mathrm{G}} \delta \boldsymbol{\zeta}_i \right] + \delta \boldsymbol{\zeta}_{\mathrm{F}}^{\mathrm{T}} \boldsymbol{\lambda}_p^{\mathrm{F}} \delta \boldsymbol{\zeta}_{\mathrm{F}} \\
&= - \sum_{i=1}^{m} \delta \boldsymbol{\zeta}_i^{\mathrm{T}} \boldsymbol{\lambda}_v^{\mathrm{G}} \delta \boldsymbol{\zeta}_i - \delta \boldsymbol{\zeta}_{\mathrm{F}}^{\mathrm{T}} \boldsymbol{\lambda}_v^{\mathrm{F}} \delta \boldsymbol{\zeta}_{\mathrm{F}} \quad (10 - 84)
\end{aligned}
$$

考虑到增益矩阵 $\boldsymbol{\lambda}_v^{\mathrm{G}}$，$\boldsymbol{\lambda}_v^{\mathrm{F}}$ 为对称正定的，即有 $\dot{V}_a'(t)$ 为负定的，从而有 $t \to \infty$ 时，$\delta \boldsymbol{\zeta}_i(t) \to \mathbf{0}$、$\delta \dot{\boldsymbol{\zeta}}_i(t) \to \mathbf{0}$。类似于式（10 - 73），式（10 - 84）的推导也用到了附录中的递推关系式，以及模型性质 $\dot{\boldsymbol{H}}(\boldsymbol{\zeta}) = \boldsymbol{Q}(\boldsymbol{\zeta}, \dot{\boldsymbol{\zeta}}) + \boldsymbol{Q}^{\mathrm{T}}(\boldsymbol{\zeta}, \dot{\boldsymbol{\zeta}})$。进一步，根据约束条件式（10 - 79）～式（10 - 80），可以得出：当 $t \to \infty$ 时，$\delta \dot{\tilde{\boldsymbol{\zeta}}}_{\mathrm{G}}(t) \to \mathbf{0}$、$\delta \tilde{\boldsymbol{\zeta}}_{\mathrm{G}}(t) \to \mathbf{0}$、$\delta \dot{\boldsymbol{\zeta}}_{\mathrm{F}}(t) \to \mathbf{0}$，$\delta \boldsymbol{\zeta}_{\mathrm{F}}(t) \to \mathbf{0}$ 的结论。

10.3.2.3　两种控制结构的比较

集中控制和分散控制是两种典型的控制结构，而且分散控制的拓扑结构种类一般较多[8]。本章采用的集中控制和分散控制的结构与通信拓扑如图 10 - 3 和图 10 - 4 所示。表 10 - 1 对两种控制结构的特点进行了比较。

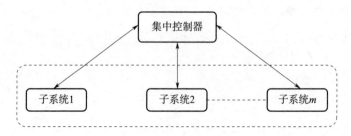

图 10 - 3　集中控制结构示意图

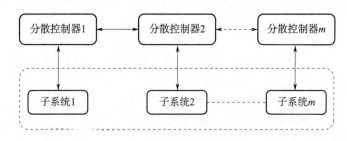

图 10 - 4　分散控制结构示意图

表 10 - 1　集中控制和分散控制结构的比较

比较项目	集中控制	分散控制
测量信息的需求	要知道所有成员的状态信息，需要通过集中通信	每个成员仅需要知道其相邻的成员和其自身的信息
通信数据量	通信数据量大，通信系统结构复杂	通信数据量小，通信系统结构简单
控制效果	控制精度较高，而且具有统一的总体目标，便于整体的协同，安全性能好	控制精度较低，而且由于各控制器的分散特点，使得整体的协同速度受限，无法保障整体的安全性
实现的难易程度	控制过程复杂，实现起来不太容易，而且适应性差，只要集中控制器出现故障，系统就会瘫痪	控制简便，系统的可调整性强，有重构和再生的能力，实现起来较为容易
适用范围	适合于高动态、控制精度要求高的场合	适合于低动态、控制精度要求不高、通信设施受限的场合

　　结合集中控制与分散控制下的控制律分析，可以看出，集中控
制和分散控制结构均可实现协同飞行任务，即使存在一些小扰动
（如传感器、执行机构的噪声，模型的不确定误差等），只要其量级
足够小，对控制的影响不是很大。其中，对于轨道控制而言，由于
分散控制律是在集中控制律的基础上进行分散化处理得到的，因此
存在一定的误差，所以其控制精度不及集中控制，主要表现在对队
形系统的影响，如式（10-74）～式（10-75）所示。对于系统的姿
态控制，在期望姿态 ζ_G^d，ζ_F^d 为常值的约束条件下，式（10-36）～式
（10-37）中的耦合项 $Q_{GF}(\zeta,\dot{\zeta})\dot{\zeta}_F$ 和 $Q_{FG}(\zeta,\dot{\zeta})\dot{\zeta}_G$ 不存在，故而此种情
况下，集中控制律式（10-52）～式（10-53）的分散化未进行简化
处理，因此，分散控制和集中控制能得到相同控制效果。但是，如
果没有期望姿态 ζ_G^d，ζ_F^d 为常值的约束条件，那么姿态分散控制就无
法实现了。

　　总之，不论是对多航天器的轨道运动还是姿态运动，只要各个
成员航天器的运动状态变化较缓慢，那么采用分散控制可以得到与
集中控制类似的效果。在这种情况下，考虑到分散控制的结构简单
性和与实际情况的一致性，一般优先选用分散控制。

10.4　仿真研究

　　为了验证动力学分解算法以及相应的协同控制方法的有效性，
本节设计了典型的仿真算例，在 Matlab 的 Simulink 平台下编制了计
算程序，对多航天器轨道与姿态的协同控制方法进行仿真验证，并
且比较了集中和分散两种控制方法的控制效果，最后分析了存在摄
动干扰和导航误差时控制方法的有效性。

10.4.1　计算流程

　　根据 10.2 节建立的动力学分解模型，10.3 节设计的整体系统和
队形系统的控制律，以及如图 10-5 所示的仿真流程，对基于动力

学分解的多航天器协同飞行轨道和姿态动力学建模与控制方法进行
仿真验证。

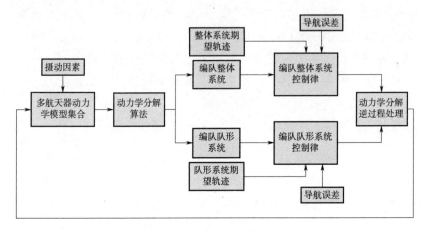

图 10 - 5　仿真流程图

10.4.2　任务设计和参数设置

10.4.2.1　任务描述

　　设定三个航天器由火箭发射至高度 680 km 的圆轨道，并已初始
化为一个半径为 3 km 的空间圆编队进行作业，若干轨道周期后，在
轨道上某点三个航天器进行大范围轨道机动，进入一个高度 2 500
km 的圆轨道，在此过程中保持空间圆构形。对于姿态，在编队保持
过程中，要求航天器能够持续对目标进行观测，即要求航天器上的
测量设备始终对准目标。此外，为使航天器获得充足的能量，要求
其太阳能帆板单位矢量始终与太阳光线矢量垂直。满足这两个姿态
约束条件的航天器姿态唯一确定，具体可参考文献 [9]。

10.4.2.2　参数设置

　　两个任务阶段的参考轨道参数设置如表 10 - 2 所示。

表 10 - 2　参考轨道参数

轨道高度/km	偏心率	轨道倾角/(°)	升交点赤经/(°)	近地点幅角/(°)	真近点角/(°)
680.00	0.00	68.0	30.0	0.0	0.0
2 500.00	0.00	56.9	31.2	277.3	0.0

为了便于描述相对运动构型，这里给出由编队构型五要素[10]表示的航天器相对运动方程

$$\begin{cases} x = -p\cos(\omega t + \theta) \\ y = 2p\sin(\omega t + \theta) + l \\ z = s\sin(\omega t + \theta - \alpha) \end{cases} \qquad (10-85)$$

整个任务期间保持的空间圆构型参数设置如表 10 - 3 所示。

表 10 - 3　空间圆构型参数

	p /km	s /km	α /(°)	θ /(°)	l /km
航天器 1	3	$3\sqrt{3}$	90	0	0
航天器 2	3	$3\sqrt{3}$	90	120	0
航天器 3	3	$3\sqrt{3}$	90	240	0

10.4.3　控制方法的有效性验证与分析

10.4.3.1　轨道坐标系下三个航天器的协同飞行

以第一阶段（参考轨道高度为 680 km，编队队形为空间圆）的编队保持为例，采用动力学分解模型和基干分解模型的控制律，进行编队保持控制仿真。图 10 - 6 和图 10 - 7 是采用集中控制策略编队保持过程中的相对运动轨迹和推力加速度曲线，分散控制的仿真结果类似。

结果表明，基于动力学分解的多航天器编队保持控制策略是可行的，且在实际过程中是可以实施的。

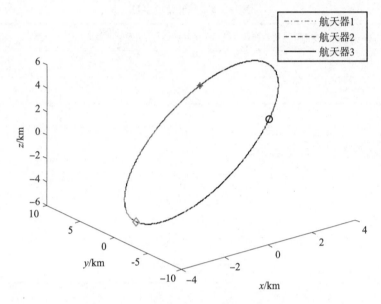

图 10 - 6　编队保持三维相对运动轨迹

10.4.3.2　惯性坐标系下三个航天器的协同飞行

　　动力学分解算法将系统分为编队整体系统和编队队形系统，因此在编队整体抬升方面具有优势，尤其是对于大范围的轨道转移，这是传统的相对运动模型不能解决的问题，即基于 C - W 方程的轨道动力学分解模型式（10 - 33）～式（10 - 34）不适用于处理此问题，故而在大范围整体轨道转移的过程中，采用惯性坐标系的动力学模型和相应的控制律。为了验证方法的有效性，这里采用双脉冲共面轨道转移，并要求在编队整体转移过程中的编队队形保持不变。图 10 - 8～10 - 11 是大范围轨道转移过程协同飞行控制的结果曲线。

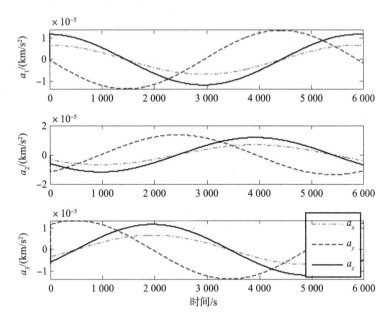

图 10-7　编队保持过程中的推力加速度曲线

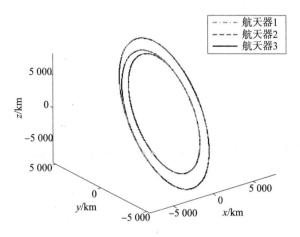

图 10-8　整体转移时惯性坐标系下的绝对运动轨迹

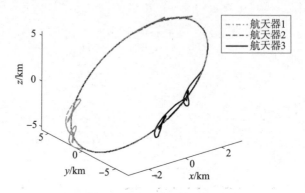

图 10 - 9　整体转移时轨道坐标系下的相对运动轨迹

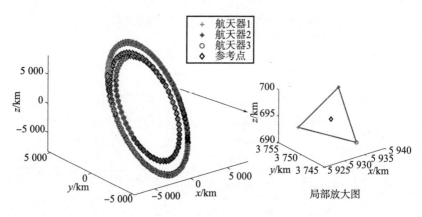

图 10 - 10　采样间隔为 100 s 时，目标与三个航天器的绝对运动轨迹

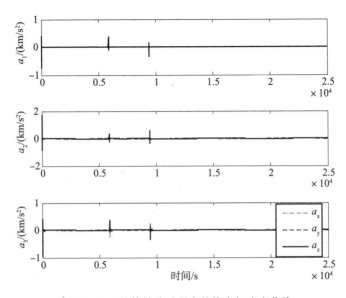

图 10 - 11　整体转移过程中的推力加速度曲线

从图 10 - 8 至图 10 - 9 可以看出，在三个航天器编队整体由 680 km 的轨道高度转移至 2 500 km 的过程中，它们依然能够保持空间圆构型，但在整体转移的轨道过渡处队形有所变化，即给定的空间圆构型有一定的小偏差，这是由于突然施加的控制脉冲造成的；图 10 - 10 反映了在队形保持期间目标与三个航天器之间的相对位置关系，即可以保证三个航天器对目标的协同作业。同时，根据图 10 - 11 可知，在整体转移的过程中推力加速度也满足应用需求。

10.4.3.3　协同飞行中姿态指向

根据任务描述中对姿态指向的要求可知，本算例中的姿态控制问题本质上属于姿态稳定问题，即姿态变化较缓慢，故而采用集中控制和分散控制均可对姿态进行控制。图 10 - 12 是三个航天器在队形保持过程中姿态角随时间的变化曲线。

10.4.3.4　集中控制和分散控制的控制效果比较

上述仿真计算既可以采用集中控制，也可以采用分散控制。为

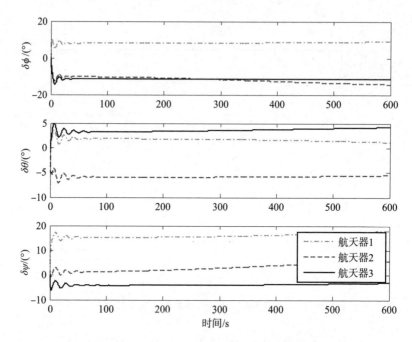

图 10 - 12　三个航天器姿态角随时间变化曲线

了比较集中控制和分散控制的效果，首先给出一个简单的算例。

针对 3 个受控刚体（质量均为 1 kg），相应的动力学方程为

$$m_i \ddot{\boldsymbol{r}}_i = \boldsymbol{T}_i (i = 1,2,3) \qquad (10 - 86)$$

其中，$\boldsymbol{T}_i$ 为控制力，此方程可视为式（10 - 2）的简化形式。控制目标是：保持其队形为一边长为 3 km 的等边三角形，且整体系统作半径为 3.464 km 的圆周运动，运转周期为 8 s（可称其为公转），与此同时，系统自身也以相同的速度自转，即等边三角形也围绕着其中心转动。为此，将整体系统的位置、速度和加速度控制指令分别设置为

$$\boldsymbol{r}_{\mathrm{G}}^{d}(0) = \begin{bmatrix} 2\ 000\sqrt{3}, 0, 0 \end{bmatrix}^{\mathrm{T}}$$

$$\dot{\boldsymbol{r}}_{\mathrm{G}}^{d}(0) = \begin{bmatrix} 0, 500\sqrt{3}\pi, 0 \end{bmatrix}^{\mathrm{T}}$$

$$\ddot{\boldsymbol{r}}_{\mathrm{G}}^{d}(t) = \begin{bmatrix} -125\sqrt{3}\pi^{2}\cos\frac{\pi t}{4}, -125\sqrt{3}\pi^{2}\sin\frac{\pi t}{4}, 0 \end{bmatrix}^{\mathrm{T}}$$

$$(10-87)$$

队形系统的控制指令分别设置为

$$\boldsymbol{r}_{\mathrm{F}}^{d}(0) = \begin{bmatrix} 0, -3\ 000, 0, -1\ 500\sqrt{3}, 1\ 500, 0 \end{bmatrix}^{\mathrm{T}}$$

$$\dot{\boldsymbol{r}}_{\mathrm{F}}^{d}(0) = \begin{bmatrix} 750\pi, 0, 0, -375\pi, -375\sqrt{3}\pi, 0 \end{bmatrix}^{\mathrm{T}}$$

$$\ddot{\boldsymbol{r}}_{\mathrm{F}}^{d}(t) = \left[-\frac{375}{2}\pi^{2}\sin\frac{\pi t}{4}, \frac{375}{2}\pi^{2}\cos\frac{\pi t}{4}, 0, \frac{375}{2}\pi^{2}\cos\left(\frac{\pi t}{4} - \frac{\pi}{6}\right), \right.$$

$$\left. \frac{375}{2}\pi^{2}\sin\left(\frac{\pi t}{4} - \frac{\pi}{6}\right), 0 \right]^{\mathrm{T}} \qquad (10-88)$$

分别设计集中控制律和分散控制律，进行仿真计算。仿真计算结果曲线如图 10 - 13 至图 10 - 16 所示。其中，图 10 - 13 和图 10 - 14、图 10 - 15 和图 10 - 16 分别是采用集中控制和分散控制的仿真计算结果。图 10 - 13 和图 10 - 15 分别是集中控制和分散控制每隔 5 s 三个刚体在二维平面内的运动情况。为了说明其队形变化规律，将各成员的质心连起来，即反映为图中的三角形。图 10 - 14 和图 10 - 16 分别是采用集中控制和分散控制得到的位置误差，用整体系统与队形系统位置误差的范数，即 $\parallel \boldsymbol{r}_{\mathrm{G}}(t) - \boldsymbol{r}_{\mathrm{G}}^{d}(t) \parallel$ 与 $\parallel \boldsymbol{r}_{\mathrm{F}}(t) - \boldsymbol{r}_{\mathrm{F}}^{d}(t) \parallel$ 随时间的变化规律反映控制误差的大小，其中实线代表整体系统误差，虚线代表队形系统误差。结果表明，采用分散控制，整体系统的加速运动会影响队形系统，具体表现在整体系统与队形系统不同步，反映在图 10 - 15 中就是：三角形有点儿倾斜，而采用集中控制，整体系统与队形系统能够保持同步。不过，不论是集中控制还是分散控制，整体系统的虚拟质心运动都能得到很好的控制，反映在图 10 - 14 和图 10 - 16 中就是代表其跟踪误差的实线最终都趋于 0；而队形系统描述的相对运动则受控制结构的影响，反映在图 10 - 14 和

图 10 - 16 中就是，在集中控制的作用下不存在编队稳态误差，而在分散控制下存在稳态误差。这说明在系统具有较大加速度的情况下，分散控制的效果不如集中控制好。

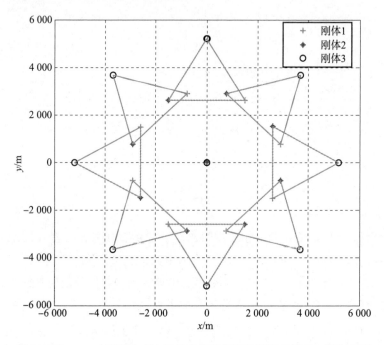

图 10 - 13　　x - y 平面内三个刚体在集中控制作用下每隔 5 s 的轨迹图

　　以 10.4.2 节描述的协同飞行任务的仿真为例，对比集中控制和分散控制的控制效果。在编队保持过程中分别采用集中控制和分散控制的轨道协同控制误差曲线如图 10 - 17 和图 10 - 18 所示。从图 10 - 17 和图 10 - 18 可以看出，在集中控制和分散控制的作用下，队形保持的效果相当，队形系统的位置误差约是 1.0×10^{-6} km 的量级，整体系统的稳态误差接近于 0，这是由于编队保持期间，运动状态变化缓慢，即期望的速度和加速度很小，这说明集中控制和分散控制的效果类似。对姿态协同控制的仿真情况类似，也可得出同样的结论，此处不再赘述。

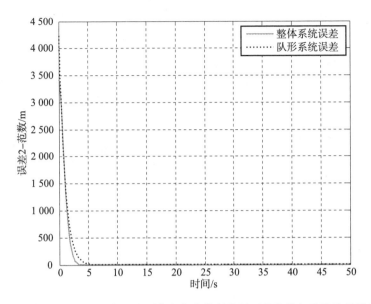

图 10 - 14　x - y 平面内三个刚体在集中控制作用下的整体与队形位置误差

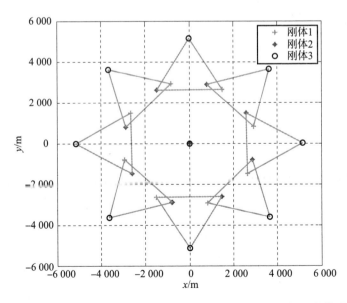

图 10 - 15　x - y 平面内的三个刚体在分散控制作用下每隔 5 s 的轨迹图

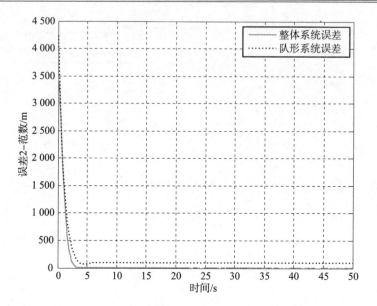

图 10 - 16　$x - y$ 平面内三个刚体在分散控制作用下的整体与队形位置误差

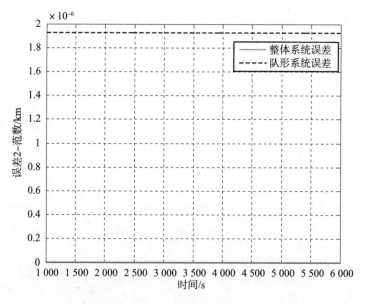

图 10 - 17　集中控制下整体系统和队形系统的位置误差曲线局部图

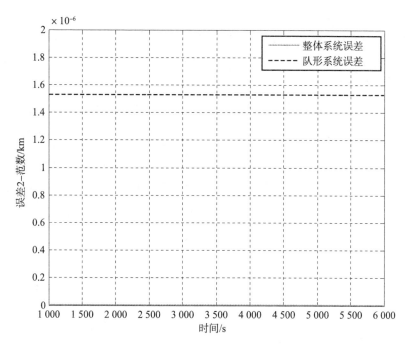

图 10 - 18　分散控制下整体系统和队形系统的位置误差曲线局部图

10.4.4　控制性能的仿真验证

航天器在实际运动的过程中，空间摄动、测量误差或导航误差等对轨道和姿态控制均有一定的影响。为了分析这些影响和验证控制方法与算法的鲁棒性，下面通过几个算例进行仿真验证。

10.4.2.1　考虑 J_2 项摄动与干扰力矩时的鲁棒性验证

J_2 项摄动在惯性坐标系下的表达式为[9]

$$f(r) = \begin{bmatrix} -\dfrac{\mu x}{r^3} - \dfrac{3 J_2 R_e^2 \mu x}{2 r^5} \left(1 - \dfrac{5 z^2}{r^2} \right) \\[2mm] -\dfrac{\mu y}{r^3} - \dfrac{3 J_2 R_e^2 \mu y}{2 r^5} \left(1 - \dfrac{5 z^2}{r^2} \right) \\[2mm] -\dfrac{\mu z}{r^3} - \dfrac{3 J_2 R_e^2 \mu z}{2 r^5} \left(3 - \dfrac{5 z^2}{r^2} \right) \end{bmatrix} \qquad (10 - 89)$$

其中 R_e 为地球半径。

对不考虑 J_2 项摄动和考虑 J_2 项摄动的编队保持过程进行仿真。图 10 - 19 和图 10 - 20 是第二个保持阶段（参考轨道高度为 2 500 km 时 3 km 的空间圆编队）控制加速度随时间变化的仿真曲线。仿真结果表明，考虑 J_2 项摄动时队形保持的推力加速度不超过 6.0×10^{-6} km/s²，这说明模型和控制具有较好的鲁棒性。

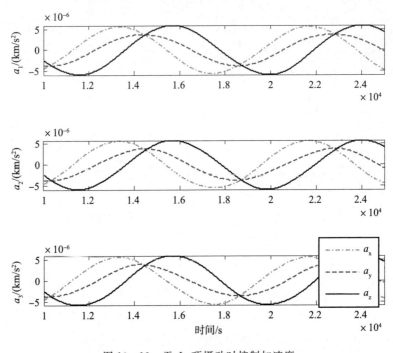

图 10 - 19　无 J_2 项摄动时控制加速度

对于中高轨的空间航天器，比较典型的干扰力矩可以综合表达式为

$$\begin{cases} M_{dx} = 10^{-5}(3\cos\omega t + 1) \\ M_{dy} = 10^{-5}(1.5\sin\omega t + 3\cos\omega t) \\ M_{dz} = 10^{-5}(3\sin\omega t + 1) \end{cases} \quad (10 - 90)$$

其中，ω 为轨道角速度。对不考虑干扰力矩和考虑干扰力矩的姿态控

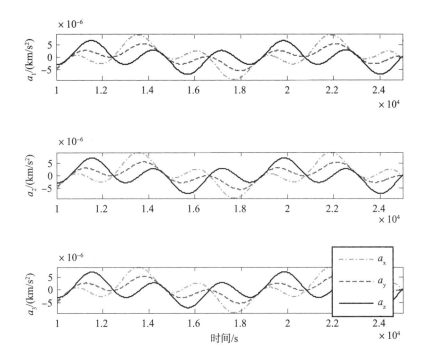

图 10 - 20　有 J_2 项摄动时控制加速度

制情况进行仿真。姿态控制力矩的变化曲线如图 10 - 21 和图 10 - 22 所示。为了反映姿态稳定阶段的控制力矩变化，图中仅仅取了力矩随时间变化的局部图。图 10 - 21 和图 10 - 22 反映出干扰力矩对姿态控制的影响很小，即说明姿态控制具有较好的鲁棒性。

10.4.2.2　存在导航误差时控制的稳定性与鲁棒性验证

对于轨道保持协同控制，设相对导航的位置和速度误差分别为 0.5 m 和 1.0×10^{-4} m/s。以编队保持的第一阶段（参考轨道高度为 680 km 时 3 km 的编队保持）为例，对考虑导航误差的协同飞行控制进行仿真，图 10 - 23 和图 10 - 24 分别是位置误差和控制加速度随时间的变化曲线。

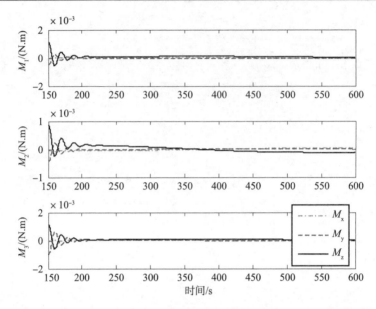

图 10 - 21　不考虑干扰力矩时，姿态控制力矩随时间变化的局部图

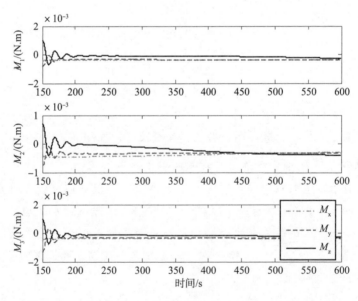

图 10 - 22　考虑干扰力矩时，姿态控制力矩随时间变化的局部图

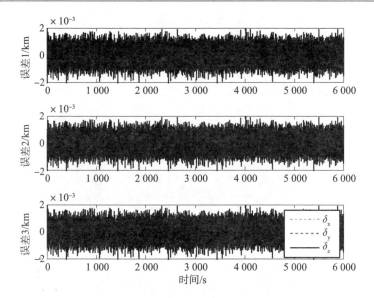

图 10 - 23　位置误差随时间变化曲线

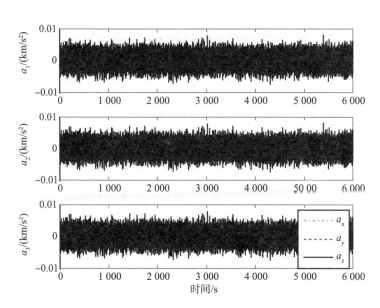

图 10 - 24　控制加速度随时间变化曲线

仿真结果表明，在考虑导航误差的情况下，位置控制精度可达到 2 m 以内，推力加速度不超过 10 m/s²。

对于姿态控制，设测角精度为 0.003°，进行考虑姿态测量误差的协同飞行控制仿真，姿态角误差和控制力矩随时间的变化曲线图10-25、图 10-26 所示。结果表明，姿态角的控制误差大约在 ±0.01°之间，控制力矩大约在 ±0.005 N·m 之间。

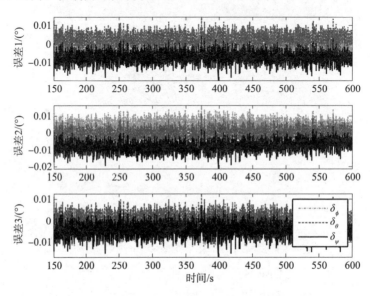

图 10-25　姿态角误差随时间变化曲线

上述两个例子表明，基于动力学分解的协同控制算法对导航和姿态测量误差具有一定的鲁棒性。

附录 C

设 $\boldsymbol{a}_i,\boldsymbol{b}_i,\boldsymbol{a}_i^d,\boldsymbol{b}_i^d \in \mathbb{R}^{n\times 1}$，$i=1,\cdots,m$，类似于之前状态变量的定义，下面定义 $\boldsymbol{a}_F,\boldsymbol{b}_F,\boldsymbol{a}_F^d,\boldsymbol{b}_F^d$ 满足 $*_F = \left[\ *_{F(1)}^T , *_{F(2)}^T , \cdots , *_{F(m-1)}^T\ \right]^T \in \mathbb{R}^{(m-1)n\times 1}$，其中，$*\in\{\boldsymbol{a},\boldsymbol{b},\boldsymbol{a}^d,\boldsymbol{b}^d\}$，$*_{F(i)} = *_i - *_{i+1} \in \mathbb{R}^{n\times 1}$，$i=1,\cdots,m-1$。此外，和控制律中的对角增益矩阵类似，定义 $\boldsymbol{G}=$

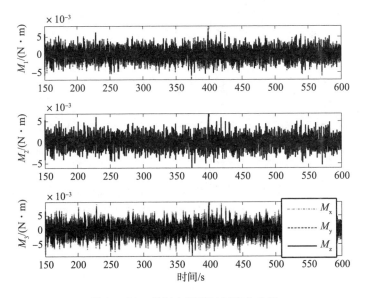

图 10-26　控制力矩随时间变化曲线

$\mathrm{diag}[\boldsymbol{G}^1,\boldsymbol{G}^2,\cdots,\boldsymbol{G}^{m-1}]\in\mathbb{R}^{(m-1)n\times(m-1)n}$，其中，$\boldsymbol{G}^i\in\mathbb{R}^{n\times n}$。这样，下列递推关系式成立：（角标小于 0 和大于 m 的项为 0）

$$\sum_{i=1}^{m}\{(\boldsymbol{a}_i-\boldsymbol{a}_i^d)^{\mathrm{T}}\,\boldsymbol{G}^{i-1}\big[(\boldsymbol{b}_{i-1}-\boldsymbol{b}_i)-(\boldsymbol{b}_{i-1}^d-\boldsymbol{b}_i^d)\big]-(\boldsymbol{a}_i-\boldsymbol{a}_i^d)^{\mathrm{T}}$$

$$\boldsymbol{G}^i\big[(\boldsymbol{b}_i-\boldsymbol{b}_{i+1})-(\boldsymbol{b}_i^d-\boldsymbol{b}_{i+1}^d)\big]\}$$

$$=-(\boldsymbol{a}_1-\boldsymbol{a}_1^d)^{\mathrm{T}}\,\boldsymbol{G}^1(\boldsymbol{b}_{\mathrm{F}(1)}-\boldsymbol{b}_{\mathrm{F}(1)}^d)+(\boldsymbol{a}_2-\boldsymbol{a}_2^d)^{\mathrm{T}}\,\boldsymbol{G}^1(\boldsymbol{b}_{\mathrm{F}(1)}-\boldsymbol{b}_{\mathrm{F}(1)}^d)-$$

$$(\boldsymbol{a}_2-\boldsymbol{a}_2^d)^{\mathrm{T}}\,\boldsymbol{G}^2(\boldsymbol{b}_{\mathrm{F}(2)}-\boldsymbol{b}_{\mathrm{F}(2)}^d)+\cdots+(\boldsymbol{a}_{m-1}-\boldsymbol{a}_{m-1}^d)^{\mathrm{T}}\,\boldsymbol{G}^{m-2}$$

$$(\boldsymbol{b}_{\mathrm{F}(m-2)}-\boldsymbol{b}_{\mathrm{F}(m-2)}^d)-(\boldsymbol{a}_{m-1}-\boldsymbol{a}_{m-1}^d)^{\mathrm{T}}\,\boldsymbol{G}^{m-1}(\boldsymbol{b}_{\mathrm{F}(m-1)}-\boldsymbol{b}_{\mathrm{F}(m-1)}^d)+$$

$$(\boldsymbol{a}_m-\boldsymbol{a}_m^d)^{\mathrm{T}}\,\boldsymbol{G}^{m-1}(\boldsymbol{b}_{\mathrm{F}(m-1)}-\boldsymbol{b}_{\mathrm{F}(m-1)}^d)$$

$$=-\sum_{i=1}^{m-1}\big[(\boldsymbol{a}_i-\boldsymbol{a}_i^d)-(\boldsymbol{a}_{i+1}-\boldsymbol{a}_{i+1}^d)\big]\boldsymbol{G}^i(\boldsymbol{b}_{\mathrm{F}(i)}-\boldsymbol{b}_{\mathrm{F}(i)}^d)$$

$$=-\sum_{i=1}^{m-1}(\boldsymbol{a}_{\mathrm{F}(i)}-\boldsymbol{a}_{\mathrm{F}(i)}^d)^{\mathrm{T}}\,\boldsymbol{G}^i(\boldsymbol{b}_{\mathrm{F}(i)}-\boldsymbol{b}_{\mathrm{F}(i)}^d)$$

$$=-(\boldsymbol{a}_{\mathrm{F}}-\boldsymbol{a}_{\mathrm{F}}^d)^{\mathrm{T}}\boldsymbol{G}(\boldsymbol{b}_{\mathrm{F}}-\boldsymbol{b}_{\mathrm{F}}^d)$$

参 考 文 献

[1] P K C WANG, F Y HADAEGH. Coordination and Control of Multiple Microspacecraft Moving in Formation. Journal of the Astronautical Sciences, 1996, 44 (3): 315 – 355.

[2] R W BEARD, J LAWTON, F Y HADAEGH. A Coordination Architecture for Spacecraft Formation control. IEEE transactions on control systems technology, 2001, 9 (6): 777 – 790.

[3] D J LEE, P Y LI. Passive Formation and Maneuver Control of Multiple Spacecraft. Proceedings of the American Control Conference, Denver, Colorado, 2003: 278 – 283.

[4] D J LEE, P Y LI. Passive Decomposition of Multiple Mechanical Systems under Coordination Requirements. Proceedings of IEEE Conference of Decision and Control, 2004: 1240 – 1245.

[5] D J LEE, P Y LI. Passive Bilateral Control and Tool Dynamics Rendering for Nonlinear Mechanical Teleoperators. IEEE Transactions on Robotics, 2005: 21 (5): 936 – 951.

[6] D J LEE, M W SPONG. Bilateral Teleoperation of Multiple Cooperative Robots over Delayed Communication Networks: Theory. Proceedings of IEEE International Conf on Robotics & Automation, 2005: 362 – 367.

[7] 章仁为. 卫星轨道姿态动力学与控制 [M]. 北京: 北京航空航天大学出版社, 1998.

[8] 卢昱. 网络控制概论 [M]. 北京: 国防工业出版社, 2005.

[9] 周文勇. 在轨服务航天器伴飞轨道设计与控制 [D]. 西北工业大学博士学位论文, 2007.

[10] 张育林, 曾国强, 王兆魁, 郝继刚. 分布式卫星系统理论及应用 [M]. 北京: 科学出版社, 2008.

第 11 章　航天器协同飞行的自主运行体系

11.1　引言

　　多航天器协同飞行具有灵活性好、分布性广和可靠性高等特点，是执行空间复杂任务的重要形式。但同时也面临着诸多挑战；归纳起来主要两个方面：一方面，协同飞行的多航天器系统主要由多个微小卫星（甚至纳星）组成，航天器数量的增加使得采用传统的地面控制方式需要耗费大量的人力物力，通信和命令的负担加重，最终带来高昂的运营成本。由于尺寸限制，小卫星一般不能装载大型天线和发射大功率的射频，故一般也不易利用数据中继卫星系统进行测控通信，这就要求参与协同飞行的航天器在大部分时间内能自主管理和自主工作。另一方面，由于航天器本身的复杂性、分布式结构的复杂性、航天器之间的紧密联系以及运行环境的未知性和不确定性，导致多航天器系统的运行环境常常是动态变化的，航天器在执行任务的过程中常常会遇到许多动态情况。因此，多航天器协同飞行时必须能持续感知环境，并依据动态信息对整个航天器系统的任务自主地做出有益的、快速的调度与管理，这也是多航天器协同飞行的一个显著特点。

　　鉴于航天器和现代分布式航天器系统与 Agent 和多 Agent 系统（Muliti - Agent System，MAS）间的相似性，本章基于 Agent 理论和方法，研究多航天器系统自主运行体系的构建，探讨其组织控制方法。首先，简要介绍了 Agent 和 MAS 的概念；然后，重点分析智能水平不同的航天器 Agent 组合成的具有多 Agent 系统结构的多航天器系统，提出基于 MAS 的多航天器协同飞行运行体系；最后，建立了多航天器系统的动态联邦式 MAS 结构模型，为基于协商的多航天器系统任务优化分配研究奠定基础。

11.2　Agent 与多 Agent 系统

Agent 的概念最早可追溯到 1977 年 Carl Hewitt 的 "Viewing Control Structures as Patterns of Passing Messages" 一文。在此文中，Carl Hewitt 定义了具有自兼容性、交互性和并发处理机制的对象，称为 "Actor"，该对象具有封闭的内在状态，并且可以与其他同类对象进行消息发送和反馈。Agent 一词最早可见于 M. Minsky 于 1986 年出版的《Society of Mind》一书[1]，M. Minsky 引入了 "Society" 和 "Social Behavior" 的概念。个体存在于社会中，社会中的个体在有矛盾的前提下通过协商或者竞争的方法得到对问题的求解。这些个体被称为 "Agent"。20 世纪 90 年代以来形成了 Agent 技术研究的热潮。智能 Agent、多 Agent 系统的研究已成为人工智能，甚至计算机科学的研究热点。目前，Agent 技术的研究在国际上受到高度的重视，美国国家基金委员会把知识和分布式智能作为资助的三个重点之一，《科学美国人》把 Agent 技术列入 21 世纪的关键技术。对 Agent 的研究之所以受到如此的重视，在于它可以满足网络时代人们对解决信息过载和全球范围内的新的分布式计算模式的需求。

基于 Agent/Multi - Agent 系统理论的建模仿真技术使用 Agent 来模拟真实世界中的主动对象，属于自下而上的建模技术。用 Agent 对所研究系统中的主动对象进行建模，可以更加自然地描述系统中的主动对象及其行为，同时多个 Agent 的相互作用，可以完成对复杂系统的行为描述。目前，基于 Agent/ Multi - Agent 系统理论的建模仿真技术已经广泛应用到对各种复杂系统的分析研究中。

11.2.1　Agent 的定义

到目前为止，由于 Agent 的各种属性在不同的应用领域中的侧重不同（如有的系统强调学习能力，而有的系统强调协同能力），Agent 还未形成一个被学术界普遍认同的定义。1995 年 Woodridge 和 Jennings 指出："Agent 是处于某个特定环境中的计算机系统，该系统能够通过在此环境中自主行动以实现其设计目标"[2]。这个定义更加贴近本章后续建立的基于 Agent/Multi - Agent 的航天器系统。图 11 - 1 给出了 Agent 的一个典型抽象视图。

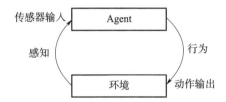

图 11 - 1　Agent 典型抽象视图

由图 11 - 1 可知，Agent 通过传感器的输入获取当前环境的有关信息，通过内部设定规则的处理产生相应的动作来对环境做出反应，并对环境产生影响。

Agent 的原意是"代理"、"自治体"、"智能体"或"智能主体"，表示一个自主体代表另一个自主体（或组织）去完成特定的任务。计算机领域更多从广义角度，认为 Agent 表示基于硬件或者（更常见的是）基于软件的计算机系统，并具有主动性（Proactiveness）、自主性（Autonomous）、反应性（Reactivity）、社会性（Social ability）、代理性（Acting on Behalf of Others）与智能性（Intelligence）的特征。

11.2.2　MAS 的概念

MAS 是 Agent 集合通过共同协作完成无法由单一 Agent 独立承

担的任务或目标而构成的松散耦合分布式系统[3-4]。MAS 是一个由多个 Agent 组成的智能体社会，它能够通过相互通信进行推理而并行处理分布式问题。一般来说，Agent 之间在系统运行过程中必须相互合作来完成协同动作[5]。

MAS 的核心思想就是通过个体 Agent 之间的相互作用，使 MAS 作为整体的问题求解能力大于各 Agent 个体所具有的问题求解能力。多 Agent 系统在结构、组织上的分布性，以及单个 Agent 的智能特性，使得多 Agent 系统同时具有分布式系统与人工智能系统的特点[6-7]。其主要特征表现在：

1）协作性。MAS 中，具有不同目标的各个 Agent 必须相互工作、协同、协商来完成问题的求解。

2）自治性。MAS 中，一个 Agent 发出服务请求后，其他 A-gent 只有同时具备提供此服务的能力与兴趣，才能接收动作或任务委托。

3）分布性。MAS 的数据、资源分散在系统环境的各个 Agent 中，表达了系统描述问题的分布性。

4）并行性。MAS 可以通过 Agent 间的异步并行活动，提高处理复杂问题求解的质量和效率。

5）健壮性。MAS 不依赖于某个单一的控制器去协调所有的任务，不会像集中控制那样因为某一控制器的崩溃而导致系统瘫痪。

6）扩展性。MAS 松散耦合的特征，保证了其组件的可重用性和可扩充性。

MAS 的基本理念就是 Agent 之间的任务协同。"没有协同，就不存在分布式问题求解的优势"[8-9]。协同就是 Agent 之间做出推理并管理它们之间相互行为的依赖性合作，从而保证系统中每一个成员进行一致动作的过程。协同允许多个 Agent 在一个共同的工作空间中同步它们的行为。协同能够通过类似市场竞争机制或者更高层次的系统约束来实现，通过这种机制来控制 Agent 之间的行为。Jennings 给出的 Agent 之间必须进行协同工作的几个主要原因如下[10]：

1）MAS 具有一个共同的最终目标，因此，多个 Agent 之间的行为和目标具有一定的相互依赖性。一个 Agent 基于自身信息做出的决策或者行动可能影响到其他的 Agent 的未来行为与目标。

2）由于 MAS 中各个 Agent 的行为最终都是为了一个共同的目标，因此有必要设定全局约束。任何单个 Agent 的行为都是基于自身局部性能最优化做出的，不一定满足系统整体最优化的需要，除非它们之间有某种形式的协同。

3）没有任何单个 Agent 具有足够的能力、资源或者信息来解决整个问题。为了综合利用所有 Agent 的能力、资源和信息来解决更为复杂的、全局性的问题，也必须要求 Agent 之间具有协同能力。

11.2.3　MAS 的体系结构

MAS 体系结构大体上可分为完全集中式、完全分布式和联邦式三种。如图 11-2、图 11-3 和图 11-4 所示。

图 11-2 描述了完全集中式 MAS 的组织结构。在这种结构下，MAS 中有一个主控 Agent，具有极强的决策能力和权威，控制着全局数据的一致性和所有的决策权，与其他 Agent 之间存在着一种主从关系。这种结构的优点是可以降低系统的复杂性，减少 Agent 间由协商产生的通信开销。缺点是对主控 Agent 的要求很高，如果系统中的各 Agent 的行为比较复杂，或者 Agent 的数目比较多，那么得出一个全局一致的行为规划是极为困难的。因此，这种结构不适合动态、开放的环境，只适于系统环境相对明确、规模不大的系统环境。

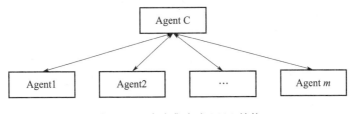

图 11-2　完全集中式 MAS 结构

图 11 - 3 描述的是完全分布式的 MAS 结构，MAS 中所有的 A-gent 是独立自治的，彼此间是完全平等的关系，需要合作时 Agent 之间可直接进行通信。这种结构可扩展性强，可以充分发挥各 Agent 的自治能力；缺点是通信量大，要求 Agent 有较强的自适应能力或通信能力。它适用于规模大、通信基础设施和技术容易实现的系统。

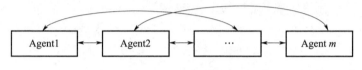

图 11 - 3　完全分布式 MAS 结构

图 11 - 4 描述的是联邦式的 MAS 结构，它是集中和分布混合使用的一种结构形式。一方面，它可以将系统看成是由多个不同的联邦组成，以这些联邦为构成单元所组成的系统是完全分布的；另一方面，对每个联邦而言，它是由多个 Agent 组成的一个子系统，其中的控制由某个指挥控制 Agent（C^2 - Agent）负责，属于完全集中式的控制结构；不同联邦间的通信在 C^2 - Agent 间进行。

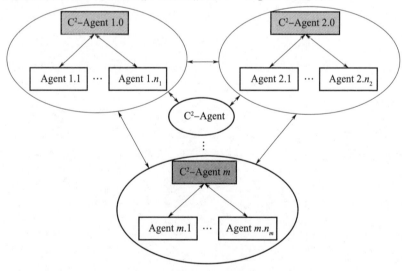

图 11 - 4　联邦式 MAS 结构

11.3 基于 MAS 的航天器系统自主运行体系

11.3.1 航天器的智能程度

航天器是一个典型的智能体。航天器智能体依智能程度可分为四个层次[11]，如图 11 -5 所示，I_1 代表最高层次的智能，I_4 表示最低层次的智能。

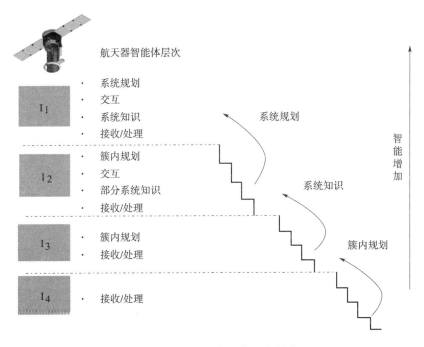

图 11 - 5 航天器智能体层次划分

I_4 表示最低层次的智能，处于这一层次的智能体只能从组织结构中的其他智能体那里或从地面上接收命令和任务并加以执行。举例来说，接收并执行一个控制指令序列，使航天器移动到系统中的一个新位置。这种形式的智能类似于现在大多数航天器的运行状况。

再高级一些层次的智能体就是 I_3，它具有局部规划功能。"局部"指航天器智能体能够收集和执行只和它任务有关的计划。如多航天器系统中某个航天器的轨道重构机动、轨迹规划等。

处于智能层次 I_2 的航天器智能体可以与组织结构中的其他航天器智能体相互作用，这通常要求这种智能体至少具备关于整个智能体的组织结构信息。因此，它要能够持续保持并且更新（或接收）关于这个组织结构的内部信息。

处于智能层次 I_1 的航天器智能程度最高。这一层次的智能体与前面几种智能体最主要的区别是它能监控智能体组织结构中所有航天器的层次智能体，并为这种组织结构做整体规划。本章后续给出了一个例子，在出现任务冲突的情况下该种智能体能处理其他航天器智能体之间的协调和协商问题，显然这需要具有系统层次的规划能力以及组织结构中所有其他航天器层次智能体的全部信息。

单个航天器内部及由多航天器构成的协同飞行系统都与 MAS 有很多类似之处。要建立航天器及其系统的 MAS 模型，首先必须决定将 Agent 映射成什么对象。Agent 映射对象的不同，会直接影响到基于 MAS 的任务规划与控制的技术路线。有必要将单个航天器的组成部分和多航天器系统的内部成员看作一个有机的整体进行建模，本章将采用实体映射的方法，即在单个航天器自主运行体系建模时将 Agent 映射为航天器各分系统模块，在多航天器系统自主运行体系建模时将 Agent 映射成成员航天器。

11.3.2　单航天器自主运行体系

航天器自主运行体系设计采用分层递阶的思想，把一个复杂的任务采用逐层分解的方式进行处理。从下到上，系统的智能性在递增；从上到下，系统的响应速度在逐渐提高。这种体系结构一方面赋予各个 Agent 不同水平的智能，遵循了 Saridis 提出的"精度伴随智能递增而递减"的原理，较好地解决了智能和控制精度的关系；另一方面由于增加了底层执行级的智能，使得它们在保留了实时处理能力的同时，能够自主地对自己的行为作出推理和决策。因此这种体系结构具有较好的智能性、鲁棒性和反应性。

根据上述分层递阶的思想，以及航天器的组成和模块划分，单航天器自主运行的主要模块包括任务管理模块、规划调度模块和状态监测、故障诊断与系统重构模块。

11.3.2.1　任务管理模块

任务管理模块管理航天器的使命级任务，定期生成新的飞行任务以供航天器执行。航天器在发射前会装载一份整个飞行过程中所要执行的目标特征表，它包括每项使命所要达到的目标、执行时间、准则和约束条件。任务管理模块就是要定期地从这份长期的目标特征表出发，采用一定的目标搜索算法制定出一个短期的抽象计划供航天器执行。这个抽象计划主要包括对飞行任务进行排序，确定每项任务的执行时间及执行每项任务的准则和约束条件等。

任务管理模块应具有的主要功能包括：任务的增加、任务的修改、任务的删除、任务的更新以及任务的排序等。

任务管理模块主要包括：目标特征表和搜索算法。

11.3.2.2　规划调度模块

（1）功能描述

规划与调度是自主运行中最能体现自主性和智能性的功能，是航天器自主完成任务的关键。规划调度模块的主要任务是根据飞行任务，产生约束各分系统的计划。在获得任务管理模块的使命任务和相关的约束条件后，规划调度模块根据被控对象的结构、功能、资源、各种约束条件以及被控对象当前的状态，采用一定的优化策略生成能够完成该任务的一系列行为和动作。规划与调度模块在提供行动计划时保留细节上的灵活性，即只包含应该采取的行动和需要监测的信息，而具体的细化工作交给智能执行体进一步处理，这可以减轻规划与调度模块的计算量并提高系统的鲁棒性。

（2）规划调度结构图

规划调度模块的结构图如图 11-6 所示。

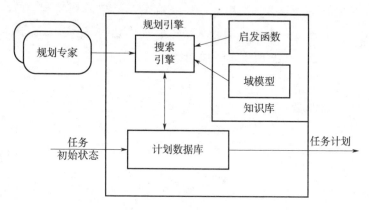

图 11-6　规划调度结构图

从图 11-6 可以看出，规划调度模块主要由两部分组成，一部分是通用的规划引擎，它包括搜索引擎和计划数据库；另一部分是专用的知识库，由启发函数和域模型组成。

（3）知识库

规划与调度系统工作时必须了解被规划对象的结构、功能、资源以及各种约束条件等，只有在此基础上才能自主制定任务计划。在航天器中，这些描述可由域模型完成。域模型采用域描述语言（Domain Description Language，DDL）进行描述。DDL 用状态变量描述系统的各个功能。最终的任务计划由一系列状态变量的取值组成。这些变量取值代表航天器的各种基本功能。在每个取值中都有各种约束条件，代表实现这些功能的前提条件，这些约束条件在进行规划时就成为操作规则。

（4）规划引擎

航天器的模型建立以后，规划与调度系统便具有了航天器的功能、资源状况以及各种约束条件等知识。在这个基础上，推理机选择各个使命级任务，采用一系列扩展计划的方法对它们进行分解，解决各种约束问题，直到计划中所有的任务约束都得到满足。

任务计划的制定过程是一个满足各种约束的过程。规划引擎从任务序列中选取一个任务后，按如下步骤进行处理：

Step1：读取航天器系统的当前状态，作为该任务的初始状态。一般情况下这个状态就是系统正常执行上一个任务后的结束状态。

Step2：从航天器模型中找一个可以完成当前任务的动作，并读取它的约束条件。在航天器功能模型中描述了哪些特征变量的取值可以完成这个飞行任务。

Step3：将约束条件当作操作符，通过不停地操作处理完成约束传递的过程，将约束传递的结果作为任务计划的一部分。

Step4：检查约束传递的结果是否满足任务的初始状态，如果满足，则表明当前的结果已经符合初始状态要求，继续 Step5；否则继续 Step3 的约束传递。

Step5：进行时间约束检查，如果有冲突，则进行修正；否则继续下一步。

Step6：资源使用检查，主要检查资源是否超量使用。当资源过度调用时，通过修正时间和前后移动动作执行时间等来消除冲突。如果没有冲突，当前任务处理完毕，继续选择下一个任务，直到任务列表中所有任务都处理完毕。

至此得到了一个具体的任务计划，它描述了各个分系统应该完成的工作，由于这个计划是根据航天器模型统一建立的，它在整体上不存在冲突。

在时间约束检查和资源约束检查时，有时会出现通过修正仍无法满足约束的情况，此时需调整任务。总之，任务计划的制定过程就是一个为任务选择合适的动作、状态、执行时间和资源分配的过程。

11.3.2.3 状态监测、故障诊断与系统重构模块

（1）功能描述

航天器是一个动态系统，为了保证系统安全可靠地运行，飞行

时需要监测系统的工作状态，当出现异常时进行故障诊断，并通过重构模块恢复系统的功能。状态监测、故障诊断和系统重构在自主运行中都需要航天器自主完成，这些功能是自主运行的前提基础。

（2）状态监测模块

状态监测模块主要用于监视系统的运行状态，并为其他子系统Agent提供必要的信息，它的主要功能包括：

1）监视智能执行体的运行状态，并为智能执行体之间的协调运行提供信息服务；

2）监测硬件系统的传感器系统，以便为模式识别推断智能执行体的控制指令是否正确执行、计划是否完成；

3）为规划调度模块作出新的计划安排，提供当前系统的状态信息。

（3）故障诊断模块

系统采用基于模型的方式进行故障诊断。模式识别模块负责跟踪系统的状态变化，是自主控制的感知部分。在工作时，模式识别模块监听智能执行体发给航天器的控制命令，利用自身的航天器模型推理出执行这些指令时航天器应处的状态，然后和传感器采集的信息相比较。如果采集的信息和正常执行指令的情况一致，它认为命令已经正确执行；如果不一致，它认为航天器处在异常状态；当出现故障时，需要根据传感器的信息和推理结果识别具体的故障部件以及故障的模式。

（4）重构模块

重构模块为系统提供了故障恢复和系统重构的能力。当智能执行体无法通过改变任务分解的方式完成指定的计划时，通常向模式重构模块提出系统重构的请求。此时模式重构模块将根据当前系统的状态和传感器信息，制定出新的恢复方案交给智能执行体执行。若该方案仍不能执行，则模式重构模块通知所有智能执行体放弃目前执行的任务，同时置系统于安全模式，并请求地面测控帮助。系统重构的原则是按最小代价进行配置。例如航天器主发动机有许多冗余阀门，在工作或出现故障时，可以选用不同的阀门进行配置，这些配置会花费不同的代价。这时要按照最小代价原则来完成配置。

11.3.3　多航天器协同飞行自主运行体系

11.3.3.1　基于 MAS 的多航天器系统结构

多航天器协同飞行系统与 MAS 结构有很多类似之处。将前文 MAS 的体系结构推广到多航天器协同飞行运行体系的研究当中，航天器智能体（I_1 到 I_4）的数量和组成决定了多航天器协同飞行的组织结构。例如，自上而下的协作结构包括一个高智能层次 I_1 的航天器和几个最低智能层次 I_4 的航天器。中心协作结构要求每个航天器都具有局部规划和交互作用的能力，因此需要智能层次为 I_3 和 I_2 的航天器。分布式协作结构由几个平行等级的决策结构组成，由多个高智能层次的航天器组成。在完全分布式协作结构中，每个航天器都是智能层次 I_1 的智能体，这样形成了一个完全平等多智能体结构。图 11-7 给出了典型的基于 MAS 的多航天器系统自主运行体系结构。

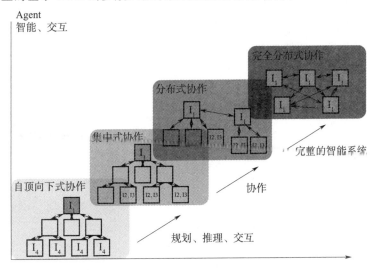

图 11-7　基于 MAS 的多航天器自主运行体系结构

航天器系统自主运行流程如图 11-8 所示：

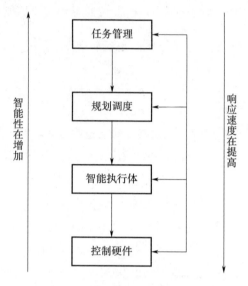

图 11-8　航天器系统自主运行流程图

从图 11-8 可以看出，航天器系统能够自主运行，首先要具有系统级任务管理能力，包括任务的智能排序，任务的添加和删除，任务的修改以及任务的触发等功能。某个任务被触发后，任务管理和规划调度模块根据任务的目标、任务的约束条件以及系统的功能和状态对任务进行规划，生成能够完成该任务的一系列计划和动作。智能执行体接受属于自己的那部分控制计划，然后根据自身系统的模型、自身的知识库以及各个部件的状态对控制计划进行分解，生成一系列控制指令，对各个对象进行控制，达到要求的指标。

根据基于 MAS 的多航天器系统自主运行的体系结构和航天器系统的自主运行流程，典型的多航天器协同飞行体系由主控 Agent 航天器、任务或功能 Agent、通信 Agent、测控 Agent 等组成。

11.3.3.2　主控 Agent 结构

主控 Agent 单元负责制定整体计划，协调各个 Agent 的工作，也就是完成系统的规划和调度任务。在所有 Agent 中，它的智能化程度最高。其结构如图 11 - 9 所示。

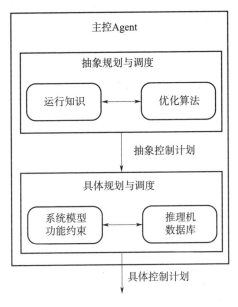

图 11 - 9　主控 Agent 结构图

　　一般情况下，主控 Agent 需要完成两类任务，一类是根据飞行知识确定任务的执行时间，另一类是将控制任务分解成比较具体的任务计划。这两种任务需要的知识不同，采用的方法也不同。从主控 Agent 的结构可以看出，上层是抽象规划与调度，它的主要任务是确定控制任务的执行时间，即为控制任务进行排序。排序的目的是达到最优或者近似最优（例如，优化目标可以为所有观测任务最小完成时间，最大信息获取量或者综合目标最优）。这一排序任务可以采用传统的规划方法或者专家系统，以及具有学习功能的神经网络等方法实现。

　　由于抽象规划的周期比较长，计算工作量很大，同时它产生的规划是一个抽象计划，数据量很小，所以可以在地面完成，这样能够充分利用地面的计算能力。当抽象规划完成后，得到一个控制任务排序，在这个排序中每个控制任务都安排了一个合适的执行时间，这时具体规划与调度模块就可以工作了。具体规划与调度系统由两部分组成，一个是专用系统模型，另一个是通用模块推理机。

为了自主制定多航天器协同飞行的控制计划，规划与调度模块必须了解分布式多航天器系统的组成与功能以及完成各种功能所需的条件，即各种约束。在自主控制中，这些知识必须表示成计算机可以理解的语言，它可以用规则和语义网络表示。

在分布式多航天器系统模型建立以后，规划与调度系统就可以理解各航天器的资源和约束了。在这个基础上，推理机选择各个使命级任务，采用一系列扩展计划的方法对它们进行分解，解决各种约束问题，直到计划中所有的任务约束都得到满足。这时，主控单元得到一个具体的控制计划，它描述了各个成员 Agent 应该完成的工作，由于这个计划是根据分布式多航天器系统模型统一建立的，因此它在整体上不存在冲突。

智能规划是一个复杂的过程，它涉及到知识的表示、逻辑搜索处理等技术，并且需要建立一个良好的界面。它的实现可以分两步走，首先在地面作为辅助工具使用，积累一定经验与信心后，再移植到多航天器系统上，实现真正的自主控制。

11.3.3.3　成员 Agent 结构

分布式多航天器的成员 Agent 虽然要完成的任务可能不同，但其完成任务的处理方式相似，具有相同的结构，都适合采用分层控制。分层控制能够将快速反应能力和智能性有效地集成到一起，这正是自主控制所需要的。分层控制主要由 3 部分组成，其结构如图11 - 10所示。

（1）智能分解、协调与执行模块

这一模块是成员 Agent 主控单元和实时控制模块的中间层。主控单元制定控制计划后，各个子系统 Agent 中的这一模块接收整体计划中属于自己的那一部分计划，这些计划不能直接执行，必须进一步处理。智能分解、协调与执行模块负责将这些计划分解成可执行的控制指令；对各个任务进行同步处理，协调各个任务执行时的

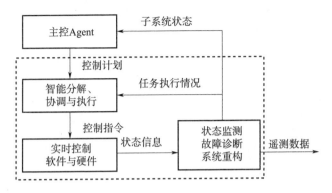

图 11-10　子系统 Agent 结构图

先决条件；完成本系统中资源与设备的进一步管理等。它的设计侧重于执行任务的能力，具有一定的智能性。这一模块的存在减轻了规划与调度系统的工作量，提高了响应速度。

（2）实时控制软件与硬件系统

这个系统是成员 Agent 和分布式航天器系统的底层控制部分，控制任务的具体实现就是由这一层完成的。它从动作种类上可以分为软件处理和硬件动作两类，而从功能上看也可分为两种：一种负责响应控制指令，当接收到控制指令后，完成相应的功能；另一种负责对外部环境的变化做出反应，处理异常情况等。从可靠性和实际应用角度出发，底层控制基本上采用传统的控制方式。这样分布式航天器系统底层的设计基本不变，符合航天系统中尽可能采用成熟技术的原则。底层控制采用直接控制方法，当满足条件时立即响应，这有利于提高系统的响应能力。

（3）状态监测、故障诊断和系统重构模块

这一模块监听实时控制软件和硬件接收到的控制命令，利用系统模型和算法推理出执行这些指令时系统应处的状态，然后和传感器采集的信息相比较，如果传感器采集的信息和推理模型中正常执行指令的情况一致，它认为控制命令已经正确执行；如果传感器采集的信息和推理模型中正常执行指令的情况不一致，它认为系统处在异常状态；当出现故障时，需要根据传感器的信息和推理得到的模型识别具体的故障部件以及引起故障的模式；故障无法排除时，进行系统重构；最后，将控制指令执行情况传递给上层模块，将系统重构情况传递给主控单元，进行状态更新，并将这些情况作为进一步执行任务的基础。

11.3.3.4　测控处理 Agent 结构

自主运行可以代替传统测控。然而由于控制任务的变更，以及系统模型的不完善等，为了确保多航天器系统的运行安全，需要保留必要的地面测控能力，使地面测控必要时可以介入。因此，分布式多航天器系统需要测控处理 Agent。测控处理 Agent 结构如图 11 - 11所示。

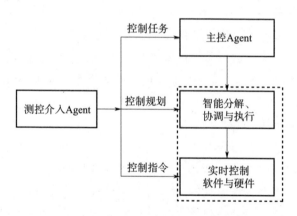

图 11 - 11　测控处理 Agent 结构图

从上图可以看出，地面测控对多航天器系统具有任意层面的控制介入能力，这一功能是通过测控处理 Agent 完成的，它赋予地面测控三种介入能力：上行使命级任务，由自主控制系统根据使命级任务产生指令序列，这是最高级别的自主；上行整体控制计划，取代主控单元产生的控制规划；最后，地面测控可以直接上行控制指令，控制飞行器，这实质上是传统意义上的遥控。测控处理 Agent可以接收这三种类型的上行信息，然后根据信息的类型自动判断应该采取哪一种操作，完成地面控制系统的控制介入。

11.4　多航天器系统的动态联邦式 MAS 结构建模

11.4.1　多航天器系统的动态联邦式 MAS 结构

本章多航天器系统结构包含决策管理层和任务执行层。其中处于决策层的为三颗全球覆盖卫星，用于来自所有航天器信息的收集和发送、决策与管理，并实现信息共享。由覆盖地面指挥控制中心的航天器接收地面加载的各种空间操作任务，由覆盖任务承担航天器的决策层航天器发送指挥控制指令。即决策层航天器 MD - Agent 与任务执行层航天器 PS - Agent、PS - Agent 中的自主运行管理 AM - Agent 与其他功能 FM - Agent 模块均可看做 MAS 结构，即 MD - Agent 与 AM - Agent 均可看做不同层级下 MAS 结构中 C^2 - Agent。以下我们讨论多航天器系统行为协调机制建模。

基于基本假设，系统中的任务执行层航天器都是自主运行以实现空间操作的航天器，即是说其 Agent 模型具有一定程度的"智能"。完全集中式结构中只有一个航天器具有完全的智能，其他航天器则不具智能，这不符合所建复杂系统的要求；而且该结构的计算、决策规划、信息收集、任务分配能力都集中在单一的指挥控制 A-gent 上，遇到复杂问题时易产生瓶颈，也不能满足所设计的多航天器系统中星间通信的要求；　且单一的指挥控制 Agent 出现故障，整个系统将无法运行，即可靠度难以保障。在完全分布式结构中所有航天器都是具有空间自主操作能力的 C^2 - Agent，系统规模庞大；对航天器通信能力要求非常高；Agent 间协调同步性难以实现且非常复杂，开发费用高、技术难度大。

基于上述分析，完全集中式结构和完全分布式结构对于本章的研究对象均不适用，而是基于联邦式 MAS 结构思想，根据对地观测系统自主协作模式特征，对分布式结构进行改进，加入集中式结构的优点，建立了包含决策管理层和行为执行层的两级系统层次混合控制结构模型，如图 10-12 所示，即最终确定多航天器系统采用的是动态联邦 MAS 结构。

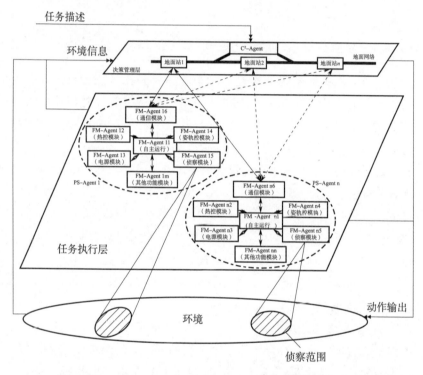

图 11-12　C^2-Agent 与 PS-Agent 间的动态联邦 MAS 结构

　　决策管理层的主要任务是发出协作请求，明确协作机制和策略，进行任务规划和生成、发布具体任务指令。在任意时刻，整个系统只能有一个 MD-Agent 航天器执行任务，通过覆盖指挥控制中心的 MD-Agent 获得并发布任务数据；通过覆盖任务空间的 MD-Agent 收集其他 MD-Agent 各自覆盖的航天器的任务出价，继而作出规划与决策；通过 MD-Agent 间的协调并控制各自覆盖的航天器完成整个系统的全局规划与决策（如图中实线所示）。不发挥作用的 MD-Agent（如图中虚线所示）作为实际 MD-Agent 的备份，仅在它失效的情况下延时启用。在这种结构中，某个时刻的全局规划与决策仅由一 MD - Agent 做出，可以保证全局最优性。另外，将分布式结构中的分布式协调算法引到这种混合结构中，通过 MD - Agent 与 PS - Agent 的协商完成全局规划决策，可以提高系统的适应性，同时也使系统计算量得到分布，避免出现瓶颈问题。

　　行为执行层为底层动作规划和执行层，系统中的 PS - Agent 位于此层。行为执行层以一定方式（如提出任务请求或对协作请求做出响应）与决策管理层形成协作关系，获取所分配的任务，在协作机制指导下进行任务规划，产生动作序列，以致多航天器协作完成观测任务。

　　需要说明的是，当系统确定了决策管理层和行为执行层后，由于任务协作过程中只有一个 MD - Agent 航天器承担"管理"职能，所以此时系统控制结构将蜕化为类似于集中反馈式结构。但与集中反馈式结构所不同的是混合结构中各航天器 Agent 的角色是可以随着任务及环境的变化而发生变化的。决策管理层中的 MD - Agent 并非仅仅负责协作的管理和监督，同时根据需要也可执行动作，完成相应的部分协作任务，或直接作用于环境，发挥出"工作者"的职能。角色的变化会提高系统的可靠度和灵活性，使对地观测航天器系统能更好地适应动态不确定的环境和复杂的动态观测任务，亦使系统更具柔性。可见，多航天器对地观测系统两级层次混合自主协作体系本质上是一种动态自组织结构。

　　该控制结构明确了系统中具有不同职能的个体相互间的控制关系，具有扁平化的层次结构特征，降低了系统结构复杂度，使各层在控制关系上具有较大的灵活性和可靠度，同时又能保证全局最优，从而结合了集中反馈式和分布式结构的特点。此外，该控制结构还适应了系统组织结构上的柔性，可以看作一个具有一定通用性的系统体系结构。

11. 4. 2　多航天器系统的通信结构

　　PS - Agent 分布在多个节点上。同一节点内的代表模块功能的

FM - Agent 以线程的方式运行。由于模块编队属紧密型编队，模块之间的通信可由质量轻、功耗小的无线通信模块提供，并且编队中设置了专门的通信模块——Com - Agent 来提供 PS - Agent 与 MD - Agent 间进行高效、实时的通信服务。这里通信模块 Com - Agent 作为局部 PS - Agent 的功能模块出现，和全局 MD - Agent 共同实现航天器间的通信。多航天器系统的整体通信结构如图 11 - 13 所示。

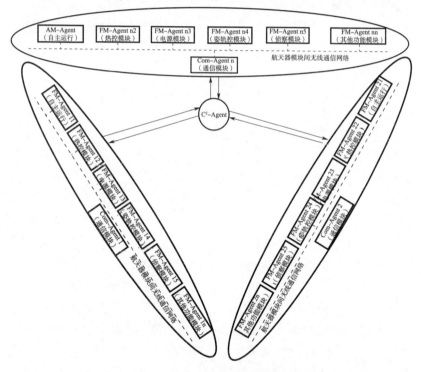

图 11 - 13　多航天器系统的整体通信结构

图 11 - 13 表明，同一 PS - Agent 内部 FM - Agent 间的通信通过无线网络实现，而 PS - Agent 与 MD - Agent 间的通信还需要通过 Com - Agent 与航天器当前地面覆盖下的地面站实施星地数据传输来完成。

　　Agent 之间因知识结构、自身能力等方面的差异导致 Agent 对同样的事务可能有不同理解和解释，因此在交互中 Agent 之间需要基于知识的通信来解决这种差异。

11.4.3　多航天器系统的功能 Sub - Agent

为了满足多航天器系统各 Agent 自主协作运行的需要，根据上一节给出的动态联邦 MAS 的具体要求来构建 C^2 - Agent，C^2 - Agent 实际上就是完成规定需求或者行动的人或过程的代理。C^2 - Agent 提供了一种适应各种天机系统的聚合与行为抽象的框架。而不同目标相互之间对系统都有冲突，所以，在构建自主协作运行体系时必须考虑如何找到有效的解决方案来平衡这些有冲突的目标。

为了有效地平衡 C^2 - Agent 目标之间的冲突，同时为了系统的扩展性和自适应性，本文构造了带有智能辅助 Sub - Agent 的 C^2 - Agent 结构。一个典型的复合型 C^2 - Agent 带有五大类的 Sub - Agent：

1）交互 Sub - Agent；

2）决策 Sub - Agent；

3）组织 Sub - Agent；

4）参数记录 Sub - Agent；

5）操作 Sub - Agent。

每一个 Sub - Agent 都具有特定领域的内部知识库以及接口操作部件。根据不同航天器所处的决策控制层级与具体任务的不同，每个 C^2 - Agent 中 Sub - Agent 的工作重点也不一样。

为说明带有智能辅助 Sub - Agent 的 C^2 - Agent 结构应用于多航天器系统自主运行问题的有效性，我们以对地观测任务的四种子任务为例加以说明：

1）执行对地观测成像任务；

2）编队保持及控制；

3）航天器重构；

4）航天器升级。

图 11 - 14 表示从高级任务到子任务的分解。智能块或者特殊智能体用一个两位数表示。第一位表示它所属的任务范畴（如 2 表示决策），第二个数字表示在某个任务中的子次序（如 3 表示故障或损失）。

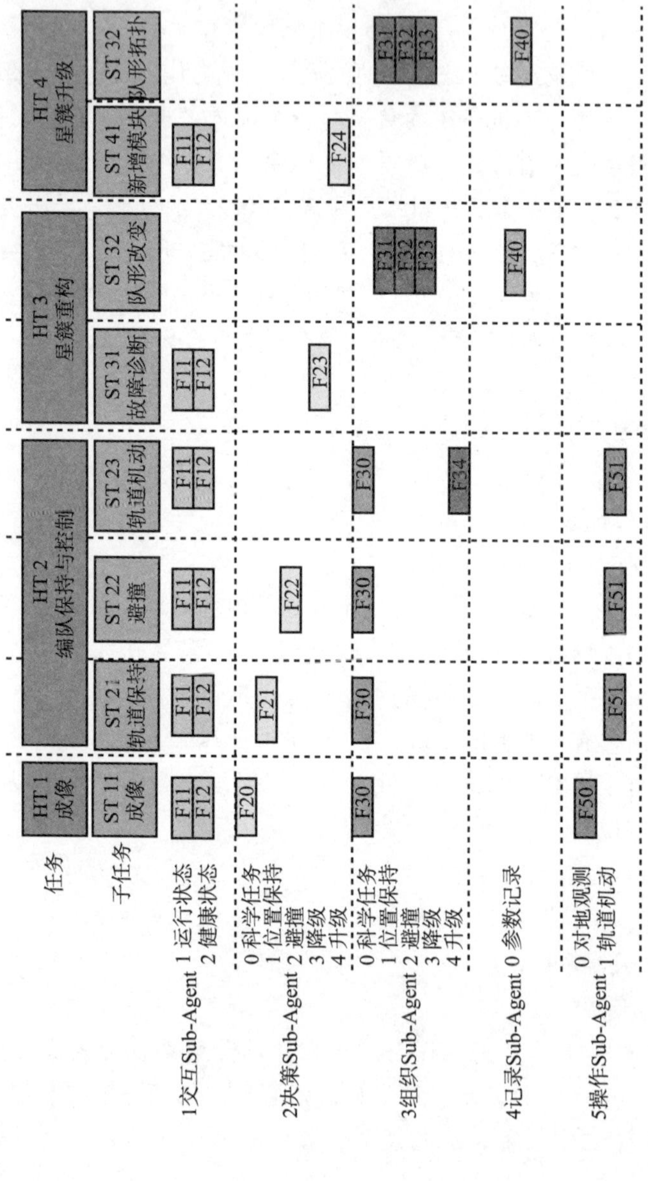

任务	HT 1 成像	HT 2 编队保持与控制			HT 3 星簇重构		HT 4 星簇升级	
子任务	ST 11 成像	ST 21 轨道保持	ST 22 避撞	ST 23 轨道机动	ST 31 故障诊断	ST 32 队形改变	ST 41 新增模块	ST 32 队形拓扑
1交互Sub-Agent 1 运行状态	F11	F11	F11	F11	F11	F31	F11	F31
2 健康状态	F12	F12	F12	F12	F12	F32 F33	F12	F32 F33
2决策Sub-Agent 0 科学任务	F20							
1 位置保持		F21						
2 避撞			F22					
3 降级					F23			
4 升级							F24	
3组织Sub-Agent 0 科学任务	F30	F30	F30	F30				
1 位置保持								
2 避撞				F34				
3 降级						F31 F32 F33		F31 F32 F33
4 升级						F40		F40
4记录Sub-Agent 0 参数记录	F50							
5操作Sub-Agent 0 对地观测		F51	F51	F51		F51		F51
1 轨道机动								

图11-14　多航天器系统任务结构的功能分解

F11（交互 Sub – Agent）能持续获得航天器的运行状况，并能告知给整个航天器系统。运行状态 x 包含航天器的位置和速度，健康状况 h 包括对地观测任务状况 h_s、能量 h_p、推力 h_t 以及剩余推进剂 h_f。

决策 Sub – Agent 周期性地做决定或者监控变化的系统参数。F20（科学任务决策 Sub – Agent）决定任务在航天器中的分配以及需要多少个航天器来监控关注的地面目标。F21（位置保持的决策 Sub – Agent）决定在外界扰动作用下是否有必要进行位置保持或者实施一次轨道修正机动。F22（避撞决策 Sub – Agent）探测航天器中的 FM – Agent 何时会发生碰撞。F23（系统降级的决策 Sub – Agent）通过监测航天器的健康状况 h 来发现一些星上故障，并且需要的话还会启动航天器重构。F24（系统升级的决策 Sub – Agent）决定是否需要在航天器中加入一个新的 FM – Agent。

在出现故障或者在航天器中加入一个新 FM – Agent 的情况下，F31（重构组织 Sub – Agent）以新航天器在对地观测能够中发挥最大的作用为基础，优化出它在新构型中的位置。一旦新的构型确定下来，F32（位置规划组织 Sub – Agent）会为每个航天器分配它们在构型中的新位置。F33（任务分配组织 Sub – Agent）根据预先确定的效用测度为系统中的航天器分配任务。F34（轨迹规划组织 Sub – Agent）计算出每个 FM – Agent 的推进剂和（或）时间最优的机动。

F40（参数记录 Sub – Agent）记录并不断更新多航天器系统的内部描述。这个描述句括系统中有能力执行的对地观测任务的航天器描述和可能的观测任务集。

F50（对地观测操作 Sub – Agent）执行对地成像任务。F51（轨道机动操作 Sub –Agent）执行轨道机动。

11.4.4　功能 Sub – Agent 间的信息流模型

图 11 – 15 举例给出了多航天器系统功能 Sub – Agent 间的信息

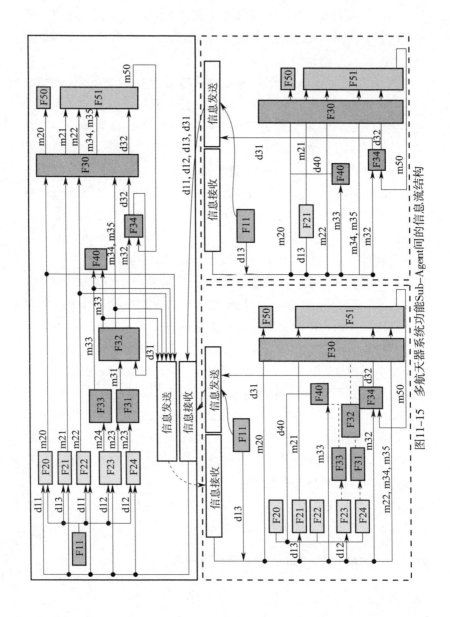

图11-15 多航天器系统功能Sub-Agent间的信息流结构

流结构。被动航天器 Agent（如被动的 I_1）为冗余智能体，或者说是高级智能体（如 I_1）的低级应用（如 I_4）。m 表示信息，d 表示数据。

图中给出了两个主动 AgentI_1 和 I_2、一个被动 AgentI_1。每一个低级 Agent 必须在与高级 AgentI_1 进行交互的前提下完成局部规划、决策以及重构等任务。每个航天器 Agent 要实现自身的位置保持（F21），应先输入监测相对位置误差数据（d13），并在必要时产生一条"保持距离"信息（m21）启动一次位置保持。此外，在系统重组时，每个航天器 Agent 都要与 C^2 - Agent I_1 进行交互。为了给系统内的航天器分配新的位置，C^2 - Agent I_1 需要每个航天器进行投标，因此 C^2 - Agent 发出信息"计算 ΔV"（m32）。接着，每个航天器都会给位于 C^2 - Agent 中的位置规划 Sub - Agent（F32）提供标书，而这种标书是以它移动到新位置所需的速度增量（d31）的形式给出的。然后，Sub - Agent F32 根据收到的标书决定一种最优的配置规划方案。如果 C^2 - Agent 出现了故障，重构模式会被启动，它会使用任务分配 Sub - Agent（F33）为航天器系统生成一个新的结构。全部信息和涉及到的 Sub - Agent 智能体见表 11 - 1。

表 11 - 1　多航天器系统功能 Sub - Agent 间的信息汇总

信息标识	名称	动作	发送	接收
m21	保持距离	位置保持	F21	F51
m22	机动避撞	避撞	F22	F51
m23	系统重构	系统重构	F23	F31
m24	指定角色	指定角色/任务	F23	F33
m31	指定构型	指定构型	F31	F32
m32	计算 ΔV	ΔV 计算	F32	F34
m33	更新状态信息	更新状态信息	F32，F33	F40
m34	机动到新位置	机动到新位置	F32	F51
m35	离轨	离轨	F32	F51
m40	计算控制序列	生成控制序列	F51	F34

参 考 文 献

[1]　M MINSKY. The Society of Mind. New York：Simon&Schuster，1986.

[2]　M Wooldridge，N Jennings. Intelligent Agents：Theory and Practice. The Knowledge Engineering Review，1995，10（2）：115 - 152.

[3]　史忠植. 高级人工智能. 北京：科学出版社，1998.

[4]　M MINSKY，D A RIECKEN Conversation with Marvin Minsky about Agent. Communication of the ACM，1994，37（7）：23 - 29.

[5]　J P MULLER，M WOOLDRIDGE，N R JENNINGS. Intelligent Agent，III，LNAI Volume 1193. Springer，Berlin，1996.

[6]　W GERHARD. Multiagent Systems. The MIT Press，2000.

[7]　SIMON HA. Models of Bounded Rationality. Cambridge，Mass. MIT Press，1982 - 1997，1 - 3.

[8]　S THOMAS，C MARK，S DEREK. Multiple Agent - based Autonomy for Satellite Constellations. Artificial Intelligence，2003（145）：147 - 180.

[9]　B PELL，BERNARD D E，CHIEN S A，et al. An Autonomous Spacecraft Agent Prototype. Autonomous Robots，1998，5（1）.

[10]　N R JENNINGS，et al. Agent - based Business Process Man Agent，Int. Journal of Cooperative Information System，1996，5（2 - 3）：105 - 130.

[11]　张育林，曾国强，王兆魁，郝继刚. 分布式卫星系统理论及应用［M］. 北京：科学出版社，2008.

第 12 章　航天器协同飞行的自主任务分配

12.1　引言

本章在第 11 章所建立的基于 MAS 的多航天器系统自主运行体系结构模型的基础上,从 MAS 的动态任务优化分配问题出发,针对传统合同网协议在资源有效利用、突发异常事件处理、任务时效性、任务执行 Agent 信任度更新等方面的不足,从协商目标、协商协议、协商策略和协商处理四个方面入手,提出了改进的合同网协议;基于改进的合同网协议,建立了招标前任务选择、任务执行 Agent 信任度及更新、投标方投标方法、评标前资源约束检验、招标方招标方法与策略等任务优化分配阶段性模型;描述了基于动态联邦 MAS 的多航天器系统任务优化分配问题的评标过程,讨论了任务优化分配策略的评价准则,建立了集中式动态任务分配模型;针对确定点目标任务优化分配问题,研究了局部回溯的 Q 值最大任务优化分配算法和三种评标策略;针对非确定点目标观测问题进行了网格化模型描述,推导了网格单、多目标分布概率更新算法,提出了最大信息-发现综合收益等四种评标策略。

12.2　基于合同网协议的自主任务分配方法

协商机制是 MAS 解决问题的一个重要手段,协商机制将 Agent 分为任务的决策者和执行者,任务决策者负责任务的分配、任务执行的监控以及执行结果的处理,执行者负责对任务进行评估,并通过与任务决策者之间的协商确认任务的执行时间,将执行结果传送给协商者。通过设计专门的协商协议和算法,可以有效地管理整个

MAS，实现系统的优化利用。

协商的过程也是一个动态解决问题的过程，Agent 之间通过交换实时信息，可以及时感知 MAS 的动态变化，并针对动态信息启动新一轮的协商过程。这种实时任务优化分配方式使 MAS 对动态环境更加具有适应性。

12.2.1　基于传统合同网协议的任务分配

12.2.1.1　基本思想

传统合同网协议模型是由 Smith 和 Davis 于 1980 年提出的一种 Agent 协商模型，对 MAS 的研究起到了重要的指导作用。在合同网协议模型中，控制和信息是分布的，并不集中在某个 Agent 上，从而减少了集中式系统中容易出现的"瓶颈"问题，同时也增强了可靠度，保证系统在局部失效时顺利地将负载分配给系统的其他部分。由于合同网模型具有其他 Agent 协商模型所不具备的优势，因此，关于合同网模型的研究一直是 Agent 协商领域中的研究热点之一[1]。

作为 Agent 之间进行协商的重要方法，合同网协议被广泛用于解决 MAS 的任务分配问题，通过模仿经济行为中"招标—投标—中标"机制实现任务的委派和迁移。合同网协议模型采用任务拍卖的方式，通过网络中结点的互相协商和任务竞争来解决动态、分布的任务分配问题，使用投标值作为结点之间任务协调和分配的控制变量，从而以最优的系统配置和代价完成特定的任务。由于不同结点间可以共享任务和结果，所以多个结点可以通过合作容易地完成一项复杂任务。

合同网模型由多个可以互相传递信息的结点 Agent 组成，这些结点可分为三类：

1) 招标 Agent，即任务的决策者，负责任务的分配和管理；

2) 投标 Agent，指有能力完成任务的节点（任务的潜在执行者），能就所分配的任务参与竞标；

3) 中标 Agent，指竞标成功的投标者，负责完成任务，即任务执行者。

合同网协议任务分配的基本思想是将任务的分配通过结点之间的招投标过程实现，将协商引入到招标者和投标者的双向选择过程中。当招标者有任务需要其他结点帮助解决时，它就向其他结点广播有关该任务信息，即发布任务通告（招标），接到招标的结点则检查自己解决该问题的相关能力，然后发出自己的投标值并使自己成为投标者，最后由招标者评估这些投标值并选出最合适的中标者授予任务。在招投标过程中，利用通信机制，对每个任务的分配进行协商，避免资源、知识等的冲突，使系统以较低的代价、较高的质量完成分布式任务。

12.2.1.2　任务分配过程

合同网协议任务分配包括四个主要步骤，分别为任务发布、投标提交、合同授权和合同建立[2]。任务分配过程中招标者与投标者的信息交互过程如图 12 - 1 所示，招标者与投标者的内部流程如图 12 - 2 所示。

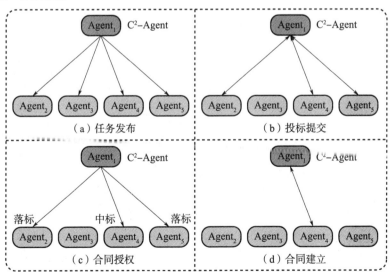

图 12 - 1　招标者与投标者信息交互示意图

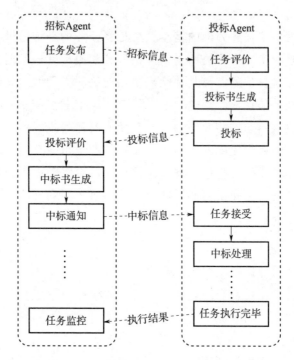

图 12 - 2 招标者与投标者内部流程示意图

步骤 1：任务发布

当 Agent 需要分配某项任务时，它通过广播通信方式向其认为可能会对该任务产生响应的 Agent 声明此任务，该 Agent 成为招标者，如图 12 - 1（a）所示。声明内容包括该任务的描述，对投标的最低要求以及投标的有效期限等。

步骤 2：投标提交

接收到招标者发布的任务消息的 Agent，根据该任务的要求、自身的能力及工作负载情况进行评估，判断自己是否具备完成该任务的能力，并计算完成该任务需要付出的代价。如果有完成该任务的意向，则向招标者提交投标，成为投标者，如图 12 - 1（b）所示。投标消息的内容包括投标者的自身信息以及投标值等。

步骤 3：合同授权

招标者在发布任务后即转入等待投标状态，当接收到某个投标者提交的投标时，保存该投标消息。在接收到所有 Agent 的投标或者到达预定的任务投标截止时间以后，招标者停止接收投标，并对已接收的投标信息进行综合评估，选择最合适的投标者，向其发送合同授权消息，该 Agent 成为本次任务分配的中标者，并向其余投标失败的 Agent 发出落标消息，如图 12 - 1（c）所示。

步骤 4：合同建立

获得合同授权的 Agent 向招标者发送确认信息，保证该合同的履行，并正式建立合同，如图 12 - 1（d）所示。如果由于情况变化导致该中标者不能正常履行该合同，则其需要向招标者发送消息取消合同，此时整个分配过程返回步骤 3，招标者重新评估投标消息，并重新选择一个 Agent 以授予合同。合同正式建立以后，赢得合同的 Agent 开始执行该任务，并需要保证任务的完成。

由上述过程可以看出，合同网协议对于任务的分布式分配不需要事先知道其他 Agent 的能力信息，因而可以实现动态分配：系统中的任务可以动态增加，Agent 也可以动态加入或者退出，而且具有平衡各个 Agent 任务负载的潜力。由于合同网协议的主要过程非常直观、容易实现，并且具有较好的效果，因此已经成为分布式问题求解中采用最多、应用最成功的研究框架。

12.2.1.3　传统合同网协议的不足

利用上述协商过程虽然可以实现任务的分配，但传统合同网协议应用于动态不确定环境下的多航天器系统对地观测任务仍存在着诸多不足之处，影响了实际的协商过程以及任务分配的效率。这些不足包括以下几个方面：

1）多航天器系统对地观测任务处于动态不确定的环境当中，会产生一些不可预见的动态事件，如航天器系统故障、云层覆盖导致无效观测、应急任务（自然灾害持续观测等）、任务执行 Agent 能力变化导致协作效率和质量变低，以及任务属性或要求发生变化需要立即处理等等。这些异常情况的处理在传统合同网协议中是没有考虑到的。

2）传统合同网协议招标时，任务决策 Agent 需要将招标信息以广播方式发送给系统中其他所有潜在的任务执行 Agent，这种机制严重浪费系统通信资源和决策 Agent 评标资源。

3）在传统合同网协议中，任务决策 Agent 向潜在的任务执行 Agent 发出招标标书后还需等待投标方的投标确认信息，没有明确任务决策 Agent 对投标书的等待时限，有可能造成任务决策 Agent 等待时间过长，而错过观测活动时间窗口。

4）传统合同网 Agent 心智模型上，较少考虑 Agent 社会属性（如 Agent 之间的信任程度，与其他 Agent 的合作关系等），也没有考虑 Agent 之间合作的历史记录，没有形成 Agent 之间的相互信任关系，使得系统协作质量不高。

5）传统合同网模型往往假设 Agent 都是自私的，出于获得自身最大好处为目的，Agent 在投标过程中总是有步骤地释放自己的信息和报价，与招标方进行多次讨价还价，以期达成双方都满意的合同。在这样的方式中，Agent 间反复交互、反复协商的过程将造成系统信息的大量冗余和资源浪费。

12.2.2　改进的合同网协议

传统合同网协议的招投标过程，就任务分配时的一般情况给出了招投标的基本步骤。但多航天器系统中的 Agent 航天器处于复杂、动态多变的观测环境中，在利用合同网协议进行协商时，可能会遇到一些传统合同网协议中没考虑到的情况。基于上文分析，下面提出了一种改进的合同网协议，用于多航天器系统任务分配问题的求解。改进后的协议如下。

（1）任务发布

任务管理者在接受任务集合后，首先按照一定的策略选择要进行招标的任务。任务挑选策略可以根据不同的情况选用不同的策略，比如最大优先级优先、最小剩余规划时间优先等。招标任务 t_j 挑选出来以后，首先根据任务决策 Agent 掌握的潜在任务执行 Agent 的静态信息（如性能指标、信任度等），对完成任务 t_j 的潜在任务执行 Agent 进行筛选，然后采用广播的方式将任务发布给相关的航天器 Agent。任务的发布可以描述为

$$(ID_{C^2-\text{Agent}}, t_j, \text{Deadline}) \qquad (12-1)$$

其中，$ID_{C^2-\text{Agent}}$ 是任务决策者即 C^2- Agent 的标志符，Deadline 是投标的截止日期，t_j 是招标的任务，包含了有关任务的需求以及完成任务的约束条件集合，可表示为

$$(PS_j, LS_j, LT_j, PR_j) \qquad (12-2)$$

式中　PS_j——任务 j 要求的观测目标；

　　　　LS_j——任务 j 要求的最晚开始时间，体现了观测任务的实效性；

　　　　LT_j——任务 j 要求的持续观测时间；

　　　　PR_j——任务 j 的优先级，一般按照目标的重要意义进行划分。

（2）任务投标

相关的航天器 Agent 接受信息以后，根据自适应的投标策略以及任务的约束条件做出相关的投标决策，主要有三种：拒绝、不理解以及投标。如果决定投标，那么投标信息必须是诚实的，可以用一个二元组描述

$$(ID_{\text{PS-Agent}}, t_j^i) \qquad (12-3)$$

式中　$ID_{\text{PS-Agent}}$——投标航天器的标志符；

　　　　t_j^i——投标航天器 a_i 对任务 t_j 的调度方案。

　　　　用一个四元组表示的 t_j^i 为

$$(st_j, et_j, sa_j, moe_j) \qquad (12-4)$$

式中　st_j——任务 t_j 的实际开始时间；

　　　　et_j——任务 t_j 的实际结束时间；

　　　　sa_j ——任务 t_j 的资源成本；

　　　　moe_j ——任务 t_j 的效用测度；

　　（3）中标评价

　　任务决策者接收到预定的全部投标结果或者投标截止期到期之后，根据预定的评标策略对投标方案进行评估。评标过程是一个动态调度的过程。本身维护着一个已经签订合同的合同任务集，当有新的招标任务到来的时候，任务决策者必须在不引起冲突的情况下，将新任务插入到投标者适合的时间区间中。这个动态调度过程是一个复杂的约束求解过程，一方面要保证调度方案中各种约束的一致性，另一方面还要满足一定的调度优化目标。评标策略的制定与全局优化目标相关，可以根据不同的优化目标制定不同的评标策略。在多航天器系统任务规划领域，常用的全局目标主要有负载均衡、效用测度最大、最早完成等。

　　任务决策者选定一个最佳投标方案之后，给相应的投标者发出中标通知，给其他投标者发出拒绝通知。

　　（4）合同签订

　　中标的投标者接收到中标通知后，将任务正式加入到其合同任务集中，并回复确认信息，双方合同成立。任务管理者收到确认信息后，将任务标记为合同任务，等待执行结果信息反馈。

　　（5）结果反馈

　　合同任务执行以后，有关执行结果的信息被反馈给任务管理者，任务管理者对任务结果进行分析，根据分析结果对现有的任务分配合同进行修改或者指导未来的任务规划过程。

12.3　多航天器对地观测系统任务分配

12.3.1　招标前任务选择策略

　　一般来说，基于改进合同网的任务规划一次只能处理一个任务的招投标，如何从任务集中挑选招标任务就成了一个首先要解决的问题。招标任务的选择与任务规划的全局优化目标有关，需要根据不同的情况制定不同的任务选择策略。

12.3.1.1　最大优先级策略

观测任务 t_j 根据目标重要性的不同，具有不同的优先级参数。最大优先级策略是指在挑选招标任务的时候，首先挑选出价值最大的观测目标最大的任务进行招标，这样可以保证重要的任务能较早得到安排，具有较多的执行机会。最大优先级策略表示如为

$$Pr = \max_{1 \leqslant j \leqslant n} \{v(t_j)\} \qquad (12-5)$$

式中　　$v(t_j)$ ——任务 t_j 的价值。

12.3.1.2　最小剩余规划时间策略

同一批次到达的观测任务集，其中任务 t_j 要求的最晚开始时间 LS_j 不一定相同。如果当前任务时间记为 TN ，那么我们定义任务规划时间与任务最晚开始执行时间的差值为任务 t_j 的剩余规划时间，记为

$$T_{\text{else}}(t_j) = LS_j - TN \qquad (12-6)$$

剩余规划时间的大小反映了任务规划进程的紧迫性，剩余规划时间小的任务应该尽早得到规划，以避免出现因为来不及规划而无法执行的情况。

最小剩余规划时间策略表示如下

$$T_{\text{else}} = \min_{1 \leqslant j \leqslant n} \{LS_j - TN\} \qquad (12-7)$$

12.3.1.3　任务价值-剩余规划时间综合策略

实际应用中，也可以将上述两个策略组合起来使用，既考虑任务的剩余规划时间，又考虑观测目标的价值。可以表述如下

$$W = \max_{1 \leqslant j \leqslant n} \left\{ \frac{v(t_j)}{T_{\text{else}}(t_j)} \right\} \qquad (12-8)$$

12.3.2　任务发布时的 Agent 信任度及其更新策略

12.3.2.1　信任度评价

信任度用来刻画管理者对任务熟人能够完成任务的可信任程度，它是由任务决策与任务熟人之间直接建立起来的信任关系，主要取决于任务熟人的熟悉度和任务完成情况。

$\eta = \{(\eta_{ij})\} | (i = 1, \cdots, m, j = 1, \cdots, n)$ 为 $A = \{a_1, a_2, \cdots, a_m\}$ 表示 Agent 空间的信任度集合，η_{ij} 表示系统对 a_i 能完成对地观测任务 t_j 的信任程度。即有

$$信任度 = \alpha_1 * 任务完成效用均值 + \alpha_2 * 熟悉度 \quad (12-9)$$

$$熟悉度 = \beta_1 * \frac{同类任务中标数}{同类任务总数} + \beta_2 * \frac{同类任务投标数-同类任务中标数}{同类任务总数}$$

$$(12-10)$$

其中，$0 < \alpha_1, \alpha_2, \beta_1, \beta_2 < 1$，$\alpha_1 + \alpha_2 = 1$，$\beta_1 + \beta_2 = 1$。

12.3.2.2　信任度更新策略

a_i 获得了任务 t_j 的执行权后，根据完成的情况，更新信任度 η_{ij}

$$\begin{aligned}\eta_{ij} &\leftarrow \eta_{ij} + \xi_{award} \quad 若任务完成 \\ \eta_{ij} &\leftarrow \eta_{ij} + \xi_{penalty} \quad 若任务失败\end{aligned} \quad (12-11)$$

其中，ξ_{award} 和 $\xi_{penalty}$ 分别 C^2-Agent 为对任务执行 Agent 能完成该任务的信任度的降低和增加值，即若某任务执行 Agent 不能依承诺完成某个任务，则该任务执行 Agent 就暂时失去了完成此任务的能力，C^2-Agent 对此任务执行 Agent 的信任度将大大降低。

航天器 Agent 之间的信任关系是改进的合同网任务发布时要考察的重要指标之一，而信任关系是在相互协作过程中建立起来的。如果 C^2-Agent 将任务委托给某任务执行Agent后，对方总能顺利完成并达到令 C^2-Agent 满意的求解质量，那么 C^2-Agent 将逐渐增加对该合作者的信任。随着这种信任的增加，C^2-Agent 以后在碰到类似的任务时，都会优先发送标书给所信任的任务执行 Agent，这样大大减少了招标过程中产生的通信量。相反，如果任务执行 Agent

无法完成任务或完成任务的质量无法令 C^2 - Agent 满意，C^2 - Agent 以后可能会尽量避免对此任务执行 Agent 进行招标。概括来说，基于信任度的任务发布策略是指 C^2 - Agent 所用的限定任务发布对象的策略，即由 C^2 - Agent 根据对任务执行 Agent 中熟人的信任度的评价结果，挑选出一定数量的 Agent 作为任务通告的发布对象。

12.3.3　投标方投标方法

假设投标方航天器 a_i 的合同任务集合为 $T^i = \{t_1{}^i, t_2{}^i, \cdots, t_n{}^i\}$，其中的任务按优先级高低排列。接收到的投标任务通常带有执行时间约束和持续时间约束（PS_j, LS_j, LT_j, PR_j），投标方航天器 a_i 需对所有的潜在观测任务进行约束检验，计算候选观测时间窗口中执行任务的能源消耗，结合气象等动态预测参数评估任务效能。之后，将满足观测约束的任务投标书以（$ID_{\text{PS-Agent}}, t_j$）形式发还 C^2 - Agent。

12.3.3.1　候选时间窗口

由于时间窗口约束的存在，必须首先计算可以执行任务 t_j 的候选时间窗口，而且一般地，在一个规划周期内，航天器 a_i 针对任务 t_j 往往具有多个候选时间窗口。时间窗口的计算要考虑任务 t_j 的执行时间约束，即任务要求最迟在 LS_j 前开始执行，且任务观测时间应大于 LT_j。我们计算候选时间窗口时，仅仅计算 LS_j 时刻之前的时间窗口。候选时间窗口及观测持续时间的计算可以参考航天器覆盖模型，这里不再赘述。

12.3.3.2　动态效能评估方法

本章第 2 节所提出的改进的合同网协议充分考虑了多航天器系统对地观测任务所处的动态不确定性环境，这就对在任务的可行时间窗口内完成任务的评价方法提出了新的挑战，为此我们在原有 ADC 法基础上提出针对不确定环境下任务效能的动态评估方法。

ADC 法是美国工业界武器系统效能咨询委员会 WSEIAC（Weapon System Efficiencies Industry Advisory Committee）提出的

系统效能模型，是目前使用最多的一种方法。该模型将系统效能定义为系统性能满足一组规定任务要求程度的量度，它是可用度（Availability）、可信赖度（Dependability）及能力（Capacity）的函数。它把武器系统的效能评估与具体的作战任务结合起来，能够以定量指标反映既定作战任务的完成情况。其公式为

$$E = A \times D \times C \qquad (12-12)$$

式中　E——系统效能；

　　　A——可用度，是系统在开始执行任务时所处状态的量度；

　　　D——可信赖度，已知系统在开始工作时所处的状态，表示系统在执行任务过程中所处状态的量度；

　　　C——能力，已知系统在执行任务过程中所处的状态，表示系统完成规定任务能力的量度。

分析可知，方程是一个静态方程，它不能反映航天器对地观测效能随时间的动态变化，故我们可对原始的 ADC 方法进行改进，建立动态任务效能评估理论和模型。其公式为

$$E(t) = A(t)D(t)C(t) \qquad (12-13)$$

假定系统在任意时刻总处于 n 个状态 $B_1(t), B_2(t), \cdots, B_n(t)$ 中之一。假定系统初始处于状态 $B_1(0), B_2(0), \cdots, B_n(0)$ ，执行任务结束时处于状态 $B_1(t), B_2(t), \cdots, B_n(t)$ 。将 $[0, t]$ 分化为 m 个时间段，$0 < t_0 < t_1 < \cdots < t_m = t$ 。显然 $\bigcup_i B_i(t_k) = S, k = 0, 1, 2, \cdots, m$ 。S 是必然事件。

假设事件 C 表示系统完成任务。考虑在 $(0, t_{k+1}]$ 时间段完成任务情况，它可以看作时在时间段 $(0, t_k]$, $(0, t_{k+1}]$ 完成任务的。则依据概率时间的运算规律有

$$C = C \bigcap S \bigcap S = C \bigcap \left[\bigcup_i B_i(t_k) \right] \bigcap \left[\bigcup_j B_j(t_{k+1}) \right]$$

$$= \bigcup_{i,j} CB_i(t_k)B_j(t_{k+1})$$

$$(12-14)$$

$$p(C) = \sum_{i,j} p[CB_i(t_k)B_j(t_{k+1})]$$

$$= \sum_{i,j} p[B_i(t_k)]p[B_j(t_{k+1})/B_i(t_k)]p[C/B_i(t_k)B_j(t_{k+1})]$$

$$(12-15)$$

式中　$p(C)$——系统完成任务的概率；

　　　$p[B_i(t_k)]$——系统 t_k 时刻的可用度，记为 $a_i(t_k)$；

　　　$p[B_j(t_{k+1})/B_i(t_k)]$——系统在 t_k 时刻处于 i 状态的条件下，记为 $d_{ij}(t_k,t_{k+1})$；

　　　$p[C/B_i(t_k)B_j(t_{k+1})]$——系统在 t_k 时刻处于 i 状态的条件下，执行任务到 t_{k+1} 时刻处于 j 状态，在这个过程中完成任务的条件概率，记为 $c_{ij}(t_k,t_{k+1})$。

记 $A_k = [a_1(t_k)\ a_2(t_k)\cdots a_n(t_k)], k = 0,1,\cdots,m-1$

　　$D_k = [d_{ij}(t_k,t_{k+1})], C_k = [c_{ij}(t_k,t_{k+1})], k = 1,2,\cdots m-1$

这里的 $P(C)$ 就是系统效能评估方程中的 $\boldsymbol{E}$，因此式（12 - 15）可以写为

$$p(C) = \sum_{i,j} a_i(t_k)d_{ij}(t_k,t_{k+1})c_{ij}(t_k,t_{k+1}) \qquad (12-16)$$

即

$$\boldsymbol{E} = \boldsymbol{A}_k \boldsymbol{D}_k \boldsymbol{C}_k \qquad (12-17)$$

再考虑在 $(0,t_{k+1}]$ 时间段完成任务情况。它可以看成是在时间段 $(0,t_{k-1}]$，$(t_{k-1},t_k]$，$(t_k,t_{k+1}]$ 完成任务的。则依据概率事件的运算规律有

$$C = C \cap S \cap S \cap S = C \cap [\bigcup_i B_i(t_{k-1})] \cap [\bigcup_j B_j(t_k) \cap (\bigcup_l B_l(t_{k+1})]$$

$$= \bigcup_{i,j,l} CB_i(t_{k-1})B_j(t_k)B_l(t_{k+1})$$

$$(12-18)$$

类似依据概率事件的运算规律有

$$p(C) = \sum_{i,j,l} p[CB_i(t_{k-1})B_j(t_k)B_l(t_{k+1})]$$

$$= \sum_{i,j,l} p[B_i(t_{k-1})]p[B_j(t_k)/B_i(t_{k-1})]p[B_l(t_{k+1})/B_i(t_{k-1})B_j(t_k)]$$

$$p[C/B_i(t_{k-1})B_j(t_k)B_l(t_{k+1})]$$

$$(12-19)$$

由于任务过程符合马尔可夫性，所以有

$$p(C) = \sum_{i,j,l} p[B_i(t_{k-1})]p[B_j(t_k)/B_i(t_{k-1})]p[B_l(t_{k+1})/B_j(t_k)]$$

$$p[C/B_j(t_k)B_l(t_{k+1})]$$

$$(12-20)$$

类似于前面的记法，有

$$p(C) = \sum_{i,j,l} a_i(t_{k-1})d_{ij}(t_{k-1},t_k)d_{jl}(t_k,t_{k+1})c_{jl}(t_k,t_{k+1})$$

$$(12-21)$$

$$\boldsymbol{E} = \boldsymbol{A}_k \boldsymbol{D}_{k-1} \boldsymbol{D}_k \boldsymbol{C}_k \quad k = 0,1,\cdots,m \qquad (12-22)$$

比较式（12-17）和式（12-22），可以推得递推公式如下

$$\boldsymbol{A}_k = \boldsymbol{A}_{k-1} \boldsymbol{D}_{k-1} \quad k = 0,1,\cdots,m \qquad (12-23)$$

再考虑在 $(0,t_{k+1}]$ 时间段完成任务情况，假定系统初始处于状态 $B_1(0),B_2(0),\cdots,B_n(0)$ ，执行任务结束时处于状态 $B_1(t_{k+1})$ ，$B_2(t_{k+1}),\cdots,B_n(t_{k+1})$ 。则依据概率事件的运算规律有

$$C = C \cap S \cap S = C \cap \left[\bigcup_i B_i(0)\right] \cap \left[\bigcup_j B_j(t_{k+1})\right]$$

$$= \bigcup_{i,j} CB_i(t_0)B_j(t_{k+1})$$

$$= \sum_{i,j} a_i(0)d_{ij}(0,t_{k+1})c_{ij}(0,t_{k+1})$$

$$(12-24)$$

式（12-24）实际上应该写为

$$\boldsymbol{E}(t) = \boldsymbol{A}(0)\boldsymbol{D}(0,t)\boldsymbol{C}(0,t) \qquad (12-25)$$

至此，我们就推导出了完整的动态 ADC 模型，其最大特点就是能够充分考虑任务过程中的动态信息，能够实时地评估任务效能。

此方法应用于任务之前的预测规划以及任务完成后对任务执行 A-gent 的同类任务信任度更新。

12.3.3.3　自适应的投标策略

自适应的投标策略用于解决合同者是否投标及投标时标值的确定等问题。典型的自适应投标决策模型是基于社会性昆虫行为的研究提出的刺激响应模型。

设第 j 种刺激的强度为 S_j，生物体 i 对该刺激的响应值为 $\theta_{i,j}$，则生物体对第 j 种刺激做出反应的响应度为

$$R(\theta_{i,j}, S_j) = \frac{S_j^2}{S_j^2 + \theta_{i,j}^2} \qquad (12-26)$$

其中 S_j，$\theta_{i,j}$ 随环境的改变而变化。

参考刺激响应模型，将刺激对应于任务效能，响应阈值对应于任务执行资源成本。这样，当刺激高于响应阈值时，a_i 参与投标。

12.3.4　评标前的资源约束检验

由候选时间窗口计算步骤得到的候选时间窗口可能有多个，要确定任务的执行时间必须从这些候选时间窗口中选择一个满足任务约束的无冲突的最优时间窗口，本章研究的多航天器对地观测系统中的工作 Agent 航天器，主要是由具有侧摆功能的传感器模块组成的，对这种对地观测任务规划问题来说，考虑的主要约束条件就是由侧摆活动引起的时间约束和资源约束。

多航天器对地观测系统资源规划问题具有以下特点：

1）航天器资源在规划周期内所承担的观测任务是连续的；

2）任务往往具有各自的优先级；

3）需要在时域上根据任务的优先级对需要执行的任务进行时间安排并加以检验。

因此，当工作航天器接受新任务 t_j 时，必须考虑新任务 t_j 是否会对在此之前所接受的其他合同任务产生影响，即接受后任务之间是否会发生冲突，冲突是否能被消解？只有满足任务约束，并且无

冲突的可见时间窗口才是可选用的。由候选时间窗口计算步骤得到的候选时间窗口可能有多个，要确定任务的执行时间必须从这些候选时间窗口中选择一个满足任务约束的无冲突的最优时间窗口，而考虑的主要约束条件就是由传感器侧摆活动引起的时间约束和资源约束。对同一航天器来说，侧摆调整活动消耗的电源数量与侧摆调整角度成正比。

之所以在任务规划过程中必须考虑侧摆活动的影响，主要是因为侧摆角度的调整需要耗费一定的时间和电能。侧摆调整消耗的时间与调整角度成正比。航天器在侧摆之后，需要一定的稳定时间以使设备可以正常工作和进行动态规划。稳定时间与侧摆调整所耗费的时间之和通常被称为观测活动的准备时间。准备时间的存在实质上加强了对观测任务的时间约束。如前所述，任务的插入还要考虑对插入点之后观测活动的影响，因此，在插入任务的时候，除了要保证在观测活动开始之前有足够的准备时间空闲，还要保证观测活动执行完毕之后有足够的准备时间空闲，用于插入点之后的观测活动进行侧摆调整和设备稳定[3-5]。插入任务的时间约束应同时满足以下四式

$$
\begin{aligned}
st_j - et_{e-1} &\geqslant \frac{|sa_j - sa_{e-1}|}{\omega} \\
st_e - et_j &\geqslant \frac{|sa_e - sa_j|}{\omega} \\
st_j - et_{e-1} &\geqslant 0 \\
st_e - et_j &\geqslant 0
\end{aligned}
\qquad (12-27)
$$

其中 st_j，st_e 分别为试图插入任务与插入点后一任务的开始时刻，et_{e-1}，et_j 分别为试图插入任务与插入点前一任务的结束时刻（假设若窗口持续时间大于任务本身所须观测时间，则实际观测时间等于窗口时间），ω 为航天器传感器侧摆角速率。

侧摆活动消耗的电能与侧摆调整的角度成正比，任意时刻只有当航天器的可用电源数量大于侧摆活动的消耗数量的时候，侧摆活动才能被执行。电源约束比准备时间约束更为复杂是就电源约束对

航天器已有调度方案的影响范围而言的，因为航天器的电源数量是一个随时间变化的函数，所以任何一个插入点上，任务插入导致的侧摆调整活动消耗的电源不仅与插入点的航天器电能有关，还会进一步影响到插入点之后的所有观测活动的执行，这是与准备时间约束最大的不同

$$K - \sum_{j=1}^{\beta} CI_j$$

$$= K - \sum_{j=1}^{\beta} \left[H_j \cdot \left(|sa_j - sa_{e-1}| + |sa_e - sa_j| - |sa_e - sa_{e-1}| \right) \right] \geqslant 0$$

$$(12-28)$$

其中，K 为航天器总电能；CI_j 为插入成本，定义为插入新任务后产生的潜在合同任务序列成本与插入前的原合同任务序列成本的差值；H_j 为单位侧摆角度消耗的推进剂数量。

确定任务的执行时间窗口，主要是判断在选定的时间窗口内航天器是否满足上述因侧摆调整活动而产生的时间约束和电源约束，这两种约束都与特定的时间窗口相关，它们的可满足性直接影响到时间窗口的选择。

12.3.5　招标方评标方法

12.3.5.1　招标方关于确定点目标观测任务优化分配的评标方法

（1）任务优化分配问题的基本描述

（a）基本问题描述

Multi-Agent 问题（MAP）描述为

$$P_{MAS} = (T, A, \mathbb{C}) \qquad (12-29)$$

其中　$T = \{t_1, t_2, \cdots, t_n\}$——任务空间，即对地观测任务集合；

$A = \{a_1, a_2, \cdots, a_m\}$——Agent 空间，即 PS-Agent 航天器集合。

任务空间为包含 n 个元素的子集，Agent 空间为包含 m 个元素的子集。在整个多航天器系统中 T 和 A 都可以看作是信息处理函数。$\mathbb{C}^2-$

Agent 节点不断改变对地观测任务集合 T，而 A 也同时受到任务 T 执行结果的影响而改变自身的状态。这样，可以将 $\mathbb{C}$ 描述为

$$\mathbb{C} = \{\mathbb{C}_1, \mathbb{C}_2, \cdots, \mathbb{C}_\gamma\} \qquad (12-30)$$

其中，$\mathbb{C}_k$（$k=1, 2, \cdots, \gamma$）是一阶函数，它将函数空间 $T \times A$ 映射到实数空间，其中 $\times$ 表示笛卡儿乘积。从而使 PS – Agent 的自身行为以效用测度的形式来表示。

这样多航天器对地观测系统中的 MAS 问题就可以被定义为：对于确定的 T 和 A，如何采取相应的行为动作，使下式成立

$$\max \mathbb{C} = \mathbb{C}(T, A) \qquad (12-31)$$

至此，可以明确地给出多航天器对地观测系统中的 MAS 问题：对于给定的目标判别函数 $\mathbb{C}(T, A)$ 和任务 T，如何确定 Agent 的信息处理函数 A，从而使 $\mathbb{C}(T, A)$ 任务效能最大化。在上式中，当任务空间 T 和 Agent 空间 A 确定的时候 $T \times A$ 构成了一个问题域的解空间。从上述模型的描述中可以看出，多航天器对地观测任务中 MAP 的研究方向可归结为：当给定任务空间 T 时，如何确定 Agent 空间 A 的动作集从而使 $\mathbb{C} = \mathbb{C}(T, A)$ 最大化的问题，即

$$\pi_{\text{MAS}}^{\text{opt}} = \arg\max \mathbb{C}(T, A) \qquad (12-32)$$

本章主要考虑通过多航天器对地观测系统中 C^2 – Agent 航天器不断接收关于任务集合 $T = \{t_1, t_2, \cdots, t_n\}$ 的投标方标书，如何选取适当的任务执行航天器 a_i 并采取相应的行为动作，从而使对地观测任务效用测度最大化的问题。

（b）单个 Agent 及其任务空间

为了清楚的研究和分析多航天器对地观测系统中的 MAS 问题，首先考虑单个 Agent 及其任务空间 T。假定单个 Agent 记为 a_i，$a_i \in A$。由于航天器覆盖范围以及任务时间的约束，单个 Agent 航天器只可能无冲突地完成任务集中的一部分任务 T^i，$T^i = \{t_1^i, t_2^i, \cdots, t_\beta^i\} \subseteq T$。

通过引入相应的 Agent 准则，对地观测系统中的 MAS 问题就转变成了关于 Agent 空间中 a_i 的子问题 [MAP (a_i)]，表示如下

$$\mathrm{MAP}(a_i) = (T^i, a_i, \mathbb{C}_i) \qquad (12-33)$$

$$\mathbb{C}_i = \{\mathbb{C}_{i,1}, \mathbb{C}_{i,2}, \cdots, \mathbb{C}_{i,\beta}\} \qquad (12-34)$$

$$\mathbb{C}_{i,k} : T^i \times a_i, (k = 1, 2, \cdots, \beta) \qquad (12-35)$$

这里 $\mathbb{C}_{i,k}$ 是将函数空间 $T^i \times a_i$ 映射到实数空间 R 的一阶函数。于是 MAS 子问题可重新描述为

$$\max \mathbb{C}_i = \mathbb{C}_i(T^i, a_i) \qquad (12-36)$$

可以看出，该子问题仅需对 Agent 空间中单个 a_i 的任务 T^i 的效用最大化问题进行求解，将复杂 MAS 问题简化为对应的 MAS 子问题，给出了一种对多航天器对地观测系统 MAS 问题进行理论分析的途径。

（c）MAP 与 MAP 子问题效用测度之间的关系

通过前面对单个 a_i 的分析处理可以将 $\mathbb{C}=\mathbb{C}(T, A)$ 展开为

$$\mathbb{C} = \mathbb{C}[\mathbb{C}_1(T^1, a_1), \mathbb{C}_2(T^2, a_2), \cdots, \mathbb{C}_m(T^m, a_m)] \qquad (12-37)$$

上式就表明了多航天器对地观测系统中 *MAP* 问题与 *MAP* 子问题之间的效能准则的关系。

对地观测任务集中可看作一时间轴上的离散集，当 Agent 通过自身的行为动作执行对地观测或相关任务时，任务从 T_{j-1} 进展到 T_j，则此时 MAS 的效用可表示为

$$\Delta \mathbb{C} = \mathbb{C}(T_j, A) - \mathbb{C}(T_{j-1}, A) \quad (1 \leqslant j \leqslant n) \qquad (12-38)$$

同理，多航天器对地观测系统中 MAP 子问题效用评估可改写为

$$\Delta \mathbb{C}_i = \mathbb{C}_i(t_j^i, a_i) - \mathbb{C}_i(t_{j-1}^i, a_i) \quad (1 \leqslant i \leqslant \beta) \qquad (12-39)$$

（d）多航天器系统中 MAP 的自适应学习

给出如下定义

$$moe_i = \Delta \mathbb{C}_i \qquad (12-40)$$

其中，*moe*（Measure of Effectiveness）表示系统效用测度。对系统效用的定量评估，是通过某种定量尺度来衡量的，这种尺度，一般被称为效用测度或称有效性度量。对于不同的任务，*moe* 并不相同。应针对多航天器对地观测系统任务域中的每一任务，选定恰当的一

项或一组 *moe* ，由此建立与任务集合相对应的系统效用测度体系，形成从任务域到 *moe* 集合的映射。

　　基于动态联邦 MAS 模型的多航天器系统，怎样通过学习选择效用最高的动作以达到其任务目标。当系统执行对地观测任务前，C^2 - Agent 能够测度所有具有完成任务能力的 PS - Agent 可能获得的相应效用测度，并以效用测度的大小作为任务分配的依据。本节利用 Agent/Multi - Agent 理论、复杂适应系统理论以及人工智能领域的有关研究成果，构建多航天器对地观测系统的任务优化分配模型。

　　Agent 空间中的 a_i 的任务随着时间推进，不断采取行为动作，从而进行状态变换，这样 MAP 子问题可以被重新描述为如下的约束方程，即给定 T，确定 a_i 的动作，从而满足

$$\text{Max } \mathbb{C}_i(t_j^i) = \mathbb{C}_i(t_{j-1}^i) + moe_i \tag{12 - 41}$$

$$\text{s. t. } moe_i > 0 \tag{12 - 42}$$

　　对于 Agent 空间中 a_i 的自适应学习问题，就是在给定的时刻如何寻找到合适的动作从而使系统朝着对代表对地观测系统的 Multi - Agent 有利的方向发展。

　　（2）Q 值最大（MAX - Q）任务优化分配方法的数学模型

　　上节已经针对任务优化分配问题给出了基本描述，本节我们给出严格的数学模型。多航天器系统的任务优化分配过程可以表述为一个五元组

$$(S, C, P, \pi, moe, V) \tag{12 - 43}$$

式中　S——系统所有可能的状态所组成的非空集，也称为系统的状态空间。对于多航天器对地观测系统而言，它是任务完成情况的完整表述。可依任务序列在时域上将其划分为状态序列，即

$$S = \{s_{i,1}, s_{i,2}, \cdots, s_{i,\psi}\} \tag{12 - 44}$$

　　　　C——Agent 在状态 $s(s \in S)$ 下所有可能的动作集合

$$C = \{c_{i,1}, c_{i,2}, \cdots, c_{i,\pi}\} \tag{12 - 45}$$

　　　　P——状态转移概率。系统当前时间步为 t 时，系统处于状

态 s_t ，执行动作 $c(c \in C)$ 后，系统在下一时间步 $t+1$ 时，状态转移到 s_{t+1} 的概率为 $p(s_t, c, s_{t+1})$ ，$P = \{p(s_t, c, s_{t+1})\}$ 为一步转移概率矩阵；

π ——Agent 的策略，描述针对状态集合 S 中的每一个状态 s ，智能体应完成动作集 C 中的一个动作 c ，策略 π 即 $S \to C$ 是一个从状态到动作的映射。

智能体的任务是产生控制动作，动作的选择是根据其策略的，一般而言，策略是指智能体在一个给定时间产生动作的方法。

关于任意状态所能选择的策略组成的集合 F ，称为允许策略集合，$\pi \in F$ 。在允许策略集合中找出使问题具有最优效果的策略 π^* ，称为最优策略。一定程度上，策略是智能体的核心，因为策略充分决定了智能体的行为，即告诉智能体在什么情况下采取什么动作

$$\pi^* = \arg\max[moe_t + \gamma V^{\pi}(s_{t+1})] \tag{12-46}$$

V 为系统的准则函数或值函数。考虑到 MAS 的长期运作，在建立特定的任务分配方案时，不仅需要考虑 MAS 的即时报酬，而且还需要考虑 MAS 的未来报酬。为了刻画任务分配策略产生的这种即时影响和长远影响，基于经济学的思想，我们引入折扣因子 $\gamma(0 < \gamma \leqslant 1)$ ，将 MAS 的性能定义为无限阶段上完成任务报酬的折现和，并以此作为任务分配策略的评价准则[6-10]。获得的累积折扣回报可表示为

$$V^{\pi}(s_t) = E_{\pi}\left[\sum_{t=0}^{\infty} \gamma^t moe_{t+1}\right] \tag{12-47}$$

其中 γ 为效用折扣系数。如果设置 $\gamma = 0$ ，那么只考虑立即回报。当 γ 被设置为接近 1 的值时，未来的回报相对于立即回报有更大的重要程度。

因此，C^2 - Agent 可通过学习准则函数获得最优策略的条件是：具有效能测度 moe 和状态转换函数的完美知识，在此条件下可用式 (12-16) 来计算任意状态下的最优动作。遗憾的是，在实际的问题中，环境模型是无法确定的，即不可能预先知道每个动作执行后的

下一个状态。因此当环境信息未知时，学习 V^π 是无助于选择最优动作的，因此 C^2-Agent 不能用式（12-47）进行评标。在更一般的选择中，C^2-Agent 应使用什么样的评标方法呢？下面就此问题引入状态值 Q 来代替准则函数 V。

状态值 Q 表示在状态 s 执行动作 c，及采取后续策略的折扣效用测度和的期望，换言之，状态值为从状态 s 执行动作 c 的立即回报加上以后遵循最优策略的值（用 γ 折算）。Q 学习的思想是不去学习每个状态的评价函数 V，而是学习每个状态-动作对的评价值 $Q(s,c)$，$Q(s,c)$ 的值是从状态 s 执行动作 a 后获得的累计回报值。

可以看出，状态值是对效用测度的一种预测估计，对于一个状态 s，如果它的效用测度值低，并不意味着它的状态值就低，因为如果 s 的后续状态产生较高的效用测度，仍然可以得到较高的状态值。智能体选择这样一个动作，以使产生的新状态具有最高状态值，而不是转移到新状态时有最高的即时效用测度，因为从长远来看，这些动作将产生最多的效用测度。

下面基于 Q 学习算法给出 C^2-Agent 行为选择模型。假定 Agent 系统以最优 π^* 策略选择了动作 $c_{i,k}(k=1,2,\cdots,\pi)$，Agent 的状态值函数为 $Q(s_{i,p}, c_{i,k})$。令在动作 $c_{i,k}$ 作用下系统状态从 $S_{i,p}$ 到 $S_{i,q}$ 的状态转移概率矩阵为 $\boldsymbol{P}(c_{i,k}) = \boldsymbol{P}_{p,q}(c_{i,k})$，新状态 $s_{i,q} = \delta(s_{i,p}, c_{i,k})$。

（1）确定性马尔可夫决策过程

$$Q(s_{i,p}, c_{i,k}) = moe(s_{i,p}, c_{i,k}) + \gamma \max_{c_{i,k+1}} Q[\delta(s_{i,p}, c_{i,k}), c_{i,k+1}]$$

$$(12-48)$$

这个 Q 函数的递归定义提供了迭代逼近 Q 算法的基础。为描述此算法，将使用符号 $\tilde{Q}$ 来指代对实际 Q 函数的估计。在此算法中对每个状态-动作对 (s,c) 都存储了 $\tilde{Q}(s,c)$ 的值，即系统对实际但未知的 $Q(s,c)$ 值的当前假设。Agent 重复地观察其当前的状态 $s_{i,p}$，选择某动作 $c_{i,k}$，执行此动作，然后观察效用测度 $moe(s_{i,p}, c_{i,k})$ 以及新状态 $s_{i,q} = \delta(s_{i,p}, c_{i,k})$。然后 Agent 遵循每个这样的转换更新 $\tilde{Q}(s,$

c）项，按照下式的规则

$$\tilde{Q}(s_{i,p},c_{i,k}) \leftarrow moe(s_{i,p},c_{i,k}) + \gamma \max_{c_{i,k+1}}Q[s_{i,q},c_{i,k+1}] \quad (12-49)$$

上述是对于确定性马尔可夫决策过程的 Q 学习算法的描述。使用此算法，Agent 估计的 $\tilde{Q}$ 在极限时收敛到实际 Q 函数，只要系统可被建模为一个确定性马尔可夫决策过程，效用测度 moe 有界，并且动作的选择可使每个状态—动作对被无限频繁地访问。

（2）非确定性马尔可夫决策过程

在考虑观测噪声的条件下，其中效用测度 $moe(s,c)$ 和动作转移函数可能有概率的输出，则为非确定性过程。此时，函数 $moe(s,c)$ 和动作转移函数可被看作是首先基于 s 和 c 产生输出的概率分布，然后按此分布抽取随机的输出。当这些概率分布主要依赖于 s 和 c 而不依赖以前的状态和动作时，称这个系统为非确定性马尔可夫决策过程。

$p(s_{i,p},c_{i,k},s_{i,q})$ 为在状态 $s_{i,p}$ 采取动作 $c_{i,k}$ 会产生下一个状态 $s_{i,q}$ 的概率，则确定性马尔可夫决策过程模型中 Q 的表达式可改写为

$$Q(s_{i,p},c_{i,k}) = moe(s_{i,p},c_{i,k}) + \gamma \sum_{s_{i,q}} p(s_{i,p},c_{i,k},s_{i,q})\max_{c_{i,k+1}}Q(s_{i,q},c_{i,k+1})$$

$$(12-50)$$

这里把非确定性情况下的 $Q(s,c)$ 简单地重定义在确定性情况下定义的期望值。显而易见，前面对于确定性情形推导的训练法则式不能够在非确定性条件下收敛。例如，考虑一个非确定性效用测度函数 $moe(s,c)$，每次重复 s,c 转换时产生不同的效用测度。这样，即使 $\tilde{Q}$ 的表值被初始化为正确的 Q 函数，训练规则仍会不断的改变 $\tilde{Q}(s,a)$ 的值。简单地说，此训练规则不收敛。有必要通过修改训练规则，令其使用当前 $\tilde{Q}$ 值和修正的估计的一个衰减的加权平均。下面修改后的训练规则足以保证 $\tilde{Q}$ 收敛到 Q

$$\widetilde{Q}(s_{i,p},c_{i,k}) \leftarrow (1-\alpha)Q(s_{i,p},c_{i,k}) + \alpha\left[moe(s_{i,p},c_{i,k}) + \gamma \max_{c_{i,k+1}}Q(s_{i,q},c_{i,k+1})\right]$$

$$(12-51)$$

其中 α 为学习率，如果每个状态-动作对能够多次重复，学习率根据一合适的方案下降则对任意有限的 Markov 决策过程，Q-学习算法能收敛至一最优策略。在此修正了的规则中，关键思想是对 Q 的更新比确定性情况下更为平缓。当把 α 设置为 1，可得到确定性情况下的训练规则。

效用测度 moe 是由动态效能分析得到的状态-观测行动对的奖赏信号。效用测度 moe 是对潜在的观测行动的好坏作一种评价。效用测度是确定的、客观的，为策略的选择提供依据。

在多航天器系统任务分配优化问题中，采用的行动是将对地观测的任务分配给Agent。假设 Agent 是异构的，在确定的状态 s 下，可能存在多个分配方案或者说多种可能行动，不同的评标方法所产生的效用测度一般是不同的。下一节将建立其他几种效用测度形式作为任务优化分配的评标策略。

12.3.5.2　招标方关于确定点目标观测任务优化分配的评标策略

通过投标方对任务 t_j 的投标评估，最终可能发生的投标情况有三种：一种是没有一个航天器 Agent 投标，这表明没有一个航天器 Agent 可以完成任务，则放弃该任务；另一种是只有一个航天器 Agent 投标，这意味着无论如何任务管理 Agent 都要与这个航天器 Agent签订合同；还有一种情况是有多个航天器 Agent 投标，这种情况是比较常见的，针对这种情况，必须制定一个合理的评标策略，选择一个最佳的航天器 Agent 来完成任务。

基于上节所研究的 Q 值最大方法，我们构造一种可回溯的局部 Q 值最大方法，这是一种能够进行静态、动态要求求解的任务调度算法。若多航天器系统需要对完整任务序列或尚未完成的优先级任务进行事先规划，可应用算法的静态方法，即可回溯的局部 Q 值最大策略，其求解的基本思路是：采用任务顺序得到效用测度最大策略下的任务调度方案，但不一定是最后选中的方案，之后在每一优先级内部进行任务方案调整，看通过调整措施能否使该优先级方案得到改进（即该优先级的调整节点是否收敛到某一更大的 Q 值），如果可以改进，则接受改进后的方案，并继续进行次一优先级调整，直到方案不能被继续改进为止（即找到局部最优或者次优方案）。

以下给出其他三种评标策略进行相互比较。

（1）动态效用测度最大策略

Q 值最大方法事先生成一个满足所有需求的非常详细的长期规划，将其转换为控制指令，然后由系统按计划执行。这种情况下，当前规划优先级每个动作都要在较长的时间区间上被详细列出，同时系统的动态需求还要求好的规划和重规划机制，以对新的需求或者意外事件做出快速响应。以这样的准则生成一个规划涉及到复杂的模型求解，并且消耗大量的时间和资源。由于系统内航天器通信的局限性以及调度模型集中求解的时间复杂性，不适应不确定性观测的情况。应当进行动态任务规划，即不采用回溯机制。每完成一个任务对任务序列的下一任务进行一次招标，无法对已经生成的方案进行调整，也无法保证解的最优性，但却有效保证了对观测任务的动态适应性和规划计算的简便性。

从算法中不难发现，动态效用最大策略是对 Q 值最大方法的简略表示，即当 $\gamma = 0$ 时的 Q 值最大方法就转化为动态效用最大策略。

针对不同航天器 Agent 对任务 t_j 的投标方案，按照航天器 Agent 投标策略中的动态效用测度最大规则确定中标者，即目标函数为

$$moe_j = \max_{1 \leqslant i \leqslant m} \{ \frac{E_j^i}{CI_j^i} \} \qquad (12-52)$$

式中　E_j^i——系统通过动态效能分析得到的 a_i 完成某对地观测任务 t_j 的动态效能预测值；

　　　CI_j^i——a_i 完成某对地观测任务 t_j 耗费的电能。

（2）电能消耗均衡策略

通过上述理论推导和建模，建立电能消耗均衡规则确定目标观测任务的评标指标为

$$moe_j = \min_{1 \leqslant i \leqslant m} \left\{ \sqrt{\frac{1}{m} \sum_{i=1}^{m} (K_j^i - \overline{K})^2} \right\} \tag{12-53}$$

其中　K_j^i —— a_i 在任务 t_j 插入后的剩余电能；

　　$\overline{K}$ —— a_i 在任务 t_j 插入后所有航天器剩余电能的均值。

（3）最早开始优先策略

最早开始优先规则的优化目标为

$$st_j = \min_{1 \leqslant i \leqslant m} \{ st_j^i \} \tag{12-54}$$

12.3.5.3　招标方关于区域非确定目标观测任务优化分配评标方法

（1）网格化目标观测任务描述方法

由于多航天器系统中每个航天器传感器模块都有自身的探测范围限制，为了便于问题的简化处理，在此将整个待观测区域进行网格化处理，即将整个待观测区域按照某种规则划分为一系列的小网格，每个传感器模块执行一次探测任务只能探测一个或若干个网格内的目标信息。假定用 O 来表示待观测环境（特定目标搜索区域）。每一个网格用 o_i 表示，$i = 1, 2$ 表示搜索区域中的一个网格，于是有如下关系成立

$$O = \sum_{i=1}^{a} o_i \tag{12-55}$$

对于划分出来的任务环境中的每一个搜索网格，定义 M 和 B 分别代表发现目标事件和目标在存于网格 i 中事件。用 p_i 来表示事件 B 为真的概率，于是矢量 $\boldsymbol{p} = \{ p_1, p_2, \cdots, p_a \}$ 就表示当前搜索区域中每一个网格里面包含有感兴趣目标的概率矢量。

用 χ_i 表示在探测了网格 i 以后所做出的双值决策，决策的数值反映了在该网格中存在系统感兴趣目标的一个假设估计。$\chi_i \in \{0, 1\}$，$\chi_i = 1$ 表示网格 i 中存在目标，$\chi_i = 0$ 表示网格 i 中不存在目标。定义发现目标的阈值 η，对所有的传感器模块，有

$$\chi_i = \begin{cases} 1, p_i(t_n) \geqslant \eta \\ 0, p_i(t_n) < \eta \end{cases} \tag{12-56}$$

式中　$p_i(t_n), i = 1, 2, \cdots, N$，　$p_i(t_n) \in [0, 1]$ 为 t_n 时刻网格 i 中存在目标的概率。

传感器模块的性能是不完善的，在观测活动中传感器模块引入的不确定性可以用发现概率和误报概率进行描述：发现概率 p_d，目标存在于观测区域中，传感器观测后经数据处理认为发现目标的概率；误报概率 p_{f_a}，目标不在观测区域中，传感器观测后经数据处理认为发现目标的概率。即对于此航天器的探测有如下的概率

$$P(\chi_i = 1 | s \text{ 可用}) = \begin{cases} p_{f_a}, \text{网格内实际无目标} \\ p_d, \text{网格内实际有目标} \end{cases} \tag{12-57}$$

$$P(\chi_i = 0 | s \text{ 可用}) = 1 - P(\chi_i = 1 | s \text{ 可用}) \tag{12-58}$$

$$\begin{cases} i \in D^s, \text{ 当 } \chi_i = 1 \text{ 时} \\ i \in N^s, \text{ 当 } \chi_i = 0 \text{ 时} \\ E^s = D^s \bigcup N^s \end{cases} \tag{12-59}$$

D^s 表示本次任务决策中经探测存在目标的网格的集合，N^s 表示经探测不存在目标的网格的集合，当 $\chi_i = 1$ 时，认为网格 i 是 D^s 中的一个成员；当 $\chi_i = 0$ 时，认为网格 i 是 N^s 的一个成员。

（2）网格多目标问题的分布概率更新算法

传感器模块对地搜索过程中，在离散时刻点对区域中的若干网格进行观测，获得环境和目标的信息，目标的分布概率也将随着这些信息不断地进行更新，更新的概率分布知识可以作为后续观测活动规划的依据。更新的算法采用贝叶斯规则，设 M 和 B 分别代表发现目标事件和存在于网格 i 中的目标事件，则由贝叶斯公式，t_{n+1} 时刻进行观测时发现目标情况下分布的概率也即对每一个网格 $i \in D^s$，条件概率展开公式为

$$p_i(t_{n+1}) = p(B \mid M)$$

$$= \frac{p(B)\,p(M \mid B)}{p(B)\,p(M \mid B) + p(\overline{B})\,p(M \mid \overline{B})} \quad (12-60)$$

$$= \frac{p_i(t_n)\,p_d}{p_i(t_n)\,p_d + (1 - p_i(t_n))\,p_{f_a}}$$

同理，t_{n+1} 时刻观测未发现目标情况下分布的概率也即对每一个网格 $i \in N^s$，条件概率展开公式为

$$p_i(t_{n+1}) = p(B \mid \overline{M})$$

$$= \frac{p(B)\,p(\overline{M} \mid B)}{p(B)\,p(\overline{M} \mid B) + p(\overline{B})\,p(\overline{M} \mid \overline{B})}$$

$$= \frac{p_i(t_n)(1 - p_d)}{p_i(t_n)(1 - p_d) + (1 - p_i(t_n))(1 - p_{f_a})}$$

$$(12-61)$$

对每一个未探测到的网格即 $i \notin E^s$，条件概率展开公式为

$$p_i(t_{n+1}) = p_i(t_n) \quad (12-62)$$

（3）网格单目标问题的分布概率更新算法

对网格单目标问题，传感器模块对每一个搜索网格 i 的探测结果都将影响到所有网格的条件概率，从这一点上来说网格单目标问题的条件概率要比网格多目标问题的条件概率更加复杂。

对每一个网格 $i \in D^s$，条件概率展开公式如下

$$p_i(t_{n+1}) = \frac{p_i(t_n)\,p_d \times \displaystyle\prod_{m \in D^s, m \neq i}(p_{f_a}) \times \prod_{n \in N^s}(1 - p_{f_a})}{\displaystyle\sum_D + \sum_N + \sum_L}$$

$$(12-63)$$

对每一个网格 $i \in N^s$，条件概率展开公式为

$$p_i(t_{n+1}) = \frac{p_i(t_n)(1 - p_d) \times \displaystyle\prod_{m \in D^s}(p_{f_a}) \times \prod_{n \in N^s, n \neq i}(1 - p_{f_a})}{\displaystyle\sum_D + \sum_N + \sum_L}$$

$$(12-64)$$

对每一个未探测到的网格即 $i \notin E^s$，条件概率展开公式为

$$p_i(t_{n+1}) = \frac{p_i(t_n) \times \prod\limits_{m \in D^s}(p_{f_a}) \times \prod\limits_{n \in N^s}(1-p_{f_a})}{\sum\limits_{D} + \sum\limits_{N} + \sum\limits_{L}} \qquad (12-65)$$

式中

$$\sum_D = \sum_{i \in D^s}\left[p_i(t_n)p_d \times \prod_{m \in D^s, m \neq i}(p_{f_a}) \times \prod_{n \in N^s}(1-p_{f_a}) \right]$$

$$(12-66)$$

$$\sum_N = \sum_{i \in N^s}\left[p_i(t_n)(1-p_d) \times \prod_{m \in D^s}(p_{f_a}) \times \prod_{n \in N^s, n \neq i}(1-p_{f_a}) \right]$$

$$(12-67)$$

$$\sum_L = \sum_{i \notin E^s}\left[p_i(t_n) \times \prod_{m \in D^s}(p_{f_a}) \times \prod_{n \in N^s}(1-p_{f_a}) \right] \quad (12-68)$$

12.3.5.4　招标方关于区域非确定目标观测任务分配的评标策略

区域非确定目标任务优化分配问题的实质是根据 t_n 时刻的观测结果规划 t_{n+1} 时刻观测活动即在不确定性因素的影响下，利用 t_n 时刻的观测信息对 t_{n+1} 时刻的观测活动收益进行预测、权衡，任务决策 Agent 应用改进的合同网获得对地面的目标观测任务的观测窗口集合 $\{A^{a_i}(sa, st, et), 1 \leqslant i \leqslant m\}$，应用多航天器系统中 MAP 的自适应学习算法获得每个观测窗口最佳的观测区域 $A^{*a_i}(sa, st, et)$（任意可观测区域为 E^{a_i}），进而获取多航天器系统的整个观测计划，其中传感器模块具有侧向观测能力，实际观测区域由传感器侧向摆动角度 sa、开机时间 st 和关机时长 et 三个变量确定，它们的取值变化共同决定了传感器模块一次过境理论上有多个可能观测的区域。任务执行航天器以任意可观测区域 $A^{a_i}(sa, st, et)$ 集合为投标值，任务决策航天器收到此投标值后计算各可能区域的不同策略下的观测任务收益，以此找出最佳的观测区域 $A^{*a_i}(sa, st, et)$。我们设计了最大信息-发现综合收益、随机条带选择、最大发现概率、最大发现概率和等四种评标策略来作为区域非确定目标观测任务分配问题的评标方法。

（1）最大信息-发现综合收益评标策略

在不确定性环境下，从两方面定义传感器模块对地观测任务的收益：信息收益和目标发现收益。

　　信息收益指传感器模块 a_i 在本次观测活动带来的关于目标环境的信息增量，即目标环境不确定性的变化量。根据上文目标环境不确定性的定义，在 t_n 时刻目标环境不确定性的基础上定义 t_{n+1} 时刻传感器模块对区域 E^{a_i} 实施观测的信息收益为

$$f_m(t_{n+1}) = \sum_{i \in A^{a_i}(sa,st,et)} \left[|h_i(t_{n+1})| - |h_i(t_n)| \right] \qquad (12-69)$$

其中，$h_i(t_n)$ 为采用香农熵对环境和目标状态不确定性的定量描述，令区域 C 内第 i 个网格 t_n 时刻的不确定性为

$$h_i(t_n) = -p_i(t_n)\log_2[p_i(t_n)] - [1 - p_i(t_n)]\log_2[1 - p_i(t_n)]$$
$$(12-70)$$

　　如果 $p_i(t_n) = 0.5$，则该网格包含了 1 比特的不确定性，即该网格内是否存在目标的信息是完全未知的，如果 $p_i(t_n) = 0$ 或者 $p_i(t_n) = 1$，则不确定性为 0，即该网格内目标分布信息被完全掌握。

　　由式可见，信息收益值越大，目标环境不确定性的变化就越大，传感器模块获得区域和目标的信息就更多，相应的航天器的观测方案也就越优。

　　目标发现收益指传感器模块本次观测活动发现目标的可能性，即子区域 $A^{a_i}(\alpha, T_0, \Delta T)$ 内所有网格中目标分布的概率总和。在整个观测活动过程中，必须对确认存在目标的网格和未确认目标存在的网格进行严格区分，对于已经确认存在目标的网格，其中目标分布的概率为 1，对其进行观测并不能产生目标发现收益，因此不需要安排传感器模块对其观测；只有那些未确认目标存在的网格能够产生目标发现收益，才需要安排观测。定义航天器 t_{n+1} 时刻对区域 $A^{a_i}(sa, st, et)$ 实施观测的目标发现收益为

$$f_d(t_{n+1}) = \sum_{i \in A^{a_i}(\alpha, T_0, \Delta T)} \left[1 - \zeta_i(t_n) \right] p_i(t_n) \qquad (12-71)$$

式中的变量 $\zeta_i(t_n)$ 表示 t_n 时刻网格内确认存在目标的状态，初始条件下 $\zeta_i(t_n) = 0$，随着观测活动的进行，该变量更新方法如下

$$\zeta_i(t_n) = \begin{cases} 1, p_i(t_n) \geqslant \Gamma \\ 0, \text{else} \end{cases} \quad (12-72)$$

Γ 是预先定义接近于 1 的阈值，当 $p_i(t_n) \geqslant \Gamma$ 时确认该网格中存在目标，即 $\zeta_i(t_n) = 1$，否则无法确认该网格中是否存在目标，即 $\zeta_i(t_n) = 0$。

由式可见，目标发现收益越大，发现、定位及确认环境中存在目标的可能性就越大，相应的系统观测方案也就越优。

模块 t_{n+1} 时刻观测任务规划模型为

$$A^{*a_i}(sa, st, et) = \arg\max_{sa, st, et} \left\{ \sum_{i \in A^{a_i}(sa, st, et)} \left[\gamma f_m(t_{n+1}) + (1-\gamma) f_d(t_{n+1}) \right] \right\}$$

$$(12-73)$$

上述目标函数保证了本次观测获得的信息收益和目标发现收益和最大。

（2）随机搜索评标策略

任务执行航天器过境时，从可能的观测条带集合中随机选择一个条带 $A^{a_i}(sa, st, et)$ 进行观测，即

$$A^{*a_i}(sa, st, et) = \text{Random}[A^{a_i}(sa, st, et)] \quad (12-74)$$

（3）最大发现概率评标策略

最大发现概率评标策略是当任务执行航天器过境搜索区域时，选择目标分布概率最大的网格所在的条带进行观测，即

$$A^{*a_i}(sa, st, et) = \underset{\substack{sa, st, et \\ i \in A^{a_i}(sa, st, et)}}{\arg\max} \{ p_i(t_n) \} \quad (12-75)$$

（4）最大发现概率和评标策略

最大发现概率和评标策略是当任务执行航天器过境搜索区域时，选择网格中目标分布概率和最大的条带进行观测，即

$$A^{*a_i}(sa, st, et) = \arg\max_{sa, st, et} \left\{ \sum_{i \in A^{a_i}(sa, st, et)} p_i(t_n) \right\} \quad (12-76)$$

12.4　仿真验证

12.4.1　动态效能评估方法仿真分析

对在 19 小时任务时间内执行的 12 次对地观测任务进行动态效能评估，分别编号为任务 1 到任务 12，每次任务中地面确定目标的经纬度和观测窗口时长如表 12-1 所示。

表 12-1　地面确定目标的经纬度和观测窗口时长

目标参数	纬度/（°）	经度/（°）	观测窗口时长/s
目标 1	40.669	−73.943	5.462
目标 2	−25.731	28.218	4.871
目标 3	37.800	−75.500	6.154
目标 4	23.048	−82.416	4.258
目标 5	1.229	104.177	5.963
目标 6	22.673	120.341	5.014
目标 7	35.708	135.491	4.967
目标 8	34.582	−120.561	7.258
目标 9	40.600	90.900	3.942
目标 10	13.602	144.850	4.987
目标 11	33.920	−6.748	4.756
目标 12	14.550	121.173	5.013

观测航天器高度 500 km，分辨率 40 m，对比度在 0.2~0.4 之间随机变化，信标光方位误差与俯仰误差均为 50 μrad，观测航天器的失效率为 0.005，目标几何尺寸 400 m。

假定预测系统预测航天器执行任务时天气（云层）情况良好，在 0 级到 4 级之间变化，在时间 1 000~1 500 min 之间航天器观测目标的所在地天气发生突变，天空乌云密布；设在 1 000 min 时，由于受空间未知物质影响，航天器对地观测载荷发生故障，成像效果减弱 50%。

云层变化趋势如图 12 - 3 所示。

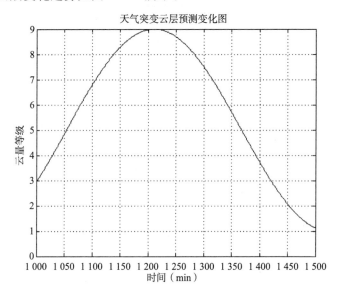

图 12 - 3　天气突变云层预测变化图

动态效能评估结果如图 12 - 4 所示。

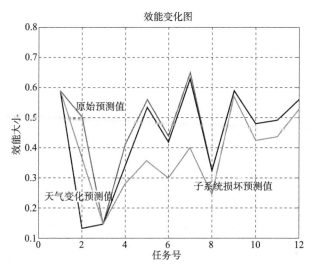

图 12 - 4　动态效能评估结果

　　图 12 - 4 反映了航天器原始预期效能和发生两类突发事件的效能变化。

　　通过仿真不难发现，动态 ADC 法的最大特点就在于"动态"二字，其评估值是随着外界或者内部的因素变化而变化的，更能实时的评估系统的效能。此方法的动态性主要体现在两个方面：第一，任务环境是动态的，它与天气、目标大小形状、太阳光照、目标与环境的对比度等外界因素均有关系；第二，可信度是动态的，与航天器的平均无故障工作时间、执行任务时间和可维修性均有关系。动态 ADC 法的这些特点完全能够满足多航天器系统任务优化分配中预测规划和信任度更新的需要。

12.4.2　确定点目标观测任务分配仿真分析

12.4.2.1　仿真输入参数

　　仿真中所用的多航天器系统轨道参数如表 12 - 2 所示。

表 12 - 2　多航天器系统轨道参数

轨道参数	轨道高度/km	偏心率	轨道倾角/(°)	升交点赤经/(°)
轨道面 1	350	0.0	50	0
轨道面 2	350	0.0	50	40
轨道面 3	350	0.0	50	80
轨道面 4	350	0.0	50	120
轨道面 5	350	0.0	50	160
轨道面 6	350	0.0	50	200
轨道面 7	350	0.0	50	240
轨道面 8	350	0.0	50	280
轨道面 9	350	0.0	50	320

　　可见，9 个轨道面的升交点赤经均匀分布在 0 ~ 360° 范围内，其中，每个轨道面上有 2 个航天器（分别记为 a 和 b），其相位差为 180°。假设每个航天器中传感器的侧摆调整速度为 1 s/(°)，最大

侧摆角度为 $\pm 19°$，初始摆角为 $0°$。

图 12 - 5 为多航天器系统组成。

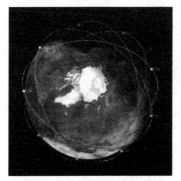

(a) 从地球北极上空观察

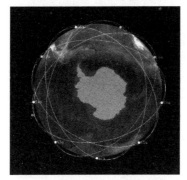

(b) 从地球南极上空观察

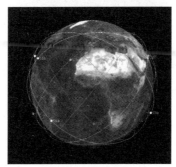

(c) 从赤道面上空观察

图 12 - 5　多航天器系统组成

　　其星下点轨迹及仿真中用到的确定目标点如图 12 - 6 所示。

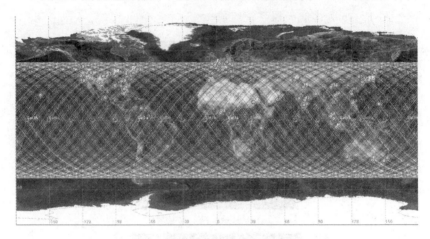

图 12 - 6　星下点轨迹及确定目标点

　　仿真中选取 118 个观测目标，任务优先级为 1～11，数字越大代表优先级越高，表12 - 3 给出目标的经、纬度参数和任务的最晚开始时间和持续观测时间约束。其中，未出现目标序号为无效任务（无投标任务）。

12.4.2.2　确定目标观测任务流程

　　多航天器系统执行对确定目标观测任务过程中，各个 Agent 独立运行，自主决策，任务执行 Agent 与任务决策 Agent 之间的交互以任务集合为纽带，所以整个系统的调度流程将围绕各个任务集合展开。图 12 - 7 给出了任务规划流程图。

　　经过任务招标投标过程，任务决策 Agent 对任务执行 Agent 的任务投标书进行汇总，如表 12 - 3 所示（以 Sat - 1a 为例）。

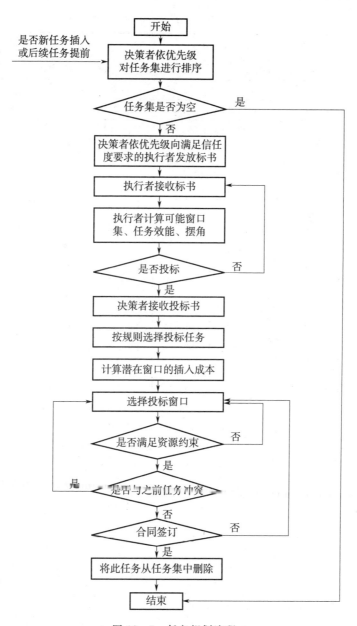

图 12-7　任务规划流程

表 12 - 3 任务执行 Agent 的投标书

航天器 Agent	任务编号	开始时刻	结束时刻	摆角
	61	1 Jun2016 12：19：59	1 Jun2016 12：19：04	−0.548
	30	1 Jun2016 12：21：27	1 Jun2016 12：21：31	−1.937
	61	1 Jun2016 13：55：28	1 Jun2016 13：55：33	13.268
	101	1 Jun2016 13：56：47	1 Jun2016 13：56：51	6.222
	72	1 Jun2016 13：57：27	1 Jun2016 13：57：32	−1.544
	51	1 Jun2016 15：12：45	1 Jun2016 15：12：51	5.509
	113	1 Jun2016 15：16：29	1 Jun2016 15：16：34	14.813
	44	1 Jun2016 15：17：11	1 Jun2016 15：17：16	8.900
	78	1 Jun2016 15：17：15	1 Jun2016 15：17：21	11.164
	115	1 Jun2016 15：17：51	1 Jun2016 15：17：55	6.937
	12	1 Jun2016 15：31：07	1 Jun2016 15：31：13	4.855
	69	1 Jun2016 15：32：21	1 Jun2016 15：32：24	−16.646
	34	1 Jun2016 21：38：07	1 Jun2016 21：38：12	−3.820
	71	1 Jun2016 21：39：47	1 Jun2016 21：39：52	−17.829
Sat - 1a	60	1 Jun2016 21：40：41	1 Jun2016 21：40：45	−8.496
	91	1 Jun2016 23：07：50	1 Jun2016 23：07：53	−13.488
	32	1 Jun2016 23：12：04	1 Jun2016 23：12：07	−15.301
	51	1 Jun2016 23：15：11	1 Jun2016 23：15：17	−12.462
	99	2 Jun2016 00：11：28	2 Jun2016 00：11：34	−9.371
	54	2 Jun2016 00：23：07	2 Jun2016 00：23：13	−9.204
	83	2 Jun2016 00：23：10	2 Jun2016 00：23：15	−2.924
	58	2 Jun2016 00：23：16	2 Jun2016 00：23：22	−7.703
	74	2 Jun2016 00：23：29	2 Jun2016 00：23：36	7.910
	110	2 Jun2016 00：44：40	2 Jun2016 00：44：47	9.380
	94	2 Jun2016 00：45：05	2 Jun2016 00：45：10	−19.757
	46	2 Jun2016 03：28：51	2 Jun2016 03：28：55	12.329
	35	2 Jun2016 08：29：32	2 Jun2016 08：29：38	8.258
	68	2 Jun2016 10：00：43	2 Jun2016 10：00：49	−0.352
	75	2 Jun2016 11：09：26	2 Jun2016 11：09：31	−13.978
	101	2 Jun2016 11：11：07	2 Jun2016 11：11：13	5.829

任务决策之对以上投标文件分别应用回溯的局部 Q 值最大策略、效用测度最大策略、电能消耗均衡策略和任务最早开始策略得到仿真结果如图 12-8 所示。（为比较几种策略的任务规划效果，在回溯的局部 Q 值最大策略、效用测度最大策略仿真中未加入效能因素，问题随之转化为以电能消耗最少为目标进行任务规划。）

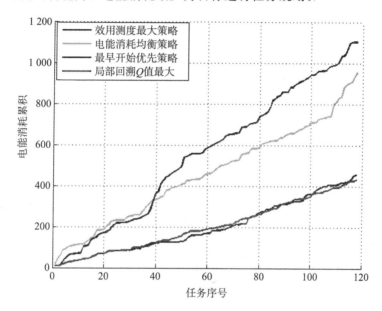

图 12-8　多种策略下任务规划仿真结果分析

从图 12-8 可以看出，利用回溯的局部 Q 值最大策略与效用测度最大策略所得仿真结果相当接近。回溯的局部 Q 值最大策略略好于效用测度最大策略，而效用测度最大策略具有更好的实时规划性能，所以应当视不同条件灵活使用。而电能消耗均衡策略和任务最早开始策略则因为电能均衡约束和开始时间约束牺牲了电能消耗指标。

12.4.3　非确定目标观测任务分配仿真分析

为了验证本章提出的非确定目标观测任务分配方法的正确性，

我们建立了一个多航天器系统对地观测问题的仿真场景，任务区域尺寸 10×10，被离散为 100 个 1×1 的网格。其中分布了 8 个目标，分别位于网格 $[1，5]$、$[2，2]$、$[3，5]$、$[4，9]$、$[6，1]$、$[8，4]$、$[9，3]$、$[10，2]$，传感器模块均具有相同的性能参数，每一任务窗口有且只有一个传感器模块过境，过境规律简化描述为

$$x = Mod(t-1,7) + 2, t \in [1, T]$$

航天器的侧向摆动状态有左、中、右三种，观测视场宽度为 1 个网格。为了消除随机误差的影响，执行 1 000 次仿真后求取发现目标数量的平均值进行比较。

仿真实验网格内的初始分布分为随机、等概率和有先验三种。传感器分为高精度传感器（发现概率为 0.99，虚警概率为 0.01）、一般精度传感器（发现概率为 0.90，虚警概率为 0.10）和较差精度传感器（发现概率为 0.85，虚警概率为 0.15 三类），故形成 9 组仿真实验，应用 12.3.5.4 节提出的最大信息-发现综合收益、随机、最大发现概率、最大发现概率和等四种评标策略，得到仿真实验结果如图 12-9～图 12-17 所示。

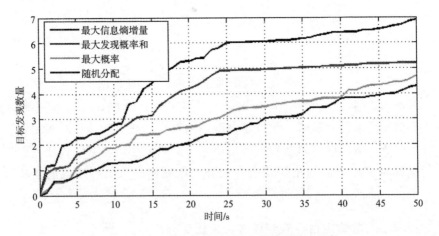

图 12-9　随机初始分布高精度传感器仿真结果

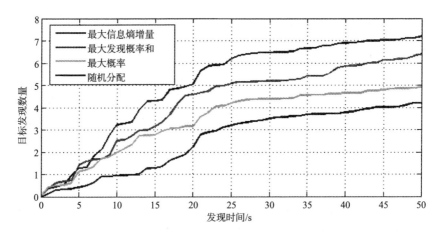

图 12 - 10　随机初始分布一般精度传感器仿真结果

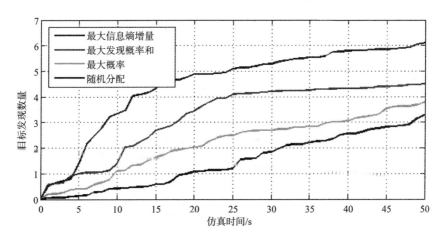

图 12 - 11　随机初始分布较低精度传感器仿真结果

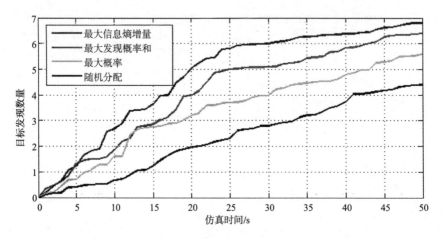

图 12 - 12　等概率初始分布高精度传感器仿真结果

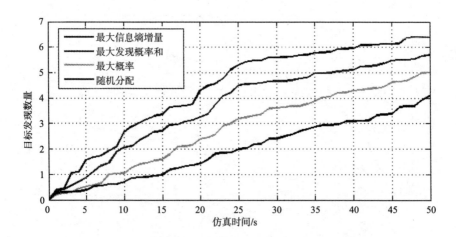

图 12 - 13　等概率初始分布一般精度传感器仿真结果

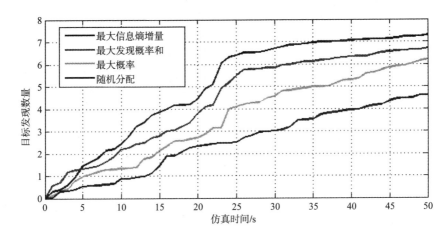

图 12-14 等概率初始分布较差精度传感器仿真结果

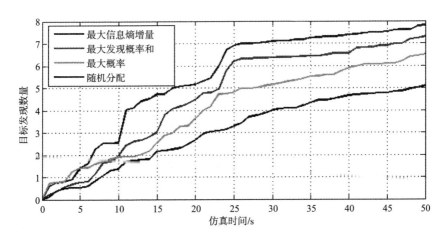

图 12-15 有先验初始分布高精度传感器仿真结果

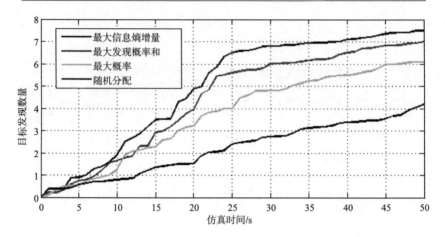

图 12-16　有先验初始分布一般精度传感器仿真结果

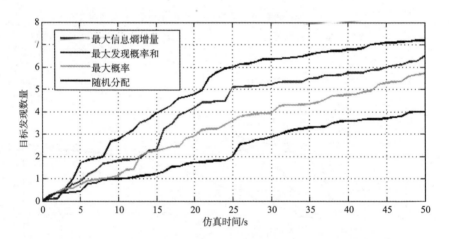

图 12-17　有先验初始分布较差精度传感器仿真结果

通过仿真可得出以下结论：

1）从整体来看，无论何种先验条件或评标策略，传感器性能越完善，其发现目标的数量就越多。

2）最大概率策略性能较差，仅比随机搜索性能略优，这说明仅仅从一个网格分布试图描述全局情况是不全面，不客观和不准确的。

3）最大发现概率和策略克服了最大概率策略的缺点，对分布特性从整体进行描述，性能明显好于后者。

4）本章提出的最大信息-发现综合收益策略具备独特优点：环境越乱，传感器性能越差，其表现相对越好，即不确定性越大，采用最大信息-发现综合收益策略就越有利。

12.5　本章小结

本章从 MAS 的动态任务优化分配问题出发，围绕着改进合同网协议的提出及其在多航天器对地观测系统任务分配中的应用，对自主任务分配的方法、策略和算法进行了研究。

在理论和方法研究基础上，进行了仿真验证分析，得出的主要结论有：

1）所提出的对地观测任务动态效能评估方法能够准确描述对地观测环境动态性给效能评估带来的影响，能够满足多航天器系统任务优化分配中预测规划和信任度更新的需要。

2）在确定点目标观测任务分配仿真分析中，所提出的局部回溯的 Q 值最大策略和效用测度最大策略各具特点，局部回溯的 Q 值最大策略能够得到更优的仿真结果，效用测度最大策略具有更好的实时规划性能，所以应当视不同条件灵活使用。

3）针对非确定目标观测任务分配问题，所提出的最大信息-发现综合收益策略在不确定性较大环境下具备独特优势。

参 考 文 献

[1]   R G SMITH. Framework for Distributed Problem Solving. SAE Preprints, Int Jt Conf on Artif Intell, 1979 (2): 836 – 841.

[2]   A SAAD, A SALAMA, K KAWAMURA, et al. A Bidirectional Contract Net for Production Planning and Scheduling. Proceedings of the UC/IAMS Workshop formanufacturing Research, Cincinnati, Ohio, 1994.

[3]   M W P SAVELSBERGH. The Vehicle Routing Problem with Time Windows: Minimizing Route Duration. INFORMS Journal on Computing, 1992, 4 (2): 146 – 154.

[4]   S, ROJANASOONTHON. Parallel Machine Scheduling With Time Windows. PH D, University of Texas at Austin, 2004.

[5]   贺仁杰. 成像侦察卫星调度问题研究 [D]. 国防科技大学博士学位论文, 2004.

[6]   A G BARTO, S MAHADEVAN. Recent Advances in Hierarchical Reinforcement Learning. Discrete Event Dynamics Systems: Theory and Applications, 2003, 13 (4): 41 – 77.

[7]   M BOWLING. Convergence and No – Regret Inmultiagent Learning. Advances in Naural Information Processing Systems, 2004.

[8]   C CLAUS, C BOUTILIER. The Dynamics of Reinforcement Learning in Cooperative Multiagent System. Proceedings of the Fifteenth National/Tenth Conference on Artificial Intelligence/Innovative Applications on Artificial Intelligence, Madison, Wisconsin, United States: American Association for Artificial Intelligence, 1998, 746 – 752.

[9]   Y CHANG, L KAELBLING. Playing is Believing: the Role of Beliefs in Multi – Agent Learning. Proceedings of NIPS – 2001, Vancouver, Canada, 2001.

[10]   S DAVIES. Multidimensional Triangulation and Interpolation for Rein-

forcement Learning. Michael CMozer，Michael I Jordan，Thomas Petsche，eds. Advances in Neural Information Processing Systems 9，NY：MIT Press，1997：1005 - 1010.